문제 해결력을 키우는

동역학

유봉조, 박경수 지음

한빛아카데미
Hanbit Academy, Inc.

지은이 **유봉조** bjryu701@hanbat.ac.kr

연세대학교 기계공학과에서 학사 및 석 · 박사학위를 취득했으며, 삼성종합기술원 선임연구원을 거쳐 일본 대판부립대학 항공우주공학과 방문 연구교수를 역임했다. 현재 한밭대학교 기계공학과 교수로 재직 중이며, 공동 집필 및 공동 번역에 다수 참여했다.

[공저]
- 『기계공학실험 I』(홍릉과학출판사, 2019)
- 『기초역학 II』(아트미디어21, 2018)

[공역]
- 『공업역학 동역학(13판)』(프로텍미디어, 2015)
- 『동역학(3판)』(한티미디어, 2014년)
- 『기계진동학(2판)』(한티미디어, 2013)
- 『공업역학 동역학(10판, 11판)』(피어슨에듀케이션코리아, 2004, 2007년)
- 『진동공학』(인터비전, 2007)
- 『핵심 재료역학』(인터비전, 2004년)
- 『동역학(8판)』(반도출판사, 1999년)
- 『소음 · 진동학』(동화기술, 1998년)

지은이 **박경수** pks6348@gachon.ac.kr

연세대학교 기계공학부에서 학사, 동대학교 기계공학부에서 석 · 박사 학위를 취득했으며, 삼성전자 반도체총괄부서에서 약 3년간 근무 및 연세대학교 기계공학부에서 연구교수로 5년간 근무했다. 2017년에 미국 기계학회(ASME-ISPS) division chair를 역임했다. 현재 가천대학교 기계공학과 교수로 재직 중이며, 대한기계학회 동역학 및 제어부문 총무이사 및 한국소음진동공학회에서 총무이사를 맡고 있다.

문제 해결력을 키우는 **동역학**

초판발행 2022년 1월 29일

지은이 유봉조, 박경수 / **펴낸이** 전태호
펴낸곳 한빛아카데미(주) / **주소** 서울시 서대문구 연희로2길 62 한빛아카데미(주) 2층
전화 02-336-7112 / **팩스** 02-336-7199
등록 2013년 1월 14일 제2017-000063호 / **ISBN** 979-11-5664-580-1 93550

책임편집 박현진 / **기획** 강다인 / **편집** 박현진, 김은정, 강다인
디자인 표지 박정화, 최연희 내지 최연희, 박정우 / **전산편집** 백지선, 디자인앤 / **제작** 박성우, 김정우
영업 김태진, 김성삼, 이정훈, 임현기, 이성훈, 김주성 / **마케팅** 길진철, 김호철, 주희

이 책에 대한 의견이나 오탈자 및 잘못된 내용에 대한 수정 정보는 아래 이메일로 알려주십시오.
잘못된 책은 구입하신 서점에서 교환해 드립니다. 책값은 뒤표지에 표시되어 있습니다.
홈페이지 www.hanbit.co.kr / 이메일 question@hanbit.co.kr

Published by HANBIT Academy, Inc. Printed in Korea

문제 해결력을 키우는

Dynamics

동역학

유봉조, 박경수 지음

한빛아카데미
Hanbit Academy, Inc.

3단계 예제 풀이로 스스로 학습하는 능력을 기른다!

전공 과정의 학생들에게 동역학動力學을 가르치다 보면 의외로 역학, 수학 및 물리학의 기초 내용에서 어려움을 겪는 학생들을 많이 접한다. 또한 정역학靜力學 수업을 이미 들었어도 움직이는 물체를 대상으로 하는 학문인 만큼 개념을 이해하는 것에서부터 어려움을 겪기도 한다. 기존에 출간된 훌륭한 동역학 도서들이 있음에도 불구하고 이런 문제는 여전하다. 필자들은 기존의 책들에서 간과했던 내용들을 짚어보고, 학생들이 조금이나마 더 쉽게 동역학을 이해할 수 있기를 바라는 마음으로 다음의 내용들을 담았다.

- 동역학 학습에 필요한 기초 수학 및 물리학, 기초 역학 개념
- 동역학 관련 용어 및 개념의 상세한 설명
- 문제 해결력을 키워주는 [분석 – 풀이 – 고찰]의 3단계 예제 풀이

동역학을 처음 공부한다면 1장과 부록의 내용부터 충분히 학습한 후 2장 학습을 시작하기 바란다.

이 책의 주요 특징 및 활용법

동역학의 영어 알파벳 DYNAMICS를 기반으로 이 책의 주요 특징과 활용법을 소개한다.

Definition, Design 이 책은 동역학에서 나오는 질점 및 강체의 운동에 대한 다양한 개념과 원리 및 공식들에 대한 정의부터 시작한다. 이를 토대로 다양한 동적시스템의 운동학과 운동역학을 이해하도록 구성했다. 또한 실질적인 동역학적 예제들과 풀이 및 해석을 통해 추후에 동역학적 특성을 고려한 동적시스템 설계(기구학, 진동학, 제어공학 등)에까지 이 책을 활용할 수 있도록 했다.

You 동역학을 공부하는 여러분의 입장을 고려하여 좀더 쉽고 친절하게 설명하고자 했다. 처음 접하는 동역학 개념을 친근한 실생활의 예를 사용하여 소개하고, 예제를 통해 개념을 확실하게 이해할 수 있도록 했다.

Normal 유명한 동역학 번역서들보다 훨씬 쉽게, 강의 현장의 요구를 반영한 현실적인 분량으로 만들었다. 보통의 학생들이 이해할 수 있도록 너무 어렵지도 않고, 너무 쉽지도 않은 수준으로 개념 및 예제, 연습문제를 구성했다. 각 연습문제에는 관련된 절이 표시되어 있는데, 문제가 잘 이해되지 않을 때 해당 절로 가서 개념을 좀 더 살펴보기를 권한다.

Analysis 4차 산업혁명 시대에 필요한 중요한 능력 중 하나는 바로 '문제 해결력'이다. 이 책에 수록한 모든 예제는 **[분석–풀이–고찰]**의 세 단계를 거친다. 이는 학생들이 스스로 학습하는 능력을 기를 수 있도록 하기 위함이다.

[분석] 단계에서는 동역학적 문제를 해석하고 문제해결에 필요한 접근법을 정립한다. [풀이] 단계에서는 이러한 접근법을 바탕으로 동역학적 해석기법을 사용하여 문제를 풀이하는 과정을 정리했다. 끝으로 [고찰] 단계에서는 단순히 예제 하나를 풀고 끝나는 것이 아니라 추가로 고려해볼 만한 사항들까지 짚어봄으로써 문제 해결력을 최고 수준으로 배양하도록 집필했다.

Mathematics 동역학을 공부를 시작할 때, 수학이나 역학에 대한 이해도가 얼마나 필요한지 궁금할 것이다. 그래서 이 책의 1장에 사전 학습용으로 기초 수학 및 물리학, 기본 역학 개념을 꼭 필요한 부분만 정리했다. 1장의 내용으로 복습하고 나면 이후 장부터는 다양한 예제와 연습문제를 만나도 당황하지 않을 것이다.

Interest, Industry 일상생활 및 산업체에서 마주칠 만한 실질적인 문제들을 체계적으로 다룸으로써 동역학적 개념을 흥미롭게 익히고 문제 해결력을 함양할 수 있도록 했다.

Creativity 기존 동역학 교재들에서 볼 수 있는 딱딱한 수학적 설명 혹은 개념 설명과 달리, 이 책에서는 개념 설명이나 예제 및 연습문제들을 일상생활에서 자주 접하는 시스템들을 사용하여 설명한다. 일상에서 보는 시스템에 관심이 생기고, 새로운 동역학적 분석 또는 동역학적 특성을 추가하면 새로운 제품을 만들 수도 있다.

Synthesis, Summary 실제 공학 문제들을 해결하기 위해서는 다양한 지식이나 경험이 종합적으로 필요한 경우가 많다. 각 장의 끝에 각 장의 수식이나 주요 내용을 요약하여 〈핵심요약〉을 수록하여 해당 장을 종합적으로 복습할 수 있게 했다.

감사의 글

저희 두 사람에게 학문적 가르침과 함께 인간의 도리를 가르쳐주신 참 스승이신 연세대학교 기계공학과 박영필 명예교수님께 머리 숙여 감사의 말씀을 먼저 올립니다. 오랫동안 교육과 연구에 매진하며 후학을 양성할 수 있도록 기회를 주신 한밭대학교와 가천대학교, 그리고 책의 기획부터 출판까지 세심하게 이끌어주신 김은정, 박현진 선생님과 재정적 지원을 아끼지 않은 한빛아카데미(주)에 진심으로 감사의 말씀을 드립니다. 이 책의 미진한 부분과 오류를 지적해 주실 미래의 독자분들께도 미리 감사의 말씀을 드립니다. 부디 이 책이 동역학을 공부하는 여러분들의 문제 해결력을 키워주는 데 도움이 되었으면 합니다.

지은이 **유봉조, 박경수**

이 책의 구성

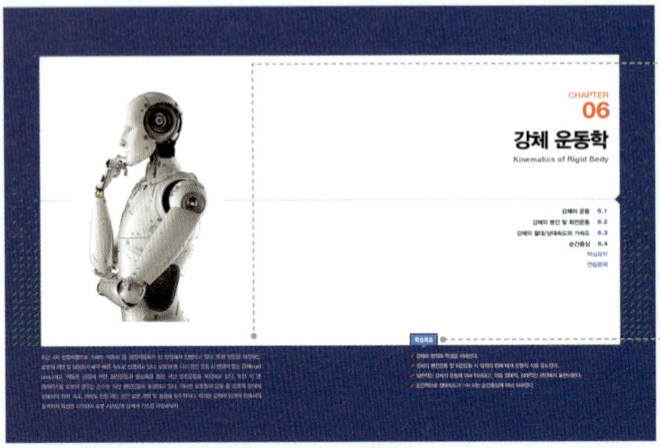

도입글

해당 장의 내용이 실생활이나 공학에 어떻게 적용되고 왜 필요한지 소개합니다.

학습목표

각 장에서 학습할 주제와 목표를 제시합니다.

SECTION 5.4

각운동량과 각충격량의 원리

- ✔ 각운동량과 각충격량의 의미를 이해하고, 생활에서의 예를 살펴본다.
- ✔ 각운동량과 각충격량의 관계를 유도하고, 이를 문제 풀이에 적용한다.
- ✔ 질점과 질점계에 대한 각운동량 보존법칙을 이해한다.
- ✔ 각운동량 보존법칙을 질점이나 질점계에 대해 적용하여 응용문제를 익힌다.

5.4.1 각운동량

회전운동rotational motion을 하고 있는 물체는 운동량을 갖게 되지만, 이와 달리 물체가 회전하고 있는 중심에 대한 회전 모멘트를 표현하는 물리량을 갖게 된다. 이를 **각운동량**angular momentum이라 한다. 각운동량은 물체가 지닌 선형운동량과 회전중심까지의 반경의 곱으로 그 크기를 구할 수 있다. 선형운동량과 같이 각운동량도 벡터 물리량이다. 각운동량을 식으로 표현하면 식 (5.37)과 같으며, 이를 그림으로 표현하면 [그림 5-26(a)]와 같다. 식 (5.37)에서 아래첨자 y는 위 방향 좌표축을 의미한다.

$$(\mathrm{L}_O)_y = \mathrm{r} \times \mathrm{p} = \mathrm{r} \times m\mathrm{v} \tag{5.37}$$

학습포인트

목표지향 학습을 위해 해당 절에서 학습할 주요 내용을 소개합니다.

주요 용어

핵심이 되는 용어, 법칙, 원리, 정리 등을 한눈에 볼 수 있도록 강조하여 나타냅니다.

예제

본문에서 다룬 개념을 적용한 문제와 그에 대한 상세한 풀이를 제시합니다. 3단계 풀이를 통해 문제를 구체화하고 해결하는 과정을 연습합니다.

1 **분석** 문제 해결을 위한 전략 세우기

2 **풀이** 구체화된 전략을 토대로 정확히 계산하기

3 **고찰** 생각에 생각을 더해 응용력 키우기

예제 6-5 낚시에서 릴 제어

깊은 바다에서 낚시를 하는 낚시꾼이 반지름이 5 cm인 릴을 사용하고 있다. 큰 고기가 낚시 바늘을 물고 놀라 보트로부터 도망칠 때 릴을 잡지 않으면 릴은 빠르게 회전할 것이다. 처음 릴이 풀릴 때의 각속도가 220 rad/s일 때 각가속도가 −300 rad/s²이 되는 시점에 브레이크를 걸면 릴이 멈출 때까지 걸린 시간은 얼마인가?

그림 6-20 낚시할 때 릴의 운동

분석

- 각속도가 일정한 운동에서 작용한 시간에 따른 강체가 회전한 각도와 각속도 변화식 (6.14)를 이용하여 접근해보자.

풀이

- 우선 문제에서 주어진 값들과 알 수 있는 정보들을 정리해보자. 처음 각속도와 브레이크를 통해 릴이 멈췄을 때의 각속도는 아래와 같이 쉽게 알 수 있다.

$$\omega_0 = 220\ \mathrm{rad/s}, \quad \omega_f = 0$$

- 각가속도가 $\alpha = -300\ \mathrm{rad/s^2}$이므로 식 (6.14)를 사용하면, 다음과 같이 시간에 따른 각속도의 변화식을 구할 수 있다. 또한 초기 각속도와 마지막 각속도와의 차이 및 각가속도를 이용하면 각속도가 0이 될 때까지의 시간을 계산할 수 있다.

$$\omega_f = \omega_0 + \alpha t \quad \Rightarrow \quad t = \frac{\omega_f - \omega_0}{\alpha} = \frac{0-220}{-300} = 0.73\ \mathrm{s}$$

고찰

- 문제에 주어진 값을 통해 가장 손쉽게 원하는 값을 구할 수 있는 식을 찾아본다.

CHAPTER 03 | 핵심요약

핵심요약

각 장이 끝날 때마다 본문에서 다룬 주요 내용을 다시 한 번 정리합니다.

■ 뉴턴의 만유인력 법칙

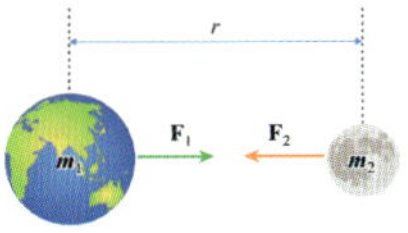

- 우주상의 두 물체 사이의 인력은 두 물체 사이의 중심 간의 거리의 제곱에 반비례하고, 두 물체의 질량의 곱에 비례한다.

$$F = G\frac{m_1 \cdot m_2}{r^2}$$

- 위 식에서 F는 만유인력, r은 두 물체의 중심 간의 거리, m_1과 m_2는 각각 두 물체의 질량, G는 중력 상수 또는 만유인력 상수로서 $G = 6.673 \times 10^{-11}\ \mathrm{m^3/kg \cdot s^2}$이다.

■ 뉴턴의 운동 제2법칙

- 질량이 시간 변화에 따라 일정하지 않은 경우 : $\Sigma F = \frac{d}{dt}(mv) = \dot{m}v + m\dot{v}$
- 질량이 시간 변화에 따라 일정한 경우 : $\Sigma F = ma$

CHAPTER 06 | 연습문제

연습문제

해당 장에서 학습한 내용을 얼마나 이해했는지 연습문제를 통해 확인합니다. 기초 문제부터 공학 응용, 심화 문제까지 풀어보며 응용력을 기를 수 있습니다.

6.17 [그림 6-40]과 같은 시스템에서 봉 CD는 $\omega_{CD} = 5\ \mathrm{rad/s}$의 각속도로 회전하고 있다. 이때 봉 AB와 BC의 각속도를 구하시오. 6.3~6.4절

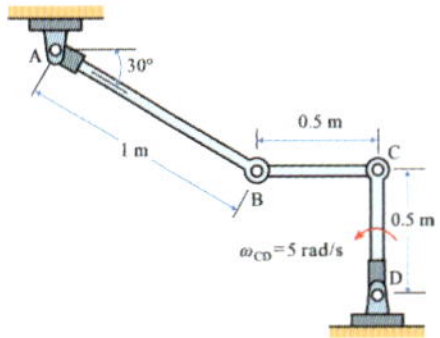

그림 6-40

6.18 [그림 6-41]과 같은 시스템이 있다. 이 시스템의 AB 링크와 지면과 이루는 각이 60°이고, 롤러 A가 왼쪽으로 5 m/s로 움직일 때, 현 상황에서 점 B의 속도를 구하시오. 6.3~6.4절

HINT 순간중심을 이용하여 구한다.

학습 편의를 위한 관련 절 표기

***6.19** [그림 6-41]과 같은 시스템이 있다. 봉 AB 위의 점 B의 가속도가 $10\ \mathrm{m/s^2}$이고 속도가 5 m/s로 아래로 미끄러질 때, 점 A에서의 각속도와 봉 AB의 회전각가속도를 구하시오. 6.3~6.4절

HINT 순간중심을 이용하여 구한다.

심화 문제 표시

6.20 [그림 6-42]에서 리니어 부싱(B)는 축을 따라 위아래로 일정한 속도 5 m/s로 움직이고, 점 B에 하나의 봉이 연결되어 있다. 그 봉의 끝점을 A라고 하고 그 점이 30° 기울어진 빗면을 따라 미끄러질 때, 이 순간에 점 A의 속도와 각속도를 구하시오. 6.3~6.4절

HINT 순간중심을 이용하여 구한다.

응용 풀이에 도움이 되는 HINT 제시

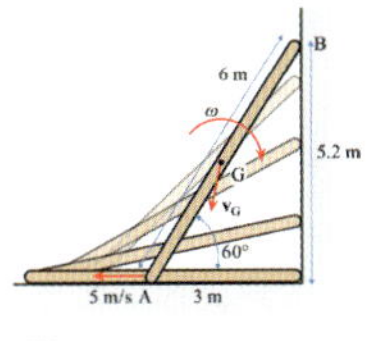

그림 6-41

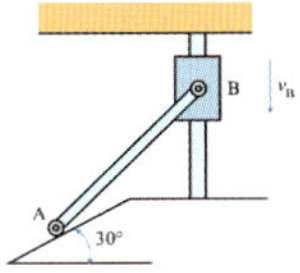

그림 6-42

■ 강의 보조 자료

한빛아카데미 홈페이지에서 '교수회원'으로 가입하신 분은 인증 후 교수용 강의 보조 자료를 제공받을 수 있습니다. 한빛아카데미 홈페이지 상단의 〈교수전용공간〉 메뉴를 클릭하세요.

http://www.hanbit.co.kr/academy

■ 연습문제 해답

이 책은 대학 강의용 교재로 개발되었으므로 연습문제 풀이는 제공하지 않습니다. 단, 정답은 아래의 경로에서 내려받을 수 있습니다.

한빛아카데미 홈페이지 접속 → [도서명] 검색 → 도서 상세 페이지의 [부록/예제소스]

■ 권장 스케줄표

이 책을 한 학기(3학점, 15주 기준)에 모두 소화하기에는 다소 버거울 수 있습니다. 기계공학과 건축 및 토목(건토)공학, 항공우주공학, 조선공학 분야에 대해 권장 스케줄을 두 가지씩 제안하니, 강의 환경에 따라 적절하게 활용하시기 바랍니다.

장	절	주제	기계 ①	기계 ②	토목·항우·조선 ①	토목·항우·조선 ②
01	1.1 ~ 1.3	동역학 기초	1*, 2	1, 2*	1*, 2	1, 2*
02	2.1 ~ 2.9	질점의 운동학	3*, 4	3, 4*	3*, 4	3, 4*
03	3.1 ~ 3.6	질점의 운동역학(힘과 가속도)	5	5	5	5
04	4.1 ~ 4.6	질점의 운동역학(일과 에너지)	6	6	6	6
05	5.1 ~ 5.5, 5.6**	질점의 운동역학(운동량과 충격량)	7*, 9	7, 9*	7*, 9	7, 9*
06	6.1 ~ 6.4	강체 운동학	10, 11	10, 11*	10*, 11	10, 11*
07	7.1 ~ 7.5, 7.6**	강체 운동역학 I(힘과 가속도)	12	12	12	12
08	8.1 ~ 8.4	강체 운동역학 II(일과 에너지)	13	13	13	13
09	9.1 ~ 9.2, 9.3**	강체 운동역학 III(운동량과 충격량)	14	14*	14	14*

숫자 : 수업 주차 | *표시 : 해당 장의 일부 내용에 대한 간략 소개 중심으로 진행 권장
**표시 : 해당 절을 생략할 수도 있음
(8주차 : 중간고사 | 15주차 : 기말고사)

목차

PART 2 질점의 운동학 및 운동역학

Chapter 02 질점의 운동학

Chapter 03

질점의 운동역학 : 힘과 가속도

Chapter 04

질점의 운동역학 : 일과 에너지

PART 3 강체의 운동학 및 운동역학

Chapter 08 강체의 운동역학 : 일과 에너지

Chapter 09 강체의 운동역학 : 운동량과 충격량

PART 1

기초 수학 및 역학 개념 복습

"뿌리깊은 나무는 바람에 흔들리지 않는다"는 말이 있듯이, 어떤 학문을 터득하기 위해서는 그 학문의 기초가 되는 내용들을 먼저 이해하고 있어야 한다. 우리가 수학, 물리학, 화학 등을 먼저 배우는 데는, 이들 과목이 공학의 여러 교과목을 학습하는 데 있어 뿌리와 같기 때문이다. PART 1에서는 '동역학'이라는 교과목을 학습하기 이전에 기초가 되는 '기초 수학'과 '물리학 및 역학 기초' 내용들을 워밍업warming-up할 것이다. 1장을 충분히 학습한다면 PART 2~3의 내용을 학습하면서 최소한의 수학 및 물리학적 내용을 받아들이는 데 어려움이 없을 것이다.

건설 프로젝트의 대형화, 초고층화 추세에 따라 대형 건물을 건설하는 데 있어, 건설기계를 이용해 흙을 퍼 다른 장소로 옮기거나 기초다지기를 하는 광경을 자주 볼 수 있다. 이때 기계장치의 동적인 힘과 운동과의 관계를 알지 못하면 대형 건물을 안전하게 건설할 수 없다. 이 장에서는 동역학을 이해하는 데 필요한 기초 물리학과 역학의 기초 내용들을 주로 배우며, 이를 통해 동역학의 실제적 응용문제에 대한 해결력을 키울 수 있다.

CHAPTER 01

동역학의 기초

Basics of Dynamics

학습목표

- 동역학에 대한 간단한 역사적 배경과 역학의 개념을 소개한다.
- 동역학 해석을 위한 기초 수학을 복습한다.
- 동역학 해석을 위한 기초 역학 및 기초 물리학을 학습한다.
- 동역학 용어 중 물리적 용어 등을 학습한다.

SECTION 1.1

동역학을 배우는 이유

- 역학의 의미와 역사를 이해한다.
- 동역학 과목에서 배우는 목적을 이해한다.

역학mechanics은 물체의 거동에 대해 연구하는 학문이다. 이러한 역학 중의 하나인 **동역학**dynamics이란 학문의 탄생은 500여 년이 되지 못한다. 고대에도 자연철학 등을 토대로 물리학적 관점의 사고와 기초적 연구가 있었는데, 플라톤[1]의 제자이자 알렉산더 대왕[2]의 스승이기도 한 아리스토텔레스[3]는 물리학, 형이상학, 동물학, 생물학, 윤리학, 신학 등에 대한 많은 저서를 남겼다. 자연과학에 대한 아리스토텔레스의 생각은 중세 시대의 학문에 많은 영향을 주었고, 뉴턴 물리학이 태동하기 전인 르네상스 시대에 이르기까지 영향을 미쳤다. 운동법칙과 만유인력 법칙으로 유명한 뉴턴[4]은 "내가 남들보다 멀리 볼 수 있었던 것은 거인의 어깨 위에서 봤기 때문이다."라는 말을 남겼는데, 이 거인 중 뉴턴에게 큰 영향을 미쳤던 사람은 동역학의 창시자라고 할 수 있는 갈릴레이[5]라고 할 수 있다. 먼저 동역학 학문의 발전에 지대한 영향을 미친 갈릴레이와 뉴턴의 연구를 살펴보고, 그 외의 동역학과 관련한 몇몇 사람들의 업적을 소개하고자 한다.

1.1.1 동역학은 왜 배우는가?

반복되는 설명이지만, 역학은 힘을 받는 물체의 거동에 대해 연구하는 학문으로, 힘, 물체, 운동과 변형 등의 관계를 다룬다. 동역학은 이러한 역학의 한 분야이다. 일반적으로 기계공학이나 토목공학, 군사 분야에 있어 동역학을 배우는 몇 가지 이유는 다음과 같다.

소위 기계공학 관점에서 '5대 역학'이라고 하는 **열역학**thermo-dynamics, **유체역학**fluid mechanics, **재료역학**mechanics of materials, **동역학**dynamics, **정역학**statics 등은 최소한 한두 가지 역학들끼리 관련도가 높고, 각종 기계장치나 구조물의 개발에 복합적으로 이용해야 할 필요성도 있다. 오늘날 최신 기계장치나 구조물들은 보다 빠른 속도로 구동되는 경우가 많아지고 있어, 움직임과 힘과의 관계를 다루는 동역학은 그 관심이 날로 증가되고 있다. 따라서 이러한 동역학과 관련한 기초 개념과 여러 법칙들을 통해 많은

1 플라톤(Plato, B.C.428~B.C.348)은 그리스에서 활동한 철학자이다.
2 알렉산더(Alexander, B.C.356~B.C.323)는 마케도니아의 왕이다.
3 아리스토텔레스(Aristotle, B.C.384~B.C.322)는 그리스의 철학자이다.
4 뉴턴(Issac Newton, 1643~1727)은 영국의 과학자이다.
5 갈릴레이(Galileo Galilei, 1564~1642)는 이탈리아의 과학자이다.

물리적 현상이나 역학 관련 내용들을 학습해야 할 필요가 있다. 이 책에서는 동역학과 관련한 역학 내용들 중 위치, 변위, 속도, 가속도 등에 대한 개념과 각변위, 각속도, 각가속도에 대한 개념, 그리고 운동량과 충격량, 일과 에너지, 운동방정식, 일과 에너지 원리, 충격량과 운동량의 원리 등의 내용을 학습할 것이다.

위에 열거한 내용들이 공학도가 동역학을 배우는 1차적 이유라면, 실제적인 이유로는 새로운 기계를 설계하거나 또는 이미 존재하는 기계의 성능개선 및 성능을 평가하기 위한 2차적 목적도 있다. 동역학을 배우는 실질적인 이유는 운동하는 새로운 기계장치나 구조물을 설계하거나 개발하고, 기존의 기계장치나 구조물의 설계를 변경하거나 성능 평가를 하기 위함이다. 새로운 기계장치나 구조물을 설계하거나 개발하려면 기존의 상용 소프트웨어 등을 통한 해석이 필요할 수 있지만, 소프트웨어 등을 통한 해석이 기계장치나 구조물의 구동방정식이나 운동방정식을 모두 알려주는 것은 아니다. 따라서 엔지니어는 최소한 운동이 어떻게 일어나는지와, 이 운동과 힘이 가해지는 기계장치나 구조물에 대한 역학적 개념과 역학적 적용 방법 등을 학습할 필요가 있다. 동역학을 배우기에 앞서 기초 수학 및 기초 역학(물리학), 정역학, 고체역학 등을 먼저 학습할 필요도 있다. 또한 기구학, 기계역학 등에 관한 교과목도 동역학과 연관성이 많기 때문에 병행하여 배울 필요성도 있다.

SECTION 1.2

동역학의 역사

✔ 동역학의 역사적 배경과 관련 현상을 소개하고 학습한다.
✔ 동역학 학습을 위한 기초 수학과 기초 물리학의 필요성을 소개한다.

1.2.1 갈릴레이와 데카르트의 관성의 법칙과 개념

먼저, 동역학 발전의 창시자 또는 효시자라고 불리는 갈릴레이는 생각의 실험을 통해 자신의 이론을 주창하였다. 그중 하나가 "무거운 물체와 가벼운 물체를 동시에 지면으로 떨어뜨리면 무거운 물체나 가벼운 물체나 똑같이 떨어진다."는 주장이었는데, 그는 다음과 같은 가정을 하였다.

> "만일 무거운 물체가 먼저 지면에 떨어진다고 가정해보자. 무거운 물체와 가벼운 물체를 서로 연결해서 떨어뜨리는 경우를 생각해보면, 무거운 물체는 빨리 떨어지려 하고 가벼운 물체는 그보다 늦게 떨어지려고 할 것이다. 그 결과는 처음의 무거운 물체 하나만인 경우보다는 늦고, 가벼운 물체 하나만인 경우보다는 빨리 떨어져야 할 것이다. 그러나 두 물체가 연결되어 있으므로 전체 무게는 더욱 무거워져서 더욱 빨리 떨어져야 옳다는 결론도 나온다. 하나의 가정에서 이처럼 상반된 두 결론이 나왔으므로, 그것은 애초의 가정이 틀렸다는 것을 의미한다. 따라서 무거운 물체든 가벼운 물체든 동시에 떨어져야 옳다는 결론을 얻을 수 있다."

이러한 갈릴레이의 이론은 뉴턴이 훗날 이론적으로 증명하였고, 더 먼 훗날인 1971년, 우주왕복선 아폴로 15호의 승무원들이 달에서 실험함으로써 입증되었다.

갈릴레이는 그의 저서『논증』에서 **관성**inertia의 개념을 거의 완성하였다. 관성은 "높은 건물에서 물체를 떨어뜨리면 지구가 도는데도 불구하고 왜 물체가 뒤처지지 않고 건물 옆에 떨어지는가?"를 설명하는 개념으로서 갈릴레이는 이를 "지상의 모든 물체는 지구의 원운동을 그대로 지니기 때문이다."라고 설명하였고, 이를 증명하기 위해 마찰이 없는 경사면을 이용한 사고 실험을 수행하였다. [그림 1-1]과 같이 왼쪽 경사면을 내려온 쇠 구슬은 반대의 빗면 위로 최초와 같은 높이까지 올라가고(A), 마주 보는 경사면의 기울기가 작아지면 최초와 같은 높이에 도달할 때까지 더 긴 거리를 굴러가며(B), 기울기가 없는 수평한 상태에서는 쇠 구슬은 수평면을 따라 무한히 굴러갈 것(C)이라고 주창하였다.

갈릴레이는 이 사고 실험에서 '관성'이라는 용어는 사용하지 않았지만 "물체가 주어진 속도로 계속 운동한다."고 전제하였는데, 이는 바로 관성의 개념이다. 따라서 갈릴레이는 관성의 개념을 처음 도입한 사람으로 평가받고 있다.

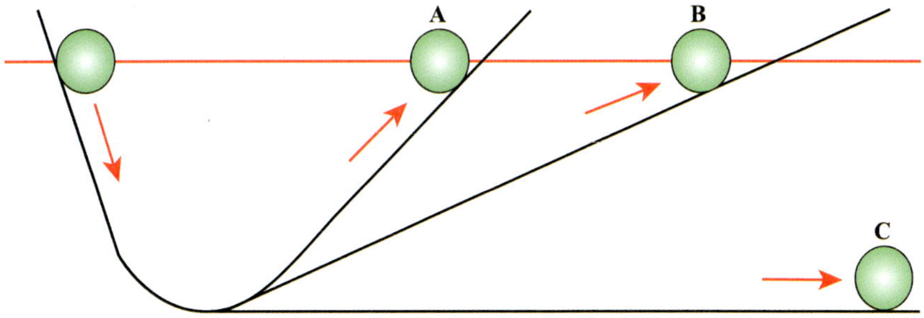

그림 1-1 경사면을 따라 움직이는 쇠 구슬 운동의 사고 실험

또한 갈릴레이는 "공기 중에 던져진 물체가 포물선 궤도를 그리는 것은 던져진 수평방향으로의 등속도 운동과 수직방향으로의 등가속도, 즉 자유낙하 운동이 동시에 일어나기 때문임"을 밝혀냈다. 이는 "한 물체에 두 가지 운동이 동시에 일어날 수 없다"는 아리스토텔레스의 이론을 반박하고, "한 물체에 두 가지 운동이 동시에 일어나고 있으며, 그것이 실제로 어떻게 복합되어 포물선 궤도로 나타나게 되는지를 명확하게 설명"한 것이다. 이처럼 갈릴레이는 역학 발전에 지대한 공헌을 하였다. 그러나 그 역시 다소의 한계점을 드러내고 있었다. 그의 개념은 자연스러운 운동의 일종인 등속 원운동의 지속이라는 생각에 바탕을 둔 것이었고, 우주 구조에 대해서도 원운동을 고수했다. 갈릴레이는 "물체 자체의 절대적인 무거움이나 가벼움이 물체의 운동방향을 결정한다"는 아리스토텔레스의 견해를 부정했지만, "물체를 낙하하게 하는 중력은 외부에서 작용하는 힘이 아니라 물체 자체의 성질"이라는 주장을 펼쳤다. 따라서 "중력에 의한 낙하운동은 '자연스럽게 가속되는 운동'이라고 해서 다른 일반적인 가속운동과는 다르다"고 생각했던 것이다.

갈릴레이 역학의 한계는 프랑스의 철학자이자 해석 기하학의 창시자로 알려진 수학자인 데카르트[6]가 체계적인 이론을 제시함으로써 극복되었다. 데카르트 역학은 관성의 원리를 기초로 해서 세워졌고, 갈릴레이의 경우와는 달리 그는 직선 관성 운동의 개념을 명확히 제시하며 다음과 같은 '자연 법칙'이라 불리는 법칙을 주창하였다.

❶ 모든 물체는 다른 것이 그 상태를 변화시키지 않는 한, 똑같은 상태로 남아 있으려고 한다.
❷ 운동하는 물체는 직선으로 그 운동을 계속하려 한다.
❸ 운동하는 물체가 자신보다 강한 것에 부딪히면 그 운동을 잃지 않고, 약한 것에 부딪혀서 그것을 움직이게 하면 그것에 준 만큼의 운동을 잃는다.

첫 번째와 두 번째 법칙은 관성의 법칙이고, 세 번째 법칙은 데카르트가 운동의 양이라고 부른 양의 보존을 나타내는 법칙으로 '운동량 보존법칙'과 같은 의미이다. 갈릴레이의 등속 원운동에 국한되어 있던 관성의 개념은 데카르트에 의해 오늘날 관성의 개념처럼 직선운동에 적용되었지만, 중력, 즉 만유인력과 같은 계속적인 힘의 작용에 의한 속도의 지속적인 변화 같은 것에 대해서는 이를 완벽하게 설명하지 못하였다.

6 르네 데카르트(René Descartes, 1595~1650)는 프랑스의 수학자이다.

1.2.2 뉴턴의 운동법칙과 만유인력 법칙

일반적인 가속운동에 대한 명확한 이론적 근거를 설명하지 못하고 있던 때에 영국의 물리학자이자 수학자이며 천문학자인 뉴턴에 의해 오늘날의 그 유명한 뉴턴의 **운동법칙**law of motion과 **만유인력 법칙**law of universal gravitational force이 등장하였다. 뉴턴 역학의 출발점은 독일의 수학자이자 천문학자이며 점성술사였던 요하네스 케플러[7]의 행성운동이었다. 뉴턴은 "행성이 어떤 힘에 의하여 타원 궤도로 회전하는지"를 규명하려고 하였는데, 케플러의 법칙들은 태양이 행성의 운동에 영향을 준다는 것을 설명하고는 있으나 어떤 방식으로 영향을 주는지는 설명하지 못하였다. 그러던 중, 영국의 천문학자, 물리학자이자 수학자였던 핼리[8]로부터 "만일 중력이 거리의 제곱에 반비례한다면 행성의 궤도는 어떤 곡선이 될까?"라는 질문을 받았다. 뉴턴은 즉시 "타원"이라는 대답을 하였는데, 이에 핼리는 그것에 대한 자세한 계산을 부탁하였다. 뉴턴은 과학사에서 가장 저명한 것으로 손꼽히는 책 중의 하나인『프린키피아(자연철학의 수학적 원리)』에 핼리의 질문에 대한 답을 포함하여, 운동의 세 가지 법칙과 만유인력 법칙 등을 수록하였다.

운동의 제1법칙은 "외력이 작용하지 않는 한 정지한 물체는 계속해서 정지해 있고, 한번 운동하기 시작한 물체는 같은 속도, 같은 방향으로 계속 운동한다."는 관성의 법칙이다. 이 개념은 이미 갈릴레이가 예측하였고 데카르트가 제시하였던 관성 개념을 뉴턴이 법칙으로 표현한 것이다. [그림 1-2]는 정지해 있던 버스가 출발할 때 계속 정지상태를 유지하려고 하는 관성 때문에 버스에 탄 사람이 뒤로 밀리는 상황을 보여주고 있다.

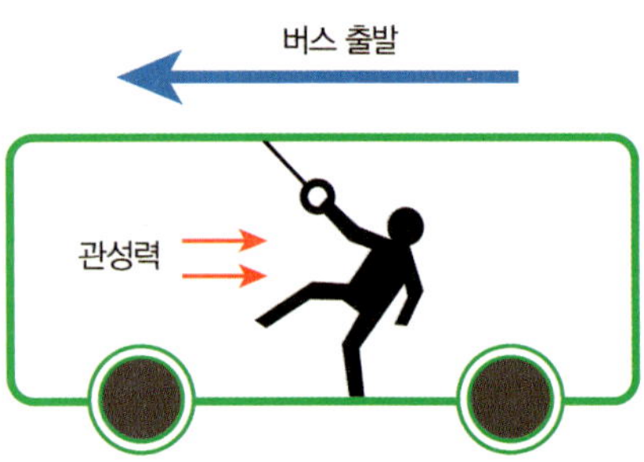

그림 1-2 관성력에 의한 버스 손잡이와 사람 몸의 뒤로 밀림

운동의 제2법칙은 "외부에서 물체에 힘을 가한 경우 물체에 가속도가 생긴다."는 힘과 가속도의 법칙이다. 여기서 가속도의 크기는 힘을 질량으로 나눈 것이다. [그림 1-3]은 빗면을 따라 움직이는 축구공의 이동을 보여준다. 그림 (a)는 가속을 받는 경우로서 힘의 합력이 축구공이 내려가는 운동방향으로 작용하여 속력이 증가하는 경우이고, 그림 (b)는 감속을 받는 경우로서 힘의 합력이 운동방향에 반대방향으로 작용하여 축구공의 속력이 점차 감소하는 경우를 보여준다.

---

7 요하네스 케플러(Johannes Kepler, 1571~1630)는 독일의 수학자이자 천문학자이다.

8 에드먼드 핼리(Edmund Hally, 1656~1742)는 영국의 물리학자이자 수학자이다.

(a) 가속을 받는 축구공

(b) 감속을 받는 축구공

그림 1-3 힘과 가속도 법칙에 관계된 가속과 감속

운동의 제3법칙은 "**작용**action이 있으면 반드시 **반작용**reaction이 있는데, 그 크기는 서로 같고 방향은 반대이다."라는 작용-반작용의 법칙이다. [그림 1-4]는 일상생활에서 볼 수 있는 작용과 반작용의 예를 보여준다. 그림 (a)에서 축구선수의 발이 축구공을 앞으로 차는 힘을 작용력이라고 하면, 반작용력은 축구공이 축구선수의 발을 뒤로 미는 힘에 해당된다. 그림 (b)에서 풍선이 공기를 미는 작용에 대해 공기가 풍선을 앞으로 밀어 나아가게 하는 힘은 반작용이고, 또한 지구가 지구 위의 사람을 끌어당기는 작용에 대해 사람이 지구를 끌어당기는 힘은 반작용이다.

(a) 작용과 반작용의 예 1

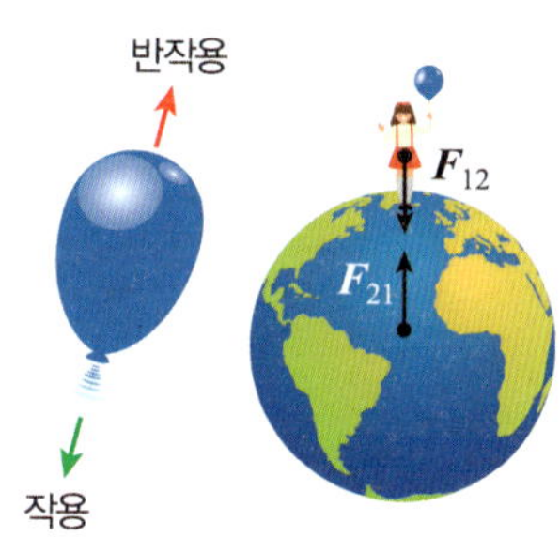

(b) 작용과 반작용의 예 2

그림 1-4 작용과 반작용의 예

뉴턴은 또한 우주의 모든 만물 사이에는 서로 끌어당기는 힘이 존재한다는 '만유인력 법칙'을 발견하였다. 그리고 만유인력의 크기가 두 물체의 질량의 곱에 비례하고, 거리의 제곱에 반비례함을 밝혔다. [그림 1-5(a)]는 두 물체 사이에 끌어당기는 만유인력의 예를 보여주고, [그림 1-5(b)]는 지구가 지구표면 가까이에 있는 물체들을 끌어당기는 중력을 나타낸다. 만유인력과 **중력**gravity의 개념은 유사하지만 의미는 조금 다르다. 만유인력은 모든 물체 사이의 서로 끌어당기는 힘을 의미하고, 중력은 지구와 다른 물체 사이의 인력으로서, 다시 표현하자면 지구가 다른 물체를 끌어당기는 힘과 같은 것이다.

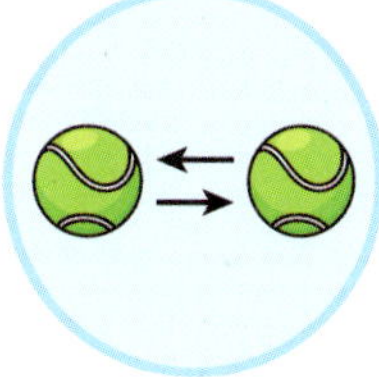

(a) 만유인력

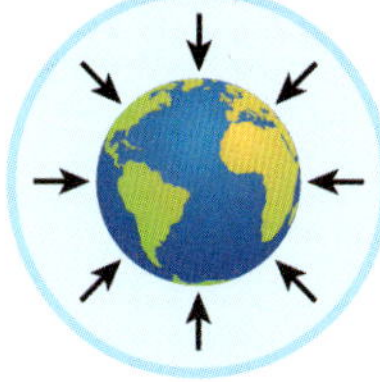

(b) 중력

그림 1-5 만유인력과 중력

뉴턴은 만유인력의 법칙과 운동의 법칙들을 사용하여 행성계의 운동을 기술하는 케플러의 행성운동에 대한 세 가지 법칙도 유도하였다. 즉 그는 "행성들이 왜 태양 중심 궤도에 묶여서 타원 궤도로 계속해서 돌고 있는지" 그리고 "지구가 자전하고 있음에도 왜 사람들이 뒤로 처지지 않는지"를 완벽하게 풀어냄으로써 천문학의 발전에도 공헌하였다.

이상과 같이 동역학의 발전에 영향을 미친 과학자들에 대한 소개와 역사적 배경을 살펴보았다. 살펴본 바와 같이 동역학 발전에 영향을 미친 사람들은 물리학자이거나 수학자들이 많다. 이와 같이 동역학은 수학과도 밀접한 관계가 있으며, 수학이 동역학을 탄생시켰다고 해도 과언이 아닐 만큼 수학이 동역학 발전에 미친 영향 또한 크다. 동역학을 이해하기 위해서는 수학적인 기초와 기초 역학 및 물리학의 기초가 필요하다. 따라서 동역학을 처음 배우는 사람들을 위해, 이러한 기초 수학과 기초 물리학에 대한 내용을 1.3절과 1.4절에서 간단히 소개할 것이다.

SECTION 1.3

기초 수학

- 2차원 및 3차원 공간에서의 벡터의 대수를 학습한다.
- 벡터의 내적과 외적, 미분과 적분의 개념을 이해하고, 이를 동역학 운동 해석에 응용한다.
- 곡선의 곡률과 접선 및 호의 길이 등을 학습한다.

동역학은 물체의 운동을 다루고, 이 운동과 힘과의 상관관계를 연구하는 학문이다. 물체의 운동에는 직선운동과 같은 단순한 1차원운동도 있지만, 복잡한 곡선운동을 하는 경우도 있다. 따라서 동역학을 공부할 때 복잡한 운동이 일어나는 현상을 단순히 대수학 개념만을 가지고 다루는 데에는 어려움이 많거나 다룰 수 없는 경우도 있다. 복잡한 운동은 벡터 및 벡터함수로 표현하면 쉽게 해석 가능하다. 이 책에서는 동역학 이론을 본격적으로 학습하기 전에 벡터에 관한 간단한 학습과 복습을 해보고자 한다.

1.3.1 스칼라량과 벡터량

우리가 자연과학이나 공학을 접해보면, 거기에는 어떤 물리적 현상이 있고 이 물리적 현상에서 발견되는 규칙이나 법칙들이 적절한 물리량으로 표시되는 경우가 있다. 이러한 물리량에는 어떤 것들이 있는지 살펴보자.

■ 물리량의 종류

1 스칼라량

스칼라scalar량은 **크기**magnitude와 **단위**unit로만 표현되는 모든 물리량을 일컫는다. 예를 들어 질량은 스칼라량인데, $M = 2\ \text{kg}$은 크기는 2이고, 단위는 kg이다. 2 kg은 2×1 kg으로 1 kg의 2배임을 의미한다. 또한 길이 $L = 3\ \text{m}$도 크기는 3이고, 단위는 m이다. 3 m는 3×1 m로 1 m의 3배 길이이다. 이처럼 스칼라량에는 크기와 단위에 대한 정보만 있다.

2 벡터량

벡터vector량은 크기, 단위, **방향**direction으로 표시되는 모든 물리량을 의미한다. [그림 1-6]은 블록에 힘이 작용하는 모습으로 여기서의 힘은 벡터 물리량이다. 힘은 대표적 벡터량인데, 그림에 나타난 $F_1 = 500\ \text{N}$, $F_2 = 200\ \text{N}$ 등은 크기만을 나타낸 것이다. 벡터량이 주는 정보는 크기와 방향이지만, 방향을 항상 필요로 하는 것은 아니다. 그러나 벡터량을 온전하게 표시하려면 그 크기뿐만 아니라 방향도 함께 주어져야 한다. 벡터량은 대표적인 물리량으로 중요한 물리량들은 벡터량에 관계된다. 운전자가 "나 80킬로 밟았어!"라고 말하는 것은 속도의 크기인 속력만을 이야기한 것이다. 속도인 벡터량은 방향도 이야기해주어야 온전한 표현이 되는 것이다. 물리적 현상 속에 숨어있는 양들을 알아야 할 필요가 있을 때, 스칼라량과 스칼라량과의 관계, 스칼라량과 벡터량의 관계, 벡터량과 벡터량의 관계를 고려해야 한다. 수많은 법칙들이 이러한 양들의 관계인 것이다.

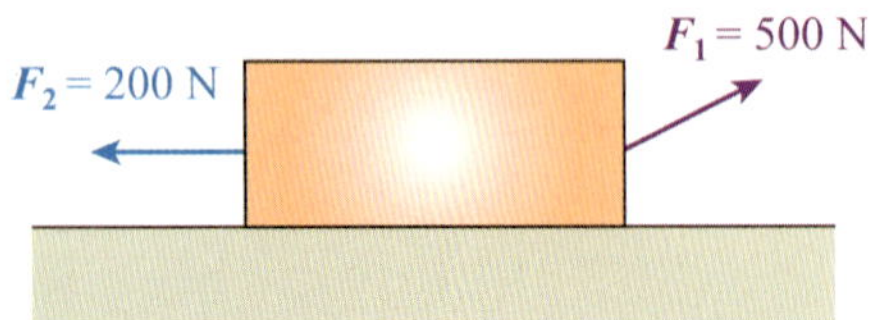

그림 1-6 물체에 작용하는 힘의 크기와 방향 표시

■ 물리량들의 관계식

1 스칼라량으로 이루어진 법칙 관계

스칼라량으로 표현된 다음 예를 살펴보자.

$$\rho = \frac{m}{V} \tag{1.1}$$

식 (1.1)에서 ρ는 밀도, m은 질량, V는 체적을 나타낸다. 이들 물리량들은 모두 스칼라량이다. 이와 같이 물리적 법칙들이 모두 스칼라량으로만 표현되는 경우가 있다. 길이를 나타내는 L_a, L_b, L_c는 길이를 나타내는 식 (1.2)와 같이 스칼라량으로만 표현할 수 있다. 이는 대수적인 관계를 나타내지만 물리적 법칙은 아니다.

$$L_a + 2L_b = L_c \tag{1.2}$$

2 스칼라량과 벡터량으로 이루어진 법칙 관계

다음과 같이 스칼라량과 벡터량으로 이루어진 물리적인 법칙도 있다.

$$\mathrm{F} = m\mathrm{a} \tag{1.3}$$

식 (1.3)에서 F와 a는 각각 힘 벡터와 가속도 벡터이고 m은 스칼라량으로, 물리적 법칙인 뉴턴의 운동 제2법칙을 나타낸다. 이는 스칼라량과 벡터량으로 이루어진 법칙의 예이다.

3 벡터량으로 이루어진 법칙 관계

또한 벡터량들로만 관계가 되는 물리적 법칙들도 있다.

$$\mathrm{M} = \mathrm{r} \times \mathrm{F} \tag{1.4}$$

식 (1.4)에서 M은 모멘트 벡터, r과 F는 각각 위치벡터와 힘 벡터이다.

■ 벡터량의 표시

벡터량은 크기와 방향을 나타내는 물리량으로 일반적으로 굵은 문자나 화살표arrow로 표현한다. 예를 들어, **a**, **b**, **c**, ⋯ 또는 $\vec{a}$, $\vec{b}$, $\vec{c}$, ⋯와 같이 표현한다. [그림 1-7]은 벡터의 표시 방법을 나타낸 예이다. 화살표로 표시된 경우에는 앞 끝을 **종점**terminal point, 꼬리를 **시점**initial point 또는 시작점이라고 한다. 또한 화살표의 길이를 벡터량의 크기라고 하고, 특별히 크기가 1인 벡터량을 **단위벡터**unit vector라고 한다. 이 책에서는 벡터량을 볼드bold 고딕체를 써서 나타내기로 하고, 이제부터는 벡터량을 단순히 벡터라고 부르기로 한다.

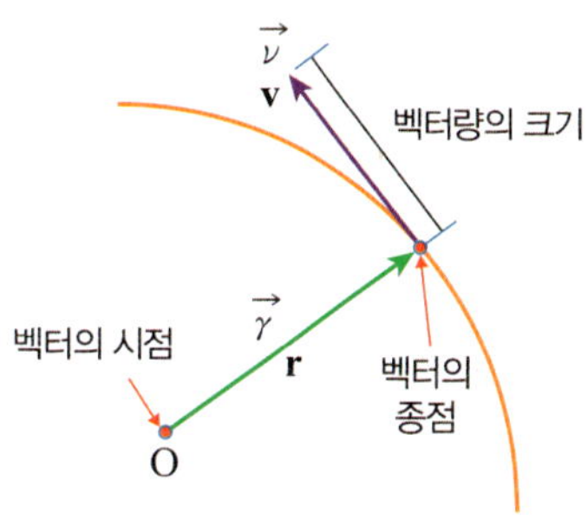

그림 1-7 벡터의 표시 방법

1.3.2 2차원 및 3차원 공간에서의 벡터 대수

벡터 물리량들 중의 하나인 힘 벡터를 합하거나 크기가 다른 평행인 두 힘을 비교하기 위해서는 벡터의 연산이 필요하다. 이제 벡터의 **상등**equality과 벡터의 성분을 정의해보고, 기본적인 연산인 벡터의 합과 스칼라 곱에 대해 학습한다.

■ 벡터의 상등

[그림 1-8(a)]와 같이 벡터가 같다고 하는 것은 두 벡터의 크기와 방향이 같을 때를 말한다. 이는 **a**의 시점을 평행이동시켜 **b**의 시점과 일치시키고, **a**의 시점과 종점 사이의 길이를 그대로 **b**의 시점에 옮기되 방향을 동일하게 하면 두 벡터 **a**와 **b**가 같음을 증명할 수 있다. 그림 (b)~(d)는 서로 다른 벡터의 예를 보여준다. 그림 (b)는 크기는 같지만 방향이 반대인 경우, 그림 (c)는 방향은 같으나 크기가 다른 경우의 예이고, 그림 (d)는 크기도 다르고 방향도 다른 두 벡터의 예를 보여준다.

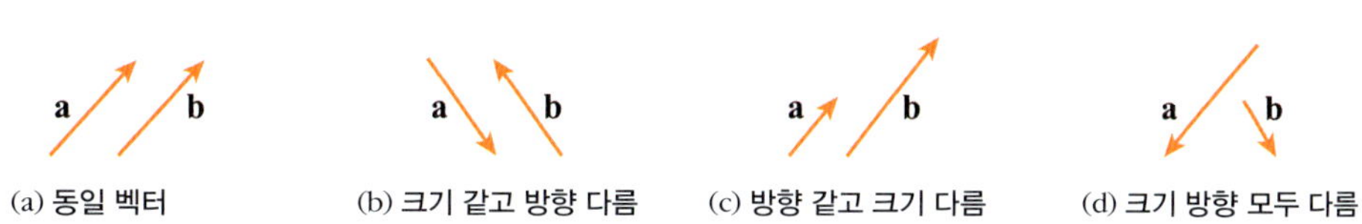

그림 1-8 두 벡터의 관계

■ 벡터의 성분

[그림 1-9]와 같이 3차원 공간의 x-y-z 직각좌표계[9]에서 b 의 시점과 종점이 각각 A(x_1, y_1, z_1)와 B(x_2, y_2, z_2)라 하면, b 의 **성분**component b $=[b_1, b_2, b_3]$는 다음과 같다.

$$b_1 = x_2 - x_1,\ b_2 = y_2 - y_1,\ b_3 = z_2 - z_1 \tag{1.5}$$

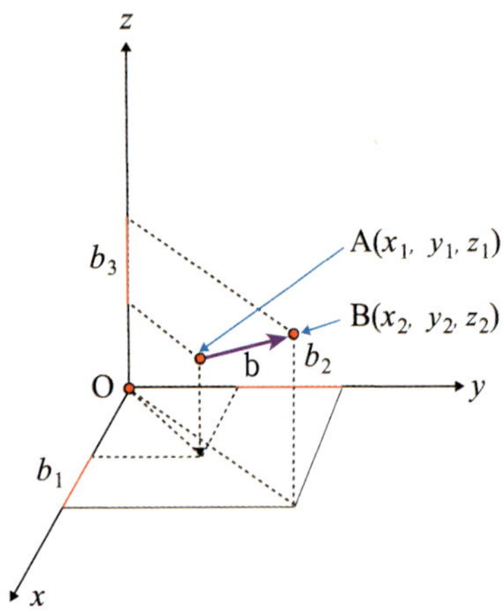

그림 1-9 직각좌표계 상에서 벡터의 성분

■ 벡터의 크기

[그림 1-9]에서 b 의 크기 또는 **길이**length는 b 의 시점 A와 종점 B 사이의 거리로 다음과 같이 표현된다.

$$|\mathrm{b}| = \sqrt{b_1^2 + b_2^2 + b_3^2} \tag{1.6}$$

식 (1.6)에서 $|\mathrm{b}|$를 b 의 크기, 길이, **놈**norm이라 부른다.

예제 1-1 벡터의 성분과 크기 구하기

직각좌표계 상에서 벡터의 시점이 A$(3, 0, 1)$이고, 종점이 B$(7, -2, 2)$인 p 가 있다. p 의 성분과 크기를 구하시오.

분석

• 벡터의 크기를 구하는 방법과 성분을 나타내는 방법을 이용한다.

---

9 **좌표계**(coordinate system)는 물체의 위치를 숫자로 표시할 좌표를 제공하는 공간이다. 좌표계의 종류로는 x-y-z의 **직각좌표계**(rectangular coordinates), r-θ-z의 **원통좌표계**(cylindrical coordinates), r-θ-ϕ의 **구좌표계**(spherical coordinates) 등이 있다.

풀이

- 주어진 벡터 p 의 좌표를 이용하여 이 벡터의 성분을 나타내면 다음과 같다.

$$p_1 = 7-3 = 4,\ p_2 = -2-0 = -2,\ p_3 = 2-1 = 1$$

  따라서 성분은 $\mathrm{p} = [4,\ -2,\ 1]$이다.

- 위의 성분으로부터 p 의 크기는 다음과 같이 구할 수 있다.

$$|\mathrm{p}| = \sqrt{4^2 + (-2)^2 + 1^2} = \sqrt{21} = 4.58$$

고찰

- 벡터의 크기는 각 방향(x-y-z) 성분의 제곱의 합의 제곱근으로 구한다.

■ 벡터의 합

벡터의 대수적인 연산은 수의 연산처럼 쉽고 간단하다. 두 벡터의 합은 두 벡터의 성분을 더하는 것으로서 $\mathrm{b} = [b_1,\ b_2,\ b_3]$와 $\mathrm{c} = [c_1,\ c_2,\ c_3]$의 합 벡터가 d 일 때, d 는 다음과 같다.

$$\mathrm{d} = \mathrm{b} + \mathrm{c} = [b_1 + c_1,\ b_2 + c_2,\ b_3 + c_3] = [d_1,\ d_2,\ d_3] \tag{1.7}$$

[그림 1-10]은 벡터 합의 삼각구도와 벡터 합의 평행사변형법을 보여준다. 먼저 그림 (a)에서 벡터의 삼각구도에 의해, b + c 의 합이 d 가 되는데, 이는 b 의 시점에서 b 의 종점을 거쳐 c 의 시점에서 c 의 종점으로 그어진 합 b + c 는 b 의 시점(d 의 시점과 동일)에서 d 의 종점으로 그어진 벡터와 같음을 보여준다. 그림 (b)에서는 c 를 c 와 동일하게 평행이동시켜 b 의 종점에 부착시키면, 그림 (a)의 벡터 삼각구도와 같은 방법의 합의 구도가 된다.

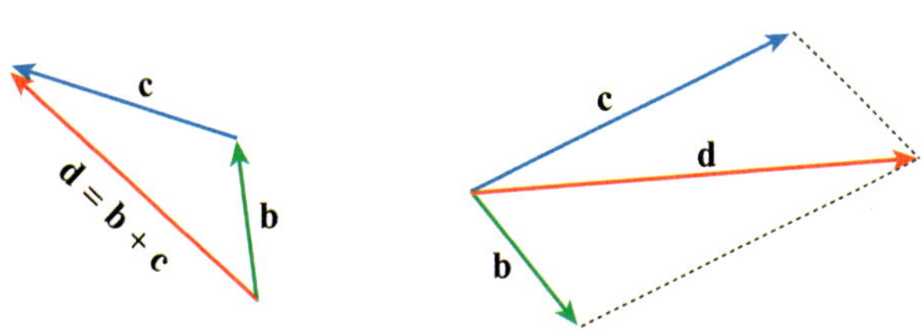

(a) 벡터의 삼각구도 (b) 벡터의 평행사변형법

그림 1-10 벡터의 삼각구도와 벡터 합(평행사변형법)

다음은 벡터의 대수적인 방법에 의한 합의 법칙을 나타내는 식들을 나타낸다.

$$a + b = b + a \text{ (교환법칙)} \tag{1.8}$$

$$(a + b) + c = a + (b + c) \text{ (결합법칙)} \tag{1.9}$$

$$a + 0 = 0 + a = a \tag{1.10}$$

$$a + (-a) = 0 \tag{1.11}$$

[그림 1-11]은 벡터 합의 교환법칙과 결합법칙의 예를 보여준다. 먼저 그림 (a)에 있어, 벡터 삼각구도에 의해 c의 윗부분의 a + b와 c의 아랫부분의 b + a가 모두 c가 된다. 따라서 벡터의 교환법칙이 성립됨을 보여준다. 그림 (b)는 벡터의 결합법칙의 예를 보여주는데, (a + b)에 c를 더한 것인 a + b + c는 a에 (b + c)를 더한 것과 같음을 보여준다.

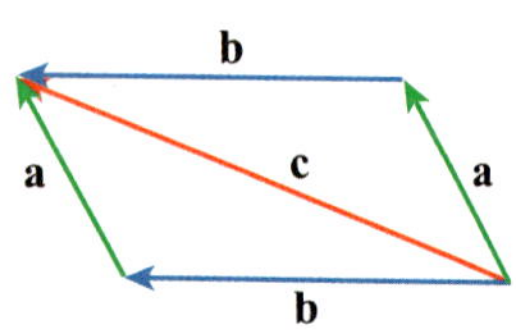

(a) 벡터 합의 교환법칙 예

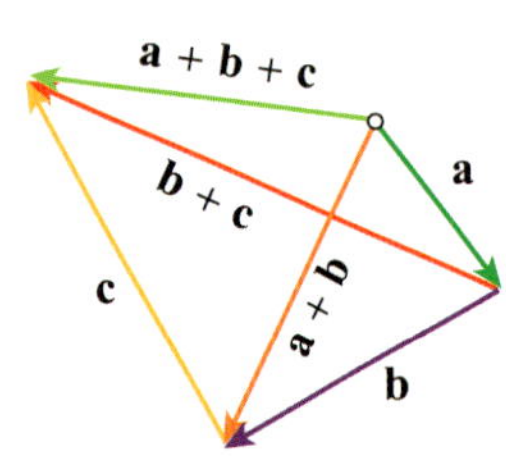

(b) 벡터 합의 결합법칙 예

그림 1-11 벡터 합의 교환법칙과 결합법칙

■ 벡터 합력과 방향을 구하는 방법

[그림 1-12]는 어떤 조인트 점 A에 작용하는 두 힘 벡터 R_1과 R_2를 보여주고 있다. R_1과 R_2의 합력 R의 크기와 방향을 두 방법(삼각형법과 좌표계 이용법)을 통해 살펴본다.

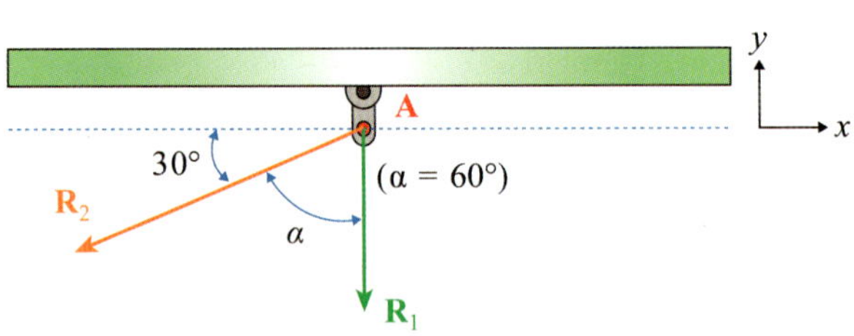

그림 1-12 두 힘의 합력과 방향

1 삼각형법 : 스칼라 이용

[그림 1-13(a)]는 평행사변형에 의한 벡터 합의 그림이고, [그림 1-13(b)]는 그림 (a)에서 벡터 삼각구도만을 따로 떼어내어 그린 그림이다. 두 그림으로부터 벡터 합의 크기와 방향을 구해보자.

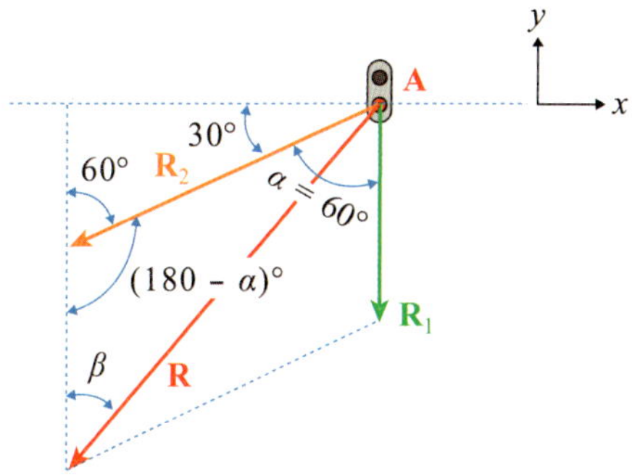

(a) 평행사변형 이용

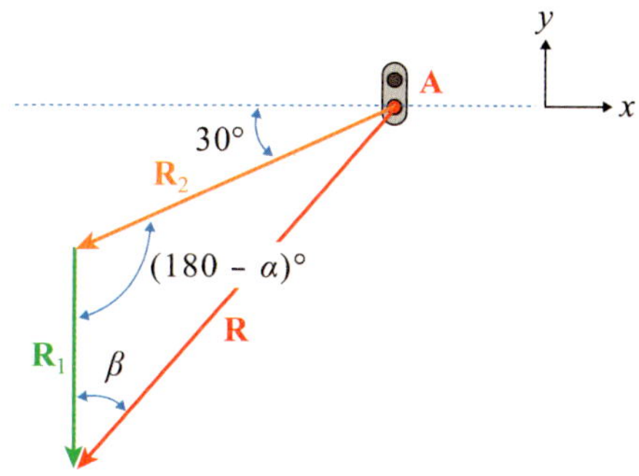

(b) 삼각형 이용

그림 1-13 삼각형법에 의한 합 벡터의 크기와 방향

합 벡터의 크기는

$$R = \sqrt{[R_1^2 + R_2^2 - 2R_1 R_2 \cos(180° - \alpha)]}$$

이다. $R_1 = 50$ N, $R_2 = 100$ N 이라고 하면, 다음과 같이 계산할 수 있다.

$$R = \sqrt{[(50)^2 + (100)^2 - 2(50)(100)\cos(180° - 60°)]} = 132.2876 \text{ N}$$

한편, 각 β로 표시되는 합 벡터 R 의 방향은 다음과 같다.

$$\frac{\sin(180° - \alpha)}{R} = \frac{\sin\beta}{R_2}$$

여기서 수치 값을 대입하면 다음과 같다.

$$\frac{\sin(180° - 60°)}{132.2876} = \frac{\sin\beta}{100}, \quad \sin\beta = 0.65465, \quad \beta = 40.89°$$

2 좌표계 이용법 : 벡터 이용

좌표계를 이용해 벡터로 힘의 합 벡터를 구해보자. [그림 1-13(b)]로부터 x, y축의 단위벡터를 각각 i, j 라 하면 다음과 같다.

$$\mathrm{R} = \mathrm{R}_1 + \mathrm{R}_2 = -R_2\cos 30°\,\mathrm{i} - R_2\sin 30°\,\mathrm{j} - R_1\,\mathrm{j}$$

합 벡터의 크기는

$$R = \sqrt{(-R_2\cos 30°)^2 + (-R_2\sin 30° - R_1)^2}$$

이다. 여기에 $R_1 = 50$ N, $R_2 = 100$ N 의 각 수치 값을 대입하면 R은 다음과 같다.

$$R = \sqrt{\frac{(3R_2{}^2)}{4} + R_1{}^2 + \frac{R_2{}^2}{4} + 2R_1 R_2 \sin 30°} = 132.2876 \text{ N}$$

다시 한번 $R_1 = 50\text{ N}$, $R_2 = 100\text{ N}$의 값을 이용하면 [그림 1-14]에서 $\tan\beta = \dfrac{50\sqrt{3}}{100}$이 된다. 이로부터 β의 각도를 구할 수 있다. 즉 $\beta = \tan^{-1}\left(\dfrac{\sqrt{3}}{2}\right) = 40.89°$가 되고, 이는 삼각형법으로 구한 각도와 동일함을 알 수 있다.

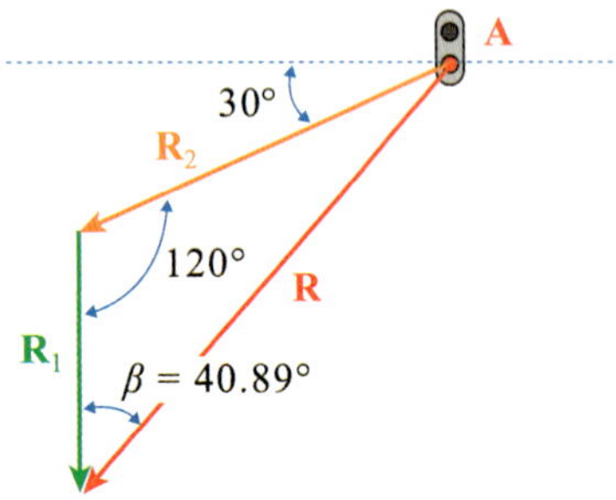

그림 1-14 합 벡터의 방향

예제 1-2 교환법칙과 결합법칙을 이용한 벡터 합 구하기

세 벡터 **a**, **b**, **c**의 직각좌표계 상에서의 성분이 각각 $\mathbf{a} = [3,\ 0,\ 2]$, $\mathbf{b} = [1,\ -2,\ 2]$, $\mathbf{c} = [2,\ -1,\ 1]$일 때, 다음을 구하시오.

(a) $\mathbf{a} + \mathbf{b}$ (b) $\mathbf{a} + \mathbf{b} + \mathbf{c}$ (c) $\mathbf{b} - \mathbf{c} + \mathbf{a}$

분석

- 벡터의 합을 구하는 방법으로 합과 차를 구한다.

풀이

주어진 세 벡터 **a**, **b**, **c**의 성분 좌표를 이용하여 문제의 벡터 합을 구한다.

(a) $\mathbf{a} + \mathbf{b} = [3+1,\ 0-2,\ 2+2] = [4,\ -2,\ 4]$

(b) $\mathbf{a} + \mathbf{b} + \mathbf{c} = [3+1+2,\ 0-2-1,\ 2+2+1] = [6,\ -3,\ 5]$

(c) $\mathbf{b} - \mathbf{c} + \mathbf{a} = [1-2+3,\ -2+1+0,\ 2-1+2] = [2,\ -1,\ 3]$

고찰

- 벡터의 합의 성질을 다시 한 번 생각해보자.

■ 벡터의 스칼라 곱

상수 c와 임의의 벡터 p 의 스칼라 곱은 다음과 같이 대수적 곱과 같은 방법으로 나타낸다. 직각좌표계 상에서의 벡터 p 의 성분을 $\mathrm{p} = [p_1,\ p_2,\ p_3]$라 하면 상수 c의 스칼라 곱은 다음과 같다.

$$c\mathrm{p} = [cp_1,\ cp_2,\ cp_3] \tag{1.12}$$

한편, 벡터의 합의 성질과 스칼라 곱에 관한 성질을 이용하여 스칼라 곱의 기본 성질을 표현하면 다음과 같다.

$$c(\mathrm{a}+\mathrm{b}) = c\mathrm{a} + c\mathrm{b}\ \text{(분배법칙)} \tag{1.13}$$

$$(c_1 + c_2)\mathrm{a} = c_1\mathrm{a} + c_2\mathrm{a} \tag{1.14}$$

$$c_1(c_2\mathrm{a}) = (c_1 c_2)\mathrm{a} = c_1 c_2\mathrm{a} \tag{1.15}$$

$$1\mathrm{a} = \mathrm{a},\ 0\mathrm{a} = 0,\ (-1)\mathrm{a} = -\mathrm{a} \tag{1.16}$$

예제 1-3 **벡터 합과 스칼라 곱**

두 벡터 a , b 가 있다. 이 두 벡터의 직각좌표계 상에서의 성분이 각각 $\mathrm{a} = [1,\ -1,\ 3]$, $\mathrm{b} = [2,\ 0,\ 4]$일 때, 다음을 구하시오.

(a) $-\mathrm{a}$ (b) $5\mathrm{b}$ (c) $3(\mathrm{a}-\mathrm{b})$

분석

- 벡터의 합을 구하는 방법으로 합과 차를 구한다.

풀이

주어진 두 벡터 a , b 의 성분 좌표를 이용하여 문제의 답을 구한다.

(a) $-\mathrm{a} = [-1,\ 1,\ -3]$

(b) $5\mathrm{b} = [10,\ 0,\ 20]$

(c) $3(\mathrm{a}-\mathrm{b}) = [-3,\ -3,\ -3]$

고찰

- 벡터의 합의 성질과 스칼라 곱의 성질을 다시 한 번 학습한다.

■ 단위벡터

단위벡터란 크기가 1인 벡터로서 통상적으로 x-y-z 직각좌표계에서 각 방향의 단위벡터는 각각 **i**, **j**, **k**로 나타낸다. 이를 그림으로 나타내면 [그림 1-15]와 같다.

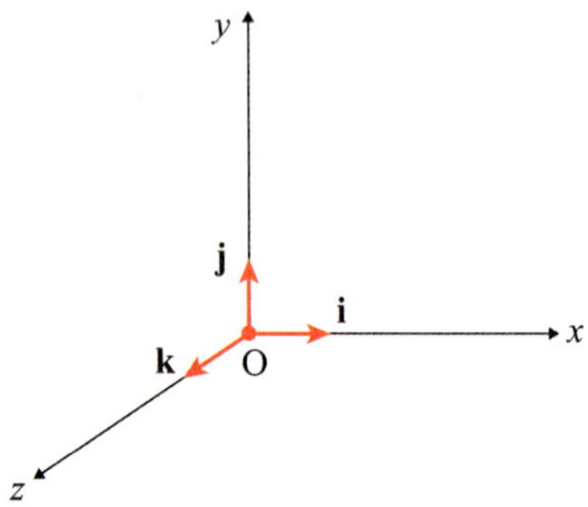

그림 1-15 직각좌표계에 나타낸 단위벡터 방향

1.3.3 벡터의 내적

두 벡터 **b**와 **c**의 **내적**inner product 또는 **스칼라 적**scalar product은 **b** · **c**로 표시하며, 이를 두 벡터 **b**와 **c**의 내적이라고 읽는다. 두 벡터의 내적 결과는 스칼라이며, 다음과 같이 정의한다.

$$\mathbf{b} \neq 0 \text{이고 } \mathbf{c} \neq 0 \text{일 때, } \mathbf{b} \cdot \mathbf{c} = |\mathbf{b}||\mathbf{c}|\cos\alpha \tag{1.17}$$

$$\mathbf{b} = 0 \text{ 또는 } \mathbf{c} = 0 \text{이면 } \mathbf{b} \cdot \mathbf{c} = 0 \tag{1.18}$$

식 (1.17)에서 각 α는 두 벡터가 이루는 사잇각이다.

두 벡터 **b**와 **c**의 성분을 각각 $\mathbf{b} = [b_1,\ b_2,\ b_3]$와 $\mathbf{c} = [c_1,\ c_2,\ c_3]$라 하면, **b** · **c**는 다음과 같이 계산한다.

$$\mathbf{b} \cdot \mathbf{c} = b_1c_1 + b_2c_2 + b_3c_3 \tag{1.19}$$

[그림 1-16]은 두 벡터가 이루는 사잇각을 통해 두 벡터의 내적 값의 부호와 값을 나타낸다. 그림 (a)에서 $\mathbf{b} \cdot \mathbf{c} > 0$, 그림 (b)에서 $\mathbf{b} \cdot \mathbf{c} = 0$, 그림 (c)에서 $\mathbf{b} \cdot \mathbf{c} < 0$이다. 두 벡터 **b**와 **c**에 대해 $\mathbf{b} \cdot \mathbf{c} = 0$이 되기 위한 필요하고도 충분한 조건은 $\cos\alpha = 0$, $\alpha = 90°$이다.

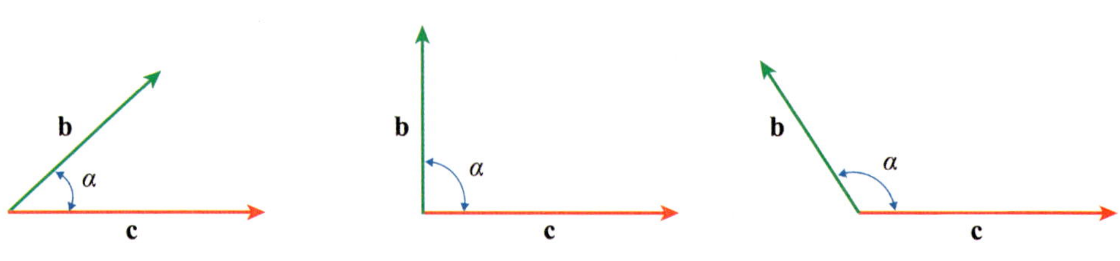

그림 1-16 두 벡터 a와 b의 사잇각과 내적 부호

■ 두 벡터의 내적을 이용한 두 벡터의 크기와 사잇각

영 벡터가 아닌 두 벡터 b와 c에서, b = c이면 $c \cdot c = |c|^2$이므로 다음과 같은 관계가 된다.

$$|c| = \sqrt{c \cdot c} \tag{1.20}$$

영 벡터가 아닌 두 벡터 b와 c의 사잇각을 α라 할 때, 방향 코사인 $\cos\alpha$는 식 (1.17)과 식 (1.20)에 의해 다음과 같이 표현할 수 있다.

$$\cos\alpha = \frac{b \cdot c}{|b||c|} = \frac{b \cdot c}{\sqrt{b \cdot b}\sqrt{c \cdot c}} \tag{1.21}$$

■ 벡터 내적의 성질

벡터의 내적은 다음과 같은 성질과 법칙을 가진다. 임의의 세 벡터 a, b, c와 스칼라 c_1, c_2에 관해 다음과 같은 법칙과 규칙이 있다.

$$(c_1 b + c_2 c) \cdot a = c_1 b \cdot a + c_2 c \cdot a \quad \text{(선형성)} \tag{1.22}$$

$$b \cdot c = c \cdot b \quad \text{(교환법칙)} \tag{1.23}$$

$$b \cdot b \geq 0,\ b \cdot b = 0 \quad (b = 0\text{일 때만 성립}) \tag{1.24}$$

$$(a + b) \cdot c = a \cdot c + b \cdot c \quad \text{(분배법칙)} \tag{1.25}$$

$$|b \cdot c| \leq |b||c| \quad \text{(슈바르츠Schwarz 부등식)} \tag{1.26}$$

$$|b + c| \leq |b| + |c| \quad \text{(삼각 부등식)} \tag{1.27}$$

$$|b + c|^2 + |b - c|^2 = 2\left(|b|^2 + |c|^2\right) \quad \text{(평행사변형 등식)} \tag{1.28}$$

■ 단위벡터 내적의 성질

x-y-z 직각좌표계에서 단위벡터의 내적의 성질은 다음과 같다.

$$i \cdot i = 1,\ j \cdot j = 1,\ k \cdot k = 1,\ i \cdot j = 0,\ j \cdot k = 0,\ k \cdot i = 0 \tag{1.29}$$

예제 1-4 힘이 한 일 구하기

[그림 1-17]과 같이 크기가 $F = 5$ N인 F의 힘이 점 A에 작용하여, 크기가 $r = 0.5$ m인 변위 r이 수평방향으로 일어났다면, 이때 힘이 한 일은 얼마인가?

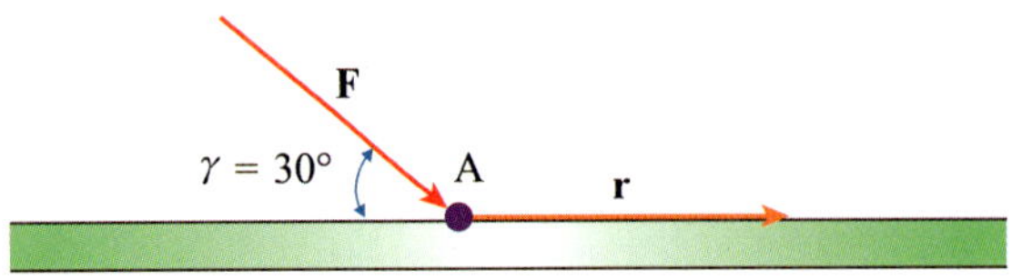

그림 1-17 힘에 의한 일

분석

- 두 벡터의 내적을 이용하여 일을 계산한다.

풀이

- [그림 1-17]에 보이는 $F = 5$ N 크기의 힘 벡터를 F, 변위 벡터를 r, 일을 U라 하면, 일 U는 두 벡터 F와 r의 내적으로 다음과 같이 구할 수 있다.

$$U = \mathrm{F} \cdot \mathrm{r} = |\mathrm{F}||\mathrm{r}|\cos\gamma$$

$$U = (5)(0.5)\cos 30° = 2.165 \ \mathrm{N \cdot m}$$

고찰

- 벡터의 내적은 힘이 한 일을 구하는 데도 사용할 수 있다.

1.3.4 벡터의 외적

벡터의 외적은 **벡터 적**vector product 또는 **크로스 적**cross-multiplication이라고도 부른다. [그림 1-18]의 두 벡터 b와 c의 외적은 다음과 같이 제3의 다른 벡터 d가 된다.

$$\mathrm{d} = \mathrm{b} \times \mathrm{c} \tag{1.30}$$

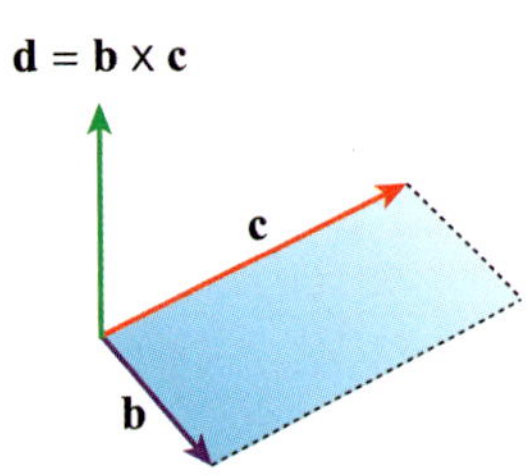

그림 1-18 벡터의 외적 방향

제3의 벡터 d 의 크기는 다음과 같다.

$$|\mathrm{d}| = |\mathrm{b}||\mathrm{c}|\sin\alpha \tag{1.31}$$

■ 단위벡터의 외적

단위벡터의 외적은 [그림 1-19]와 같이 직각좌표계의 우수계(반시계방향이 양(+)) 표현에 의해 다음과 같이 나타내진다.

$$\mathrm{i}\times\mathrm{j}=\mathrm{k},\ \mathrm{j}\times\mathrm{k}=\mathrm{i},\ \mathrm{k}\times\mathrm{i}=\mathrm{j} \tag{1.32}$$

$$\mathrm{j}\times\mathrm{i}=-\mathrm{k},\ \mathrm{k}\times\mathrm{j}=-\mathrm{i},\ \mathrm{i}\times\mathrm{k}=-\mathrm{j} \tag{1.33}$$

[그림 1-19]에서 시계방향(노란색 회전방향)의 벡터 외적의 결과는 음의 벡터, 반시계방향(초록색 회전 방향)의 벡터 외적의 결과는 양의 벡터가 된다.

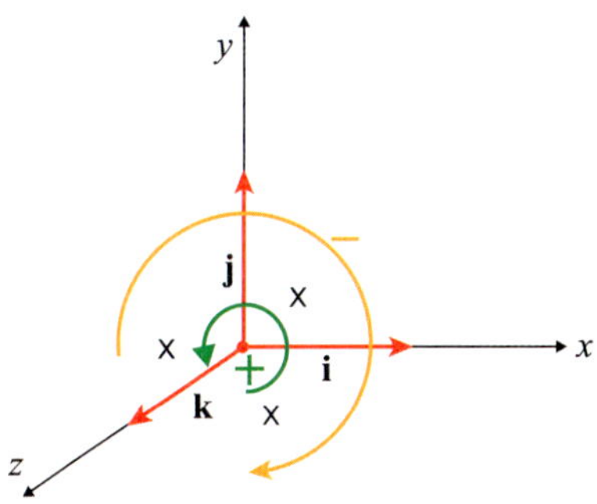

그림 1-19 직각좌표계에서의 단위벡터 방향(우수계)

한편, 두 벡터의 외적은 교환법칙이 성립되지 않고 [그림 1-20]과 같이 반 교환성을 갖는다.

$$\mathrm{b}\times\mathrm{c}\neq\mathrm{c}\times\mathrm{b},\ \mathrm{b}\times\mathrm{c}=-\mathrm{c}\times\mathrm{b} \tag{1.34}$$

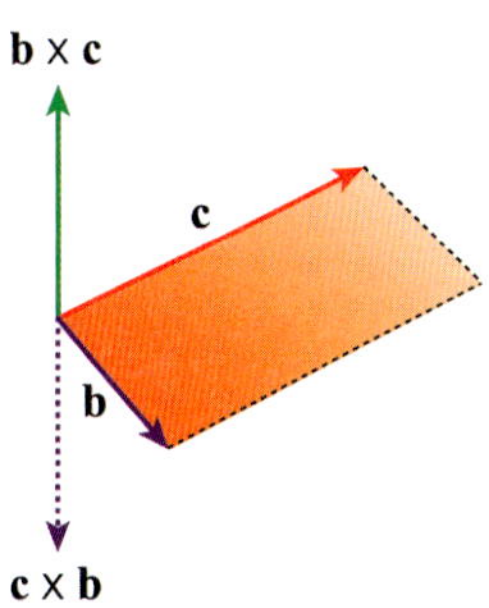

그림 1-20 벡터 외적의 반 교환성질

■ 행렬식을 이용한 벡터의 외적 표현

벡터의 외적은 다음과 같이 행렬식을 이용해 전개할 수도 있다.

$$\mathrm{d} = \mathrm{b} \times \mathrm{c} = \begin{vmatrix} \mathrm{i} & \mathrm{j} & \mathrm{k} \\ b_1 & b_2 & b_3 \\ c_1 & c_2 & c_3 \end{vmatrix} \tag{1.35}$$

식 (1.35)의 결과는 다음과 같다.

$$\mathrm{d} = (b_2 c_3 - b_3 c_2)\mathrm{i} + (b_3 c_1 - b_1 c_3)\mathrm{j} + (b_1 c_2 - b_2 c_1)\mathrm{k} \tag{1.36}$$

■ 벡터 외적의 일반적 성질

벡터 외적의 일반적 성질은 다음과 같다.

$$(c_1 \mathrm{b}) \times \mathrm{c} = c_1 (\mathrm{b} \times \mathrm{c}) = \mathrm{b} \times (c_1 \mathrm{c}) \quad (\text{모든 스칼라 } c_1 \text{에 대해}) \tag{1.37}$$

$$\mathrm{b} \times (\mathrm{c} + \mathrm{d}) = (\mathrm{b} \times \mathrm{c}) + (\mathrm{b} \times \mathrm{d}) \tag{1.38}$$

$$(\mathrm{b} + \mathrm{c}) \times \mathrm{d} = (\mathrm{b} \times \mathrm{d}) + (\mathrm{c} \times \mathrm{d}) \tag{1.39}$$

$$\mathrm{c} \times \mathrm{b} = -\mathrm{b} \times \mathrm{c} \quad (\text{교환법칙 성립하지 않음. [그림 1-20] 참조}) \tag{1.40}$$

$$\mathrm{b} \times (\mathrm{c} \times \mathrm{d}) \neq (\mathrm{b} \times \mathrm{c}) \times \mathrm{d} \quad (\text{결합법칙 성립하지 않음}) \tag{1.41}$$

식 (1.41)에서 알 수 있듯이 벡터 외적의 결합법칙은 성립하지 않기 때문에, 괄호 ( )를 생략할 수 없다.

예제 1-5 점 P의 속도 구하기

[그림 1-21]에서 점 O를 통과하는 축에 대해 $\omega = 2\mathrm{k}$ rad/s의 반시계방향 각속도로 회전하는 원판 위의 점 P의 속도 v를 구하시오. 원판의 반경은 $r = 1$ m이고, 위치벡터 r의 방향은 단위벡터 i의 방향이다.

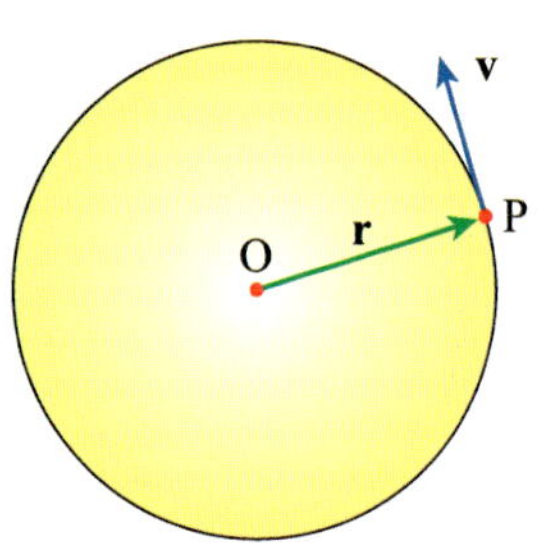

그림 1-21 원운동하는 점 P의 속도

분석

• 두 벡터의 외적을 이용하여 속도를 계산한다.

풀이

• 각속도 벡터는 $\omega = 2\mathbf{k}$ rad/s이고, 변위 벡터 $\mathbf{r} = \mathbf{i}$이므로, 속도 $\mathbf{v}$는 다음과 같다.

$$\mathbf{v} = \omega \times \mathbf{r}$$
$$\mathbf{v} = 2\mathbf{k} \times \mathbf{i} = 2\mathbf{j} \text{ m/s}$$

고찰

• 벡터의 외적은 속도를 구하는 데도 사용할 수 있다.

1.3.5 스칼라 함수의 미분과 적분

스칼라 함수의 **미분**differential과 **적분**integral은 공학 분야에서 많이 사용된다. 여기서는 먼저 스칼라 함수의 미분을 설명하고, 그 후에 적분을 설명하기로 한다.

■ 스칼라 함수의 미분

1 상미분

어떤 함수를 단일 변수 하나에 대해서만 미분할 때, 그 함수의 미분을 **상미분**ordinary differential이라 부른다. 함수 $y = f(x)$를 x에 대해 한 번 미분하면 다음과 같다.

$$y' = \frac{dy}{dx} = \frac{df(x)}{dx} \tag{1.42}$$

함수 y의 x에 대한 두 번 미분은 $y'' = \dfrac{d^2y}{dx^2}$, 세 번 미분은 $y''' = \dfrac{d^3y}{dx^3}$이다. ($'$)prime 표시는 위치에 대한 미분으로 주로 x에 대한 미분을 의미하고, ($\dot{}$)dot 표시는 시간에 대한 미분을 나타낸다. y가 $y = x(t)$와 같은 시간의 함수일 경우 시간에 대한 한 번 미분은 $\dot{y} = \dfrac{dx}{dt} = \dot{x}$로 표시하고, 시간에 대한 두 번 미분은 $\ddot{y} = \dfrac{d^2x}{dt^2} = \ddot{x}$이다.

어떤 함수가 위치의 함수일 때, 이에 대한 상미분을 행하는 몇몇 미분의 규칙을 소개한다. 만일 어떤 함수가 시간의 함수더라도 이에 대한 상미분은 위치 함수일 때와 같이 미분의 규칙을 따른다.

• **곱의 미분** : 두 함수가 곱해진 함수의 미분은 다음과 같다.

$$\frac{d}{dx}[p(x) \cdot q(x)] = p'(x)q(x) + q'(x)p(x) \tag{1.43}$$

• **분수의 미분** : 분수는 다음과 같은 규칙으로 미분한다.

$$\frac{d}{dx}\left[\frac{p(x)}{q(x)}\right] = \frac{p'(x)q(x) - p(x)q'(x)}{(q(x))^2} \tag{1.44}$$

2 편미분

편미분partial differential은 두 개 이상의 변수를 갖는 어떤 함수가 있을 때, 한 변수 이상에 대한 미분 형태를 가지는 것을 말한다. 예를 들어 세 변수로 주어진 어떤 함수 $u(x, y, z)$가 있을 때, 이에 대한 전(완전)미분[10]은 다음과 같이 전개된다.

$$du = \frac{\partial u}{\partial x}dx + \frac{\partial u}{\partial y}dy + \frac{\partial u}{\partial z}dz \tag{1.45}$$

하나의 예로, $u(x, y, z) = x^2 + 2y - 3z^3$일 때 x에 대한 편미분은 $\frac{\partial u}{\partial x} = 2x$로 변수 y나 z는 상수로 취급된다.

■ 스칼라 함수의 적분

공학에서 많이 사용되는 적분에는 일반 함수 형태와 곱의 함수 형태가 있다.

1 일반 함수의 적분

일반 함수라도 적분하기 쉬운 형태는 여기서는 배제하기로 하고, 다음과 같은 몇몇 함수의 적분만을 전개한다.

$$\int [p(x)]^n p'(x)dx = \frac{[p(x)]^{n+1}}{n+1} + C \ (n \neq -1) \tag{1.46}$$

$$\int \frac{p'(x)}{p(x)}dx = \ln|p(x)| + C \tag{1.47}$$

$$\int x^n dx = \frac{1}{n+1}x^{n+1} + C \ (n \neq -1) \tag{1.48}$$

$$\int \ln x\, dx = x\ln x - x + C \tag{1.49}$$

2 곱의 함수의 적분(부분적분)

곱의 함수의 적분은 **부분적분**partial integral을 이용해 다음과 같이 적분할 수 있다.

$$\int p(x)q'(x)dx = p(x)q(x) - \int p'(x)q(x)dx \tag{1.50}$$

10 어떤 함수 u의 미분소(differential) du가 존재할 때, du를 완전미분(exact differential)이라 한다.

1.3.6 벡터함수의 미분과 적분

■ 벡터함수의 미분

이제 중요한 벡터함수의 **도함수**derivative에 대해 알아보자. 3차원 공간상의 직각좌표계에서 어떤 임의의 벡터함수 $\mathrm{u}(t)$를 $\mathrm{u}(t) = u_1(t)\mathrm{i} + u_2(t)\mathrm{j} + u_3(t)\mathrm{k}$ 와 같이 나타낼 수 있는데, 식 (1.51)의 극한이 존재하면 벡터함수 $\mathrm{u}(t)$는 점 t에서 미분 가능하다고 한다. 이때, $\dot{\mathrm{u}}(t)$를 $\mathrm{u}(t)$의 도함수라고 한다.

$$\frac{d\mathrm{u}}{dt} = \dot{\mathrm{u}}(t) = \lim_{\Delta t \to 0} \frac{\mathrm{u}(t+\Delta t) - \mathrm{u}(t)}{\Delta t} \tag{1.51}$$

[그림 1-22]는 도함수 $\dot{\mathrm{u}}(t)$와 $\mathrm{u}(t+\Delta t)$, $\mathrm{u}(t)$ 벡터를 나타낸 것이다.

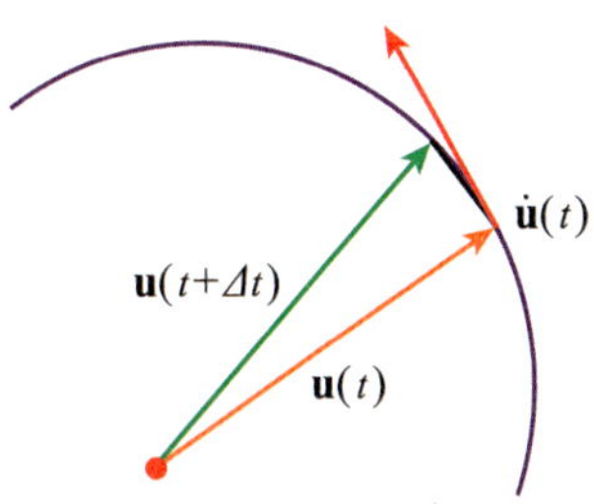

그림 1-22 벡터함수와 도함수

1 벡터 미분의 법칙들

다음은 벡터 미분의 몇몇 법칙들이다.

$$\frac{d}{dt}(c_1\mathrm{u}) = c\dot{\mathrm{u}} \tag{1.52}$$

$$\frac{d}{dt}(\mathrm{u} + \mathrm{v}) = \dot{\mathrm{u}} + \dot{\mathrm{v}} \tag{1.53}$$

$$\frac{d}{dt}(\mathrm{u} \cdot \mathrm{v}) = \dot{\mathrm{u}} \cdot \mathrm{v} + \mathrm{u} \cdot \dot{\mathrm{v}} \tag{1.54}$$

$$\frac{d}{dt}(\mathrm{u} \times \mathrm{v}) = \dot{\mathrm{u}} \times \mathrm{v} + \mathrm{u} \times \dot{\mathrm{v}} \tag{1.55}$$

$$\frac{d}{dt}(\mathrm{u} \cdot \mathrm{v} \times \mathrm{w}) = \dot{\mathrm{u}} \cdot \mathrm{v} \times \mathrm{w} + \mathrm{u} \cdot \dot{\mathrm{v}} \times \mathrm{w} + \mathrm{u} \cdot \mathrm{v} \times \dot{\mathrm{w}} \tag{1.56}$$

2 벡터함수의 편도함수

두 변수 이상의 변수를 갖는 어떤 벡터함수 $\mathrm{u}(t) = u_1(t)\mathrm{i} + u_2(t)\mathrm{j} + u_3(t)\mathrm{k}$에 대하여, 독립 변수 t_1에 대한 $\mathrm{u}(t)$의 **편도함수**partial derivative는 다음과 같다.

$$\frac{\partial \mathrm{u}}{\partial t_1} = \frac{\partial u_1}{\partial t_1}\mathrm{i} + \frac{\partial u_2}{\partial t_1}\mathrm{j} + \frac{\partial u_3}{\partial t_1}\mathrm{k} \tag{1.57}$$

■ 벡터함수의 적분

어떤 벡터함수 $\mathrm{u}(t)$가 $\mathrm{u}(t) = \dfrac{d\mathrm{v}}{dt}$이면, $\mathrm{v}(t)$는 다음과 같이 적분 형태로 나타낼 수 있다. 여기서 C_1은 적분상수이다.

$$\mathrm{v}(t) = \int \mathrm{u}(t)\, dt + C_1 \tag{1.58}$$

1.3.7 곡선함수의 곡률

어떤 곡선의 **곡률**curvature이나 **곡률반경**radius of curvature은 동역학 문제를 포함한 다른 역학의 문제들을 푸는 데 자주 접할 수 있는 물리량이다. 예를 들어 곡선 주행을 하는 자동차의 가속도를 구하는 문제에서 곡률이나 곡률반경을 알아야 할 때가 있다. 이때 단순히 곡률이나 곡률반경에 관한 공식을 대입하기보다는 어떻게 해서 곡률이나 곡률반경이 이러한 식으로 도출되었는지를 아는 것도 중요하다. [그림 1-23]의 x-y 좌표계에서 곡선함수를 $y = p(x)$라 하고, 곡선 상의 두 점 A, B의 좌표를 각각 $\mathrm{A}(x,\ y)$, $\mathrm{B}(x + \Delta x,\ y + \Delta y)$라 하자. 또한, 점 A와 점 B에서 그은 **접선**tangential들끼리 이루는 각을 $\Delta\theta$라 하고, 점 A와 점 B 사이의 **호**arc의 길이를 Δs라 하자. 또 점 O′에서 점 A까지의 곡률반경을 ρ, 점 O′에서 점 B까지의 곡률반경은 $\rho + \Delta\rho$라 하자.

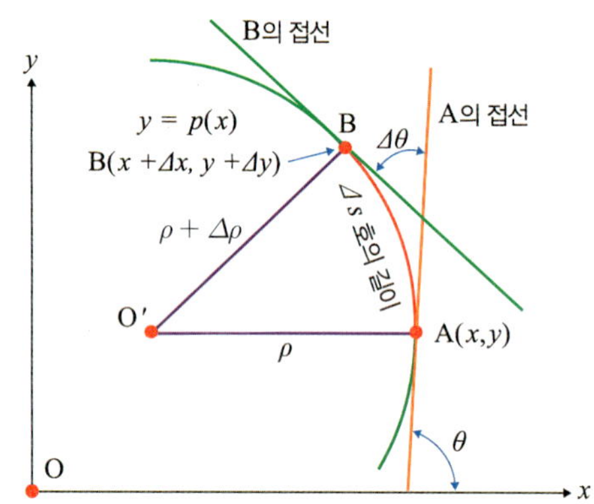

그림 1-23 곡률반경과 곡률

곡률은 곡률반경과 역수인 관계에 있다. 근사적인 관계 $\rho\Delta\theta \simeq \Delta s$로부터 어느 순간에서의 곡률은 다음과 같이 정의된다.

$$\frac{1}{\rho} = \lim_{\Delta s \to 0} \frac{\Delta\theta}{\Delta s} = \frac{d\theta}{ds} \tag{1.59}$$

■ 곡선함수의 좌표 x와 y가 시간 매개변수 $x(t)$, $y(t)$의 함수인 경우

매개변수parameter $x = x(t)$, $y = y(t)$를 이용하여, 곡률을 다음과 같이 나타낼 수 있다.

$$\frac{1}{\rho} = \frac{d\theta/dt}{ds/dt} \tag{1.60}$$

식 (1.60)의 $\frac{ds}{dt}$는 호 곡선 AB의 시간 변화율로 다음과 같이 계산된다.

$$\frac{ds}{dt} = \sqrt{(\dot{x}^2 + \dot{y}^2)} \tag{1.61}$$

또한 접선의 **기울기**slope는 $\frac{dy}{dx} = \tan\theta$ 이며, 양변을 시간에 대해 한 번 미분하면 다음과 같다.

$$\frac{d}{dt}(\tan\theta) = \frac{d}{dt}\left(\frac{\dot{y}}{\dot{x}}\right), \quad \frac{\cos^2\theta - (-\sin^2\theta)}{\cos^2\theta}\left(\frac{d\theta}{dt}\right) = \sec^2\theta\left(\frac{d\theta}{dt}\right) = \frac{\ddot{y}\,\dot{x} - \ddot{x}\,\dot{y}}{(\dot{x})^2} \tag{1.62}$$

한편 $\sec^2\theta = 1 + \tan^2\theta = \frac{(\dot{y})^2 + (\dot{x})^2}{(\dot{x})^2}$ 이므로, $\frac{d\theta}{dt}$는 다음과 같이 정리된다.

$$\left(\frac{d\theta}{dt}\right) = \frac{(\ddot{y})(\dot{x}) - (\ddot{x})(\dot{y})}{(\dot{x})^2 + (\dot{y})^2} \tag{1.63}$$

따라서 곡률은 식 (1.61)과 식 (1.63)으로부터 다음과 같다.

$$\frac{1}{\rho} = \frac{d\theta/dt}{ds/dt}, \quad \frac{1}{\rho} = \frac{(\ddot{y})(\dot{x}) - (\ddot{x})(\dot{y})}{[(\dot{x})^2 + (\dot{y})^2]^{3/2}} \tag{1.64}$$

곡률반경 ρ는 다음과 같이 식 (1.64)의 역수이다.

$$\rho = \frac{[(\dot{x})^2 + (\dot{y})^2]^{3/2}}{(\ddot{y})(\dot{x}) - (\ddot{x})(\dot{y})} \tag{1.65}$$

■ 곡선함수가 $y = p(x)$로 주어진 경우

$y = p(x)$로 주어진 곡선에서 곡률은 다음과 같다.

$$\frac{1}{\rho} = \frac{d\theta}{ds} = \left(\frac{d\theta}{dx}\right)\left(\frac{dx}{ds}\right) \tag{1.66}$$

미소 원호의 길이를 ds라 하면, $(ds)^2 = (dx)^2 + (dy)^2$의 관계가 있어 $\frac{dx}{ds} = \frac{1}{\sqrt{(1+(dy/dx)^2}}$ 이 된다. $\tan\theta = \frac{dy}{dx}$의 관계로부터 양변을 x에 대해 한 번 미분하면 다음을 얻을 수 있다.

$$\frac{d}{dx}(\tan\theta) = \frac{d^2y}{dx^2} \tag{1.67}$$

식 (1.67)의 좌변에 대해 미분을 수행하면 다음과 같다.

$$\frac{\cos^2\theta - (-\sin^2\theta)}{\cos^2\theta} = \sec^2\theta\left(\frac{d\theta}{dx}\right) = \frac{d^2y}{dx^2} \tag{1.68}$$

$\sec^2\theta = 1 + \tan^2\theta = 1 + \left(\frac{dy}{dx}\right)^2$ 이므로 $\frac{d\theta}{dx}$ 는 다음과 같다.

$$\frac{d\theta}{dx} = \frac{d^2y/dx^2}{1 + (dy/dx)^2} \tag{1.69}$$

따라서 곡률은 다음과 같다.

$$\frac{1}{\rho} = \frac{d^2y/dx^2}{\left[1 + (dy/dx)^2\right]^{3/2}} \tag{1.70}$$

또한, 곡률반경은 다음과 같다.

$$\rho = \frac{\left[1 + (dy/dx)^2\right]^{3/2}}{d^2y/dx^2} \tag{1.71}$$

예제 1-6 **곡률반경 구하기**

x-y 평면에서 다음과 같은 함수 $y = \frac{1}{4}x^2$을 갖는 곡선에서 $x = 2$ m에서의 곡률반경을 구하시오.

분석

- 곡률이나 곡률반경을 구하는 식을 생각한다. y', y'' 을 계산한다.

풀이

- $y = \frac{1}{4}x^2$ 으로부터, $y' = 0.5x|_{x=2} = 1$, $y'' = 0.5$이다.

  $\rho = \frac{\left[1 + (dy/dx)^2\right]^{3/2}}{d^2y/dx^2}$ 이므로, 이 식으로부터 문제의 곡률반경을 구하면 다음과 같다.

$$\rho = \frac{(1+1)^{3/2}}{(0.5)} = \frac{2\sqrt{2}}{(0.5)} = 4\sqrt{2} = 5.66\text{ m}$$

고찰

- 곡률반경을 구하는 식은 동역학 공부를 하는 데 많이 사용되므로 꼭 익혀두자.

1.3.8 연쇄법칙

어떤 함수 $q=f(x,\ y,\ z)$가 x-y-z 공간에 있는 한 영역 P 안에서 연속이고, 연속인 1계 편도함수를 갖는다고 하자. 또한, $x=x(u,\ v)$, $y=y(u,\ v)$, $z=z(u,\ v)$는 uv 평면상에 있는 영역 B 내에서 연속이면서 1계 편도함수를 갖는 함수들이고, B 내의 모든 점 $(u,\ v)$에 대해 그 대응점 $x(u,\ v)$, $y(u,\ v)$, $z(u,\ v)$가 P 안에 놓이게 된다고 하자. 그러면 함수 $q=f(x(u,\ v),\ y(u,\ v),\ z(u,\ v))$는 B 내에서 정의되고, u와 v에 관한 1계 편도함수를 가지며, 다음과 같은 **연쇄법칙**chain rule이 성립한다.

$$\frac{\partial q}{\partial u}=\frac{\partial q}{\partial x}\frac{\partial x}{\partial u}+\frac{\partial q}{\partial y}\frac{\partial y}{\partial u}+\frac{\partial q}{\partial z}\frac{\partial z}{\partial u} \tag{1.72}$$

$$\frac{\partial q}{\partial v}=\frac{\partial q}{\partial x}\frac{\partial x}{\partial v}+\frac{\partial q}{\partial y}\frac{\partial y}{\partial v}+\frac{\partial q}{\partial z}\frac{\partial z}{\partial v} \tag{1.73}$$

실제적으로 중요한 특수한 경우로서, $w=f(x,\ y)$이고, $x=x(u,\ v)$, $y=y(u,\ v)$이면 식 (1.72)와 식 (1.73)은 각각 식 (1.74)와 식 (1.75)와 같이 된다.

$$\frac{\partial q}{\partial u}=\frac{\partial q}{\partial x}\frac{\partial x}{\partial u}+\frac{\partial q}{\partial y}\frac{\partial y}{\partial u} \tag{1.74}$$

$$\frac{\partial q}{\partial v}=\frac{\partial q}{\partial x}\frac{\partial x}{\partial v}+\frac{\partial q}{\partial y}\frac{\partial y}{\partial v} \tag{1.75}$$

만일 $q=f(x,\ y,\ z)$이고, $x=x(t)$, $y=y(t)$, $z=z(t)$이면 식 (1.72)와 식 (1.73)을 참고하여 다음과 같이 표현된다.

$$\frac{dq}{dt}=\frac{\partial q}{\partial x}\frac{dx}{dt}+\frac{\partial q}{\partial y}\frac{dy}{dt}+\frac{\partial q}{\partial z}\frac{dz}{dt} \tag{1.76}$$

만일 $q=f(x,\ y)$이고, $x=x(t)$, $y=y(t)$이면 식 (1.72)와 식 (1.73)을 참고하여 다음과 같이 표현된다.

$$\frac{dq}{dt}=\frac{\partial q}{\partial x}\frac{dx}{dt}+\frac{\partial q}{\partial y}\frac{dy}{dt} \tag{1.77}$$

만일 $q=f(x)$이고, $x=x(t)$이면 식 (1.72)와 식 (1.73)을 참고하여 다음과 같이 표현된다.

$$\frac{dq}{dt}=\frac{\partial q}{\partial x}\frac{dx}{dt} \tag{1.78}$$

SECTION 1.4

기초 역학 및 물리학

- ✔ 동역학과 연관된 물리학의 기초 내용을 학습한다.
- ✔ 동역학에서 배울 물리적 용어와 개념을 학습한다.
- ✔ 물리 시스템에 대한 응용문제 풀이 능력을 학습하고, 실생활의 예를 보여준다.

1.4.1 운동법칙과 힘의 법칙

다음은 운동법칙과 힘의 법칙 그리고 다양한 힘의 종류에 대해 알아본다.

1 운동법칙

특수한 경우를 제외하고는 일반적으로 뉴턴의 운동 제2법칙은 $\sum F = ma$라는 식으로 표현된다. 그러나 이 법칙은 힘의 법칙이라고 부르지 않는다. 이 법칙은 물체에 작용하는 힘의 합력의 크기와 방향을 정해주거나, 물체의 운동을 정해주는 법칙이다.

2 힘의 법칙

우주에는 존재하는 물체에 상호작용하는 수많은 힘들이 있고, 이 힘들에는 힘의 법칙이 있다. 즉 만유인력, **탄성력**elastic force, **마찰력**friction force, **전기력**electric power, **핵력**nuclear force 등의 각 힘을 결정하는 법칙이 있다. 만유인력은 만유인력 법칙에 의해 정해지고, 탄성력은 탄성력 법칙에 의해 힘이 정해지는 것이다.

3 힘의 법칙으로 정해지지 않는 힘

힘의 법칙으로 정해지지 않는 힘들도 있는데, 이는 **수직항력**normal force과 **장력**tension이다. 이 힘들은 외부 환경이 물체의 운동을 구속하는 경우로 이들의 크기와 방향은 운동법칙으로부터 구해진다. 즉 힘의 법칙으로부터 구해지지 않고, 물체가 운동을 구속받아 발생하는 힘들이다. 수직항력은 면을 가지고 운동을 구속하고, 장력은 줄을 연결하여 운동을 구속한다.

4 개별 힘이 아닌 공통된 성질을 갖는 힘

개별 힘이 아닌 공통된 성질을 갖는 힘들이 있는데, 그 예로 **구심력**centripetal force, **보존력**conservative force, **외력**external force, **내력**internal force, **중심력**central force 등을 들 수 있다. 구심력은 물체를 원운동하게 만들어주는 힘을 말한다. 장력이나 만유인력도 구심력이 될 수 있다. 보존력은 위치에너지로 표시할 수 있는 힘을 모두 보존력이라고 할 수 있다.

5 힘이 아닌 힘

힘처럼 보여도 힘이 아닌 힘이 있는데, 예를 들어 **원심력**centrifugal force, **전력**power, **기전력**electromotive force 등이 있다. 원심력은 구심력에 대한 관성력으로 실제 힘은 아닌 것이다. 기전력도 **전자기학**electromagnetism에서 나오는 것으로 힘과 같이 느껴지지만, 실제 힘은 아니다.

1.4.2 역학 해석에 필요한 힘의 예

이제 역학 해석에 필요한 몇 가지 힘들에 대해 알아보자.

■ 만유인력과 중력

만유인력과 중력은 유사한 개념이지만, 두 힘의 차이를 좀 더 명확히 알아보기 위해 다음과 같이 나누어서 살펴본다.

1 만유인력

만유인력은 [그림 1-24]와 같이 각각 m_1, m_2의 질량을 갖는 두 물체 사이에 끌어당기는 인력으로 정의된다. [그림 1-24]에서 r_1, r_2는 각각 좌표계의 원점에서 각각의 질량 m_1, m_2 물체까지의 위치벡터이다. 두 물체 사이의 만유인력 F를 벡터로 나타내면 다음과 같다.

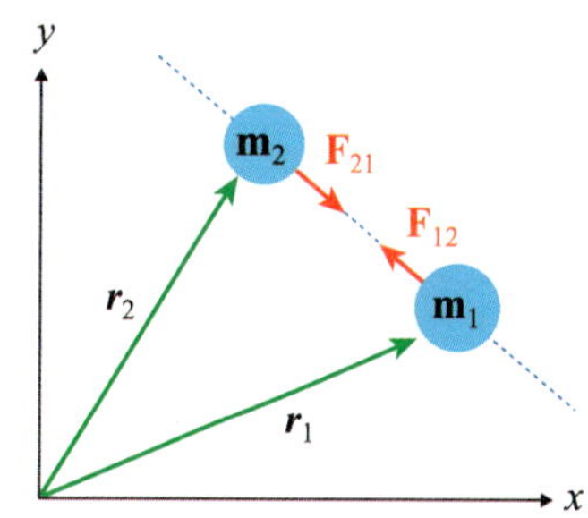

그림 1-24 만유인력

$$\mathrm{F}_{12} = \frac{G m_1 m_2 (\mathrm{r}_1 - \mathrm{r}_2)}{|\mathrm{r}_1 - \mathrm{r}_2|\,|\mathrm{r}_1 - \mathrm{r}_2|}, \qquad (1.79)$$

$$\mathrm{F}_{21} = \frac{G m_2 m_1 (\mathrm{r}_2 - \mathrm{r}_1)}{|\mathrm{r}_2 - \mathrm{r}_1|\,|\mathrm{r}_2 - \mathrm{r}_1|}$$

식 (1.79)에서 만유인력 벡터 F_{12}는 물체 2가 물체 1에 대해 작용하는 힘을 의미하는 것으로, 첫 번째 아래첨자는 대상, 두 번째 아래첨자는 원인을 의미한다고도 볼 수 있다. 만유인력은 거리의 제곱에 반비례한다는 특성을 가진다고 이해하면 된다.

2 중력

앞에서 설명한 바와 같이 중력은 만유인력과 유사한 의미이지만, 보다 정확한 의미를 살펴보자. [그림 1-25]와 같이 지구 위의 고도 h의 위치에 있는 질량 m을 갖는 물체가 있다고 할 때, 지구가 물체에 작용하는 만유인력은 질량 m의 무게이며, 스칼라 식으로 다음과 같이 나타낼 수 있다.

$$F = \frac{G M_e m}{(R+h)^2} \qquad (1.80)$$

식 (1.80)에서 G는 만유인력 상수 또는 중력 상수, R은 지구의 반경, M_e는 지구의 질량이다.

만약 **고도**altitude h가 지구의 반경 R에 비해 상당히 작은 경우 ($h \ll R$), 식 (1.80)은 근사적으로 다음과 같이 쓸 수 있다.

$$mg = F = \frac{GM_e m}{(R+h)^2} \simeq \frac{GM_e m}{R^2} \qquad (1.81)$$

각 값은 $G = 6.67 \times 10^{-11}\ \mathrm{m^3/kg \cdot s^2}$, $M_e = 5.97 \times 10^{24}\ \mathrm{kg}$, $R = 6.37 \times 10^6\ \mathrm{m}$이다. 식 (1.81)의 맨 왼쪽 값과 맨 오른쪽 값을 비교하면 중력가속도 g는 다음과 같다.

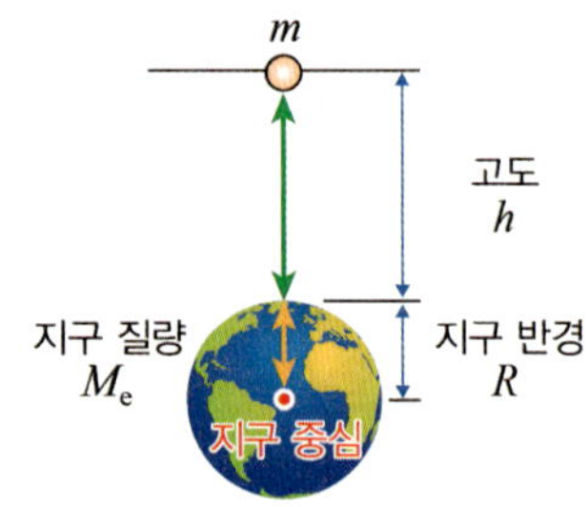

그림 1-25 중력과 중력가속도

$$g = \frac{GM_e}{R^2} \simeq 9.81344\ \mathrm{m/s^2} \qquad (1.82)$$

중력은 질량에 상수를 곱한 것으로 지구 위의 어느 정도까지는 고도가 높지 않으면 지상에서 움직여도 같은 힘을 받게 된다. 즉 중력은 물체가 움직여도 똑같은 힘을 받는 것이 특징이다. 거리에 큰 관계없이 일정한 힘이라고 이해해도 된다.

■ 수직항력과 장력

앞에서 학습할 때, 힘의 법칙으로 정해지지 않는 힘들이 있다고 했는데, 이러한 힘들인 수직항력과 장력에 대해 알아보자. 이 두 개의 힘은 구속 힘으로 운동법칙에 의해 그 힘이 결정된다.

1 수직항력

[그림 1-26(a)]는 어떤 공이 바닥에 충돌했다가 튕겨 나가는 모습을 나타낸다. 공이 바닥을 치는 작용에 대해, 동일 직선상의 반대방향으로 반작용이 있게 된다. [그림 1-26(b)]와 같이 바닥이 공을 치는 힘을 두 분력으로 나누면, 위의 방향을 향하는 바닥 면에 수직인 힘을 수직항력이라 한다. 이 힘은 바닥면 때문에 운동을 방해하는 힘으로, 공이 빨리 떨어지면 수직항력도 커지고, 공이 천천히 떨어지면 수직항력도 작아진다. [그림 1-26(c)]는 경사면에서의 수직항력을 보여준다. 경사면에서의 수직항력은 mg의 값보다 작은 값이 된다. 수직항력은 힘의 법칙으로 정의되는 것이 아니라 뉴턴의 운동법칙 식에 대입하여 계산되는 것이다. 한편, 마찰력은 [그림 1-26(b)]에서 왼쪽을 향하는 힘으로 바닥 면에 평행인 힘이다. 이에 대해서는 차후에 다시 논의해보기로 한다.

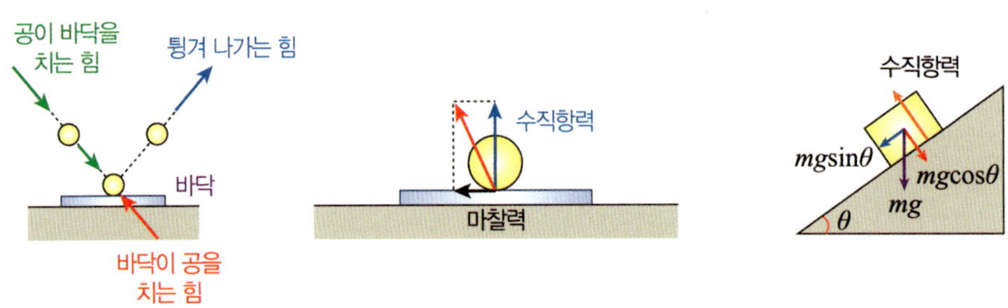

(a) 바닥에 부딪치는 공 (b) 수평면에서의 수직항력 (c) 경사면에서의 수직항력

그림 1-26 수평면과 경사면에서의 수직항력

2 장력

장력은 줄이 물체를 잡아당기는 힘으로서, 장력이 작용하면 줄이 물체의 운동을 제한하게 된다. [그림 1-27(a)]처럼 느슨한 줄에는 장력이 작용하지 않고, [그림 1-27(b)]처럼 줄이 팽팽한 경우 줄이 물체를 잡아당기는 힘이 발생한다. 장력의 방향은 팽팽한 줄의 가운데를 향한다. 장력의 크기도 운동법칙으로 정해진다.

(a) 느슨한 줄

(b) 팽팽한 줄

그림 1-27 팽팽한 줄의 장력

■ 작용력에 대한 반작용력 찾기

어떤 물체에 작용력이 가해지면 이에 대한 반작용력을 찾을 필요가 있을 때도 있다. [그림 1-28(a)]는 책상 위에 놓인 책을 보여주고, [그림 1-28(b)]는 이를 모델링한 것이다. 책을 물체 A라 할 때, 지구와 물체 A에 있어서 중력이란 지구가 물체 A를 잡아당기는 만유인력을 말한다. 흔히 그림에 표시된 중력에 대한 수직항력이 작용에 대한 반작용이라고 생각하기 쉬운데, 이때의 수직항력은 중력에 대한 반작용이 아니다. 중력에 대한 반작용은 물체 A가 지구를 끌어당기는 만유인력이다. 그러면 여기서의 수직항력은 무엇일까? 수직항력은 책상이 물체 A를 떠받드는 힘(또는 책상이 물체 A를 미는 힘)이다. 그림에서 수직항력에 대한 반작용은 무엇일까? 이에 대한 반작용은 물체 A가 책상을 미는 힘이다.

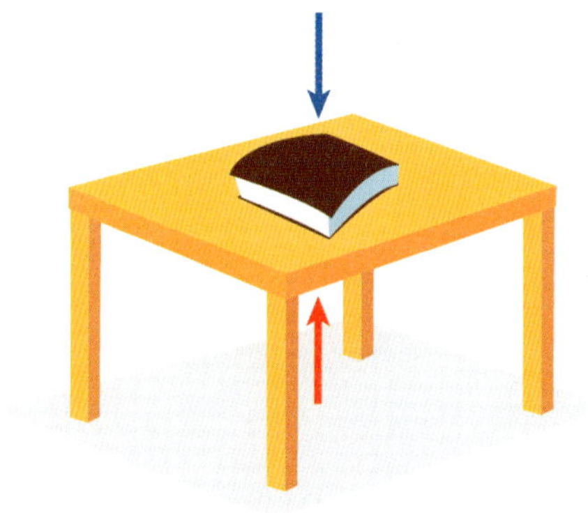

(a) 책상 위에 놓인 책

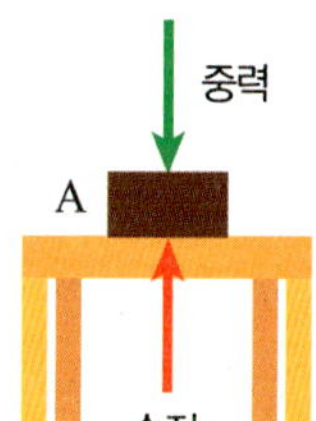

(b) 작용과 반작용이 아닌 중력과 수직항력 예

그림 1-28 작용력과 반작용력의 이해

1.4.3 마찰

마찰은 우리들의 일상생활 속에서 자주 접하게 되는 현상으로, 다음과 같이 크게 네 종류로 나눌 수 있다.

1 건조마찰 dry friction

고체마찰 또는 고체 윤활이라고도 하며, 고체와 고체 사이의 두 마찰면 사이에 윤활제를 갖지 않는 마찰이다. 통상적으로 건조마찰계수는 1보다 작다.

2 표면마찰 skin friction

통상적으로 고체와 유체(액체 또는 기체) 사이의 표면에서 이루어지는 마찰로서 고체가 고속으로 움직이는 경우, 그 운동을 방해하는 마찰에 해당된다.

3 유체마찰 fluid friction

습식마찰이라고도 하며, 흔히 고체-유체-고체 사이에서 일어나는 마찰을 일컫는다. 이러한 경우는 마찰면의 표면이 서로 극히 얇은 윤활제 막(10^{-3}~10^{-4} μm)으로 분리되어 있을 경우(마찰계수는 대략 0.1에서 0.01 정도임)와 이보다는 더 두꺼운 유막(유막의 두께는 1~100 μm)과 압력에 의해 완전히 사이를 두고 있는 경우(유체마찰 계수는 0.001~0.0001 정도임)가 있다.

4 내부마찰 internal friction

어떤 재료의 분자 간, 원자와 원자 간, 또는 분자와 원자 간 등 재료 내부에서의 마찰에 의해 일어나는 현상이다.

1.4.4 접촉한 두 고체면 사이의 마찰력

마찰력은 물체가 움직이거나 움직이려고 하는 방향과 반대방향으로 작용하여 물체의 운동을 방해하려는 힘으로 정의하며, 마찰력의 종류는 크게 두 가지로 나뉜다. 하나는 접촉한 두 면 사이의 마찰력이고, 다른 하나는 물체가 유체 속을 움직일 때 유체의 분자들과 물체 사이에 발생하는 저항에 의해 일어나는 마찰력이다.

여기서는 주로 일반 역학계에서 일어나는 고체와 고체 사이의 마찰인 건조마찰에 의해 접촉한 두 면 사이의 마찰에 대해서만 더 설명하기로 한다.

■ 미끄럼마찰

미끄럼마찰sliding friction은 두 물체 사이에 미끄러짐이 있어 발생하는 마찰로서 수평면 상에서의 마찰력과 수직면 상에서의 마찰력으로 나누어 생각해볼 수 있다.

[그림 1-29(a)]는 수평면 위에서 작용력 P에 대해 마찰력 f가 작용하는 경우로서, 이 마찰력은 물체의 운동방향에 대해 반대방향으로 작용한다. [그림 1-29(b)]는 수직면 상에서 마찰력이 작용하는 예이다. 물체를 지우개라 생각하면, 작용력 F가 없고 벽면이 매끄럽다고 할 때 지우개는 아래로 떨어지고 말 것이다. 이런 경우, 작용력 F를 가하여 지우개를 미끄러지지 않게 하면 수직항력도 커지게 되고, 마찰력 또한 커져서 지우개는 아래로 떨어지지 않게 된다.

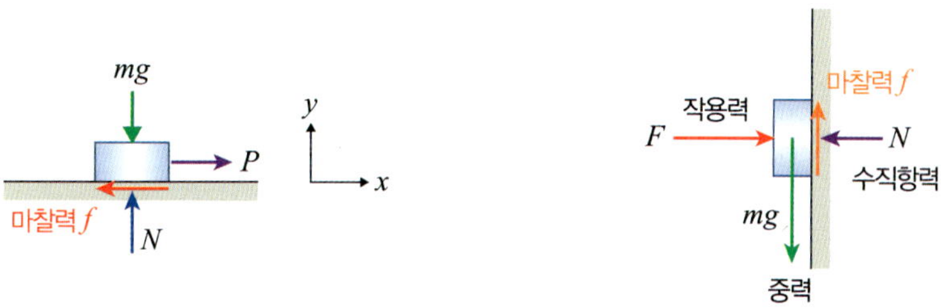

(a) 수평면 위의 마찰 (b) 수직면 위의 마찰

그림 1-29 수평면 또는 수직면 상에서의 마찰력

미끄럼마찰의 마찰력의 종류에는 정지마찰력, 최대정지마찰력, 운동마찰력이 있다.

- **정지마찰력**static friction : 정지마찰력은 두 물체가 접촉하는 면과 면이 상대에 대해 움직이지 않는 경우의 마찰력이며, 면끼리 비벼지지 않는 경우의 마찰력이다. 물체의 상대가속도가 0인 조건으로 결정된다.
- **최대정지마찰력**maximum static friction : 정지마찰력 중, 최대가 되는 마찰력으로 면과 면이 서로를 향해 얼마나 누르느냐에 따라, 즉 수직항력에 따라 그 크기가 결정된다. 물체 사이에 상대운동이 시작되는 순간에 마찰력의 크기가 최대로 되는데 이때의 정지마찰력을 최대정지마찰력이라 한다.
- **운동마찰력**kinetic friction : 운동마찰력은 두 물체가 맞닿은 면과 면이 상대운동에 의해 움직일 때에 작용하는 마찰력이다. 이때는 미끄러지게 되는데, 이 마찰력 또한 수직항력과 접촉하는 성질에 따라 다르다.

마찰력에 대한 개념을 주행하는 자동차의 예를 들어 설명하기로 한다. 어떤 자동차가 달리고 있을 때 작용하는 마찰력은 운동마찰력이 아니라 정지마찰력이다. 즉 정지마찰력이 작용하여 바퀴가 굴러가는 것이다. 이때 바퀴와 지면 사이에는 미끄러짐이 없다. 그러나 자동차가 달리던 중 브레이크를 세게 밟으면 바퀴는 굴러가지 않고 미끄러지며, 바퀴가 굴러 돌지 않은 상태에서 앞으로 나아간다. 즉 지면과 바퀴가 비벼지게 된다. 이때 작용하는 마찰력이 운동마찰력인 것이다. 따라서 마찰력의 구분은 물체가 움직이느냐 그렇지 않으냐가 아니라 두 물체가 접촉하는 면과 면이 비벼지느냐 아니냐이다.

이제 각각의 마찰력(정지마찰력, 최대정지마찰력, 운동마찰력)에 대해 운동방정식과 어떤 관계가 있는지 살펴보자. [그림 1-29(a)]의 수평면 상에서의 마찰력을 예로 들어 마찰력에 대한 설명을 더해보기로 한다. 작용력 P가 작용할 때 마찰력이 작용하는 경우, x축 방향의 운동방정식은 다음과 같다.

$$\sum F = m a_x, \quad P - f = m a_x \tag{1.83}$$

정지마찰력은 정지한 상태($a_x = 0$)에서 작용하는 마찰력이므로 식 (1.83)에서 정지마찰력은 다음과 같이 작용하는 힘의 크기와 같다. 따라서 작용하는 힘이 더 커지면 정지마찰력도 더 커진다.

$$f = P \tag{1.84}$$

물체에 힘을 더 세게 가하면 막 움직이기 시작하는데, 이때의 마찰력을 최대정지마찰력이라 한다. 이 마찰력은 수직항력에 비례하며, 접촉하는 면의 성질에 따라 그 크기가 결정된다. 최대정지마찰력을 f_s라 하면 다음과 같다.

$$f_s = \mu_s N \tag{1.85}$$

식 (1.85)에서 μ_s는 **정마찰계수**coefficient of static friction 또는 정지마찰계수라고 한다.

한편, y축 방향에 대해서는 운동이 없어 힘의 평형이 이루어지므로 y 방향에 대해 다음과 같은 관계가 성립된다.

$$\sum F_y = 0, \quad N - mg = 0, \quad N = mg \tag{1.86}$$

물체가 움직이면 물체에는 운동방향과 반대방향으로 동마찰력이 작용하게 된다. 동마찰력도 수직항력과 두 면의 성질에 의해 그 크기가 결정된다. 동마찰력을 f_k라 하면 다음과 같다.

$$f_k = \mu_k N \tag{1.87}$$

식 (1.87)에서 μ_k는 **동마찰계수**coefficient of kinetic friction 또는 운동마찰계수라고 한다. [그림 1-29(a)]에서 등속도로 물체를 잡아당기는 경우 $a_x = 0$이므로, $f_k = \mu_k N$으로부터 동마찰계수 μ_k를 다음과 같이 구할 수 있다.

$$\mu_k = \frac{f_k}{mg} \tag{1.88}$$

[그림 1-30]은 정지마찰력, 운동마찰력, 최대정지마찰력의 크기를 보여준다. [그림 1-29(a)]와 같이 마찰이 있는 경우 물체에 힘 P가 가해지면 마찰력이 발생하는데, 물체가 움직이지 않을 때는 정지마찰력과 최대정지마찰력이 발생하며, 물체가 움직이면 운동마찰력이 작용하게 되는 것이다.

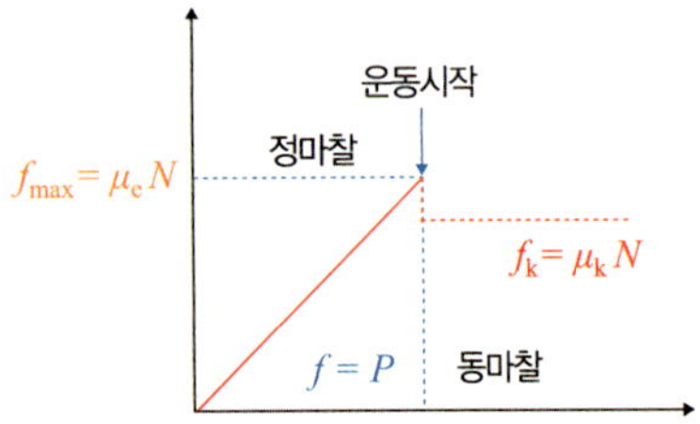

그림 1-30 정지마찰력과 운동마찰력에서 마찰력 크기

이제 경사면 상에서의 마찰력에 대해 살펴보자. [그림 1-31]은 경사면에 작용하는 마찰력을 보여준다. x 방향과 y 방향에 대해 운동방정식을 세우면 다음과 같다.

$$\sum F_x = ma_x, \quad f - mg\sin\theta = ma_x \tag{1.89}$$

$$\sum F_y = ma_y, \quad N - mg\cos\theta = ma_y \tag{1.90}$$

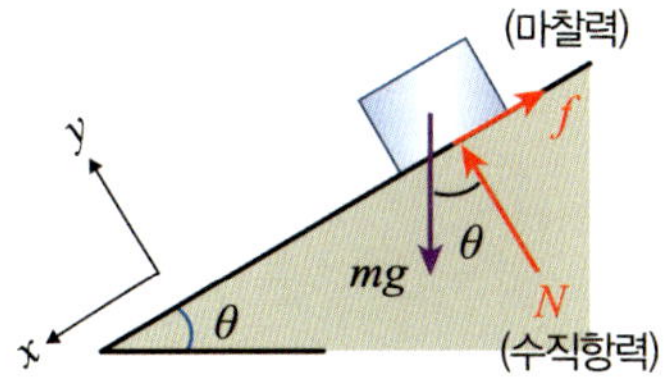

그림 1-31 경사면 위의 마찰력

- **정지마찰력** : 정지마찰력은 움직이지 않는 경우에 발생하므로 식 (1.89)와 식 (1.90)에서 $a_x = 0$, $a_y = 0$이다. 따라서 이 경우 마찰력 f는 $f = mg\sin\theta$이고, 수직항력 N은 $N = mg\cos\theta$이다.

- **최대정지마찰력** : 경사면에서 경사도의 기울기가 점점 더 커져 물체가 움직이기 시작할 때의 경사각을 θ_m이라 하면, 최대정지마찰력은 식 (1.89)와 식 (1.90)으로부터 다음의 관계가 된다.

$$\sum F_x = ma_x, \quad f_s - mg\sin\theta_m = 0 \tag{1.91}$$

$$\sum F_y = ma_y, \quad N - mg\cos\theta_m = 0 \tag{1.92}$$

식 (1.91)을 식 (1.92)로 나누면 정마찰계수 μ_s는 다음과 같이 구할 수 있다.

$$\mu_s = \tan\theta_m = \frac{f_s}{N}, \quad N = mg\cos\theta_m \tag{1.93}$$

- **운동마찰력** : 경사면에서 물체가 움직이면 동마찰계수가 적용되고, 이 경우 경사면의 아래 방향으로 힘 P가 작용하여 운동마찰력 f_k가 작용할 때 x, y 방향에 대한 운동방정식을 적용시키면 각각 다음과 같다.

$$\sum F_x = ma_x, \quad f_k - mg\sin\theta = ma_x \tag{1.94}$$

$$\sum F_y = ma_y, \quad N - mg\cos\theta = ma_y \tag{1.95}$$

식 (1.94)에서 $f_k = \mu_k N$의 관계가 있다.

■ 구름마찰

구름마찰rolling friction은 두 물체의 접촉면 상에서 미끄러짐이 발생하지 않고 굴러갈 때 일어나는 마찰로서 구름마찰력의 크기는 미끄럼마찰력의 크기를 넘지 않는다. 그러나 두 물체의 상대운동에 의해 미끄러지면서 굴러가는 경우에는 미끄럼마찰로 간주한다. [그림 1-32]는 미끄럼마찰과 구름마찰의 예를 보여준다.

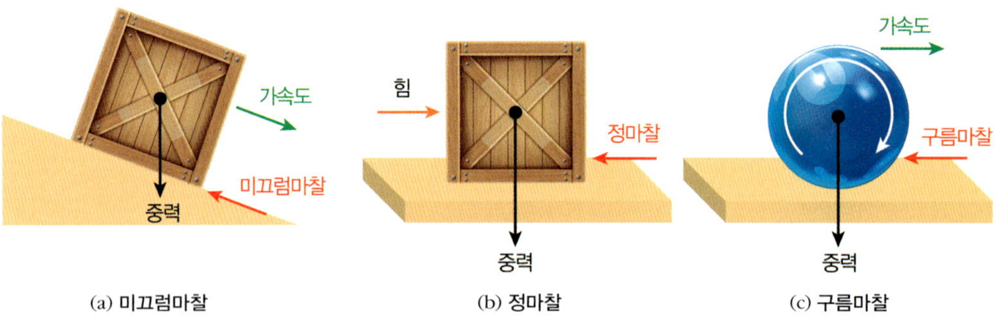

그림 1-32 미끄럼마찰과 구름마찰의 예

1.4.5 유체 내부에서 움직이는 물체에 대한 마찰력

유체 속에서 운동하고 있는 물체에 대한 마찰력을 생각해보자. [그림 1-33]은 공기 중에 낙하하는 물체에 대해 빗방울에 의한 마찰력을 보여주는 그림이다. 이러한 유체 속의 마찰력은 보통 속도의 방향에 반대이고, 크기는 속력에 비례하는 특징을 갖는다. 마찰력 f를 $f = kv$(k는 비례상수)라 하고, 수직방향에 대한 운동방정식을 세우면 다음과 같다.

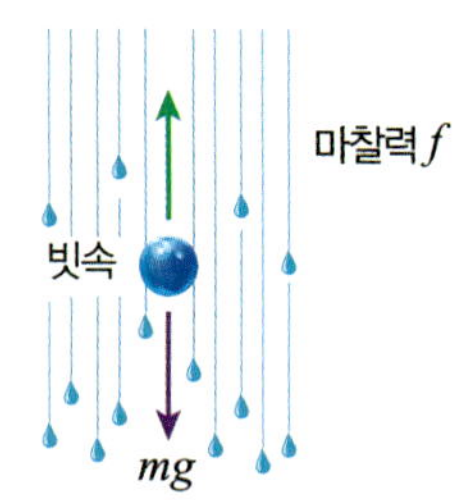

그림 1-33 유체 속에 작용하는 마찰력

$$\sum F_y = ma_y, \ \ mg - f = ma_y, \ \ mg - kv = ma_y \tag{1.96}$$

여기서 종단속도라는 것을 소개한다. 종단속도(v_f)란 유체역학 관점에서 물체의 속도가 외부의 다른 힘(공기나 물 또는 물체가 움직일 때 통과하는 다른 액체) 때문에 일정하다면 그 물체가 일정한 속도로 이동할 때의 속도를 말한다. 따라서 식 (1.96)에서 $a_y = 0$으로 놓으면 종단속도 v_f와 비례상수 k와의 관계는 다음과 같다.

$$k = \frac{mg}{v_f} \tag{1.97}$$

1.4.6 탄성력

탄성력은 스프링이나 고무 공 등 탄성을 갖는 물체로부터 발생하는 힘이다. 역학 문제, 특히 동역학 문제에서 빈번하게 접할 수 있는 스프링을 예로 들어 탄성력을 살펴보기로 한다. 일반적으로 스프링에 **인장력**tensile force을 주거나 **압축력**compressive force을 가했을 때, 스프링에 가한 힘과 변위와의 관계 그래프는 [그림 1-34]와 같은 곡선 형태이나, 실제로는 $F = kx^3$ 또는 $F = k_1x + k_2x^3$의 형태를 취한다. 그런데 많은 경우에 있어, 스프링에 가한 힘과 변위와의 관계를 $F = kx$의 1차 함수 형태로 나타낸다. 탄성력은 가한 힘 F에 대한 **복원력**restoring force으로 방향은 이와 반대되는 방향을 갖는다. [그림 1-34]에서 인장력이 가해진 경우 인장변위($+x$ 방향)와 압축력이 가해졌을 때, 압축변위($-x$ 방향)가 작은 구간(A-B 구간)에서는 곡선 그래프가 직선처럼 보인다. 즉 **선형**linear 스프링의 경우는 $F = kx$의 식이 타당할 수 있으나, **인장변위**tensile displacement나 **압축변위**compression displacement가 큰 경우는 **비선형**nonlinear 스프링으로서 더 이상 $F = kx$의 식이 잘 맞지 않게 된다. 이러한 점을 잘 이해하고 있어야 한다.

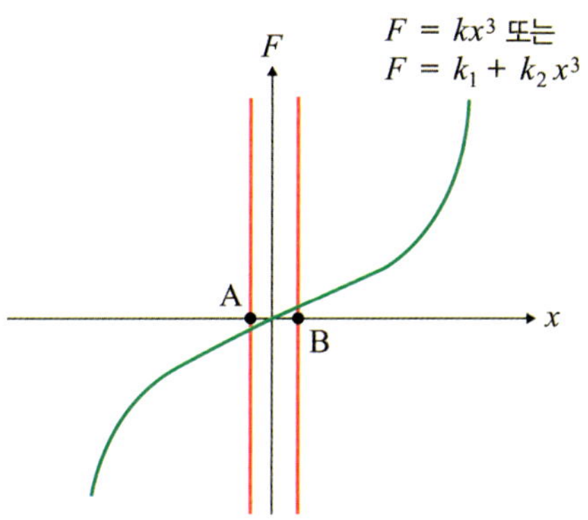

그림 1-34 스프링에 작용하는 인장력 및 압축력과 변위와의 관계

1.4.7 물체가 움직이지 않을 조건

물체가 움직이지 않으려면 힘이 영($\sum F = 0$)이 되어야 하는데, 이는 $\sum F = ma$로부터 가속도가 영(0)zero이 되는 것을 말한다. 가속도가 0이라고 해서 속도가 반드시 0인 것은 아니다. 등속도($v = c$ (일정)) 운동을 하는 경우도 힘은 0일 수 있다. 따라서 물체가 움직이지 않을 조건은 ❶ 가속도가 0인 경우($a = 0$), ❷ 힘이 0인 경우($\sum F = 0$), ❸ 계속 정지해 있는 경우라고 할 수 있다. 이 세 가지 조건 중, 힘이 0인 경우의 예를 들어 설명해본다.

[그림 1-35(a)]는 지구상의 어떤 건물 내에 전등이 줄[11]에 매달려 있는 모습을 보여준다. 물체가 움직이지 않을 조건을 찾기에 앞서, 먼저 물체에 작용하는 힘들을 찾아보자. 편의상 지구는 A, 건물은 B, 줄은 C, 전등은 D라 한다.

---

11 이때 줄의 질량은 너무 작아 무시할 수 있는 정도라고 하자.

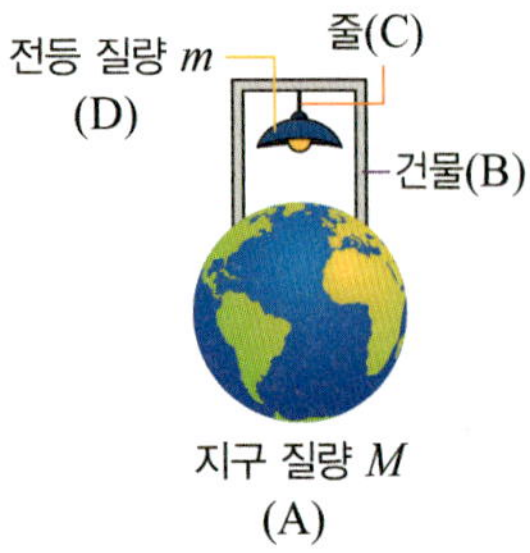

(a) 다양한 물체에 작용하는 힘

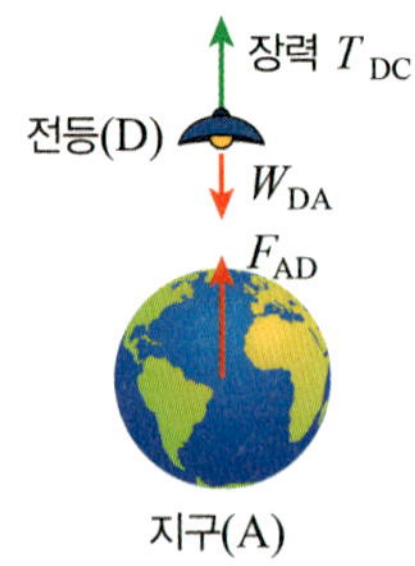

(b) 전등과 지구 사이의 작용력과 반작용력

그림 1-35 물체에 작용하는 힘의 예

■ 전등과 지구 사이에 작용하는 다양한 힘(전등 기준)

[그림 1-35(b)]는 전등과 지구 사이의 작용력과 반작용력을 보여준다. [그림 1-35(b)]에서 전등과 지구 사이에 작용하는 힘과 반작용을 생각해보자. 지구가 전등을 끌어당기는 만유인력은 전등의 무게 W_{DA}(A가 D에 작용하는 힘)이고, 반작용은 전등이 지구에 반작용하는 힘 $F_{AD} = mg$이다. 전등이 아래로 떨어지지 않고 움직이지 않으려면 조건이 필요한데, 이것은 줄이 전등을 위로 잡아당기는 힘 T_{DC}(C가 D에 작용하는 힘 : 장력)가 $T_{DC} = mg$인 경우이다. 따라서 전등에 작용하는 힘의 합을 F_D라 할 때, 다음과 같은 관계를 얻게 된다.

$$F_D = W_{DA} - T_{DC} = 0 \text{ (전등이 움직이지 않을 조건)} \tag{1.98}$$

■ 줄과 전등 사이에 작용하는 다양한 힘(줄 기준)

[그림 1-36]은 줄 기준에서 보았을 때, 주위에 작용하는 힘과 반작용의 관계를 나타낸 것이다. [그림 1-36]에서 줄이 전등을 위로 잡아당기는 장력의 반작용은 무엇일까? 이는 전등이 줄을 아래로 잡아당기는 힘인 $F_{CD} = mg$인 것이다. 줄의 질량은 무시되므로 천장이 줄을 잡아당기는 힘은 $F_{CB} = mg$이다. 천장이 줄을 잡아당기는 힘 F_{CB}도 mg이므로, 줄이 움직이지 않게 하기 위해서는 줄에 작용하는 힘의 합 F_C가 다음과 같이 되어야 한다.

$$F_C = F_{CD} - F_{CB} = 0 \text{ (줄이 움직이지 않을 조건)} \tag{1.99}$$

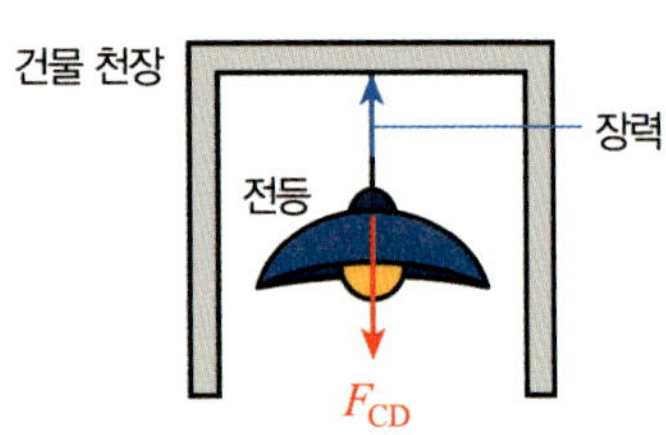

그림 1-36 전등과 줄 사이의 작용력과 반작용력

■ 건물과 줄 사이에 작용하는 다양한 힘(건물 기준)

[그림 1-37]에서 천장이 줄을 위로 잡아당기는 작용에 대해 반작용은 무엇일까? 건물에는 두 힘이 작용하고 있다. 하나는 줄이 천장을 아래로 잡아당기는 장력 $T_{\mathrm{BC}} = mg$이고, 다른 하나는 지구가 건물을 잡아당기는 중력 $W_{\mathrm{BA}} = Mg$이다. 이 두 힘에 의해 건물과 전등은 아래로 떨어져야 하는데, 그러지 않는 것은 지구가 건물과 전등에 대해 수직항력이 작용하기 때문이다. 이 수직항력 N_{BA}는 $N_{\mathrm{BA}} = (M + m)g$이다. 즉 지구가 건물과 전등을 위로 미는 힘인 것이다. 따라서 건물에 작용하는 힘의 합은 다음과 같다.

$$F_{\mathrm{B}} = W_{\mathrm{BA}} + T_{\mathrm{BC}} - N_{\mathrm{BA}} = 0 \tag{1.100}$$

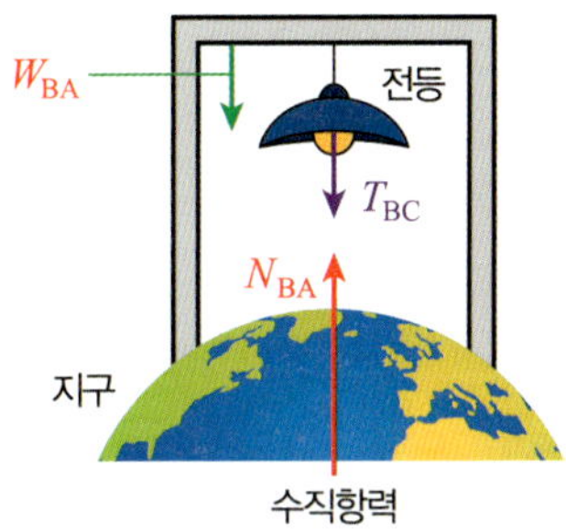

그림 1-37 건물과 줄 사이, 건물과 지구 사이의 작용력과 반작용력

■ 지구와 건물 사이에 작용하는 다양한 힘(지구 기준)

[그림 1-37]에서 지구가 건물을 위로 미는 수직항력의 반작용은 무엇일까? 이것은 건물과 전등이 지구를 아래로 미는 힘 $N_{\mathrm{AB}} = (M+m)g$이다. 따라서 지구에 작용하는 힘의 합은 다음과 같다.

$$F_{\mathrm{A}} = N_{\mathrm{BA}} - F_{\mathrm{AB}} - F_{\mathrm{AD}} = 0 \tag{1.101}$$

1.4.8 기준계

기준계reference frame는 물체의 운동을 숫자로 대표할 기준을 제공하고, 원점과 좌표축을 정한다. 기준계는 크게 **관성기준계**inertial frame와 **비관성기준계**non-inertial frame로 나눌 수 있다.

■ 관성기준계

관성기준계는 줄여서 관성계라고도 하는데, 이는 관성의 법칙이 성립하는 기준계이다. 관성계에 대해 등속도로 운동하는 기준계는 모두 관성기준계이다. 즉 $F = ma$가 성립하는 기준계이기도 하다. 어떤 관성기준계 P와 Q가 있다고 하고 대상 물체를 C라 하면, 다음과 같은 덧셈법칙들이 성립한다.

- **위치 덧셈법칙** : 식 (1.102)에서 $x_{QP} = 0$이면 $x_{CP} = x_{CQ}$이다. 이때, 원점이 일치하면 좌표도 같게 된다. 즉 물체의 위치가 같은 것이다.

$$x_{CP} = x_{CQ} + x_{QP} \tag{1.102}$$

- **속도 덧셈법칙** : 식 (1.103)에서 $v_{QP} = 0$이면 $v_{CP} = v_{CQ}$이다. 즉 두 기준계가 상대 기준계에 대해 정지해 있으면 두 기준계에서 물체 속도는 같다.

$$v_{CP} = v_{CQ} + v_{QP} \tag{1.103}$$

- **가속도 덧셈법칙** : 식 (1.104)에서 $a_{QP} = 0$이면 $a_{CP} = a_{CQ}$이다. 즉 두 기준계가 상대 기준계에 대해 등속도로 운동하면 두 기준계에서 본 물체의 가속도는 같다. 예를 들어 서로 다른 두 관성기준계 P와 Q가 있다고 할 때, 관성기준계 P에 대해 등속도 운동을 하는 다른 관성기준계 Q에서 본 물체의 가속도는 같다.

$$a_{CP} = a_{CQ} + a_{QP} \tag{1.104}$$

■ 비관성기준계

비관성기준계는 줄여서 비관성계라고도 하는데, 이는 관성법칙이 성립하지 않는 기준계이다. 즉 $F = ma$가 성립하지 않는 기준계를 말한다. 어떤 관성기준계 P와 비관성기준계 D가 있다고 하고, 대상 물체를 C라 하자. 또한 관성기준계에서 바라본 물체의 가속도를 a_{CP}, 비관성기준계에서 바라본 물체의 가속도를 a_{CD}라 하면 관성기준계에서는 $F = m a_{CP}$가 성립되지만, 비관성기준계에서는 $F \neq m a_{CD}$인 것이다. 즉 $a_{CP} \neq a_{CD}$이다. 그렇다면 비관성기준계에서는 뉴턴의 운동방정식을 쓸 수 없는 것인가? 그렇지는 않다. 가속도 덧셈법칙($a_{CP} = a_{CD} + a_{DP}$)을 이용하면 된다. 관성기준계에서 뉴턴의 운동법칙은 다음과 같은 관계가 있다.

$$F = m a_{CP} \tag{1.105}$$

한편 비관성기준계에서는 가속도의 덧셈법칙을 이용하여 다음과 같은 관계를 만들 수 있다.

$$F = m(a_{CD} + a_{DP}), \quad F - ma_{DP} = m a_{CD} \tag{1.106}$$

식 (1.106)에서 $F' = F - m a_{DP}$라 놓으면 식 (1.106)은 다음과 같이 된다.

$$F' = m a_{CD} \tag{1.107}$$

$F' = F - m a_{DP}$에서 F가 실제 받는 힘이라면 $m a_{DP}$는 관성력이다. 힘이란 두 물체가 상호작용하는 정도를 알려주는 양인데, 이러한 두 물체 사이에 발생하는 작용–반작용 중 관성력에 대한 반작용은 찾을 수가 없다. 즉 실제 힘이 아니

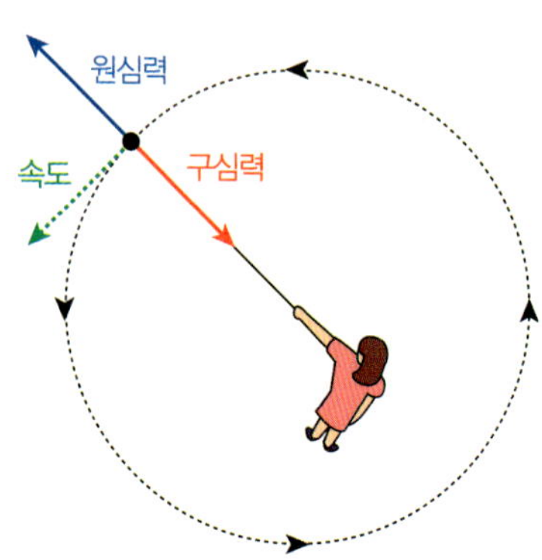

그림 1-38 수평면에서 원운동하는 줄에 매달린 추

고 가상 힘인 것이다. [그림 1-38]과 같이 사람이 질량을 무시할 수 있는 줄에 질량 m의 추를 달아 원운동을 시킬 때, 구심력은 줄과 공 사이에 줄이 공을 잡아당기는 힘이지만, 공을 잡아당기는 원심력은 찾을 수 없다. 즉 원심력은 반작용이 존재하지 않으며, 따라서 원심력은 실제 힘이 아닌 것이다.

[그림 1-39]와 같이 원운동을 하며 질주하는 질량 m, 정점에서의 속도가 v인 모터사이클을 생각해보자. 그림에서 모터사이클의 중력은 연직 아래 방향이고, 수직항력은 연직 위 방향으로 작용한다. 또한 원의 반경은 r이다. 모터사이클에 고정된 기준계(비관성기준계)를 부착했다고 하고, 모터사이클의 가속도를 a_0라 할 때, 고정된 비관성기준계에서 본 모터사이클의 가속도는 0이다. 비관성기준계에서 적용하도록 만든 뉴턴 운동방정식은 다음과 같이 쓸 수 있다.

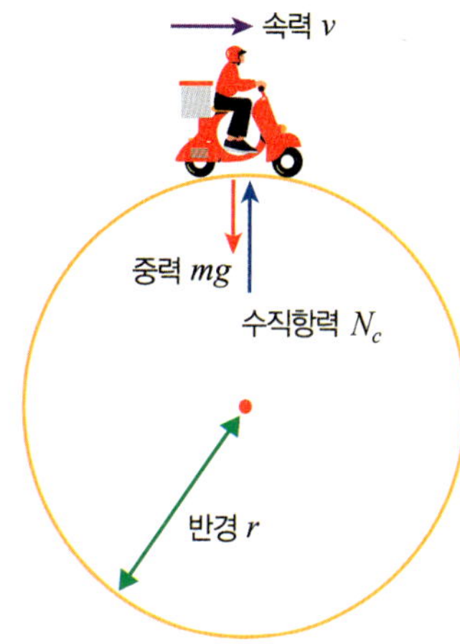

그림 1-39 원운동하는 모터사이클의 원의 꼭대기에서의 수직항력

$$F - \frac{mv^2}{r}(\text{원심력}) = ma_0 = 0$$

$$mg(\text{중력}) - N_c - \frac{mv^2}{r}(\text{원심력}) = 0 \tag{1.108}$$

식 (1.108)에서 수직항력 N_c는 다음과 같다.

$$N_c = mg - \frac{mv^2}{r} \tag{1.109}$$

[그림 1-40(a)]는 길이 L인 줄에 매달려 원운동하는 질량 m의 쥐불놀이 깡통이고, [그림 1-40(b)]는 정월대보름 날 쥐불놀이 하는 사진이다. 그림 (a)에서 보는 것처럼 줄이 팽팽한 상태를 유지하면서 연직면 꼭대기를 지나가는 깡통의 최소 속력을 구해보자. 이번에는 관성기준 좌표계를 사용한다고 하면 다음과 같이 구할 수 있다.

$$F = ma, \quad mg + T = \frac{mv^2}{L} \tag{1.110}$$

최소 속력은 식 (1.110)에서 장력 T가 $T = 0$일 때이므로 최소 속력 $v_{\min}$은 $v_{\min} = \sqrt{Lg}$가 된다.

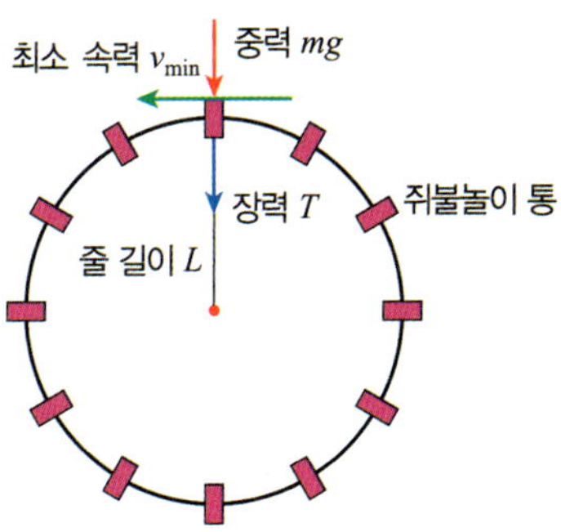

(a) 쥐불놀이 통의 원운동

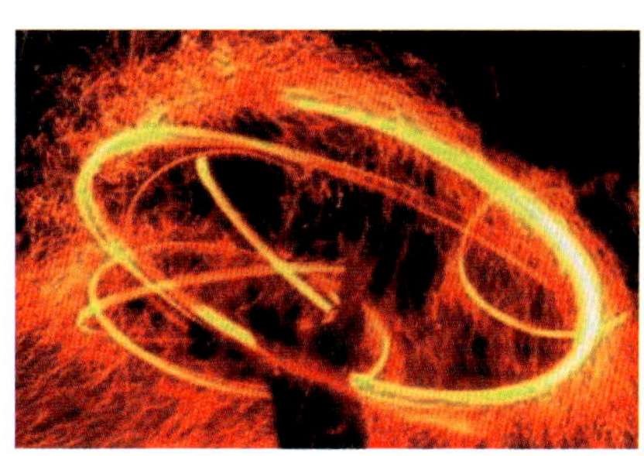

(b) 실제 쥐불놀이 광경

그림 1-40 줄에 매달린 쥐불놀이 깡통의 원운동

1.4.9 도르래 해석

물리학 중 역학에 관한 내용은 동역학과 아주 밀접한 관련이 있다. 일상생활에서 흔히 마주치는 도르래의 예에는 엘리베이터, 크레인, 자동차 핸들, 돌려 여는 문손잡이, 수도꼭지 등을 들 수 있다. 도르래에 관한 해석은 2장의 '2.8절. 종속운동 해석'에서 상세히 다룰 것이므로, 여기서는 도르래의 기본적인 기초 내용만을 다루기로 한다.

도르래는 크게 **고정도르래**fixed pulley([그림 1-41(a)])와 **움직도르래**movable pulley([그림 1-41(b)])로 나눌 수 있다. 물론 고정도르래와 움직도르래가 혼합된 **복합도르래**compound pulley ([그림 1-41(c)]와 **차동도르래**differential pulley([그림 1-42(a)])도 있지만, 복합도르래는 고정도르래와 움직도르래를 혼합시킨 형태이고 차동도르래는 고정도르래의 변형된 형태인 점에서 볼 때 기본적인 것은 고정도르래와 움직도르래이다.

고정도르래는 힘의 방향을 바꾸기만 하는 것이고, 힘의 이득은 없다. 그러나 편리성을 가지고 있다. 왜냐하면 어떤 물체를 들어 올리는 것보다는 끌어 올리는 것이 훨씬 더 쉽기 때문이다. 고정도르래에서 힘이 움직인 거리는 물체의 이동거리와 같다. 즉 고정도르래에 가한 힘 F를 x만큼 움직이면, 물체도 x만큼 들려 오른다. 움직도르래는 힘의 방향은 바꾸지 못하지만, 힘의 이득은 있다. [그림 1-41(b)]의 움직도르래는 매달려 있는 물체 무게의 반만큼의 힘만으로도 물체를 들어 올릴 수 있으므로 힘의 이득이 있는 것이다. 그러나 힘의 움직인 거리는 물체 이동거리의 2배이다. 즉 물체를 x만큼 끌어올리려면, 그것을 들어 올리는 힘은 $2x$만큼 이동해야 하는 것이다. 복합도르래는 앞에서 설명한 바와 같이 고정도르래와 움직도르래가 혼합된 형태로 [그림 1-41(c)]와 같은 경우이다. 복합도르래의 경우는 힘의 방향도 바꾸고, 힘의 크기도 줄여주는 힘의 이득이 있다.

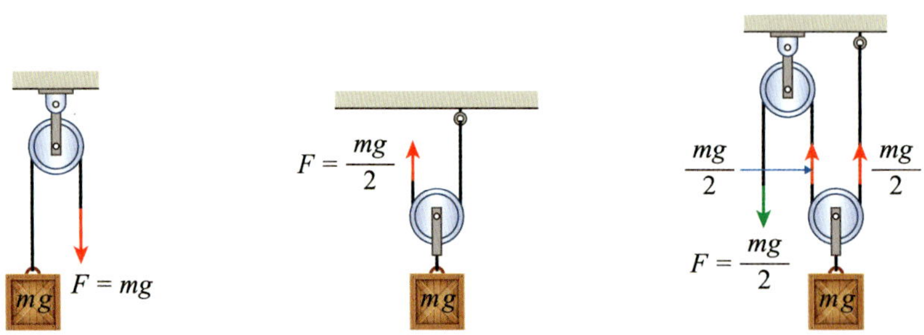

(a) 고정도르래 (b) 움직도르래 (c) 복합도르래

그림 1-41 도르래의 분류

[그림 1-42(a)]의 축바퀴 차동도르래는 지름이 다른 두 바퀴를 하나의 축에 고정시킨 도르래로서, [그림 1-42(b)]와 같은 시소의 원리를 이용한 것이다. 그림에서 알 수 있듯이, R의 길이가 길어지면 가해지는 힘도 줄어들게 된다. 이러한 차동도르래의 원리를 이용한 기구나 도구로는 수도꼭지, 돌려서 여는 문손잡이, 자동차 핸들 등이 있다. 도르래 문제를 잘 이해하려면 도르래를 감고 있는 줄에 대해 잘 아는 것이 필요하다.

(a) 축바퀴 차동도르래 (b) 보 구조로 환산한 차동도르래 원리

그림 1-42 축바퀴 차동도르래와 원리

[그림 1-43]은 벽과 어떤 물체 사이를 줄로 연결한 그림을 보여준다. 이 줄 사이에 질량을 무시할 수 있는 빨간 작은 질점과 파란 작은 질점을 끼워 넣었다고 할 때, 빨간 질점과 파란 질점도 줄의 일부로 볼 수 있다. 이제 줄이 팽팽해지는 경우를 생각해보자. 줄이 팽팽해지는 경우는 물체의 무게에 대해 벽 쪽에서 물체를 끌어당기는 힘(장력)이 서로 균형을 이루고 있는 것이다. 이렇게 줄에 힘을 주면 작용과 반작용 원리에 의해 줄도 물체에 힘을 가하게 되는 것이다. 그러면 줄이 벽에 가하는 힘은 얼마일까? 이는 물체의 무게 만큼일 것이다. 줄의 질량을 무시할 수 있는 경우, 줄이 도르래를 감싸고 있거나 각종 질점들을 통과해 지나간다고 해서 줄의 장력이 변화하는 것은 아니다. 즉 물체의 무게만큼 벽에 작용하는 힘이 있는 것이다. 따라서 줄은 어떤 물체를 통과하든 어떤 장치에 연결되어 있든, 줄의 질량을 무시할 수 있는 경우 줄의 어떤 지점이든지 장력은 동일하다.

도르래에 줄이 감겨있을 때, 줄이 도르래에 어떻게 힘을 주는지 좀 더 상세히 알아보자. [그림 1-44]와 같이 어떤 물체가 도르래에 두 줄로 연결된 경우, 두 줄에는 얼마만큼의 장력이 걸릴까? 우선 초록색 줄에는 물체의 무게만큼 장력이 걸릴 것이다. 이는 앞에서 설명한 바와 같이 "줄이 어떤 물체를 통과하든 장력은 같다"라는 결론을 얻었기 때문에 물체 무게의 반만큼씩 장력이 걸릴 것이다. 물체의 무게를 W라 하면, 장력 T는 $T = \dfrac{W}{2}$이다. 이는 줄이 두 가닥이라 장력은 물체 무게의 반인 $\dfrac{W}{2}$가 걸린다는 것도 결과는 동일하지만, 좀 더 상세하게 접근해보면 다음과 같은 이유 때문이다.

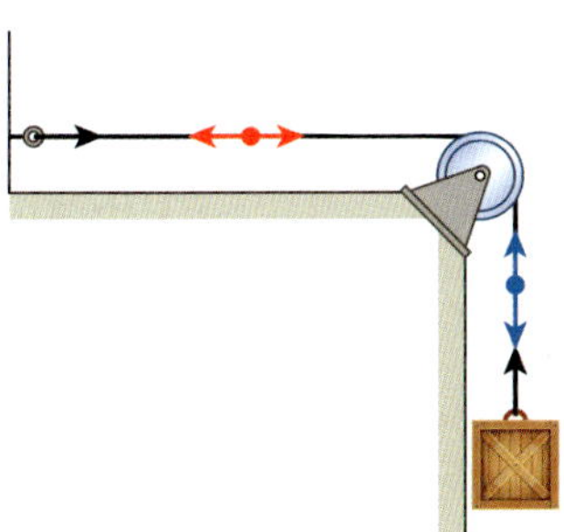

그림 1-43 벽과 물체 사이를 연결한 줄

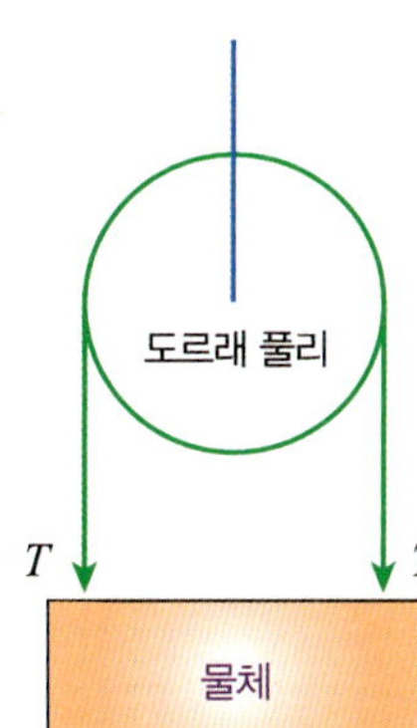

그림 1-44 두 줄에 의해 도르래에 연결된 물체

[그림 1-45(a)]에서 줄이 도르래에 가해주는 진짜 힘은 두 줄의 장력 T가 아니라 실제로는 그림에서처럼 줄이 도르래를 지나면서 발생하는 빨간색 힘이다. 따라서 도르래에 가해지는 힘을 구하기 위해서는 빨간색 작은 힘들을 모두 합해주어야 한다.

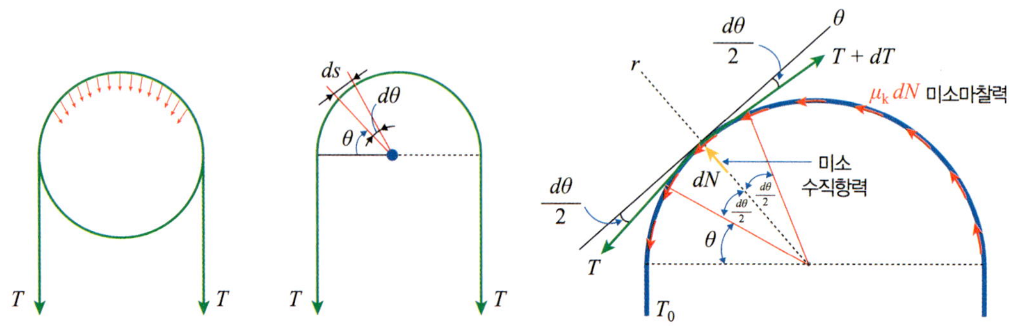

(a) 도르래에 가해지는 힘 (b) 줄의 미소요소 ds (c) 미소 요소에 걸린 장력 및 마찰력

그림 1-45 두 줄에 의해 도르래에 연결된 물체

한편, [그림 1-45(b)]의 줄의 미소 요소 ds에 대해, 이 부분만을 떼어내 나타낸 [그림 1-45(c)]를 생각해보자. ds의 양끝이 각 $d\theta$를 이루는 미소 요소에서 왼쪽의 장력을 T, 오른쪽의 장력을 $T+dT$라 놓으면, 이 장력들이 수평면과 이루는 각은 $\frac{d\theta}{2}$가 된다. 이제 [그림 1-45(c)]의 r 방향에 대한 평형 조건식을 적용해보면 다음과 같이 된다.

$$\sum F_r = 0,\ \ dN-(T+dT)\sin\left(\frac{d\theta}{2}\right)-T\sin\left(\frac{d\theta}{2}\right)=0 \tag{1.111}$$

식 (1.111)에서 $d\theta \ll 1$이면, $\sin d\theta \simeq d\theta$로 근사할 수 있고, $(dT)\times\sin\left(\frac{d\theta}{2}\right)\simeq(dT)\left(\frac{d\theta}{2}\right)$는 미소량 dT와 $\frac{d\theta}{2}$가 곱해진 형태로 아주 작아 무시하기로 하면 식 (1.111)은 다음과 같이 정리된다.

$$dN = Td\theta \tag{1.112}$$

식 (1.112)의 dN은 [그림 1-45(c)]에 표시된 dN과 같다. 즉 임의의 미소 요소 ds에 작용하는 수직항력이다. 그러나 이 dN의 연직방향 요소 $(dN)\sin\left(\theta+\frac{d\theta}{2}\right)\simeq(dN)\sin\theta$는 수직 위 방향을 향하는 미소 힘이 된다. $(dN)\sin\theta$를 $(dN)_{\text{eff}}$라 놓으면, 식 (1.112)의 관계에서 다음과 같이 정리된다.

$$(dN)_{\text{eff}} = (T\sin\theta)\,d\theta \tag{1.113}$$

식 (1.113)의 양변을 적분하면 다음과 같이 된다.

$$N_{\text{eff}} = \int(dN)_{\text{eff}} = \int_0^{\pi}(T\sin\theta)\,d\theta = [-T\cos\theta]_0^{\pi} = 2T \tag{1.114}$$

식 (1.114)의 결과인 $2T$가 [그림 1-45(a)]에 나타낸 각 줄의 장력들의 합인 $2T$와 같다.

한편, θ 방향에 대한 평형 조건식을 적용해보면 다음과 같다.

$$\sum F_\theta = 0,\quad -\mu_k dN + (T + dT)\cos\left(\frac{d\theta}{2}\right) - T\cos\left(\frac{d\theta}{2}\right) = 0 \tag{1.115}$$

식 (1.115)에서 μ_k는 동마찰계수이고, $\mu_k dN$은 줄의 미소 요소에 작용하는 마찰력이다. 식 (1.115)에서 $d\theta \ll 1$이면, $\cos d\theta \simeq 1$이므로, 식 (1.115)는 다음과 같이 정리된다.

$$dT = \mu_k dN \tag{1.116}$$

식 (1.112)를 식 (1.116)에 대입하면 $dT = \mu_k T d\theta$가 되고, 이를 다시 정리하면 다음과 같이 된다.

$$\int_{T_0}^{T} \frac{dT}{T} = \int_0^\theta \mu_k d\theta,\quad \left[\ln\frac{T}{T_0}\right] = \mu_k\theta,\quad \frac{T}{T_0} = e^{\mu_k\theta} \tag{1.117}$$

식 (1.117)에서 T_0는 도르래의 마찰을 고려한 경우 [그림 1-45(c)]에서 왼쪽의 장력을 나타낸다. 즉 식 (1.117)은 도르래의 마찰을 고려하는 경우에 줄의 장력을 구하는 데 사용될 수 있는 식이다.

이제 각종 도르래로 구성된 시스템의 줄에 걸리는 힘들을 살펴보자. [그림 1-46(a)]는 고정도르래, 움직도르래, 복합도르래의 각 줄에 걸리는 힘을 나타낸다. 그림에서 h와 h'은 각각 물체가 움직인 거리와 힘 F, F_1, F_2, F_3의 잡아당겨야 할 거리를 나타낸다. 고정도르래는 방향만 바꾸어주는 것이므로 1,000 N의 물체의 무게에 대해 $F = 1{,}000$ N의 힘이 걸리고, $h = 1$ m로서 물체가 움직인 거리 h와 힘 F를 잡아당겨야 할 거리 $h' = 1$ m로 같다. 움직도르래의 경우는 무게 1,000 N이 각각의 줄에 500 N씩 나누어 분산되고, $h = 1$ m이면 $h' = 2$ m가 된다. 움직도르래 1개와 고정도르래 1개로 구성된 복합도르래의 경우는 움직도르래와 같은 효과를 보여준다. 즉 무게 1,000 N이 각각의 줄에 500 N씩 나누어 분산되고, $h = 1$ m이면 $h' = 2$ m가 된다. [그림 1-46(b)]는 도르래로 구성된 크레인 시스템을 보여준다.

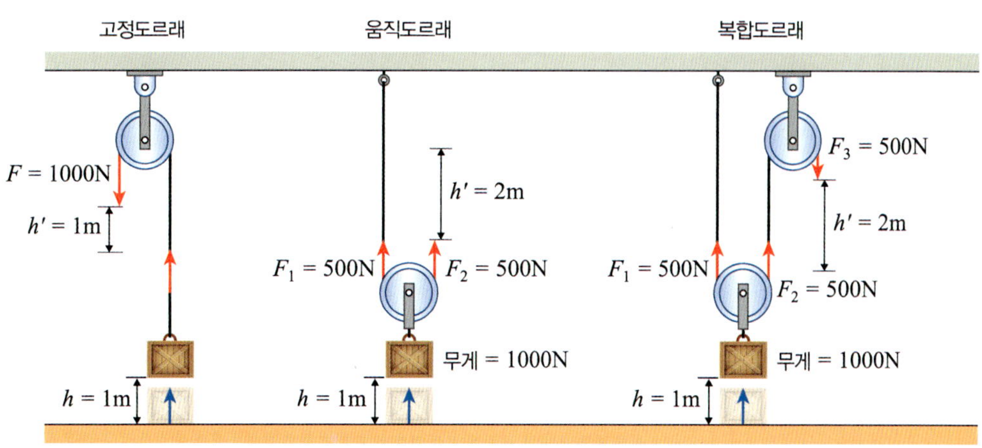

(a) 각 도르래의 줄에 걸리는 힘

그림 1-46 도르래 시스템(계속)

(b) 도르래로 구성된 크레인

그림 1-46 도르래 시스템

[그림 1-47]과 [그림 1-48]은 좀 더 복잡한 복합도르래 시스템이다. [그림 1-47]의 한 줄로 연결된 도르래 시스템에서, n을 움직도르래 수라고 할 때 움직도르래의 개수가 3개이면 힘 분력은 $\frac{W}{2\times n}$로 초록색으로 표시한 각 줄에는 $\frac{W}{6}$씩 걸린다. 따라서 $F=\frac{W}{6}$만큼의 힘으로도 W 무게의 물체를 들어 올릴 수 있는 것이다. 그러나 줄의 한쪽 끝이 물체와 연결된 경우는 다르다. [그림 1-48]도 움직도르래 수는 3개이지만, 여러 개의 줄로 연결된 시스템이다. 맨 밑의 도르래에 연결된 줄의 하중 분담은 $\frac{W(8\text{ N})}{2}=4\text{ N}$이고, 중간 움직도르래와 연결된 줄은 2 N씩 분담하고, 마지막 움직도르래와 연결된 줄에는 1 N씩 분담한다. 따라서 무게 8 N의 힘이 아래로 작용하면, 그림에서와 같이 $F=1\text{ N}$의 힘만으로도 물체의 무게를 들어 올릴 수 있는 것이다. 움직도르래 수가 3개이더라도 여러 줄로 연결된 경우는 $F=\frac{W}{2^n}$이며, 여기서 n은 움직도르래 수이다.

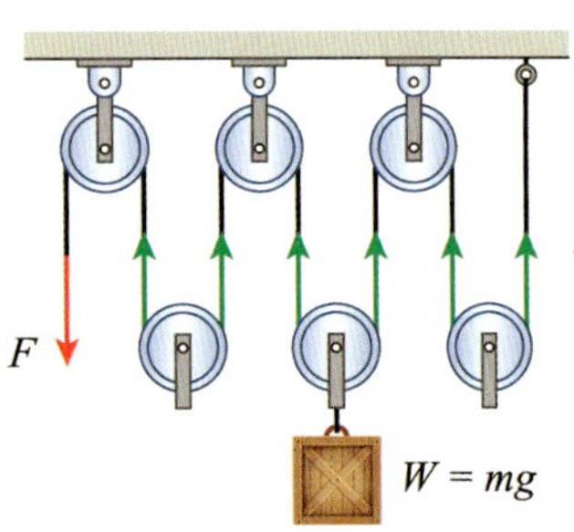

그림 1-47 한 줄로 연결된 복합도르래

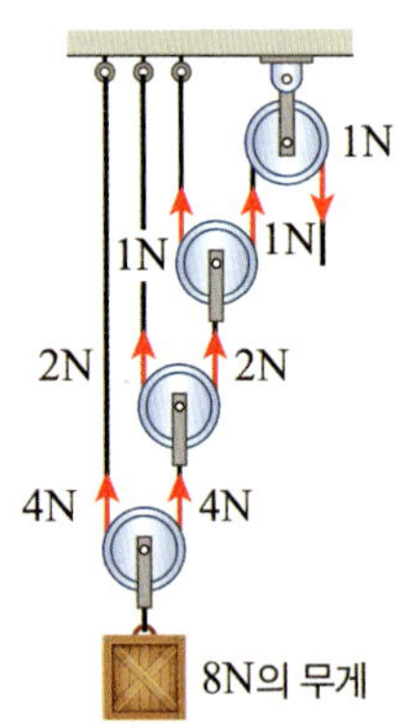

그림 1-48 여러 개의 줄로 연결된 복합도르래

■ 뉴턴 운동의 세 가지 법칙

- 운동 제1법칙 : 어떤 물체에 외력이 작용하지 않는 한, 그 물체는 정지해 있거나 직선 등속 운동을 한다.
- 운동 제2법칙 : 운동량의 시간 변화량은 그것을 생기게 하는 힘과 같다.
- 운동 제3법칙 : 어떤 물체에 작용이 있으면 반드시 크기가 같고 방향이 반대인 반작용이 있다.

■ 벡터의 표시 예

- 굵은 문자와 로마자로 표시하는 법 : $\mathbf{a}$, $\mathbf{b}$, $\mathbf{c}$, ⋯
- 화살표와 로마자로 표시하는 법 : $\vec{a}$, $\vec{b}$, $\vec{c}$, ⋯

■ 벡터의 상등

(a) 동일 벡터 (b) 크기 같고 방향 다름 (c) 방향 같고 크기 다름 (d) 크기 방향 모두 다름

■ 벡터의 성분

x-y-z 직각좌표계에서 b의 시점과 종점이 각각 $A(x_1, y_1, z_1)$와 $B(x_2, y_2, z_2)$일 때, b의 성분 $\mathbf{b} = [b_1, b_2, b_3]$는 다음과 같다.

$$b_1 = x_2 - x_1,\ \ b_2 = y_2 - y_1,\ \ b_3 = z_2 - z_1$$

■ 벡터의 크기

- 벡터 b의 크기 또는 길이 : $|\mathbf{b}| = \sqrt{b_1^2 + b_2^2 + b_3^2}$

■ 벡터의 내적

- 벡터의 내적 정의

  $\mathbf{b} \neq 0$이고, $\mathbf{c} \neq 0$일 때, $\mathbf{b} \cdot \mathbf{c} = |\mathbf{b}||\mathbf{c}|\cos\alpha$

  $\mathbf{b} = 0$ 또는 $\mathbf{c} = 0$이면 $\mathbf{b} \cdot \mathbf{c} = 0$
- 성분에 의한 벡터 내적 계산 : $\mathbf{b} \cdot \mathbf{c} = b_1c_1 + b_2c_2 + b_3c_3$
- 방향 코사인 : $\cos\alpha = \dfrac{\mathbf{b} \cdot \mathbf{c}}{|\mathbf{b}||\mathbf{c}|} = \dfrac{\mathbf{b} \cdot \mathbf{c}}{\sqrt{\mathbf{b} \cdot \mathbf{b}}\sqrt{\mathbf{c} \cdot \mathbf{c}}}$

■ 벡터의 외적

- 벡터의 외적 계산 : $\mathbf{d} = \mathbf{b} \times \mathbf{c}$
- 벡터 외적의 크기 : $|\mathbf{d}| = |\mathbf{b}||\mathbf{c}|\sin\alpha$
- 행렬식에 의한 벡터 외적 계산 : $\mathbf{d} = \mathbf{b} \times \mathbf{c} = \begin{vmatrix} \mathrm{i} & \mathrm{j} & \mathrm{k} \\ b_1 & b_2 & b_3 \\ c_1 & c_2 & c_3 \end{vmatrix}$

CHAPTER 01 | 핵심요약

■ 벡터함수의 미분

- 벡터 미분식 : $\frac{d\mathrm{u}}{dt} = \dot{\mathrm{u}}(t) = \lim_{\Delta t \to 0} \frac{\mathrm{u}(t+\Delta t) - \mathrm{u}(t)}{\Delta t}$

■ 곡률반경

- 곡률반경 계산 식 : $\rho = \frac{\left[1+(dy/dx)^2\right]^{3/2}}{d^2y/dx^2}$

■ 운동법칙과 힘의 법칙

- 운동법칙 : $\sum F = ma$
- 힘의 법칙으로 정해지는 힘 : 만유인력, 탄성력, 마찰력, 전기력, 핵력 등
- 힘의 법칙으로 정해지지 않는 힘 : 수직항력, 장력
- 개별 힘이 아닌 공통된 성질을 갖는 힘 : 구심력, 보존력, 외력, 내력, 중심력 등

■ 역학 해석에 필요한 힘의 예

- 만유인력과 중력 : $F = \frac{GMm}{(R+h)^2}$
- 수직항력 : 힘의 법칙으로 정의되는 것이 아니라 뉴턴의 운동법칙 식에 대입하여 계산
- 장력 : 줄이 물체를 잡아당기는 힘

■ 접촉한 두 면 사이의 마찰력

- 수평면 위의 마찰력

  정지마찰력 : $f = P$ (정지)

  최대정지마찰력 : $f_s = \mu_s N$ (막 움직이려 할 때)

  운동마찰력 : $f_k = \mu_k N$ (움직임)

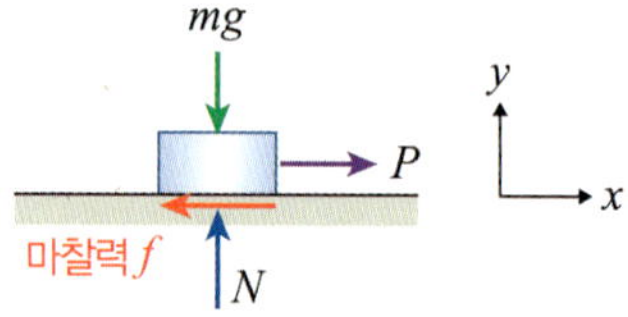

- 경사면 위의 마찰력

  정지마찰력 : $f = mg\sin\theta$ (정지)

  최대정지마찰력 : $f_s = \mu_s N,\ \mu_s = \tan\theta_m = \frac{f_s}{N}$ (막 움직이려 할 때)

  운동마찰력 : $\sum F_x = ma_x,\quad f_k - mg\sin\theta = ma_x$

  $\sum F_y = ma_y,\quad N - mg\cos\theta = ma_y$

  $f_k = \mu_k N$ (움직임)

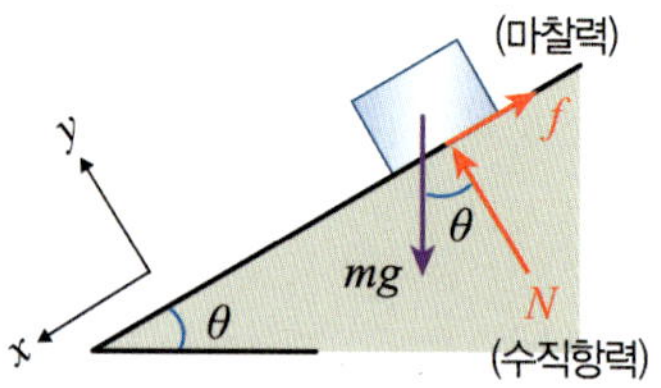

■ 탄성력

- 스프링의 변위가 작은 구간 (선형 스프링) : $F = kx$
- 비선형 스프링 : $F = kx^3$ 또는 $F = k_1x + k_2x^3$

CHAPTER 01 | 연습문제

1.1 [그림 1–49]를 보고, 만유인력과 중력의 의미상의 미세한 차이에 대해 설명하시오. 1.2절

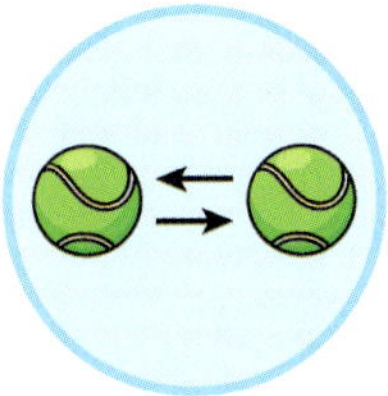

(a) 만유인력

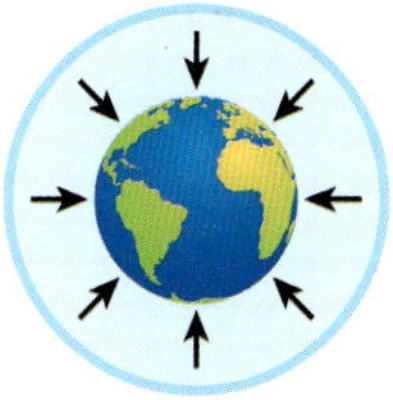

(b) 중력

그림 1-49

1.2 다음에 열거된 물리량을 스칼라량과 벡터량으로 구분하시오. 1.3절

질량, 모멘트, 시간, 힘, 일, 운동량, 동력(일률), 위치, 변위, 회전관성, 속도, 가속도

1.3 [그림 1–50]과 같이 두 벡터 **a**, **b** 가 수평면과 각각 30°, 60°를 이룰 때, 두 벡터 합을 구하시오. 단, 두 벡터의 크기를 각각 a, b라 할 때, $a = 10$ N, $b = 12$ N이다. 1.3절

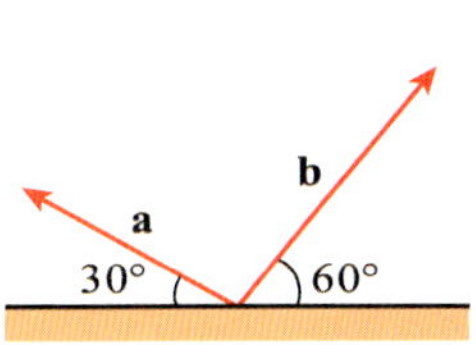

그림 1-50

1.4 [그림 1–51]과 같이 두 벡터 **a**, **b** 가 **a** = [3, 2], **b** = [5, 0]일 때, 두 벡터의 방향 코사인의 각 α를 구하시오. 1.3절

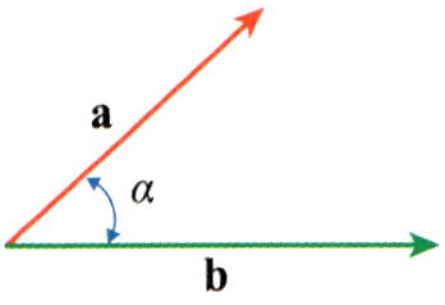

그림 1-51

CHAPTER 01 | 연습문제

1.5 우수계의 직각좌표계에 대하여 $\mathrm{a} = [4,\ 0,\ -2]$, $\mathrm{b} = [-2,\ 1,\ 3]$이라 할 때, $\mathrm{a} \times \mathrm{b}$ 를 구하시오. 1.3절

1.6 3개의 벡터 $\mathrm{a} = [1,\ -1,\ 2]$, $\mathrm{b} = [0,\ 4,\ 2]$, $\mathrm{c} = [-10,\ -2,\ 4]$가 서로 직교함을 증명하시오. 1.3절

1.7 3개의 벡터 $\mathrm{a} = [2, 1, 3]$, $\mathrm{b} = [1, 0, -4]$, $\mathrm{c} = [3, -1, 2]$일 때, 다음을 계산하시오. 1.3절

$$(\mathrm{a} + \mathrm{b}) \cdot \mathrm{c},\quad \mathrm{a} \cdot \mathrm{c} + \mathrm{b} \cdot \mathrm{c}$$

1.8 3개의 벡터 $\mathrm{a} = [1, 0, 2]$, $\mathrm{b} = [1, 2, -2]$, $\mathrm{c} = [3, -2, 1]$일 때, 다음을 계산하시오. 1.3절

$$\mathrm{a} \times (\mathrm{b} \times \mathrm{c}),\quad \mathrm{a} \times \mathrm{b} \times \mathrm{c}$$

1.9 함수 $f(x) = \dfrac{1}{1+e^{-ax}}$ 에 대해 x에 관한 1차 미분을 구하시오. 1.3절

1.10 다음 스칼라 함수의 적분을 구하시오. 1.3절

$$\int \sqrt{2x+1}\, dx$$

1.11 다음 스칼라 함수의 정적분을 구하시오. 1.3절

$$\int_0^a \sqrt{a^2 - x^2}\, dx$$

1.12 함수 $\int x^2 \sqrt{x^3+3}\, dx$의 적분을 구하시오. 1.3절

1.13 [그림 1-52]와 같이 스키선수가 슬로프를 내려오고 있다. 언덕과 접하는 점 B는 그림에 보이는 포물선 $y = \frac{1}{8}x^2$의 한 점이기도 하다. 점 B에서의 곡률을 구하시오. 1.3절

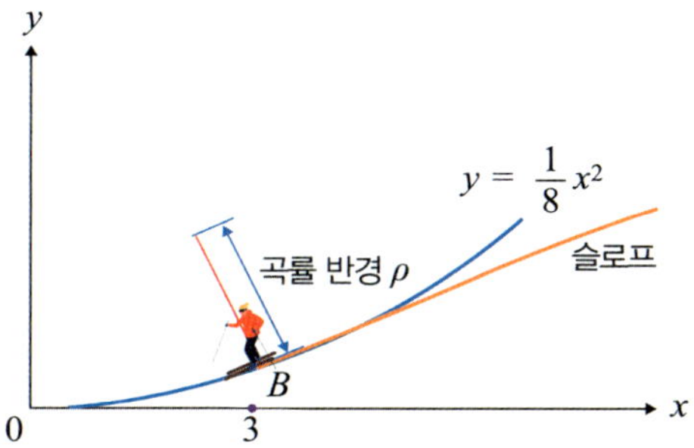

그림 1-52

*** 1.14** [그림 1-53]과 같이 엘리베이터 안에서 어떤 소녀가 체중계에 올라서서 자신의 체중을 재었다. [그림 1-53(a)]는 엘리베이터가 하강 가속도 a로 내려가는 모습이고, [그림 1-53(b)]는 엘리베이터가 상승 가속도 a로 올라가고 있는 모습이다. 각각의 경우에 대해 소녀의 체중을 계산하시오. 단, 소녀의 질량은 m, 중력가속도는 g이다. [그림 1-53]에서 R은 소녀가 누르는 힘에 대한 저항력으로 이것이 체중계에 나타나는 몸무게이다. 1.4절

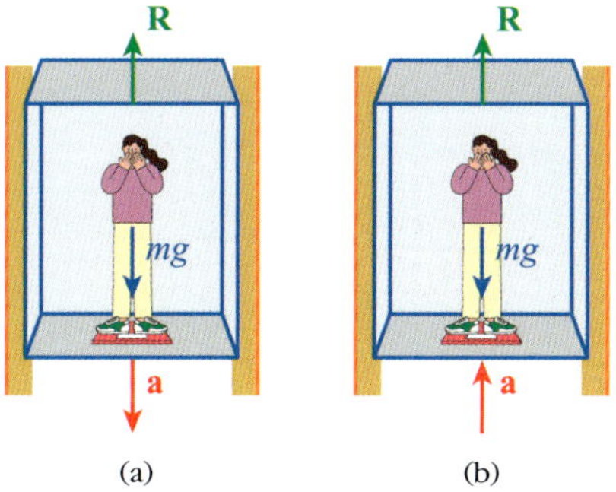

그림 1-53

*** 1.15** [그림 1-54]와 같이 질량이 m이고, 지구에서 고도 h 높이에 있는 물체 위치에서의 중력가속도를 g_0라 할 때, g_0를 구하는 식을 지구 반경 R, 지구에서의 중력가속도 g, 고도 h로 나타내시오. 단, 지구의 질량은 M_e라 하고, 만유인력 상수는 G이다. 1.4절

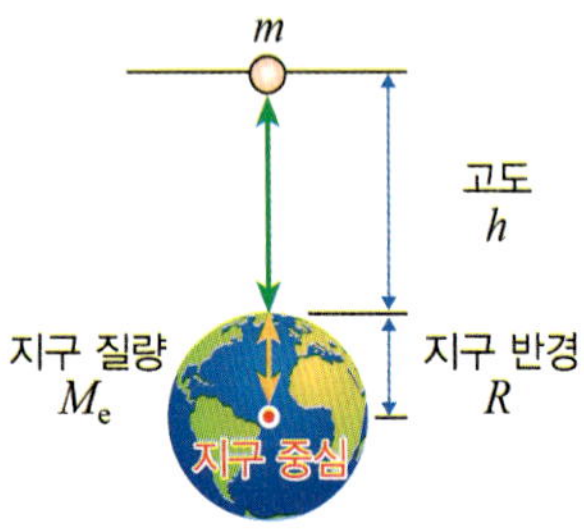

그림 1-54

1.16 [그림 1-55]와 같이 질량 m, 길이 l인 단진자가 각운동을 하는 경우, 진자의 주기를 구하시오. 단, g는 중력가속도, T는 장력이며, 줄의 질량은 진자의 질량 m에 비해 매우 작아 무시한다고 가정한다. 1.4절

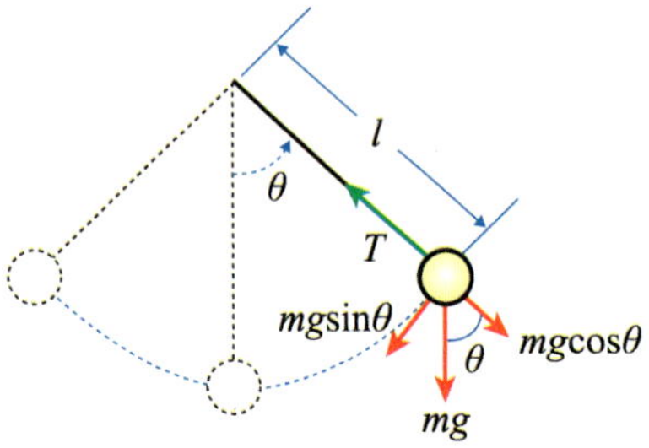

그림 1-55

*** 1.17** [그림 1-56]과 같은 도르래 시스템에서 물체 A, B의 질량은 각각 m, $2m$이다. 그림의 시스템에서 줄을 자유롭게 놓아 움직일 때, 줄에 작용하는 장력 T를 구하시오. 단, 줄의 질량은 무시하고, 도르래는 회전운동을 하지 않는다고 가정한다. 1.4절

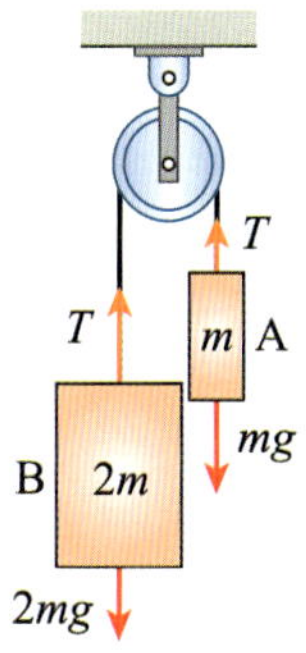

그림 1-56

1.18 [그림 1-57]은 질량 30 kg을 실은 손 카트이다. 물체와 손 카트가 접하는 점 A, B에서의 접촉 수직항력을 구하시오. 1.4절

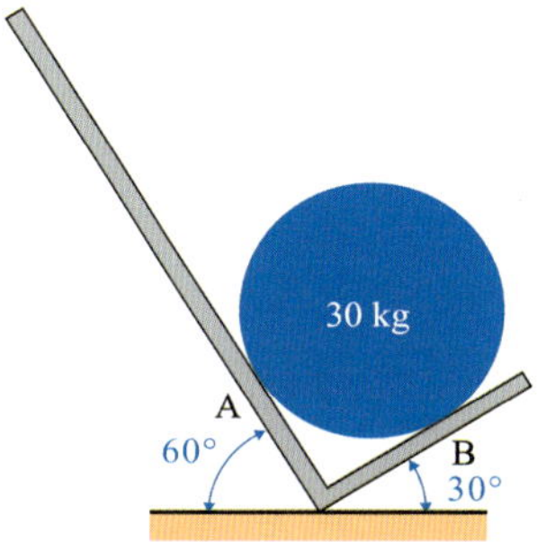

그림 1-57

1.19 [그림 1-58]은 $m = 0.25$ kg의 공이 양쪽 쐐기에 끼워져 있는 그림이다. 그림에서 점 A와 점 B에서의 접촉 수직항력을 구하시오. 1.4절

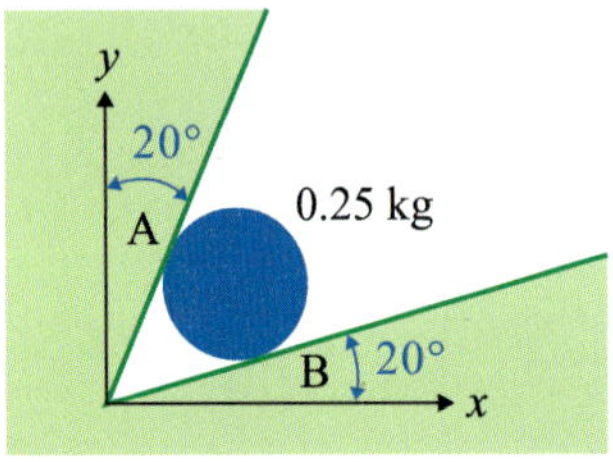

그림 1-58

1.20 [그림 1-59]는 신호등을 매달고 있는 두 개의 케이블을 보여준다. 케이블 1에서의 장력은 $T_1 = 294.8$ N으로 측정되었는데, 이 경우 케이블 2의 장력 T_2는 얼마이겠는가? 또한 신호등의 질량은 얼마인가? 1.4절

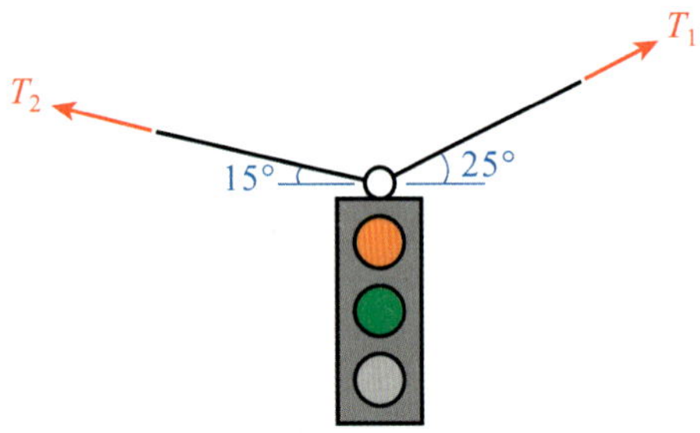

그림 1-59

PART 2

질점의 운동학 및 운동역학

질점particle이란 질량을 지닌 점, 다시 말해 질량과 위치는 지니되 크기 또는 부피는 지니지 않는 것으로 정의하며, 물체의 회전운동rotational motion이 무시될 때 그 물체를 질점으로 간주할 수 있다. '동역학' 과목을 처음 배우는 공학도 입장에서는 처음부터 자동차나 비행기를 질량과 부피를 모두 지닌 물체로 보고 운동이나 운동역학 문제를 다룬다면 이를 이해하는 데 어려움이 있을 것이다. 따라서 PART 2에서는 물체의 운동이나 운동역학의 기초 개념을 먼저 터득할 수 있도록 운동해석 과정에서 치수가 중요하지 않은 물체를 질점으로 간주하여 운동학이나 운동역학의 문제를 학습할 것이다.

새하얀 눈이 덮인 스키장에서 곤돌라 스키 리프트를 타고 먼 산의 눈 풍경의 정취를 즐기면서 스키를 타러 올라갈 때가 있다. 이때 '내가 타고 있는 곤돌라 스키 리프트의 속도와 무게 등과 리프트 줄의 장력은 안전에 이상이 없을까' 하는 불안감에 싸일 때도 있다. 그러나 이러한 곤돌라 스키 리프트는 힘과 운동과의 상관관계를 나타내는 운동역학에 근거하여 설계되었기 때문에 안전에 대해 크게 염려를 하지 않아도 된다.

CHAPTER

02

질점의 운동학

Kinematics of a Particle

학습목표

- 질점의 위치, 변위, 속도, 가속도의 개념을 학습한다.
- 질점의 움직이는 경로가 직선인 운동을 학습한다.
- 질점의 움직이는 경로가 곡선인 운동을 학습하고, 여러 종류의 좌표계를 이용하여 곡선운동을 표현한다.
- 한 개 또는 그 이상의 질점 간의 종속운동 또는 구속받는 운동을 학습한다.
- 움직이는 질점에서 다른 움직이는 질점의 상대운동을 학습한다.

SECTION 2.1

서론

- "역학이란 무엇인가"에 대한 개념을 정립하고, 역학의 한 분야인 동역학과 동역학을 구성하는 운동학과 운동역학의 의미를 익힌다.
- 질점과 강체의 정의를 알고, 그 의미 차이를 이해한다.

역학이란 힘을 받는 물체의 거동을 연구하는 물리학의 한 종류로서 역학에는 정역학, 동역학, 재료역학, 열역학, 유체역학 등이 있다. 소위 **공업역학**engineering mechanics이라 지칭하는 역학은 크게 정역학과 동역학으로 나눌 수 있다. 이 중 정역학은 정지해 있거나 일정 속도로 움직이는 물체의 **평형**equilibrium(힘의 평형과 모멘트의 평형)을 취급한다. 이에 비해 동역학은 물체의 가속운동을 다루며, 동역학은 다시 물체의 운동(위치, 변위, 속도, 가속도)만을 다루는 **운동학**kinematics과 이러한 운동과 힘과의 상관관계를 규명하는 **운동역학**kinetics으로 나눌 수 있다.

이 책에서는 먼저 **질점**particle의 동역학을 고찰한 후, 6장~9장에서 2차원(평면) 강체 동역학을 다룬다. 여기서 질점이란 질량을 지닌 점, 다시 말해 질량과 위치는 지니되 크기는 지니지 않는 것으로 정의한다. 물체의 **회전운동**rotational motion이 무시될 때 그 물체를 질점으로 간주할 수 있다. 운동해석 과정에서 치수가 중요하지 않은 물체에 대하여 질점으로 간주하는 것이다. 이에 비해 **강체**rigid body란 물체가 운동 중에 물체의 내부 변형이 매우 작아서 물체의 변형을 무시할 수 있다고 간주하는 물체로 정의하며, 치수가 중요한 물체에 대하여 강체로 간주한다.

SECTION 2.2

질점의 위치, 변위, 속도, 가속도

- 질점의 위치, 변위, 속도, 가속도에 대한 기본 개념을 익힌다.
- 질점의 각위치, 각변위, 각속도, 각가속도에 대한 기본 개념을 이해한다.

2.2.1 위치

공간상의 한 점의 **위치**position는 [그림 2-1(a)]에서와 같이 한 장소를 **기준점**datum point(또는 **원점**origin)으로 정한 다음, 그 기준점으로부터 물체가 있는 장소까지의 방향과 거리로 나타낸다. 즉 위치는 벡터 물리량이다. 위치에 대한 개념을 쉽게 설명하기 위해, 여기서는 공간상이 아닌 평면상에서의 질점의 위치를 표현해보기로 한다. 기준점으로부터 질점의 위치를 나타내는 좌표를 위치좌표라고 하며, 이는 시간의 함수로 표현된다. 즉 시간 t에서의 위치벡터를 $\mathrm{r}(t)$, 시간 $t+\Delta t$에서의 위치벡터를 $\mathrm{r}(t+\Delta t)$라 한다.

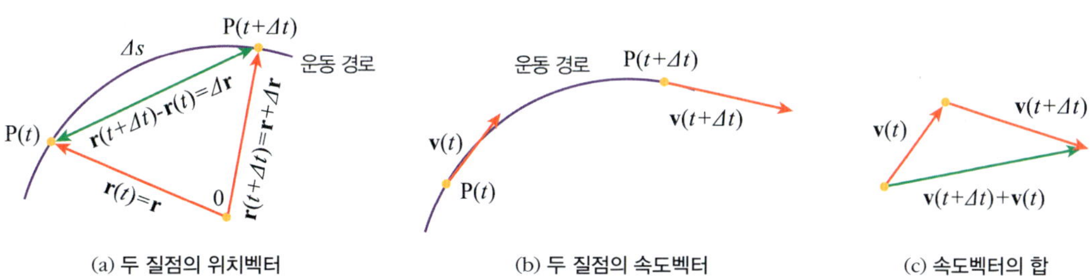

그림 2-1 질점의 위치, 변위, 속도, 속도의 변화량 표현

2.2.2 변위

변위displacement는 위치의 변화를 일컬으며, 이 또한 벡터 물리량이다. [그림 2-1(a)]에서와 같이, Δt라는 시간 간격 동안 위치벡터 $\mathrm{r}(t)$에서 다른 위치벡터 $\mathrm{r}(t+\Delta t)$로 위치가 바뀌었다면 나중 위치벡터에서 처음 위치벡터를 뺀 $\Delta \mathrm{r}$이 변위벡터가 된다. 이를 수식으로 표현하면 식 (2.1)과 같다.

$$\Delta \mathrm{r} = \mathrm{r}(t+\Delta t) - \mathrm{r}(t) \tag{2.1}$$

2.2.3 속도

속도velocity는 크게 평균속도와 순간속도로 나눌 수 있다. 속도 또한 벡터 물리량이다.

■ 평균속도

평균속도average velocity는 단위시간 동안 물체의 위치가 얼마나 변화했는가를 나타낸다. Δt라는 시간 간격 동안 질점의 위치가 $\Delta \mathrm{r}$ 만큼 변하였을 때 평균속도 v_{ave}[1]는 다음과 같이 나타낼 수 있다.

$$\mathrm{v}_{ave} = \frac{\Delta \mathrm{r}}{\Delta t} = \frac{\mathrm{r}(t+\Delta t) - \mathrm{r}(t)}{\Delta t} \tag{2.2}$$

평균속도는, 가령 5초 동안 10 m를 움직였다면 1초 동안 평균적으로 2 m를 움직였다는 것으로서 물체가 어떻게 움직였는가를 정확히 나타내지는 못한다. 처음에는 빠르게 움직이다가 나중에는 느리게 움직였을 수도 있는 것이다.

■ 순간속도

평균속도는 물체가 매순간 어떻게 움직였는가를 나타내지 못하는 반면, **순간속도**instantaneous velocity는 시간이 몇 초일 때 그 순간 물체가 얼마나 빠른가를 나타낸다. 순간이란 매우 짧은 시간 간격을 뜻하므로 순간속도는 평균속도 식 (2.2)에서 $\Delta t \to 0$으로 극한을 취해 얻을 수 있다. 즉 순간속도 v는 다음과 같이 표현할 수 있다.

$$\mathrm{v} = \lim_{\Delta t \to 0} \frac{\Delta \mathrm{r}}{\Delta t} = \frac{d\mathrm{r}}{dt} = \dot{\mathrm{r}} \tag{2.3}$$

식 (2.3)에서 r 위의 dot($\dot{}$) 표시는 시간 좌표 t에 대한 미분을 나타낸다. 일반적으로 속도라 함은 순간속도를 의미하며, [그림 2-1(b)]와 같이 시간 t와 $t + \Delta t$에 있어 운동 경로에 대한 접선방향으로 나타낼 수 있다. 즉 순간속도는 매 순간순간 방향이 바뀐다. 한편, [그림 2-1(c)]는 속도벡터의 합을 보여주는 그림이다.

2.2.4 가속도

가속도acceleration 또한 크게 평균가속도와 순간가속도로 나눌 수 있는데 가속도도 벡터 물리량이다. 가속도란 단위시간당 속도가 얼마나 변했는가를 나타내므로 속도를 정의한 것과 유사하게 정의할 수 있다.

■ 평균가속도

평균가속도average acceleration는 단위시간 동안 물체의 속도의 변화량을 나타낸다. Δt라는 시간 간격 동

1 여기서 아래첨자 ave는 average(평균)의 약자를 뜻한다.

안 질점의 속도 변화가 $\Delta \mathrm{v}$ 만큼 일어났을 때 평균가속도 a_{ave}는 다음과 같이 나타낼 수 있다.

$$\mathrm{a}_{ave} = \frac{\Delta \mathrm{v}}{\Delta t} = \frac{\mathrm{v}(t+\Delta t) - \mathrm{v}(t)}{\Delta t} \tag{2.4}$$

■ 순간가속도

일반적으로 가속도라 함은 **순간가속도**instantaneous acceleration를 지칭한다. 시간 t에서의 질점의 순간가속도는 평균가속도 식 (2.4)에서 $\Delta t \to 0$으로 극한을 취해 얻을 수 있다. 즉 순간가속도 a는 다음과 같이 표현할 수 있다.

$$\mathrm{a} = \lim_{\Delta t \to 0} \frac{\Delta \mathrm{v}}{\Delta t} = \frac{d\mathrm{v}}{dt} = \dot{\mathrm{v}} = \frac{d^2\mathrm{r}}{dt^2} = \ddot{\mathrm{r}} \tag{2.5}$$

예제 2-1 위치, 속도, 가속도의 관계식

어떤 질점이 정지상태에서 출발하여 직선도로를 달리고 있다. 이 질점의 가속도가 $a = (t+1)\ \mathrm{m/s^2}$라면, $t = 3\ \mathrm{s}$일 때, 질점의 속도와 그 위치를 계산하시오.

분석

- 질점의 가속도가 주어진 경우 속도는 해당 식을 시간에 대해 한 번 적분하여 구한다.
- 위치는 속도 식을 시간에 대해 한 번 적분하여 구한다.

풀이

- 가속도가 시간의 함수일 때, $a = \frac{dv}{dt}$의 관계식을 양변 적분하여 속도를 구한다.

  $dv = a\,dt$로부터 다음과 같이 구할 수 있다.

$$\int_0^v dv = \int_0^3 (t+1)dt,\ v = \left(\frac{1}{2}t^2 + t\right)_{t=3} = 7.5\ \mathrm{m/s}$$

$$v = 7.5\ \mathrm{m/s}$$

- 위치는 $v = \frac{ds}{dt}$의 관계식을 양변 적분하여 구한다. $ds = v\,dt$로부터 다음과 같이 구할 수 있다.

$$\int_0^s ds = \int_0^3 \left(\frac{1}{2}t^2 + t\right)dt,\ \ s = \left(\frac{1}{6}t^3 + \frac{1}{2}t^2\right)_{t=3} = 9\ \mathrm{m}$$

$$s = 9\,\mathrm{m}$$

고찰

- 가속도의 시간에 대한 한 번 적분은 속도가 되고, 속도의 시간에 대한 한 번 적분은 위치가 된다.

SECTION 2.3

직선운동

- 일직선 또는 직각으로 교차하는 직선 경로를 따라 움직이는 질점의 운동을 학습한다.
- 질점의 직선운동 해석에 있어, 등속도, 등가속도 운동과 속도와 가속도가 일정하지 않은 운동을 다룬다.
- 질점의 직선운동에 있어, 연속적인 운동과 불규칙한 운동을 도식적으로 표현한다.

2.3.1 연속운동

질점의 **직선운동**rectilinear motion은 일직선 또는 직각으로 교차하는 직선 경로를 따라 움직이는 질점의 운동을 일컫는다. 이 절에서는 2.2절에서 살펴본 위치, 변위, 속도, 가속도에 대한 개념을 직선 경로에 대해 다시 표현해보고자 한다.

■ 위치

[그림 2-2]와 같이 직선 경로를 따라 움직이는 어떤 질점이 점 P에서 Δt라는 시간 동안 점 P^*로 움직였다고 하자. 그림에서 점 O는 기준점(또는 원점)을 나타내고, s와 s'은 각각 기준점으로부터의 거리로서 질점의 P 위치와 P^* 위치의 위치좌표이며, 이 단위는 일반적으로 미터(m)로 나타낸다. 2.2절에서 살펴보았듯이 원래 위치, 변위, 속도, 가속도는 벡터 물리량이나, 질점의 직선운동은 한 방향으로만 움직이는 단순한 운동이므로 여기서는 이들 벡터 물리량들을 스칼라량으로만 나타내기로 한다. 그림의 좌표에서 오른쪽 방향을 양positive의 방향으로 간주한다.

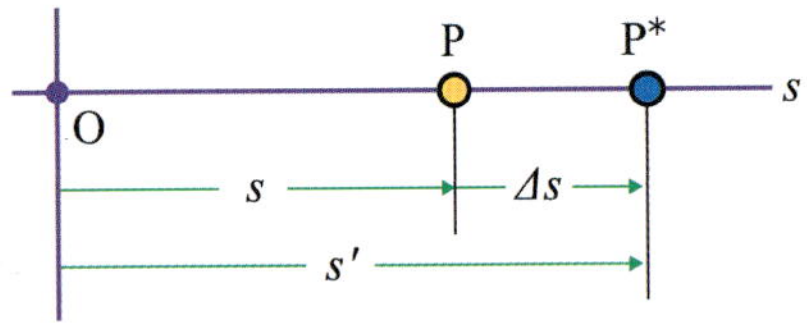

그림 2-2 직선운동 중인 질점의 위치와 변위

■ 변위

2.2절에서 설명했듯이 질점의 변위는 물체가 어떤 시간 t에서 Δt라는 시간 동안 s의 위치에서 s'의 위치로 이동했다고 할 때 Δs로 나타내며, 이는 식 (2.6)과 같다. 변위 Δs의 부호는 [그림 2-2]와 같이 나중위치가 처음위치의 오른쪽에 있을 때는 양positive, 이와 반대일 경우는 음negative이 된다.

$$\Delta s = s' - s \tag{2.6}$$

■ 속도

속도는 평균속도와 순간속도로 구분할 수 있는데, 속도는 벡터 물리량이고 속력은 스칼라 물리량이다. 즉 속도의 크기가 속력인 것이다. [그림 2-2]의 변위 Δs를 Δt의 시간으로 나누면 평균속력은 $\dfrac{\Delta s}{\Delta t}$로 나타내고, 속력(순간속력)은 다음과 같이 나타낸다.

$$v = \frac{ds}{dt} \tag{2.7}$$

[그림 2-3(a)]와 같이 어떤 질점의 위치 P가 s_T의 전체 거리를 거쳐 P^*로 이동하였을 때, 평균속력은 $v_{\text{ave}} = \dfrac{s_T}{\Delta t}$이지만, 평균속도는 $\mathbf{v}_{\text{ave}} = -\dfrac{\Delta \mathbf{r}}{\Delta t}$이 된다. 여기서 변위의 벡터 물리량 $-\Delta \mathbf{r}$의 크기가 Δs가 된다. 한편, [그림 2-3(b)]에서 보듯이 거리는 스칼라량으로서 왼쪽 건물에서 오른쪽 건물로 가는 데 이동한 양을 나타내며, 변위는 벡터량으로서 왼쪽 건물에서 오른쪽 건물로 가는 최단 직선거리이다.

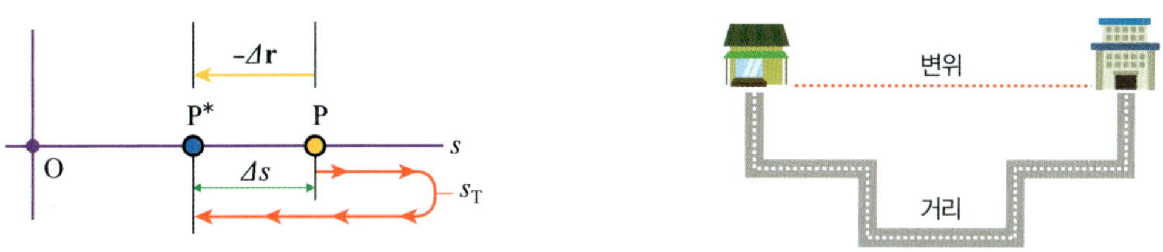

(a) 질점 P의 전체 이동거리 s_T와 변위 Δs (b) 거리와 변위의 개념

그림 2-3 이동거리 및 변위

■ 가속도

가속도(순간가속도)는 속도의 시간 변화율로서 벡터 물리량이지만, 질점의 단순한 직선운동을 논하는 데 있어서는 식 (2.8)과 같이 가속력(순간가속력)으로 나타내는 것이 더 편리할 수 있다.

$$a = \frac{dv}{dt} \tag{2.8}$$

[그림 2-4]는 가속도와 **감속도**deceleration를 보여준다. 질점의 위치 P와 P^*에서의 각각의 속도를 $\mathbf{v}$와 $\mathbf{v}^*$라 할 때, $\mathbf{v}^* > \mathbf{v}$인 경우는 [그림 2-4(a)]와 같이 가속도, $\mathbf{v}^* < \mathbf{v}$인 경우는 [그림 2-4(b)]와 같이 감속도가 된다.

(a) 가속도 (b) 감속도

그림 2-4 질점의 가속도와 감속도

식 (2.7)의 $v = \dfrac{ds}{dt}$와 식 (2.8)의 $a = \dfrac{dv}{dt}$로부터 매개변수 dt를 소거하면 $dt = \dfrac{ds}{v}$와 $dt = \dfrac{dv}{a}$에서 다음과 같은 제3의 관계식을 얻을 수 있다.

$$v\,dv = a\,ds \tag{2.9}$$

예제 2-2 질점의 위치로부터 전체 이동거리, 속도가 0인 시간 구하기

어떤 질점의 위치가 $s = (t^2 - 4t + 2)$ m로 주어진다. 질점의 속도가 0이 되는 시간과 $t = 3$ s에 있어 질점의 전체 이동거리를 계산하시오.

분석

- 질점의 위치가 주어진 경우 속도는 해당 식을 시간에 대해 한 번 미분하여 구한다.
- 전체 이동거리는 매 시간 위치를 합하여 계산한다.

풀이

- 위치 함수 $s = (t^2 - 4t + 2)$ m로부터, 속도는 $v = \dfrac{ds}{dt}$를 이용하여 구한다.

$$v = \frac{ds}{dt} = 2t - 4 \tag{1}$$

- 식 (1)로부터 속도가 0인 시간을 구해보자.

$$v = 0 = 2t - 4, \quad t = 2\text{ s}$$

- $t = 0$ s일 때 $s = 2$ m, $t = 2$ s일 때 $s = -2$ m, $t = 3$ s일 때 $s = -1$ m이다. 따라서 전체 이동거리를 Δs_T라 하면, $\Delta s_T = 5$ m가 된다.

고찰

- 전체 이동거리는 시간 변화에 따른 총 누적 거리를 나타낸다.

2.3.2 직선운동 해석 : 등속도 운동

2.3.2절에서는 질점이 일정한 속도(**등속도**constant velocity)로 직선운동을 하는 경우에 질점의 위치와 가속도를 구하는 과정을 설명한다. 질점의 속도가 일정한 경우, 즉 $v = v_c$ =(일정)한 경우 질점의 위치와 가속도를 나타내보자.

■ 위치

식 (2.7)의 $v = \dfrac{ds}{dt}$를 이용하여 $v_c = \dfrac{ds}{dt}$를 **변수분리**separation of variables 후, $t = 0$에서의 초기위치를 s_0라 하고 양변을 적분하면 다음과 같이 나타낼 수 있다.

$$\int_{s_0}^{s} ds = v_c \int_0^t dt \tag{2.10}$$

식 (2.10)을 정리하면, 최종적으로 시간 t에서의 질점의 나중위치는 다음과 같다.

$$s = s_0 + v_c t \tag{2.11}$$

■ 가속도

속도가 일정한 경우 가속도는 0이다. 따라서 식 (2.8)의 $a = \dfrac{dv}{dt}$를 이용하면 다음과 같이 나타낼 수 있다.

$$a = \frac{dv}{dt} = \frac{dv_c}{dt} = 0 \tag{2.12}$$

2.3.3 직선운동 해석 : 등가속도 운동

등가속도constant acceleration 운동은 가속도가 일정한 경우로서, $a = \dfrac{dv}{dt} = a_c =$ (일정)함을 의미한다. 이 경우 식 (2.7)~(2.9)를 이용하여 속도와 위치를 구할 수 있다.

■ 속도

식 (2.8)의 $a = \dfrac{dv}{dt}$를 이용하여 $a_c = \dfrac{dv}{dt}$를 변수분리 후, $t = 0$에서의 초기속도를 v_0라 하고 양변을 적분하면 다음과 같이 나타낼 수 있다.

$$\int_{v_0}^{v} dv = a_c \int_0^t dt \tag{2.13}$$

식 (2.13)을 정리하면, 최종적으로 시간 t에서의 질점의 나중속도는 다음과 같다.

$$v = v_0 + a_c t \tag{2.14}$$

속도는 식 (2.9)의 $v\,dv = a\,ds$를 이용해서도 구할 수 있는데, 이 식의 양변을 적분하고, 초기속도 v_0와 초기위치 s_0를 적용하면 다음과 같다.

$$\int_{v_0}^{v} v\,dv = \int_{s_0}^{s} a_c\,dr \tag{2.15}$$

식 (2.15)의 적분을 수행하고 정리하면 나중속도는 위치의 함수로 다음과 같이 표현된다.

$$v^2 = v_0^2 + 2a_c(s - s_0) \tag{2.16}$$

■ 위치

식 (2.7)의 $v = \dfrac{ds}{dt}$에 식 (2.14)에서 얻은 나중속도 식을 대입하면 다음과 같다.

$$v_0 + a_c t = \frac{ds}{dt} \tag{2.17}$$

식 (2.17)을 변수분리한 후, 양변을 적분하면 다음과 같다.

$$\int_0^t (v_0 + a_c t)dt = \int_{s_0}^s ds \tag{2.18}$$

식 (2.18)의 적분을 수행하고 정리하면 최종적으로 다음과 같이 나중위치를 구할 수 있다.

$$s = s_0 + v_0 t + \frac{1}{2} a_c t^2 \tag{2.19}$$

2.3.4 직선운동 해석 : 속도와 가속도가 일정치 않은 운동

속도 또는 가속도가 일정치 않은 경우, 식 (2.7)~(2.9)를 미분하거나 적분함으로써 위치, 속도, 가속도를 구할 수 있다.

■ 속도가 시간의 함수일 경우 : $v = g(t)$

1 위치

식 (2.7)의 $v = \dfrac{ds}{dt}$로부터 속도와 **시간변수**time variables를 변수분리 후, 양변을 적분한다.

$$\int_{s_0}^s ds = \int_0^t g(t)\,dt \tag{2.20}$$

식 (2.20)을 정리하면 다음과 같이 위치를 구할 수 있다.

$$s = s_0 + \int_0^t g(t)\,dt \tag{2.21}$$

식 (2.21)에서 둘째 항의 $g(t)$가 구체적으로 주어지면, 정확한 위치 값을 구할 수 있다.

2 가속도

가속도는 속도를 시간에 대해 한 번 미분하여 얻을 수 있으므로 다음과 같이 표현할 수 있다.

$$a = \frac{dv}{dt} = \frac{dg(t)}{dt} \tag{2.22}$$

■ 속도가 위치의 함수일 경우 : $v = g(s)$

1 위치

식 (2.7)의 $v = \dfrac{ds}{dt}$ 를 이용하여 위치와 시간변수를 변수분리하고 양변을 적분하면 다음과 같다.

$$\int_0^t dt = \int_{s_0}^s \frac{1}{g(s)} ds \tag{2.23}$$

식 (2.23)에서 $g(s)$가 구체적으로 주어지면, 시간과 위치 간의 관계식을 얻을 수 있다.

2 가속도

식 (2.9)의 $v\,dv = a\,ds$로부터 변수분리하여 다음 관계식을 얻을 수 있다.

$$a = g(s)\frac{dg(s)}{ds} \tag{2.24}$$

식 (2.24)에서 $g(s)$가 구체적으로 주어지면, 가속도를 위치의 함수로 정확히 계산할 수 있다.

■ 가속도가 위치의 함수일 경우 : $a = g(s)$

1 속도

식 (2.9)의 $v\,dv = a\,ds$로부터 양변을 적분하면 다음과 같다.

$$\int_{v_0}^v v\,dv = \int_{s_0}^s a\,ds = \int_{s_0}^s g(s)\,ds \tag{2.25}$$

식 (2.25)의 적분을 수행하면 다음과 같이 속도를 구할 수 있다.

$$v^2 = v_0^2 + 2\int_{s_0}^s g(s)\,ds \tag{2.26}$$

2 위치

가속도가 위치 함수일 경우, 속도 또한 식 (2.26)과 같이 위치 함수 $v(s)$로 도출된다. 따라서 식 (2.7)의 $v = \dfrac{ds}{dt}$ 로부터 시간과 위치변수를 분리하여 다음 관계식을 얻을 수 있다.

$$\int_0^t dt = \int_{s_0}^s \frac{ds}{v(s)} \tag{2.27}$$

식 (2.27)에서 $v(s)$가 구체적으로 주어지면 시간과 위치와의 정확한 관계식을 얻을 수 있다.

■ 가속도가 시간의 함수일 경우 : $a = g(t)$

1 속도

식 (2.8)의 $a = \dfrac{dv}{dt}$ 로부터 속도와 시간변수를 분리하고 양변을 적분하면 다음과 같다.

$$\int_{v_0}^{v} dv = \int_0^t a\,dt = \int_0^t g(t)\,dt \tag{2.28}$$

식 (2.28)의 적분을 수행하여 다음과 같이 나중속도를 구할 수 있다.

$$v = v_0 + \int_0^t g(t)\,dt \tag{2.29}$$

2 위치

위치에 대한 식의 관계는 식 (2.29)의 속도 v가 시간의 함수로 도출되므로 이를 식 (2.7)의 $v = \dfrac{ds}{dt}$ 에 대입하고 변수분리한 후 적분하면 다음과 같이 위치를 얻을 수 있다.

$$s = s_0 + \int_0^t v\,dt \tag{2.30}$$

■ 가속도가 속도의 함수일 경우 : $a = g(v)$

1 속도

식 (2.8)의 $a = \dfrac{dv}{dt}$ 로부터 속도와 시간변수를 분리한 후 양변을 적분하면 다음과 같다.

$$\int_0^t dt = \int_{v_0}^{v} \frac{1}{g(v)}\,dv \tag{2.31}$$

2 위치

위치는 식 (2.31)의 속도 v와 시간 t의 관계식을 얻은 후, 식 (2.7)의 $v = \dfrac{ds}{dt}$ 를 다시 양변 적분함으로써 얻을 수 있다. 또한 식 (2.9)의 $v\,dv = a\,ds$를 이용해서도 위치를 구할 수 있는데, $v\,dv = a\,ds$를 적분하여 다음 관계식을 얻는다.

$$\int_{s_0}^{s} ds = \int_{v_0}^{v} v\frac{dv}{a} = \int_{v_0}^{v} v\frac{dv}{g(v)} \tag{2.32}$$

식 (2.32)의 적분을 수행하고 정리하면 최종적으로 다음과 같이 위치를 구할 수 있다.

$$s = s_0 + \int_{v_0}^{v} \frac{v}{g(v)}\,dv \tag{2.33}$$

예제 2-3 속도가 시간의 함수로 주어진 질점

[그림 2-5]의 자동차가 속도 $v = (5t^2 + 3t)$ m/s로 직선도로를 달리고 있다. 시간 $t = 2$ s일 때, 자동차의 위치와 가속도를 계산하시오(단, $t = 0$일 때, 자동차의 위치 $s = 0$이다).

그림 2-5 속도가 시간의 함수로 주어진 자동차

분석

- 자동차가 달리는 방향인 오른쪽 방향을 좌표계의 양(+)의 방향으로 정한다.
- 자동차의 초기위치가 0이므로 초기에 자동차는 정지해 있었다.

풀이

- 속도가 시간의 함수일 때, $v = \dfrac{ds}{dt}$의 관계식을 변수분리한 후, 양변을 적분하여 위치를 구한다.
- 가속도는 $a = \dfrac{dv}{dt}$의 관계식을 사용하여 속도를 시간에 대해 한 번 미분한다. 속도와 위치와의 관계식 $v = \dfrac{ds}{dt}$로부터 $v\,dt = (5t^2 + 3t)\,dt = ds$이고, 이 식의 양변을 적분하면 다음과 같다.

$$\int_0^s ds = \int_0^t (5t^2 + 3t)dt$$

$$s\Big|_0^s = \frac{5}{3}t^3 + \frac{3}{2}t^2\Big|_0^t$$

$$s = \frac{40}{3} + 6 = 19.33 \text{ m}$$

가속도와 속도의 관계식 $a = \dfrac{dv}{dt}$로부터 가속도를 구할 수 있다.

$$a = \frac{dv}{dt} = \frac{d}{dt}(5t^2 + 3t) = 10t + 3$$

따라서 $t = 2$ s일 때의 가속도는 $a = 10(2) + 3 = 23 \text{ m/s}^2$이다.

고찰

- 속도의 시간에 대한 한 번 미분은 가속도, 속도의 시간에 대한 적분은 위치가 된다.
- 질점의 운동학 문제 풀이 시 $v = \dfrac{ds}{dt}$, $a = \dfrac{dv}{dt}$, $v\,dv = a\,ds$의 관계식을 항상 생각하자.

2.3.5 불연속 운동

질점의 운동이 시간의 변화에 따라 연속적이지 못하고, 불연속적으로 변화할 때는 그 운동(위치, 변위, 속도, 가속도)을 하나의 해석적인 함수로 표현할 수 없다. 이러한 경우는 도식적 방법으로 운동을 표현하는 것이 편리하다. 도식적인 표현에 있어서도 중요한 세 가지 식, 즉 식 (2.7)의 $v = \dfrac{ds}{dt}$, 식 (2.8)의 $a = \dfrac{dv}{dt}$, 식 (2.9)의 $v\,dv = a\,ds$를 이용해야 한다. 질점의 운동을 도식적으로 표현하는 방법에는 다음과 같이 크게 네 경우를 생각할 수 있다.

❶ 질점의 운동이 위치와 시간의 함수로 주어진 경우 : 속도, 가속도 구하기
❷ 질점의 운동이 가속도와 시간의 함수로 주어진 경우 : 속도, 위치 구하기
❸ 질점의 운동이 가속도와 위치의 함수로 주어진 경우 : 속도 구하기
❹ 질점의 운동이 속도와 위치의 함수로 주어진 경우 : 가속도 구하기

이제 위의 각 방법에 대해 살펴보자.

■ 질점의 운동이 위치와 시간의 함수로 주어진 경우 : 속도, 가속도 구하기

1 속도

질점의 운동이 [그림 2-6(a)]와 같이 위치와 시간의 함수로 주어진 경우, 각각의 시간 t_1, t_2, t_3, t_4에서의 그래프의 기울기는 $v = \dfrac{ds}{dt}$의 관계로부터 해당 시간에서의 속도 값을 나타내므로 이를 통해 속도를 구할 수 있다. 이 경우, 시간 $t=0$일 때의 초기속도 값 v_0가 주어져야 한다. 이렇게 구한 속도 값으로 그래프를 그리면 [그림 2-6(b)]와 같다.

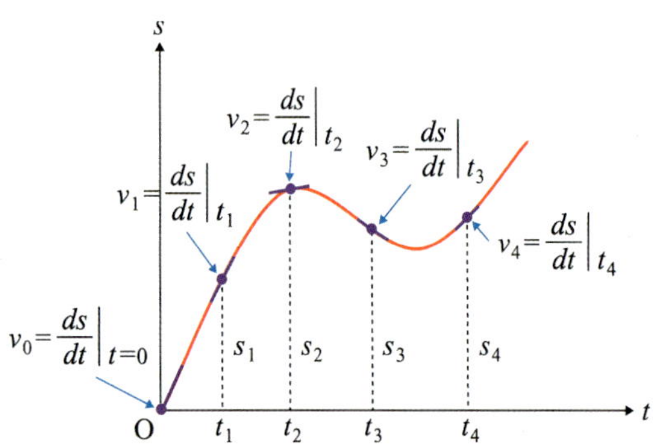

(a) 위치와 시간의 함수로 주어진 경우

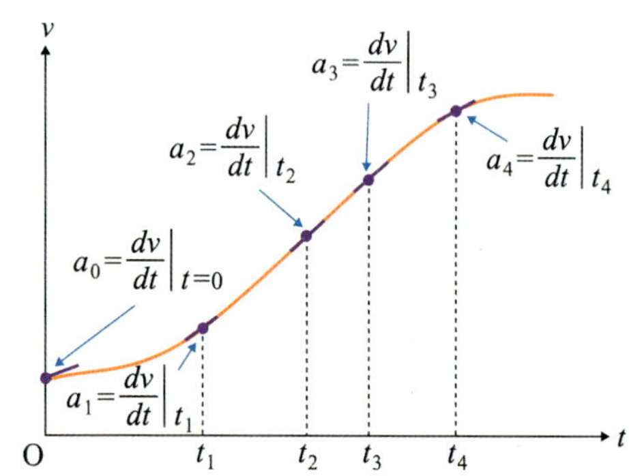

(b) 속도와 시간의 함수로 표현된 운동

그림 2-6 위치와 시간의 그래프에서 속도와 시간의 그래프로의 이동

2 가속도

가속도를 구하는 방법은 속도와 시간의 그래프인 [그림 2-6(b)]에서, 각각의 시간 t_1, t_2, t_3, t_4에서의 그래프의 기울기인 $a = \dfrac{dv}{dt}$의 관계로부터 해당 시간에서의 가속도 값을 구하면 된다. [그림 2-7]은 가속도와 시간의 함수로 표현된 운동 그래프를 나타낸다.

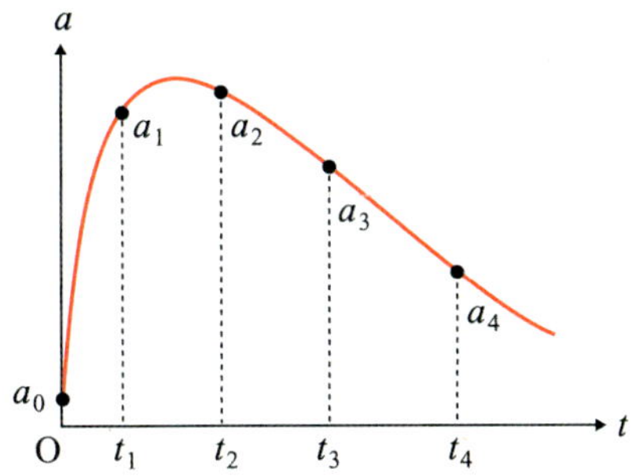

그림 2-7 가속도와 시간의 함수로 표현된 운동

예제 2-4 시간 변화에 따른 질점의 위치 그래프로부터 속도와 가속도 표현

질점으로 간주할 수 있는 어떤 물체가 [그림 2-8]과 같이 위치와 시간에 관계된 직선운동을 할 때, 동일한 시간 구간에 대하여 v-t 선도와 a-t 선도를 그리시오.

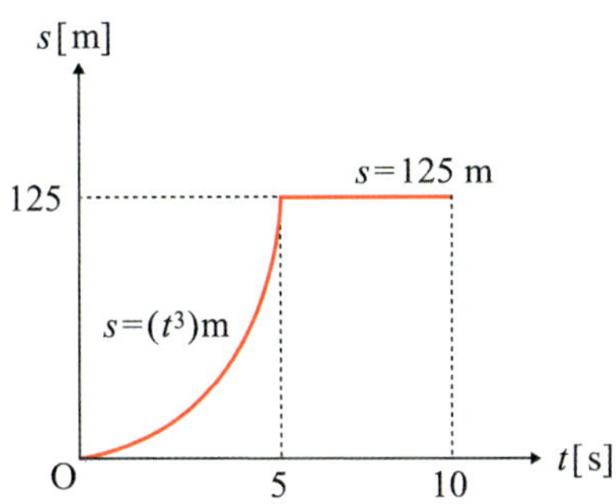

그림 2-8 s-t 선도로 주어진 질점의 위치 변화 그래프

분석

- 각 시간 구간에서 s-t 선도를 시간에 대해 한 번 미분하여 v-t 선도를 얻는다.
- 각 시간 구간에서 v-t 선도를 시간에 대해 한 번 미분하여 a-t 선도를 얻는다.

풀이

- $v = \dfrac{ds}{dt}$ 이므로, s-t 선도를 시간에 대해 미분하여 속도를 구한다.

$$s = (t^3)\ \text{m},\ v = \frac{ds}{dt} = (3t^2)\ \text{m/s} \quad (0 \le t \le 5)$$

$$s = 125\ \text{m},\ v = \frac{ds}{dt} = (0)\ \text{m/s} \quad (5 \le t \le 10)$$

t의 변화에 따라 v-t 선도를 그린다.

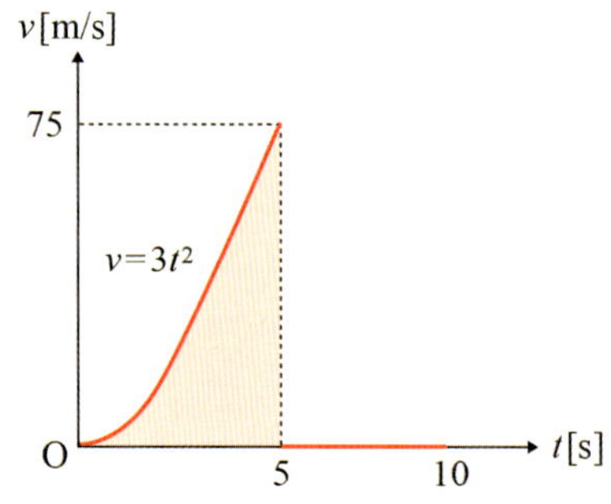

그림 2-9 v-t 선도로 표현된 질점의 속도 그래프

• $a = \dfrac{dv}{dt}$ 의 관계식을 사용하여 v-t 선도를 시간에 대해 한 번 미분하여 가속도를 구한다.

$$v = (3t^2)\ \text{m/s}, \quad a = \frac{dv}{dt} = (6t)\ \text{m/s}^2 \quad (0 \le t \le 5)$$

$$v = (125)\ \text{m/s}, \quad a = \frac{dv}{dt} = (0)\ \text{m/s}^2 \quad (5 \le t \le 10)$$

t의 변화에 따라 a-t 선도를 그린다.

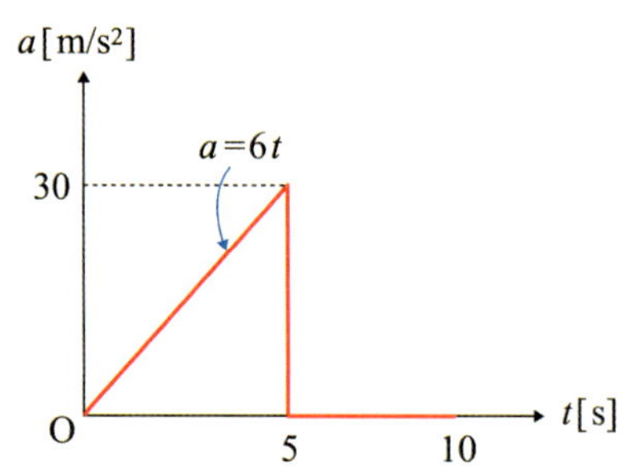

그림 2-10 a-t 선도로 표현된 질점의 가속도 그래프

고찰

• v-t 선도를 시간에 대해 한 번 적분하여 s-t 선도가 도출되는지 검토한다.
• a-t 선도를 시간에 대해 두 번 적분하여 s-t 선도가 도출되는지 검토한다.

■ 질점의 운동이 가속도와 시간의 함수로 주어진 경우 : 속도, 위치 구하기

1 속도

질점의 운동이 [그림 2-11(a)]와 같이 가속도와 시간의 함수로 주어진 경우, $a = \dfrac{dv}{dt}$ 의 관계식으로부터 변수분리 후, 초기속도 v_0, 나중속도 v_1, 초기시간 0, 나중시간 t_1 의 값을 적용하여 양변을 적분하면 다음 관계식을 얻을 수 있다.

$$\int_{v_0}^{v_1} dv = \int_0^{t_1} a\,dt \tag{2.34}$$

식 (2.34)의 우변의 적분은 [그림 2-11(a)]의 주황색 부분 면적을 나타낸다. 이는 질점의 운동이 가속도와 시간의 함수로 주어졌기 때문에 충분히 계산 가능하다. 또한 이 적분은 식 (2.34)의 좌변인 $\int_{v_0}^{v_1} dv$ 와 같고, 이는 속도의 변화량을 나타낸다. 초기속도 v_0가 주어졌기 때문에 시간 t_1에서의 속도인 v_1을 구할 수 있다. 이러한 방법으로 계속하여 [그림 2-11(a)]로부터 시간 t_1 이후의 속도 변화량을 구할 수 있고, 이렇게 구한 속도 값들을 연결하여 그래프를 그린 것이 [그림 2-11(b)]이다.

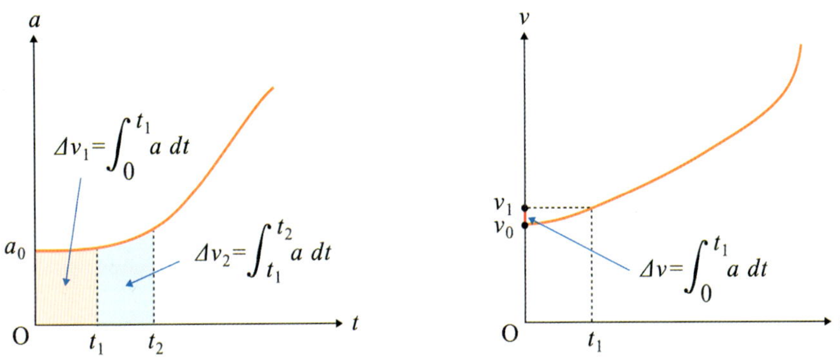

(a) 가속도와 시간의 함수로 주어진 경우 (b) 속도와 시간의 함수로 표현된 운동

그림 2-11 가속도와 시간의 그래프에서 속도와 시간의 그래프로의 이동

2 위치

질점의 운동이 가속도와 시간의 함수로 주어진 경우, [그림 2-12(a)]와 같은 속도와 시간의 함수로 표현된 운동 그래프를 얻게 된다. 이 그림을 참조하고 $v = \frac{ds}{dt}$ 의 관계식으로부터 변수분리 후, 초기위치 s_0, 나중위치 s_1, 초기시간 0, 나중시간 t_1의 값을 적용하여 양변을 적분하면 다음 관계식을 얻을 수 있다.

$$\int_{s_0}^{s_1} ds = \int_0^{t_1} v\,dt \tag{2.35}$$

식 (2.35)의 우변의 적분은 [그림 2-12(a)]의 주황색 부분 면적을 나타낸다. 이는 질점의 운동이 속도와 시간의 함수로 주어졌기 때문에 계산 가능하다. 또한 이 적분은 식 (2.35)의 좌변인 $\int_{s_0}^{s_1} ds$ 와 같고, 이는 위치의 변화량을 나타낸다. 초기변위 s_0가 주어졌기 때문에 시간 t_1에서의 위치인 s_1을 구할 수 있다. 이러한 방법으로 계속하여 [그림 2-12(a)]로부터 시간 t_1 이후의 위치 변화량을 구할 수 있고, 이렇게 구한 위치 값들을 연결하여 그래프를 그린 것이 [그림 2-12(b)]와 같다.

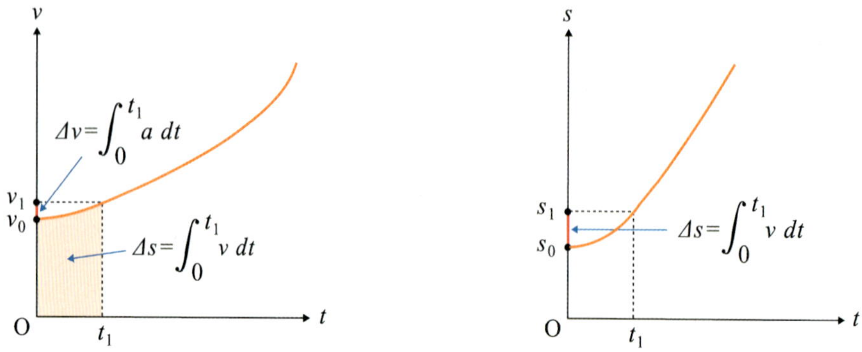

(a) 속도와 시간의 함수로 주어진 경우　　(b) 위치와 시간의 함수로 표현된 운동

그림 2-12 속도와 시간의 그래프에서 위치와 시간의 그래프로의 이동

예제 2-5 시간 변화에 따른 질점의 가속도 선도로부터 속도와 위치 표현

[그림 2-13]의 경주용 자동차가 정지상태에서 출발하여 자동차가 멈추는 시간 t'까지에 대한 v-t 선도와 s-t 선도를 그리시오.

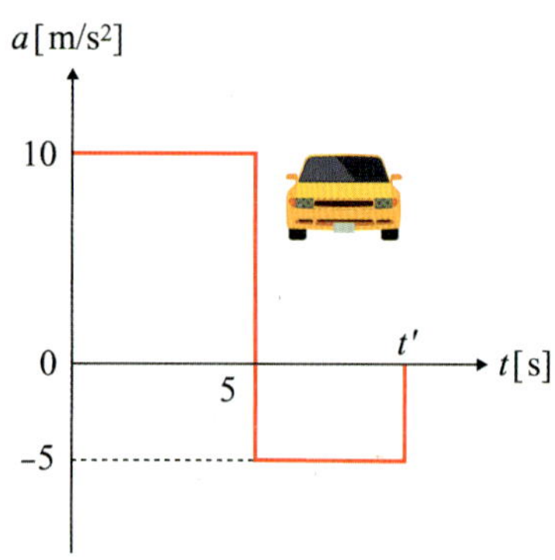

그림 2-13 a-t 선도로 주어진 질점의 가속도 변화 그래프

분석

- 각 시간 구간에서 a-t 선도를 시간에 대해 한 번 적분하여 v-t 선도를 얻는다.
- 각 시간 구간에서 v-t 선도를 시간에 대해 한 번 적분하여 s-t 선도를 얻는다.

풀이

- $a = \dfrac{dv}{dt}$에서 변수분리 후, 양변을 적분한 $\int dv = \int a\,dt$로부터 속도를 구한다.

$$a = (10)\ \mathrm{m/s^2}\ ,\quad \int_0^v dv = \int_0^t 10\,dt\ ,\quad v = (10t)\ \mathrm{m/s}\ \ (0 \le t \le 5)$$

$$a = (-5)\ \mathrm{m/s^2}\ ,\quad \int_{50}^v dv = \int_5^t -5\,dt\ ,\quad v = (-5t + 75)\ \mathrm{m/s}\ \ (5 \le t \le t')$$

본 예제에서는 처음에 가속되다가 감속이 이루어지므로 $v=(-5t+75)$ m/s에서 속도가 0이 되는 시간 t'을 찾을 수 있다. 즉 $-5t'+75=0$으로부터 $t'=(15)$ s가 된다. 따라서 속도가 0이 되는 시간은 $t'=(15)$ s이다. 이로부터 이제 t의 변화에 따라 v-t 선도를 그릴 수 있다.

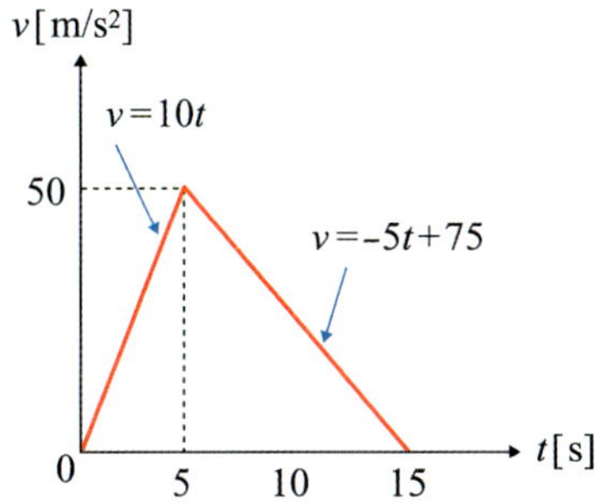

그림 2-14 v-t 선도로 표현된 질점의 속도 그래프

- $v=\dfrac{ds}{dt}$에서 변수분리 후, 양변을 적분한 $\int ds = \int v\,dt$로부터 위치를 구한다.

$$\int_0^s ds = \int_0^t (10t)\,dt,\quad s=(5t^2)\text{ m}\ \ (0 \le t \le 5)$$

$$\int_{125}^s ds = \int_5^t (-5t+75)\,dt,\quad s=(-2.5t^2+75t-187.5)\text{ m}\ \ (5 \le t \le t')$$

이제 t의 변화에 따라 s-t 선도를 그린다.

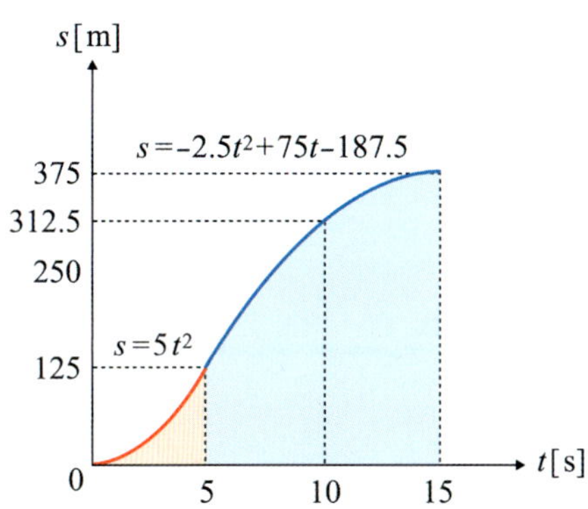

그림 2-15 s-t 선도로 표현된 질점의 위치 그래프

고찰

- s-t 선도를 시간에 대해 한 번 미분하여, v-t 선도가 도출되는지 검토한다.
- s-t 선도를 시간에 대해 두 번 미분하여, a-t 선도가 도출되는지 검토한다.

■ 질점의 운동이 가속도와 위치의 함수로 주어진 경우 : 속도 구하기

1 속도

[그림 2-16(a)]와 같이 질점의 운동이 가속도와 위치의 함수로 주어진 경우, $v\,dv = a\,ds$의 관계식에 적분 구간을 대입하고 양변을 적분하면 다음과 같이 속도를 구할 수 있다.

$$\int_{v_0}^{v_1} v\,dv = \int_0^{s_1} a\,ds \tag{2.36}$$

식 (2.36)의 우변은 [그림 2-16(a)]의 파란색 부분의 면적과 같고, 가속도와 위치의 함수가 주어져 있으므로 충분히 계산 가능하다. 이때 초기속도 v_0가 주어지면 나중속도 v_1은 식 (2.36)으로부터 구할 수 있다. v_1이 구해지면 다음 구간인 [그림 2-16(a)]의 주황색 부분의 면적을 이용하여, $\int_{v_1}^{v_2} v\,dv = \int_0^{s_2} a\,ds$에 의해 v_2를 구할 수 있다. 이러한 방법으로 계속하여 s_2 이후의 위치에 대해서도 반복적으로 위치와 가속도의 적분인 면적을 구하면 v_2 이후의 속도를 구할 수 있다. 이러한 방법으로 얻은 속도와 위치의 그래프는 [그림 2-16(b)]와 같다.

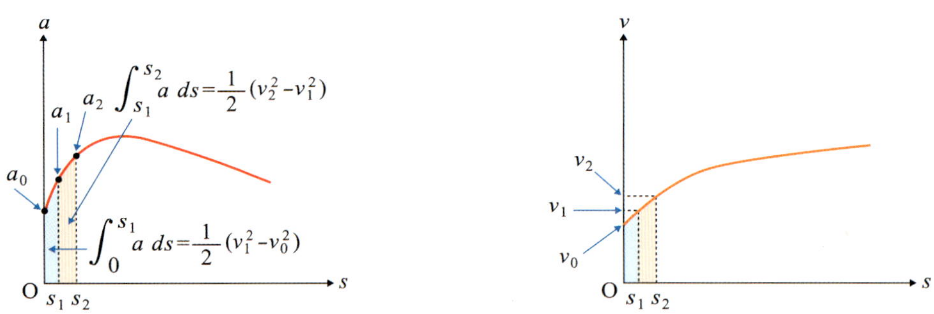

(a) 가속도와 위치의 함수로 주어진 경우 (b) 속도와 위치의 함수로 표현된 운동

그림 2-16 가속도와 위치의 그래프에서 속도와 위치의 그래프로의 이동

예제 2-6 위치 변화에 따른 질점의 가속도 선도로부터 속도 표현

[그림 2-17]은 경주용 자동차가 $s = 200$ m 구간을 달리는 동안의 a-s 선도를 나타낸다. a-s 선도로부터 속도와 위치 관계인 v-s 선도를 그리시오(단, $s = 0$일 때 $v = 0$이다).

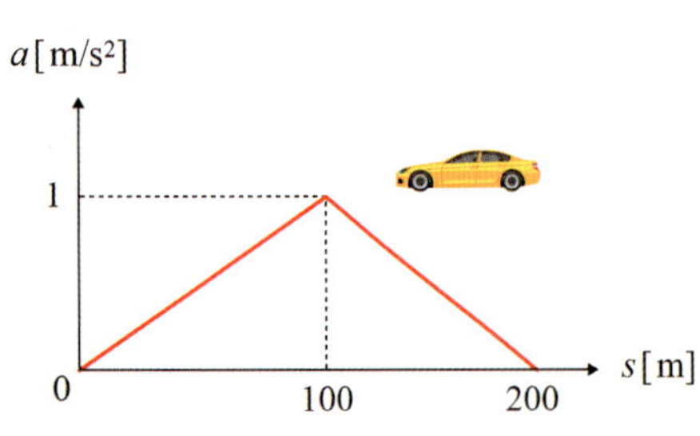

그림 2-17 a-s 선도로 주어진 경주용 자동차의 가속도 변화 그래프

분석

- 각 위치 구간에서 a-s 선도로부터 가속도를 위치의 함수로 먼저 표현한다.
- $\int v\,dv = \int a\,ds$의 관계식을 이용하여 적분한 후, 각 위치 구간에서 속도를 구한다.

풀이

- 주어진 a-s 선도로부터, 첫 위치 구간($0 \le s \le 100$)에 대한 가속도 식을 도출한다.

$$a = 0.01\,s\ (0 \le s \le 100),\ \int_0^v v\,dv = \int_0^s a\,ds = \int_0^s (0.01\,s)\,ds,\ \frac{1}{2}v^2 = 0.005\,s^2$$

따라서 속도와 위치의 관계는 $v = (0.1\,s)$ m/s ($0 \le s \le 100$)가 된다.

- 주어진 a-s 선도로부터, 다음 위치 구간($100 \le s \le 200$)에 대한 가속도 식을 도출한다. 이 경우 두 점을 지나는 직선의 방정식을 구하는 다음 절차를 진행한다.

$$a - 1 = \frac{(0-1)}{(200-100)}(s-100)\text{으로부터, } a = -0.01\,s + 2\ (100 \le s \le 200)$$

- 다음으로, 양변 적분 $\int_{10}^v v\,dv = \int_{100}^s a\,ds = \int_{100}^s (-0.01\,s + 2)\,ds$를 통해 다음 관계를 얻을 수 있다.

$$\frac{1}{2}v^2 = -0.005s^2 + 2s - 100$$

따라서 둘째 위치 구간의 속도 식은 다음과 같이 구할 수 있다.

$$v = (\sqrt{-0.01\,s^2 + 4s - 200}\ )\ \text{m/s}\ (100 \le s \le 200)$$

이제 s의 각 구간의 변화에 따라 v-s 선도를 그린다.

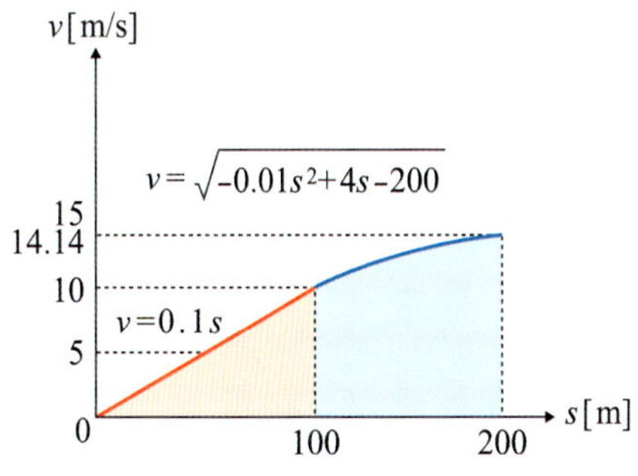

그림 2-18 v-s 선도로 표현된 자동차의 속도 변화 그래프

고찰

- 구해진 v-s 선도를 이용하여, 주어진 a-s 선도가 도출되는지 검토한다.
- 위치 구간이 둘로 나누어진 문제에 접근할 때는 초기조건 대입에 주의해야 한다.

■ 질점의 운동이 속도와 위치의 함수로 주어진 경우 : 가속도 구하기

1 가속도

[그림 2-19(a)]와 같이 질점의 운동이 속도와 위치의 함수로 주어진 경우, $v\,dv = a\,ds$의 관계식으로부터 다음과 같이 정리할 수 있다.

$$a = v\left(\frac{dv}{ds}\right) \tag{2.37}$$

속도와 위치의 정보를 알기 때문에, 식 (2.37)의 우변의 속도 값 v와 그 위치에서의 기울기 값 $\frac{dv}{ds}$를 곱하여 가속도를 구할 수 있다. 이렇게 구한 가속도와 위치의 그래프는 [그림 2-19(b)]와 같다.

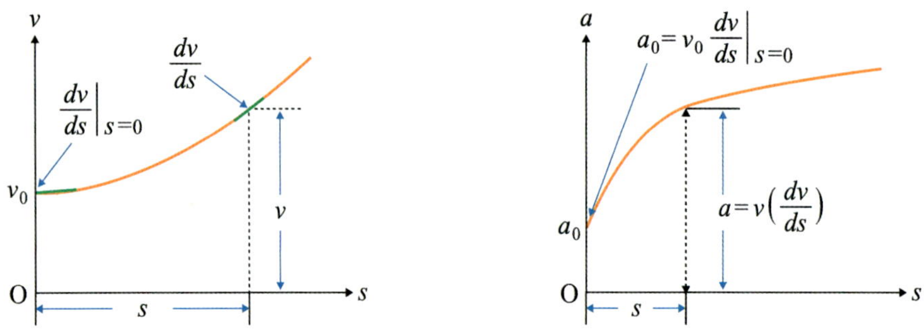

(a) 속도와 위치의 함수로 주어진 경우 (b) 가속도와 위치의 함수로 표현된 운동

그림 2-19 속도와 위치의 그래프에서 가속도와 위치의 그래프로의 이동

예제 2-7 위치 변화에 따른 자전거의 속도 선도로부터 가속도 표현

[그림 2-20]의 그래프는 직선 길을 따라 자전거를 타고 이동할 때 속도와 위치의 v-s 선도로 주어지는 속도를 나타낸다. 동일 위치 구간에 대해 a-s 선도를 그리시오.

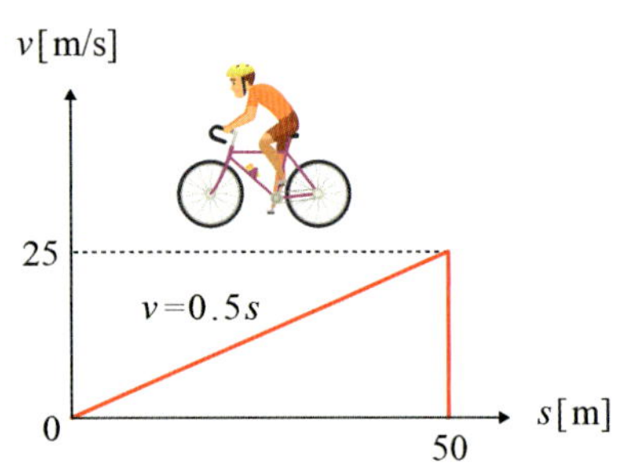

그림 2-20 v-s 선도로 주어진 자전거의 속도 변화 그래프

분석

- v-s 선도로부터 각 위치 구간에서의 속도를 위치의 함수로 먼저 표현한다.
- $v\,dv = a\,ds$의 관계식으로부터 $a = v\left(\dfrac{dv}{ds}\right)$의 관계식을 얻고, 해당 위치 구간에서의 속도와 속도의 위치 변화율 $\dfrac{dv}{ds}$를 곱하여 가속도를 구한다.

풀이

- 주어진 v-s 선도에서, 구간$(0 \le s \le 50)$에 대한 속도 식 $v = 0.5s$를 이용하여 가속도 식을 다음과 같이 얻을 수 있다.

$$a = v\left(\frac{dv}{ds}\right) = 0.5v = 0.25s$$

- 위의 식에서 $s = 0\ \mathrm{m}$일 때 $a = 0\ \mathrm{m/s^2}$이고, $s = 50\ \mathrm{m}$일 때 $a = 12.5\ \mathrm{m/s^2}$임을 알 수 있고, 가속도는 s에 관한 1차 함수이다.
- 이제 s의 각 구간의 변화에 따라 a-s 선도를 그린다.

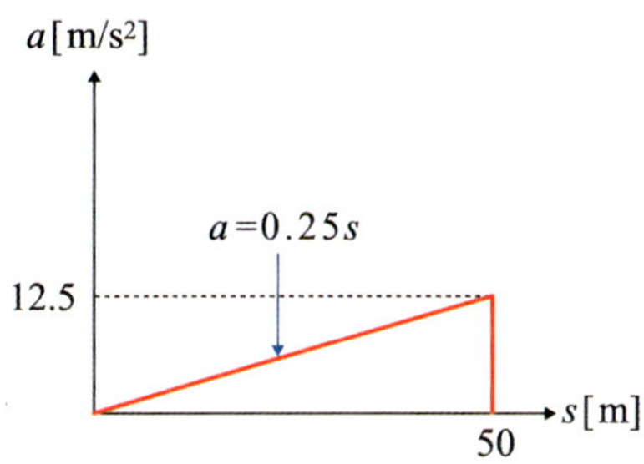

그림 2-21 a-s 선도로 표현된 자전거의 가속도 그래프

고찰

- 구해진 a-s 선도를 이용하여, 주어진 v-s 선도가 도출되는지 검토한다.
- 위치 구간이 둘로 나누어진 문제에 접근할 때는 초기조건 대입에 주의해야 한다.

SECTION 2.4

곡선운동 : 직각좌표계

✔ 곡선 경로를 따라 움직이는 질점의 운동을 학습한다.
✔ 질점의 곡선운동 해석에 있어, 위치, 속도, 가속도 식을 벡터 물리량으로 표현한다.
✔ 질점의 곡선운동을 직각좌표계를 이용하여 해석한다.

질점의 **곡선운동**curvilinear motion은 곡선경로를 따라 움직이기 때문에 직선운동에 비해 좀 더 복잡한 운동을 하게 된다. 따라서 직선경로를 따라 움직이는 직선운동에서 표현한 스칼라 물리량을 사용하기보다는 벡터 물리량을 사용하여 위치, 변위, 속도, 가속도를 표현하기로 한다. 이미 이러한 위치, 변위, 속도, 가속도의 정의된 의미는 스칼라량을 사용하든 벡터량을 사용하든 동일하다.

2.4.1 곡선운동에서의 위치, 변위, 속도, 가속도

이 절에서는 질점의 곡선운동에서의 위치, 변위, 속도, 가속도를 주로 벡터 물리량을 사용하여 나타낸다.

■ 위치 및 변위

[그림 2-22]는 곡선 경로를 따라 움직이는 질점의 위치와 변위를 보여준다. [그림 2-22(b)]의 $\mathbf{r}$과 $\mathbf{r}^*$는 기준점(또는 원점)으로부터의 각기 다른 질점의 위치벡터를 나타낸다. 즉 임의의 시간 t에서의 위치벡터가 $\mathbf{r}$이라면, $\mathbf{r}^*$는 Δt라는 짧은 시간 동안 질점이 곡선 경로의 다른 위치로 움직였을 때의 위치벡터이다. 따라서 변위벡터 $\Delta\mathbf{r}$은 다음과 같이 표현된다.

$$\Delta\mathbf{r} = \mathbf{r}^* - \mathbf{r} \tag{2.38}$$

한편, Δs는 변위벡터 $\Delta\mathbf{r}$의 크기를 나타낸다.

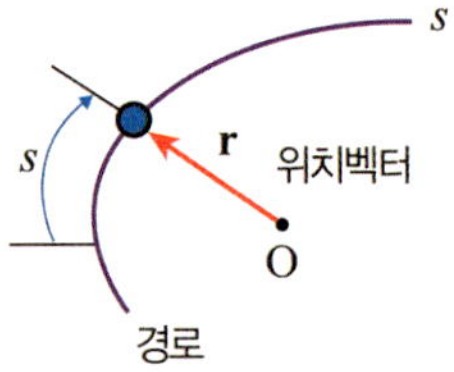

(a) 질점의 위치와 경로

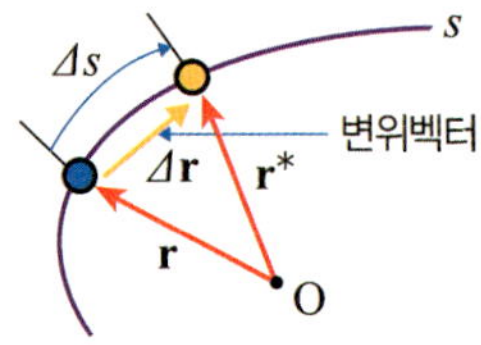

(b) 질점의 변위

그림 2-22 곡선운동하는 질점의 위치와 변위

■ 속도

[그림 2-23(a)]는 위치벡터 r 에서의 속도벡터 v 를 나타내고, [그림 2-23(b)]는 각기 다른 질점의 위치벡터 r 과 r^* 에서의 각각의 속도벡터 v 와 v^*를 보여준다. v 와 v^*의 방향은 항상 곡선 경로상의 질점들에서 곡선 경로에 접하는 방향이다.

(a) 임의의 위치에서 질점의 속도 (b) 질점의 속도 변화

그림 2-23 곡선운동하는 질점의 속도와 속도 변화

1 평균속도

Δt라는 시간 동안 $\Delta \mathrm{r}$ 의 변위가 일어났다면 평균속도는 다음과 같이 표현할 수 있다.

$$\mathrm{v}_{\mathrm{ave}} = \frac{\Delta \mathrm{r}}{\Delta t} \tag{2.39}$$

식 (2.39)는 벡터로 표현한 식인데, 여기서 $\Delta \mathrm{r}$ 의 크기를 Δs라 하면 스칼라량으로 표현한 평균속도(정확한 표현으로는 '평균속력')는 다음과 같다.

$$v_{\mathrm{ave}} = \frac{\Delta s}{\Delta t} \tag{2.40}$$

2 순간속도

식 (2.40)에서 $\Delta t \to 0$으로 근접할 때, 순간속도는 다음과 같이 표현할 수 있다.

$$\mathrm{v} = \lim_{\Delta t \to 0} \frac{\Delta \mathrm{r}}{\Delta t} = \frac{d\mathrm{r}}{dt} \tag{2.41}$$

식 (2.41)의 순간속도를 스칼라량으로 표현하면 다음과 같다.

$$v = \frac{ds}{dt} \tag{2.42}$$

■ 가속도

가속도도 평균가속도와 순간가속도로 나눌 수 있다. [그림 2-24(a)]는 속도의 변화량을 보여준다. 그림의 두 속도벡터 v 와 v^*의 시점을 한 점 O^*에 모으고, 종점들을 연결하여 벡터의 삼각구도를 구성할 때, 속도의 변화량이 $\Delta \mathrm{v}$ 이다. 또한, 속도벡터들의 종점을 연결한 연결 선을 **호도선도**hodograph라고 하는데, 가속도는 [그림 2-24(b)]와 같이 호도선도의 접선방향으로 주어진다.

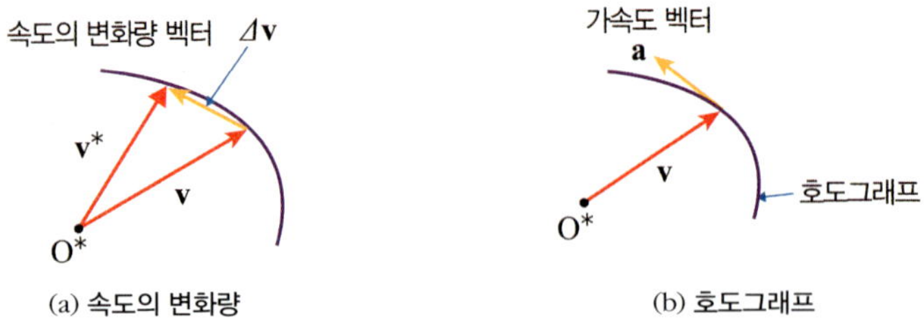

그림 2-24 속도의 변화량, 호도그래프 및 가속도의 방향

1 평균가속도

평균가속도는 속도의 변화량 $\Delta \mathbf{v}$를 Δt로 나눈 값을 의미하고, 스칼라량으로 나타낸 평균가속도(정확한 표현으로는 '평균가속력')는 각각 다음과 같이 표현된다.

$$\mathbf{a}_{\text{ave}} = \frac{\Delta \mathbf{v}}{\Delta t}, \quad a_{\text{ave}} = \frac{\Delta v}{\Delta t} \tag{2.43}$$

2 순간가속도

순간가속도는 식 (2.43)에서 $\Delta t \rightarrow 0$으로 근접할 때 순간가속도, 순간가속력으로 정의되며, 각각 다음과 같이 표현된다.

$$\mathbf{a} = \lim_{\Delta t \rightarrow 0} \frac{\Delta \mathbf{v}}{\Delta t} = \frac{d\mathbf{v}}{dt} = \frac{d^2\mathbf{r}}{dt^2}, \quad a = \lim_{\Delta t \rightarrow 0} \frac{\Delta v}{\Delta t} = \frac{dv}{dt} = \frac{d^2 s}{dt^2} \tag{2.44}$$

2.4.2 직각좌표계

일반적으로 질점의 곡선운동은 3차원 공간상에서 여러 좌표계들을 이용하여 나타낼 수 있다. 이러한 여러 좌표계들 중, 먼저 **직각좌표계**rectangular coordinates를 사용하여 나타내보기로 하자.

■ 위치

[그림 2-25(a)]와 같이 서로 직각인 고정된 x-y-z 좌표계를 생각하자. 곡선 경로를 따라 움직이는 질점의 위치벡터 $\mathbf{r}$은 각 방향의 단위벡터를 각각 $\mathbf{i}$, $\mathbf{j}$, $\mathbf{k}$라 할 때 다음과 같이 정의된다.

$$\mathbf{r} = x\mathbf{i} + y\mathbf{j} + z\mathbf{k} \tag{2.45}$$

위치벡터 $\mathbf{r}$은 시간에 따라 변하는 시간의 함수로서 $\mathbf{r}(t)$로 표현할 수 있으며, 이에 관계되는 x-y-z 좌표계의 각 방향의 성분들도 시간의 함수로 표현된다. 한편 위치벡터 $\mathbf{r}$의 크기는 원점으로부터 질점까지의 거리라고도 하며 다음과 같이 표현된다.

$$|\mathbf{r}| = \sqrt{(x^2 + y^2 + z^2)} = \sqrt{(r_x^2 + r_y^2 + r_z^2)} \tag{2.46}$$

식 (2.46)에서 x, y, z와 r_x, r_y, r_z는 각각 x, y, z 방향의 위치벡터 r의 성분이 된다. r의 방향은, 단위벡터를 $\mathrm{e_r}$이라 할 때 $\mathrm{e_r} = \frac{\mathrm{r}}{|\mathrm{r}|}$이 된다.

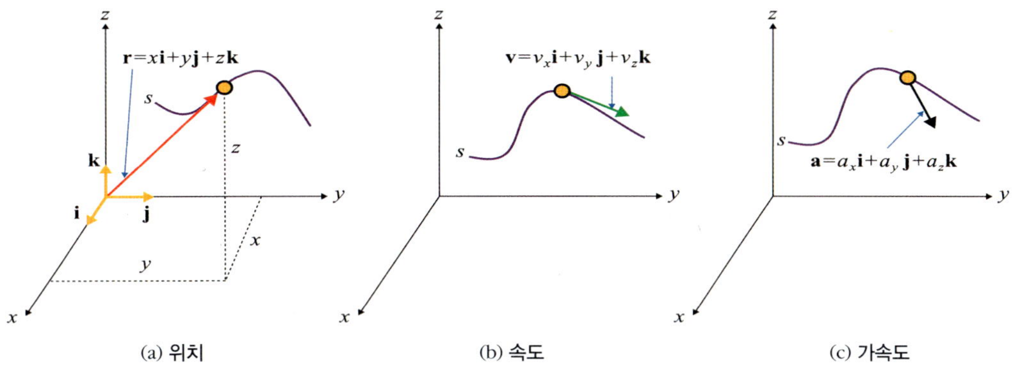

그림 2-25 직각좌표계에서의 위치, 속도, 가속도 벡터

■ 속도

[그림 2-25(b)]와 같이 속도는 곡선경로에 대해 접선방향이 되는데, 이는 위치벡터 r의 시간 변화율을 의미한다. 앞에서 설명했듯이 x-y-z 좌표계는 고정좌표계로서 질점은 움직이더라도 좌표계의 방향은 바뀌지 않는다. 따라서 위치벡터 r의 시간 미분은 단순히 그 크기만 미분된 항들만을 포함하게 된다. x-y-z 좌표계에 의한 속도벡터에 대한 정의는 다음과 같다.

$$\mathrm{v} = \frac{d\mathrm{r}}{dt} = \dot{x}\mathrm{i} + \dot{y}\mathrm{j} + \dot{z}\mathrm{k} = v_x\mathrm{i} + v_y\mathrm{j} + v_z\mathrm{k} \tag{2.47}$$

속도의 크기는 다음과 같이 계산할 수 있다.

$$|\mathrm{v}| = v = \sqrt{v_x^2 + v_y^2 + v_z^2} = \sqrt{(\dot{x})^2 + (\dot{y})^2 + (\dot{z})^2} \tag{2.48}$$

속도벡터 v의 방향은 단위벡터를 $\mathrm{e_v}$이라 할 때 $\mathrm{e_v} = \frac{\mathrm{v}}{|\mathrm{v}|} = \frac{\mathrm{v}}{v}$가 된다.

■ 가속도

가속도는 [그림 2-25(c)]와 같고, 식 (2.47)을 시간에 대해 한 번 더 적분함으로써 얻을 수 있다.

$$\mathrm{a} = \frac{d\mathrm{v}}{dt} = \frac{d^2\mathrm{r}}{dt^2} = \ddot{x}\mathrm{i} + \ddot{y}\mathrm{j} + \ddot{z}\mathrm{k} = a_x\mathrm{i} + a_y\mathrm{j} + a_z\mathrm{k} \tag{2.49}$$

가속도의 크기는 위치, 속도의 크기를 구하는 방법과 유사하게 다음과 같이 표현된다.

$$|\mathrm{a}| = a = \sqrt{a_x^2 + a_y^2 + a_z^2} = \sqrt{(\ddot{x})^2 + (\ddot{y})^2 + (\ddot{z})^2} \tag{2.50}$$

가속도 벡터 a의 방향은, 단위벡터를 $\mathrm{e_a}$이라 할 때 $\mathrm{e_a} = \frac{\mathrm{a}}{a}$가 된다.

예제 2-8 질점의 위치 변화에 따른 속도 및 가속도 계산

[그림 2-26]의 질점이 직선 경로 $y=x$를 따라 움직인다. 질점의 x 방향 속도 성분이 $v_x = (5t^2)$ m/s 일 때, $t=3$ s에서 질점의 속도와 가속도 크기를 구하시오.

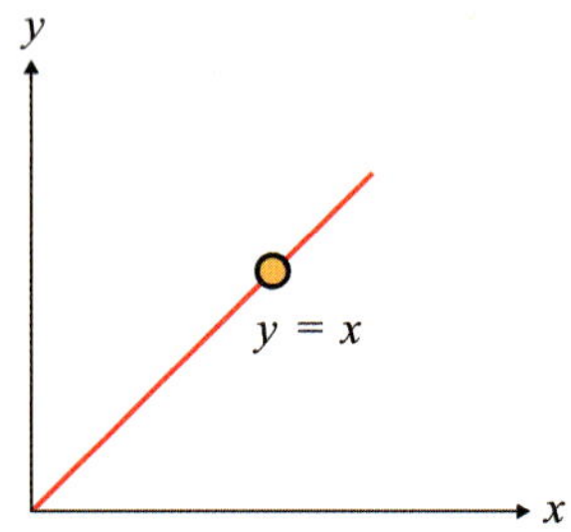

그림 2-26 곡선운동을 하는 질점의 위치 함수

분석

- 경로 함수가 $y=x$이며, 시간에 대한 한 번 미분한 $\dot{y} = \dot{x}$에서, 좌변과 우변의 각각이 y, x 방향 속도 성분이다.
- $\dot{y} = \dot{x}$를 시간에 대해 한 번 더 미분하면 $\ddot{y} = \ddot{x}$가 되고, 좌변과 우변이 각각 y, x 방향 가속도 성분이다.

풀이

- 경로 함수 $y=x$를 시간에 대해 한 번 미분하자.

$$\dot{y} = v_y = \dot{x} = v_x = 5t^2$$

$t=3$ s에서의 x, y 방향의 속도 성분은 다음과 같다.

$$v_x = 5t^2|_{t=3} = 45 \text{ m/s}, \ v_y = 5t^2|_{t=3} = 45 \text{ m/s}$$

따라서 속도의 크기는 $v = \sqrt{v_x^2 + v_y^2} = 63.64$ m/s이다.

- v_x, v_y를 각각 시간에 대해 한 번 미분하면 x, y 방향의 가속도 성분은 다음과 같다.

$$a_x = 10t|_{t=3} = 30 \text{ m/s}^2, \ a_y = 10t|_{t=3} = 30 \text{ m/s}^2$$

따라서 가속도의 크기는 $a = \sqrt{a_x^2 + a_y^2} = 42.43 \text{ m/s}^2$이다.

고찰

- 노출된 시간 함수로 직접 표현되지 않은 경로 함수를 매개변수 시간 함수로 변환한 후, 시간에 대해 한 번 미분하여 속도를 구하고, 두 번 미분하여 가속도를 구한다.

SECTION 2.5

탄환운동

✔ 탄환운동 또는 투사체 운동의 특징을 학습한다.
✔ 수평방향 운동과 수직방향 운동에 대해, 속도와 위치를 계산할 수 있다.

탄환운동projectile motion 또는 투사체 운동의 예는 포탄이 발사되어 날아가는 운동, 양궁선수가 활을 당길 때 화살의 운동, 농구선수가 농구공을 던져 바스켓에 넣는 운동, 축구공을 차서 담장을 넘기려할 때의 공의 **궤적**trajectory, 비행기에서 포탄을 투하하는 운동 등이 있다. 이러한 탄환운동의 특징은 수평방향으로는 가속도가 없고, 투사체를 놓는 순간부터 수직방향으로는 중력으로 인해 중력가속도가 작용한다는 사실이다. 즉 수직방향으로는 등가속도 운동을 하게 되는 것이다.

2.5.1 수평방향 운동

탄환운동에서 수평방향 운동의 특징은 이 방향으로의 가속도가 없다는 것이다. [그림 2-27(a)]에서 x 방향을 수평방향이라 하고, 초기 x 방향 위치를 x_0라 하자. x 방향 가속도는 없으므로 $a_x = 0$이라 할 수 있다. $\dfrac{dv_x}{dt} = 0$에서 변수분리하면 $dv_x = 0\,dt$가 되고, 양변을 적분하면 나중 수평방향 속도는 다음과 같다.

$$\int_{(v_0)_x}^{v_x} dv_x = \int_0^t 0\,dt = 0, \quad v_x = (v_0)_x \tag{2.51}$$

$\dfrac{dx}{dt} = v_x$의 관계식에 식 (2.51)을 대입하고 양변을 적분하면 다음과 같이 나중 수평방향 위치에 관한 식이 도출된다.

$$\int_{x_0}^{x} dx = \int_0^t (v_0)_x\,dt, \quad x = x_0 + (v_0)_x\,t \tag{2.52}$$

한편, $v_x\,dv_x = a_x\,dx$의 관계식의 양변을 적분하고 정리하면 식 (2.51)과 같은 결과를 얻게 된다. 이 또한 나중 수평방향 속도에 관한 식이다.

$$\int_{(v_0)_x}^{v_x} v_x\,dv_x = \int_0^t a_x\,dx = \int_0^t 0\,dt, \quad v_x = (v_0)_x \tag{2.53}$$

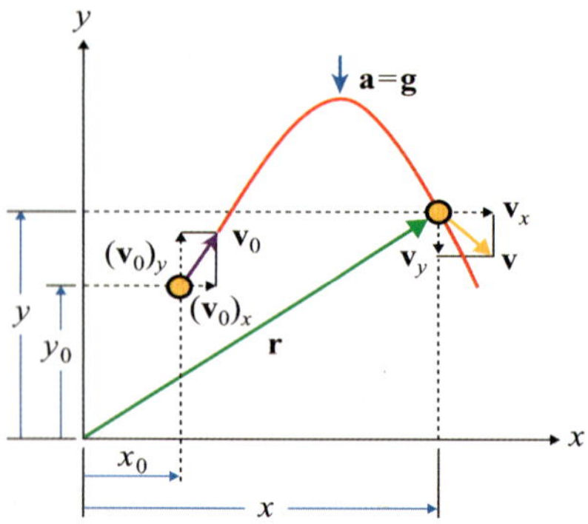

(a) 탄환운동의 수평 및 수직방향 운동

(b) 포탄 발사 탄환운동

(c) 농구공 투하 탄환 운동

(d) 양궁 활쏘기 탄환운동

그림 2-27 탄환운동의 수평 및 수직방향 운동과 탄환운동 예

2.5.2 수직방향 운동

[그림 2-27(a)]에서와 같이 y 방향을 수직방향이라 하고, 초기 y 방향 위치를 y_0라 하자. y 방향 가속도는 $a_y = -g$이므로 $\frac{dv_y}{dt} = -g$로부터 변수분리하면 $dv_y = -g\,dt$가 되고, 이 식의 양변을 적분하면 나중 수직방향 속도는 다음과 같다.

$$\int_{(v_0)_y}^{v_y} dv_y = \int_0^t -g\,dt\,,\ \ v_y = (v_0)_y - g\,t \tag{2.54}$$

$\frac{dy}{dt} = v_y$의 관계식에 식 (2.54)를 대입하고 변수분리 후, 양변을 적분하면 다음과 같이 나중 수직방향 위치에 관한 식이 도출된다.

$$\int_{y_0}^{y} dy = \int_0^t ((v_0)_y - g\,t\,)\,dt\,,\ \ y = y_0 + (v_0)_y\,t - \frac{1}{2}g\,t^2 \tag{2.55}$$

한편, $v_y\,dv_y = a_y\,dy$의 양변을 적분하고 정리하면 다음과 같이 y 방향 나중속도를 얻게 된다.

$$\int_{(v_0)_y}^{v_y} v_y\,dv_y = \int_{y_0}^{y} a_y\,dy = \int_{y_0}^{y} -g\,dy,\ \ v_y^2 = (v_0)_y^2 - 2\,g\,(\,y - y_0\,) \tag{2.56}$$

예제 2-9 농구공의 탄환운동

[그림 2-28]에서 농구선수의 손 A에 있는 농구공이 바스켓 B까지 도달하기 위해서는 30°의 상향각으로 던져야 한다. 이때의 v_A는 얼마인가?

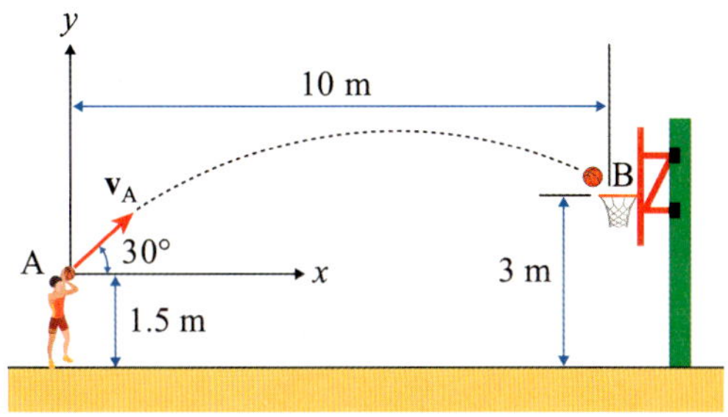

그림 2-28 탄환운동하는 농구선수가 던진 공

분석

- 수평방향으로는 등속도 운동, 수직방향으로는 등가속도 운동을 하기 때문에 좌표를 수평방향과 수직방향으로 정한다.
- 초기속도도 수평방향과 수직방향으로 구분한다.
- 수평거리 10 m의 도달시간과 속도 $\mathbf{v}_A$의 관계를 수직방향 높이 관계식에 대입한다.

풀이

- x 방향으로 등속도 운동을 한다.

  x 방향 초기속도 : $(v_0)_x = v_A \cos 30°$

  x 방향 나중속도 : $\int_{v_A \cos 30°}^{v_x} dv_x = \int_0^t 0\, dt$ 로부터 $v_x = v_A \cos 30°$

  x 방향 이동거리 : $\int_0^x dx = \int_0^t (v_0)_x\, dt$로부터 $x = v_A \cos 30° t$

  x 방향의 수평 도달거리 10 m를 위의 x 값에 대입하면 $10 = \frac{\sqrt{3}}{2} v_A t$가 되고, 따라서 점 B로의 수평방향 도달시간은 $t = \frac{20}{\sqrt{3}\, v_A}$이다.

- y 방향으로는 등가속도 운동을 한다.

  초기 수직방향 속도 : $(v_0)_y = v_A \sin 30°$

  y 방향 나중속도 : $\int_{v_A \sin 30°}^{v_y} dv_y = \int_0^t -g\, dt$ 로부터 $v_y = v_A \sin 30° - gt$

  y 방향 이동거리 : $\int_{y_0}^{y} dy = \int_0^t (v_A \sin 30° - gt) dt$로부터 $y - y_0 = (v_A) \sin 30° t - \left(\frac{1}{2}\right) g t^2$

y와 y_0에 대한 수치 값을 대입하면 다음과 같다.

$$3-1.5=(v_A)\sin 30°\,t-\left(\frac{1}{2}\right)gt^2 \tag{1}$$

이를 정리하면, 수평거리 도달시간 t는 v_A와의 관계인 $t=\dfrac{20}{\sqrt{3}\,v_A}$을 통해 도출된다. 이 관계를 수직방향 운동에 관계된 식 (1)의 시간 t에 대입하면 v_A를 구할 수 있다.

$$v_A = 12.37 \text{ m/s}$$

v_A 값을 $t=\dfrac{20}{\sqrt{3}\,v_A}$에 대입하면 $t=0.9334$ s가 된다.

고찰

- 농구공이 투척된 지점을 수평방향의 원점으로 잡고, 투척 지점의 아래 지면을 수직방향의 원점으로 정한다.
- 점 A를 기준으로 수평방향 운동과 수직방향 운동으로 나눈다.

SECTION
2.6

곡선운동 : 법선 및 접선좌표계

✔ 법선 및 접선좌표계를 이용하여 질점의 곡선운동을 나타낸다.
✔ 일반적으로 곡률반경을 가지는 곡선 경로상의 복잡한 질점의 속도와 가속도를 구할 수 있다.

곡선 경로를 따라 움직이는 질점의 운동을 비교적 단순한 직각좌표계로 표현하기 쉽지 않거나 질점의 운동이 복잡한 경우, 종종 **법선 및 접선좌표계**normal and tangential coordinates를 이용하여 운동을 표현하는 것이 편리할 때가 있다. 법선 및 접선좌표계는 n-t 좌표계라고도 한다. 이 좌표계는 운동하고 있는 순간의 질점의 경로에 접선방향(속도방향)과 이에 직각인 방향(곡률 중심을 향하는 방향)인 두 개의 좌표로 잡은 좌표계이다.

[그림 2-29(a)]는 n-t 좌표계 상의 임의의 시간 t에서의 질점의 위치를 보여준다. 여기서 $\mathbf{e}_n$과 $\mathbf{e}_t$는 각각 n 방향(법선방향)과 t 방향(접선방향)의 단위벡터를 나타낸다. [그림 2-29(b)]는 시간 t에서의 질점의 속도방향($\mathbf{e}_t$ 방향)과 미소시간 dt 후의 질점의 속도방향($\mathbf{e}_t{}'$ 방향), 그리고 이 방향에 직각인 각각의 법선방향 $\mathbf{e}_n$ 및 $\mathbf{e}_n{}'$을 보여준다. 여기서 ρ와 $\rho + d\rho$는 곡률반경, ds는 변위의 크기를 나타낸다. $\mathbf{e}_n$과 $\mathbf{e}_n{}'$ 방향의 곡률반경은 엄밀하게 말하면 미소하게 다르지만, 질점의 순간의 움직임을 나타내기 때문에 임의의 시간 t에서의 곡률반경 ρ와 미소시간 dt 후의 곡률반경 $\rho + d\rho$는 거의 같다고 보아도 된다.[2]

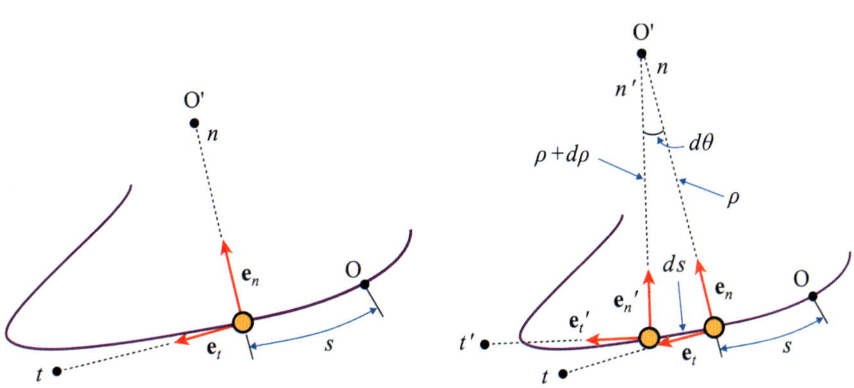

(a) n-t 좌표계 상의 질점의 위치　　(b) n-t 좌표계 상의 질점의 변위

그림 2-29 법선 및 접선좌표계 상의 질점의 위치와 변위

2 다른 〈동역학〉 책에서는 ρ와 미소시간 dt 후의 곡률반경 $\rho + d\rho$를 동일하게 ρ로 나타내기도 한다.

2.6.1 속도

법선 및 접선좌표계는 [그림 2-29(a)] 및 [그림 2-29(b)]에 나타난 바와 같이, 속도에 대한 법선방향(n)과 속도에 대한 접선방향(t)을 좌표계로 택한 좌표계이므로 속도의 표현은 속도의 크기인 속력과 그 방향을 나타내는 단위벡터 $\mathbf{e}_t$를 사용하여 다음과 같이 나타낼 수 있다.

$$\mathbf{v} = v\,\mathbf{e}_t \tag{2.57}$$

[그림 2-29(b)]에서 변위 ds는 근사적으로 $ds \simeq \rho d\theta$로 나타낼 수 있고, 이를 미소시간 dt로 나누면 $\dfrac{ds}{dt} \simeq \dfrac{\rho\, d\theta}{dt} = \rho\dot{\theta}$인 관계를 갖게 된다. 따라서 속도의 크기인 v가 $\rho\dot{\theta}$와 같다. 즉 $v = \dot{s} = \rho\dot{\theta} = \rho\omega$로 다양하게 표현될 수 있으므로 식 (2.57)은 다시 다음과 같이 된다.

$$\mathbf{v} = \rho\dot{\theta}\,\mathbf{e}_t \tag{2.58}$$

2.6.2 가속도

질점의 가속도는 속도를 시간에 대해 한 번 미분하여, 즉 식 (2.58)을 미분하여 얻을 수 있다.

$$\mathbf{a} = (\dot{\rho}\dot{\theta} + \rho\ddot{\theta})\mathbf{e}_t + \rho\dot{\theta}\,\dot{\mathbf{e}}_t \tag{2.59}$$

그러나 식 (2.59)는 완전히 잘 정리된 가속도 표현은 아니다. 왜냐하면 n-t 좌표계의 단위벡터들을 써서 표현해야 하는데, 식 (2.59)에서 $\dot{\mathbf{e}}_t$는 단위벡터가 아니기 때문이다. [그림 2-30]을 이용하여 $\dot{\mathbf{e}}_t$가 어떤 물리량으로 나타내지는가를 알아보자.

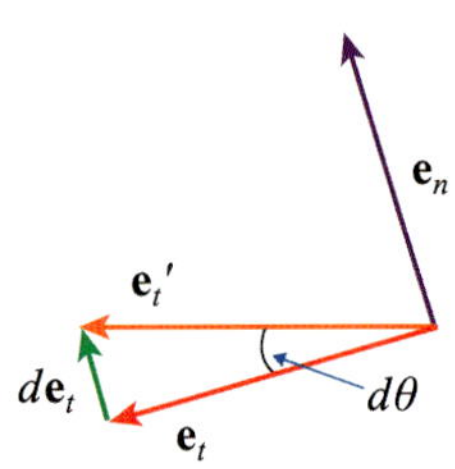

그림 2-30 단위벡터 $\mathbf{e}_t$와 $\mathbf{e}_t'$ 사이의 관계

[그림 2-29(b)]에서의 단위벡터 $\mathbf{e}_t$와 $\mathbf{e}_t'$의 시점을 한 곳으로 모아 표시한 것이 [그림 2-30]이다. 벡터는 그 크기와 방향을 바꾸지 않으면 동일 벡터이므로 단위벡터의 크기 1은 동일하고, [그림 2-29(b)]에서 $\mathbf{e}_t$와 $\mathbf{e}_t'$의 방향도 바꾸지 않고 시점만 일치시켰기 때문에 [그림 2-30]의 $\mathbf{e}_t$와 $\mathbf{e}_t'$과 동일한 벡터로의 표현이 된다. [그림 2-30]의 단위벡터 $\mathbf{e}_t$와 $\mathbf{e}_t'$이 그림 상에서는 방향 차이가 다소 큰 것으로 보이지만, 이는 미소시간 dt 사이의 단위벡터의 방향 차이이므로 두 단위벡터의 방향은 거의 비슷하다고 보면 된다. 따라서 두 벡터 간의 차이는 미소하기 때문에 벡터의 삼각구도에 의해 $\mathbf{e}_t$와

$\mathbf{e}_t'$의 차이를 $d\mathbf{e}_t$ 벡터라 할 수 있다. [그림 2-30]의 $d\mathbf{e}_t$ 벡터의 크기는 $d\theta$(부채꼴 형에서 단위벡터의 크기 1과 $d\theta$의 곱이므로)이고, 방향은 $\mathbf{e}_n$ 방향이다. 즉 $d\mathbf{e}_t = d\theta\,\mathbf{e}_n$으로부터 양변을 미소시간 dt로 나누어주면 다음과 같다.

$$\frac{d\mathbf{e}_t}{dt} = \dot{\theta}\,\mathbf{e}_n \tag{2.60}$$

식 (2.59)에서 $\dot{\rho}$는 곡률반경의 시간 변화율이다. 앞에서 설명했듯이 $\dot{\rho}$는 미소시간 dt 사이의 곡률반경의 변화를 의미하고, 그 차이는 대단히 작다고 보아 무시할 수 있다. 이제 식 (2.60)의 관계식을 식 (2.59)에 대입하면, 다음과 같이 최종적으로 가속도에 관한 식을 얻을 수 있다.

$$\mathbf{a} = \rho\ddot{\theta}\,\mathbf{e}_t + \rho\dot{\theta}^2\,\mathbf{e}_n \tag{2.61}$$

식 (2.61)에서 $\rho\dot{\theta}^2$은 $\rho\dot{\theta} = v$의 관계에 의해, $\dfrac{v^2}{\rho}$으로도 나타낼 수 있다.

가속도의 크기는 다음과 같이 계산할 수 있다.

$$a = \sqrt{{a_t}^2 + {a_n}^2} = \sqrt{(\rho\ddot{\theta})^2 + (\rho\dot{\theta}^2)^2} \tag{2.62}$$

식 (2.62)에서 $a_t = \rho\ddot{\theta}$, $a_n = \rho\dot{\theta}^2 = \dfrac{v^2}{\rho}$이다.

예제 2-10 곡선 경로방정식이 주어진 곡선 경로를 이동하는 질점의 속도 및 가속도

[그림 2-31]에서 $y = \dfrac{1}{20}x^2$의 경로방정식을 따라 내려오는 나무상자는 1 m/s^{2}으로 가속되고 있으며, $x = 5$ m인 지점에서 속력이 5 m/s가 되었다. 이 순간 상자의 속도방향과 가속도의 크기를 구하시오.

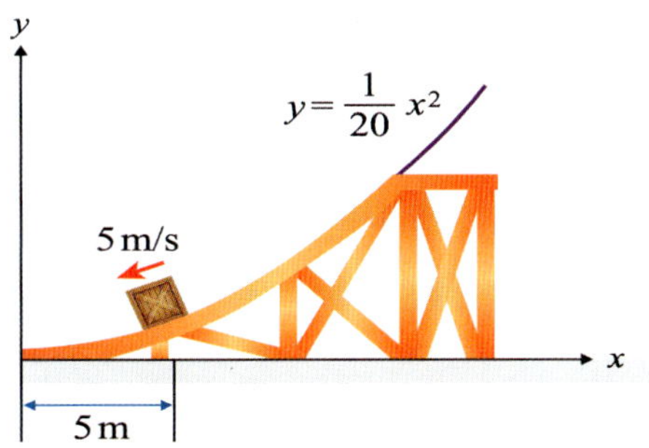

그림 2-31 곡률반경을 가지고 곡선 경로를 내려오는 나무상자

분석

- 경로방정식으로부터 곡률이나 곡률반경을 구하는 식을 구한다.
- 속도의 방향은 $x = 5\ \mathrm{m}$에서의 곡선의 기울기로부터 수평축과 이루는 각도로 표현한다.
- 문제에서 '가속된다'는 뜻은 속도방향(경로에 접선방향)으로 가속도 a_t가 주어졌는다는 뜻임을 알자.

풀이

- 접선방향의 단위벡터를 $\mathbf{e}_t$, 법선방향의 단위벡터를 $\mathbf{e}_n$이라고 하면 속도는 $v = 5\mathbf{e}_t\ \mathrm{m/s}$이다.
  또 수평축과 이루는 속도의 방향은 $x = 5\ \mathrm{m}$에서의 곡선의 기울기 $\dfrac{dy}{dx} = \dfrac{1}{10}x|_{x=5} = 0.5$를 이용하면, $\theta = \tan^{-1}(0.5) = 26.57°$이다.

- 전체 가속도는 $\mathbf{a} = a_t\mathbf{e}_t + a_n\mathbf{e}_n$이고, 주어진 접선방향 가속도는 $a_t = 1\ \mathrm{m/s^2}$이다.

- 법선방향 가속도를 구하기 위해 먼저 곡률이나 곡률반경을 구해보자. 곡률반경을 ρ라 하면,

$$\frac{1}{\rho} = \frac{y''|_{x=5}}{[1+(y'|_{x=5})^2]^{3/2}} = 0.07155\ \mathrm{m^{-1}},\ \rho = 13.975\ \mathrm{m}$$

  이다. 따라서 a_n은 다음과 같다.

$$a_n = \frac{v^2}{\rho} = \frac{5^2}{13.975} = 1.789\ \mathrm{m/s^2}$$

  그러므로 전체 가속도는 $\mathbf{a} = \mathbf{e}_t + 1.789\mathbf{e}_n$이다.
  따라서 가속도의 크기는 $a = \sqrt{1^2 + (1.789)^2} = 2.05\ \mathrm{m/s^2}$이다.

고찰

- n-t 좌표계 사용 시, 항상 접선방향 가속도 a_t와 법선방향 가속도 a_n을 생각하자.
- 속도방향은 해당 거리 x에서의 기울기 $\dfrac{dy}{dx}$를 이용해 $\tan^{-1}\left(\dfrac{dy}{dx}\right)$로 구한다.

SECTION 2.7

곡선운동 : 극좌표와 원통좌표계

- ✔ 질점이 어떤 축에 대해 회전운동을 하는 경우, 극좌표를 이용하여 운동을 표현한다.
- ✔ 질점이 3차원 공간상의 곡선 경로를 따라 움직일 때 원통좌표계를 이용하여 운동을 표현한다.

질점이 어떤 축에 대해 회전운동을 한다거나, 3차원 공간상의 곡선 경로를 따라 운동을 할 때는 주로 **극좌표계**polar coordinates나 **원통좌표계**cylindrical coordinates를 이용하여 운동을 해석하는 것이 편리할 수 있다. 다만 극좌표는 운동이 평면에서 이루어질 때로 국한되고, 원통좌표계는 공간상에서의 운동을 표현할 때 이용하는 좌표계이다. 2.7절에서는 먼저 극좌표에 대해 살펴보고, 이를 확장하여 원통좌표계에 대해 학습한다.

2.7.1 극좌표계

이 책의 극좌표계는 고정된 기준점(원점)과 이 기준점에서 시계방향으로 각도 θ를 이루는 위치좌표 r로 구성된다. [그림 2-32]의 극좌표는 $(r,\ \theta)$ 좌표로 r 방향의 단위벡터를 $\mathbf{e}_r$, θ 방향의 단위벡터를 $\mathbf{e}_\theta$라 하자. 이 단위벡터들 $\mathbf{e}_r$과 $\mathbf{e}_\theta$는 서로 직교하고, 단위벡터의 방향을 양의 방향으로 규정한다.

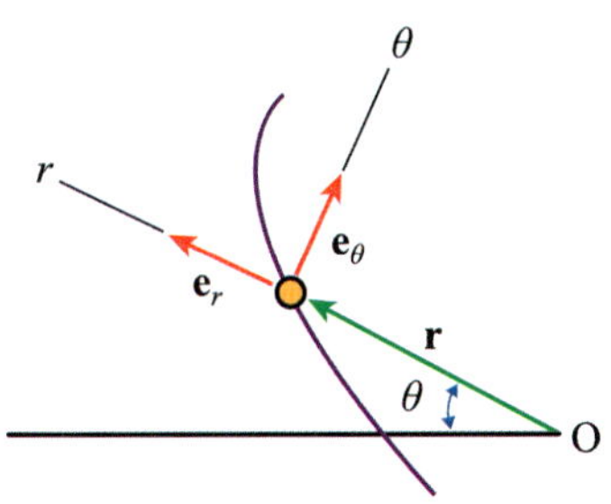

그림 2-32 극좌표계에서의 질점의 위치

■ 위치

극좌표계에서 위치벡터는 다음과 같이 표현된다.

$$\mathbf{r} = r\mathbf{e}_r \qquad (2.63)$$

이 식에서 r은 위치벡터의 크기, 즉 벡터 $\mathbf{r}$의 크기를 나타내며, 질점이 움직이면 $\mathbf{r}$의 크기와 방향이 변한다.

■ 속도

속도는 식 (2.63)을 시간에 대해 한 번 미분함으로써 얻을 수 있다.

$$\mathbf{v} = \dot{r}\,\mathbf{e}_r + r\,\dot{\mathbf{e}}_r \tag{2.64}$$

그러나 식 (2.64)의 속도에 대한 표현은 완전할 수가 없다. 왜냐하면 극좌표를 사용했을 때는 극좌표계의 두 좌표 $(r,\ \theta)$의 단위벡터인 $\mathbf{e}_r$과 $\mathbf{e}_\theta$로 표현되어야 하기 때문이다. [그림 2–33]을 통해 $\dot{\mathbf{e}}_r$에 대해 조사해보자.

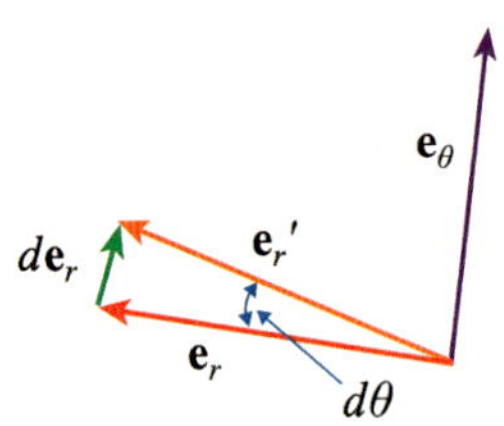

그림 2-33 단위벡터 $\mathbf{e}_r$와 $\mathbf{e}_r'$ 사이의 관계

n-t 좌표계에서 설명했던 것과 유사하게 단위벡터 $\mathbf{e}_r$과 $\mathbf{e}_r'$의 시점을 한 곳으로 모아 표시한 것이 [그림 2–33]이다. [그림 2–33]의 단위벡터 $\mathbf{e}_r$과 $\mathbf{e}_r'$은 그림상에서는 방향 차이가 다소 큰 것으로 보이지만, 미소시간 dt 사이에 있어서 단위벡터의 방향 차이이므로 $\mathbf{e}_r$과 $\mathbf{e}_r'$의 두 단위벡터의 방향에는 차이가 거의 없다. 이와 같이 두 벡터 간의 차이는 미소하기 때문에 이를 $d\mathbf{e}_r$로 표시할 수 있다. [그림 2–33]과 같이 $d\mathbf{e}_r$의 크기는 $d\theta$이고, 방향은 $\mathbf{e}_\theta$ 방향이다. 즉 $d\mathbf{e}_r = d\theta\,\mathbf{e}_\theta$로부터 양변을 미소시간 dt로 나누어주면 다음과 같다.

$$\frac{d\mathbf{e}_r}{dt} = \frac{d\theta}{dt}\mathbf{e}_\theta = \dot{\theta}\,\mathbf{e}_\theta \tag{2.65}$$

식 (2.65)의 관계를 식 (2.64)에 대입하면 최종적으로 속도는 다음과 같다.

$$\mathbf{v} = \dot{r}\,\mathbf{e}_r + r\dot{\theta}\mathbf{e}_\theta \tag{2.66}$$

식 (2.66)에서 $\dot{r} = v_r$, $r\dot{\theta} = v_\theta$이며, 여기서 v_r과 v_θ는 각각 속도의 r 방향 성분과 θ 방향 성분을 나타낸다. 따라서 속도의 크기는 다음과 같다.

$$v = \sqrt{v_r^2 + v_\theta^2} = \sqrt{\dot{r}^2 + (r\dot{\theta})^2} \tag{2.67}$$

■ 가속도

가속도를 구하기 위해 식 (2.66)의 속도의 식을 시간에 대해 한 번 더 미분해보자.

$$\mathrm{a} = \ddot{r}\,\mathrm{e}_r + \dot{r}\,\dot{\mathrm{e}}_r + (\dot{r}\,\dot{\theta} + r\ddot{\theta})\mathrm{e}_\theta + r\dot{\theta}\,\dot{\mathrm{e}}_\theta \tag{2.68}$$

식 (2.68) 또한 가속도에 대한 완전한 표현이라 할 수 없다. 그 이유는, 식 (2.68)에는 아직 단위벡터의 시간 미분들 $\dot{\mathrm{e}}_r$과 $\dot{\mathrm{e}}_\theta$가 그대로 남아있기 때문이다. $\dot{\mathrm{e}}_r$는 속도의 식 (2.64)를 유도할 때, $\dot{\mathrm{e}}_r$가 이미 $\dot{\theta}\,\mathrm{e}_\theta$로 변환될 수 있음을 알았다. 이제 유사한 방법으로 [그림 2-34]를 통해 $\dot{\mathrm{e}}_\theta$에 대해 알아보자.

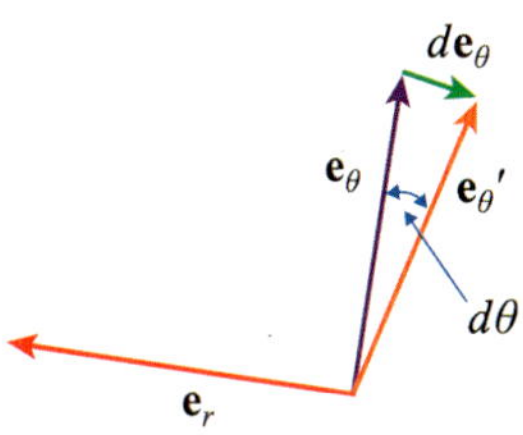

그림 2-34 단위벡터 e_θ와 e_θ' 사이의 관계

[그림 2-34]는 단위벡터 e_θ와 e_θ'의 시점을 한 곳으로 모아 표시한 것이다. [그림 2-34]의 단위벡터 e_θ와 e_θ'의 두 벡터 간의 차이는 미소하기 때문에 이를 $d\mathrm{e}_\theta$라 할 수 있고, $d\mathrm{e}_\theta$ 벡터의 크기는 $d\theta$이고, 방향은 $-\mathrm{e}_r$ 방향이다. 즉 $d\mathrm{e}_\theta = -d\theta\,\mathrm{e}_r$로부터 양변을 미소시간 dt로 나누어주면 다음과 같다.

$$\frac{d\mathrm{e}_\theta}{dt} = -\dot{\theta}\,\mathrm{e}_r \tag{2.69}$$

식 (2.65)의 관계 $\dfrac{d\mathrm{e}_r}{dt} = \dot{\theta}\,\mathrm{e}_\theta$와 식 (2.69)의 관계 $\dfrac{d\mathrm{e}_\theta}{dt} = -\dot{\theta}\,\mathrm{e}_r$을 식 (2.68)에 대입하면 최종적으로 가속도에 대한 다음 식을 얻을 수 있다.

$$\mathrm{a} = (\ddot{r} - r\dot{\theta}^2)\mathrm{e}_r + (2\dot{r}\,\dot{\theta} + r\ddot{\theta})\mathrm{e}_\theta \tag{2.70}$$

식 (2.70)에서 $(\ddot{r} - r\dot{\theta}^2)$과 $(2\dot{r}\,\dot{\theta} + r\ddot{\theta})$는 각각 가속도의 r 방향과 θ 방향의 성분을 나타낸다. 한편, 가속도의 크기는 다음과 같다.

$$a = \sqrt{a_r^2 + a_\theta^2} = \sqrt{(\ddot{r} - r\dot{\theta}^2)^2 + (2\dot{r}\dot{\theta} + r\ddot{\theta})^2} \tag{2.71}$$

[그림 2-35(a)]와 [그림 2-35(b)]는 극좌표에서 나타낸 속도와 가속도를 나타낸다. [그림 2-35(a)]에서 속도의 방향은 질점의 경로에 접하는 방향이지만, [그림 2-35(b)]에서 가속도의 방향은 질점의 경로에 접하는 방향은 아니다. 또한 속도나 가속도는 각각 r 방향과 θ 방향 벡터의 합을 나타낸다.

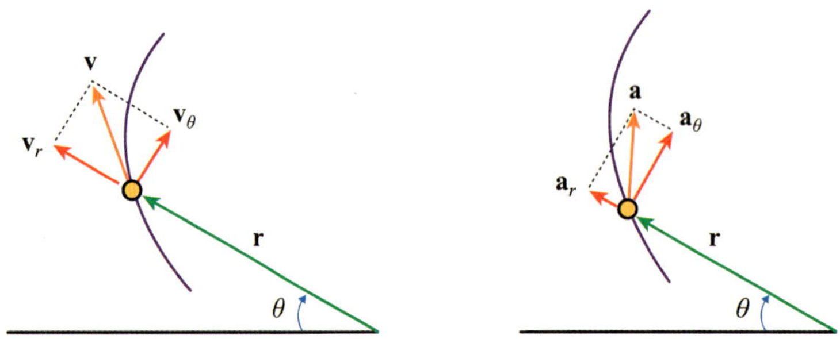

(a) 속도 (b) 가속도

그림 2-35 극좌표로 나타낸 속도와 가속도

2.7.2 원통좌표계

[그림 2-36]과 같이 질점의 운동이 3차원 공간상에서 이루어질 때, 원통좌표계를 이용하여 그 운동을 나타낼 수 있다. 원통좌표계는 극좌표에 높이 방향의 좌표가 하나 더 필요한데, 이 방향의 단위벡터를 $\mathbf{e}_z$라 한다. 위치, 속도, 가속도에 대한 표현을 살펴보자.

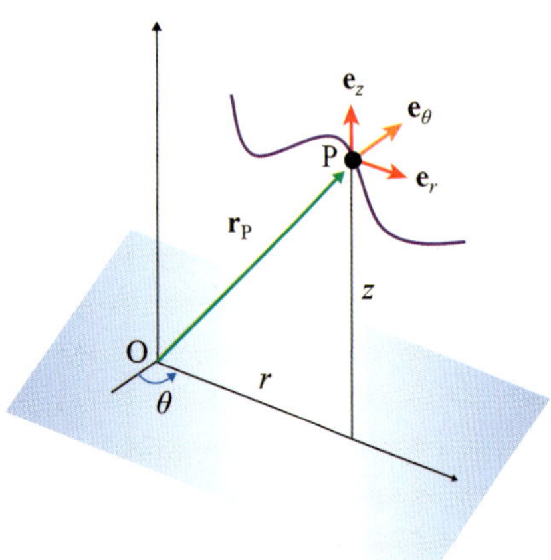

그림 2-36 3차원 공간상의 원통좌표계

■ 위치

원통좌표계로 나타낸 질점의 위치는 다음과 같다.

$$\mathbf{r}_P = r\mathbf{e}_r + z\mathbf{e}_z \tag{2.72}$$

이 식에서 질점의 거리를 나타내는 벡터의 크기는 $|\mathbf{r}_P| = \sqrt{r^2 + z^2}$ 이다.

■ 속도

속도도 극좌표의 속도 항에 $\dot{z}\,\mathrm{e}_z$의 항을 더하면 되고, 다음과 같이 나타낼 수 있다.

$$\mathrm{v} = \dot{r}\,\mathrm{e}_r + r\dot{\theta}\,\mathrm{e}_\theta + \dot{z}\,\mathrm{e}_z \tag{2.73}$$

여기서 속도의 크기는 다음과 같이 구할 수 있다.

$$v = \sqrt{\dot{r}^2 + (r\dot{\theta})^2 + \dot{z}^2} = \sqrt{v_r^2 + v_\theta^2 + v_z^2} \tag{2.74}$$

■ 가속도

가속도도 극좌표의 가속도 항에 $\ddot{z}\,\mathrm{e}_z$ 항을 더하면 된다.

$$\mathrm{a} = (\ddot{r} - r\dot{\theta}^2)\mathrm{e}_r + (2\dot{r}\dot{\theta} + r\ddot{\theta})\mathrm{e}_\theta + \ddot{z}\,\mathrm{e}_z \tag{2.75}$$

여기서 가속도의 크기 또한 속도의 크기를 계산하는 것과 유사하게 계산하면 된다.

$$a = \sqrt{(\ddot{r} - r\dot{\theta}^2)^2 + (2\dot{r}\dot{\theta} + r\ddot{\theta})^2 + \ddot{z}^2} = \sqrt{a_r{}^2 + a_\theta{}^2 + a_z{}^2} \tag{2.76}$$

예제 2-11 곡률반경을 갖는 질점 운동의 각속도

[그림 2-37]에서 자동차의 속력은 50 m/s이다. 주어진 순간에 반경방향 $\overline{\mathrm{OP}}$의 각속도를 구하시오.

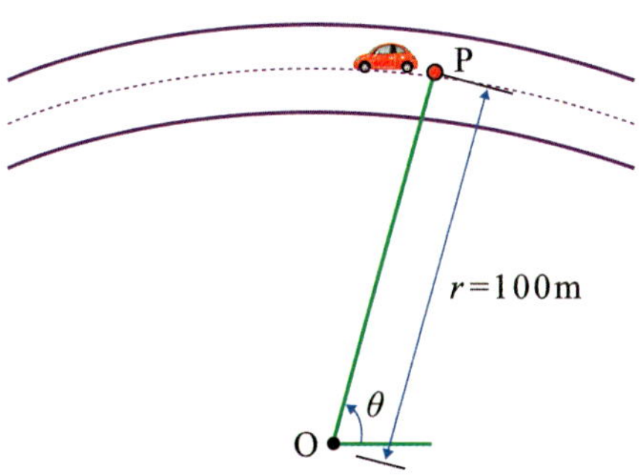

그림 2-37 곡률반경을 가지고 주행하는 자동차

분석

- 극좌표를 이용하여 반경방향(r) 속도 성분과 회전방향(θ) 속도 성분을 이용한다.
- $\mathrm{v} = \dot{r}\,\mathrm{e}_r + r\dot{\theta}\mathrm{e}_\theta$에서 $v_r = \dot{r}$, $v_\theta = r\dot{\theta}$이고, 이를 이용하여 전체 속도를 구한다.

풀이

- 극좌표에서 속도 식은 $\mathbf{v} = \dot{r}\mathbf{e}_r + r\dot{\theta}\mathbf{e}_\theta$이며, 각 방향의 성분은 다음과 같다.

$$v_r = \dot{r} = 0\,\mathrm{m/s},\ v_\theta = r\dot{\theta} = 100\dot{\theta} \tag{1}$$

식 (1)로부터 전체 속도의 크기는 $v = \sqrt{\dot{r}^2 + (100\dot{\theta})^2} = 100\dot{\theta} = 50\,\mathrm{m/s}$이다. 따라서 $\overline{\mathrm{OP}}$의 각속도는 $\dot{\theta} = 0.5\,\mathrm{rad/s}$이다.

고찰

- r-θ 좌표계 사용 시, 반경방향 속도 v_r과 회전방향 속도 v_θ를 생각하자.
- 전체 속도의 크기와의 관계식으로부터 각속도를 구한다.

예제 2-12 원통 비탈면을 내려오는 질점의 속도와 가속도 구하기

[그림 2-38]의 나무상자는 $r = 1\,\mathrm{m}$, $\theta = t^3\,\mathrm{rad}$, $z = 2t^2\,\mathrm{m}$으로 규정되는 원통 비탈면을 따라 내려오고 있다. $t = 2\,\mathrm{s}$인 순간에 상자의 속도와 가속도의 크기를 구하시오.

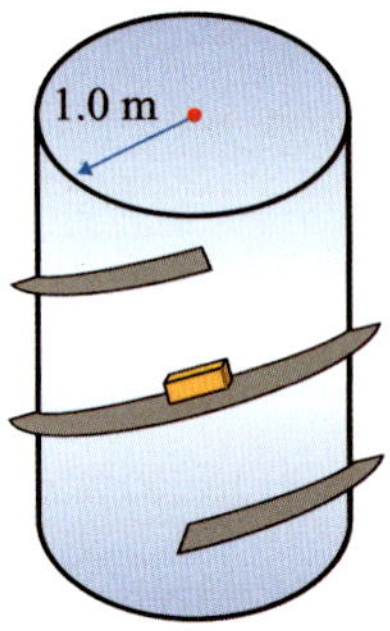

그림 2-38 원통 비탈면을 내려오는 나무상자

분석

- 원통좌표계를 이용하여 반경방향(r), 회전방향(θ), 높이방향(z) 속도 성분을 이용한다.
- $\mathbf{v} = \dot{r}\mathbf{e}_r + r\dot{\theta}\mathbf{e}_\theta + \dot{z}\mathbf{e}_z$에서 $v_r = \dot{r}$, $v_\theta = r\dot{\theta}$, $v_z = \dot{z}$임을 이용하여, 전체 속도의 크기를 구한다.
- $\mathbf{a} = (\ddot{r} - r\dot{\theta}^2)\mathbf{e}_r + (2\dot{r}\dot{\theta} + r\ddot{\theta})\mathbf{e}_\theta + \ddot{z}\mathbf{e}_z$에서 $a_r = (\ddot{r} - r\dot{\theta}^2)$, $a_\theta = 2\dot{r}\dot{\theta} + r\ddot{\theta}$, $a_z = \ddot{z}$이고, 이를 이용하여 전체 가속도의 크기를 구한다.

풀이

- 원통좌표계에서 속도 식은 다음과 같다.

$$\mathbf{v} = \dot{r}\mathbf{e}_r + r\dot{\theta}\mathbf{e}_\theta + \dot{z}\mathbf{e}_z$$

$$v_r = \dot{r} = 0\ \text{m/s},\ v_\theta = r\dot{\theta} = \dot{\theta} = 3t^2|_{t=2} = 12\ \text{m/s},\ v_z = \dot{z} = 4t|_{t=2} = 8\ \text{m/s}$$

따라서 전체 속도의 크기는 $v = \sqrt{0^2 + 12^2 + 8^2} = 14.42\ \text{m/s}$이다.

- 원통좌표계에서 가속도 식은 다음과 같다.

$$\mathbf{a} = (\ddot{r} - r\dot{\theta}^2)\mathbf{e}_r + (2\dot{r}\dot{\theta} + r\ddot{\theta})\mathbf{e}_\theta + \ddot{z}\mathbf{e}_z$$

$$a_r = \ddot{r} - r\dot{\theta}^2 = -\dot{\theta}^2 = -9t^4|_{t=2} = -144\ \text{m/s}^2$$

$$a_\theta = 2\dot{r}\dot{\theta} + r\ddot{\theta} = \ddot{\theta} = 6t|_{t=2} = 12\ \text{m/s}^2$$

$$a_z = \ddot{z} = 4\ \text{m/s}^2$$

따라서 전체 가속도는 $a = \sqrt{144^2 + 12^2 + 4^2} = 144.55\ \text{m/s}^2$이다.

고찰

- r-θ-z 좌표계 사용 시 각 방향의 속도 성분 v_r, v_θ, v_z를 생각하자.
- r-θ-z 좌표계 사용 시 각 방향의 가속도 성분 a_r, a_θ, a_z를 생각하자.

SECTION 2.8 종속운동 해석

✔ 한 질점의 운동이 다른 질점의 운동에 대해 종속받는 운동을 학습한다.
✔ 질점의 위치가 하나 또는 그 이상의 타 질점들의 위치와 연관되어 변화하는 운동을 학습한다.

한 질점의 운동이 다른 질점의 운동에 대해 종속 받는 운동이란, 한 질점의 위치가 하나 또는 그 이상의 다른 질점들의 위치와 연관되어 움직이는 운동을 말한다. 이러한 운동의 예로는 [그림 2-39]와 같이 블록 A와 B가 풀리 둘레를 감은 늘어나지 않는 줄에 의해 연결된 경우를 들 수 있다.

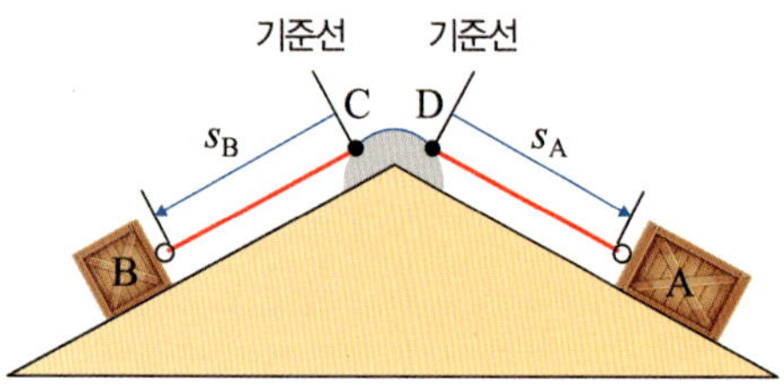

그림 2-39 경사면 위에서 줄로 연결된 두 블록의 운동

[그림 2-39]에서 블록 A가 경사면 아래쪽으로 운동을 하면, 블록 B는 블록 B가 위치한 다른 경사면의 위쪽으로 움직이게 된다. 이러한 종속운동을 해석할 때 먼저 생각해야 하는 것은 전체 줄의 길이가 일정하다는 것으로부터 출발하는데, 이는 다음과 같이 표현할 수 있다.

$$s_A + L_{CD} + s_B = L \tag{2.77}$$

식 (2.77)에서 L은 전체 줄의 길이를 나타내고, L_{CD}는 풀리에 걸쳐 있는 줄 CD의 길이, 그리고 s_A와 s_B는 각각 두 블록이 움직이는 가운데 기준선으로부터의 줄의 길이이다. s_A와 s_B는 두 블록이 움직임에 따라 그 길이가 변한다.

속도는 식 (2.77)을 시간에 대해 한 번 미분하여 다음과 같이 구한다. 이 식의 의미는, 블록 A와 블록 B의 속도의 크기는 같지만 기준선으로부터의 속도방향은 반대임을 나타낸다. 즉 블록 A가 경사면의 아래로 내려가면 블록 B는 경사면 위로 움직임을 뜻한다.

$$v_A + v_B = 0,\ \text{즉}\ v_A = -v_B \tag{2.78}$$

한편 가속도는 식 (2.78)을 시간에 대해 한 번 더 미분하여 얻을 수 있다.

$$a_A + a_B = 0,\ \text{즉}\ a_A = -a_B \tag{2.79}$$

비슷한 예로, [그림 2-40]의 도르래에 대해 두 블록의 속도와 가속도를 살펴보자.

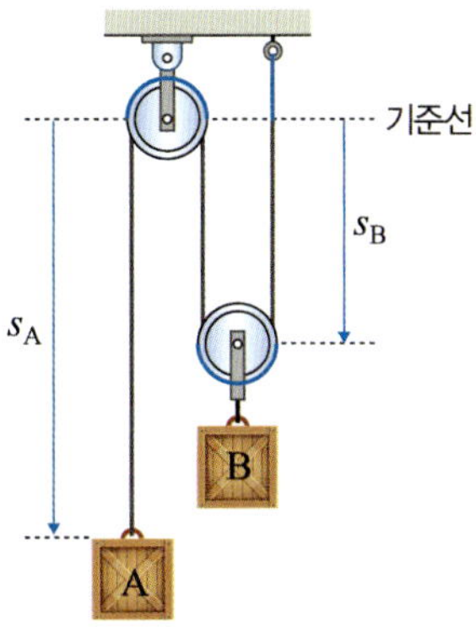

그림 2-40 두 블록 A와 B를 지닌 도르래 시스템

기준선을 [그림 2-40]과 같이 잡고, 전체 줄의 길이를 L이라 하면, 다음 관계를 얻을 수 있다.

$$s_A + 2s_B + L_{blue} = L \tag{2.80}$$

식 (2.80)에서 L_{blue}는 [그림 2-40]에서 파란색으로 표시된 줄의 길이의 합을 의미한다. 이 파란색 부분의 줄의 길이 L_{blue}는 블록 A와 B가 움직여 s_A와 s_B가 변동되더라도 항상 일정한 길이이다. 식 (2.80)의 양변을 시간에 대해 각각 한 번 및 두 번 미분하면 다음과 같이 속도 및 가속도에 대한 관계식을 얻을 수 있다.

$$v_A + 2v_B = 0, \text{ 즉 } v_A = -2v_B \tag{2.81}$$

$$a_A + 2a_B = 0, \text{ 즉 } a_A = -2a_B \tag{2.82}$$

이제 도르래에서 기준선을 달리 잡은 경우에 대해 살펴보기로 하자. [그림 2-41]은 기준선을 달리 잡아 위치 s_B를 나타낸 도르래 시스템을 보여준다.

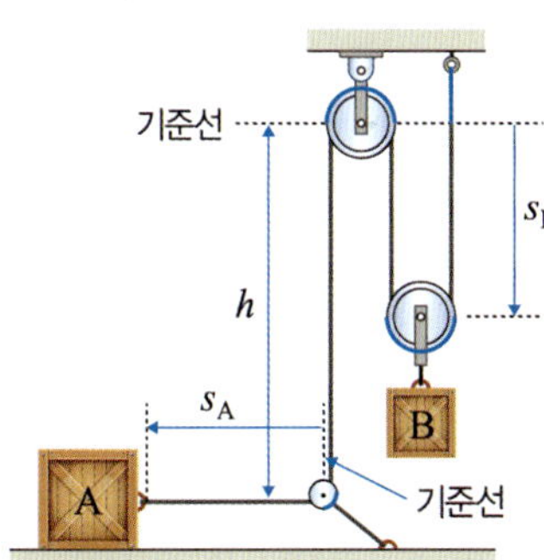

(a) 기준선에서 아래 방향이 s_B의 양(+)의 방향인 경우

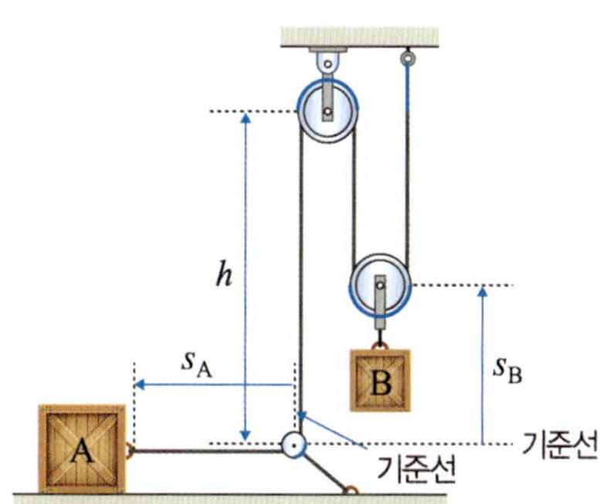

(b) 기준선에서 위 방향이 s_B의 양(+)의 방향인 경우

그림 2-41 기준선을 달리 잡은 도르래 시스템

[그림 2-41(a)]의 경우, 전체 줄의 길이를 L이라 하고 그림에서의 파란색 부분 줄의 길이 합을 L_{blue}라 하면, 전체 줄의 길이는 다음과 같이 표현된다.

$$2s_B + h + s_A + L_{\text{blue}} = L \tag{2.83}$$

식 (2.83)을 시간에 대해 각각 한 번 및 두 번 미분하면 속도와 가속도에 대한 각 식을 얻을 수 있다.

$$2v_B + v_A = 0, \quad v_A = -2v_B \tag{2.84}$$

$$2a_B + a_A = 0, \quad a_A = -2a_B \tag{2.85}$$

식 (2.84)와 식 (2.85)는 블록 A의 속도 및 가속도의 크기는 블록 B의 속도 및 가속도의 두 배이며, 방향은 반대임을 뜻한다. 두 블록의 속도와 가속도의 방향이 반대이므로, [그림 2-41(a)]에서 블록 A가 지면의 왼쪽으로 움직이면 블록 B는 위로 끌어 올려진다. [그림 2-41(b)]의 경우, 전체 줄의 길이 L은 다음과 같다.

$$2(h - s_B) + h + s_A + L_{\text{blue}} = L \tag{2.86}$$

식 (2.86)을 시간에 대해 각각 한 번 및 두 번 미분하면 다음과 같이 속도와 가속도에 대한 각 식을 얻을 수 있다.

$$-2v_B + v_A = 0, \quad v_A = 2v_B \tag{2.87}$$

$$-2a_B + a_A = 0, \quad a_A = 2a_B \tag{2.88}$$

식 (2.87)과 식 (2.88)은 블록 A의 속도 및 가속도의 크기가 블록 B의 두 배이며, 방향은 동일함을 뜻한다. [그림 2-41(b)]에서도 블록 A가 지면의 왼쪽으로 움직이면 블록 B 역시 위로 끌어 올려진다.

예제 2-13 두 블록을 연결한 도르래 시스템

[그림 2-42]에서 블록 A의 속력이 아래 방향으로 5 m/s라 할 때, 블록 B의 속력을 구하시오.

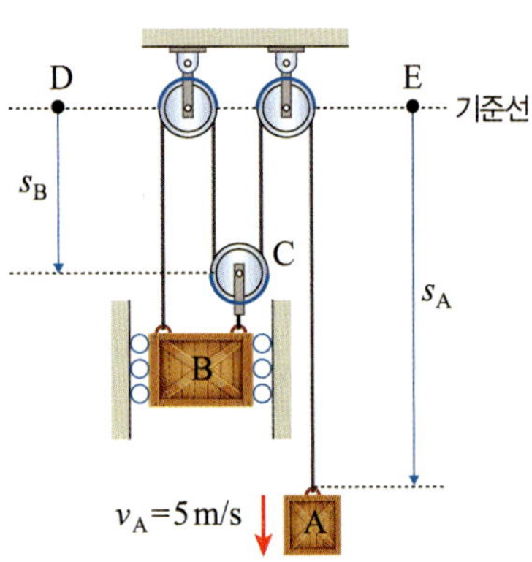

그림 2-42 도르래와 연결된 두 블록의 운동

분석

- 도르래에 연결된 전체 줄의 길이가 항상 일정하다는 사실로부터 풀이를 시작한다.
- 전체 줄의 길이가 일정하다는 관계식의 양변을 시간에 대해 한 번 미분하여 속도를 구한다.

풀이

- 전체 줄의 길이를 L이라 하고, 블록이 움직여도 길이가 일정하게 유지되는 부분을 L_{blue}라 하면, 전체 줄의 길이는 다음과 같다.

$$s_{\text{A}} + 3s_{\text{B}} + L_{\text{blue}} = L \tag{1}$$

- 식 (1)을 시간에 대해 한 번 미분하면 속도에 대한 식을 도출할 수 있다.

$$v_{\text{A}} + 3v_{\text{B}} = 0 \tag{2}$$

$v_{\text{A}} = 5\ \text{m/s}$를 식 (2)에 대입하면, 블록 B의 속력은 $v_{\text{B}} = \dfrac{-5}{3} = -1.67\ \text{m/s}$이다.

고찰

- 가정한 기준선으로부터 구한 속도 값의 방향이 옳은지 검토하고, 블록의 이동방향이 맞는지 검토한다.

SECTION 2.9

상대운동 해석

- 움직이는 병진좌표계 상에서 질점의 운동을 표현한다.
- 상대위치, 상대속도, 상대가속도의 개념을 습득한다.
- 절대운동과 상대운동의 개념을 익히고, 절대운동과 상대운동 사이의 관계를 이해한다.

2.8절까지 질점의 **절대운동**absolute motion에 대해서만 살펴보았다면, 2.9절에서는 **상대운동**relative motion에 대한 개념을 알아보고 **상대위치**relative position, **상대속도**relative velocity, **상대가속도**relative acceleration 등을 계산해본다. 질점의 운동을 고정된 기준점(또는 원점)에 대해 기술할 때 그 운동을 절대운동이라 한다. 반면에 움직이는 물체에서 움직이는 또 다른 물체를 관찰할 때, 고정된 기준점에서 관찰하는 것이 아니므로 상대운동이라 한다. 예를 들어 기준점에서 보았을 때 60 km/h로 달리는 자동차 A에서 80 km/h로 달리는 자동차 B를 관찰할 경우, 자동차 A에서 바라본 자동차 B의 속도를 상대속도라 한다. 이때 상대속도는 20 km/h이고, 자동차 B에서 바라본 자동차 A의 상대속도는 −20 km/h이다. 이 절에서는 병진좌표계를 이용한 상대운동 해석을 학습한다.

2.9.1 상대위치, 상대속도, 상대가속도

■ 상대위치

[그림 2−43]은 **병진좌표계**translating axis를 이용한 질점의 상대운동을 표현한 것이다. 여기서 병진좌표계란 1장의 1.4.8절의 관성기준계에서 회전하지 않는 좌표계를 말한다. 이 그림에서 점 O는 기준점(또는 원점)으로 이 기준점이 포함된 x-y-z 좌표계는 **고정좌표계**fixed axis이다. 한편, 곡선 경로를 따라 움직이는 질점 A에서 곡선 경로를 따라 움직이는 또 다른 질점 B를 관찰할 때, 질점 A를 또 다른 기준점(고정기준점이 아님)으로 하는 병진좌표계 x'-y'-z' 좌표계를 설정하는 것이 상대운동 해석에 편리하다. 그림과 같이 기준점 O에서 점 A와 점 B를 향한 각각의 벡터 r_A와 r_B를 절대위치벡터라 한다. 한편 기준점이 아닌 점 A에서 점 B를 향한 벡터 $\mathrm{r}_{B/A}$를 상대위치벡터라 하고, 이를 "점 A에서 바라본 점 B의 상대위치벡터" 또는 "점 A에 대한 점 B의 상대위치벡터"라고 읽는다. 유사한 방법으로, 만약 점 B에서 점 A로 그어진 위치벡터가 있다면 이는 "점 B에서 바라본 점 A의 상대위치벡터" 또는 "점 B에 대한 점 A의 상대위치벡터"라고 읽는다.

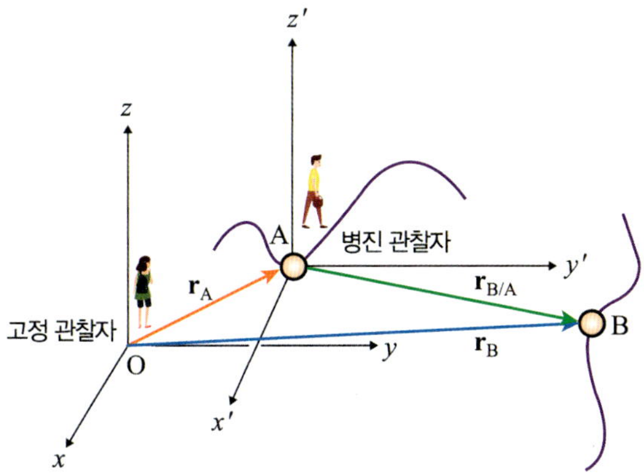

그림 2-43 병진좌표계를 이용한 상대운동 해석

[그림 2−43]에서의 절대위치벡터와 상대위치벡터 간의 관계는 다음과 같은 식으로 나타낼 수 있다.

$$\mathbf{r}_B = \mathbf{r}_A + \mathbf{r}_{B/A} \quad \text{또는} \quad \mathbf{r}_A = \mathbf{r}_B + \mathbf{r}_{A/B} \tag{2.89}$$

식 (2.89)의 표현에 있어, 왼쪽 식의 좌변인 절대위치벡터의 기호 표시 B는 우변의 상대위치벡터의 기호 표시 B/A의 B가 A보다 위에 올려져 있어야 식의 설정이 옳은 것이고, 식 (2.89)의 오른쪽 식의 좌변인 절대위치벡터의 기호 표시 A도 우변의 상대위치벡터의 기호 표시 A/B의 A가 B보다 위에 올려져 있어야 식의 설정이 옳게 된다.

■ 상대속도

식 (2.89)를 시간에 대해 한 번 미분하면 다음과 같이 속도에 대한 식을 얻는다.

$$\mathbf{v}_B = \mathbf{v}_A + \mathbf{v}_{B/A} \quad \text{또는} \quad \mathbf{v}_A = \mathbf{v}_B + \mathbf{v}_{A/B} \tag{2.90}$$

식 (2.90)에서 $\mathbf{v}_A$는 $\dfrac{d\mathbf{r}_A}{dt} = \mathbf{v}_A$, $\mathbf{v}_B$는 $\dfrac{d\mathbf{r}_B}{dt} = \mathbf{v}_B$로서 고정좌표계로부터 측정되기 때문에 $\mathbf{v}_A$와 $\mathbf{v}_B$는 절대속도벡터라고 한다. 한편, $\mathbf{v}_{B/A}$ 또는 $\mathbf{v}_{A/B}$는 고정좌표계로부터 측정되지 않기 때문에 상대속도벡터라고 한다.

■ 상대가속도

식 (2.90)을 시간에 대해 한 번 미분하면 다음과 같은 가속도 식을 얻는다.

$$\mathbf{a}_B = \mathbf{a}_A + \mathbf{a}_{B/A} \quad \text{또는} \quad \mathbf{a}_A = \mathbf{a}_B + \mathbf{a}_{A/B} \tag{2.91}$$

식 (2.91)에서 $\mathbf{a}_A$는 $\dfrac{d\mathbf{v}_A}{dt} = \mathbf{a}_A$, $\mathbf{a}_B$는 $\dfrac{d\mathbf{v}_B}{dt} = \mathbf{a}_B$로서 고정좌표계로부터 측정되기 때문에 $\mathbf{a}_A$와 $\mathbf{a}_B$는 절대가속도벡터라고 한다. 한편 $\mathbf{a}_{B/A}$ 또는 $\mathbf{a}_{A/B}$는 고정좌표계로부터 측정되지 않기 때문에 상대가속도벡터라고 한다.

예제 2-14 두 질점의 상대운동 해석

[그림 2-44]에서 두 대의 비행기 A와 B는 각각 $v_A = 600\,\text{km/h}$, $v_B = 900\,\text{km/h}$의 일정속도로 비행하고 있다. 비행기 B에서 바라본 비행기 A의 상대속도를 구하시오. 단, 비행기는 동일 고도 위에 있다고 가정한다.

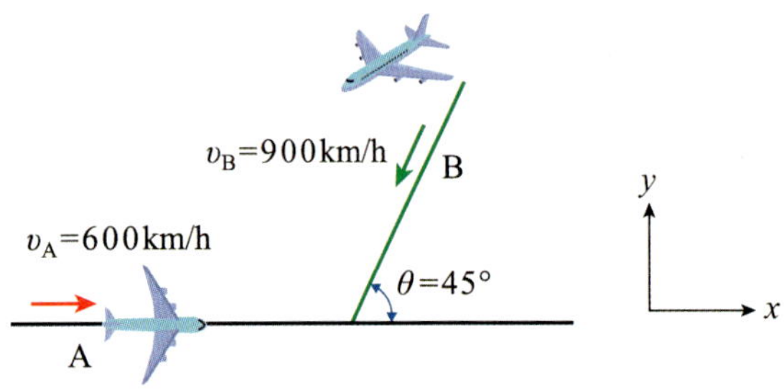

그림 2-44 두 대의 비행기의 절대운동과 상대운동

분석

- 비행기 B에서 바라본 비행기 A의 상대속도는 비행기 B에 대한 비행기 A의 상대속도임을 이용한다.
- 절대속도와 상대속도에 대한 관계식을 먼저 기술하고, 수평과 수직방향으로 속도를 분리하여 해석한다.

풀이

- 두 비행기는 동일 고도 위에 있으므로 평면에서 일어나는 운동이다. 수평방향과 수직방향의 좌표를 각각 x, y라 하고, 각 방향의 단위벡터를 각각 $\mathbf{i}$, $\mathbf{j}$라 놓아 다음과 같은 상대속도에 대한 관계식을 적용한다.

$$\mathbf{v}_A = \mathbf{v}_B + \mathbf{v}_{A/B} \tag{1}$$

식 (1)에 주어진 수치 값 $v_A = 600\,\text{km/h}$, $v_B = 900\,\text{km/h}$를 대입하면 $\mathbf{v}_{A/B}$를 구할 수 있다.

$$600\mathbf{i} = -900\cos45°\mathbf{i} - 900\sin45°\mathbf{j} + \mathbf{v}_{A/B}$$

$$\mathbf{v}_{A/B} = (600 + 900\cos45°)\mathbf{i} + 900\sin45°\mathbf{j} = 1{,}236.40\mathbf{i} + 636.40\mathbf{j}\ \text{km/h} \tag{2}$$

- 식 (2)의 벡터 표현은 문제에서 구하고자 하는 상대속도를 정확하게 표현한 것이다. 이제 이 표현을 속도의 크기와 방향으로 나타내보자. 먼저 속도의 크기는

$$v_{A/B} = |\mathbf{v}_{A/B}| = \sqrt{(1{,}236.40)^2 + (636.40)^2} = 1{,}390.57\,\text{km/h}$$

이고, 방향은 다음과 같이 수평축과 이루는 각이다.

$$\theta = \tan^{-1}\left(\frac{636.40}{1{,}236.40}\right) = \tan^{-1}(0.515) = 27.248°$$

고찰

- 속도는 벡터 물리량으로, 벡터로 표현할 수 있다.
- 속도의 크기는 속력이고, 방향은 수평축과 이루는 각으로 나타낸다.

예제 2-15 직선운동 중인 질점과 곡선운동 중인 질점 간의 상대운동 해석

두 대의 자동차 A와 B는 동일 평면에서 [그림 2-45]에서와 같이 각각 $v_A = 80\text{ km/h}$, $v_B = 100\text{ km/h}$의 속도로 주행하고 있고, 자동차 A와 B의 가속도는 그림에 보이는 방향으로 각각 5 km/h^2과 10 km/h^2이다. 자동차 B는 곡률반경 $\rho = 100\text{ km}$인 원형 트랙을 따라 움직인다. 자동차 A의 운전자가 바라본 자동차 B의 속도와 가속도를 구하시오.

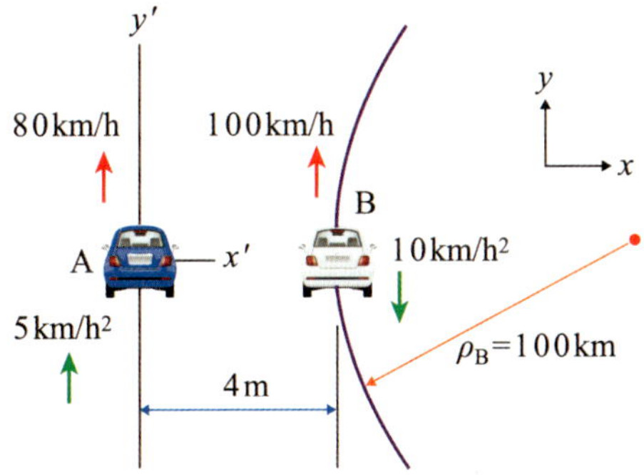

그림 2-45 직선운동하는 자동차와 곡선운동하는 또 다른 자동차와의 상대운동

분석

- 곡선운동을 하는 질점에 대한 가속도를 구할 때는 접선방향 가속도와 법선방향 가속도를 고려한다.
- 접선방향 가속도의 방향은 속도의 방향과 같다.

풀이

- 두 자동차는 동일 평면상에 있으므로 평면에서 일어나는 운동이다. 그림에서 오른쪽 방향과 위쪽 방향을 x, y 좌표의 양의 방향으로 가정하고, 각 방향의 단위벡터를 각각 $\mathbf{i}$, $\mathbf{j}$라 한다. 먼저 병진좌표계를 이용하여 속도 식을 표현해보자.

$$\mathbf{v}_B = \mathbf{v}_A + \mathbf{v}_{B/A}$$
$$100\mathbf{j} = 80\mathbf{j} + \mathbf{v}_{B/A}$$

따라서 $\mathbf{v}_{A/B}$는 다음과 같다.

$$\mathbf{v}_{B/A} = 20\mathbf{j}\ (\uparrow)\ \text{km/h},\ |\mathbf{v}_{B/A}| = v_{B/A} = 20\text{km/h}$$

- $\mathbf{v}_{A/B}$의 방향은 다음과 같다.

$$\theta = \tan^{-1}\left(\frac{20}{0}\right) = \tan^{-1}(\infty) = 90° \text{ (수평 } x\text{축과 이루는 각도)}$$

- 앞에서 속도를 구했으므로 이제 가속도를 구하기 위해 다음 가속도 식을 이용한다.

$$\mathbf{a}_B = \mathbf{a}_A + \mathbf{a}_{B/A}$$

자동차 A는 직선운동을 하지만, 자동차 B는 곡률반경을 갖는 곡선운동을 하므로 가속도를 접선방향과 법선방향으로 분리해서 해석해야 한다. 주어진 접선방향의 가속도 10 km/h^{2}와 법선방향 가속도를 이용하여 B의 전체 절대가속도를 표현하자.

$$(\mathbf{a}_B)_t + (\mathbf{a}_B)_n = \mathbf{a}_A + \mathbf{a}_{B/A}$$

$$-10\mathbf{j} + \left(\frac{v_B^2}{\rho}\right)\mathbf{i} = 5\mathbf{j} + \mathbf{a}_{B/A}$$

$$-10\mathbf{j} + \left(\frac{100^2}{100}\right)\mathbf{i} = 5\mathbf{j} + \mathbf{a}_{B/A}$$

따라서 $\mathbf{a}_{B/A}$는 다음과 같다.

$$\mathbf{a}_{B/A} = 100\mathbf{i} - 15\mathbf{j} \text{ km/h}^2$$

- 위의 가속도를 크기와 방향으로 표현할 수도 있다. 먼저 크기는 다음과 같다.

$$a_{B/A} = |\mathbf{a}_{B/A}| = \sqrt{(100)^2 + (-15)^2} = 101.12 \text{ km/h}^2$$

$\mathbf{a}_{B/A}$의 방향은 수평축과 이루는 각도로 다음과 같다.

$$\theta = \tan^{-1}\left|\frac{-15}{100}\right| = \tan^{-1}(0.15) = 8.53°$$

고찰

- 자동차 A는 병진운동하고 있으므로 병진좌표계를 이용하여 상대운동을 해석한다.
- 자동차 B에서 바라본 자동차 A의 상대속도나 가속도의 해석은 회전좌표계를 이용해야 하므로 2.9절의 상대운동 해석으로는 해결되지 않는다.

CHAPTER 02 | 핵심요약

■ 직선운동

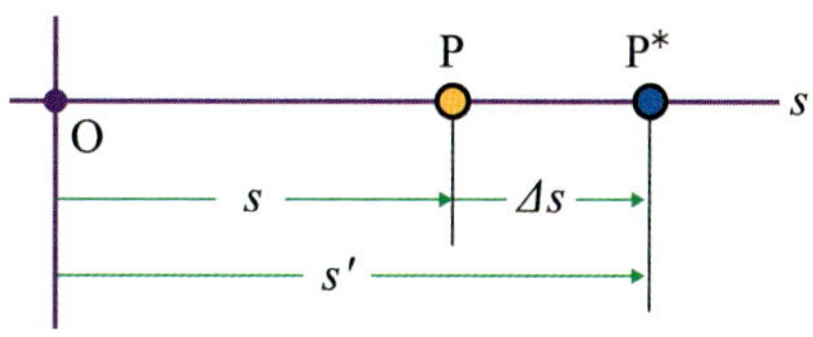

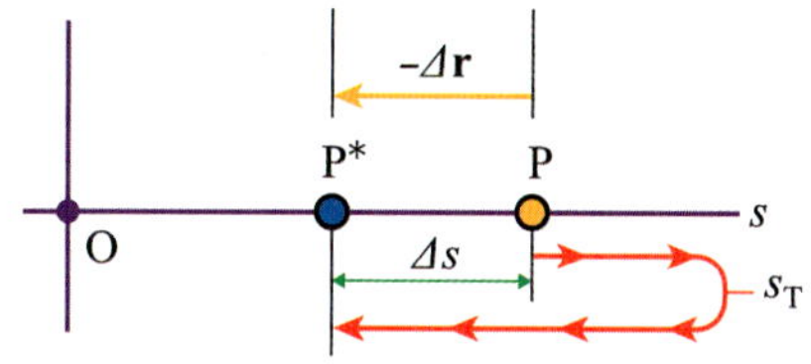

• 변위 : $\Delta s = s' - s$ (스칼라량 표현)

• 속도

평균속도 : $\mathbf{v}_{ave} = \dfrac{\Delta \mathbf{r}}{\Delta t}$ ($\Delta \mathbf{r}$ 은 Δs 의 변위벡터)

평균속력 : $v_{ave} = \dfrac{\Delta s}{\Delta t}$

순간속도(속도) : $\mathbf{v} = \dfrac{d\mathbf{r}}{dt}$

순간속력 : $v = \dfrac{ds}{dt}$

• 가속도

평균가속도 : $\mathbf{a}_{ave} = \dfrac{\Delta \mathbf{v}}{\Delta t}$

평균가속력 : $a_{ave} = \dfrac{\Delta v}{\Delta t}$

순간가속도(가속도) : $\mathbf{a} = \dfrac{d\mathbf{v}}{dt} = \dfrac{d^2\mathbf{r}}{dt^2}$

순간가속력 : $a = \dfrac{dv}{dt}$

• 위치, 속도, 가속도의 상관관계 : $v = \dfrac{ds}{dt}$, $a = \dfrac{dv}{dt}$, $v\,dv = a\,ds$

•가속도가 일정한 경우 속도 및 위치

$$v = v_0 + a_c t = \frac{ds}{dt},\ s = s_0 + v_0 t + \frac{1}{2} a_c t^2,\ v^2 = v_0^2 + 2a_c(s - s_0)$$

CHAPTER 02 | 핵심요약

■ 곡선운동(직각좌표계)

$$r = x i + y j + z k$$

$$v = \frac{dr}{dt} = \dot{x} i + \dot{y} j + \dot{z} k = v_x i + v_y j + v_z k$$

$$a = \frac{dv}{dt} = \frac{d^2 r}{dt^2} = \ddot{x} i + \ddot{y} j + \ddot{z} k$$

$$= a_x i + a_y j + a_z k$$

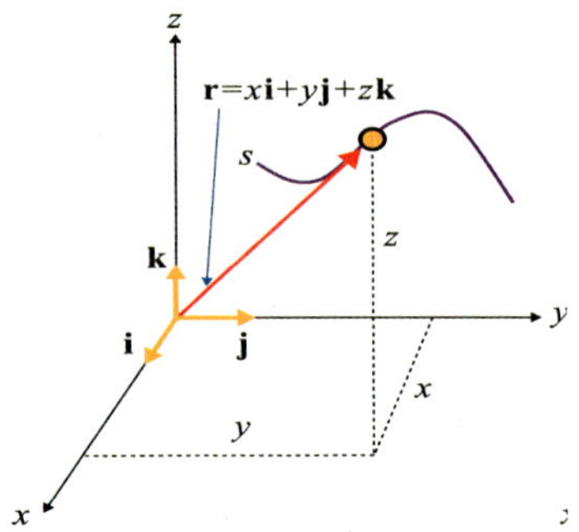

■ 탄환운동

- 수평방향 운동 : $v_x = (v_0)_x,\ x = x_0 + (v_0)_x t$
- 수직방향 운동 : $v_y = (v_0)_y - g t$

$$v_y^2 = (v_0)_y^2 - 2g(y - y_0)$$

$$y = y_0 + (v_0)_y t - \frac{1}{2} g t^2$$

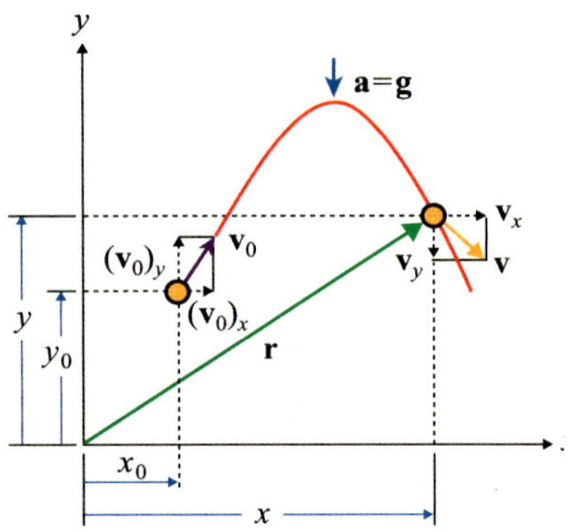

■ 곡선운동(법선 및 접선좌표계)

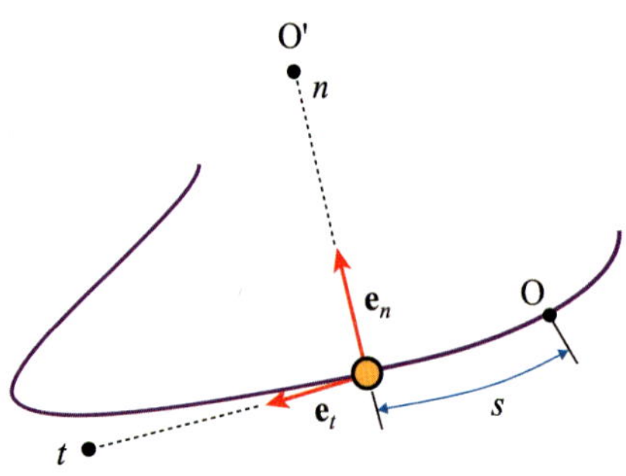

$$v = \rho\dot{\theta} e_t,\quad a = \rho\ddot{\theta} e_t + \rho\dot{\theta}^2 e_n$$

■ 곡선운동(극좌표와 원통좌표계)

- 극좌표

$$r = r e_r,\ v = \dot{r} e_r + r\dot{\theta} e_\theta,$$

$$a = (\ddot{r} - r\dot{\theta}^2) e_r + (2\dot{r}\dot{\theta} + r\ddot{\theta}) e_\theta$$

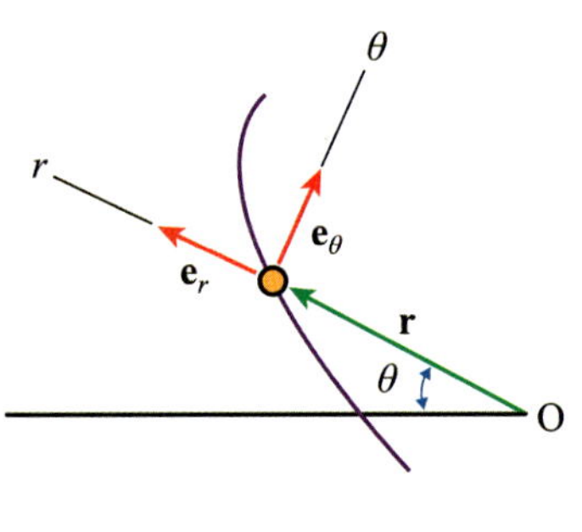

• 원통좌표계

$$\mathrm{r_P} = r\mathrm{e}_r + z\,\mathrm{e}_z,\ \mathrm{v} = \dot{r}\mathrm{e}_r + r\dot{\theta}\mathrm{e}_\theta + \dot{z}\mathrm{e}_z,$$

$$\mathrm{a} = (\ddot{r} - r\dot{\theta}^2)\mathrm{e}_r + (2\dot{r}\dot{\theta} + r\ddot{\theta})\mathrm{e}_\theta + \ddot{z}\mathrm{e}_z$$

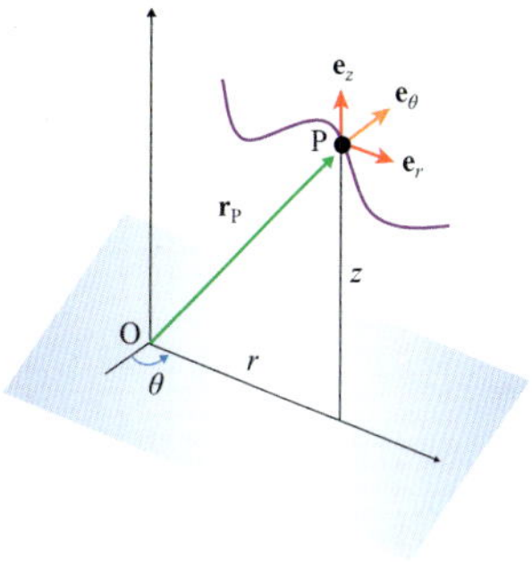

■ **종속운동 해석**

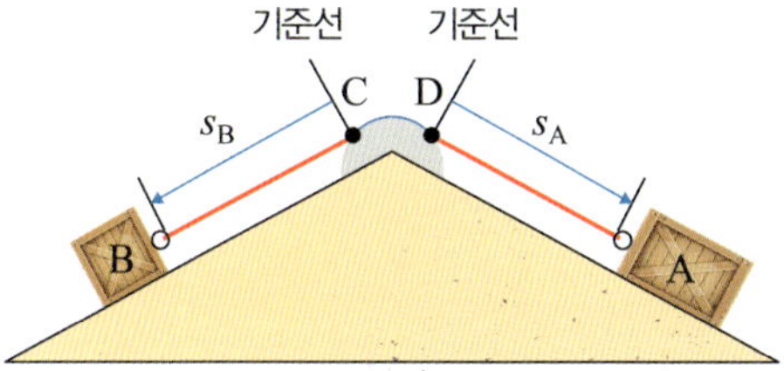

$$s_A + L_{CD} + s_B = L,\ v_A = -v_B,\ a_A = -a_B$$

■ **상대운동 해석**

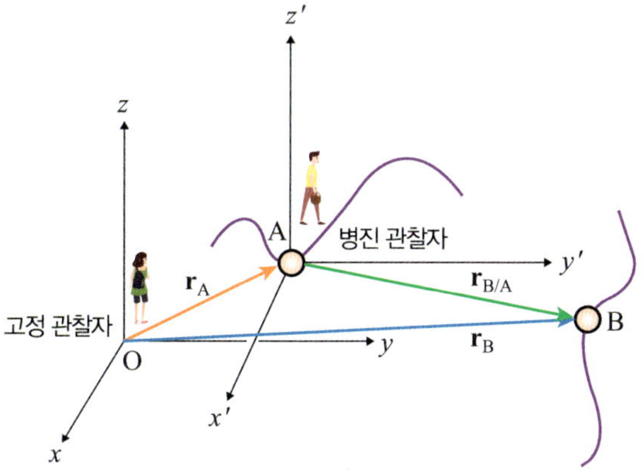

$$\mathrm{r_B} = \mathrm{r_A} + \mathrm{r_{B/A}},\ \mathrm{v_B} = \mathrm{v_A} + \mathrm{v_{B/A}},\ \mathrm{a_B} = \mathrm{a_A} + \mathrm{a_{B/A}}$$

CHAPTER 02 | 연습문제

2.1 [그림 2-46]의 승합버스는 20 m/s의 초기속력으로 직선 경로를 주행하고 있다. 승합버스의 운전자가 브레이크를 밟아 승합버스의 속력이 10초 후에 5 m/s로 감속되었다고 할 때, 이 승합차의 등감속도를 구하시오. 2.3절

2.2 [그림 2-47]의 로켓은 $a=(2+0.1t)$ m/s^{2}의 가속도로 발사되어 수직 상승하고 있다. 지상에서 발사된 지 100 s 후의 로켓의 속력과 이때의 고도를 구하시오. 로켓은 초기에 정지($t=0$) 상태에서 발사되었으며, 이때의 속도와 위치는 각각 $v=0$, $s=0$이다. 위치 s의 단위는 m이다. 2.3절

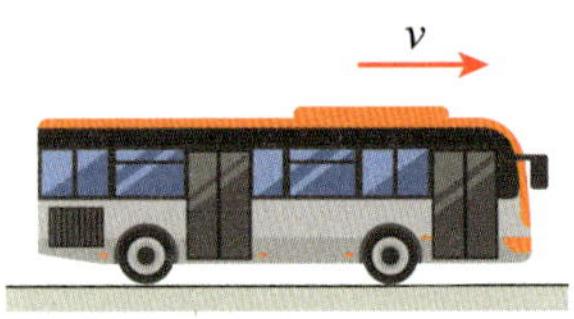

그림 2-46

그림 2-47

2.3 [그림 2-48]의 기차가 속력 3 m/s로 직선 궤도를 달리고 있다. 이 기차가 $a=20v^{-2}$ m/s^{2}의 가속도를 내기 시작하여 3 s 지난 후의 속력과 위치를 계산하시오. 2.3절

2.4 사이클 선수가 자전거를 타고 직선 도로를 달리고 있다. 자전거의 운동이 [그림 2-49]와 같이 속도와 위치의 함수 $v=0.5s$로 표현된다면, 동일 위치 구간에 대해 a-s 선도를 구하시오. 2.3절

그림 2-48

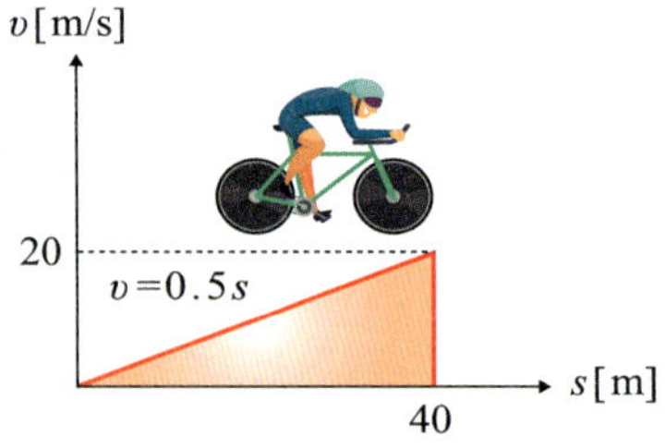

그림 2-49

2.5 [그림 2-50]의 기차는 200 m 구간에 대해 직선 궤도를 달린다. 이 a-s 선도로부터, 속도와 위치의 함수로 표시되는 v-s 선도를 그리시오. 단, $s=0$일 때 $v=0$이다. 2.3절

2.6 경주용 자동차가 [그림 2-51]의 a-t 선도와 같이 직선 경로를 따라 질주하고 있다. 초기에 정지상태에서 출발하여 100 m/s의 속력에 도달하는 데 필요한 시간을 구하고, 임의의 시간 t까지의 v-t 선도를 구하시오. **2.3절**

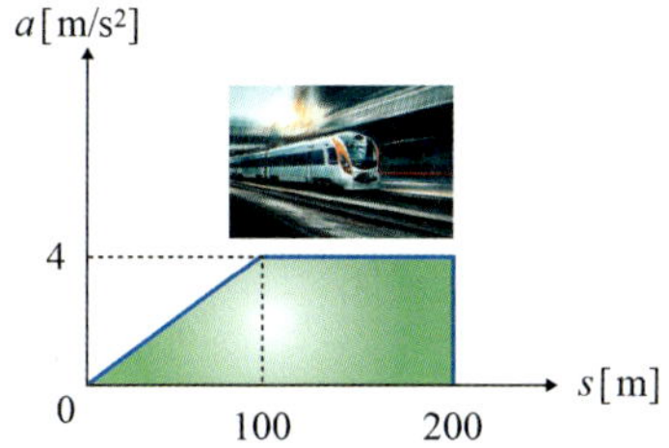

그림 2-50

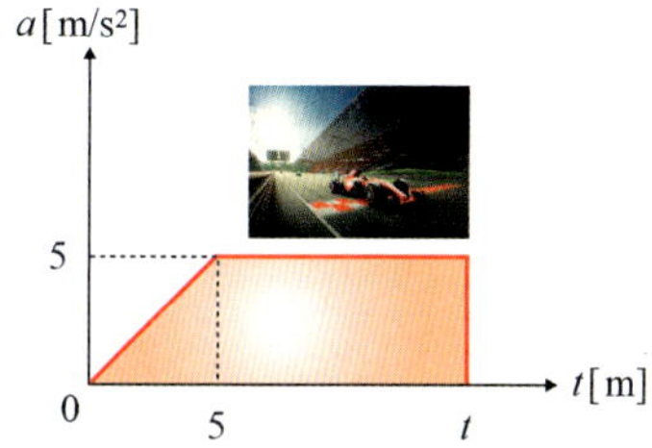

그림 2-51

2.7 비행기가 [그림 2-52]와 같이 $y = \frac{1}{100}x^2$의 경로를 따라 비행한다. 비행기가 $v_y = 10\text{ m/s}$의 일정 속도로 상승하고 있다면, 그림에서와 같이 100 m 고도에 위치한 순간 비행기의 속력과 가속력을 구하시오. **2.4절**

2.8 [그림 2-53]과 같은 질량 m인 물체의 수직 운동의 변위가 $x(t) = \cos 5t - 0.2\sin 5t$로 표현된다. 시간 $t = 0.5$ s일 때, 질량 m인 물체의 위치, 속도, 가속도를 구하시오. $x(t)$의 단위는 mm이다. **2.4절**

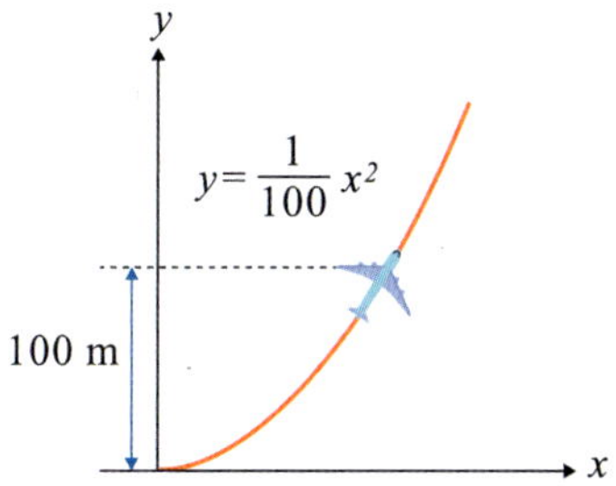

그림 2-52

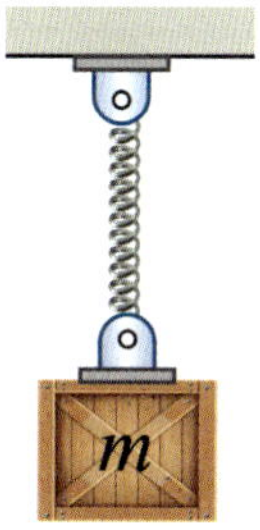

그림 2-53

***2.9** [그림 2-54]와 같이 농구 골대로부터 수평거리 6m 떨어진 곳에서 점프하면서 농구공을 던진다. 농구공은 초기속도가 v_1으로 수평면과 45°로 던져져 바스켓 B에 들어간다. C = 0.2 m인 경우 농구공의 초기속도를 구하시오. **2.5절**

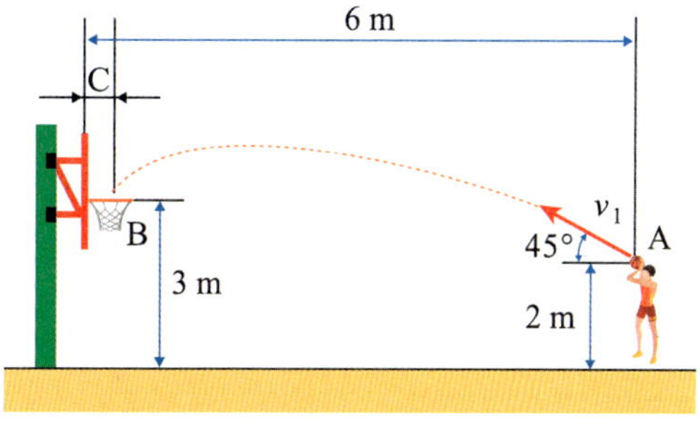

그림 2-54

2.10 [그림 2–55]에서 질점으로 간주할 수 있는 대포 A는 점 B의 대상 표적을 향해 발사된다. A로부터 표적 B까지의 수평거리는 3,000 m이고, 지면으로부터 B까지의 높이는 500 m이다. 대포가 지면으로부터 β의 각도로 발사될 때, 표적을 맞추기 위한 β의 각도를 구하시오. 2.5절

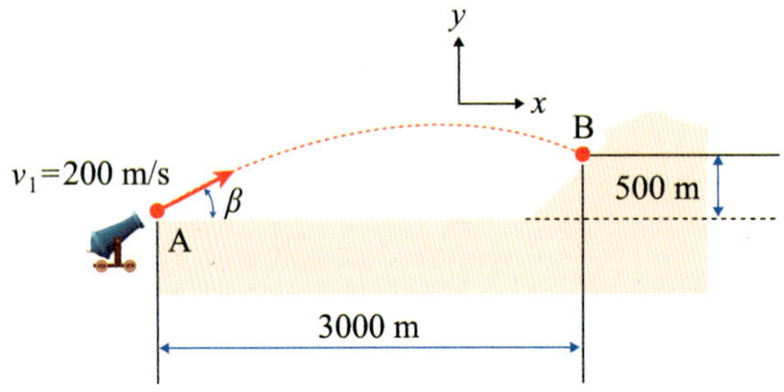

그림 2-55

2.11 [그림 2–56]과 같이 어떤 투사체가 수평면과 ϕ의 각도를 이루며, 초기속도 u로 발사되었다. 이 투사체가 수평면과 θ의 각도를 이루는 경사면에 떨어지는 지점까지의 경사거리 d를 구하시오. 단, 중력가속도는 g이다. 2.5절

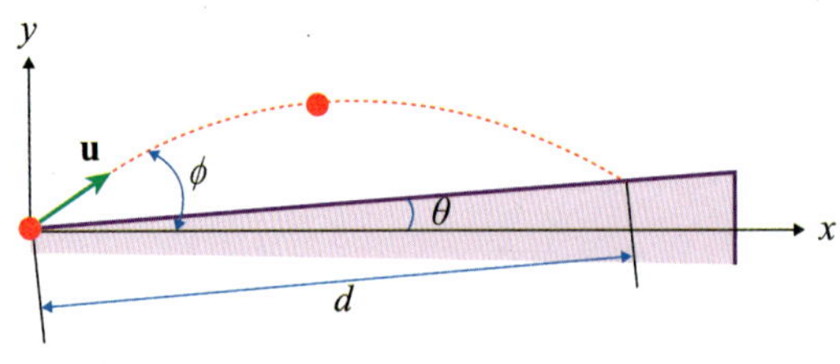

그림 2-56

2.12 [그림 2–57]과 같이 축구선수가 찬 공이 $x=5t$, $y=2+5t-4.9t^2$의 함수로 운동하였다. $t=2$ s일 때의 축구공의 속력과 공이 지면에 떨어지기 직전까지 이동한 수평거리를 구하시오. 2.5절

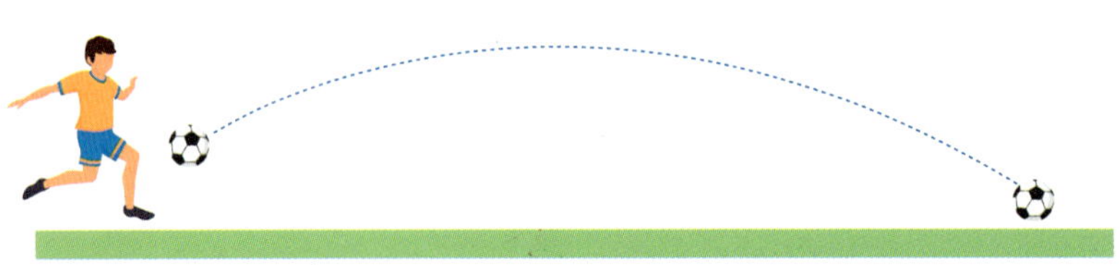

그림 2-57

***2.13** [그림 2-58]과 같이 발사체가 점 P의 위치에서 초기속도 $v_1 = 35$ m/s로 발사되었다. 발사 후, 점 P에서 수평으로 90 m 떨어진 모서리에 부딪치지 않고 점 Q의 위치에 떨어뜨리려면 수평면과의 발사각 β는 얼마이어야 하는가? 2.5절

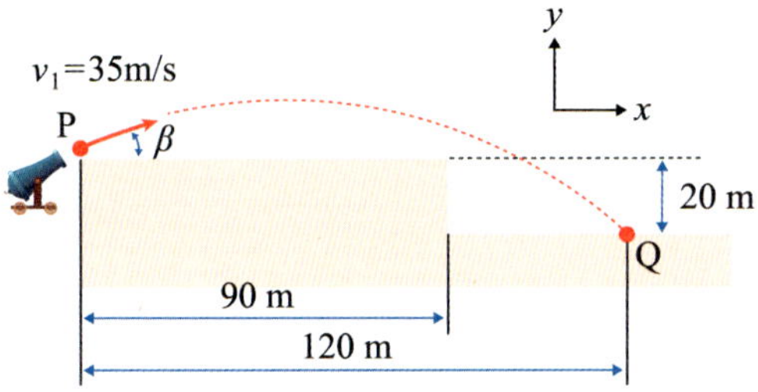

그림 2-58

***2.14** [그림 2-59]의 발사체가 점 P에서 발사되어 경사면 점 Q의 위치에 부딪친다. 발사체의 초기속도 $v_1 = 100$ m/s이고, 수평면과 경사면이 이루는 각도는 30°이다. 수평면의 끝에서 경사면 충돌 지점 Q까지의 경사거리 s와 발사체가 공중에 머물러 있는 시간을 구하시오. 2.5절

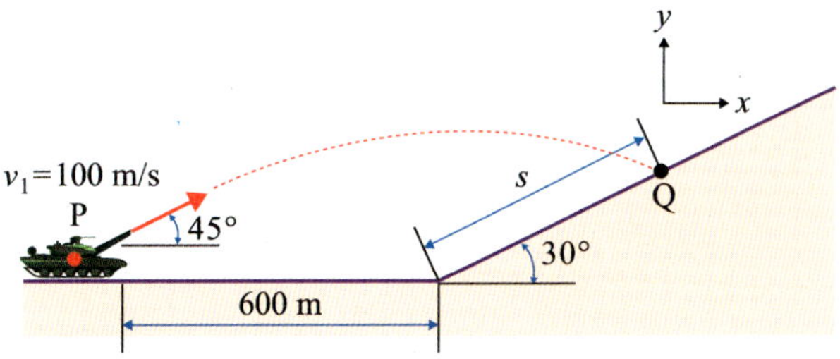

그림 2-59

2.15 트럭이 [그림 2-60]과 같이 곡선도로를 따라 주행하고 있다. 트럭이 Q 지점부터 속도를 증가시켜 속도방향으로 일정한 가속도 2 m/s^2로 주행한다. 점 P의 곡률반경이 $\rho = 300$ m이고, 점 P에서의 트럭의 전체 가속도가 4 m/s^2라면, 점 P에서의 속도의 크기를 구하시오. 2.6절

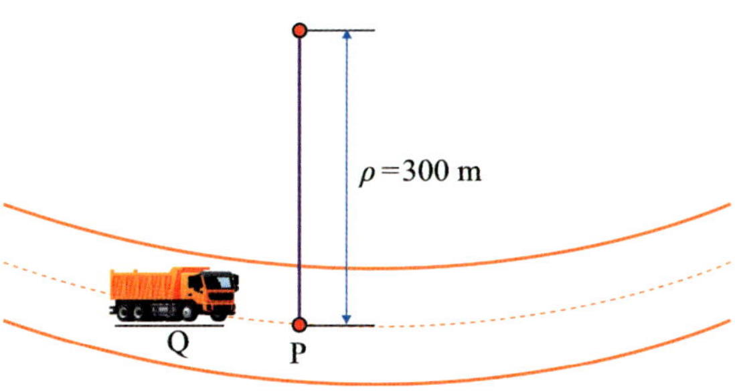

그림 2-60

2.16 공이 [그림 2-61]과 같이 튜브의 점 P의 위치에서 $v_P = 5\ \mathrm{m/s}$의 속력으로 날아간다. (a) 공이 날아가는 경로방정식, (b) $t=1\ \mathrm{s}$일 때의 공의 속도, (c) $t=1\ \mathrm{s}$일 때의 공의 가속도의 접선방향과 법선방향의 크기와 방향을 각각 구하시오. 2.6절

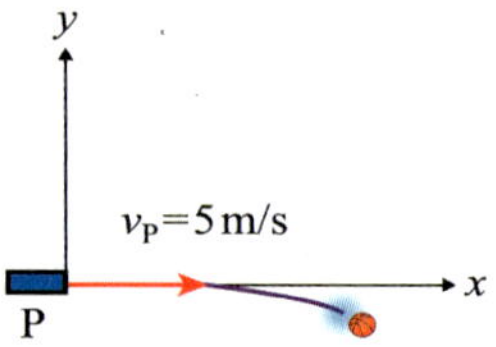

그림 2-61

2.17 [그림 2-62]와 같이 점 A의 위치에서 발사체가 발사되어 그림과 같이 $y=1.5x^2$의 경로를 따라 움직인다. 점 B의 위치에서는 $0.5\ \mathrm{m/s^2}$으로 가속되어 $50\ \mathrm{m/s}$의 속력에 도달한다. 점 B에 도달할 때의 가속도의 크기를 구하시오. 2.6절

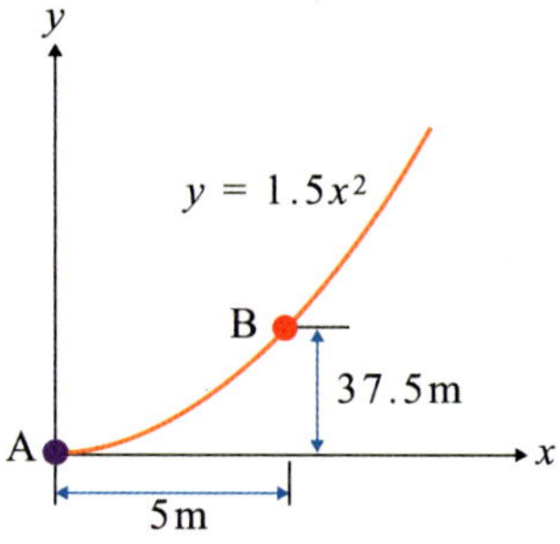

그림 2-62

***2.18** 질점의 운동을 극좌표로 표현할 때, 질점의 위치좌표가 $r=2(1+\sin t)\ \mathrm{mm}$, $\theta = 2t^3 - 3t\ \mathrm{rad}$로 나타내진다. $t=3\ \mathrm{s}$인 순간에 질점의 속도와 가속도의 크기를 구하시오. 2.7절

***2.19** [그림 2-63]과 같이 곡률반경이 $r=100\ \mathrm{m}$인 원형 도로를 따라 버스가 달리고 있고, 점 O에서의 속도 측정기로 버스의 움직임을 관찰하고 있다. $\theta = 40°$인 순간에 각속도는 $\dot{\theta} = 0.05\ \mathrm{rad/s}$, 각가속도는 $\ddot{\theta} = 0.01\ \mathrm{rad/s^2}$로 회전하고 있을 때, 버스의 속력과 가속력을 구하시오. 2.7절

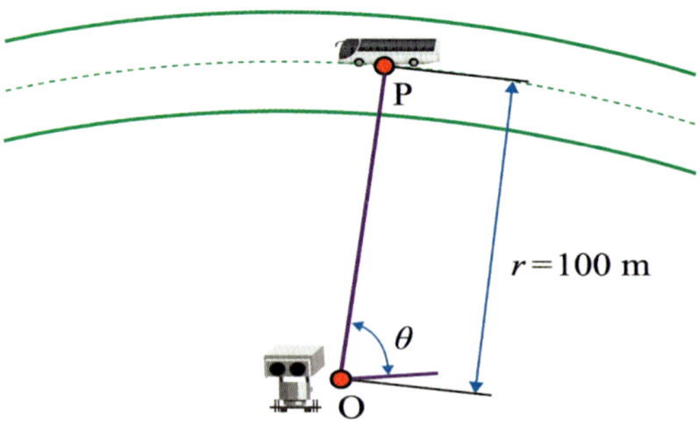

그림 2-63

2.20 [그림 2-64]와 같은 종속운동을 하는 도르래 시스템에서 물체 A가 아래 방향으로 2 m/s의 속력으로 내려온다면, 물체 B의 속력은 얼마인가? 2.8절

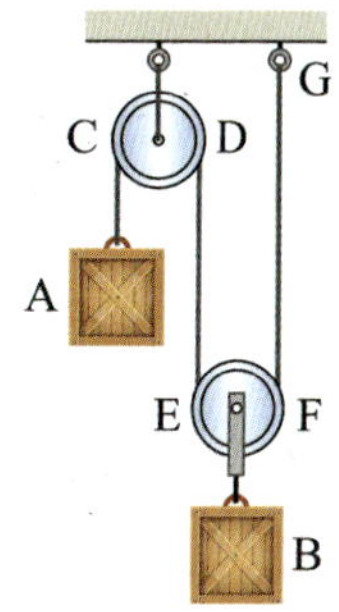

그림 2-64

2.21 [그림 2-65]의 도르래 시스템에서 맨 왼쪽 줄의 끝 점 A를 2 m/s로 끌어내릴 때, 나무상자 B의 속력을 구하시오. 2.8절

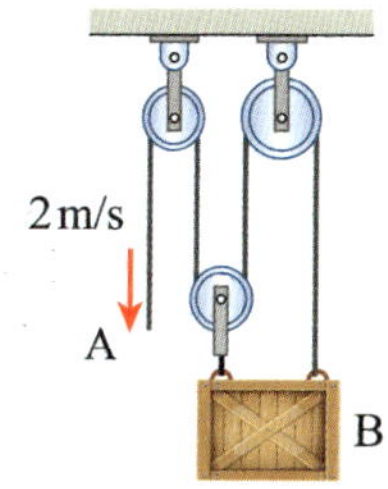

그림 2-65

*__2.22__ [그림 2-66]의 소형 트럭이 일정한 속력 $v_t = 90\,\text{km/h}$로 직선 도로를 달리고 있다. 비가 그림에 보이는 방향으로 5 m/s의 속력으로 내리고 있다면, 트럭 기사가 보는 비의 속도를 구하시오. 2.9절

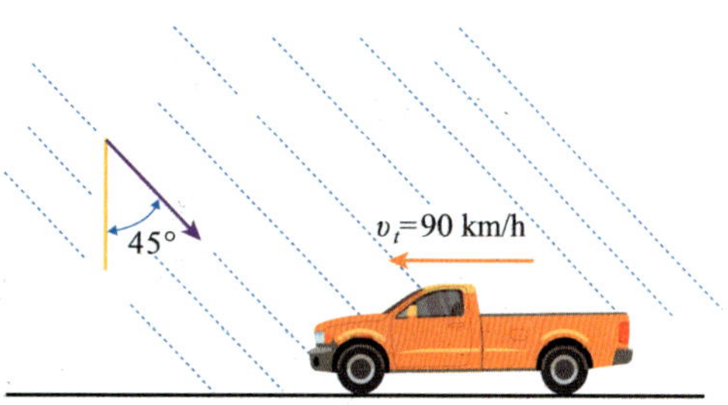

그림 2-66

*__2.23__ [그림 2-67]에서 점 A에 위치한 버스는 $4\,\text{m/s}^2$로 가속하면서 15 m/s의 속력으로 곡선 경로를 달리고 있다. 점 B에 있는 버스는 $3\,\text{m/s}^2$로 가속하면서 직선 경로를 따라 20 m/s의 속력으로 그림에 보이는 방향으로 달리고 있다. 이 순간 버스 B쪽에서 바라본 버스 A의 속도와 가속도를 구하시오. 2.9절

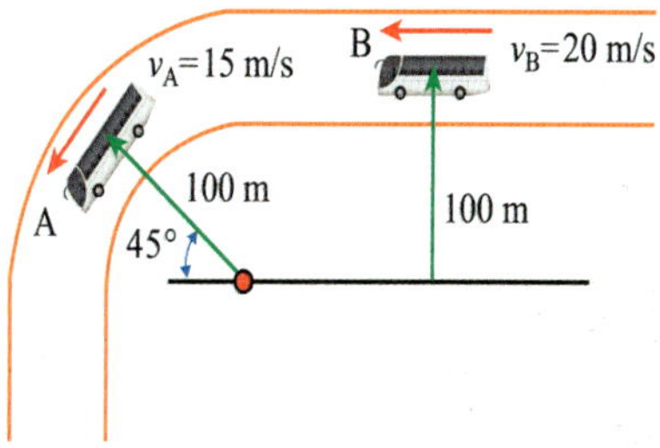

그림 2-67

일상생활에서 엘리베이터의 편리함을 느끼지 않는 사람은 거의 없을 것이다. 엘리베이터는 탑승 인원의 수를 고려한 총 중량과 운행 가속도, 엘리베이터 줄의 장력 등을 고려하여 설계를 한다. 엘리베이터 설계 시 동역학적 힘과 운동과의 상관관계를 고려하지 않으면 안 되고, 이를 통해 안전성을 계산해야 한다. 이 장에서는 힘과 운동에 관계된 뉴턴의 운동 제2법칙을 이용하여 운동역학의 이론과 실제적인 문제들을 다룬다.

CHAPTER 03

질점의 운동역학 : 힘과 가속도

Kinetics of a particle : Force & Acceleration

학습목표

- 뉴턴의 중력 법칙을 논의하고, 단위계, 버킹엄의 π 정리, 그리고 질량과 무게의 차이를 구분한다.
- 질점과 질점계에 대한 뉴턴의 운동법칙을 논의한다.
- 질점의 운동과 질점에 가해지는 힘과의 상관관계를 다양한 좌표계를 통해 해석한다.

SECTION 3.1

질점의 운동역학 개요

- ✔ 질점의 운동역학의 개념을 정립하고, 뉴턴의 중력 법칙에 대해 학습한다.
- ✔ 질량과 무게의 차이를 논의하고, 버킹엄의 π 정리로부터 물리적인 현상에 대한 물리적인 법칙을 유도한다.

2장에서는 질점의 위치, 변위, 속도, 가속도 등 질점의 운동만을 기술하는 질점의 운동학에 대해 학습하였다. 이 경우 운동을 유발하는 힘들은 전혀 고려하지 않고, 오로지 운동에 대한 기하학적 요소만을 고려하였다. 3장에서는 2장에서 학습하였던 운동과 관련하여 힘이 질점에 미치는 영향을 다룬다. 3.1절에서는 뉴턴의 중력 법칙을 소개하고, 이 법칙을 통해 지구로부터 어떤 고도에서의 중력가속도를 계산한다. 또한 버킹엄Buckingham의 π 정리를 학습하고, 물리적인 현상으로부터 물리적인 법칙이나 원리를 유도한다. 끝으로 간단한 단위계를 소개하고 무게와 질량의 차이를 학습한다.

3.1.1 뉴턴의 만유인력 법칙(중력 법칙)

뉴턴은 사과나무에서 사과가 떨어지는 것을 보고 '사과는 왜 나무에서 수직으로 떨어질까?'라는 호기심이 생겼다. 뉴턴은 '사과가 떨어지는 것은 어떤 힘이 사과를 끌어당기기 때문일 것이다. 그런데 우주의 달은 왜 떨어지지 않을까?'하고 생각하면서, 우주에 존재하는 모든 만물에는 서로 끌어당기는 인력이 존재하며 이러한 인력에는 **만유인력 법칙**law of universal gravitation 또는 **중력 법칙**이 작용함을 깨달았다. [그림 3-1]은 이러한 만유인력을 나타낸다.

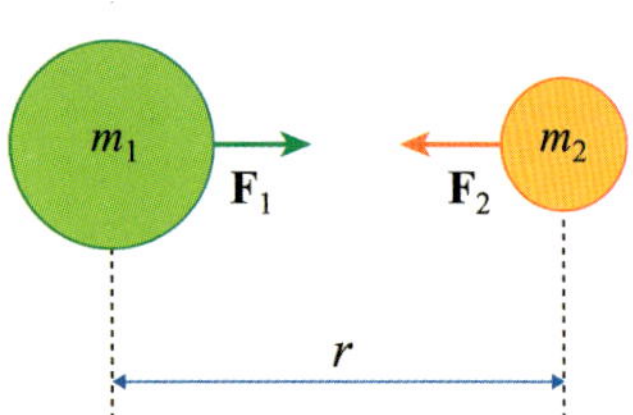

그림 3-1 두 물체의 질량 m_1, m_2 사이의 인력

뉴턴의 만유인력 법칙은 우주상의 두 물체 사이의 인력을 말한다. **만유인력**은 다음과 같이 두 물체 사이의 중심 간의 거리의 제곱에 반비례하고, 두 물체의 질량의 곱에 비례한다.

$$F = G\frac{m_1 \cdot m_2}{r^2} \tag{3.1}$$

식 (3.1)에서 F는 만유인력, r은 두 점 질량의 중심 간의 거리, m_1과 m_2는 각각 두 물체의 점 질량이다. G는 중력상수 또는 만유인력 상수로서 $G \simeq 6.673 \times 10^{-11}\ \mathrm{m^3/kg \cdot s^2}$ 의 값을 갖는데, 이는 측정하기 어려운 물리학의 한 수치 값으로 알려져 있다.

이제, 만유인력 법칙을 이용하여 지구 위 어떤 고도에서의 중력가속도를 구해보자. [그림 3-2]는 지표면과 지구 위의 고도 h 높이에 있는 인공위성을 보여준다. 지구의 반지름[1]을 R이라 하자. 또한 지구의 질량[2]을 M이라 하고, 지표면에서의 어떤 물체의 질량을 m^*라 하면 지구와 질량 m^*를 갖는 물체 사이의 만유인력 F는 다음과 같이 표현할 수 있다.

$$F = G\frac{M \cdot m^*}{R^2} \tag{3.2}$$

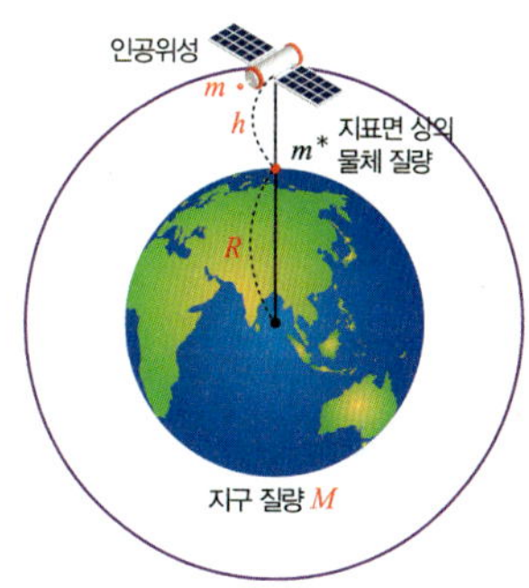

그림 3-2 지구 위 고도 h 높이에 있는 인공위성

식 (3.2)의 만유인력 F는 질량 m^*를 갖는 지표면에서의 물체의 무게를 뜻한다. 물체의 **무게**는 질량과 중력가속도의 곱으로, 절대 불변량인 질량과 달리 중력가속도에 따라 달라지기 때문에 지구 위의 어떤 고도에서의 무게를 알려면 해당 고도에서의 중력가속도 값을 구할 수 있어야 한다. 이제, 지구에서의 중력가속도를 g (약 $9.81\ \mathrm{m/s^2}$)라 하면 만유인력 법칙에 근거하여 다음과 같은 관계가 성립된다.

$$F = m^* g = G\frac{M \cdot m^*}{R^2} \tag{3.3}$$

한편, [그림 3-2]와 같이 지구 위의 고도 h 높이에 있는 인공위성의 질량을 m이라 하고, 고도 h 높이에서의 중력가속도를 g^*라 하자. 그러면 식 (3.3)과 유사하게 다음과 같은 관계가 성립한다.

$$F = mg^* = G\frac{M \cdot m}{(R+h)^2} \tag{3.4}$$

식 (3.3)을 정리하면 $GM = gR^2$이 되고, 식 (3.4)도 정리하면 $GM = g^*(R+h)^2$이 된다. 따라서 지구 위 고도 h 높이에서의 중력가속도 g^*는 다음과 같이 계산할 수 있다.

$$g^* = \frac{R^2 g}{(R+h)^2} \tag{3.5}$$

1 지구의 반지름은 약 6,400 km이다. (출처 : Wikimedia Foundation, Inc.)

2 지구의 질량은 약 5.97×10^{24} kg이다. (출처 : Wikimedia Foundation, Inc.)

3.1.2 단위계

단위계는 크게 절대단위계와 중력단위계로 나눌 수 있으며, 중력단위계는 공학단위계라고도 부른다. 이러한 단위계에는 기본단위가 있고, 이 기본단위$_{\text{fundamental units or basic units}}$들에서 유도된 유도단위도 있다.

■ 절대단위계

절대단위계$_{\text{absolute units}}$는 일반적으로 질량, 길이, 시간 차원의 물리량들의 단위를 기본단위로 갖는 단위계를 일컫는다. 단위계를 형성시킬 때는 일반적으로 서로 독립적인 소수의 물리량들(예를 들어, 질량, 길이 시간 등)을 채택하고, 이들 독립적인 소수의 물리량들이 시간과 공간에 대해 독립적일 경우 이 단위계가 절대단위계이다. 한편, 이들 독립적인 소수의 물리량들을 이용해 다른 물리량들(예를 들어, 속도, 압력 등)을 조합할 수 있는데, 이 물리량들의 단위는 **유도단위**$_{\text{derived unit}}$이다. 여기서 독립적이란 말은 시간을 길이로 표현할 수 없고 길이 또한 질량으로 나타낼 수 없듯이, 질량, 길이, 시간의 물리량들끼리는 서로 관계가 없다는 의미이다. 그러나 유도된 물리량들의 예로서 속도는 길이 나누기 시간이므로 길이와 속도는 서로 독립적인 관계가 아니라 종속적인 관계이다. 이러한 종속적 관계의 물리량들의 단위가 유도단위인 것이다.

이전에는 절대단위계의 물리량의 종류로 세 종류(질량, 길이, 시간)의 물리량을 사용해 왔으나, 현재는 7개(질량, 길이, 시간, 온도, 전류, 물질의 수량, 광도)의 물리량 단위들이 절대단위계에 속한다. 이러한 절대단위계의 종류로는 CGS(cm, g, s ; 길이는 센티미터 cm, 질량은 그램 g, 시간은 초 s) 단위, MKS(m, kg, s ; 길이는 미터 m, 질량은 킬로그램 kg, 시간은 초 s) 단위, **SI 단위**$_{\text{international system of units}}$를 들 수 있다. SI 단위는 세계 각국에서 사용하는 단위가 달라 국제적 표준으로 만든 단위계이다. SI 단위에는 위에서 설명되었던 7개의 절대 물리량의 기본단위와 15개의 유도 물리량을 나타내는 유도단위가 있다. [표 3-1]은 절대단위계의 물리량들의 예와 단위들을 나타낸다.

표 3-1 절대단위계의 종류

절대단위계의 종류	물리량	단위
CGS 단위	길이	cm(센티미터)
	질량	g(그램)
	시간	s(초)
MKS 단위	길이	m(미터)
	질량	kg(킬로그램)
	시간	s(초)
SI 단위 중, 7개	질량	kg(킬로그램)
	길이	m(미터)
	시간	s(초)
	온도	K(캘빈온도)
	전류	A(암페어)
	물질의 수량	mol(몰)
	광도	cd(칸델라)

■ 중력단위계

중력단위계gravitational units는 힘, 길이, 시간을 기본물리량으로 하고, 이들의 단위들로 구성된 단위계를 말한다. 즉 절대단위계의 기본물리량들 중의 하나인 질량 대신 힘을 사용하는 것이다. 질량 대신 지구 중력가속도에 의한 힘 또는 무게를 채택하므로 절대단위계라고 말할 수 없다. 중력단위계는 공학단위계engineering units라고도 부르지만, 엄밀한 의미에서는 완전히 일치하는 개념은 아니다. 중력단위계에서는 MKS 단위를 기반으로 할 때의 힘의 단위를 kgf[3]로 나타내고, 야드파운드yard-pound법을 기반으로 할 때의 힘의 단위는 lbf[4]로 나타낸다. 예를 들어 MKS 단위를 기반으로 할 때는 1 kgf의 힘으로 약 $9.80665\ \mathrm{m/s^2}$의 가속도가 나올 때의 질량을 1 kg으로 한다. 한편, 중력단위계 중의 하나인 영국 단위에서는 1 lbf의 힘으로 $1\ \mathrm{ft/s^2}$의 가속도가 나올 때의 질량을 $1\,\mathrm{slug} = 1\,\mathrm{lbf \cdot s^2/ft}$로 한다. 우리가 흔히 1 kgf를 약 9.81 N이라 하는 것은 $F = ma$로부터 다음 관계에 의한 것이다.

$$F(1\ \mathrm{kgf}) = m(1\ \mathrm{kg}) \times a(9.80665\ \mathrm{m/s^2}) = 9.80665\ \mathrm{kg \cdot m/s^2} = 9.80665\ \mathrm{N} \tag{3.6}$$

이전에는 여러 국가들에서 중력단위계를 사용하였지만, 현재는 국제적으로 퇴색되어가는 실정이다.

3.1.3 버킹엄의 π 정리

버킹엄Buckingham**의 π 정리**는 물리적인 현상 속에 나타난 물리적인 법칙을 유도하는 데 사용하는 정리로, N개의 기본단위로 표현되는 n개의 필드 변수field variable를 포함하는 물리적 시스템을 다음과 같은 형태로 표현한다.

$$\psi(\pi_1,\ \pi_2,\ \cdots,\ \pi_{n-N}) = 0 \tag{3.7}$$

식 (3.7)에서 **π-군**group은 물리적인 필드 변수들의 승power의 곱products으로 구성된 무차원 상수들이다. 이러한 무차원 상수들은 일반적으로 $(n-N)$개이다.

이제 몇몇 예제 풀이를 통해, π 정리의 수식 전개의 의미를 좀 더 이해할 수 있으며 물리적인 법칙이나 식을 유도할 수 있다.

---

3 kg중, kg force로 부른다.

4 lb force로 부른다.

예제 3-1 원운동하는 질점의 운동에서 원심력 구하기

[그림 3-3]과 같이 질량 m과 속도의 크기 v를 갖고 r의 원운동에서 야기되는 원심력의 크기를 F라 할 때, 이 원심력centrifugal force을 나타내는 물리적 공식을 버킹엄의 π 정리를 통해 구하시오. [그림 3-3]의 F와 v는 벡터 물리량이다.

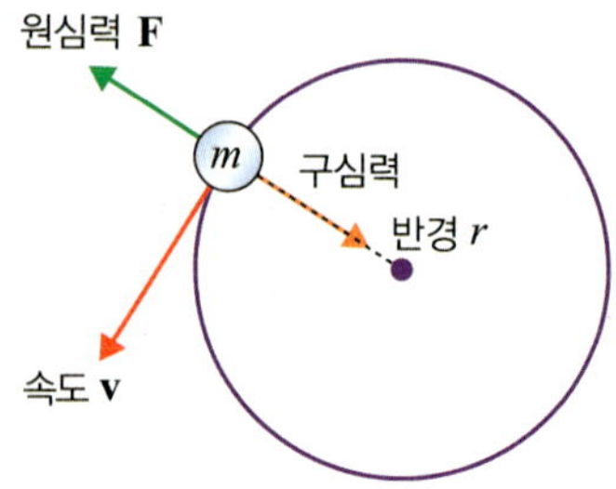

그림 3-3 원운동하는 질점

분석

- 물체가 원운동을 할 때 원의 중심을 향하는 구심력centripetal force이 발생하여 계속 원운동을 할 수 있다. 이때 구심력과 반대 방향인 원의 바깥쪽으로 일종의 관성력이 발생한다.
- 버킹엄의 π 정리에 따라 n개의 변수들을 기본단위를 써서 표시해보고, 이 변수들의 승수들을 구해 물리적인 법칙을 구한다.

풀이

- 먼저 필드 변수 v, r, m과 구하고자 하는 원심력 F에 대해 기본단위를 써서 차원해석을 해보자. 무차원 상수 π_1을 계산상의 편의를 위해 1로 놓으면

$$\begin{aligned} v^{\alpha} \cdot r^{\beta} \cdot m^{\gamma} \cdot F &= [LT^{-1}]^{\alpha}[L]^{\beta}[M]^{\gamma}[MLT^{-2}] = [L]^{(\alpha+\beta+1)}[M]^{(1+\gamma)}[T]^{(-\alpha-2)} \\ &= \pi_1 = [L]^0[M]^0[T]^0 \end{aligned} \quad (1)$$

이 된다. 식 (1)의 차원을 서로 비교하면 다음과 같은 방정식을 얻게 된다.

$$\begin{aligned} \alpha+\beta+1=0,\ 1+\gamma=0,\ -2-\alpha=0 \\ \alpha=-2,\ \gamma=-1,\ \beta=1 \end{aligned} \quad (2)$$

- 식 (2)의 α, β, γ 값을 식 (1)에 대입하고 정리하면 다음과 같다.

$$v^{\alpha} \cdot r^{\beta} \cdot m^{\gamma} \cdot F = v^{-2} \cdot r^{1} \cdot m^{-1} \cdot F = 1 \quad (3)$$

식 (3)을 다시 정리하면 최종적으로 다음과 같은 물리적 관계식을 얻을 수 있다.

$$F = \frac{mv^2}{r}$$

고찰

- 곡률반경을 갖고 원운동하는 물체의 가속도는 n-t 좌표계에서는 원의 중심을 향하는 양의 n 방향, r-θ 좌표계에서는 양의 r 방향의 반대방향의 구심력을 갖는데, 원심력은 구심력에 대한 일종의 관성력이다.
- 원심력은 물체의 질량에 원의 중심을 향하는 가속도를 곱함으로써 구할 수 있다.

예제 3-2 단진자운동에서 주기 구하기

[그림 3-4]와 같이 질량 m과 길이 l의 단진자가 주기운동을 하고 있다. 이 진자의 주기period를 나타내는 물리적 공식을 버킹엄의 π 정리를 통해 구하시오.

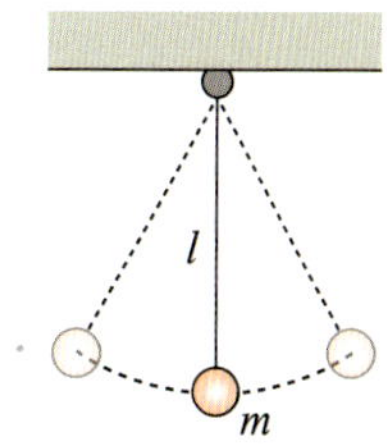

그림 3-4 주기 운동하는 단진자

분석

- 각 운동하는 단진자의 필드 변수를 열거해보고, 필드 변수를 찾는 데 간과하기 쉬운 숨겨진 필드 변수를 찾자.
- 버킹엄의 π 정리에 따라 n개의 필드 변수들에 대해 기본단위를 써서 표시해보고, 이 변수들의 승수들을 구해 물리적인 법칙을 구한다.

풀이

- 먼저 필드 변수 l, m, g와 구하고자 하는 진자의 주기 t_p에 대해 기본단위를 써서 차원해석을 해보자. 무차원 상수 π_1은 상수이다.

$$\begin{aligned} l^\alpha \cdot m^\beta \cdot g^\gamma \cdot t_p &= [L]^\alpha [M]^\beta [LT^{-2}]^\gamma [T] = [L]^{(\alpha+\gamma)} [M]^\beta [T]^{(1-2\gamma)} \\ &= \pi_1 = \pi_1 [L]^0 [M]^0 [T]^0 \end{aligned} \tag{1}$$

- 식 (1)의 차원을 서로 비교하면 다음과 같은 방정식을 얻게 된다.

$$\begin{gathered} \alpha+\gamma=0,\ \beta=0,\ 1-2\gamma=0 \\ \beta=0,\ \gamma=\frac{1}{2},\ \alpha=-\frac{1}{2} \end{gathered} \tag{2}$$

- 식 (2)의 α, β, γ 값을 식 (1)에 대입하고 정리하면 다음과 같다.

$$l^\alpha \cdot m^\beta \cdot g^\gamma \cdot t_p = l^{-1/2} m^0 g^{1/2} t_p = \pi_1 \tag{3}$$

- 식 (3)에서 무차원 상수 $\pi_1 = 2\pi$로서 이는 실험적으로 얻어지는 상수이다. 식 (3)을 다시 정리하면 최종적으로 다음과 같은 물리적 관계식을 얻을 수 있다.

$$t_p = 2\pi\sqrt{\frac{l}{g}}$$

고찰

- 진자의 주기를 구하기 위해 숨어 있는 필드 변수도 찾아내야 한다.
- 단진자의 주기는 진자의 길이와 중력가속도에만 관계되고 질량에는 영향 받지 않는다.

3.1.4 질량과 무게

3.1.1절의 뉴턴의 만유인력 법칙을 통해 지표면 또는 그 근처에 있는 질점과 지구와의 사이에 존재하는 인력이 있음을 알았고, 지구가 이 질점을 끌어당기는 인력이 이 질점의 무게가 된다는 것을 알았다. 또한 지구 위의 고도 h 높이에서의 중력가속도도 계산해보았다. 뉴턴의 만유인력 법칙을 통해, 무게 W는 질량 m과 다음과 같은 관계를 갖는다.

$$W = mg \tag{3.8}$$

식 (3.8)의 중력가속도 g는 해수면 높이의 지표면에서 측정되고 $g = 9.80665\ \mathrm{m/s^2}$의 값을 갖는다. 이미 식 (3.6)에서 살펴본 바와 같이 SI 단위에서 질량 1 kg인 물체는 약 9.80665 N의 무게를 나타낸다. 식 (3.8)과 같이 무게는 중력가속도에 따라 달라지지만, 질량은 불변의 물리량으로서 중력가속도에 관계없이 항상 일정하다. [그림 3-5]는 중력가속도가 서로 다른 지구와 달에서의 무게와 불변량인 질량의 예를 보여준다.

그림 3-5 무게와 질량 및 중력가속도

SECTION 3.2

뉴턴의 운동 제2법칙

- 뉴턴의 운동법칙을 살펴보고, 질점에 대한 운동방정식을 학습한다.
- 질점의 운동방정식을 질점계로 확장하여 질점계에 대한 운동방정식을 익힌다.

3.2.1 뉴턴의 운동 제1법칙 : 관성의 법칙

뉴턴의 운동 제2법칙에 대해 학습하기 전에 먼저 뉴턴의 운동 제1법칙을 살펴보기로 하자. **뉴턴의 운동 제1법칙**은 **'관성의 법칙'**이라고도 부르며, 다음과 같이 정의할 수 있다.

> "어떤 물체에 불평형력(외력)unbalanced force이 작용하지 않는 한 그 물체는 정지해 있거나 직선 정속 운동(등속도 운동)을 한다."

$\sum F = ma$에서 불평형력이 $\sum F = 0$이면 가속도 a는 0이고, 가속도가 영$_{\text{zero}}$이면 속도가 0이거나 일정한 경우이다. 달리 표현하면, 외부에서 힘이 작용하지 않으면 운동하던 물체는 계속 그 운동상태를 유지하려고 하고, 정지해 있던 물체는 계속 정지해 있으려고 한다. 이제 뉴턴 운동의 제1법칙에 대한 몇몇 예들을 살펴보자.

■ 갈릴레오 갈릴레이의 빗면 사고 실험

[그림 3-6]은 갈릴레오 갈릴레이의 사고 실험을 보여준다. 갈릴레이는 왼쪽 경사면 위에서 내려오는 구슬 P는 오른쪽의 다양한 경사면 위에 있는 구슬의 A, B, C 위치까지, 처음 왼쪽 경사면 위의 구슬의 위치와 같은 높이만큼 올라갈 것이라 생각하였다. 또한 공기저항이나 마찰이 없다고 하면 오른쪽 빗면의 경사도를 낮추어 수평면으로 만들었을 때 경사면이 나타날 때까지 계속 굴러갈 것이라 생각하였다. 왼쪽 빗면에서는 구슬이 내려오기 때문에 속도가 빨라질 것이고, 오른쪽 빗면에서는 구슬이 올라가기 때문에 구슬의 속도는 느려질 것이다. 그러면 수평면과 같이 기울기가 없는 경우는 구슬의 속도가 빨라지거나 느려짐 없이 일정 속도로 계속해서 굴러갈 것이라고 사고한 것이다.

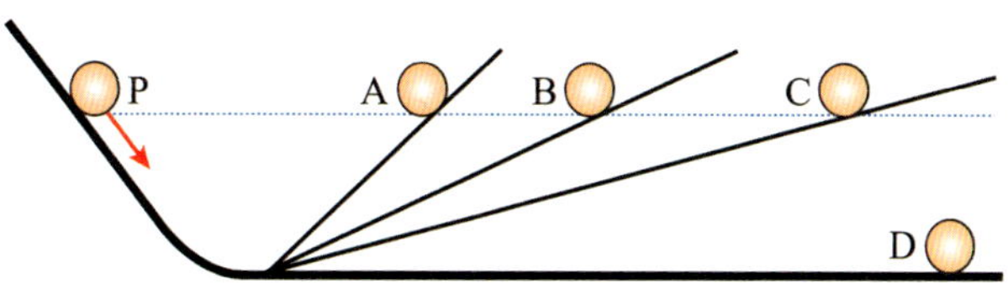

그림 3-6 빗면과 수평면을 굴러가는 구슬

■ 가속되거나 급정지하는 버스

[그림 3-7(a)]는 정지해 있던 버스가 왼쪽으로 가속되는 경우, 버스 안에서 손잡이를 잡고 있는 사람의 운동을 보여준다. 버스가 움직이기 전에는 사람의 발이 버스 바닥면과 닿아 있었고 손잡이와 사람은 수직으로 서 있었다. 그러나 버스가 가속되어 움직이면서 관성에 의해 버스의 진행방향(왼쪽)과 반대되는 방향(오른쪽)으로 몸과 손잡이가 쏠리게 되는 것이다. 즉 관성에 의해 정지해 있던 물체는 계속해서 정지해 있으려 한다. 한편 [그림 3-7(b)]는 운동 중이던 버스가 갑자기 급정거를 하는 경우에 버스 안에서 손잡이를 잡고 있는 사람의 운동을 보여준다. 버스가 급정지하는 방향은 운동하던 방향(왼쪽)과 반대방향(오른쪽)이므로 관성력은 왼쪽으로 작용하게 된다. 따라서 발은 바닥과 닿아 있으려 하고, 사람의 몸과 버스 손잡이는 왼쪽으로 쏠리는 현상이 나타난다. 즉 잘 달리고 있던 버스가 갑자기 멈추면 달리던 속도를 유지하려는 관성 때문에 사람은 앞으로 휘청거리게 되는 것이다.

(a) 가속되는 버스

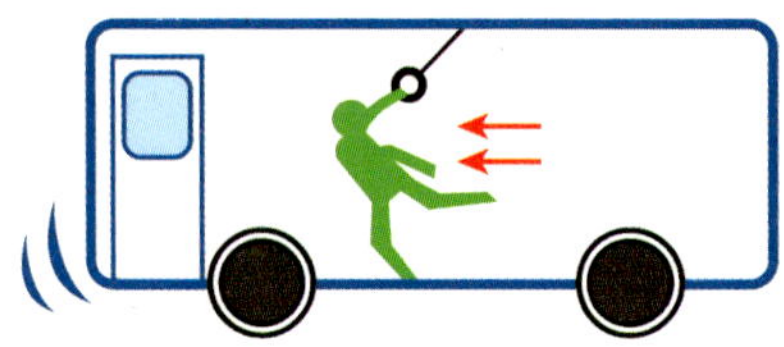

(b) 급정거하는 버스

그림 3-7 가속되는 버스와 급정거하는 버스

■ 물컵과 카드 위에 놓인 동전의 운동

[그림 3-8]과 같이 물컵 위에 카드를 한 장 올려놓고 그 위에 동전을 올린다. 손가락으로 카드를 살짝 치면 카드는 앞쪽으로 크게 날아가지 못하고 물컵 위에 멈추고 동전도 조금 움직이고 정지해 있을 것이다. 이는 카드를 튕기는 힘에 비해 카드와 동전 사이의 마찰력이 더 커서 카드가 앞으로 날아가지 못한 것이다. 그러나 보다 더 강한 손가락 힘으로 카드를 치면 이제 마찰력은 튕기는 힘을 이기지 못하게 되고, [그림 3-8(b)]와 같이 카드는 컵을 떠나 앞쪽으로 날아가고 동전은 정지해 있던 상태를 계속 유지하려고 하는 관성 때문에 컵 속으로 떨어지게 된다.

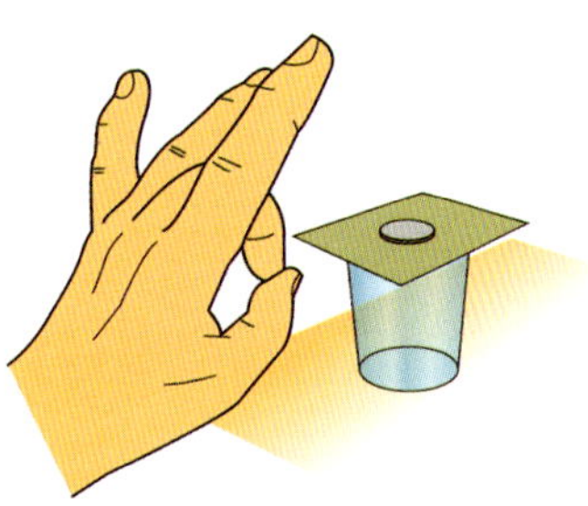

(a) 손가락으로 카드를 살짝 치기 직전

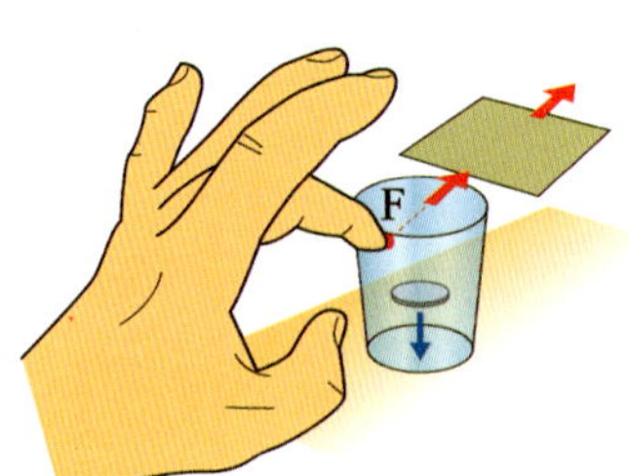

(b) 강한 손가락 힘으로 카드를 칠 때

그림 3-8 물컵과 카드 위에 놓인 동전

지금까지의 예와 같이, 운동하던 물체는 계속 운동상태를 유지하려 하고 정지해 있던 물체는 계속해 정지상태를 유지하려는 성질이 **관성**이다. 일상생활에서도 관성의 법칙에 관한 다양한 예를 볼 수 있다. 이불을 두드리는 경우 이불에 붙어있던 먼지는 그 자리에 멈춰 있으려 하나 이불만 움직이게 되어 먼지는 떨어지게 된다. 삽으로 흙을 퍼서 던지는 경우에 있어서도, 삽과 흙이 계속 운동하려는 성질을 갖고 있다가 삽을 멈추게 되면 흙만 앞으로 나아가려다 떨어지게 된다.

3.2.2 뉴턴의 운동 제2법칙 : 힘과 가속도의 법칙

뉴턴의 운동 제2법칙은 "선형운동량의 시간 변화량은 그 운동을 일어나게 하는 힘과 같다."로 정의된다.

이는 다음과 같은 식으로 나타낼 수 있다.

$$\sum F = \frac{d}{dt}(mv) = \dot{m}v + m\dot{v} \tag{3.9}$$

식 (3.9)에서 $\dot{v} = a$로 이는 가속도를 의미한다. 질량이 시간의 변화에 대해 일정하지 않은 경우, 즉 $\dot{m} \neq 0$인 경우는 추진되어 날아가는 미사일missile이나 로켓rocket을 예로 들 수 있다. 추진 전에는 기계장치부의 질량 m_{m}과 연료의 질량 m_{f}를 모두 합해 미사일이나 로켓의 전체 질량 m으로 볼 수 있지만, 추진되어 날아가기 시작하면 계속해서 연료를 소모하기 때문에 결국 $\dot{m} \neq 0$이 될 수 있다. 이 경우에는 식 (3.9)를 사용하여 운동역학의 문제에 접근해야 한다. 그러나 질량이 시간의 변화에 대해 일정한 경우, 즉 $\dot{m} = 0$인 경우는 식 (3.9)를 소위 뉴턴의 운동 제2법칙이라고 일컫는 다음 식으로 압축할 수 있다.

$$\sum F = ma \tag{3.10}$$

대부분의 물체의 운동은 질량이 시간의 변화에 대해 일정한 경우에 해당된다. [그림 3-9]와 같이 어떤 물체에 힘 F_1을 가하면 a_1이라는 가속도가 발생하고, 힘 F_2를 가하면 a_2이라는 가속도가 발생하는 등, 계속하여 힘을 변화시켜 F_n이라는 힘을 가하면 a_n의 가속도가 발생한다. 이렇게 가한 힘을 발생되는 가속도로 나누면 다음과 같이 일정한 값을 갖는다.

$$\frac{F_1}{a_1} = \frac{F_2}{a_2} = \cdots = \frac{F_n}{a_n} = m \tag{3.11}$$

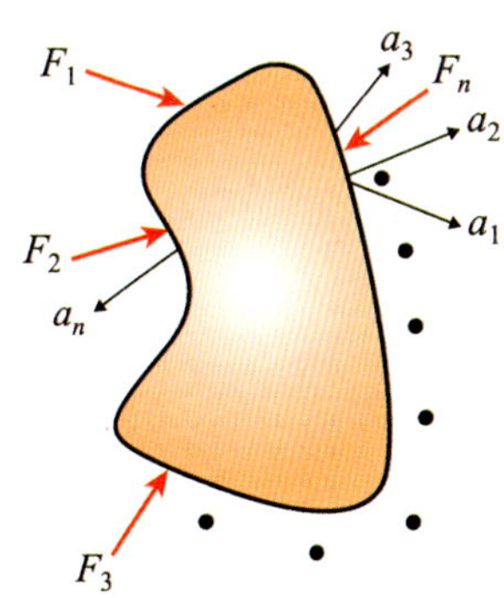

그림 3-9 물체에 가해지는 여러 힘과 발생 가속도

식 (3.11)에서 m은 일정하다. 이는 절대 불변량으로서 질량으로 불리며, 가속도에 저항하려는 물리적인 척도가 된다.

3.2.3 뉴턴의 운동 제3법칙 : 작용과 반작용의 법칙

[그림 3-10]은 두 물체 A와 B가 상호작용과 반작용으로 힘을 주고받는 형태를 보여준다. 물체 A가 물체 B에 작용하는 힘 $\mathbf{F}_{AB}$는 물체 B가 물체 A에 작용하는 힘 $\mathbf{F}_{BA}$와 크기는 같고 방향은 반대이며, 이 두 힘은 동일 직선상에 있다. 즉 뉴턴의 운동 제3법칙은 어떤 물체 A가 다른 물체 B에 작용하는 힘이 있을 때, 다른 물체 B도 물체 A에 동일한 크기의 반작용 힘을 역방향으로 가한다는 법칙이다.

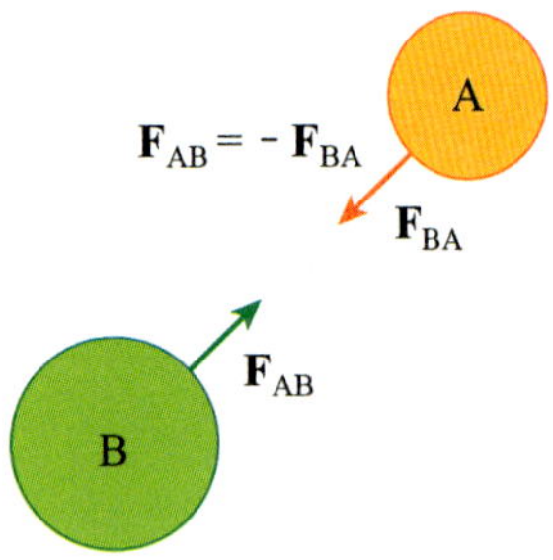

그림 3-10 두 물체의 작용과 반작용

이러한 작용과 반작용의 예로 [그림 3-11]과 같은 경우를 들 수 있다. 로켓이 연료를 연소시켜 발생된 고압가스를 분사하면 그에 대한 반작용(분사된 고온·고압의 가스가 로켓을 전진시키는 힘)으로 로켓은 추진되어 날아간다.

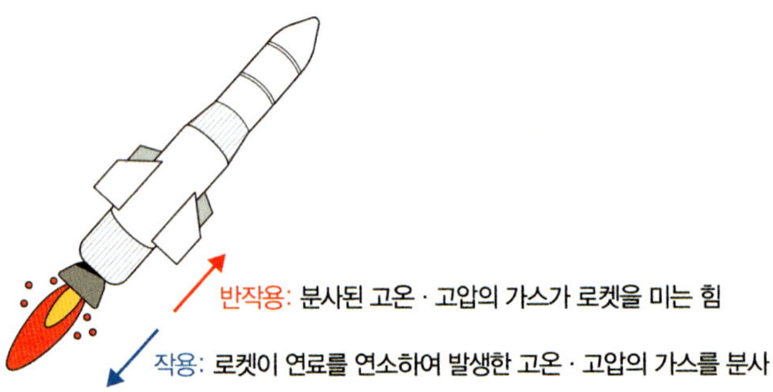

그림 3-11 추진되어 비행하는 로켓

작용과 반작용의 법칙을 힘의 평형과 혼동하여 이해해서는 안 된다. 힘의 평형 법칙은 힘의 작용점이 한 물체 안에 있고 두 힘의 합력(알짜 힘)이 0이 되어 움직이지 않는 경우지만, 작용과 반작용은 두 물체가 상호작용을 하는 경우로서 힘의 작용점이 서로 다른 두 물체에 있기 때문에 두 물체는 서로 별개의 운동을 한다. 예를 들어 테이블 위에 놓인 책은 질량을 가지고 있으므로 지구가 책을 지구 중심 방향으로 끌어당긴다. 이때 테이블도 책을 밀기 때문에 책에 작용하는 힘이 힘의 평형을 이루어 책이 정지해 있는 것임을 알 수 있다. 여기서 중력의 반작용은 책이 지구를 끌어당기는 힘이고, 테이블이 책에 작용하는 수직항력의 반작용은 책이 테이블을 미는 힘이다. 즉 정지한 물체에 작용하는 중력과 수직항력은 서로 작용과 반작용의 관계에 있는 것이 아니라 두 힘이 힘의 평형을 이루는 것이다.

SECTION 3.3

운동방정식 : 질점 및 질점계

✔ 질점의 운동방정식을 살펴보고, 자유물체도, 운동역학 선도, 기준 관성좌표계를 학습한다.
✔ 질점의 운동방정식을 질점계에 대해 확장하여 운동방정식을 유도한다.

3.3.1 질점의 운동방정식

[그림 3-12]는 여러 개의 힘이 하나의 질점에 작용하는 경우와 이 힘들의 합성을 통해 하나의 힘이 질점에 작용하는 것을 보여준다. 이때 $\sum F = \sum F_R = F_1 + F_2 + F_3 + F_4$이다.

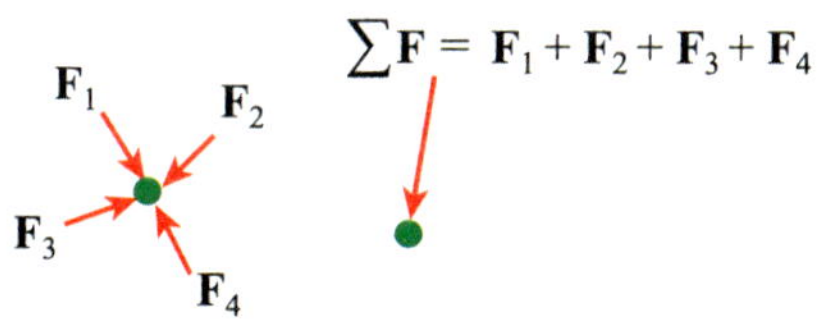

그림 3-12 질점에 작용하는 여러 개의 힘과 힘의 합력

■ 자유물체도

자유물체도free body diagram란 질점 주위의 모든 물체들과 분리된 선도로 질점에 작용하는 모든 힘들과 모멘트를 표시한 선도이다. 자유물체도는 물체와 물체에 작용하는 모든 힘을 함께 그리며, 운동방정식을 유도할 때 힘의 양의 방향을 결정하기 위해 좌표계도 같이 그려준다. 통상적으로 힘의 방향을 예측할 수 없는 경우에는 좌표계의 양의 방향으로 힘의 방향을 나타낸다. 방향을 예측할 수 없는 힘의 방향은 자유물체도에 어떻게 가정해도 관계가 없다. 자유물체도를 그릴 때, 이미 방향을 알고 있는 힘의 경우는 그 방향대로 화살표를 표시하여 그리면 된다. 그러나 방향을 알지 못하는 힘은 좌표계의 양의 방향으로 화살표를 나타내는 것이 편리하다.

[그림 3-13(a)]와 [그림 3-13(b)]는 각각 질점에 작용하는 힘들의 분포를 그린 자유물체도와 합성 힘에 해당하는 $m\,\mathrm{a}$의 **운동역학선도**kinetic diagram를 보여준다. 두 그림은 서로 등가로서 수식으로 표현하면 다음과 같이 뉴턴의 운동 제2법칙을 나타낸다.

$$\sum \mathrm{F} = m\,\mathrm{a} \tag{3.12}$$

그림 3-13 자유물체도와 운동역학 선도

■ 기준 관성좌표계

기준 관성좌표계inertial frame of reference는 회전은 하지 않고, 정지해 있거나 일정 속도로 병진 이동하는 좌표계를 말한다. 즉 가속도가 0인 상태의 좌표계이다. 이 좌표계는 **관성기준좌표계** 또는 간단히 **관성좌표계**라고도 한다. 등속 원운동은 등속도 운동이지만, 속도의 방향이 변경되므로 등속 원운동을 하는 좌표계는 정확히 말해 기준 관성좌표계는 아니며, 지구도 회전운동을 하므로 엄밀히 말해 기준 관성좌표계가 아니다. 지구상에서 일어나는 모든 물체의 운동은 지구에 대한 상대운동이지만, 지구의 운동으로 인한 오차는 작아 지표면에 부착된 좌표계는 그냥 기준 관성좌표계로 보아도 큰 무리는 없다. 이후부터는 기준 관성좌표계를 간단히 '관성좌표계'라고 부르겠다.

3.3.2 질점계의 운동방정식

[그림 3-14]는 무수히 많은 질점들이 모인 **질점계**system of particles를 보여준다. x-y-z 좌표계는 일반적으로 3차원 공간상에서의 관성좌표계로서 질점계의 운동을 관찰할 수 있다. 무수히 많은 질점들 중 임의의 i번째 질점의 질량을 m_i라 하고, 기준점(원점)에서 이 i번째 질점까지의 위치벡터를 $\mathbf{r}_i$, 질점들로 이루어진 질점계의 질량중심 또는 무게중심을 G, 원점으로부터 질량중심까지의 위치벡터를 $\mathbf{r}_G$, 그리고 임의의 질점 i에 작용하는 내력과 외력을 각각 $\mathbf{f}_i$, $\mathbf{F}_i$라 하자. 여기서 외력 $\mathbf{F}_i$는 이 질점계에 포함되지 않은 인접하는 물체들이나 질점들 사이의 인력이나 접촉력 등을 모두 포함한다. 이제 i번째 질점에 대해 운동방정식을 적용시키면 다음과 같은 관계를 얻을 수 있다.

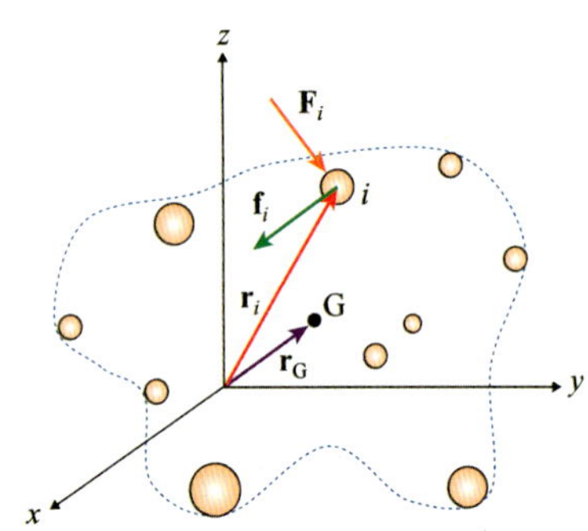

그림 3-14 관성좌표계에서의 질점계

$$\mathbf{F}_i + \mathbf{f}_i = m_i \mathbf{a}_i \tag{3.13}$$

식 (3.13)의 임의의 질점 i에 대한 운동방정식을 무수히 많은 질점계의 질점들에 적용하면 합의 기호를 이용하여 다음과 같이 나타낼 수 있다.

$$\sum \mathbf{F}_i + \sum \mathbf{f}_i = \sum m_i \mathbf{a}_i \tag{3.14}$$

예를 들어 무수히 많은 질점들이 n개라면, 첫 번째 질점 1부터 $(n-1)$개의 질점들이 i번째 질점에 주는 내력들 $\mathbf{f}_{1i}$, $\mathbf{f}_{2i}$, $\mathbf{f}_{3i}$, ⋯ 와 i번째 질점이 다른 질점들에 주는 내력들 $\mathbf{f}_{i1}$, $\mathbf{f}_{i2}$, $\mathbf{f}_{i3}$, ⋯ 은 서로 동일선상의 크기가 같고 방향이 반대인 힘들이기 때문에 이 질점들의 내력들의 합 $\sum \mathbf{f}_i$는 0이 된다. 만일 $\sum \mathbf{f}_i \neq 0$ 이라면 외력이 없을 때, 즉 $\sum \mathbf{F}_i = 0$일 때 $\sum \mathbf{f}_i = \sum m_i \mathbf{a}_i$의 관계가 성립되어 외력이 없는데도 질점계 스스로 운동을 하는 물리적으로 불가능한 일이 나타나게 된다. 따라서 $\sum \mathbf{f}_i = 0$일 수 밖에 없으며, 식 (3.14)는 최종적으로 다음과 같이 정리된다.

$$\sum \mathbf{F}_i = \sum m_i \mathbf{a}_i \tag{3.15}$$

$\mathbf{a}_G$를 질점계의 질량중심의 가속도라 하면, 질량중심의 정의에 의해 다음과 같은 관계식이 성립한다.

$$m\mathbf{a}_G = \sum m_i \mathbf{a}_i \tag{3.16}$$

식 (3.16)을 식 (3.15)에 대입하면 최종적으로 다음과 같이 된다.

$$\sum \mathbf{F} = m\mathbf{a}_G \tag{3.17}$$

식 (3.17)에서 $m = \sum m_i$로 질점계 전체의 질량을 의미하고, $\sum \mathbf{F} = \sum \mathbf{F}_i$로서 질점계에 작용하는 외력의 합을 의미하며 이는 질점 하나에 대한 운동방정식과 아주 유사한 형태의 식으로 귀결된다.

3.3.3 운동역학 해석 과정

운동역학 문제를 풀어가는 것은 운동만을 기술하고 구하는 운동학 문제 풀이와는 달리 운동과 이에 관계된 힘과의 상관관계를 규명하는 것이다. 따라서 문제 풀이를 용이하게 하기 위해 다음과 같은 세심한 과정을 밟아 해를 구하는 것이 좀 더 필요하다.

1 운동에 대한 예측과 가정 및 조건 파악

첫째, 물리적인 관점과 경험 등을 통해 운동을 예측하고, 문제의 관점을 파악한다. 둘째, 운동역학에 관계된 가정이 필요한지 검토한다. 셋째, 주어진 조건(예를 들어 처음에는 정지해 있다거나, 일정한 속도로 움직인다거나 하는 조건 등)을 명확히 파악하고 있어야 한다.

2 좌표계 선정

어떤 좌표계를 사용하여 물체의 운동역학 문제에 접근해갈 것인가 하는 것도 매우 중요하다. 주로 직선 경로를 따르는 운동은 물론이고, 곡선운동의 경우도 탄환운동을 하는 질점의 운동역학 해석에 있어서는 직각좌표계를 선택하는 것이 문제 해결에 편리하다. 또 곡률반경을 갖는 곡선운동의 경우는 주로 법선 및 접선좌표계를, 반경방향 운동과 회전을 포함하는 운동을 갖는 경우는 극좌표계를, 반경방향과 회전 및 높이 방향의 3차원 좌표계가 필요한 경우는 원통좌표계를 이용하면 운동역학 문제의 해석이 용이할 것이다.

3 좌표계의 원점과 방향의 선택

좌표계를 선택했다면, 그 다음은 좌표계의 원점을 물체의 어느 부분에 위치시킬 것인가를 선택하는 것이 중요하다. 평면운동의 경우는 서로 직각을 이루는 두 방향으로 좌표계를 위치시키고, 원통좌표의 경우에는 물체의 최초의 부분에 좌표계의 원점을 위치시킨다. 일반적으로 운동하고 있는 방향 쪽을 좌표계의 양의 방향으로 취하는 것이 편리하다.

4 자유물체도 작성

자유물체도를 그리는 것은 질점에 작용하는 모든 힘들의 분포를 열거하는 것이며, 자유물체도를 잘 그리면 좌표계의 각 성분 방향으로의 운동역학 해석에 용이하다. 자유물체도 상에는 운동을 나타내는 속도와 가속도 등을 도시하되, 가능하면 이 방향을 좌표계의 양의 방향으로 택하는 것이 좋다. 특히 마찰력을 가정할 때는 원칙적으로 힘의 방향에 반대방향으로만이 아니라 운동방향에 반대되는 방향으로 가정하는 것이 옳은 가정이다.

사람들이 운동역학 해석에서 어려워하는 부분 중의 하나도 이 마찰력 부분이다. 이러한 마찰력에 대해 알아보자. 마찰력의 크기는 운동상태에 따라 달라지는데, 맞닿은 두 물체가 서로 상대운동을 시작하려고 할 때 두 물체 간의 최대 정지마찰력 $F_{f_{max}} = \mu_s N$ 이 된다. 이 식에서 μ_s 는 정마찰계수, N 은 수직항력이다. 서로 상대운동을 하고 있는 두 물체 간에는 동마찰력($F_f = \mu_k N$)이 작용한다. 마찰력을 제외한 물체를 움직이려고 하는 총 합력을 ΣF 라 하면 $|\Sigma F| - \mu_s N > 0$ 일 때 물체는 움직이기 시작하고, 물체가 움직이기 시작하면 $|\Sigma F| - \mu_k N = ma$ 의 관계를 만족시킨다. 만일 $|\Sigma F| - \mu_s N \leq 0$ 이면, 물체는 움직이지 않음을 알아야 한다. 그러므로 마찰력이 존재하는 경우에 자유물체도를 그릴 때에는 마찰력의 크기와 방향을 잘 설정해주어야 한다.

물체에 연결된 스프링이 있을 경우의 자유물체도를 그리는 데 있어서, 스프링의 저항력은 스프링에 가해진 힘의 반대방향이므로 스프링에 작용하는 힘이 인장력이든 압축력이든 작용력의 반대방향으로 가정한다.

5 운동방정식의 적용

자유물체도를 작성한 후, 선정한 좌표계의 각 방향에 독립적으로 운동방정식을 적용하여 기술하고, 운동이 없는 방향으로는 힘의 평형 조건을 적용시킨다.

SECTION 3.4

운동방정식 : 직각좌표계

✔ 기준 관성좌표계 x-y-z의 직각좌표계를 이용하여 질점의 운동방정식을 적용한다.
✔ 뉴턴의 운동 제2법칙을 각각의 독립적인 x-y-z좌표에 대해 벡터 성분으로 나타낸다.

어떤 질점이 곡선운동을 하는 경우를 생각해보자. 이 질점의 운동과 힘과의 상관관계를 나타내기 위해 [그림 3-15]와 같은 x-y-z 직각좌표계를 도입한다.

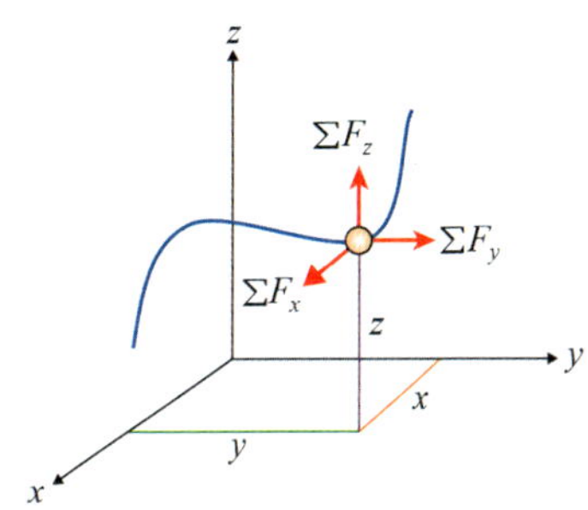

그림 3-15 직각좌표계와 질점에 작용하는 외력

[그림 3-15]와 같은 직각좌표계에서 x-y-z 각각의 방향의 단위벡터들을 $\mathbf{i}$, $\mathbf{j}$, $\mathbf{k}$라 하면, 질점에 작용하는 힘은 $\Sigma\mathbf{F} = \Sigma F_x\mathbf{i} + \Sigma F_y\mathbf{j} + \Sigma F_z\mathbf{k}$로 나타낼 수 있고, 발생하는 가속도는 $\mathbf{a} = a_x\mathbf{i} + a_y\mathbf{j} + a_z\mathbf{k}$로 표시할 수 있다. 뉴턴의 운동 제2법칙 $\Sigma\mathbf{F} = m\mathbf{a}$의 관계로부터 다음과 같은 x-y-z 좌표계의 각각의 독립적인 방향으로도 뉴턴의 운동 제2법칙을 만족하는 다음의 결과를 얻을 수 있다.

$$\Sigma F_x = ma_x, \quad \Sigma F_y = ma_y, \quad \Sigma F_z = ma_z \tag{3.18}$$

예제 3-3 일정한 힘이 작용할 때 속도 구하기

질량이 60 kg인 나무상자가 [그림 3-16(a)]와 같이 동마찰계수가 $\mu_k = 0.32$인 지면 위에 놓여 있다. $P = 500$ N의 힘으로 나무상자를 끌어당길 때, 정지상태에서 출발하여 3초인 순간에 나무상자의 속도를 구하시오.

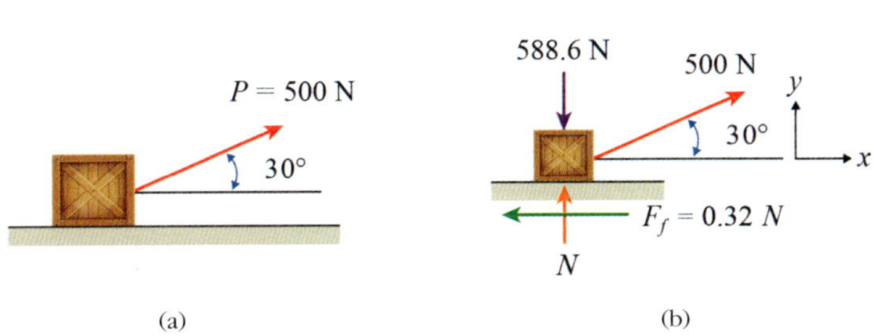

그림 3-16 견인력이 작용하는 나무상자

분석

- [그림 3-16(b)]와 같이 자유물체도를 그리고, x - y 방향에 대해 운동방정식을 적용한다.
- $\frac{dv_x}{dt} = a_x$의 관계식을 변수분리한 후, 양변을 적분하여 나중속도를 구한다.

풀이

- [그림 3-16(b)]에서 N을 수직항력, F_f를 마찰력이라 하면, x 방향과 y 방향 각각에 대해 운동방정식을 적용하면 다음과 같다.

$$\Sigma F_x = m\,a_x,\ 500\cos 30° - 0.32\,N = 60\,a_x \tag{1}$$

$$\Sigma F_y = m\,a_y,\ 500\sin 30° + N - 60(9.81) = 0 \tag{2}$$

- 식 (1)과 (2)를 정리하면 각각 식 (3)과 식 (4)를 얻을 수 있다.

$$250\sqrt{3} - 0.32N = 60\,a_x \tag{3}$$

$$250 + N - 60(9.81) = 0 \tag{4}$$

식 (3)과 (4)를 연립으로 풀면 수직항력과 x 방향 가속도에 대한 값을 얻을 수 있다.

$$N = 338.6\ \mathrm{N},\ a_x = 5.41\mathrm{m/s^2}$$

처음에 나무상자는 정지상태이기 때문에 초기속도는 0이다.

- 따라서 $\frac{dv_x}{dt} = a_x$의 관계식을 변수분리한 후, 양변을 적분하면 다음과 같이 최종적으로 x 방향 속도를 구할 수 있다.

$$\int_0^{v_x} dv_x = \int_0^t 5.41\,dt$$

$$v_x = (5.41)(3) = 16.23\ \mathrm{m/s}$$

고찰

- 수평방향으로는 운동이 있고, 수직방향으로는 운동이 없다.
- 가속도를 구한 후, $\frac{dv_x}{dt} = a_x$로부터 변수분리를 통해 속도를 구한다.

예제 3-4 경사면의 질점에 작용하는 임의의 힘 구하기

질량이 30 kg인 나무상자가 [그림 3-17(a)]와 같이 정지상태에서 출발하여 2초만에 경사면을 따라 위 방향으로 4 m 거리를 움직였다. 이때 상자에 작용하는 힘 P를 구하시오. 단, 지면과 상자 사이의 동마찰계수는 $\mu_k = 0.2$이다.

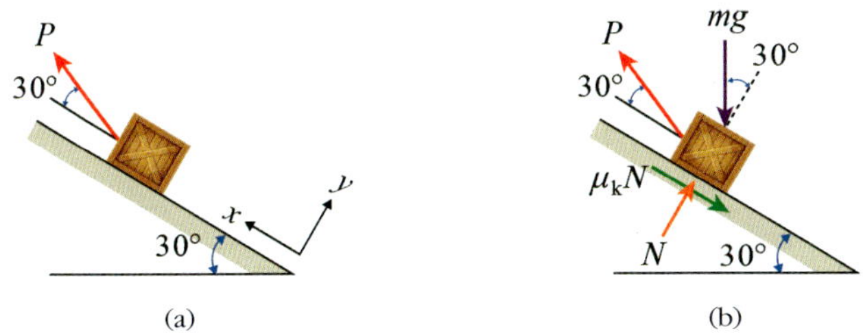

그림 3-17 경사면 위의 나무상자에 작용하는 힘 P

분석

• [그림 3–17(b)]와 같이 자유물체도를 그리고, x-y 방향에 대해 운동방정식을 적용한다.

• 정지상태, 시간, 거리가 주어졌으므로 $s = s_0 + v_0 t + \frac{1}{2}at^2$의 식을 먼저 이용한다.

풀이

• [그림 3–17(b)]에서, N을 수직항력, $\mu_k N$을 마찰력, mg를 나무상자의 무게, P를 작용력이라 하자. 먼저 변위, 속도, 가속도에 관계된 식 $s = s_0 + v_0 t + \frac{1}{2}a_x t^2$에 주어진 값을 대입하면 식 (1)이 된다.

$$4 = 0 + 0 + \frac{1}{2}a_x 2^2,\ a_x = 2\ \mathrm{m/s^2} \tag{1}$$

식 (1)에서 x 방향 가속도가 얻어졌으므로, x, y 방향 각각에 대해 운동방정식을 적용하면 다음과 같이 된다.

$$\Sigma F_x = m a_x,\ P\cos 30° - 0.2N - mg\sin 30° = 30a_x \tag{2}$$

$$\Sigma F_y = m a_y,\ P\sin 30° + N - 30(9.81)\cos 30° = 0 \tag{3}$$

• 식 (2)와 식 (3)을 다시 정리하면 다음과 같다.

$$\frac{\sqrt{3}}{2}P - 0.2N - \frac{1}{2}(30)(9.81) = 30(2) \tag{4}$$

$$\frac{P}{2} + N - 30(9.81)\left(\frac{\sqrt{3}}{2}\right) = 0 \tag{5}$$

식 (4)와 (5)로부터 상자에 작용하는 힘 $P = 267.21\ \mathrm{N}$이고, $N = 121.27\ \mathrm{N}$이다.

고찰

• 정지상태, 변위, 초기속도, 가속도와의 관계식 $s = s_0 + v_0 t + \frac{1}{2}at^2$을 생각하자.

• x 방향으로는 운동이 있고, y 방향으로는 운동이 없다.

예제 3-5 스프링과 연결된 블록에 가하는 힘으로부터 블록 속도 구하기

질량이 20 kg인 블록이 [그림 3-18(a)]와 같이 스프링 상수가 $k = 400$ N/m인 스프링에 연결되어 있다. 그림과 같이 $P = 400$ N의 압축력이 블록에 작용할 때 $s = 1$ m인 지점에서 블록의 속도를 구하시오. $s = 0$ m일 때 블록은 정지해 있었고, 스프링은 변형되지 않은 상태이다. 바닥과 블록 사이의 마찰은 없다고 가정한다.

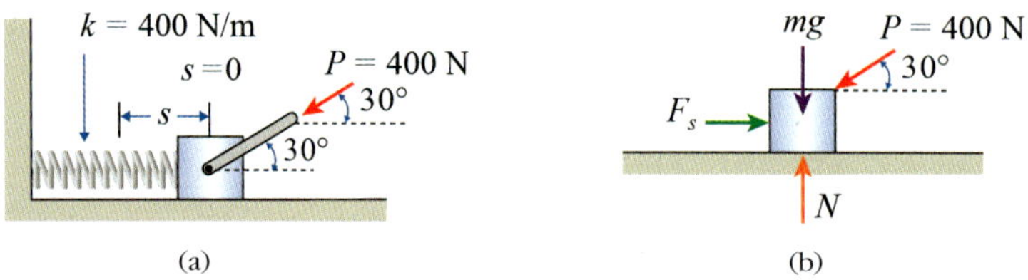

그림 3-18 스프링과 연결된 블록에 작용하는 힘 P

분석

- [그림 3-18(b)]와 같이 자유물체도를 그린다. x-y 방향에 대해 운동방정식을 적용한다.
- 위치와 속도와의 관계식을 이용한다.

풀이

- [그림 3-18(b)]에서, 수직항력을 N, 스프링의 탄성력을 F_s, 블록에 작용하는 작용력과 블록의 무게를 각각 P와 mg라 하면, x, y 각 방향에 대한 운동방정식은 다음과 같다.

$$\sum F_x = m a_x,\ P\cos 30° - F_s = m a_x \tag{1}$$

$$\sum F_y = m a_y,\ N - mg - P\sin 30° = 0 \tag{2}$$

- 스프링 힘 $F_s = ks$ 식의 관계를 식 (1)에 대입하고 식 (1)과 (2)를 다시 정리하면 다음과 같이 x 방향 가속도 a_x와 수직항력 N을 구할 수 있다.

$$400\frac{\sqrt{3}}{2} - 400(s) = 20a_x,\quad a_x = 17.32 - 20s \tag{3}$$

$$N - 20(9.81) - 400(0.5) = 0,\quad N = 396.2\text{ N} \tag{4}$$

- 식 (3)을 $\int v\,dv = \int a\,ds$의 관계식에 대입하면 최종적으로 다음과 같이 속도를 구할 수 있다.

$$\int_0^v v\,dv = \int_0^1 a_x\,ds,\ \frac{1}{2}v^2 = 17.32s - 10s^2\Big|_0^1 = 7.32$$

$$v = 3.83\text{ m/s}$$

고찰

- 스프링이 있는 문제는 항상 스프링이 늘어나거나 줄어들지 않은 상태가 기준이다.
- x 방향으로는 운동이 있고, y 방향으로는 운동이 없다.

예제 3-6 도르래와 블록에 연결된 줄의 장력 구하기

질량이 각각 5 kg과 10 kg인 두 블록 A와 B가 [그림 3-19(a)]와 같이 줄에 의해 도르래에 연결되어 있다. 그림으로부터 두 블록의 가속도와 줄의 장력을 구하시오.

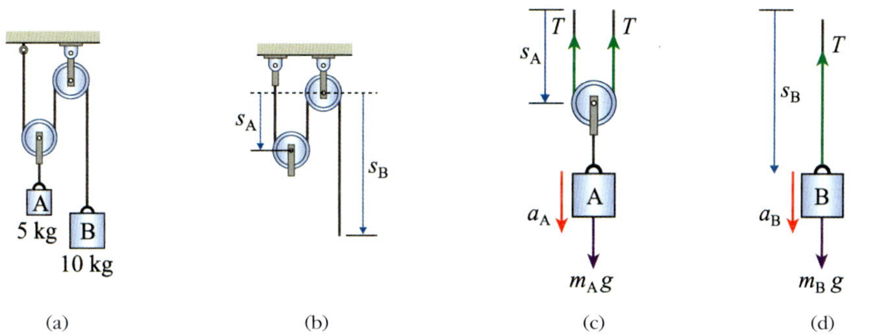

그림 3-19 도르래와 연결된 블록

분석

- 그림 (b)~(d)와 같이 자유물체도를 그리고, y 방향에 대해 운동방정식을 적용한다.
- 두 물체 각각에 대한 수직방향의 운동방정식과 절대 종속운동 관계식을 연립한다.

풀이

- 두 블록 A, B에 대해 뉴턴의 운동 제2법칙을 적용한다(그림 (c)~(d) 참조).

$$\text{블록 A에 대해 : } \downarrow (+) \sum F_y = m_A (a_A)_y, \ (m_A) g - 2T = (m_A)(a_A)_y \tag{1}$$

$$\text{블록 B에 대해 : } \downarrow (+) \sum F_y = m_B (a_B)_y, \ (m_B) g - T = (m_B)(a_B)_y \tag{2}$$

- 이제 도르래와 같은 절대 종속운동의 특징인 전체 줄의 길이가 일정하다는 관계를 이용하자. 그림 (b)로부터 변위 식 (3)을 얻을 수 있고, 식 (3)을 시간에 대해 두 번 미분하여 가속도 식 (4)를 얻을 수 있다.

$$2s_A + s_B = (\text{일정}) \tag{3}$$

$$2(a_A)_y + (a_B)_y = 0 \tag{4}$$

- 식 (1), (2), (4)를 연립하여 풀면 식 (5)와 같이 된다.

$$(5)(9.81) - 2T = (5)(a_A)_y, \ (10)(9.81) - T = (10)(a_B)_y, \ (a_B)_y = -2(a_A)_y \tag{5}$$

• 식 (5)의 3개의 식에서 블록 A와 B의 각각의 가속도 $(a_{\mathrm{A}})_y$, $(a_{\mathrm{B}})_y$와 장력 T를 다음과 같이 구할 수 있다.

$$(a_{\mathrm{A}})_y = -3.27\ \mathrm{m/s^2},\quad (a_{\mathrm{B}})_y = 6.54\ \mathrm{m/s^2}$$
$$T = 32.7\ \mathrm{N}$$

고찰

• 2장의 2.8절의 절대 종속운동으로부터 도르래의 전체 줄 길이는 일정하다는 것을 먼저 생각하자.
• x 방향으로는 운동이 없고, y 방향으로 운동이 있다.

SECTION 3.5

운동방정식 : 법선 및 접선좌표계

✔ 법선 및 접선(n-t) 좌표계를 이용하여 질점의 운동방정식을 적용한다.
✔ 뉴턴의 운동 제2법칙을 각각의 독립적인 n-t 좌표에 대해 벡터 성분으로 나타낸다.

법선 및 접선(n-t) 좌표계에 대해서는 2.6절에서 학습하였다. 이러한 n-t 좌표계는 3차원 공간상에도 적용시킬 수 있다. 이 절에서는 새로운 **종법선**bi-normal의 좌표가 하나 더 추가된다. 이 종법선 좌표는 곡선운동을 하는 질점에 대해 n-t 좌표계를 이용하여 운동방정식을 적용할 때 추가할 수 있다. 질점이 곡선경로를 따라 움직일 때, 운동방정식은 [그림 3-20]을 참조하여 $\sum \mathbf{F} = m\mathbf{a}$로부터 단위벡터를 써서 다음과 같이 나타낼 수 있다.

$$\sum F_t \mathbf{e}_t + \sum F_n \mathbf{e}_n + \sum F_b \mathbf{e}_b = m\mathbf{a}_t + m\mathbf{a}_n \tag{3.19}$$

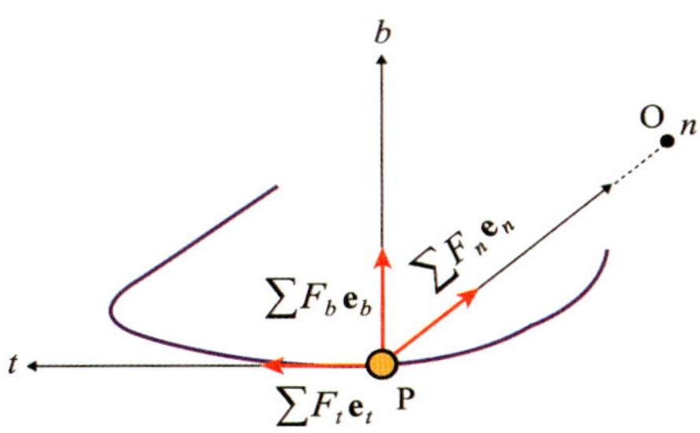

그림 3-20 법선, 접선, 종법선 좌표계

식 (3.19)를 n-t-b 방향에 대해 각각의 성분 식으로 표시하면 다음과 같다.

$$\sum F_t = m a_t, \quad \sum F_n = m a_n, \quad \sum F_b = 0 \tag{3.20}$$

예제 3-7 그네를 타는 소년의 접선방향 가속도와 줄의 장력 구하기

[그림 3-21(a)]와 같이 길이가 4 m인 두 줄로 된 그네를 타고 있는 소년의 몸무게는 350 N이다. $\theta = 45°$인 순간에 소년의 질량중심 G는 아래쪽 접선방향으로 $v_G = 2$ m/s를 가질 때, 이 순간 소년의 속도방향으로의 접선방향 가속도를 구하고, 그네의 줄에 작용하는 장력을 구하시오. 그네의 줄과 의자의 질량은 무시하고 소년을 질점으로 간주한다.

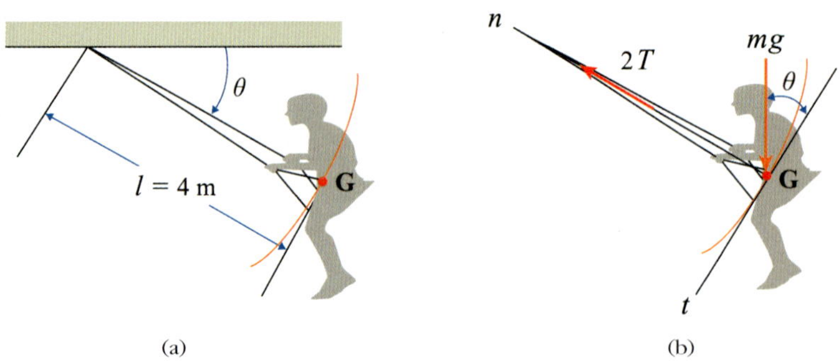

그림 3-21 두 줄로 된 그네를 타는 소년의 곡선운동

분석

- [그림 3-21(b)]와 같이 자유물체도를 그린 후, n-t 좌표계를 택한다.
- n, t 방향에 대해 운동방정식을 적용한다.

풀이

- 그네는 곡률반경을 가지고 회전하는 곡선운동이므로 n-t 좌표계를 잡는 것이 편리하다. 수평축과 θ의 각을 이루는 임의의 운동상태에 대해 뉴턴의 운동 제2법칙을 적용한다.

$$\sum F_t = m a_t, \ mg\cos\theta = ma_t \tag{1}$$

$$\sum F_n = m(a_n), \ 2T - mg\sin\theta = m\frac{v^2}{\rho} \tag{2}$$

- 이제, 식 (1), (2)에 주어진 수치 값과 조건을 대입하자. 즉 $mg = 350\,\text{N}$, $\theta = 45°$, $\rho = l = 4\,\text{m}$, $v = v_G = 2\,\text{m/s}$, $g = 9.81\,\text{m/s}^2$ 값을 대입한다. 식 (1)과 (2)로부터, 접선방향 가속도 a_t와 줄의 장력 T를 구하는 식은 다음과 같다.

$$a_t = 9.81\cos 45°, \quad 2T - 350\sin 45° = \left(\frac{350}{9.81}\right)\frac{2^2}{4}$$

- 계산 결과는 다음과 같다.

$$a_t = 6.94\,\text{m/s}^2, \quad T = 141.58\,\text{N}$$

고찰

- 질점이 곡률반경을 가지고 곡선운동하는 경우, $a_n = \dfrac{v^2}{\rho}$을 생각하자.
- 일반적으로 그네의 줄은 두 가닥이므로, 한 줄의 장력을 T라 할 때 전체 장력은 $2T$가 된다. 또한 t(접선) 방향이 속도방향이고, a_t의 방향과 같다.

예제 3-8 트랙이 곡선운동하는 스케이트 보더에 가하는 반력 구하기

[그림 3-22(a)]에 보이는 것과 같이, 곡률반경이 5 m인 원형 트랙을 따라 50 kg의 스케이트 보더가 $\theta = 0°$의 정지상태로부터 내려오고 있다. $\theta = 45°$인 순간에 원형 트랙이 보더에게 가하는 법선방향 반력을 구하시오. 트랙과 보드 사이의 마찰은 무시하고 보더를 질점으로 간주한다.

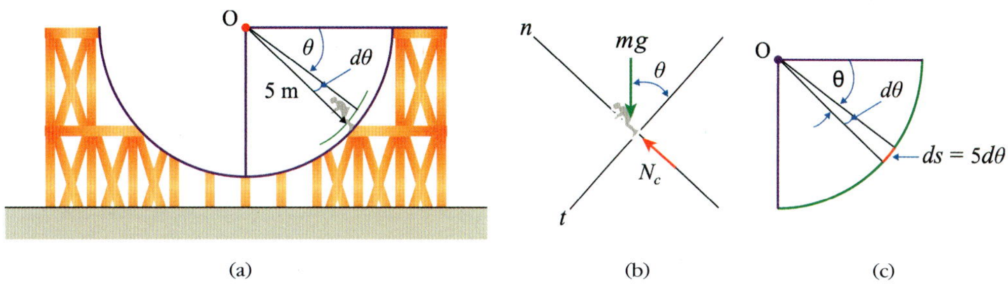

그림 3-22 원형트랙을 활강하는 스케이트 보더

분석

- [그림 3-22(b)]와 같이 자유물체도를 그린 후, n-t 좌표계를 택한다.
- n, t 방향에 대해 운동방정식을 적용한다.

풀이

- 스케이트 보드도 곡률반경을 가지고 회전하는 곡선운동이므로 n-t 좌표계를 잡는 것이 편리하다. 수평축과 θ의 각을 이루는 임의의 운동상태에 대해 [그림 3-22(c)]와 같이 미소변위 $ds \simeq \rho d\theta$의 관계를 이용한다. [그림 3-22(b)]와 같이 보더의 무게를 mg, 법선방향(n방향) 반력을 N_c라 하고, 뉴턴의 운동 제2법칙을 각각의 t와 n 방향에 대해 적용하면 다음과 같다.

$$\swarrow (+) \Sigma F_t = m a_t,\ mg\cos\theta = ma_t,\ (50)(9.81)\cos\theta = (50)a_t,\ a_t = 9.81\cos\theta \tag{1}$$

$$\nwarrow (+) \Sigma F_n = m(a_n),\ N_c - mg\sin\theta = m\frac{v^2}{\rho},\ N_c - (50)(9.81)\sin\theta = (50)\frac{v^2}{5} \tag{2}$$

- 식 (1)의 가속도는 θ의 함수이므로 식 (2)의 속도 v를 가속도와 연관시켜 구해야 한다. 따라서 운동학식 $v\,dv = a_t\,ds$의 양변을 적분하고 적분구간을 대입한다.

$$\int_0^v v\,dv = \int_0^s a_t\,ds = \int_0^{45°} 9.81\cos\theta\,(5\,d\theta) \tag{3}$$

식 (3)을 다시 정리하면 다음과 같이 된다.

$$\frac{v^2}{2} = 49.05\sin\theta\Big|_0^{45°} = 34.68,\ v^2 = 69.37$$

• 앞에서 구한 v^2 값을 식 (2)의 v^2 값에 대입하고 정리하면 다음과 같이 법선방향 반력을 구할 수 있다.

$$N_c - (50)(9.81)\sin45° = (50)\frac{(69.37)}{5}$$

$$N_c = 1{,}040.54\ \mathrm{N}$$

고찰

• 질점이 곡률반경을 가지고 곡선운동하는 경우, $a_n = \dfrac{v^2}{\rho}$를 생각하자.

• 곡률반경을 갖고 곡선운동하는 질점의 임의의 위치에서의 미소변위 ds와 곡률반경 ρ 및 미소각 $d\theta$와의 관계는 $ds \simeq \rho d\theta$이다.

예제 3-9 트럭 바퀴의 전체 마찰력과 법선력 구하기

질량 1,000 kg의 트럭이 [그림 3-23(a)]와 같이 포물선 형상의 도로를 따라 주행하고 있다. 트럭이 위치 P에 도달했을 때 속도는 6 m/s이고, 속도방향으로 1 m/s²로 가속되고 있다. 이 순간, 트럭 바퀴의 n 방향에 관계된 법선력 합과 마찰력의 합을 구하시오. 단, 트럭은 질점으로 간주한다.

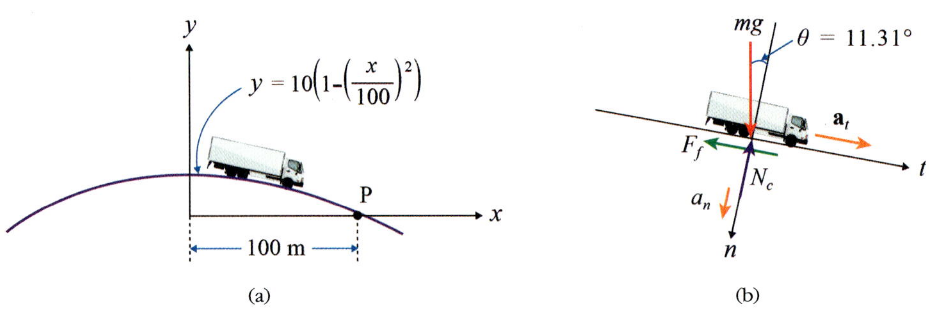

그림 3-23 포물선 도로를 주행하는 트럭

분석

• [그림 3-23(b)]와 같이 자유물체도를 그린 후, n-t 좌표계를 택한다.

• n, t 방향에 대해 운동방정식을 적용한다.

풀이

• 트럭도 곡률반경을 가지고 회전하는 곡선운동이므로 n-t 좌표계를 잡는 것이 편리하다. [그림 3-23(b)]와 같이 자유물체도를 그린 후, 뉴턴의 운동 제2법칙을 적용한다.

$$\searrow(+)\sum F_t = m a_t,\ mg\sin\theta - F_f = ma_t,\ (1{,}000)(9.81)\sin\theta - F_f = (1{,}000) \tag{1}$$

$$\nearrow(+)\sum F_n = m(a_n),\ mg\cos\theta - N_c = m\frac{v^2}{\rho},\ (1{,}000)(9.81)\cos\theta - N_c = (1{,}000)\frac{6^2}{\rho} \tag{2}$$

• 식 (1)과 (2)에서의 각도 θ와 점 A에서의 곡률반경을 알아야 F_f와 N_c를 구할 수 있다. 따라서 주어진 도로의 포물선 함수로부터, 곡률반경을 구하기 위해 $\dfrac{dy}{dx}$, $\dfrac{d^2y}{dx^2}$를 구한다.

$$y = 10\left(1 - \frac{x^2}{10{,}000}\right),\ \frac{dy}{dx} = -\frac{x}{500},\ \frac{d^2y}{dx^2} = -\frac{1}{500} \tag{3}$$

점 A에서의 기울기는 식 (3)의 x에 $x = 100$ m를 대입해야 한다.

$$\tan\theta = \frac{dy}{dx}\bigg|_{x=100\text{ m}} = \frac{-x}{500}\bigg|_{x=100\text{ m}} = -0.2,\ \theta = \tan^{-1}(-0.2) = -11.31° \tag{4}$$

한편 $\dfrac{d^2x}{dx^2} = \dfrac{-1}{500}$이고, 식 (4)의 $\dfrac{dy}{dx} = -0.2$이므로, 곡률반경 ρ는 다음과 같이 구할 수 있다.

$$\rho = \frac{\left[1 + \left(\dfrac{dy}{dx}\right)^2\right]^{3/2}_{x=100\text{ m}}}{\left|\dfrac{d^2x}{dx^2}\right|} = \frac{[1.04]^{3/2}}{0.002} = 530.30\text{ m} \tag{5}$$

• 식 (4)와 (5)에서 구한 $\theta = 11.31°$ 값과 $\rho = 530.30$ m 값을 식 (1)과 (2)에 대입하면 최종적으로 다음과 같이 법선력 N_c와 마찰력 합 F_f를 구할 수 있다.

$$N_c = 9{,}551.61\text{ N},\ F_f = 923.91\text{ N}$$

고찰

• 질점이 곡률반경을 가지고 곡선운동하는 경우, $a_n = \dfrac{v^2}{\rho}$을 생각하자.

• 법선력의 합과 마찰력의 합은 도로와 트럭 바퀴 간의 법선력과 마찰력이다.

SECTION 3.6

운동방정식 : 극좌표 및 원통좌표계

- 극(r-θ)좌표계를 이용하여 질점의 운동방정식을 적용한다.
- 뉴턴의 운동 제2법칙을 각각의 독립적인 r-θ 좌표에 대해 벡터 성분으로 나타낸다.
- 원통(r-θ-z)좌표계를 이용하여 질점의 운동방정식을 적용한다.
- 뉴턴의 운동 제2법칙을 각각의 독립적인 r-θ-z 좌표에 대해 벡터 성분으로 나타낸다.

극(r-θ)좌표와 원통(r-θ-z)좌표계에 대해서는 2.7절에서 학습하였다. 질점이 곡선경로를 따라 움직일 때, 운동방정식은 [그림 3-24]를 참조하여 $\sum \mathbf{F} = m\mathbf{a}$로부터 단위벡터를 써서 극좌표계와 원통좌표계 각각에 대해 나타낼 수 있다.

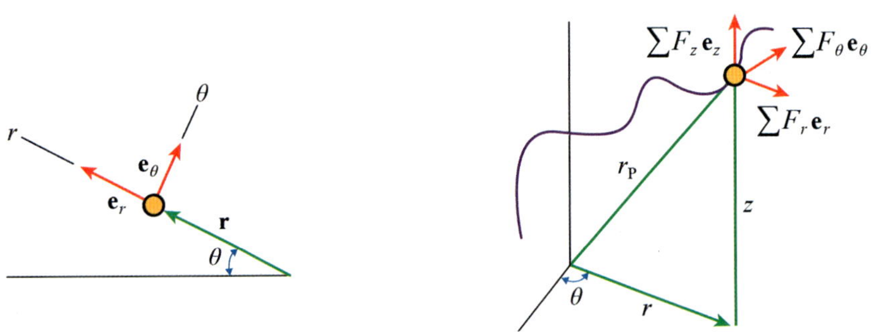

(a) 극좌표계 (b) 원통좌표계

그림 3-24 운동역학 해석을 위한 극좌표계와 원통좌표계

3.6.1 극좌표계

극좌표계는 [그림 3-24(a)]와 같이, r 방향의 운동과 θ 방향의 운동이 함께 일어날 때 통상적으로 선택하는 좌표계이다. 예를 들어 놀이공원의 그네가 회전하면서 가운데 중심축 방향으로 드나드는 운동을 한다고 할 때, 그네의 운동방정식을 세우기 위해서는 그네의 회전방향 θ 방향과 중심축 방향 r 방향에 대한 좌표가 필요하다. 즉 다음과 같은 운동방정식이 성립된다.

$$\sum F_r \mathbf{e}_r + \sum F_\theta \mathbf{e}_\theta = m\mathbf{a}_r + m\mathbf{a}_\theta \tag{3.21}$$

식 (3.21)을 r-θ 각 방향에 대해 각각의 성분 식으로 표시하면 다음과 같다.

$$\sum F_r = ma_r, \quad \sum F_\theta = ma_\theta \tag{3.22}$$

식 (3.22)에서 각 방향의 가속도 성분은 $a_r = (\ddot{r} - r\dot{\theta}^2)$, $a_\theta = (2\dot{r}\dot{\theta} + r\ddot{\theta})$이다.

3.6.2 원통좌표계

원통좌표계는 [그림 3-24(b)]와 같이 질점이 r, θ, z 방향으로 움직임이 있을 때, 운동학이나 운동역학 문제를 푸는 데 사용하면 편리하다. 예를 들어 놀이공원에 나선형의 놀이시설이 있다고 하면, 원통좌표계를 택해 놀이시설에 탑승한 승객의 속도나 가속도, 그리고 승객에 가해지는 다양한 힘들을 구할 수 있다. 원통좌표계를 이용한 뉴턴의 운동방정식은 다음과 같다.

$$\sum F_r \mathbf{e}_r + \sum F_\theta \mathbf{e}_\theta + \sum F_z \mathbf{e}_z = m\mathbf{a}_r + m\mathbf{a}_\theta + m\mathbf{a}_z \tag{3.23}$$

식 (3.23)을 r-θ-z 각 방향에 대해 각각의 성분 식으로 표시하면 다음과 같다.

$$\sum F_r = ma_r,\ \sum F_\theta = ma_\theta,\ \sum F_z = ma_z \tag{3.24}$$

식 (3.24)에서 각 방향의 가속도 성분은 $a_r = (\ddot{r} - r\dot{\theta}^2)$, $a_\theta = (2\dot{r}\dot{\theta} + r\ddot{\theta})$, $a_z = \ddot{z}$이다.

3.6.3 접선력과 법선력

극좌표계나 원통좌표계를 사용할 때, 곡선운동을 하는 질점이 어떤 가속도로 움직이기 위해서는 뉴턴의 운동 제2법칙 $\sum \mathrm{F} = m\mathbf{a}$로부터 힘의 합력 성분 $\sum F$의 값을 아는 것이 필요하다. 그러나 어떤 상황에서는 이들 성분들(극좌표계에서 $\sum F_r = ma_r$, $\sum F_\theta = ma_\theta$, 원통좌표계에서 $\sum F_r = ma_r$, $\sum F_\theta = ma_\theta$, $\sum F_z = ma_z$)의 계산이 원활하지 않을 경우도 있다. [그림 3-25(a)]와 같이 힘 Q가 질점을 곡선 경로 $r = f(\theta)$를 따라 움직이게 할 때, 경로가 질점에 가하는 법선방향의 힘 N은 경로의 접선에 항상 수직이 된다. 이때, 마찰력을 P라 하면 힘 P는 경로의 접선 위에서 운동방향과 반대이다. 이러한 질점과 접촉하는 면의 마찰력의 방향 등을 알 필요가 있을 때는 질점 운동의 접선방향과 반경방향 r이 이루는 각을 구함으로써 접선력, 마찰력, 법선력 등을 알 수 있다. [그림 3-25(c)]와 같이 질점이 곡선 경로를 따라 미소 변위 ds만큼 이동했을 때 반경방향의 변위 성분 dr과 회전방향 성분 $r\,d\theta$를 알면 각도 ψ를 구할 수 있다, 이 각도와 dr, $r\,d\theta$와의 관계는 다음과 같이 표현할 수 있다.

$$\tan\psi = \frac{r}{\dfrac{dr}{d\theta}} = \frac{r\,d\theta}{dr} \tag{3.25}$$

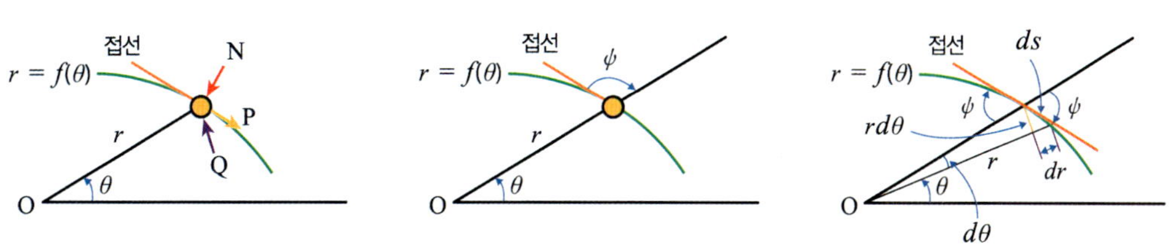

그림 3-25 극좌표계에서의 반경방향과 회전각의 함수 관계 $r = f(\theta)$

예제 3-10 회전 봉 위에서 운동하는 블록의 속도 및 반력 구하기

질량 5 kg의 블록 A가 [그림 3-26(a)]와 같이 봉 OB를 따라 자유롭게 미끄러진다. 봉 OB는 수평 평면상에서 일정한 각속도 2 rad/s로 회전하고 있고, 블록 A는 힌지 점 O로부터 $r=1$ m 떨어진 지점에서 정지상태로부터 움직인다고 할 때, $r=2$ m일 때의 블록 A의 반경방향 속도 $\dot{r}$과 봉 OB가 블록 A에 가하는 반력을 구하시오. 단, 블록 A와 봉 OB 간의 마찰은 없는 것으로 간주한다.

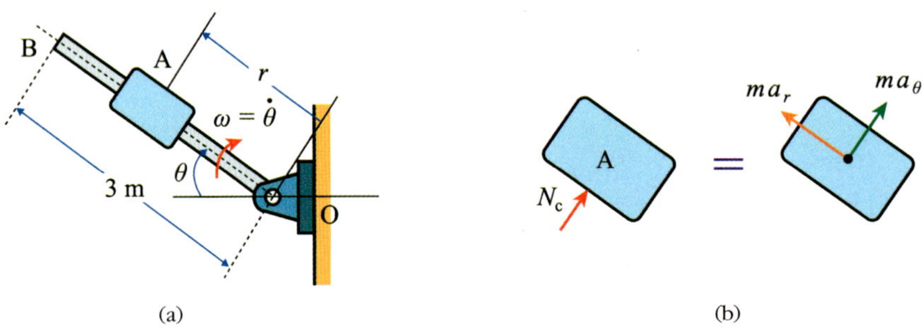

그림 3-26 회전봉 위에서 미끄럼 운동하는 원통형 블록

분석

- [그림 3-26(b)]와 같이 자유물체도를 그린 후, r-θ 좌표계를 택한다.
- 수평 평면 내에서 운동이 이루어지므로 블록 등의 중력은 고려하지 않는다.
- r, θ 방향에 대해 운동방정식을 적용한다.

풀이

- [그림 3-26(b)]의 자유물체도로부터 r, θ 방향 각각에 대해 운동방정식을 적용한다.

$$\nwarrow(+)\sum F_r = m\,a_r,\quad 0 = m\,(\ddot{r} - r\dot{\theta}^2),\ \ddot{r} = r\dot{\theta}^2 \tag{1}$$

$$\nearrow(+)\sum F_\theta = m\,a_\theta,\ N_c = m\,(2\dot{r}\dot{\theta} + r\ddot{\theta}),\ N_c = (5)(2\dot{r}\dot{\theta} + r\ddot{\theta}) \tag{2}$$

- 식 (1)의 $\ddot{r}$을 구하기 위해 $\ddot{r}$을 다음과 같이 전개한다.

$$\ddot{r} = \frac{dv_r}{dt} = \left(\frac{dv_r}{dr}\right)\left(\frac{dr}{dt}\right) = v_r\frac{dv_r}{dr} = r\dot{\theta}^2 \tag{3}$$

식 (3)의 양변을 적분한 후, $\dot{r}$을 구한다.

$$\int_0^{v_r} v_r\,dv_r = \int_1^2 \dot{\theta}^2 r\,dr,\quad \frac{1}{2}v_r^{\,2} = \frac{1}{2}\dot{\theta}^2 r^2\Big|_1^2$$

$$v_r = \dot{r} = 2\sqrt{3} = 3.46\text{ m/s}$$

- $\dot{\theta} = 2$ rad/s(일정)하므로 $\ddot{\theta} = 0$이고, 식 (2)로부터 다음과 같이 N_c를 구할 수 있다.

$$N_c = (5)\,(2\dot{r}\dot{\theta} + r\ddot{\theta}) = 5\,(2)(2\sqrt{3}\,)(2) = 40\sqrt{3} = 69.28\text{ N}$$

$$N_c = 69.28\text{ N}$$

고찰

- 반경방향과 회전운동이 병행되는 운동의 경우, 극(r-θ) 좌표계를 이용한다.
- 수평평면 내의 운동은 중력을 고려하지 않고, 수직평면 내의 운동은 중력을 고려한다.

예제 3-11 홈을 갖는 회전봉이 핀에 가하는 힘 구하기

[그림 3-27(a)]와 같이, 핀 C로 조여진 질량 3 kg의 실린더 B는 봉 OA 상에 있는 홈 내에서 왕복 운동한다. 만약 회전 봉 OA가 일정한 각속도 $\dot{\theta} = 0.4$ rad/s로 수직평면 내에서 회전한다면, $\theta = 30°$인 순간, 회전 봉 OA가 핀 C에 가하는 힘을 구하시오.

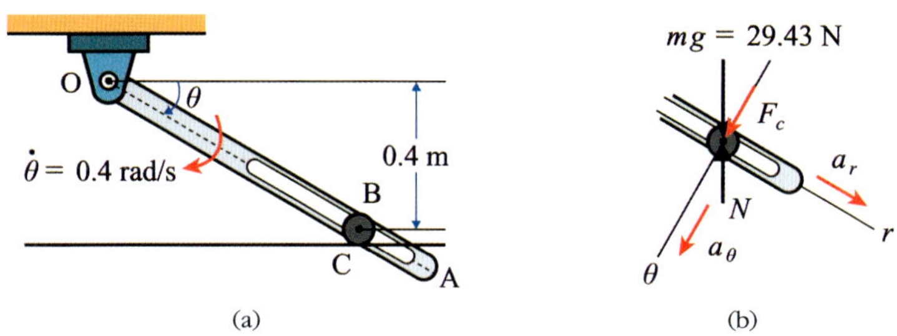

그림 3-27 회전봉 상의 홈 내에서 운동하는 실린더

분석

- [그림 3-27(b)]와 같이 자유물체도를 그린 후, r-θ 좌표계를 택한다.
- r, θ 방향에 대해 운동방정식을 적용하고, a_r, a_θ 값을 구해 운동방정식에 대입한다.

풀이

- 반경방향과 회전방향에 대한 운동방정식을 다음과 같이 구성한다.

$$\swarrow (+)\sum F_r = m a_r,\ mg\sin\theta - N\sin\theta = ma_r,\ (3)(9.81)\sin\theta - N\sin\theta = (3)a_r \quad (1)$$

$$\searrow (+)\sum F_\theta = m a_\theta,\ F_c + mg\cos\theta - N\cos\theta = m a_\theta \quad (2)$$

- [그림 3-27(a)]로부터 r과 θ는 다음과 같은 관계를 갖는다.

$$r = \frac{0.4}{\sin\theta} = 0.4\csc\theta \quad (3)$$

이제 식 (3)으로부터 r-θ 좌표의 가속도 성분들에 필요한 값을 구해보자.

$$\dot{r} = \left(\frac{dr}{d\theta}\right)\left(\frac{d\theta}{dt}\right) = \dot{\theta}\frac{(-0.4\cos\theta)}{\sin^2\theta} = -0.4\dot{\theta}(\cot\theta)(\csc\theta) \quad (4)$$

$$\ddot{r} = \left(\frac{d\dot{r}}{d\theta}\right)\left(\frac{d\theta}{dt}\right) = -0.4\dot{\theta}\{(-\csc\theta)(\cot\theta)(\cot\theta) - (\csc\theta)(-\csc^2\theta)\}\dot{\theta} \quad (5)$$

주어진 $\theta = 30°$, $\dot{\theta} = 0.4\,\text{rad/s}$ 값에 대해 $\dot{\theta}$는 일정하다고 하였으므로 $d\dot{\theta} = 0$이다.

• 한편, r, $\dot{r}$, $\ddot{r}$ 값을 식 (3), (4), (5)를 통해 구하면 다음과 같다.

$$r = 0.8\,\text{m},\ \dot{r} = -0.554\,\text{m/s},\ \ddot{r} = 0.896\,\text{m/s}^2$$

이제 구한 값들을 다음과 같이 가속도 식에 대입한다.

$$a_r = \ddot{r} - r\dot{\theta}^2 = 0.896 - (0.8)(0.4)^2 = 0.768\,\text{m/s}^2$$

$$a_\theta = r\ddot{\theta} + 2\dot{r}\dot{\theta} = 0 + 2(-0.554)(0.4) = -0.4432\,\text{m/s}^2$$

$\theta = 30°$와 a_r, a_θ 값을 식 (1), (2)에 대입하고, 식 (1), (2)를 연립하여 풀면 다음과 같이 수직항력 N과 회전 봉 OA가 핀 C에 가하는 힘 F_c를 구할 수 있다.

$$N = 24.82\,\text{N},\ F_c = -5.32\,\text{N}$$

고찰

• 반경방향과 회전방향의 운동의 경우 r-θ 좌표계를 이용한다.
• 봉이 핀에 가하는 힘의 방향을 잘 파악해야 한다.

예제 3-12 회전하는 그네의 회전축의 일정 각속도 구하기

[그림 3-28(a)]에서 $\phi = 30°$일 때, 그네를 매단 놀이시설의 가운데 수직 회전축이 회전하고 있다. 이때 수직 회전축의 일정 각속도 $\dot{\theta}$를 구하시오. 단, 줄의 질량과 탑승자의 크기는 무시한다.

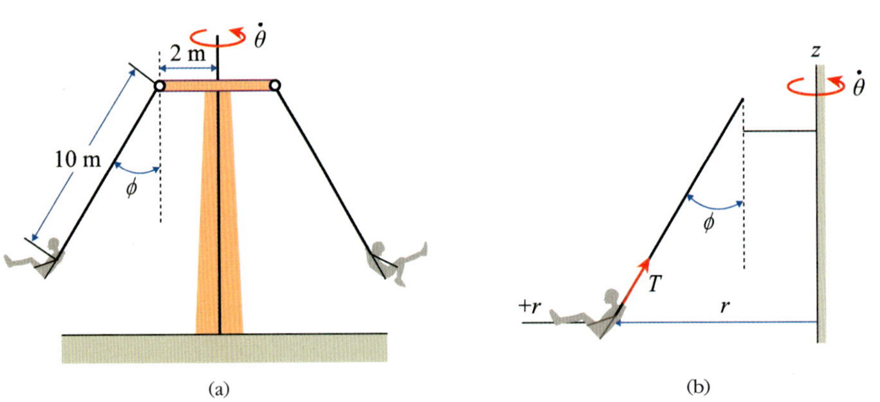

그림 3-28 회전하는 놀이시설의 그네

분석

- [그림 3-28(b)]와 같이 자유물체도를 그린 후, r-z 좌표계를 택한다.
- r, z 방향에 대해 운동방정식을 적용하고, a_r 값을 구해 운동방정식에 대입한다.

풀이

- 줄의 장력을 T라 놓고, 높이와 반경방향에 대한 운동방정식을 다음과 같이 구성한다.

$$\sum F_z = 0,\ T\cos 30° - mg = 0,\ T = 11.328\,m \qquad (1)$$

$$\sum F_r = m a_r \quad (a_r = \ddot{r} - r\dot{\theta}^2) \qquad (2)$$

- $r = 2 + 10\sin\phi$이고, $\dot{r} = \ddot{r} = 0$이다. 또한 각속도 $\dot{\theta}$는 일정하므로 $\ddot{\theta} = 0$이다.

- 식 (2)에 주어진 수치 값을 적용하여 대입하면 다음과 같다.

$$-T\sin 30° = m\left(-(2 + 10\sin 30°)\dot{\theta}^2\right) \qquad (3)$$

식 (3)에 식 (1), (2)의 관계를 대입하면 일정 각속도 $\dot{\theta}$를 구할 수 있다.

$$-(11.328m)\sin 30° = m\left(-(2 + 10\sin 30°)\dot{\theta}^2\right),\ 5.664 = 7\dot{\theta}^2$$

$$\dot{\theta} = 0.891\ \text{rad/s}$$

고찰

- 반경방향과 높이방향에 대한 운동방정식을 이용한다. 다만, 높이방향으로는 운동이 없다.

CHAPTER 03 | 핵심요약

■ 뉴턴의 만유인력 법칙

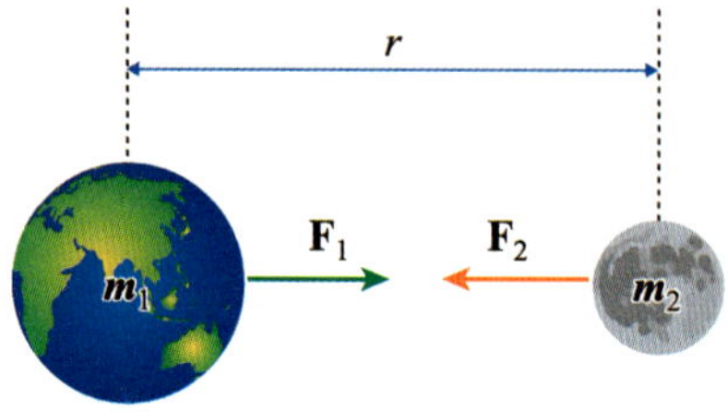

• 우주상의 두 물체 사이의 인력은 두 물체 사이의 중심 간의 거리의 제곱에 반비례하고, 두 물체의 질량의 곱에 비례한다.

$$F = G\frac{m_1 \cdot m_2}{r^2}$$

• 위 식에서 F는 만유인력, r은 두 물체의 중심 간의 거리, m_1과 m_2는 각각 두 물체의 질량, G는 중력 상수 또는 만유인력 상수로서 $G \simeq 6.673 \times 10^{-11}\,\mathrm{m^3/kg \cdot s^2}$이다.

■ 뉴턴의 운동 제2법칙

• 질량이 시간 변화에 따라 일정하지 않은 경우 : $\Sigma F = \frac{d}{dt}(mv) = \dot{m}v + m\dot{v}$

• 질량이 시간 변화에 따라 일정한 경우 : $\Sigma F = ma$

■ 뉴턴의 운동 제3법칙

어떤 물체에 작용력이 있으면 크기가 같고 방향이 반대인 반작용이 있다.

■ 운동역학 운동방정식(직각좌표계) : x - y - z 좌표계

직각좌표계는 어떤 물체가 x, y, z 방향으로 움직일 때 취할 수 있는 좌표계로서, 다음과 같은 운동방정식을 이용하면 운동역학 문제를 풀 수 있다.

$$\Sigma F_x = ma_x,\ \ \Sigma F_y = ma_y,\ \Sigma F_z = ma_z$$

■ **운동역학 운동방정식(법선, 접선, 종법선 좌표계) : n - t - b 좌표계**

법선 및 접선좌표계는 어떤 물체가 n과 t 방향으로, 법선, 접선, 종법선 좌표계는 n, t, b 방향으로 움직일 때 취할 수 있는 좌표계로서, 다음과 같은 운동방정식을 이용하면 운동역학 문제를 풀 수 있다. 통상적으로는 종법선방향(b 방향)으로의 운동은 없어 이 방향으로의 힘의 평형 조건이 적용될 때가 많다.

$$\Sigma F_n = m a_n,\ \Sigma F_t = m a_t,\ \Sigma F_b = 0$$

$$(a_t = \rho\dot{\theta},\ a_n = \frac{v^2}{\rho},\ \rho = \frac{\left[1 + (\frac{dy}{dx})^2\right]^{3/2}}{\left[\frac{d^2y}{dx^2}\right]})$$

■ **운동역학 운동방정식(극좌표, 원통좌표계) : r - θ, r - θ - z 좌표계**

극좌표는 어떤 물체가 r과 θ 방향으로, 원통좌표계는 r, θ, z 방향으로 움직일 때 취할 수 있는 좌표계로서, 다음과 같은 운동방정식을 이용하면 운동역학 문제를 풀 수 있다.

$$\Sigma F_r = m a_r,\ \Sigma F_\theta = m a_\theta,\ \Sigma F_z = m a_z$$

$$(\ a_r = \ddot{r} - r\dot{\theta}^2,\ a_\theta = r\ddot{\theta} + 2\dot{r}\dot{\theta},\ a_z = \ddot{z}\ )$$

CHAPTER 03 | 연습문제

3.1 [그림 3-29]와 같이 질량 100 kg의 나무상자가 수평면과 30°의 각도로 힘 F에 의해 끌어 당겨진다. 이 힘은 나무상자가 미끄러지기 직전까지 계속 증가한다. 정마찰계수(정지마찰계수)와 동마찰계수가 각각 $\mu_s = 0.45$, $\mu_k = 0.3$일 때 상자의 처음 가속도를 구하시오. 3.4절

그림 3-29

3.2 [그림 3-29]와 같이 질량 100 kg의 나무상자가 수평면과 30°의 각도로 힘 F에 의해 끌어 당겨진다. 정마찰계수와 동마찰계수가 각각 $\mu_s = 0.45$, $\mu_k = 0.3$이고, 힘 F가 시간의 함수인 $F = 50t^2$일 때 $t = 3$초인 순간 나무상자의 가속도를 구하시오. 3.4절

* **3.3** [그림 3-30]과 같이 질량 $m = 15$ kg의 나무상자 B를 실은 삼각 카트가 경사면을 타고 $a = 3$ m/s^{2}의 가속도로 내려오고 있다. 경사면과 카트 사이에는 마찰이 없을 때, 카트와 나무상자 사이의 수직항력과 나무상자의 가속도를 구하시오. 3.4절

3.4 트럭 위에 [그림 3-31]과 같이 150 kg의 물건이 놓여 있다. 트럭 바닥과 물건 사이의 동마찰계수는 $\mu_k = 0.28$일 때, 트럭이 정지한 상태에서 출발하여 물건이 미끄러지지 않을 정도의 일정한 가속도로 주행하여 18 m/s의 속력에 도달할 수 있는 최소의 시간은 얼마인가? 3.4절

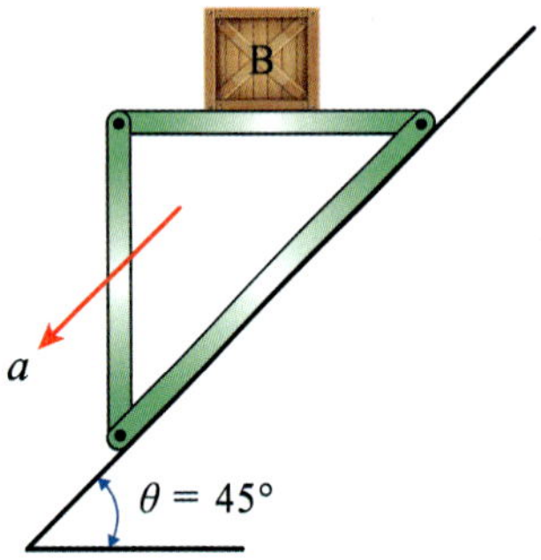

그림 3-30

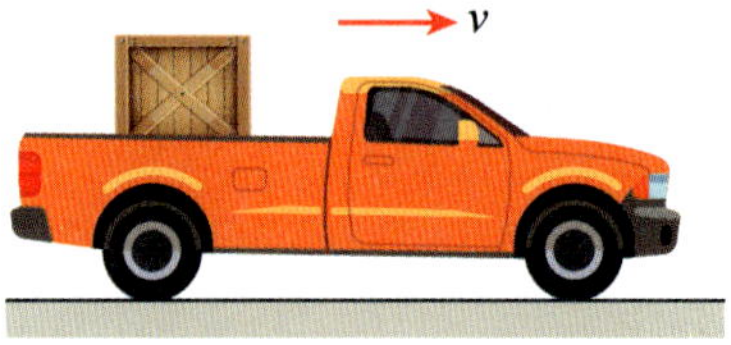

그림 3-31

3.5 [그림 3-32]와 같이 질량이 40 kg인 블록이 수평면과 30°의 각도로 $F = 200$ N의 힘으로 끌어 당겨지고 있다. 동마찰계수가 $\mu_k = 0.3$이라면, 블록의 가속도는 얼마인가? 또한, 3초 동안에 블록이 움직인 거리는 얼마인가? 3.4절

3.6 [그림 3-33]과 같이 초기 속도 15 m/s로 달리던 질량 1,000 kg인 자동차가 브레이크를 밟아 15 m를 지나 멈추었다. 이제 초기 속도 20 m/s로 달리던 동일 차량이 브레이크를 밟아 동일한 크기의 마찰력을 받으면서 멈춘다면, 이 자동차는 얼마나 멀리 달린 후 멈추겠는가? 3.4절

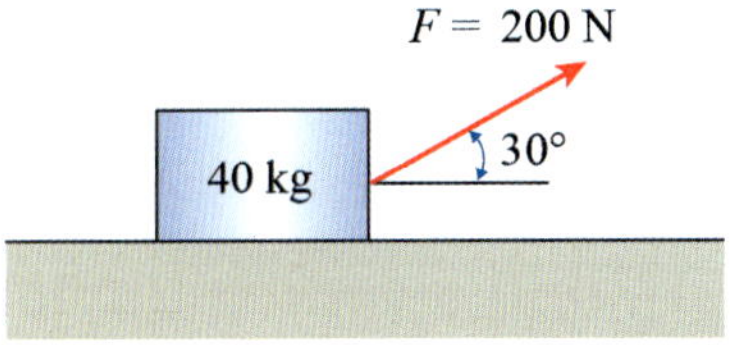

그림 3-32

그림 3-33

3.7 [그림 3-34]는 인공위성을 나타낸 것이다. 이 인공위성은 질량이 250 kg이며, 주된 추력main thrust과 횡추력lateral thrust을 받으며 조절되고 있다. 이 두 추력에 의해 인공위성의 최종 속도가 그림에 보이는 방향의 속도 $v_f = 100$ m/s에 도달하는 데 걸리는 시간은 각각 얼마인가? 초기에 위성은 정지해 있었다. 3.4절

3.8 [그림 3-35]와 같이 700 kg의 물건을 실은 트럭이 경사도 10°인 경사면을 따라 언덕길을 오르고 있다. 트럭 바닥과 물건 사이의 정마찰계수가 $\mu_s = 0.3$일 때, (a) 물건이 트럭 바닥 밑으로 미끄러지지 않을 최대 가속도를 구하고, (b) 트럭이 25 m/s의 속력에 도달하는 데 걸리는 시간을 구하시오. 3.4절

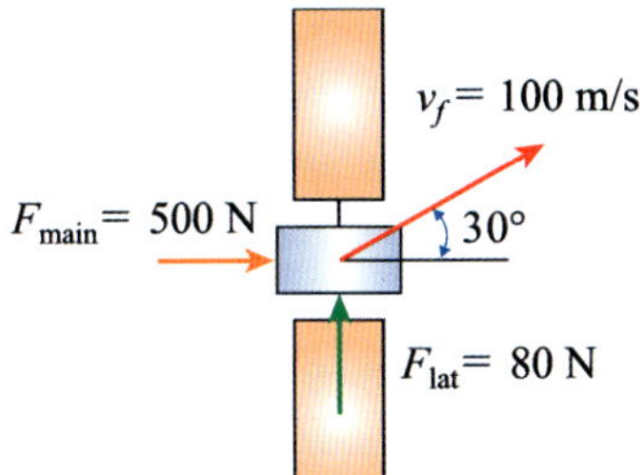

그림 3-34

그림 3-35

3.9 [그림 3-36]과 같은 질량 500 kg의 엘리베이터가 있다. 이 엘리베이터가 5 m/s의 속도로 아래 방향으로 내려가다가 15 m 이동 후 멈추었을 때, 이때의 가속도는 얼마인가? 또한, 엘리베이터 케이블에 작용하는 장력은 얼마인가? 3.4절

3.10 [그림 3-37]과 같은 로켓 시험 썰매는 질량이 1,000 kg인 고체 로켓 부스터를 시험하는 데 사용된다. 고체 로켓 부스터의 힘은 $F(t) = -C_1t^2 + C_2t + C_3$의 방정식으로 나타낼 수 있다. 로켓은 12 kN의 초기 추력으로 120 m/s의 속력에 도달하면서 10초 동안 650 m의 거리를 주행한다. 이 경우 상수 C_1, C_2, C_3를 구하시오. 3.4절

그림 3-36

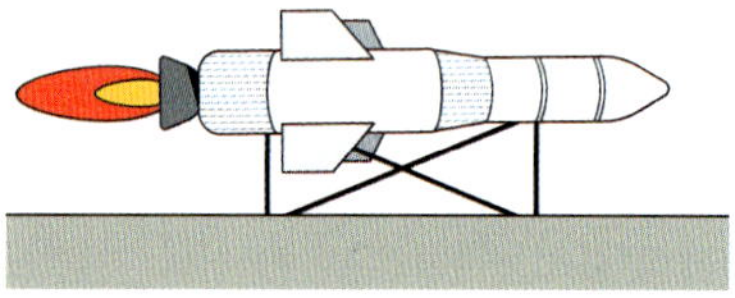

그림 3-37

*** 3.11** [그림 3-38]과 같이 질량 m의 자동차가 곡률반경 $\rho = 200$ m의 경사 도로를 따라 달리고 있다. 경사각도는 수평면과 $\theta = 45°$를 이루고, 도로와 타이어 사이의 정지 마찰계수는 $\mu_s = 0.25$일 때, 자동차가 경사면 아래로 미끄러지지 않을 최대 속도를 구하시오. 단, 자동차는 질점으로 간주하여 크기를 무시한다. 3.5절

3.12 롤러코스터가 [그림 3-39]와 같이 반경 $R = 10$ m인 원형 궤도를 $v = 10$ m/s의 속력으로 회전하고 있다. 사람과 롤러코스터의 질량을 합해서 200 kg이라 할 때, 원형 곡면의 꼭대기 점 A에서 롤러코스터에 가하는 법선력을 구하시오. 단, 롤러코스터의 바퀴와 곡면 사이의 마찰은 없고, 롤러코스터를 질점으로 간주한다. 3.5절

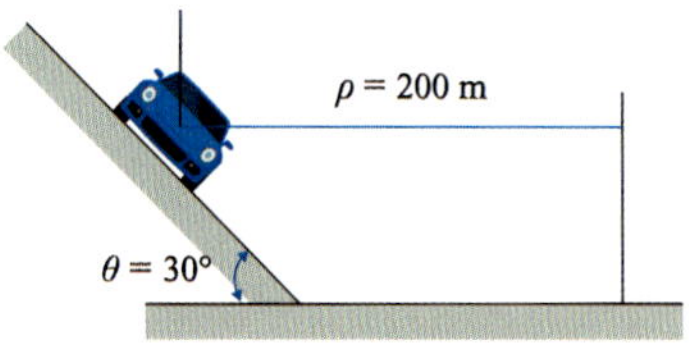

그림 3-38

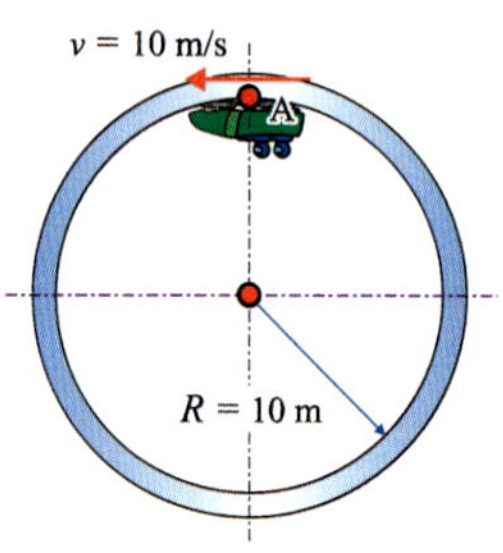

그림 3-39

3.13 질량이 1 kg인 블록이 [그림 3-40]과 같이 회전하는 원판 위에 놓여 있다. 원판과 블록 사이의 정마찰계수가 $\mu_s = 0.3$일 때, 블록이 미끄러지기 직전에 도달할 수 있는 최대 각속도를 구하시오.

3.5절

3.14 질량이 1,000 kg인 자동차가 [그림 3-41]과 같이 곡률반경 $r = 100$ m인 원형 곡면 맨 위를 일정 속력 $v = 30$ m/s로 넘고 있다. 이때 (a) 도로가 자동차에 가하는 법선력과 (b) 자동차가 곡면 도로를 막 벗어나려고 할 때의 속력을 구하시오. 3.5절

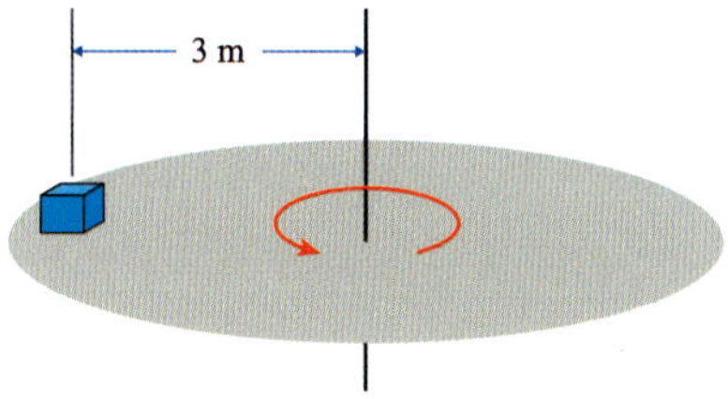

그림 3-40

그림 3-41

3.15 [그림 3-42]와 같이 1,000 kg의 자동차가 $v = 20$ m/s로 주행하고 있다. 자동차의 타이어와 도로 사이의 마찰계수는 0.9이다. 3.5절

(a) 자동차가 일정 속도를 유지한다면, 미끄러지기 전 최소 곡률반경은 얼마인가?
(b) 자동차가 4 m/s^2의 접선방향 가속상태라면, 이때의 미끄러지기 전 최소 곡률반경은 얼마인가?

3.16 질량 20 kg의 상자들이 [그림 3-43]과 같은 컨베이어 벨트를 따라 운반되고 있다. 곡선부의 곡률반경이 $\rho = 3.5$ m이고, 상자들은 일정 속도 $v = 1$ m/s로 움직인다. 상자들이 곡선부를 지날 때, 미끄러지지 않을 최소한의 마찰계수는 얼마인가? 3.5절

그림 3-42

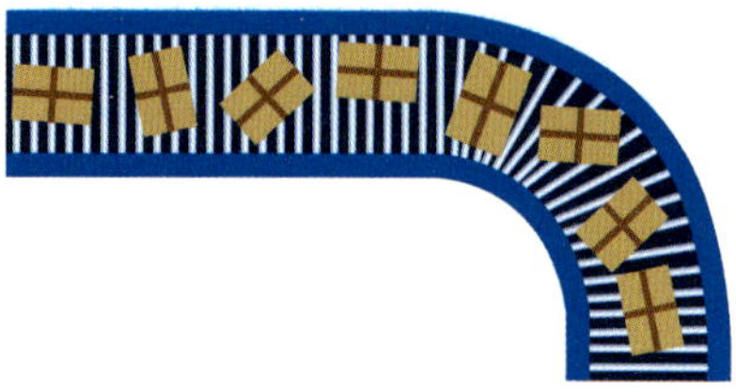

그림 3-43

*** 3.17** [그림 3-44]는 질량 5 kg의 원형 기구가 우주정거장에 케이블을 통해 연결되어 있는 모습이다. 우주정거장이 $\dot{r} = -0.2$ m/s의 일정 비율로 케이블을 회수할 때, 이 기구와 우주정거장은 $\dot{\theta} = 0.5$ rad/s로 회전하고 있다. 이 순간 케이블에 가해지는 장력과 케이블의 각가속도를 구하시오. 3.6절

*** 3.18** [그림 3-45]의 기구는 중앙 봉rod을 중심으로 각각 질량 1 kg의 볼을 줄로 제한하여 운동시키고 있다. 볼은 중앙 봉과 30°를 이루는 $L = 1$ m인 줄에 매달려 중앙 봉이 회전함에 따라 함께 회전하고 있다. 3.6절

(a) 중앙 봉이 일정한 속도로 회전하고 있다면, 중앙 봉의 회전각속도 $\dot{\theta}$는 얼마인가?

(b) 중앙 봉을 정확히 100 rpm으로 회전시키기 위해서는 중앙 봉과 줄이 이루는 각도는 얼마가 되어야 하는가?

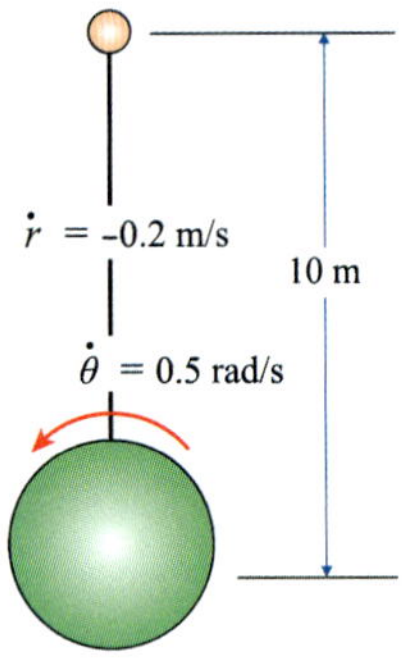

그림 3-44

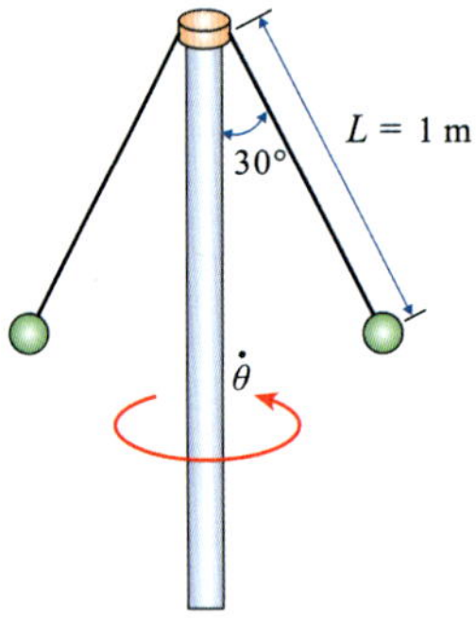

그림 3-45

3.19 [그림 3-46]의 캐터펄트는 마찰이 없는 봉 위에 무게가 500 N인 실린더 형태의 강철 추로 구성된다. 봉은 일정 각속도 $\dot{\theta} = 4$ rad/s로 회전하고 있는데, $\theta = 45°$일 때 회전축 중심으로부터 1 m 떨어진 강철 추가 풀리기 시작한다. 3.6절

(a) 강철 추가 풀리기 시작 전과 직후의 봉이 강철 추에 가하는 힘은 얼마인가?

(b) 강철 추가 막 풀렸을 때 봉을 따라 움직이는 강철 추의 가속도는 얼마인가?

*** 3.20** [그림 3-47]에 보이는 1 kg의 구슬은 공기압을 이용하여 $r = 0.3e^{0.1\theta}$인 함수로 표현되는 나선형 관을 통해 운동한다. 공기에 의해 구슬에 가해지는 접선력이 $F = 5$ N일 때 $\theta = \frac{\pi}{2}$인 순간에 구슬의 가속도를 구하고, 접선방향과 반경방향이 이루는 각을 구하시오. 그림에서 관은 수평면 상에 놓여있다고 가정한다. 3.6절

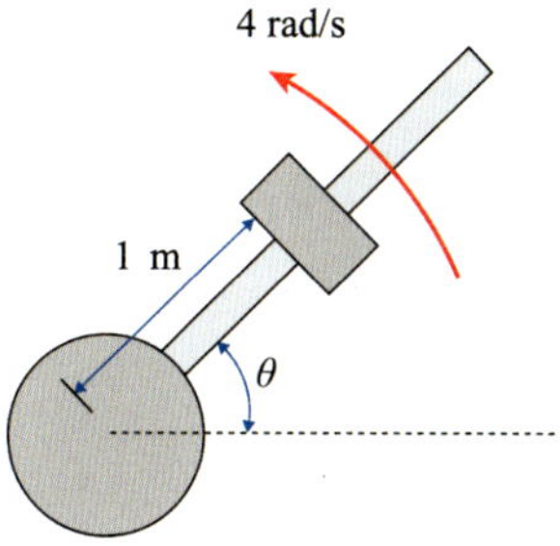

그림 3-46

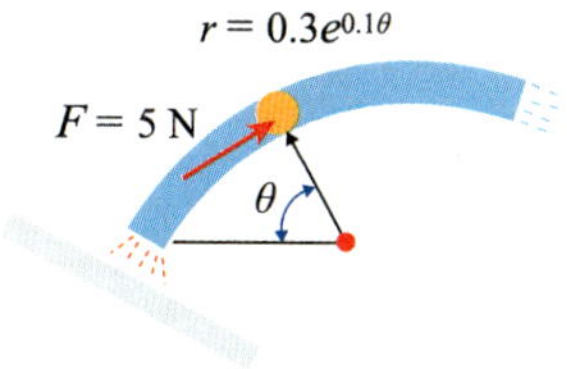

그림 3-47

무더운 여름날 산과 산을 가로지르는 다리 위에서 저 밑의 강 아래로 번지점프를 하는 광경은 바라보기만 해도 짜릿하고 시원할 것 같은 느낌이 든다. 사람이 뛰어내릴 때의 에너지는 번지의 줄이 흡수한다. 번지점퍼의 운동 중의 속도, 줄의 탄성으로 하강할 수 있는 최대 거리 등을 계산하는 데는 일과 에너지의 원리를 이용할 수 있다. 이 장에서는 이러한 일과 에너지의 원리를 이용하여 질점의 운동역학 문제를 다룬다.

CHAPTER 04

질점의 운동역학 : 일과 에너지

Kinetics of a particle : Work & Energy

학습목표

- 일과 개념을 이해하고, 일의 부호 등을 학습한다.
- 일과 에너지 원리를 질점의 운동역학 문제에 적용한다.
- 일률과 효율에 대한 의미를 학습하고, 이를 통해 관련 문제를 해결한다.
- 에너지의 개념을 살펴보고, 일과의 연관 관계를 이해한다.
- 에너지 보존법칙을 이해하고, 운동역학 문제에 이 법칙을 적용한다.

SECTION
4.1

일의 개념

- ✔ 일이란 무엇인지 알고, 일의 차원과 단위를 이해한다.
- ✔ 다양한 종류의 힘에 의한 일의 개념과 그 부호를 학습한다.
- ✔ 중력, 탄성력, 마찰력, 변동하는 외력, 일정한 힘에 의한 운동역학 문제를 통해 공학문제에 대한 응용력을 키운다.

3장에서는 뉴턴의 운동 제2법칙(힘과 가속도 법칙)을 이용하여 질점의 **운동역학** 문제를 다루었다. 4장에서는 **일과 에너지**의 개념을 도입하여 질점의 운동역학을 학습하고, 처음 등장하는 일과 에너지에 대한 개념과 일과 에너지의 부호와 단위 등에 대해서도 익힌다. 또한, 일상생활과 관련된 일과 에너지에 대해서도 소개한다.

4.1.1 일이란

물리학에서의 **일**$_{\text{work}}$이란 물체가 힘 방향으로 이동한 거리와 힘의 크기를 곱한 것을 의미하며, 크기만 있고 방향은 없는 물리량이다. [그림 4-1]은 물체에 F 크기의 힘이 가해져서 물체가 변위 s만큼 움직였을 때, 일을 한 경우와 일을 하지 않는 경우를 보여준다. 물체가 힘의 방향으로 이동하지 않으면 온전한 일이 일어난 것이 아니다. 특히 [그림 4-1(b)]와 같이 힘의 방향과 변위의 방향이 직각인 경우는 일이 전혀 발생하지 않은 것이다.

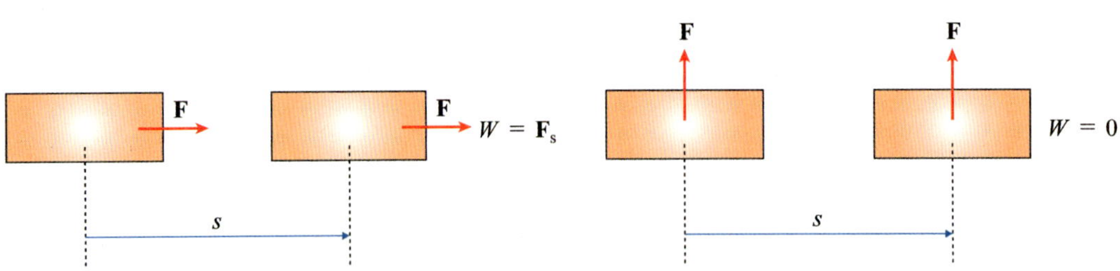

(a) 일을 하는 경우(힘과 이동방향이 같음) (b) 일을 하지 않는 경우(힘과 이동방향이 다름)

그림 4-1 일을 하는 경우와 일을 하지 않는 경우

물체에 가해진 힘의 방향과 이동방향이 반대인 경우에도 일은 성립되지만, 이 경우는 음의 일을 했다고 말한다. 즉 힘의 방향과 변위의 방향이 동일할 경우는 양의 일을 한 것이고, 힘의 방향과 변위의 방향이 반대일 경우는 음의 일을 한 것이다.

4.1.2 일상생활에 관계된 일

[그림 4-2(a)]와 같이 투수가 힘차게 공을 던질 때는 양의 일을 하고, [그림 4-2(b)]와 같이 포수가 공을 받을 때는 음의 일을 한다. 일의 단위는 힘과 거리의 곱으로 나타낼 수 있다. 예를 들어 N·m, J 등은 일의 단위를 나타낸다.

(a) 양의 일을 하는 경우

(b) 음의 일을 하는 경우

그림 4-2 야구공을 던지는 투수와 공을 받는 포수

[그림 4-3]과 [그림 4-4]는 일상생활에 관계된 일의 예를 보여준다. [그림 4-3]은 크레인으로 물체를 들어 올리는 일을 하는 것이고, [그림 4-4]는 의자를 두 사람이 밀고 끌며 일을 하는 경우이다.

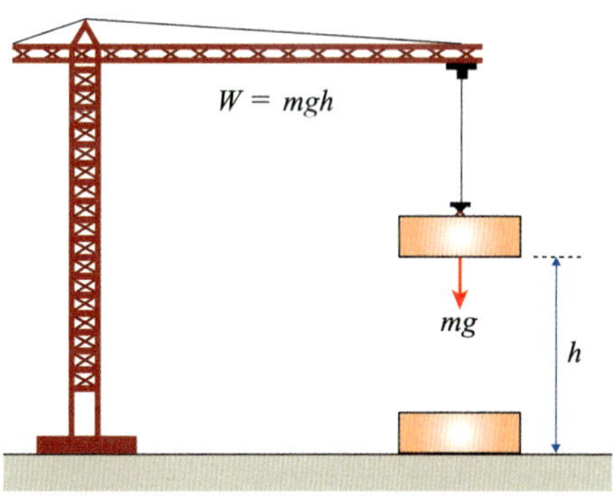

그림 4-3 크레인으로 물체를 들어 올릴 때 하는 일

그림 4-4 밀고 끌어 의자를 옮기는 일

4.1.3 외력에 의한 일

이 절에서는 외력에 의한 일은 힘의 크기가 일정한 외력에 의한 일과 힘의 크기가 일정하지 않은 변동하는 외력에 의한 일로 나누어 그 일을 나타내기로 한다.

■ 일정한 힘에 의한 일

[그림 4-5]는 힘의 크기가 F_c인 일정한 힘 $\mathbf{F}_c$가 질점에 작용하여 s_1의 위치에서 s_2의 위치까지 일을 한 것을 나타낸 것이다. 이 일정한 힘에 의한 일은 식 (4.1) 또는 식 (4.2)와 같이 나타낼 수 있다.

$$(U_{1\text{-}2})_{F_c} = F_c\cos\theta \int_{s_1}^{s_2} ds \tag{4.1}$$

$$(U_{1\text{-}2})_{F_c} = F_c\cos\theta\,(s_2 - s_1) \tag{4.2}$$

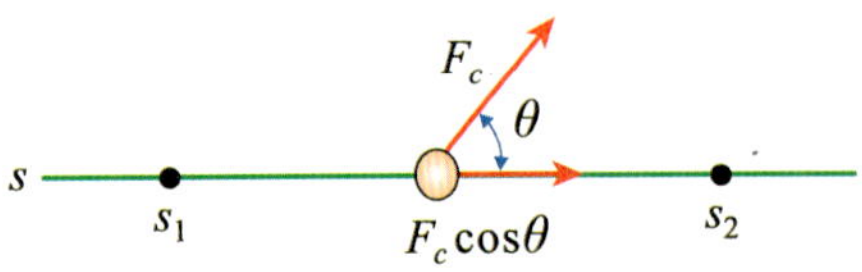

그림 4-5 질점에 가해지는 일정한 힘

[그림 4-5]에서 θ는 질점에 가해지는 힘과 변위의 방향이 이루는 각이다. 식 (4.1)에서 알 수 있듯이 $\theta = 90°$이면 $(U_{1\text{-}2})_{F_c} = 0$으로 일은 없게 된다. 한편, $\theta = 0°$이면 $\cos\theta = 1$로서, 일이 최대가 된다. 즉 변위의 힘 방향으로의 성분이나 힘의 변위 방향으로의 성분이 힘 F_c의 온전한 크기의 일을 했다고 할 수 있는 것이다.

■ 변동하는 힘에 의한 일

[그림 4-6]은 변동하는 힘이 질점에 작용하는 것을 나타낸 것이다. 힘 $\mathbf{F}$의 크기를 F라 하면, 변동하는 힘 $\mathbf{F}$에 의한 일은 식 (4.3)과 같이 계산할 수 있다.

$$(U_{1\text{-}2})_F = \int_{\mathbf{r}_1}^{\mathbf{r}_2} \mathbf{F}\cdot d\mathbf{r} = \int_{s_1}^{s_2} F\cos\theta\, ds \tag{4.3}$$

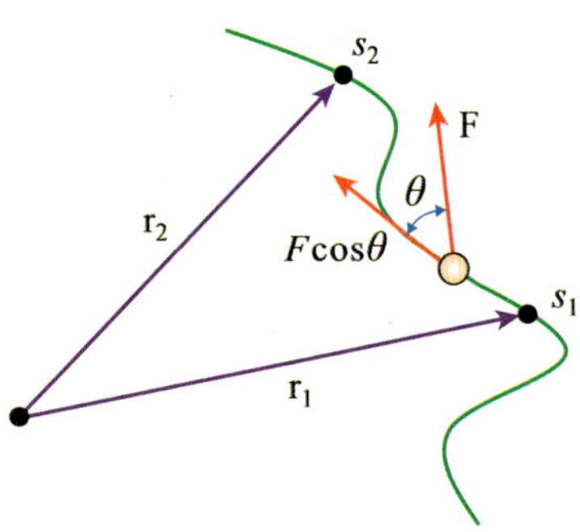

그림 4-6 질점에 가해지는 변동하는 힘

4.1.4 중력이 한 일

3차원 공간상에서 x-y-z 좌표계의 각각의 방향 단위벡터를 $\mathbf{i}$, $\mathbf{j}$, $\mathbf{k}$라 하고, 미소 변위벡터를 $d\mathbf{r} = dx\mathbf{i} + dy\mathbf{j} + dz\mathbf{k}$라 하자. [그림 4-7]과 같이 질량 m의 물체가 1의 위치에서 2의 위치로 올라갔을 때, 무게 $-mg\mathbf{j}$에 의해 중력이 한 일 $(U_{1\text{-}2})_g$은 일반적으로 식 (4.4)와 같이 표시하며, 일의 부호는 음의 값이 된다. 왜냐하면 힘의 방향인 중력의 방향이 아래 방향이고, 변위의 방향은 위 방향이기 때문이다.

$$
\begin{aligned}
(U_{1\text{-}2})_g &= \int -mg\,\mathbf{j}\cdot d\mathbf{r} \\
&= \int_{y_1}^{y_2} -mg\,dy = -mg(y_2 - y_1)
\end{aligned} \tag{4.4}
$$

한편, 질량 m의 물체가 2의 위치에서 1의 위치로 이동하였다면 이때의 일은 식 (4.5)와 같이 양의 값이 된다.

$$
(U_{2\text{-}1})_g = mg(y_2 - y_1) \tag{4.5}
$$

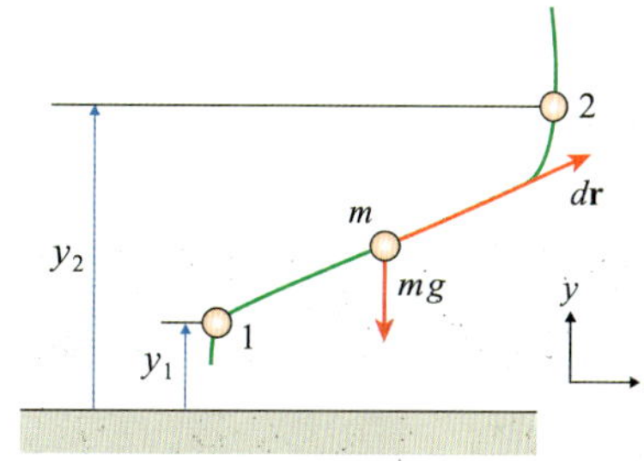

그림 4-7 질량 m의 질점의 중력이 한 일

4.1.5 탄성력에 의한 일

탄성력elastic force이란 물체가 변형되었을 때 원래 모양으로 돌아가려는 힘을 말하며, 탄성력의 크기는 물체의 변형에 비례한다. [그림 4-8]은 스프링의 인장 및 압축 상태를 보여준다. 그림에서 B의 상태는 스프링이 늘어나거나 줄어들지 않은 상태이고, C, D는 인장 상태, A는 압축 상태를 보여준다. 탄성력의 방향은 **작용력**applied force의 방향의 반대가 된다. 스프링에 힘을 주어 스프링을 인장시키거나 압축시킬 때 스프링의 복원력, 즉 탄성력(스프링 힘)에 의한 일은 항상 음으로 나타난다. 일의 부호는 힘과 변위의 방향이 동일하면 양(+), 반대이면 음(−)이 되기 때문이다. 예를 들어 [그림 4-8]의 A의 압축 상태에서는 변위의 방향은 왼쪽 방향이고, 탄성력의 방향은 오른쪽 방향이기 때문에 일의 부호는 음이다. 한편 C, D의 상태는 인장의 경우인데, 이 경우 변위는 오른쪽 방향, 탄성력은 왼쪽 방향이기 때문에 압축의 경우든 인장의 경우든 탄성력에 의한 일의 부호는 모두 음이다. 만일 질점이 s_1의 위치에서 s_2로 변위가 일어나면 스프링의 탄성력(또는 복원력)에 의한 일 $(\Sigma U_{1\text{-}2})_e$은 식 (4.6)과 같다.

$$
(\Sigma U_{1\text{-}2})_e = \int_{s_1}^{s_2} F_s\,ds = \int_{s_1}^{s_2} -ks\,ds = -\frac{1}{2}k\,(s_2^2 - s_1^2) \tag{4.6}
$$

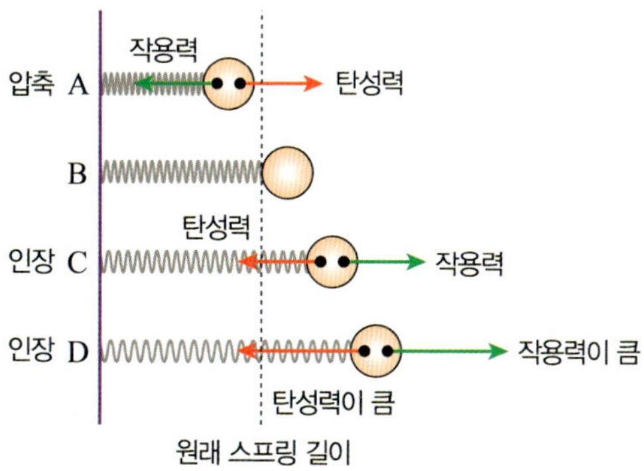

그림 4-8 스프링의 인장 압축에 따른 탄성력(스프링 힘)의 방향

[그림 4-9]는 스프링의 탄성력이 작용하는 예로서, 철도차량의 **대차**bogie를 보여준다. 철도차량의 대차에 연결된 탄성 스프링은 철도차량의 상하 방향의 충격이나 진동을 흡수하는 역할을 하는 데 쓰인다.

그림 4-9 철도차량 대차 내의 탄성 스프링

4.1.6 마찰력에 의한 일

[그림 4-10]과 같이 물체에 작용하는 외력을 P, 무게를 W, 수직항력을 N, **마찰력**을 F, **동마찰계수**를 μ_k, 변위를 s 라 할 때, 마찰력에 의한 일 $(U_{1\text{-}2})_f$는 식 (4.7)과 같이 표현한다.

$$(U_{1\text{-}2})_f = -\mu_k N s \tag{4.7}$$

마찰력은 물체의 운동방향에 반대방향으로 작용한다. 이 때문에 물체의 운동을 방해하고 이로 인하여 에너지 소실을 가져온다. 이와 같이 에너지 소실을 가져오는 힘은 **비보존력**non-conservative force 중의 하나이다.

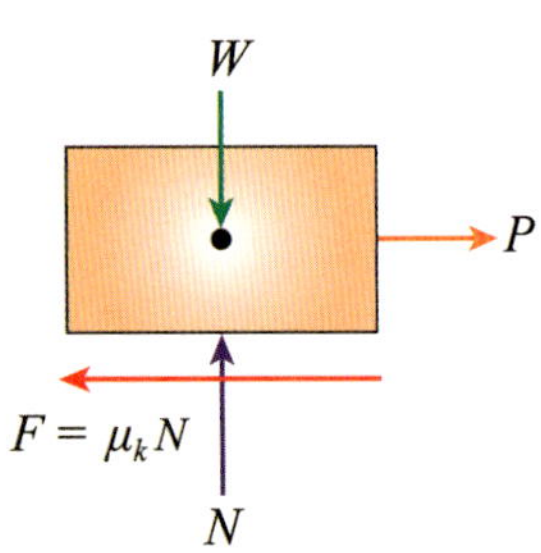

그림 4-10 마찰력의 작용

SECTION 4.2

일과 에너지 원리

- ✔ 곡선운동을 하는 임의의 질점으로부터 일과 에너지 원리를 도출하고 이해한다.
- ✔ 질점계에 대해 일과 에너지 원리를 도출하고 이해한다.
- ✔ 일과 에너지 원리를 질점의 운동역학 문제에 적용한다.

[그림 4-11]은 곡선경로를 따라 점 1에서 점 2로 이동하고 있는 질량 m의 질점을 보여준다. x-y-z 좌표계의 원점 O에서 이 질점까지의 위치벡터를 $\mathbf{r}$, 미소시간 dt 동안 질점의 미소변위를 $d\mathbf{r}$이라 하자. 한편 질점에 작용하는 모든 힘을 $\sum \mathbf{F} = \mathbf{F}_R$이라 하고, 이 힘의 **접선**($t$) 방향과 **법선**($n$) 방향벡터 $\mathbf{F}_t$와 $\mathbf{F}_n$ 성분들을 각각 F_t와 F_n이라 하면, 일의 정의에 의해 점 1에서 점 2까지 이동하는 동안 힘 $\sum \mathbf{F}$가 한 일 $\sum U_{1\text{-}2}$는 다음과 같다.

$$\sum U_{1\text{-}2} = \int_1^2 \sum \mathbf{F} \cdot d\mathbf{r} = \int_{\mathbf{r}_1}^{\mathbf{r}_2} \sum \mathbf{F} \cdot d\mathbf{r} = \int_{s_1}^{s_2} F_t \, ds \tag{4.8}$$

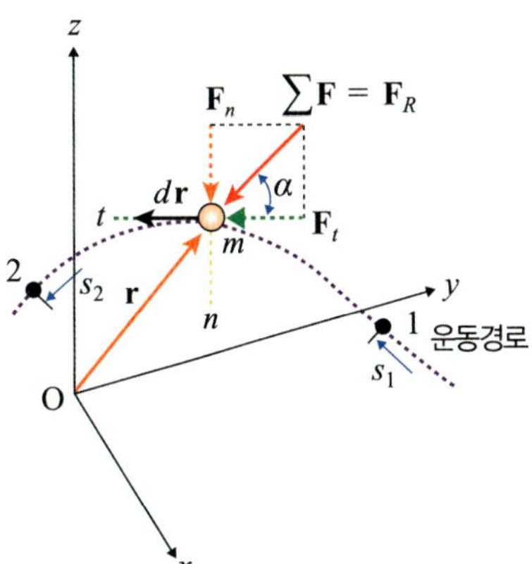

그림 4-11 곡선 경로를 따라 운동하는 질점

이제 뉴턴의 제2법칙 $\sum \mathbf{F} = m\mathbf{a}$를 식 (4.8)에 대입해보자. 이때 $U_{1\text{-}2}$는 식 (4.9)와 같이 된다.

$$\sum U_{1\text{-}2} = \int_1^2 \sum \mathbf{F} \cdot d\mathbf{r} = \int_1^2 m\mathbf{a} \cdot d\mathbf{r} = m \int_{\mathbf{v}_1}^{\mathbf{v}_2} \mathbf{v} \cdot d\mathbf{v} \tag{4.9}$$

그런데 벡터의 **스칼라 적**scalar product은 그 결과가 스칼라이므로 식 (4.9)는 다음과 같이 쓸 수도 있다.

$$\sum U_{1\text{-}2} = \int_1^2 \sum \mathbf{F} \cdot d\mathbf{r} = \int_{v_1}^{v_2} mv \, dv = \frac{1}{2} m (v_2^2 - v_1^2) \tag{4.10}$$

운동에너지의 정의에 의해 $T = \frac{1}{2}mv^2$로 표현되기 때문에 식 (4.10)은 $\sum U_{1\text{-}2} = T_2 - T_1$로서 정리하면, 최종적으로 식 (4.11)과 같은 일과 에너지의 원리가 도출된다.

$$T_1 + \sum U_{1\text{-}2} = T_2 \tag{4.11}$$

이상의 원리를 이용한 운동역학 문제는 뉴턴의 운동 제2법칙에 의해 거의 대부분 풀 수가 있다. **일과 에너지 원리**principle of work and energy를 사용했을 때의 장점은 일을 하는 힘만 고려하면 되고, 질점의 속력 변화를 비교적 쉽게 얻을 수 있다는 것이다. 식 (4.11)의 질점에 대한 일과 에너지 원리를 무수히 많은 질점들이 모여 있는 **질점계**system of particles로 확장해보자.

[그림 4-12]와 같이 질점들이 모여 있는 질점계에 있어, 임의의 i번째 질점에 작용하는 외력을 F_i, 내력을 f_i라 하자. 또 이 질점이 움직이는 곡선 경로를 s_i라 하고, n, t를 각각 법선과 접선좌표, 질량을 m_i라 하자. 이 하나의 질점에 대한 일과 운동에너지 식이 $T_1 + U_{1\text{-}2} = T_2$이면, 질점계에 대한 일과 에너지 원리는 다음과 같이 합의 기호로 나타낼 수 있다.

$$\sum T_1 + \sum U_{1\text{-}2} = \sum T_2 \tag{4.12}$$

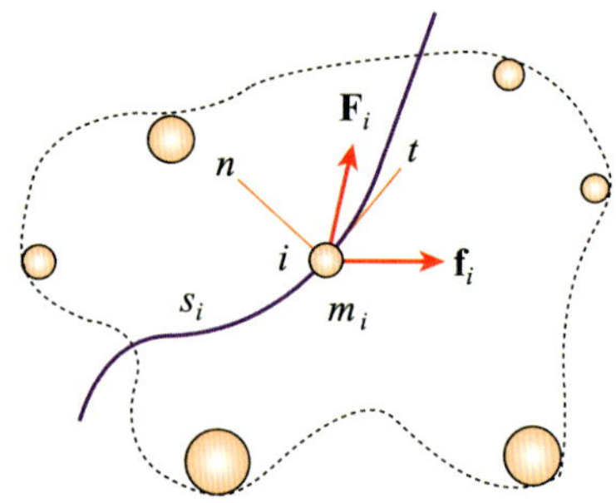

그림 4-12 질점계에 작용하는 외력과 내력

식 (4.12)의 일의 합 $\sum U_{1\text{-}2}$는 **외력**external force과 **내력**internal force에 의한 일의 합이다. 한편 강체의 경우, 내력에 의한 일의 합은 질점들 간의 상호 작용력에 의한 일의 합으로 서로 상쇄되어 결국 외력에 의한 일의 합만 남게 된다. 그러나 강체가 아닐 경우는 질점들이 다른 경로로 변위가 발생하고 상호 작용력에 의한 에너지의 일부는 소리 에너지나 열에너지 등으로 소실되거나, **영구변형**이 일어날 수도 있다.

예제 4-1 경사면을 내려오는 박스의 나중속도 구하기

[그림 4-13(a)]와 같이 수평면과 10°를 이루는 경사면 위에 질량 60 kg의 상자가 있다. 이 상자가 점 A에서 아래 방향으로 10 m/s의 초기속도로 이동된다고 할 때, 점 B 위치에서의 속도를 구하시오. 경사면과 상자 사이의 동마찰계수는 $\mu_k = 0.3$이다.

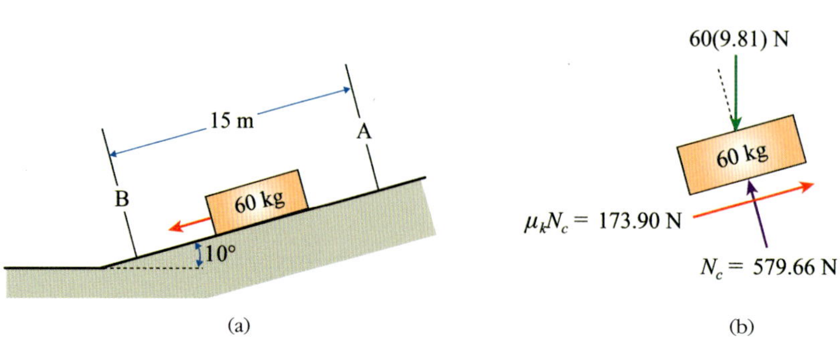

그림 4-13 경사면을 따라 직선운동하는 상자

분석

- [그림 4-13(b)]와 같이 자유물체도를 그린 후, x-y 좌표계를 택한다.
- x 방향에 대해 일과 에너지 원리를 적용하고, 수직항력을 구하기 위해 y 방향을 이용한다.

풀이

- 경사면과 상자 사이의 수직항력을 N_c, 마찰력을 F_f라 가정한 후, 일과 에너지 원리를 적용하면 다음과 같다.

$$\frac{1}{2}mv_1^2 + U_{1\text{-}2} = \frac{1}{2}mv_2^2 \quad (T_1 + U_{1\text{-}2} = T_2) \tag{1}$$

y 방향은 운동이 없으므로 $\Sigma F_y = 0$으로부터 다음과 같이 수직반력을 얻을 수 있다.

$$\Sigma F_y = 0, \quad N_c - mg\cos\theta = 0, \quad N_c = (60)(9.81)\cos 10° = 579.66\ \text{N} \tag{2}$$

- 여기서 일 $U_{1\text{-}2}$는 다음과 같다.

$$\begin{aligned} U_{1\text{-}2} &= mg\sin 10°(15) - \mu_k N_c(15) \\ &= (60)(9.81)(0.174)(15) - (0.3)(579.66)(15) = -1{,}072.22\ \text{N}\cdot\text{m} \end{aligned} \tag{3}$$

- 식 (3)을 식 (1)에 대입하면 다음과 같이 점 B에서의 속도 v_2를 구할 수 있다.

$$\frac{1}{2}(60)(10)^2 - 1{,}072.22 = \frac{1}{2}(60)v_2^2 \tag{4}$$

$$v_2 = 8.02\ \text{m/s}$$

고찰

- 운동은 x 방향으로 일어나므로 x 방향에 대해 일과 에너지 원리를 적용한다.
- y 방향으로부터의 수직반력을 이용하여 마찰력을 구한다. 수직반력은 일을 하지 않는다.

예제 4-2 스프링에 연결된 상자의 나중속도 구하기

[그림 4-14(a)]와 같이 질량 20 kg인 상자에 연결된 레버에 수평면과 45°의 각도로 $P = 400$ N이 작용한다. 이 힘의 작용으로 $x = 1$ m일 때의 변위가 일어날 때, 이때의 속도를 구하시오. 상자는 $x = 0$ m일 때 정지해 있고, 스프링은 늘어나거나 줄어들지 않은 상태이며 지면은 마찰이 없는 것으로 가정한다.

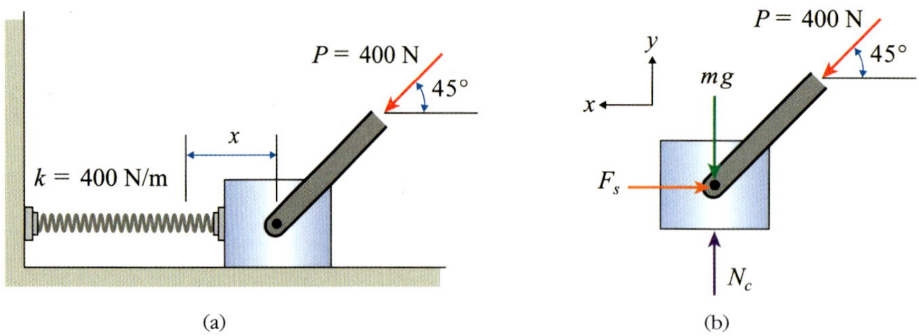

그림 4-14 스프링에 연결된 상자에 작용하는 압축력

분석

- [그림 4-14(b)]와 같이 자유물체도를 그린 후, x-y 좌표계를 택한다.
- x 방향에 대해서만 일과 에너지 원리를 적용한다. 마찰에 대한 설명이 없으므로 마찰력은 고려하지 않고, y 방향의 힘은 변위방향에 수직이므로 일을 계산하는 데 고려하지 않는다.

풀이

- 마찰에 대한 것은 고려하지 않기 때문에 지면과 상자 사이의 수직항력 N_c, 무게 mg에 대한 y 방향은 일에 가담한 것이 아니므로 계산에 포함할 필요가 없다. 이제 x 방향에 대해 일과 에너지 원리를 적용하면 다음과 같다.

$$\frac{1}{2}mv_1^2 + U_{1\text{-}2} = \frac{1}{2}mv_2^2 \quad (T_1 + U_{1\text{-}2} = T_2) \tag{1}$$

- 여기서 일 $U_{1\text{-}2}$는 다음과 같다.

$$U_{1\text{-}2} = P\cos 45°(x) - \frac{1}{2}k(x_2^2 - x_1^2) = 400\left(\frac{\sqrt{2}}{2}\right)(1) - \frac{400}{2}(1^2) = 82.84\ \text{J} \tag{2}$$

- 식 (2)를 식 (1)에 대입하고, $v_1 = 0$, $m = 20\ \text{kg}$을 대입하면 속도 v_2는 다음과 같이 구할 수 있다.

$$82.84 = \frac{1}{2}(20)\,v_2^2 \tag{3}$$

$$v_2 = 2.88\ \text{m/s}$$

고찰

- 마찰이 없으므로 x 방향에 대해서만 일과 에너지 원리를 적용한다.
- 수직방향에 관계된 힘은 일을 하지 않는다.

예제 4-3 도르래에 연결된 원통형 블록의 나중속도 구하기

[그림 4-15(a)]와 같이 질량이 각각 5 kg, 2 kg인 원통형 블록 A와 B가 있다. 블록 A와 B가 정지상태에서 놓여 블록 A가 아래 방향으로 1 m 이동한 후의 블록 A와 B의 속력을 구하시오. 줄과 도르래의 질량은 무시한다.

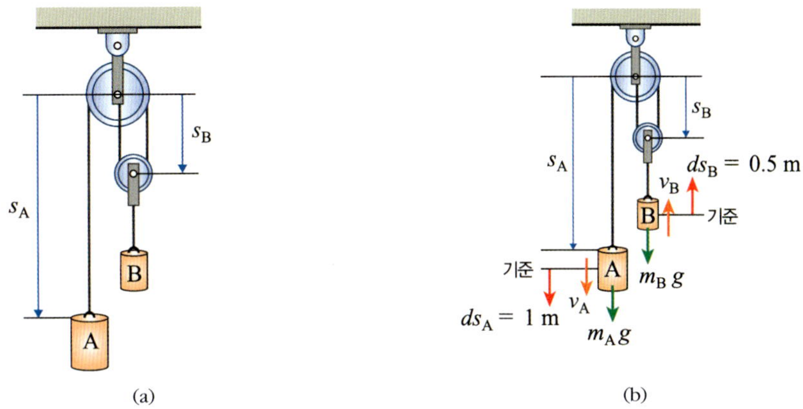

그림 4-15 도르래에 연결된 원통형 블록

분석

- [그림 4-15(b)]처럼 자유물체도를 그린 후, 수직방향에 대해 일과 에너지 원리를 적용한다.
- 도르래와 같이 절대 종속운동의 경우 전체 줄의 길이는 일정하다는 것을 생각하자.

풀이

- 먼저 [그림 4-15(b)]와 같이 자유물체도를 그리고, 도르래와 같은 절대 종속운동을 하는 경우 다음과 같은 관계를 갖는다는 것을 이용한다.

$$s_A + 2s_B + L^* = L_T \tag{1}$$

식 (1)에서 L_T는 전체 줄의 길이, L^*는 도르래를 감고 있는 줄과 변동 없는 줄의 길이를 나타내며, 이 줄의 길이는 일정하다. 식 (1)을 시간에 대해 한 번 미분하면 다음과 같이 속도에 대한 식을 얻을 수 있다.

$$v_A = -2v_B \tag{2}$$

한편 블록 A와 B의 미소변위의 움직임을 각각 ds_A, ds_B라 하면 다음의 관계가 성립한다.

$$ds_A + 2\,ds_B = 0 \tag{3}$$

- 이제 수직방향에 대해 일과 에너지 원리를 적용하면 다음과 같다.

$$\frac{1}{2}m(v_A)_1^2 + \frac{1}{2}m(v_B)_1^2 + \sum U_{1\text{-}2} = \frac{1}{2}m(v_A)_2^2 + \frac{1}{2}m(v_B)_2^2 \tag{4}$$

• 식 (4)의 $\sum U_{1\text{-}2}$는 다음과 같다.

$$\sum U_{1\text{-}2} = m_{\mathrm{A}} g ds_{\mathrm{A}} + m_{\mathrm{B}} g ds_{\mathrm{B}} = (5)(9.81)(1) - (2)(9.81)\left(\frac{1}{2}\right) = 39.24\ \mathrm{J} \tag{5}$$

식 (5)의 값과 식 (2)의 관계를 식 (4)에 대입하고, 처음에 정지상태임을 고려하면 다음과 같이 v_{A}와 v_{B}를 구할 수 있다.

$$0 + 0 + 39.24 = \frac{1}{2}(5)\,(v_{\mathrm{A}})^2 + \frac{1}{2}(2)\left(\frac{1}{2}v_{\mathrm{A}}\right)^2 = \frac{11}{4}\,(v_{\mathrm{A}})^2 \tag{6}$$

$$v_{\mathrm{A}} = 3.78\ \mathrm{m/s} \downarrow,\ v_{\mathrm{B}} = -1.89\ \mathrm{m/s} \uparrow$$

고찰

• 도르래 문제는 절대 종속운동으로서 전체 줄의 길이가 항상 일정하다는 것을 생각하자.
• 미소변위의 움직임은 $ds_{\mathrm{A}} + 2ds_{\mathrm{B}} = 0$의 관계임을 생각해야 한다.

예제 4-4 초기속력으로 블록을 타격할 때, 스프링의 최대 압축변위 구하기

[그림 4-16(a)]와 같이 질량 $m = 40\ \mathrm{kg}$인 블록이 수평면과 30°를 이루는 경사면을 따라 미끄러진다. 블록과 경사면 사이의 동마찰계수는 $\mu_k = 0.3$이고, 블록이 위치 ①을 통과할 때의 속력은 4 m/s이다. 블록이 위치 ②의 스프링 끝을 타격한 후 압축되어 위치 ③에 멈출 때, 최대 압축변위를 구하시오.

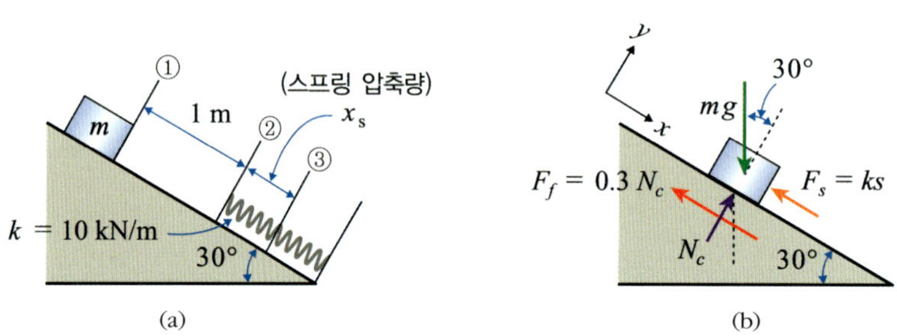

그림 4-16 경사면 위의 스프링을 타격하는 블록

분석

• 여러 힘(중력, 탄성력, 마찰력)에 의한 일 $\sum U_{1\text{-}2}$를 구한다.
• [그림 4-16(b)]와 같이 자유물체도를 그린 후, x 방향에 대해 일과 에너지 원리를 적용하고, 수직항력을 구하기 위해 y 방향으로는 힘의 평형 조건을 사용한다.

풀이

- 먼저 [그림 4-16(b)]와 같이 자유물체도를 그린다. x 방향(블록의 운동방향)으로 변위가 일어나므로 $(U_{1\text{-}2})_g$, $(U_{1\text{-}2})_e$, $(U_{1\text{-}2})_f$를 각각 중력, 탄성력, 마찰력에 의한 일이라 하면 전체 일은 다음과 같다.

$$\sum U_{1\text{-}2} = (U_{1\text{-}2})_g + (U_{1\text{-}2})_e + (U_{1\text{-}2})_f \tag{1}$$

한편 마찰력 F_f는 $F_f = \mu_k N_c = 0.3(339.83) = 101.95\ \text{N}$이 된다.

$$(U_{1\text{-}2})_g = \int_0^{1+x_s} mg\sin\theta\, ds = 40\times 9.81\times 0.5\, s\Big|_0^{1+x_s} = 196.2(1+x_s) \tag{2}$$

$$(U_{1\text{-}2})_e = \int_0^{x_s} (-kx)\, dx = -\frac{1}{2}k(x_s^2 - 0^2) = -\frac{1}{2}(10^4)x_s^2 \tag{3}$$

$$(U_{1\text{-}2})_f = -\int_0^{1+x_s} (101.95)\, dx = -101.95(1+x_s) \tag{4}$$

$$\sum U_{1\text{-}2} = 196.2(1+x_s) - \frac{1}{2}(10^4)x_s^2 - 101.95(1+x_s)$$

$$= -5{,}000x_s^2 + 94.25x_s + 94.25 \tag{5}$$

- 이제 y 방향에 대해 힘의 평형 조건을 적용하면 다음과 같다.

$$\sum F_y = 0,\ \ N_c - mg\cos\theta = 0,\ \ N_c = mg\cos\theta = 40\times 9.81\times cos30° = 339.83\ \text{N} \tag{6}$$

- 일과 에너지 원리 $T_1 + \sum U_{1\text{-}2} = T_2$를 적용하면 다음과 같이 x_s에 관한 2차 방정식으로 귀결된다. (여기서 $T_1 = \frac{1}{2}(40)(4^2)$, $T_2 = 0$이다.)

$$5000{x_s}^2 - 94.25x_s - 414.25 = 0 \tag{7}$$

식 (7)을 풀면, 최종적으로 최대 압축변위 x_s는 다음과 같다.

$$x_s = \frac{0.01885 \pm \sqrt{0.33176}}{2} = 0.2974\ \text{m}$$

고찰

- 다양한 힘에 의한 일과 에너지 원리를 운동역학 문제 풀이에 적용한다.

예제 4-5 도르래에 연결된 블록의 이동 변위 구하기

[그림 4-17(a)]와 같이 질량이 각각 2 kg과 4 kg인 두 블록 A와 B가 줄로 연결되어 있다. 블록 A와 바닥 사이의 동마찰계수는 $\mu_k = 0.28$이다. 블록 A가 정지상태에서 출발하여 $v_A = 4\text{ m/s}$의 속력이 될 때까지 블록 B가 아래로 내려가야 하는 변위를 구하시오. 도르래와 줄에 의한 마찰은 무시한다.

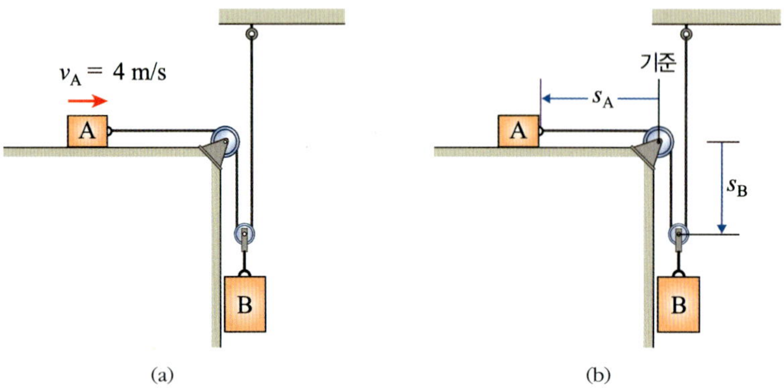

그림 4-17 도르래에 연결된 두 블록의 운동

분석

- 여러 힘(중력, 마찰력)에 의한 일 $\Sigma U_{1\text{-}2}$를 구한다.
- 도르래와 줄의 마찰 등으로 인한 손실이 없는 경우, 작용과 반작용으로 줄의 장력에 의한 일은 상쇄된다.
- [그림 4-17(b)]와 같이 자유물체도를 그린 후, 일과 에너지 원리를 적용한다.

풀이

- 먼저 [그림 4-17(b)]와 같이 두 블록은 절대 종속운동을 하고, 전체 줄의 길이가 일정하다는 것으로부터 다음의 관계를 갖는다.

$$s_A + 2s_B = \text{일정} \tag{1}$$

식 (1)로부터 미소변위와 속도에 대한 관계식도 다음과 같이 구할 수 있다.

$$ds_A + 2\,ds_B = 0, \quad v_A + 2v_B = 0 \tag{2}$$

- 블록 A의 마찰력에 의한 일 $(U_A)_f$와 블록 B의 중력에 의한 일 $(U_B)_g$를 계산해보자.

$$(U_A)_f = \int_0^{-ds_A} (-\mu_k m_A g)\,ds_A = \mu_k m_A g\,ds_A = 0.28\,(2)(9.81)\,ds_A \tag{3}$$

$$(U_B)_g = \int_0^{ds_B} (m_B g)\,ds_B = m_B g\,ds_B = (4)(9.81)ds_B \tag{4}$$

이제 식 (2)로부터 구한 $ds_A = -2\,ds_B$의 관계를 식 (3)에 대입하면, 전체 일 $\Sigma U_{1\text{-}2}$는 다음과 같다.

$$\Sigma U_{1-2} = [-(0.28)(4)(9.81) + (4)(9.81)]\,ds_B = 28.25(ds_B)\text{ J} \tag{5}$$

- 일과 에너지 원리 $T_1 + \Sigma U_{1\text{-}2} = T_2$를 적용하면 다음과 같이 블록 B가 아래로 내려가야 하는 변위 ds_B를 구할 수 있다.

$$0 + 28.25(ds_B) = \frac{1}{2}m_A(v_A)_2^2 + \frac{1}{2}m_B(v_B)_2^2 = \frac{1}{2}(2)(4)^2 + \frac{1}{2}(4)(-2)^2 = 24 \quad (6)$$

$$ds_B = 0.85 \text{ m}$$

고찰

- 블록 A는 마찰력에 의한 일, 블록 B는 중력에 의한 일만을 고려해야 한다.
- 도르래 관련 운동역학 문제는 절대 종속운동과 일과 에너지의 원리를 함께 적용한다.

예제 4-6 컨베이어 벨트 위의 상자의 낙하 속도 구하기

[그림 4-18(a)]와 같이 각각의 질량이 10 kg인 상자를 운반하는 컨베이어 벨트가 있다. 점 A에서 속력 $v_A = 1$ m/s로 서서히 움직이고, 경사면은 수평면과 45°를 이룬다. 상자와 경사면 사이의 동마찰계수가 $\mu_k = 0.3$일 때, 상자가 점 B를 통과해 나갈 때의 속도를 구하시오. 미끄러져 내려오는 동안 상자는 뒤집히지 않는다.

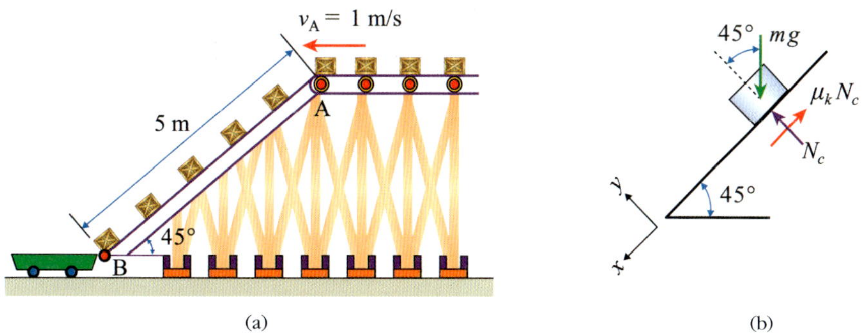

그림 4-18 컨베이어 벨트 위를 이동하는 상자

분석

- 중력과 마찰력에 의한 일 $\Sigma U_{1\text{-}2}$를 구한다.
- [그림 4-18(b)]와 같이 자유물체도를 그린 후, x 방향에 대해 일과 에너지 원리를 적용하고, 수직항력을 구하기 위해 y 방향으로는 힘의 평형 조건을 사용한다.

풀이

- 먼저 [그림 4-18(b)]와 같이 자유물체도를 그린다. x 방향(상자의 운동방향)으로 변위가 일어나므로 $(U_{1\text{-}2})_g$, $(U_{1\text{-}2})_f$를 각각 중력, 마찰력에 의한 일이라 하면, 전체 일은 다음과 같다.

$$\Sigma U_{1\text{-}2} = (U_{1\text{-}2})_g + (U_{1\text{-}2})_f \tag{1}$$

$$(U_{1\text{-}2})_g = mg\sin\theta\,(a) = (10)(9.81)\sin 45°\,(5) = 346.836\ \text{J} \tag{2}$$

$$(U_{1\text{-}2})_f = -0.3N_c a = -(0.3)(69.36)(5) = -104.04\ \text{J} \tag{3}$$

- y 방향에 대해 힘의 평형 조건을 적용하면 다음과 같다.

$$\Sigma F_y = 0,\ \ N_c - mg\cos\theta = 0,\ \ N_c = mg\cos\theta = 10\times 9.81\times\cos 45° = 69.36\ \text{N} \tag{4}$$

- 식 (2)~(3)을 일과 에너지 원리에 대입하면 다음과 같이 점 B를 통과해 나갈 때의 속도 v_B를 구할 수 있다.

$$\frac{1}{2}mv_\text{A}^2 + 242.80 = \frac{1}{2}mv_\text{B}^2,\quad 5v_\text{B}^2 = 247.80$$

$$v_\text{B} = 7.04\ \text{m/s}$$

고찰

- 일과 에너지 원리를 적용하고, 마찰력에 의한 일과 중력에 의한 일을 고려한다.

SECTION 4.3

일률과 효율

✔ 일률 또는 동력에 대한 정의와 일률의 단위에 대해 학습한다.
✔ 효율에 대한 정의와 일률과 연관 지어 효율을 구하는 방법을 학습한다.

4.3.1 일률

일률 또는 **동력**power의 정의는 단위시간당 한 일로 정의되며, 미소 일을 미소시간 dt로 나눔으로써 일률을 구할 수 있다. 미소 일 dU는 다음과 같이 힘 벡터와 미소변위 벡터의 내적으로 정의된다.

$$dU = \mathbf{F} \cdot d\mathbf{r} \tag{4.13}$$

따라서 단위시간당 한 일인 일률은 다음과 같이 표현된다.

$$P = \frac{dU}{dt} = \mathbf{F} \cdot \frac{d\mathbf{r}}{dt} = \mathbf{F} \cdot \mathbf{v} \tag{4.14}$$

일률은 벡터 물리량의 내적이므로 결과는 스칼라량이며, 식 (4.14)에서 속도 $\mathbf{v}$는 힘 $\mathbf{F}$의 작용점의 속도이다. 한편 일률의 단위에는 **와트**(W), **마력**(Hp), J/s, N·m/s 등이 있다. 일률은 힘 × 속력으로 힘이 크다고 반드시 일률이 큰 것은 아니다. 힘과 속력이 모두 커야 일반적으로 큰 일률을 낼 수가 있다. 집중호우 시, 낮은 지대의 물을 높은 지대로 물을 퍼 올릴 수 있는 양수기의 모터 펌프 기계를 선정하는 데도 일률이 기준이 될 수도 있다.

4.3.2 효율

기계 시스템의 **효율**efficiency이란 필요로 하는 **출력 에너지**output energy 또는 **출력 일률**output power을 시스템에 **입력된 에너지**input energy 또는 **입력 일률**input power로 나눈 값으로 정의한다.

$$\eta = \frac{\text{출력 에너지}}{\text{입력 에너지}} = \frac{\text{출력 일률}}{\text{입력 일률}} \tag{4.15}$$

각종 기계장치 등에 입력 일률이 있으면 마찰과 같은 요인에 의해 나오는 출력 일률이나 에너지는 손실이 있게 마련이다. 따라서 출력되어 나오는 일률은 입력 일률보다 작아져 효율은 항상 1보다는 작다.

예제 4-7 경사면 위 트럭의 엔진 일률 구하기

[그림 4-19(a)]와 같이 질량 3,000 kg의 트럭이 일정한 속력 $v = 60\ \text{km/h}$로 경사면을 오르고 있다. 트럭의 효율이 $\eta = 0.6$일 때, 엔진의 일률을 구하시오. 단, 경사면과 트럭 바퀴 사이의 마찰과 공기 저항은 무시한다.

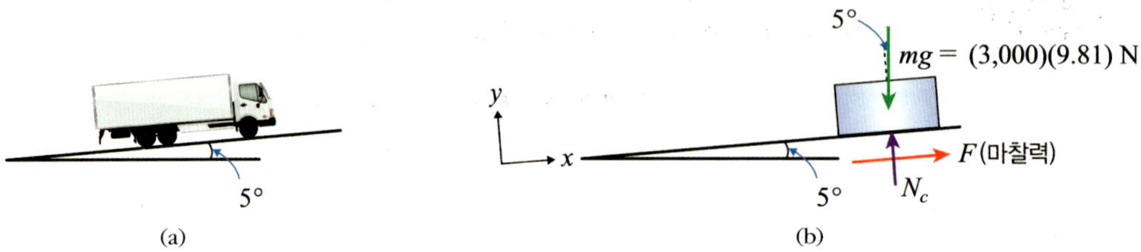

그림 4-19 경사면 위를 오르는 트럭

분석

- [그림 4-19(b)]와 같이 자유물체도를 그리고, x 방향(트럭의 운동방향)에 대한 힘 F를 구한다.
- 트럭의 속력과 위의 힘 F를 곱하여 출력 일률을 구한 후, 효율에 관계된 식을 이용한다.

풀이

- [그림 4-19(b)]와 x 방향에 대해 뉴턴의 운동 제2법칙을 적용하자.

$$\sum F_x = ma_x,\ F - mg\sin 5° = ma_x = 0(\text{일정 속력}) \quad (1)$$

$$F = mg\sin 5° = 3{,}000 \times (9.81) \times \sin 5° = 2{,}564.99\ \text{N} \quad (2)$$

- 주어진 트럭의 일정 속력으로부터 단위를 환산하면 다음과 같다.

$$v = \frac{60 \times 1{,}000}{3{,}600} = 16.67\ \text{m/s} \quad (3)$$

식 (2)와 (3)으로부터 출력 일률 P를 다음과 같이 구할 수 있다.

$$P = Fv = (2{,}564.99) \times (16.67) = 42{,}750\ \text{N} \cdot \text{m/s} = 42.750\ \text{W} \quad (4)$$

- 일률과 효율의 관계식으로부터 입력 일률은 다음과 같이 구할 수 있다.

$$\text{입력 일률} = \frac{\text{출력 일률}}{\eta} = \frac{42.750}{0.6} = 71.25\ \text{kW}$$

고찰

- 입력 일률 = (출력 일률/효율)임을 상기하자.

예제 4-8 나무상자에 가하는 힘에 의한 일률 구하기

초기에 정지해 있던 질량 30 kg인 나무상자에 [그림 4–20(a)]와 같이 $F = 100$ N인 힘이 가해진다. $t = 5$ s에서 이 힘에 의한 일률을 구하시오. 지면과 상자 사이의 동마찰계수는 $\mu_k = 0.25$이다.

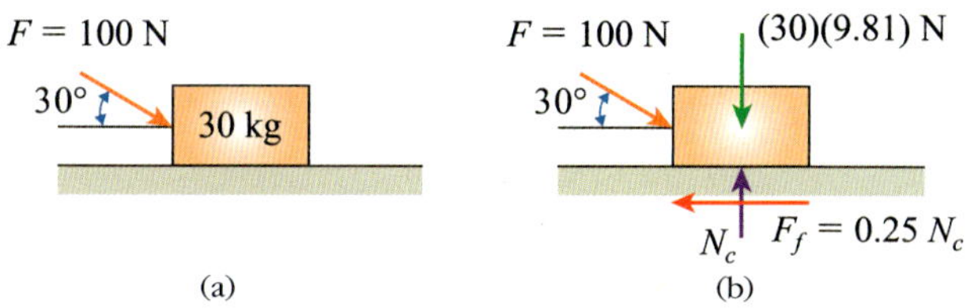

그림 4-20 나무상자에 가하는 힘

분석

- [그림 4–20(b)]와 같이 자유물체도를 그리고, x 방향과 y 방향에 대한 뉴턴의 운동방정식을 적용한다.
- 뉴턴 운동방정식으로부터 가속도를 구한 후, 이로부터 속력을 구한다. 이 속력과 변위방향의 힘(x 방향 힘 성분) F_x를 곱하여 일률을 계산한다.

풀이

- [그림 4–20(b)]와 같이 y 방향에 대한 운동방정식을 적용하자.

$$\Sigma F_y = m\,a_y = 0,\quad N_c - 100\sin 30° - mg = 0,\quad N_c = 50 + 30 \times 9.81 = 344.3\ \text{N} \tag{1}$$

- x 방향에 대해 뉴턴의 운동 제2법칙을 적용하면 다음과 같다.

$$\Sigma F_x = m_x,\quad 100\cos 30° - \mu_k N_c = m\,a_x \tag{2}$$

식 (2)를 다시 정리하면 식 (3)과 같다.

$$100\frac{\sqrt{3}}{2} - 0.25(344.3) = 30\,a_x,\quad a_x = 0.01758\ \text{m/s}^2 \tag{3}$$

- 식 (3)의 a_x로부터, $t = 5$ s에서의 속도를 구하면 다음과 같다.

$$\frac{dv_x}{dt} = a_x,\quad \int_0^{v_x} dv_x = \int_0^5 0.01758\,dt,\quad v_x = (0.01758)(5) = 0.088\ \text{m/s} \tag{4}$$

따라서 $t = 5$ s일 때의 일률은 다음과 같다.

$$P = Fv = (100\cos 30°) \times (0.088) = 7.615\ \text{W}$$

고찰

- 시간이 주어졌으므로 일과 에너지 원리를 사용할 수 없고, 뉴턴의 제2법칙을 사용해야 한다.
- 일률 $P = F_x \times v$임을 기억하자.

예제 4-9 나무상자를 올리는 힘에 의한 일률과 효율 구하기

[그림 4-21(a)]의 모터는 50 kg의 나무상자를 3초 동안 높이 $h = 6$ m를 일정한 속도로 끌어올린다. 모터의 입력 일률이 3 kW라고 할 때, 모터의 효율을 구하시오.

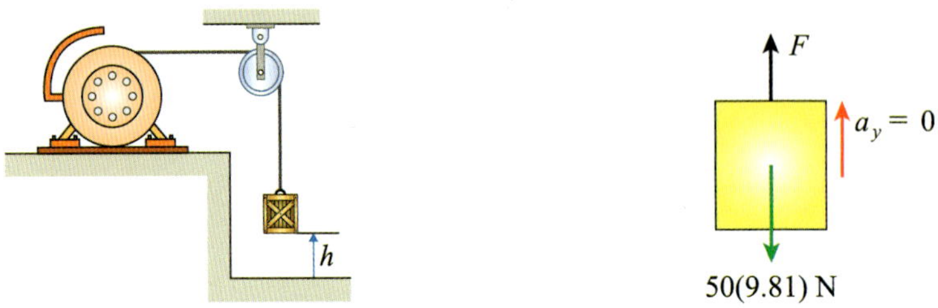

그림 4-21 모터에 의해 끌어올려지는 나무상자

분석

- [그림 4-21(b)]와 같이 자유물체도를 그리고, 수직방향에 대한 뉴턴의 운동방정식을 적용한다.
- 뉴턴의 운동방정식으로부터 속력을 구한 후, 이 속력과 변위방향의 힘(위 방향 힘) 성분을 곱하여 일률을 계산하고, 이로부터 효율을 구한다.

풀이

- [그림 4-21(b)]의 자유물체도로부터 y 방향에 대한 운동방정식을 적용한다.

$$\Sigma F_y = m a_y = 0, \quad F - mg = 0, \quad F = 50 \times 9.81 = 490.5 \text{ N} \tag{1}$$

- 모터가 3초 동안 나무상자를 6 m 끌어올리므로 $\dfrac{dy}{dt} = v$로부터 다음과 같이 양변을 적분하여 속도 v를 구할 수 있다.

$$\int_0^h dy = \int_0^3 v\,dt, \quad 6 = v(3), \quad v = 2 \text{ m/s} \tag{2}$$

따라서 출력 동력 $P = 490.5 \times 2 = 981$ N·m/s가 된다.

- 계기 동력이 3 kW이기 때문에 효율 η는 다음과 같이 나타난다.

$$\eta = \frac{981}{3{,}000} = 0.327$$

고찰

- 시간이 주어졌으므로 일과 에너지 원리를 사용할 수 없고, 뉴턴의 운동 제2법칙을 사용해야 한다.
- 효율 = (출력 일률/입력 일률)이다.

SECTION 4.4

에너지와 보존력

✔ 다양한 종류의 힘에 의한 에너지의 개념과 에너지의 부호를 학습한다.
✔ 보존력과 비보존력에 대한 개념과 에너지와 힘과의 관계를 학습한다.

4.4.1 보존계와 비보존계

본 절에서는 **보존계**conservative system와 **비보존계**에 대한 개념과 예를 설명한다.

■ 보존계

어떤 물체에 어떤 힘이 작용하여 경로에 무관하게 위치 1에서 위치 2로 이동했을 때, 이 어떤 힘을 보존력이라 한다. 보존력의 특징 중 하나는 운동 중에 하는 일이 **가역적**reversible이라는 점이다. 여기서 가역적이란 [그림 4-22(a)]와 같이 어떤 물체가 보존력에 의해 위치 1에서 운동을 시작해 각각 경로 1과 경로 2를 거쳐 위치 2에서 운동을 완료했다면 경로에 무관함을 일컫는다. 따라서, 어떤 경로를 거쳤더라도 보존력이 한 일이 항상 같다. 또한 [그림 4-22(b)]에서와 같이, 시작점과 끝점이 같다면 전체 보존력에 의한 전체 일은 0이 된다. 즉 닫힘 경로에서 보존력이 한 일은 0이라는 뜻이다. 한편, 보존력에 의한 일은 위치에너지 함수의 처음 값과 나중 값의 차이로 표현할 수도 있다. 이러한 보존력의 예로는 중력, 스프링의 복원력, 자기력 등을 들 수 있다.

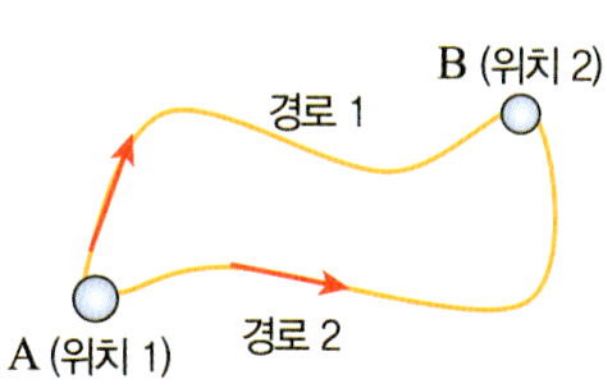

(a) 경로에 무관한 보존력이 한 일

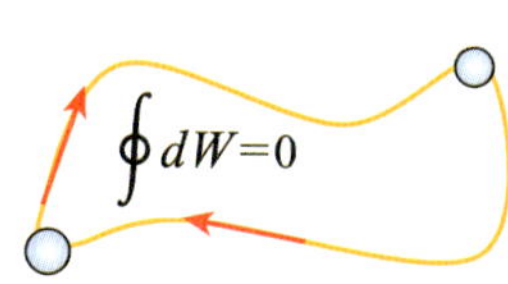

(b) 닫힘 경로에서 보존력이 한 일

그림 4-22 보존계에서의 일

■ 비보존계

어떤 물체에 어떤 힘이 작용하여 위치 1에서 위치 2로 이동했을 때, 이 힘에 의한 일이 물체의 이동 경로와 관계가 있는 경우 이 어떤 힘을 비보존력이라 한다. 비보존력이 한 일은 위치에너지 함수로도 표현할 수 없으며, **비가역적**irreversible이다. 또한, 비보존력은 역학적 에너지의 총량에 소실을 가져온다. 이러한 비보존력의 예로는 마찰력, 공기저항력, 유체저항력 등이 있다.

4.4.2 에너지

에너지는 일을 할 수 있는 능력을 나타내는 것으로 에너지의 종류에는 여러 가지가 있다. 본 절에서는 운동에너지, 중력 위치에너지와 탄성 위치에너지에 대한 개념을 소개하고, 에너지의 부호에 대해서도 설명한다.

■ 운동에너지

운동에너지는 운동하는 물체가 가진 에너지로서, (초기속도가 있다면) 초기속도에서 나중속도로 물체를 움직이게 하는 데 필요한 일의 양과 같다. 만일 물체가 초기에 정지해 있었다면, 정지상태의 물체를 나중속도로 움직이게 하는 데 필요한 일의 양과 같다. 이미 운동에너지에 대해서는 질점의 일과 에너지의 원리 $T_1 + \sum U_{1\text{-}2} = T_2$를 학습했던 4.2절에서 논하였다. T_1, T_2는 운동에너지로서 식 (4.16)과 같은 대표적 형태로 질점의 운동에너지를 표현할 수 있다. 식 (4.16)에서 보듯이 운동에너지는 질량에 비례하고 운동속도의 제곱에도 비례한다.

$$T = \frac{1}{2}mv^2 \tag{4.16}$$

■ 중력 위치에너지

중력 위치에너지gravitational potential energy는 물체가 어떤 위치에 있음으로서 가지는 잠재적인 에너지이다. 이러한 위치에너지에는 중력 위치에너지, 스프링과 관련된 탄성 위치에너지, 전기력에 의한 위치에너지 등이 있다.

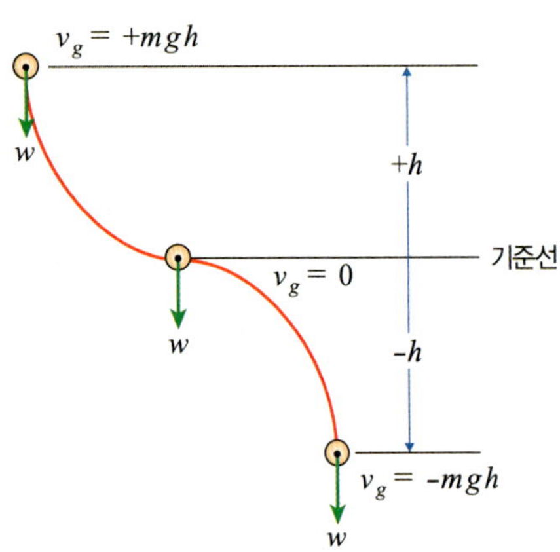

그림 4-23 중력 위치에너지 변화

[그림 4-23]과 같이 기준선을 그림의 중간으로 잡으면, 이 기준선으로부터 아래로 h만큼 떨어져 있는 위치의 중력 위치에너지는 $-mgh$로 표현되며, 이 기준선에서 위로 h만큼 떨어진 위치의 중력 위치에너지는 $+mgh$가 된다. 여기서 +, −의 부호는 다음과 같이 설정된다. 예를 들어 $-mgh$의 경우는 무게 mg의 방향(↓)과 기준선으로 돌아가려는 방향(↑)이 서로 다르기 때문에 부호는 음이 된다.

반면에 $+mgh$ 의 경우는 무게 mg 의 방향(↓)과 기준선으로 돌아가려는 방향(↓)이 같기 때문에 부호는 양이 된다. 따라서 중력 위치에너지는 기준선을 중심으로 다음과 같이 표현할 수 있다.

$$V_g = +mgh \text{ 또는 } V_g = -mgh \tag{4.17}$$

▪ 탄성 위치에너지

스프링에 의한 **탄성 위치에너지**elastic potential energy는 [그림 4-24]와 같이 스프링에 압축력이나 인장력을 주었을 때 모두 항상 양(+)의 값이 된다. 예를 들어 [그림 4-24(a)]와 같이 압축력 P를 받아 기준위치에서 s만큼 압축되었을 때, 스프링의 복원력 또는 탄성력 F_s는 압축력 P의 반대방향(오른쪽 방향)으로 작용한다. 이 탄성력과 압축된 상태에서 기준 위치로 돌아오려는 방향(오른쪽 방향)이 같기 때문에 탄성 위치에너지는 양(+)이 된다. 한편 [그림 4-24(b)]와 같이 인장력 P를 받아 기준위치에서 s만큼 늘어났을 때, 스프링의 복원력 또는 탄성력 F_s는 인장력 P의 반대방향(왼쪽 방향)으로 작용한다. 이 탄성력과 인장된 상태에서 기준 위치로 돌아오려는 방향(왼쪽 방향)이 같기 때문에 탄성 위치에너지는 양(+)이 된다. 따라서 스프링이 인장이든 압축된 경우이든 탄성 위치에너지는 항상 양(+)의 값을 갖는다. 즉 탄성 위치에너지 V_e는 다음과 같이 표현할 수 있다.

$$V_e = +\frac{1}{2}ks^2 \tag{4.18}$$

만일 초기위치가 s_1, 나중위치가 s_2인 경우 탄성 위치에너지 V_e는 다음과 같이 된다.

$$V_e = +\frac{1}{2}k(s_2^2 - s_1^2) \tag{4.19}$$

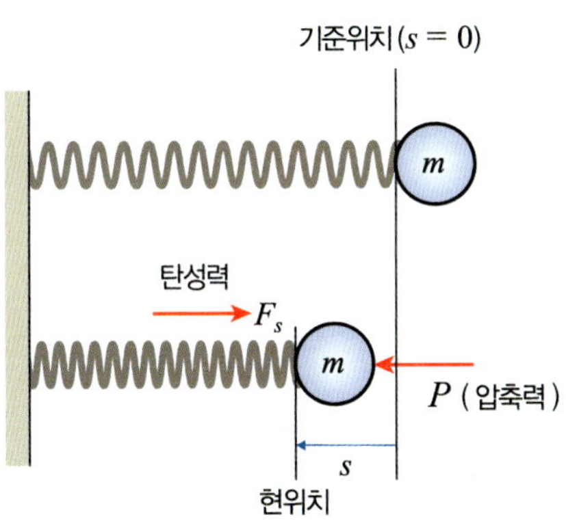

(a) 압축력을 받는 스프링

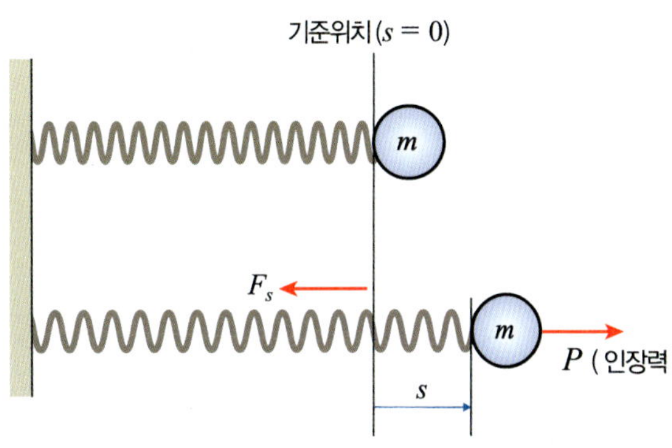

(b) 인장력을 받는 스프링

그림 4-24 압축력과 인장력을 받는 스프링

4.4.3 보존력장과 위치 함수

일반적으로 질점이 스프링에 의한 탄성력이나 무게의 중력을 받고 있을 경우, 이때 한 일은 위치의 변화에만 종속되고, 경로에는 무관하다. 즉 이때의 일은 위치 함수와 관계가 있다. 이제 3차원 공간 상에서 어떤 힘 벡터 $\mathrm{F} = F_x\mathrm{i} + F_y\mathrm{j} + F_z\mathrm{k}$ 가 x-y-z의 함수인 **보존력장**conservative force fields에 대해 살펴보자. 일반적으로 힘의 작용점의 미소변위 벡터를 $d\mathrm{r} = dx\,\mathrm{i} + dy\,\mathrm{j} + dz\,\mathrm{k}$ 라 하면, 힘 F 가 행한 일은 다음과 같이 쓸 수 있다.

$$U_{1\text{-}2} = \int \mathrm{F} \cdot d\mathrm{r} = \int (F_x dx + F_y dy + F_z dz) = \int_{V_1}^{V_2} -dV = -(V_2 - V_1) \tag{4.20}$$

식 (4.20)에서 음의 부호는 보존력장과 반대방향으로 행해진 일이 위치에너지를 증가시켰음을 의미하며, 보존력장에 의한 일은 위치에너지를 감소시킨다. 또한 V_1, V_2는 각각 위치 1과 위치 2에서의 **위치 함수**potential function를 나타낸다. 어떤 위치 함수 $V(x,\ y,\ z)$가 존재할 때, 1장의 1.3.5절에서 설명한바 있듯이, 이 위치 함수의 전미분 또는 **완전미분**exact differential dV는 일반적으로 다음과 같이 나타낼 수 있다.

$$dV = \frac{\partial V}{\partial x}dx + \frac{\partial V}{\partial y}dy + \frac{\partial V}{\partial z}dz \tag{4.21}$$

식 (4.20)과 식 (4.21)의 관계들, 즉 $-dV = \mathrm{F} \cdot d\mathrm{r} = F_x dx + F_y dy + F_z dz$로부터 힘 성분과 위치 함수 사이에 다음 관계식을 얻을 수 있다.

$$F_x = -\frac{\partial V}{\partial x},\quad F_y = -\frac{\partial V}{\partial y},\quad F_z = -\frac{\partial V}{\partial z} \tag{4.22}$$

따라서 힘 벡터 F 는 다음과 같이 나타낼 수 있다.

$$\mathrm{F} = -\nabla V \tag{4.23}$$

식 (4.23)에서 ∇ 은 기울기gradient 벡터로서 다음과 같이 표현한다.

$$\nabla = \frac{\partial}{\partial x}\mathrm{i} + \frac{\partial}{\partial y}\mathrm{j} + \frac{\partial}{\partial z}\mathrm{k} \tag{4.24}$$

SECTION 4.5

에너지 보존법칙

✔ 보존계에서 질점 및 질점계에 대한 기계역학적 에너지 보존법칙이 성립함을 이해한다.
✔ 비보존력에 의한 일과 보존계에 의한 일과의 관계를 살펴본다.

4.2절의 일과 에너지 원리로부터, 어떤 곡선 경로를 따라 이동하는 질점에 작용하는 힘에 의한 운동에너지와 일의 관계를 학습하였다. 일을 크게 보존력에 의한 일과 비보존력에 의한 일로 구분한다고 하면, 다음과 같은 관계식으로 표현할 수 있다.

$$T_1 + (\sum U_{1\text{-}2})_c + (\sum U_{1\text{-}2})_{nc} = T_2 \tag{4.25}$$

식 (4.25)에서 $(\sum U_{1\text{-}2})_c$와 $(\sum U_{1\text{-}2})_{nc}$는 각각 **보존력**에 의한 일과 **비보존력**에 의한 일을 나타낸다. 한편 보존력에 의한 일은 위치에너지의 차이인 $V_1 - V_2$와 같다는 것을 학습하였다. 따라서 식 (4.25)는 다시 다음과 같이 표현할 수 있다.

$$T_1 + V_1 + (\sum U_{1\text{-}2})_{nc} = T_2 + V_2 \tag{4.26}$$

비보존력에 의한 일은 에너지의 소실을 야기하므로 통상적으로 음의 개념을 갖는다. 예를 들어 질량이 m인 어떤 질점이 높이 방향으로 y_1에서 y_2로 이동하고, 스프링에 연결되어 변형량이 s_1에서 s_2까지 발생하고, 마찰력 $F_f = u_k N$과 변위 s'에 의해 비보존력에 의한 일이 일어나 질점의 속력이 v_1에서 v_2로 되었다고 생각해보자. 질점의 중력 위치 변화에 따라 일이 발생하면 일의 부호는 음이다. 왜냐하면 힘의 방향(중력 방향)은 아래, 변위의 방향은 위로 힘의 방향과 변위의 방향이 다르기 때문이다. 따라서 일은 일의 부호를 고려하면 $-mg(y_2 - y_1)$이다. 또한 스프링의 탄성력에 의한 일은 $-\frac{1}{2}k(s_2^2 - s_1^2)$이며, 마찰력에 의한 일도 $\mu_k Ns'$으로 부호는 음이다. 일은 운동에너지의 변화량이기 때문에, $(\sum U_{1\text{-}2})_c + (\sum U_{1\text{-}2})_{nc} = T_2 - T_1$이 성립한다. 따라서 이 식으로부터 다음과 같이 식 (4.27)을 얻을 수 있다.

$$-mg(y_2 - y_1) - \frac{1}{2}k(s_2^2 - s_1^2) - \mu_k Ns' = \frac{1}{2}m(v_2^2 - v_1^2) \tag{4.27}$$

식 (4.27)을 다시 정리하면 다음과 같으며 이는 식 (4.26)과 같다.

$$mgy_1 + \frac{1}{2}ks_1^2 + \frac{1}{2}mv_1^2 - \mu_k Ns' = mgy_2 + \frac{1}{2}ks_2^2 + \frac{1}{2}mv_2^2 \tag{4.28}$$

4.5.1 질점의 역학적 에너지 보존법칙

[그림 4-25(a)]는 공이 y_0의 높이에서 지면으로 떨어지는 상태를 보여준다. 지면을 기준면이라 하면, 맨 위의 y_0의 높이에서 공의 속도 $v = 0$이고 운동에너지는 0이다. 공이 떨어지면서 운동에너지는 점점 증가하여 지면에 닿기 직전에 운동에너지가 최대가 된다. 한편, 지면에서의 중력 위치에너지는 최소이자 0이지만, 맨 위쪽은 위치에너지가 최대로 에너지 준위는 $+mgy_0$이다. 이를 도식적으로 나타내면 [그림 4-25(b)]와 같다. 그림에서 공이 아래로 떨어질수록 운동에너지는 증가하고, 위치에너지는 감소함을 알 수 있다.

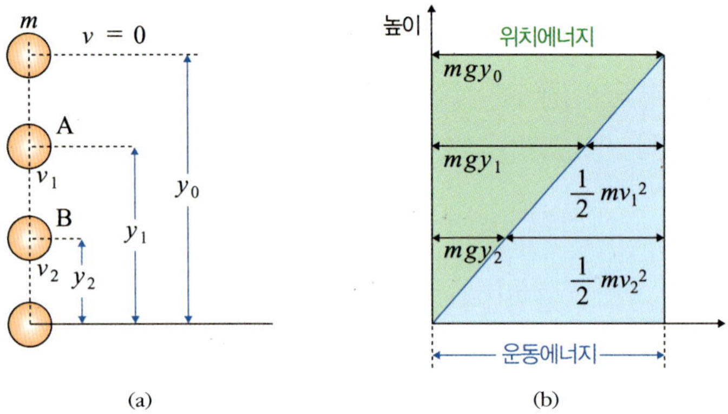

그림 4-25 역학적 에너지 보존

식 (4.26)에서 비보존력에 의한 일 $(\sum U_{1\text{-}2})_{nc}$는 없고 보존력에 의한 일만 있다고 하면, 식 (4.26)은 다음과 같은 역학적 에너지 보존법칙 또는 기계역학적 에너지 보존법칙 식으로 나타낼 수 있다.

$$T_1 + V_1 = T_2 + V_2 \tag{4.29}$$

4.5.2 질점계의 역학적 에너지 보존법칙

4.2절에서 무수히 많은 질점들이 모인 질점계에 대한 일과 에너지의 원리를 표현한 식 (4.12) $\sum T_1 + \sum U_{1\text{-}2} = \sum T_2$를 살펴보았다. 이 식에서 $\sum U_{1\text{-}2}$는 질점계에 작용하는 외력에 의한 일이지만, 질점계가 보존력만 받는다고 하면 이 일은 $\sum U_{1\text{-}2} = \sum V_1 - \sum V_2$의 관계로부터 최종적으로 질점계에 대한 역학적 에너지 법칙에 대한 관계로 변환될 수 있다. 이를 식으로 나타내면 식 (4.30)과 같다.

$$\sum T_1 + \sum V_1 = \sum T_2 + \sum V_2 \tag{4.30}$$

예제 4-10 원형 램프를 내려오는 스펀지 공의 지면 도달 속도와 수평 도달거리 구하기

[그림 4-26(a)]와 같이 질량 10 g의 스펀지 공이 위치 1에서 곡률반경 2 m의 원형 램프를 따라 위치 3으로 떨어진다. 위치 2와 위치 3 사이의 수평거리 D와 공이 바닥의 위치 3에 떨어질 때의 속력을 구하시오. 원형 램프 내에서의 마찰과 공기저항은 무시한다.

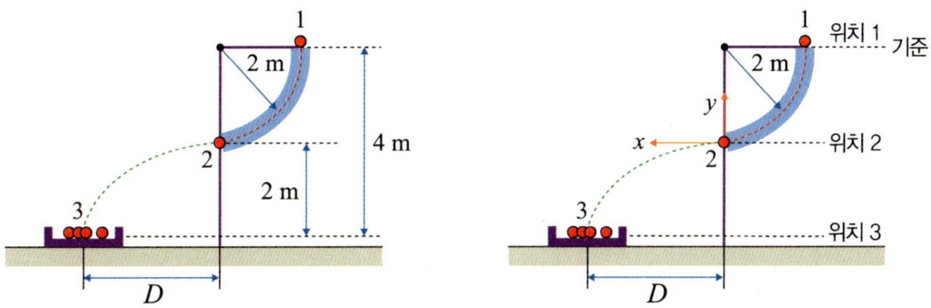

(a) 스펀지 공의 낙하 (b) 낙하 스펀지 공에 대한 기준 위치 설정

그림 4-26 원형 램프를 내려오는 스펀지 공

분석

- x-y 좌표를 잡고, 위치 2에서의 속도를 구하기 위해 에너지 보존법칙을 이용한다.
- 위치 3에서의 속력을 구하기 위해 일과 에너지 원리를 이용한다.

풀이

- [그림 4-26(b)]와 같이 x-y 좌표계를 선택하고, 수평과 수직방향에 대한 운동을 살펴보자. 우선 위치 2에서의 속도를 구하기 위해 에너지 보존법칙을 이용한다.

$$T_1 + V_1 = T_2 + V_2 \tag{1}$$

기준을 위치 1로 취하면 $T_1 = V_1 = 0$, $T_2 = \frac{1}{2}mv_2^2$, $V_2 = -mg(2)$가 된다.
$T_2 + V_2 = 0$으로부터, $v_2 = \sqrt{(2 \times 9.81 \times 2)} = 6.264\ \mathrm{m/s}$이다.

- 이제 수직방향의 속도와 가속도의 관계식 $\frac{dv_y}{dt} = a_y = -g$로부터 변수분리 후 양변을 적분하면 식 (2)와 같은 수직방향 나중속도 v_y에 관한 식을 얻을 수 있다.

$$\int_0^{v_y} dv_y = \int_0^t -g\,dt,\ v_y = -gt \tag{2}$$

$v_y = \frac{dy}{dt} = -gt$로부터 변수분리 후, 양변을 적분하면 시간에 대한 관계 식 (3)을 얻을 수 있다.

$$\int_2^0 dy = \int_0^t -gt\,dt = -\frac{1}{2}gt^2 = -2 \tag{3}$$

식 (3)으로부터 도달 시간 $t = \sqrt{\frac{4}{9.81}} = 0.6386\ \mathrm{s}$임을 알 수 있다.

• 수평방향의 속도와 가속도의 관계식 $\dfrac{dv_x}{dt} = a_x$로부터, 즉 $\displaystyle\int_{(v_0)_x}^{v_x} dv_x = 0$로부터 위치 2에서의 속도 v_2를 다음과 같이 구할 수 있다.

$$(v_0)_x = v_2 = 6.264\ \text{m/s}$$

또한, 수평방향의 위치와 속도의 관계식 $\dfrac{dx}{dt} = v$로부터 변수분리 후 양변을 적분함으로써 다음과 같은 관계를 얻을 수 있다.

$$\int_0^D dx = \int_0^t v\,dt = \int_0^t (v_0)_x\,dt \tag{4}$$

따라서 식 (4)로부터 수평거리 D는 다음과 같이 구할 수 있다.

$$D = (v_0)_x\,t = v_2 t = 6.264 \times 0.6386 = 3.989\ \text{m} \tag{5}$$

• 이제 일과 에너지 원리를 적용하여, 바닥 위치 3에서의 속도 v_3을 구할 수 있다.

$$T_1 + \Sigma U_{1\text{-}2} = T_3,\quad 0 + m\,g(4) = \frac{1}{2}m\,v_3^2$$

$$v_3 = 8.86\ \text{m/s}$$

고찰

• 질점의 운동역학 문제를 풀 때, 에너지 보존법칙과 일과 에너지 원리를 이용하고, 탄환운동의 운동학에 관계된 식을 도입한다.

외력에 의한 일

- 일정한 힘에 의한 일 : $(U_{1\text{-}2})_{F_c} = (F_c \cos\theta)(s_2 - s_1)$

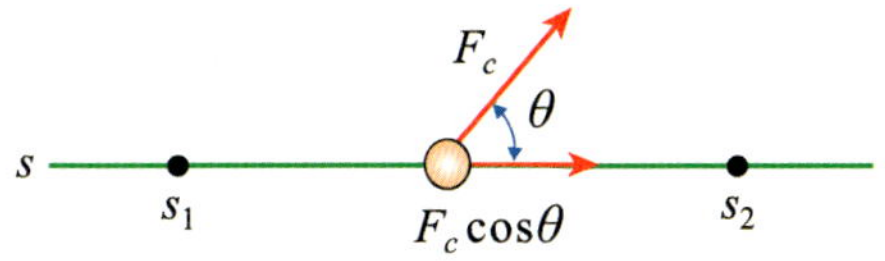

- 변동하는 힘에 의한 일 : $(U_{1\text{-}2})_F = \int_{\mathbf{r}_1}^{\mathbf{r}_2} \mathbf{F} \cdot d\mathbf{r} = \int_{s_1}^{s_2} F\cos\theta\, ds$

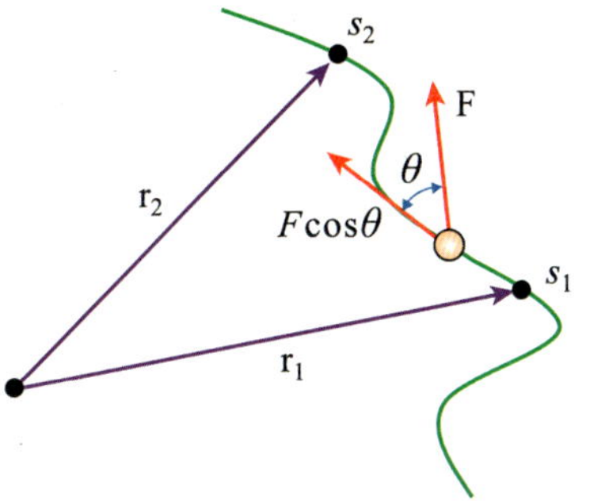

중력이 한 일

- 위치 1에서 위치 2로 이동할 경우: $(U_{1\text{-}2})_g = -mg(y_2 - y_1)$
- 위치 2에서 위치 1로 이동할 경우: $(U_{2\text{-}1})_g = mg(y_2 - y_1)$

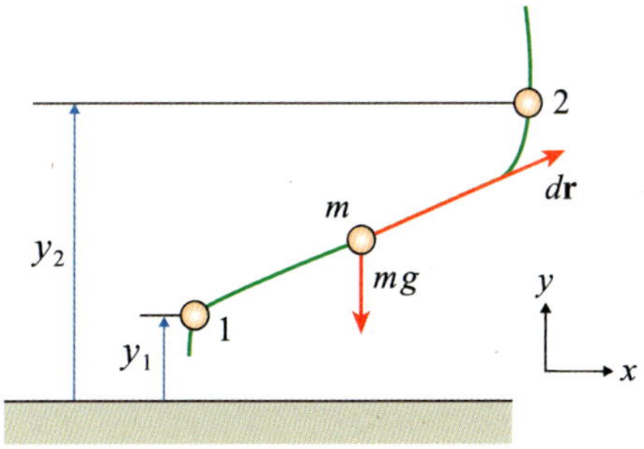

CHAPTER 04 | 핵심요약

■ 탄성력에 의한 일

탄성력에 의한 일은 인장력이든 압축력이든 일의 부호는 음이고, 그 크기는 다음과 같다.

$$(U_{1\text{-}2})_e = -\frac{1}{2}k(s_2^2 - s_1^2)$$

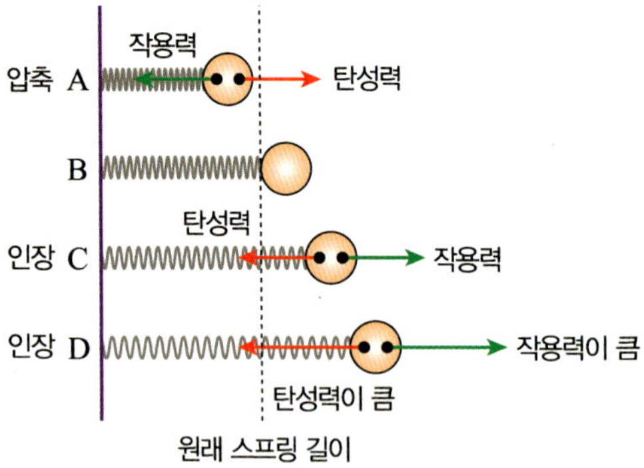

■ 마찰력에 의한 일

마찰력은 운동방향에 반대되는 방향으로 작용한다. 운동방향으로 s만큼 변위가 일어났다면 마찰력에 의한 일은 다음 식과 같이 마찰력 $\mu_k N$에 변위를 곱한 값에 음의 부호를 붙여 표현할 수 있다.

$$(U_{1\text{-}2})_f = -\mu_k N s$$

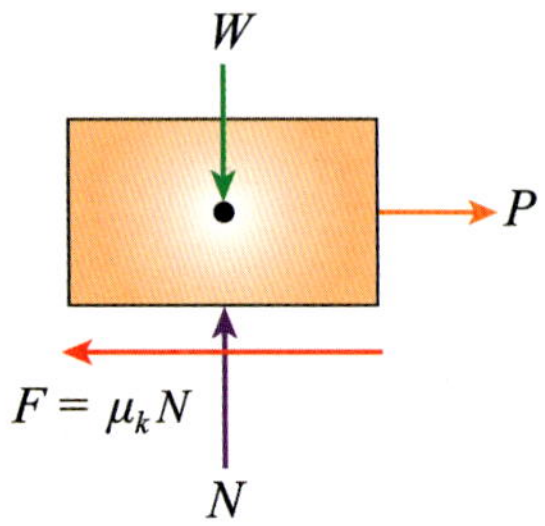

일과 에너지 원리

어떤 물체의 상태 1의 운동에너지와 1에서 2까지 가는 동안 한 일을 합한 것과 상태 2의 운동에너지는 같다.

$$T_1 + \sum U_{1\text{-}2} = T_2$$

일률과 효율

일률은 물체가 단위시간당 한 일을 나타내며 동력이라고도 한다. 한편 효율은 입력 에너지 또는 입력 일률에 대한 출력 에너지 또는 출력 일률의 비를 나타낸다.

• 일률 : $P = \dfrac{dU}{dt} = \mathrm{F} \cdot \dfrac{d\mathrm{r}}{dt} = \mathrm{F} \cdot \mathrm{v}$

• 효율 : $\eta = \dfrac{\text{출력 에너지}}{\text{입력 에너지}} = \dfrac{\text{출력 일률}}{\text{입력 일률}}$

에너지

• 운동에너지 : $T = \dfrac{1}{2}mv^2$

• 중력 위치에너지 : $V_g = +mgh$ 또는 $V_g = -mgh$

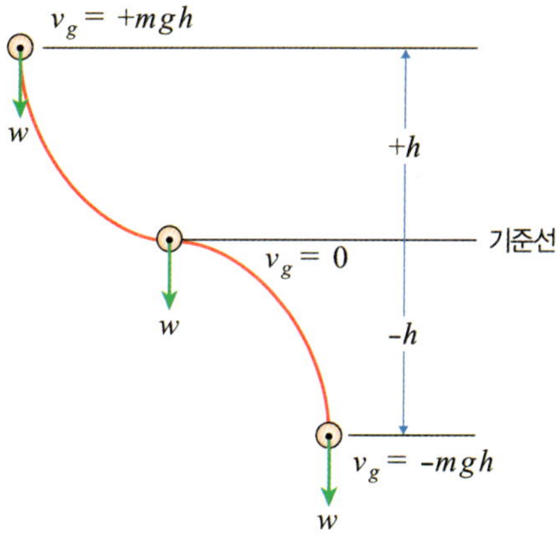

CHAPTER 04 | 핵심요약

• 탄성 위치에너지 : $V_e = +\frac{1}{2}k(s_2^2 - s_1^2)$

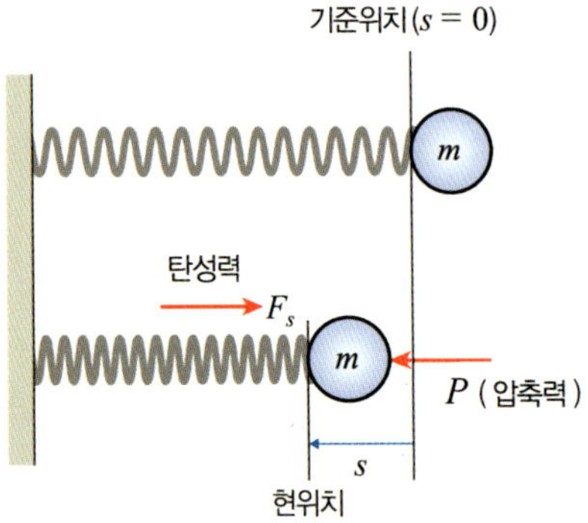

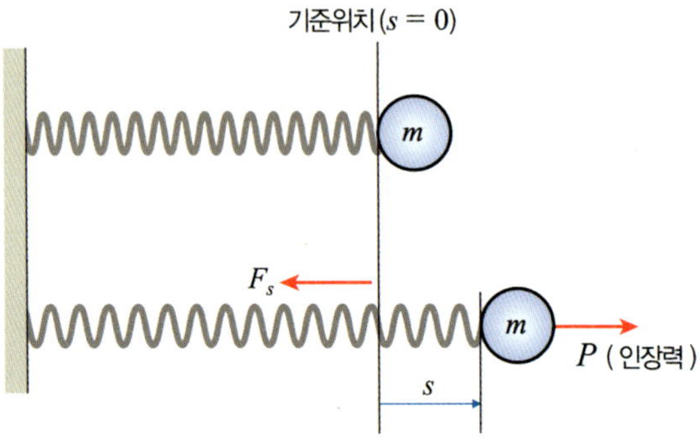

■ 에너지 보존법칙

에너지 보존법칙이란 보존계에서 상태 1의 기계역학적 에너지(운동에너지와 위치에너지의 합)는 상태 2의 기계역학적 에너지와 같음을 나타내며, 다음 식으로 표현할 수 있다.

$$T_1 + V_1 = T_2 + V_2$$

4.1 [그림 4-27]과 같이 무게 50 N의 나무토막을 수평면 위 3 m 높이에 놓고, 이 나무토막이 수평면과 55°를 이루는 경사면을 따라 자유롭게 내려가도록 두었다. 이때 (a) 중력에 의해 행해진 일과 (b) 중력 위치에너지의 변화량을 구하시오. 4.1절

***4.2** 변형되지 않았을 때의 길이가 40 cm이고, 스프링 상수가 $k = 100$ N/cm인 스프링이 있다. [그림 4-28]과 같이 질량 7 kg인 블록을 스프링 위에 놓고, 손으로 누른 상태에서 스프링은 20 cm 압축되었다. 이와 같이 블록을 누른 상태에서 손을 놓아 스프링이 지면에서 30 cm의 위치까지 올라갔다고 하면, 이때의 블록의 속력은 얼마인가? 단, 스프링과 블록은 함께 움직인다고 가정한다. 4.2절

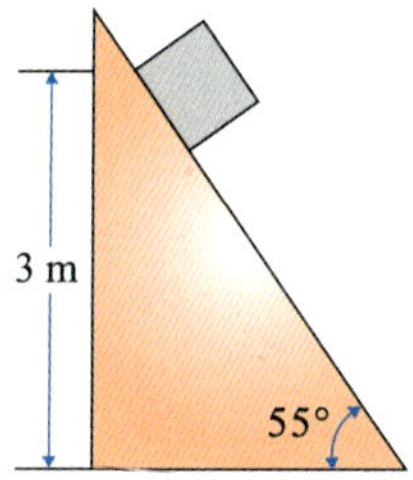

그림 4-27

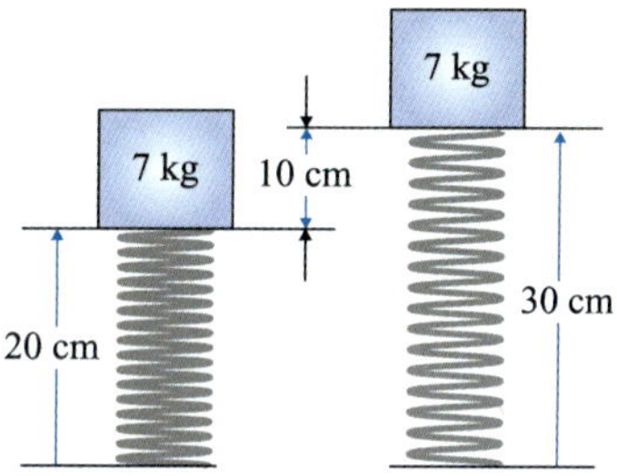

그림 4-28

4.3 [그림 4-29]와 같이 질량 100 kg인 볼이 줄에 연결되어 있다. 이 볼을 수직선과 35° 올라간 위치에서 자유롭게 놓았을 때, 맨 아래 점 위치에 왔을 때의 최대 속도는 얼마가 되겠는가? 단, 줄의 길이는 10 m이고 탄성이 없으며, 공기 저항도 없다고 가정한다. 4.2절

4.4 수력 시스템에 의해, 질량 20,000 kg인 물체에 [그림 4-30]과 같이 변화하는 힘이 작용하여 물체를 100 m 끌고 갔다. 이때 이 힘에 의해 행해진 일은 얼마이고, 100 m 위치에 도달했을 때의 나중 속도는 얼마인가? 4.2절

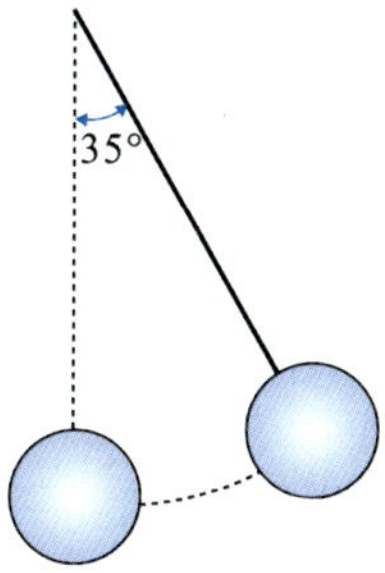

그림 4-29

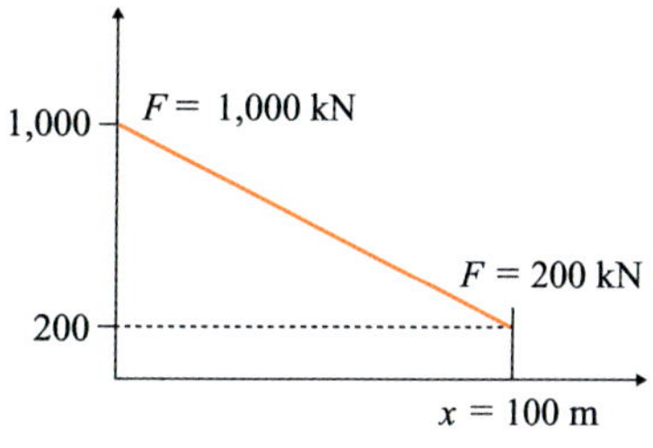

그림 4-30

4.5 질량이 900 kg인 자동차가 [그림 4-31]과 같이 25 m/s의 속도로 10° 경사진 길을 내려가다 브레이크를 밟아서 일정한 제동력 4,500 N을 유발하였다. 이 자동차가 정지할 때까지 움직인 거리를 구하시오. 4.2절

4.6 [그림 4-32]와 같이 질량이 각각 100 kg, 150 kg인 두 개의 블록 A와 B가 연결된 시스템이 있다. 두 블록을 정지상태에서 놓았다면, 블록 A가 1 m 움직였을 때의 속력을 구하시오. 블록 A와 블록 A와 맞닿은 면과의 동마찰계수는 $\mu_k = 0.3$이며, 도르래와 줄 사이의 마찰은 없는 것으로 가정하고, 도르래의 무게는 무시한다. 4.2절

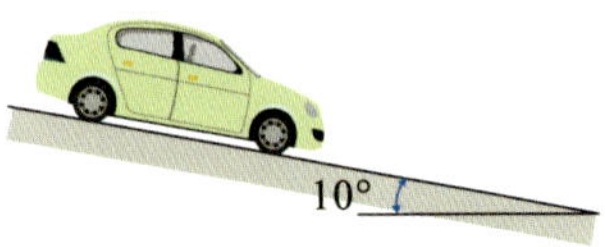

그림 4-31

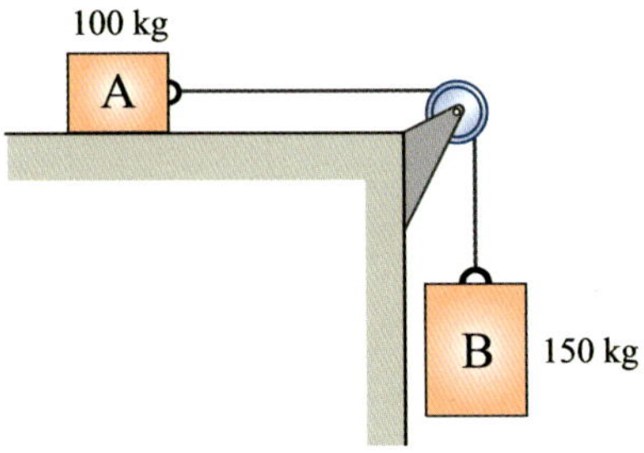

그림 4-32

4.7 [그림 4-33]과 같이 50 km/h의 속력으로 달리는 트럭이 브레이크를 밟아 2 m를 미끄러지다 멈추었다. 동일한 트럭이 100 km/h의 속력으로 달리다 브레이크를 밟았을 때는 몇 m를 지나 멈추겠는가? 4.2절

4.8 질량이 80 kg인 상자가 [그림 4-34]와 같이 $P_1 = 500\text{ N}$, $P_2 = 700\text{ N}$의 힘을 동시에 받는다. 정지상태에 있던 상자가 5 m/s의 속력에 도달하는 데 필요한 거리를 구하시오. 상자와 지면 사이의 동마찰계수는 $\mu_k = 0.25$이다. 4.2절

그림 4-33

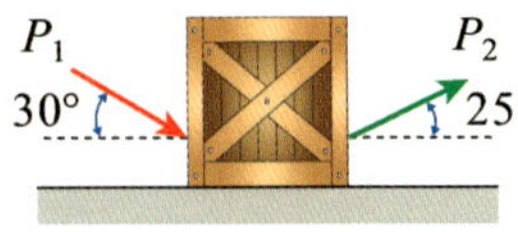

그림 4-34

4.9 [그림 4-35]의 A 위치에서 정지해 있던 질량 100 kg의 나무상자가 경사면을 따라 8 m를 미끄러져 내려왔다. 이때의 상자의 속력을 구하시오. 상자와 경사면 사이의 동마찰계수는 $\mu_k = 0.28$이다. 4.2절

*** 4.10** $m = 2$ kg의 블록이 [그림 4-36]과 같이 탄성력이 $F_s = ks^3$인 비선형 스프링에 초기속력 $v_1 = 2$ m/s으로 부딪친다. 스프링은 블록이 충돌한 후 $s = 0.1$ m 압축된다고 할 때, 블록의 나중 속력을 구하시오. 단, 블록은 바닥과의 마찰이 없는 매끄러운 바닥에서 움직이며, 스프링 상수는 $k = 4$ kN/m^{3}이다. 4.2절

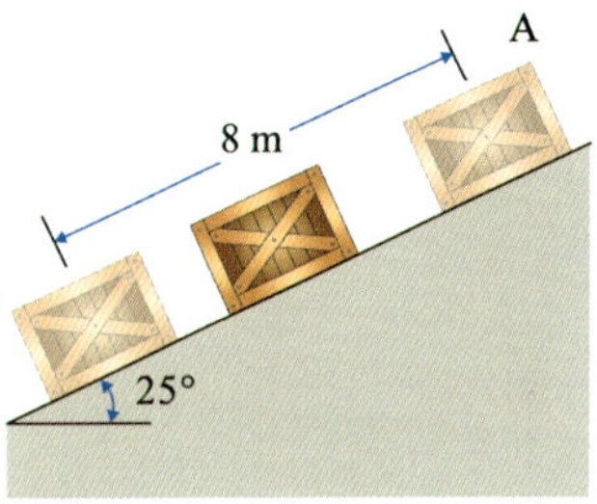

그림 4-35

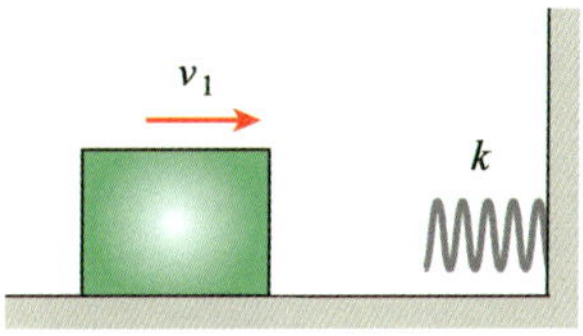

그림 4-36

4.11 $m = 3$ kg 블록에 [그림 4-37]과 같이 수평면과 30°를 이루는 힘 $F = 200$ N이 작용하였더니 블록이 오른쪽으로 $v_1 = 5$ m/s의 속력으로 $s = 10$ m를 미끄러졌다. 지면과 블록 사이의 동마찰계수가 $\mu_k = 0.3$일 때, 블록의 나중속력을 구하시오. 4.2절

4.12 질량 1,500 kg인 자동차가 [그림 4-38]과 같이 수평면과 10°를 이루는 경사로를 따라 정지상태로부터 출발하여 30초 동안 30 m/s 속력까지 균일하게 속력을 높여 간다. 엔진의 효율이 $\eta = 0.85$라 할 때, 이 엔진의 최대 동력을 구하시오. 또한 자동차의 엔진이 공급한 평균 동력은 얼마인가? 4.3절

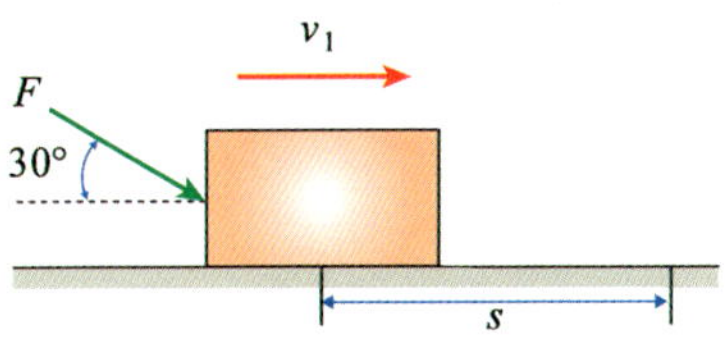

그림 4-37

그림 4-38

4.13 [그림 4-39]와 같은 미국 피츠버그에 있는 듀크스네 경사 엘리베이터는 수평면과 약 30° 기울어진 각도로 승객들을 수송한다. 승객을 포함한 엘리베이터의 총 질량이 5,500 kg이라면, 엘리베이터의 상승 속도 2.8 m/s를 유지하기 위한 동력(일률power)은 얼마인가? 4.3절

4.14 [그림 4-40]과 같이 7,000 kg의 질량을 갖는 로켓이 정지상태에서 출발하여 수직방향으로 일정한 추력 $T = 350$ kN을 받으며 날아간다. 이때 로켓 엔진의 출력 동력을 시간의 함수로 구하고, $t = 3$ s일 때의 출력 동력을 구하시오. 공기저항은 없다고 가정하고, 로켓의 연료 소모로 인한 질량 감소는 무시한다. 4.3절

그림 4-39

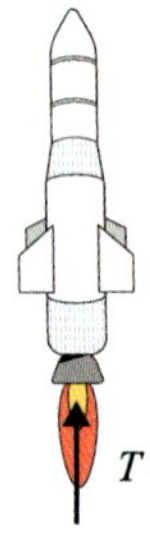

그림 4-40

4.15 [그림 4-41]과 같이 질량이 2,000 kg인 자동차가 있다. 이 자동차가 일전한 동력 $P = 100$ kW를 유지하면서 정지상태에서 출발하여 가속이 될 때, 자동차의 속력이 $v = 100$ km/h에 도달하는 데 이동한 거리 d를 구하시오. 4.3절

***4.16** 몸무게가 70 kg인 한 남자가 [그림 4-42]와 같이 길이 20 m의 변형되지 않은 번지를 이용하여 번지점프를 하고 있다. 탄성이 있는 번지가 늘어나기 바로 직전, 점퍼jumper의 속력은 얼마나 되겠는가? 이때 공기저항은 무시한다. 또한 점퍼가 최대거리 45 m만큼 떨어졌다면 이때의 번지의 스프링 상수는 얼마인가? 4.5절

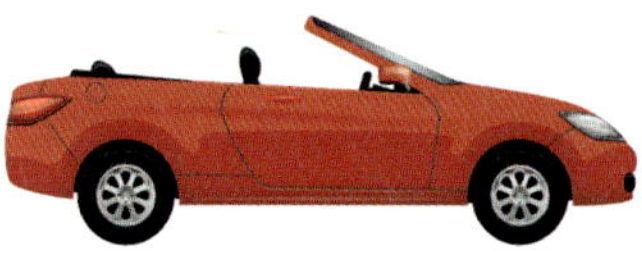

그림 4-41

그림 4-42

4.17 [그림 4-43]과 같이 $m = 1$ kg인 정지상태에 있던 블록이 수평면과 30°의 각도를 이루는 마찰이 없는 경사로를 따라 $d = 5$ m를 내려간다. 정지상태에서 미끄러져 $d = 5$ m 내려간 직후의 블록의 속도를 구하시오. 4.5절

***4.18** $m = 1$ kg인 블록이 [그림 4-44]와 같이 스프링 상수가 $k = 100$ N/m인 스프링의 꼭대기로부터 $h = 5$ m인 높이에서 떨어져 스프링을 d만큼 압축하여 밀고 내려가 멈춘다. 이 경우 스프링의 압축량 d는 얼마인가? 스프링의 질량과 공기적인 마찰은 없다고 가정한다. 단, 그림에 표현된 스프링 위치가 스프링이 변형되지 않은 위치이다. 4.5절

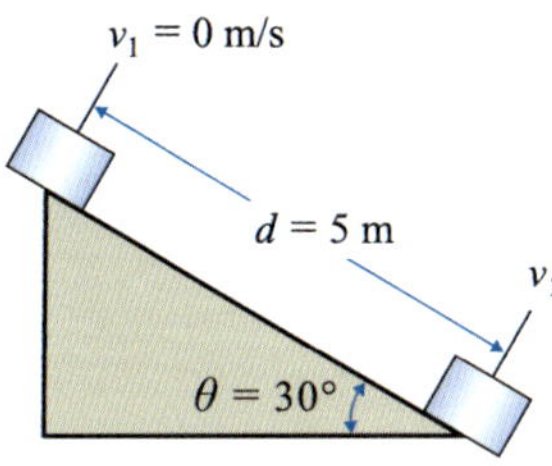

그림 4-43

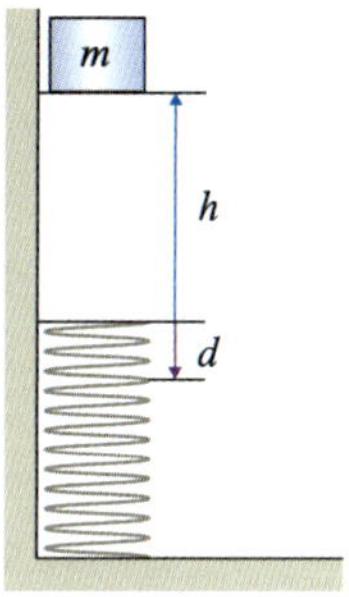

그림 4-44

***4.19** [그림 4-45]와 같이 $m_A = 18{,}000$ kg인 열차 A가 $v_A = 10$ km/h의 속력으로 스프링에 부딪쳤다가 스프링을 $d = 0.2$ m만큼 밀고 들어가 스프링을 압축한 후 멈춘다고 할 때, 최소 스프링 상수 k를 구하시오. 단, 그림에 보이는 상태는 스프링이 변형되지 않은 상태이다. 4.5절

4.20 [그림 4-46]과 같이 $m = 2$ kg인 진자 추가 점 P에서 정지상태에 있다가 그대로 놓인다. 맨 아래 점 Q에 도달하는 순간의 진자 추의 속력과 줄의 장력을 구하시오. 4.5절

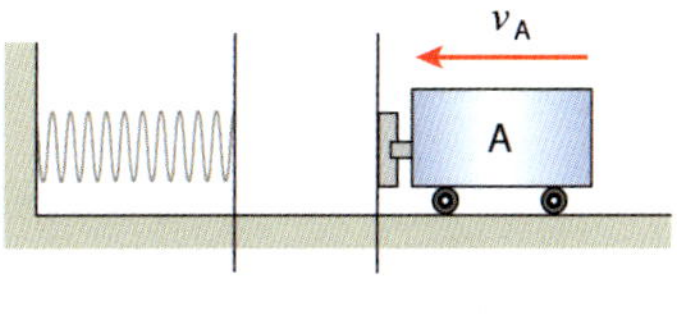

그림 4-45

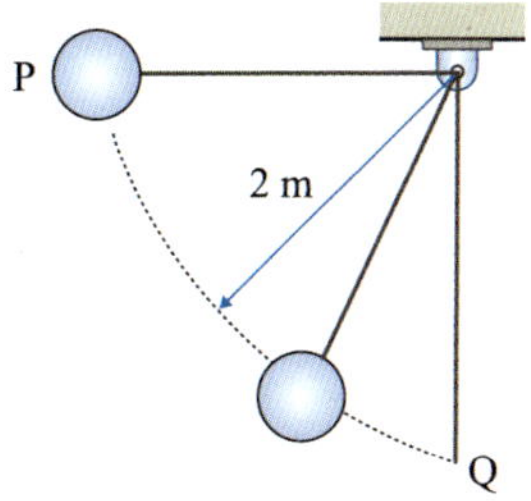

그림 4-46

동계올림픽의 봅슬레이 경기에서, 선수들이 빙판 위에서 봅슬레이를 타면서 처음에 힘차게 가속하는 광경을 목격한 경험이 있을 것이다. 이는 최대한도로 처음에 봅슬레이를 가속시켜 운동량의 변화량을 크게 하기 위함이다. 이 장에서는 운동량과 충격량의 원리를 통해, 봅슬레이 경기 활주로 어느 곳에서 최대속도를 얻을 수 있고, 최대속도가 얼마나 되는지를 계산하는 법을 알아본다.

CHAPTER
05

질점의 운동역학 : 운동량과 충격량

Kinetics of a particle : Momentum & Impulse

학습목표

- 질점에 대한 운동량과 충격량을 이해한다.
- 질점의 선형운동량과 선형충격량의 원리를 이해한다.
- 선형운동량 보존에 대해 학습한다.
- 직선(1차원)운동 및 평면(2차원)운동의 충돌에 대한 개념과 충돌역학을 해석한다.
- 각운동량과 각충격량의 원리를 이해한다.
- 각운동량 보존에 대해 살펴본다.
- 우주역학과 중심력 운동에 대해 학습한다.

SECTION 5.1

선형운동량과 선형충격량의 원리

- ✔ 질점에 대한 운동량과 충격량에 대해 이해한다.
- ✔ 운동량과 충격량의 관계를 살펴본다.
- ✔ 질점과 질점계에 대한 선형운동량과 선형충격량의 원리를 학습한다.
- ✔ 3차원 좌표계에 성분으로 표시함으로써 선형운동량과 선형충격량의 원리를 이해할 수 있다.

5.1.1 운동량과 충격량의 개요

운동량momentum은 크게 **선형운동량**linear momentum과 **각운동량**angular momentum으로 구분할 수 있다. 선형운동량은 질점이 직선운동할 때, 각운동량은 회전운동할 때 발생한다. 특히 선형운동량은 직선방향으로의 움직임의 정도를 나타내는 물리량으로서 물체의 운동을 기술하는 기본적인 물리량이다. 선형운동량은 **병진운동량**translational momentum 이라고도 하며, 간단히 **운동량**이라고 부른다. 운동량은 물리학, 특히 뉴턴 역학에서 물체의 질량과 속도의 곱으로 표현되는 물리량으로서 통상적으로 그 크기는 소문자 p로 표현한다. 빠르게 움직이는 무거운 자동차 같은 물체는 운동량이 크다. 무거운 자동차를 빠른 속도까지 가속시키기 위해서는 큰 힘을 장시간 가해야 하고, 반대로 그 자동차를 멈추기 위해서도 큰 힘을 장시간 작용시켜야 한다. 자동차가 더 가볍다거나 더 느리게 움직인다면 그만큼 운동량도 작아진다. 선형운동량은 보존되는 양으로, 외부에서 가해지는 힘에 의한 영향이 없는 닫힌계의 선형운동량의 총합은 변하지 않는다.

[그림 5-1]에서와 같이 질량 m을 갖는 볼ball이 힘의 크기 F에 의해 Δt라는 시간 동안 v_0의 속력에서 v의 속력으로 변화되었다고 하면, 다음 식과 같은 관계가 성립된다.

$$I = F\Delta t = mv - mv_0 = \Delta p \tag{5.1}$$

식 (5.1)에서 Δp는 선형운동량의 변화량이며, I는 **충격량**impulse이라고 부른다. 충격량은 물체가 받은 **충격**impact의 정도를 나타내는 물리량으로 이 또한 **선형충격량**linear impulse과 **각충격량**angular impulse으로 분류된다.

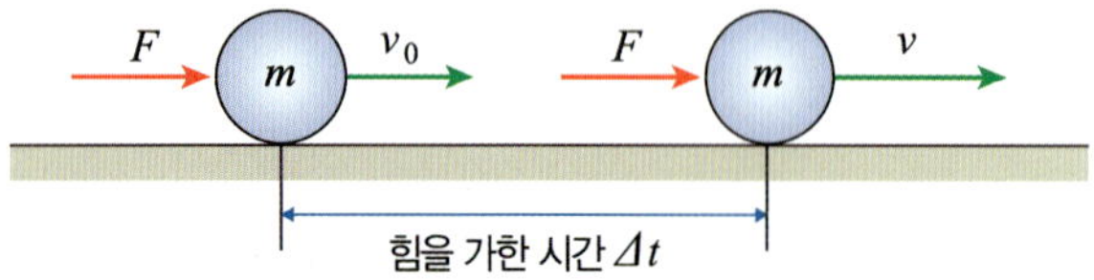

그림 5-1 볼에 작용한 힘에 의한 운동량의 변화

[그림 5-2]는 서로 다른 두 소재(예 콘크리트 바닥과 매트리스)에 낙하한 동일 탄성 물체(예 농구공)에 가해지는 충격량의 예를 보여준다. 그래프 A가 콘크리트 바닥이라면, 그래프 B는 매트리스에 해당한다. 그림에서 알 수 있듯이, 매트리스에 떨어진 농구공은 충돌 **지속시간**duration time(힘이 작용하는 시간)이 길고, 콘크리트는 충돌 지속시간이 짧다. 여기서 충돌 지속시간이란 농구공이 콘크리트 바닥에 충돌하는 시간부터 농구공이 튀어나오기 바로 직전까지의 시간을 말한다. 두 포물선 아래의 면적은 충격량이 되며, 그래프 A와 B의 면적은 동일하여 충격량이 보존된다고 할 수 있다. 그림의 세로축은 힘 축에 해당되고 충격력과 관계가 있다. 충격량은 동일하더라도 충격력은 다를 수 있다. 가령 매트리스에 떨어진 농구공보다 콘크리트에 떨어진 농구공 쪽의 충격력이 더 크다. 충격은 일상생활에서 자주 마주치게 되는 현상으로 예를 들면 차량 충돌로 인한 충격이나 물체의 낙하로 인한 충격, 운동 중 점프로 인한 충격 등이다. 이러한 충격에 의한 충격력을 줄이는 기구로는 야구글러브, 공사현장에서 주로 사용되는 안전모 등을 예로들 수 있는데, [그림 5-3]은 자동차의 진동이나 충격을 완화시키는 **충격완충기**shock absorber를 보여준다.

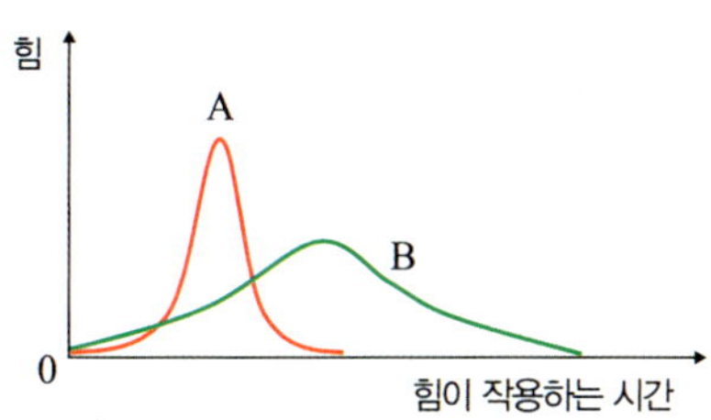

그림 5-2 서로 다른 두 소재에 낙하한 충격량의 예

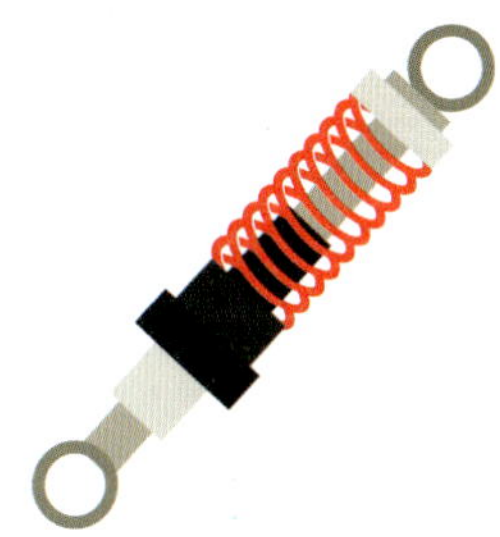

그림 5-3 차량 충격완충기

5.1.2 질점에서의 선형운동량과 선형충격량

5.1.1절에서 선형운동량과 선형충격량의 개념에 대해 알아보았다. 이 절에서는 이러한 선형운동량과 선형충격량의 원리를 뉴턴의 운동 제2법칙으로부터 유도해보자. 뉴턴의 운동 제2법칙은 다음과 같다.

$$\Sigma \mathrm{F} = m\mathrm{a} = m\frac{d\mathrm{v}}{dt} \tag{5.2}$$

식 (5.2)에서 미소시간 dt를 힘에 곱해주어 변수분리하고, $t = t_1$에서 $t = t_2$까지 적분하면 다음과 같다.

$$\Sigma \int_{t_1}^{t_2} \mathrm{F}\, dt = m\int_{\mathrm{v}_1}^{\mathrm{v}_2} d\mathrm{v} \tag{5.3}$$

식 (5.3)을 다시 정리하면 다음과 같이 충격량 $\Sigma \int_{t_1}^{t_2} \mathrm{F}\, dt$는 운동량의 변화량 $m\int_{\mathrm{v}_1}^{\mathrm{v}_2} d\mathrm{v}$로 나타낼 수 있다.

$$\Sigma\int_{t_1}^{t_2}\mathrm{F}\,dt = m(\mathrm{v}_2-\mathrm{v}_1) \text{ 또는 } m\mathrm{v}_1+\Sigma\int_{t_1}^{t_2}\mathrm{F}\,dt = m\mathrm{v}_2 \tag{5.4}$$

식 (5.4)를 **선형운동량과 선형충격량의 원리**principle of linear momentum and linear impulse라고 한다. 질점의 초기속도가 주어지고, 이 질점에 작용하는 힘이 일정한 크기이거나 시간의 함수로 주어지면, 이 식을 이용하여 나중속도를 구할 수 있다.

[그림 5-4]는 "상태 1의 선형운동량과 그때의 선형충격량을 합한 것이 상태 2의 선형운동량과 같다"는 소위 선형운동량과 선형충격량의 원리를 보여준다. 그림에서 알 수 있듯이, 상태 1의 선형운동량 벡터의 방향은 상태 1의 속도방향과 같고, 선형충격량 벡터도 힘 벡터의 방향과 같다. 따라서 이 두 벡터(상태 1의 선형운동량 벡터와 선형충격량 벡터)를 더한 것이 상태 2의 선형운동량 벡터인 $m\mathrm{v}_2$인 것이다.

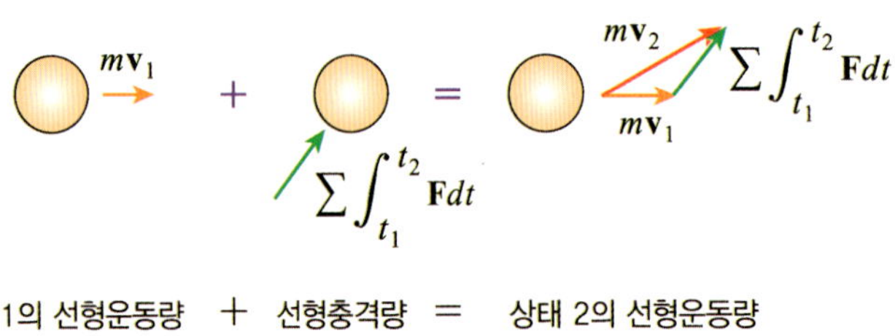

그림 5-4 충격으로 인한 운동량의 변화

대단히 짧은 시간 동안 질점에 큰 힘이 작용하면 일정한 운동량의 변화가 발생하게 되는데, 이러한 힘을 충격력impulsive force이라 한다. 질점에 큰 충격력이 작용할 때 이 충격력에 비해 대단히 작은 무게, 스프링 힘 등 소소한 기타 힘들을 비충격력non-impulsive force이라고 부르며, 이러한 힘들은 충격 해석을 하는 데 있어 무시해도 큰 무리가 없다.

이제 선형운동량에 대해 알아보자. 선형운동량 벡터를 기호 p로 표현하면, 다음과 같이 나타낼 수 있다.

$$\mathrm{p} = m\mathrm{v} \tag{5.5}$$

선형운동량의 방향은 속도의 방향과 같고, 그 크기는 질량과 속력의 곱인 mv이다. 또한 선형운동량의 단위는 [kg·m/s]이다.

선형충격량은 선형운동량의 변화량으로 힘이 질점에 작용하는 시간 동안의 효과를 나타내는 벡터 물리량이다. 선형충격량 벡터를 기호 I로 표현하면, 다음과 같이 나타낼 수 있다.

$$\mathrm{I} = \int_{t_1}^{t_2} \mathrm{F}\, dt \tag{5.6}$$

식 (5.6)과 같이 표현되는 선형충격량은 힘과 같은 방향의 벡터이며, 단위는 [N · s]이다.

[그림 5-5]는 선형충격량 선도를 나타낸 것이다. 그림 (a)는 일정한 힘의 크기에 의한 선형충격량 선도이고, 그림 (b)는 변동하는 힘에 의한 선형충격량 선도이다. [그림 5-5]에서 F_c와 F는 각각 일정한 힘 벡터 F_c와 변동하는 힘 벡터 F 의 크기이다. 만일 일정한 힘 F_c가 시간 t_1과 t_2 사이 동안 질점에 가해졌다면 선형충격량은 다음과 같이 표현된다.

$$\mathrm{I} = \int_{t_1}^{t_2} \mathrm{F}_c\, dt = \mathrm{F}_c\,(t_2 - t_1) \tag{5.7}$$

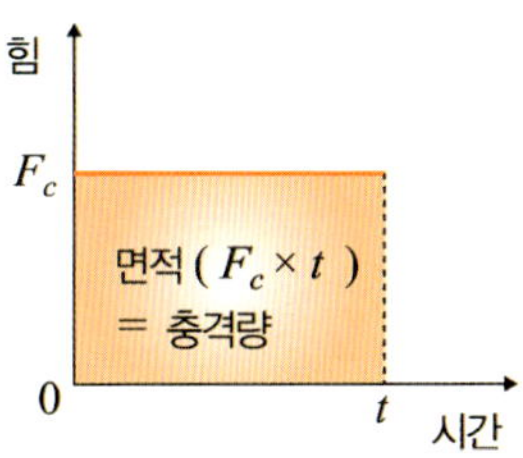

(a) 일정한 힘의 경우

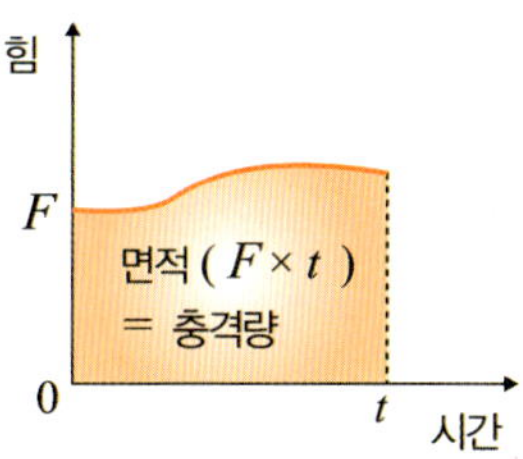

(b) 변동하는 힘의 경우

그림 5-5 선형충격량 선도

5.1.3 좌표 성분에 의한 선형운동량과 선형충격량의 원리

식 (5.4)의 벡터량으로 표시된 선형운동량과 선형충격량의 원리를 실제 문제에 푸는 데 적용시키기 위해서는 다음과 같이 3차원 공간상에서의 좌표 각각에 대해 성분 식으로 표현하여 적용시키는 것이 편리하다. 예를 들어 x-y-z 좌표계의 각각의 방향에 대해 선형운동량과 선형충격량의 원리를 도입하면 다음과 같다.

$$m\,(v_1)_x + \Sigma \int_{t_1}^{t_2} F_x\, dt = m\,(v_2)_x \tag{5.8}$$

$$m\,(v_1)_y + \Sigma \int_{t_1}^{t_2} F_y\, dt = m\,(v_2)_y \tag{5.9}$$

$$m\,(v_1)_z + \Sigma \int_{t_1}^{t_2} F_z\, dt = m\,(v_2)_z \tag{5.10}$$

5.1.4 질점계에 대한 선형운동량과 선형충격량의 원리

질점에 대한 선형운동량과 선형충격량의 원리를 무수히 많은 질점들이 모인 질점계에 적용시켜 보자. [그림 5-6]은 질점들로 이루어진 질점계를 보여준다. 이 그림은 이전의 운동역학에 관한 3장(3.3.2절의 [그림 3-14])과 4장(4.2절의 [그림 4-12])에서도 유사하게 나타낸 바 있고, 질점계에 대해서도 이미 언급하였다. 기억을 상기시키기 위해 이 절에서도 질점계와 관련한 내용을 복습하기로 한다.

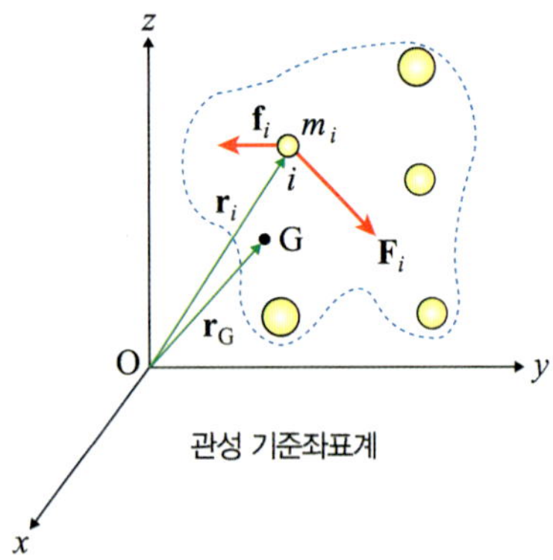

그림 5-6 x-y-z 관성좌표계에서의 질점계

[그림 5-6]의 x-y-z **관성좌표계**inertial reference frame에서 임의의 i번째 질점의 질량을 m_i라 하고, 기준점(원점) O에서 이 i번째 질점까지의 위치벡터를 $\mathbf{r}_i$, 질점들로 이루어진 질점계의 질량중심 또는 무게중심을 G, 원점으로부터 질량중심까지의 위치벡터를 $\mathbf{r}_G$, 그리고 임의의 질점 i에 작용하는 내력과 외력을 각각 $\mathbf{f}_i$, $\mathbf{F}_i$라 하자. 여기서 외력 $\mathbf{F}_i$는 이 질점계에 포함되지 않은 인접하는 물체들이나 질점들 사이의 인력이나 접촉력 등을 모두 포함한다. 임의의 i번째 질점에 대한 뉴턴의 운동 제2법칙을 질점계 전체에 대해 적용시키면 다음과 같다.

$$\Sigma\mathbf{F}_i + \Sigma\mathbf{f}_i = \Sigma m_i\mathbf{a}_i = \Sigma m_i\frac{d\mathbf{v}_i}{dt} \tag{5.11}$$

식 (5.11)에서 내력의 합인 $\Sigma\mathbf{f}_i$는 질점들 간에 서로 상쇄되어, 최종적으로 뉴턴의 운동 제2법칙에는 외력의 합만이 포함되는 것이다. 식 (5.11)의 dt를 $\Sigma\mathbf{F}_i$ 항에 곱하고 변수분리 후 양변을 적분하면 다음과 같다.

$$\int_{t_1}^{t_2}\Sigma\mathbf{F}_i\,dt = \Sigma m_i\int_{(\mathbf{v}_i)_1}^{(\mathbf{v}_i)_2} d\mathbf{v}_i \tag{5.12}$$

식 (5.12)의 우변을 정리하여 식 (5.12)를 다시 정리하면 다음과 같다.

$$\sum m_i(\mathrm{v}_i)_1 + \int_{t_1}^{t_2} \sum \mathrm{F}_i \, dt = \sum m_i(\mathrm{v}_i)_2 \tag{5.13}$$

질점계 전체의 질량을 m이라 하면, $m = \sum m_i$의 관계가 있고 $m\mathrm{v}_G = \sum m_i \mathrm{v}_i$인 관계가 있다. 이러한 관계를 식 (5.13)에 대입하면 다음과 같이 질점계에 대한 선형운동량과 선형충격량의 원리가 된다.

$$\sum \int_{t_1}^{t_2} \mathrm{F}_i \, dt = m(\mathrm{v}_G)_2 - m(\mathrm{v}_G)_1 \quad \text{또는} \quad m(\mathrm{v}_G)_1 + \sum \int_{t_1}^{t_2} \mathrm{F}_i \, dt = m(\mathrm{v}_G)_2 \tag{5.14}$$

이 식의 의미는 상태 1의 선형운동량에 t_1에서 t_2의 시간 동안에 질점계에 작용하는 외력에 의한 충격량을 더한 것은 상태 2의 선형운동량과 같다는 것이다. 또한 이 식은 질점 하나에 대한 선형운동량과 선형충격량의 원리와 아주 유사하다.

예제 5-1 나무상자의 나중속도 구하기

[그림 5-7(a)]와 같이 질량 60 kg의 나무상자가 정지상태에서 $P = 400$ N의 힘으로 견인된다. 상자와 지면 사이의 동마찰계수가 $\mu_k = 0.25$이면, $t = 5$초일 때의 상자의 속력을 구하시오.

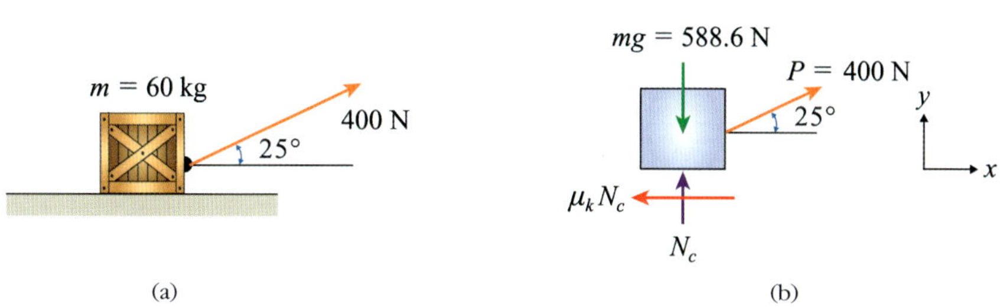

그림 5-7 견인되는 나무상자

분석

- [그림 5-7(b)]의 자유물체도에서 x-y 방향에 대해 선형운동량과 선형충격량의 원리를 적용한다.

풀이

- [그림 5-7(b)]에서와 같이 x-y 방향에 대해 선형운동량과 선형충격량의 원리를 적용해보자. 먼저 y 방향에 선형운동량과 선형충격량의 원리를 적용하면 식 (1)과 같고, 식 (1)에 주어진 수치 값들을 대입하여 정리하면 수직항력 N_c를 구할 수 있다.

$$m(v_y)_1 + \sum \int_{t_1}^{t_2} F_y dt = m(v_y)_2 \tag{1}$$

$$0 + N_c(5) + 400\sin 25° \times (5) - 60 \times 9.81(5) = 0, \quad N_c = 419.55 \text{ N} \tag{2}$$

• 이제 x 방향에 선형운동량과 선형충격량의 원리를 적용하면 식 (3)과 같다.

$$m(v_x)_1 + \Sigma\int_{t_1}^{t_2} F_x\,dt = m(v_x)_2 \tag{3}$$

주어진 수치 값을 식 (3)에 대입하고 정리하면 x 방향의 나중속도 $(v_x)_2$를 구할 수 있다.

$$0 + 400\cos 25° \times (5) - 0.25 \times (419.55)(5) = 60(v_x)_2 \tag{4}$$

$$(v_x)_2 = 21.47\ \mathrm{m/s}$$

고찰

• y 방향으로는 운동이 없고, x 방향에 대해 선형운동량과 선형충격량의 원리를 적용한다. y 방향은 결국 힘의 평형 조건과 같다.

예제 5-2 도르래 시스템의 블록 속도 구하기

[그림 5-8(a)]의 도르래 시스템의 블록 A와 B의 질량은 각각 3 kg과 1 kg이다. 정지상태에서 도르래의 줄을 놓았을 때, 5초 후의 블록 A, B의 속도와 줄의 장력을 구하시오. 도르래와 줄의 질량은 무시한다.

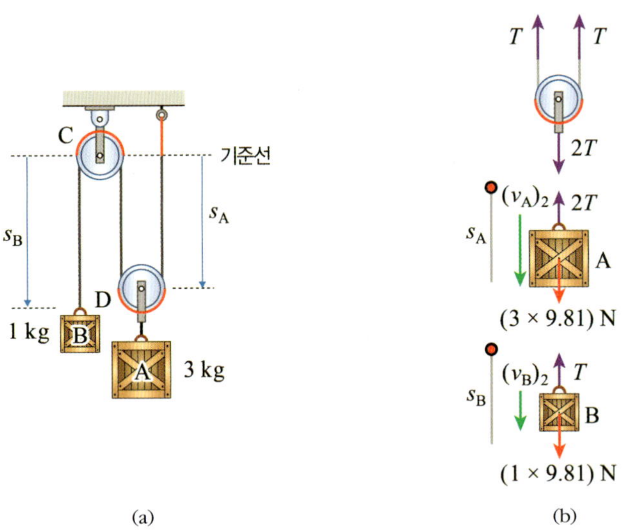

그림 5-8 도르래 시스템의 블록들

분석

• [그림 5-8(b)]의 자유물체도에서 두 블록 A, B의 수직방향에 대한 선형운동량과 선형충격량의 원리를 적용한다.

풀이

- [그림 5-8(b)]에서와 같이 두 블록 A, B의 수직방향에 대해 선형운동량과 선형충격량의 원리를 적용해보자. 먼저 블록 A에 있어서는 선형운동량과 선형충격량의 원리를 적용하면 식 (1)과 같고, 주어진 수치 값을 식 (1)에 대입하면 식 (2)와 같이 된다.

$$m_A(v_A)_1 + \Sigma\int_{t_1}^{t_2} F_y dt = m_A(v_A)_2 \tag{1}$$

$$0 + 3(9.81)(5) - 2T(5) = 3(v_A)_2 \tag{2}$$

- 이제, 블록 B에 선형운동량과 선형충격량의 원리를 적용하면 식 (3)과 같다.

$$m_B(v_B)_1 + \Sigma\int_{t_1}^{t_2} F_y dt = m_B(v_B)_2 \tag{3}$$

주어진 수치 값을 식 (3)에 대입하면 식 (4)와 같이 된다.

$$0 + (1)(9.81)(5) - T(5) = (v_B)_2 \tag{4}$$

- 절대 종속운동의 경우, 전체 줄의 길이가 일정하므로 다음과 같은 관계가 성립된다.

$$2s_A + s_B = l \tag{5}$$

식 (5)를 시간에 대해 한 번 미분하면 다음과 같은 속도 관계식을 얻을 수 있다.

$$2(v_A)_2 + (v_B)_2 = 0 \tag{6}$$

식 (6)을 다시 정리하면 다음과 같은 관계식을 얻는다.

$$(v_B)_2 = -2(v_A)_2 \tag{7}$$

- 이제 식 (2), (4), (7)을 연립으로 풀면 최종적으로 다음과 같이 5초 후의 블록 A와 블록 B의 속도 $(v_A)_2$, $(v_B)_2$와 줄의 장력 T를 구할 수 있다.

$$(v_A)_2 = 7.01\ \text{m/s},\ (v_B)_2 = -14.01\ \text{m/s},\ T = 12.613\ \text{N}$$

고찰

- 두 블록 A, B에 선형운동량과 선형충격량의 원리를 적용하고, 절대 종속운동의 특징을 도입한다.

예제 5-3 마찰이 작용하는 블록 속도 구하기

[그림 5-9(a)]와 같이 벽으로부터 5 m 떨어진 질량 4 kg인 블록이 $v_0 = 10\ \mathrm{m/s}$의 속력으로 벽을 향해 미끄러진다. 블록과 바닥 사이의 동마찰계수가 $\mu_k = 0.25$라면, 블록을 멈추는 데 필요한 블록에 대한 벽의 충격량을 구하시오. 충돌하는 동안 블록에 작용하는 마찰 충격량은 무시한다.

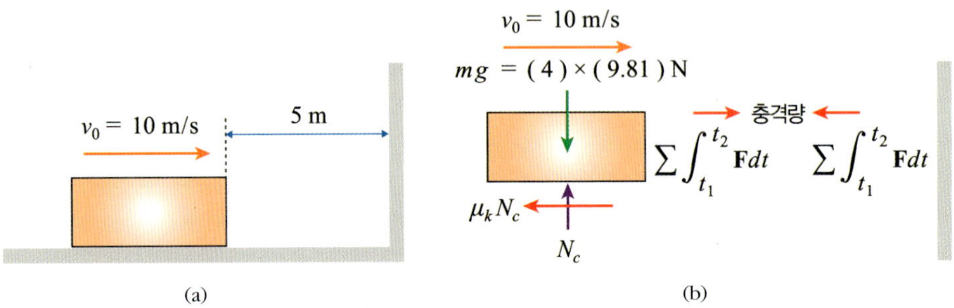

그림 5-9 마찰이 있는 블록 시스템

분석

- [그림 5-9(b)]의 자유물체도에서 x-y 방향에 대해 뉴턴 운동법칙을 적용하고, 그 후 x 방향에 대해 선형운동량과 선형충격량의 원리를 적용한다.

풀이

- [그림 5-9(b)]의 y 방향에 대해 뉴턴의 운동 제2법칙을 적용한다. 그러나 y 방향으로는 운동이 없으므로 y 방향에 대한 뉴턴의 운동 제2법칙은 식 (1)과 같이 표현된다.

$$\sum F_y = m a_y = 0 \tag{1}$$

식 (1)을 정리하면 $N_c - mg = 0$과 같고, 이로부터 수직항력 N_c는 다음과 같이 계산된다.

$$N_c = 4 \times 9.81 = 39.24\ \mathrm{N}$$

이제 x 방향에 대해 뉴턴의 운동 제2법칙을 적용하면 식 (2)와 같다.

$$\sum F_x = m a_x, \quad -\mu_k N_c = m a_x, \quad -0.25\,(39.24) = 4 a_x \tag{2}$$

식 (2)로부터 x 방향 가속도를 구하면 $a_x = -2.45\ \mathrm{m/s^2}$이 된다.

- 질점의 운동학 관계식인 $v_x dv_x = a_x dx$를 이용하여 양변을 적분하면 식 (3)과 같다.

$$\int_{v_0}^{v} v_x dv_x = \int_0^5 a_x dx \tag{3}$$

식 (3)을 정리하면 식 (4)와 같고, 식 (4)로부터 x 방향 속도 v_x를 구할 수 있다.

$$v_x^2 = v_0^2 + 2a_x x, \quad v_x^2 = 10^2 + 2(-2.45)(5-0) \tag{4}$$

$$v_x = 8.69 \text{ m/s}$$

- 이제 x 방향에 대해 선형운동량과 선형충격량의 원리를 적용하면 식 (5)와 같고, 식 (5)로부터 선형충격량 I를 구할 수 있다. 이때 식 (5)의 $(v_x)_2$는 식 (4)의 v_x와 같다.

$$m(v_x)_1 + \Sigma\int_{t_1}^{t_2} F_x dt = m(v_x)_2, \quad (4)\times(8.69) - I = 0 \tag{5}$$

$$I = 34.76 \text{ N}\cdot\text{s}$$

고찰

- 뉴턴의 운동 제2법칙과 선형운동량과 선형충격량의 원리를 문제를 푸는 데 동시에 적용한다.

예제 5-4 경사면 위 블록의 정지시간 구하기

[그림 5-10(a)]와 같이 질량 4 kg인 블록이 위치 A에 정지상태로 놓여 있다가 수평면과 45°의 경사면을 따라 미끄러져 내려간다. 블록과 경사면 사이에는 마찰이 없고, 수평면과 블록 사이의 동마찰계수는 $\mu_k = 0.25$이다. 블록이 멈출 때까지 움직인 시간을 구하시오. 블록은 질점으로 간주한다.

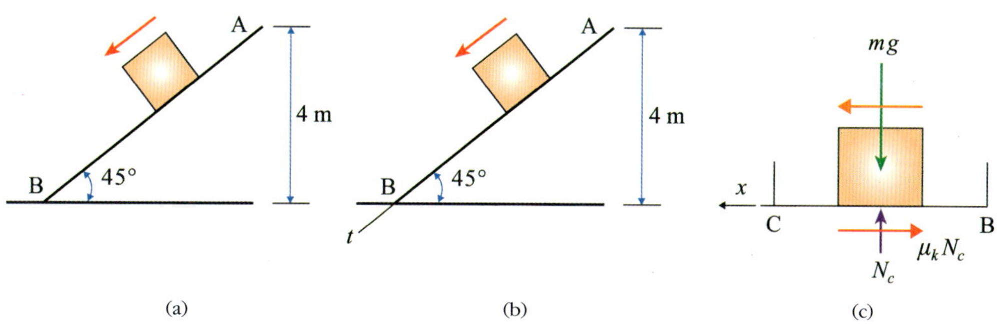

그림 5-10 경사면 위의 블록

분석

- [그림 5-10(b)]의 점 A에서 경사면 아래 끝 점 B까지의 도달시간 t_s를 구한다.
- [그림 5-10(c)]의 점 B부터 수평면의 블록이 정지하는 위치 C까지의 정지시간 t_f를 구한다. 이를 위해 수평면 x 방향에 대해 선형운동량과 선형충격량의 원리를 적용한다.

풀이

• 경사면 아래 끝을 점 B라 하면, 점 A에서 점 B까지 가는 데 걸린 시간 t_s를 구하기 위해 점 B에의 도달 속도 v_B를 구하자. 점 A에서의 운동에너지와 위치에너지를 각각 T_A, V_A, 점 B에서의 운동에너지와 위치에너지를 각각 T_B, V_B라 하고, 점 A와 점 B 사이에 에너지 보존법칙을 적용하면 식 (1)과 같다.

$$T_A + V_A = T_B + V_B \tag{1}$$

식 (1)에 관계되는 수식을 대입하면 식 (2)와 같이 된다.

$$0 + mgh = \frac{1}{2}mv_B^2 + 0 \tag{2}$$

식 (2)로부터 $v_B = \sqrt{2gh} = \sqrt{(2)(9.81)(4)} = 8.86\ \text{m/s}$가 된다.

• [그림 5-10(b)]에서 경사면의 가속도는 $\Sigma F_t = ma_t$, $mg\sin\theta = ma_t$, $a_t = g\sin\theta$이다. $\dfrac{dv}{dt} = a_t$, $\int_0^{v_B} dv = \int_0^{t_s} g\sin 45°\, dt$로부터 식 (3)과 같이 점 B에의 도달시간 t_s를 구할 수 있다.

$$t_s = \left(\frac{v_B}{g\sin 45°}\right) = \left(\frac{8.86}{9.81 \times 0.707}\right) = 1.277\ \text{s} \tag{3}$$

• 수평면 x 방향에 대해 선형운동량과 선형충격량의 원리를 적용하면 식 (4)와 같다. 다만, 식 (3)의 속력 v_B는 아래 식 (4)의 $(v_x)_1$이 되는 것이다. 또한 블록이 멈추는 속도 $(v_x)_2 = 0$이다.

$$m(v_x)_1 + \Sigma\int_0^{t_f} F_x\, dt = m(v_x)_2,\quad (4)(8.86) - \mu_k N_c(t_f) = 0 \tag{4}$$

식 (4)에 주어진 마찰계수 값 $\mu_k = 0.25$, 수직방향의 수직항력 $N_c = mg = (4 \times 9.81)\ \text{N}$을 대입하면 점 C에의 도달시간 t_f는 다음과 같다.

$$t_f = 3.613\ \text{s}$$

따라서 경사면 끝에 도달하는 시간 t_s와 수평면에서의 정지시간 t_f를 합하여 다음과 같이 전체 시간 t를 구한다.

$$t = t_s + t_f = 1.277 + 3.613 = 4.89\ \text{s}$$

고찰

• 경사면과 수평면을 움직이는 블록의 운동역학 문제는 경사면 끝의 도달시간 t_s와 수평면 위에서 멈추는 시간 t_f를 구하는 데 주의가 필요하며, 적용되는 법칙이나 원리도 에너지 보존법칙과 선형운동량과 선형충격량의 원리를 함께 적용하여 문제를 풀어야 한다.

SECTION 5.2

선형운동량 보존

- ✔ 선형운동량 보존법칙에 대해 학습한다.
- ✔ 선형운동량 보존에 대한 실제 예를 통해, 질점의 운동역학 문제를 해결할 수 있다.

선형운동량은 물체의 질량과 속도의 곱으로 표현되는 운동량으로서 외력을 받지 않는 계 내부에서는 변하지 않고 보존된다. 즉 외력을 받아 물체가 운동을 하고, 운동량이 변하는 것이다. 외력이 작용하지 않는 계를 볼 때, 가령 두 개의 공이 계 내부에서 충돌을 하는 경우 두 공 사이에는 상호작용력만 있고 외부의 힘이 작용되는 것은 아니다. 물체 사이에 에너지가 이동하고 운동량이 변하지만, 계 전체의 운동량은 보존된다. **선형운동량 보존**conservation of linear momentum이란 엄밀히 말하면 두 개 이상의 질점, 즉 **질점계**에 대한 선형운동량 보존이라는 표현이 더 적합한 표현이다. 질점계에 작용하는 모든 외력에 의한 충격량이 0일 때, 다음과 같은 관계로 귀결된다.

$$\Sigma m_i (\mathrm{v}_i)_1 = \Sigma m_i (\mathrm{v}_i)_2 \tag{5.15}$$

식 (5.15)는 질점계의 선형운동량 보존을 의미한다. 질점계의 전체의 질량을 m이라 하면, $m\mathrm{v}_G = \Sigma m_i \mathrm{v}_i$의 관계에 의해 다음과 같음을 알 수 있다.

$$(\mathrm{v}_G)_1 = (\mathrm{v}_G)_2 \tag{5.16}$$

[그림 5-11]에서와 같은 쇠구슬 진자의 운동을 뉴턴 진자운동이라고도 한다. 설명의 편의상 5개의 쇠구슬 진자 중 맨 왼쪽부터 1, 2, 3, 4, 5의 번호를 붙여보자. 그림에서처럼 1번 진자를 잡아당긴 상태에서 놓으면, 1번 진자는 2번 진자를 타격한 후에 1번 진자는 멈추고, 5번 진자는 타격 전의 처음 1번 진자의 높이만큼 오른쪽 위 방향으로 올라간다. 다시 5번 진자가 내려오면서 4번 진자를 타격하면 5번 진자는 그 자리에 멈추고, 1번 진자가 왼쪽 위 방향의 최초 자신의 위치로 튀어 오른다. 이러한 운동이 반복되면서 선형운동량이 보존됨을 알 수 있다. 또한 탄성체 쇠구슬의 운동에서 운동에너지도 보존된다. 이제 선형운동량 보존법칙과 운동에너지 보존의 두 관계식을 통해 뉴턴 진자운동에 대해 더 상세히 알아보자.

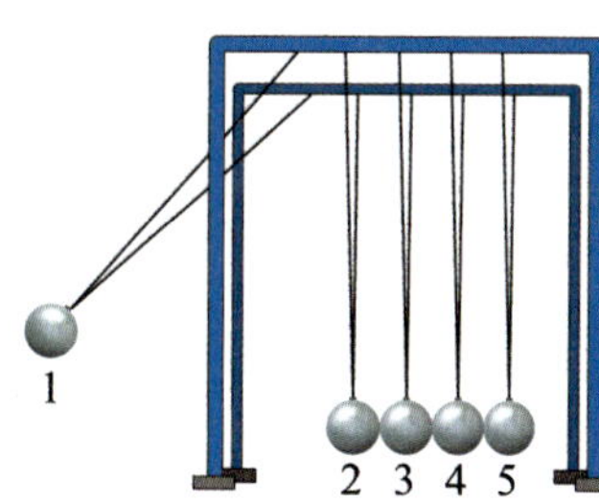

그림 5-11 뉴턴 진자운동의 선형운동량 보존

먼저 동일한 질량 m을 지닌 두 개의 공이 각각 v_1과 v_2의 속도로 부딪쳐, 각각 $v_1{}'$, $v_2{}'$의 속도로 떨어져 나간다고 하자. 이때 선형운동량 보존법칙에 의해 다음과 같은 관계가 성립한다.

$$mv_1 + mv_2 = mv_1{}' + mv_2{}' \tag{5.17}$$

충돌 전과 후의 운동에너지도 보존되므로 다음과 같이 나타낼 수 있다.

$$\frac{1}{2}mv_1^2 + \frac{1}{2}mv_2^2 = \frac{1}{2}m(v_1{}')^2 + \frac{1}{2}m(v_2{}')^2 \tag{5.18}$$

식 (5.17)의 공통인 질량 m은 항등식을 중심으로 상쇄되어 $v_1 - v_1{}' = v_2{}' - v_2$의 관계를 얻고, 식 (5.18)도 공통인 질량 m은 항등식을 중심으로 상쇄되어 $v_1^2 - (v_1{}')^2 = (v_2{}')^2 - v_2^2$의 관계를 얻는다. 이 두 관계를 다시 한 번 써 보면 다음과 같다.

$$v_1 - v_1{}' = v_2{}' - v_2, \quad v_1^2 - (v_1{}')^2 = (v_2{}')^2 - v_2^2 \tag{5.19}$$

두 공의 충돌 전 속도 v_1, v_2를 알면 충돌 후 각각의 속도 $v_1{}'$, $v_2{}'$이 미지수가 되고, 식 (5.19)의 두 개의 식에 의해 미지수 $v_1{}'$, $v_2{}'$은 다음과 같이 정리된다.

$$v_1{}' = v_2, \quad v_2{}' = v_1 \tag{5.20}$$

즉 어떤 한 공의 나중속도는 다른 공의 처음속도와 같고, 다른 한 공의 나중속도는 어떤 한 공의 처음속도와 같다. [그림 5-11]의 뉴턴 진자에서 1번 쇠구슬이 내려와 2번 쇠구슬을 타격하기 직전 속도를 v_1이라 하면, 1번 쇠구슬이 처음속도로 내려와 2번 쇠구슬($v_2 = 0$, 정지해 있었음)을 타격하면 식 (5.20)에 의해 1번 쇠구슬의 나중속도 $v_1{}'$은 $v_1{}' = v_2 = 0$이 되고, 2번 쇠구슬의 나중속도 $v_2{}'$은 $v_2{}' = v_1$이므로 1번 쇠구슬의 속도를 갖게 된다. 이를 속도 교환이라고 한다. 반복하여, 2번 쇠구슬이 $v_2{}' = v_1$의 속도로 3번 쇠구슬을 치면 속도 교환에 의해 정지해 있던 3번 쇠구슬의 속도를 갖게 되어 멈추고, 3번 쇠구슬은 v_1의 속도로 다시 4번 쇠구슬을 타격한다. 또 다시 속도 교환에 의해 3번 쇠구슬은 4번 쇠구슬의 처음속도인 정지상태가 되고, 4번 쇠구슬이 v_1의 속도로 5번 쇠구슬을 타격한다. 역시 속도 교환에 의해 4번 쇠구슬은 정지하게 되고, 최종적으로 5번 쇠구슬이 v_1의 속도(1번 쇠구슬의 처음속도)로 오른쪽 위 방향으로 올라가게 된다. 이러한 설명을 통해 뉴턴 진자의 운동과 선형운동량 보존법칙에 대해 잘 이해할 수 있을 것이다.

예제 5-5 버스와 승용차의 공통 속도 구하기

[그림 5-12(a)]와 같이 3,000 kg의 버스가 줄을 이용하여 1,500 kg의 승용차를 견인하고 있다. 처음에 승용차는 정지해 있었고, 줄이 느슨하게 늘어져 있을 때 버스의 속도는 25 km/h였다. 줄이 팽팽해진 후의 승용차와 버스의 공통 속도를 구하고, 에너지 소실량을 구하시오.

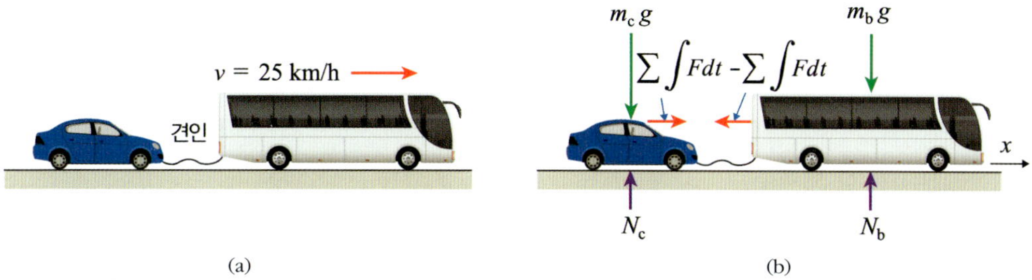

그림 5-12 승용차를 견인하는 버스

분석

- [그림 5-12(b)]에서 버스의 진행 방향인 x 방향에 대해 선형운동량 보존법칙을 적용한다.
- 충격 전, 후의 운동에너지를 비교하여 에너지 소실량을 구한다.

풀이

- [그림 5-12(b)]에서 버스bus와 승용차car의 무게들, 접촉항력들을 각각 $m_b g$, $m_c g$, N_b, N_c라 하자. 이들 힘들은 비충격력non-impulsive force에 해당되고, 각 물체에 작용하는 충격력 F에 의한 충격량은 서로 상쇄되어 선형운동량 보존법칙을 이용하여 문제를 풀 수 있다. $(v_c)_1$, $(v_b)_1$를 충격 전의 속도, v'을 충격 후의 공통 속도라 하면 식 (1)의 선형운동량과 선형충격량의 원리에 주어진 수치 값을 대입하고 정리하여 v'을 구할 수 있다.

$$m_b(v_b)_1 + m_c(v_c)_1 = (m_b + m_c)v', \quad (3{,}000)\left(\frac{25 \times 1{,}000}{3{,}600}\right) + 0 = (4{,}500)v' \tag{1}$$

$$v' = 4.63 \text{ m/s}$$

- 충격 전, 후의 운동에너지를 각각 T_1, T_2라 하면 각각의 에너지는 식 (2) 및 식 (3)과 같다.

$$T_1 = \frac{1}{2}m_b(v_b)_1^2 + \frac{1}{2}m_c(v_c)_1^2 = \frac{1}{2}(3{,}000)(25 \times 1{,}000/3{,}600)^2 + 0 = 72.338 \text{ kJ} \tag{2}$$

$$T_2 = \frac{1}{2}(m_b + m_c)(v')^2 = \frac{1}{2}(4{,}500)(4.63)^2 = 48.233 \text{ kJ} \tag{3}$$

- 따라서 소실된 에너지 ΔE는 다음과 같다. 이때 음의 부호는 에너지 소실을 의미한다.

$$\Delta E = T_2 - T_1 = -24.11 \text{ kJ}$$

또 다른 풀이

- 식 (1)의 선형운동량 보존법칙을 유도하기 위해 각 물체에 선형운동량과 선형충격량의 원리를 적용한다.

$$m_b(v_b)_1 - \Sigma\int_{t_1}^{t_2} F dt = m_b(v_b)_2 \tag{4}$$

$$m_c(v_c)_1 + \Sigma\int_{t_1}^{t_2} F dt = m_c(v_c)_2 \tag{5}$$

- 식 (4)와 (5)는 각각 버스와 승용차에 대한 선형운동량과 선형충격량의 원리를 적용한 식이다. 여기서 $(v_b)_2$, $(v_c)_2$는 식 (1)의 두 물체의 공통 속도 v'이고, $\Sigma\int_{t_1}^{t_2} F dt$는 충격량이다. 이때 상호작용력으로 승용차가 버스에 주는 충격량을 $+\Sigma\int_{t_1}^{t_2} F dt$라 하면 버스가 승용차에 주는 충격량은 작용과 반작용에 의해 $-\Sigma\int_{t_1}^{t_2} F dt$가 된다.
- 식 (4)와 (5)를 더하면, 이것은 식 (1)의 선형운동량 보존법칙과 같게 된다. 이후의 과정은 〈풀이〉의 식 (2) 이후의 과정과 동일하다.

고찰

- 선형운동량 보존법칙으로부터 충격 후의 속도를 구하고, 운동에너지 식으로부터 에너지 소실량을 구한다.
- 다른 해법이 있는지 생각해본다.

예제 5-6 열차의 속도와 평균 충격력 구하기

[그림 5-13]과 같은 두 화물 열차 A, B의 질량은 각각 20 Mg과 10 Mg이다. 충돌 전의 열차 A, B의 속력은 각각 2 m/s와 1 m/s이다. 충돌 후 열차 A의 속력이 0.5 m/s로 오른쪽을 향할 때, 열차 B의 속력을 구하시오. 또한 열차 A, B가 1초 동안 접촉할 때 두 열차 사이의 평균 충격력을 구하시오.

그림 5-13 화물 열차의 충돌

분석

- 각 물체에 선형운동량과 선형충격량의 원리를 적용한다.
- 선형운동량 보존법칙을 이용한다.

풀이

• 화물 열차 B가 A에 대해 주는 충격량이 $\Sigma\int_{t_1}^{t_2}Fdt$이라면, A가 B에 대해 주는 충격량은 상호작용과 반작용에 의해 $-\Sigma\int_{t_1}^{t_2}Fdt$가 된다. 이제 화물 열차 A에 대해 선형운동량과 충격량의 원리를 적용해 보자.

$$m_{\mathrm{A}}(v_{\mathrm{A}})_1-\Sigma\int_{t_1}^{t_2}Fdt=m_{\mathrm{A}}(v_{\mathrm{A}})_2 \tag{1}$$

화물 열차 B에 대해서도 선형운동량과 충격량의 원리를 적용한다.

$$m_{\mathrm{B}}(v_{\mathrm{B}})_1+\Sigma\int_{t_1}^{t_2}Fdt=m_{\mathrm{B}}(v_{\mathrm{B}})_2 \tag{2}$$

식 (1)과 (2)를 합하면 다음과 같다.

$$m_{\mathrm{A}}(v_{\mathrm{A}})_1+m_{\mathrm{B}}(v_{\mathrm{B}})_1=m_{\mathrm{A}}(v_{\mathrm{A}})_2+m_{\mathrm{B}}(v_{\mathrm{B}})_2 \tag{3}$$

• 식 (3)에 주어진 값들을 대입해보자.

$$(20{,}000)(2)-(10{,}000)(1)=(20{,}000)(0.5)+(10{,}000)(v_{\mathrm{B}})_2 \tag{4}$$

식 (4)를 정리하면 열차 B의 속력 $(v_{\mathrm{B}})_2=2\ \mathrm{m/s}$를 얻을 수 있다.

• 식 (2)로부터, 충격량은 식 (5)와 같이 나타내진다.

$$\Sigma\int_{t_1}^{t_2}Fdt=m_{\mathrm{B}}(v_{\mathrm{B}})_2-m_{\mathrm{B}}(v_{\mathrm{B}})_1 \tag{5}$$

식 (5)에 주어진 수치 값들을 대입하면 다음과 같이 된다.

$$\Sigma\int_{t_1}^{t_2}Fdt=(20{,}000)+(10{,}000)=30{,}000\ \mathrm{N\cdot s}$$

열차의 결합이 1초 사이에 이루어지므로 평균 충격력은 다음과 같다.

$$F_{\mathrm{ave}}=\frac{30{,}000\ \mathrm{N\cdot s}}{1\ \mathrm{s}}\times 1\ \mathrm{s}=30{,}000\ \mathrm{N}$$

고찰

• 선형운동량 보존법칙으로부터 충격 후의 속도를 구하고, 선형운동량과 선형충격량의 원리로부터 평균 충격력을 구한다.

예제 5-7 카트와 박스의 나중속도 구하기

[그림 5-14]와 같이 5 m/s의 속도로 박스가 카트에 충돌한다. 카트와 박스의 각각의 질량이 10 kg과 2 kg이다. 카트가 처음에는 정지해 있었다면, 충돌 후 카트와 박스의 공통 속도는 얼마인가?

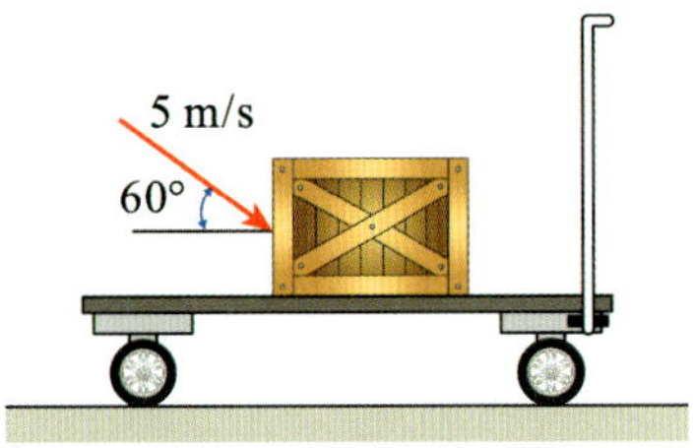

그림 5-14 카트와 박스의 충돌

분석

- 수평방향에 대해 선형운동량 보존법칙을 이용한다.

풀이

- 카트와 박스에 대해 수평방향의 선형운동량 보존법칙을 적용하면 다음과 같다. 통상적으로 수평의 양의 방향을 x 방향이라 하자.

$$(+)\rightarrow\ m_B(v_B)_{1x} + m_C(v_C)_{1x} = (m_B + m_C)v_x' \tag{1}$$

- 식 (1)에 주어진 값들을 대입하면 다음과 같다.

$$(2)(5\cos 60°) + (10)(0) = (2+10)v_x' \tag{2}$$

식 (2)를 정리하면 카트와 박스의 충돌 후의 공통속도 $v_x' = 0.417$ m/s를 얻을 수 있다.

고찰

- 선형운동량 보존법칙으로부터 카트와 박스의 충격 후의 속도를 구한다.

예제 5-8 스프링에 연결된 두 블록의 나중속도 구하기

[그림 5-15]와 같이 스프링으로 연결된 두 개의 블록 A, B의 질량은 각각 20 kg과 30 kg이다. 그림에 나타난 상태가 스프링은 이미 1 m 인장된 상태이다. 정지상태의 두 블록을 매끄러운 바닥에 놓고 나서 스프링이 원래의 상태로 복원될 때, 두 블록의 나중속도는 얼마인가? 스프링 상수 $k = 150$ N/m이다.

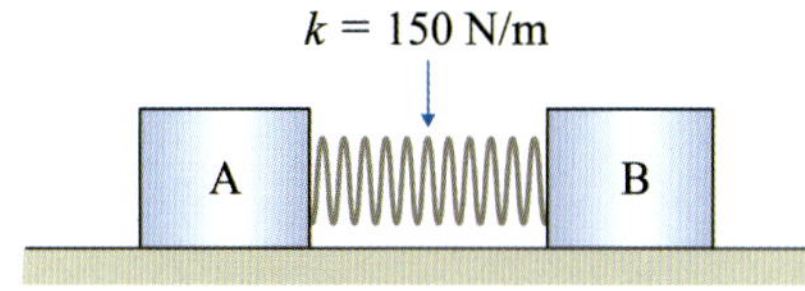

그림 5-15 스프링에 연결된 두 블록의 운동

분석

- 수평방향에 대해 선형운동량 보존법칙을 이용한다.
- 바닥과의 마찰은 없으므로 에너지 보존 식을 적용한다.

풀이

- 두 블록의 운동 전의 속도를 각각 $(v_A)_1$, $(v_B)_1$이라 하고, 스프링이 복원되었을 때의 두 블록의 나중속도를 각각 $(v_A)_2$, $(v_B)_2$라 하자. 두 블록의 운동에 대해 수평방향의 선형운동량 보존법칙을 적용하면 식 (1)과 같다.

$$m_A(v_A)_1 + m_B(v_B)_1 = m_A(v_A)_2 + m_B(v_B)_2 \tag{1}$$

식 (1)에 주어진 수치 값을 대입하면 다음과 같이 된다.

$$0 + 0 = (20)(v_A)_2 + (30)(v_B)_2 \tag{2}$$

- 이제 스프링이 원래 상태(변형되지 않은 상태)로 복원되는 변위를 s라 하자. 에너지 보존 식을 이용하면 식 (3)과 같다.

$$\frac{1}{2}ks^2 = \frac{1}{2}m_A(v_A)_2^2 + \frac{1}{2}m_B(v_B)_2^2 \tag{3}$$

식 (3)에 주어진 수치 값을 대입하면 다음과 같이 된다.

$$\frac{1}{2}(150)(1)^2 = \frac{1}{2}(20)(v_A)_2^2 + \frac{1}{2}(30)(v_B)_2^2 \tag{4}$$

식 (3)과 (4)를 연립하여 풀면 두 블록의 나중속도는 각각 다음과 같다.

$$(v_A)_2 = 2.12 \text{ m/s}, \quad (v_B)_2 = 1.414 \text{ m/s}$$

고찰

- 선형운동량 보존법칙과 에너지 보존 식의 연립으로 나중속도를 구한다.
- 블록 B의 값이 (+) 값이더라도 실제는 (−) 부호임을 알자.

예제 5-9 해머와 파일의 나중속도 구하기

[그림 5-16]과 같이 질량 400 kg의 해머 h가 900 kg의 강체 파일 p를 부드러운 모래 속에 박는다. 해머는 정지상태에 있다가 $d = 1$ m 높이에서 떨어져 파일을 타격한 후, 파일과 함께 모래 속에 묻힌다. 이때 묻히는 해머와 파일의 공통 속도와 타격에 의해 소실된 에너지의 백분율을 구하시오.

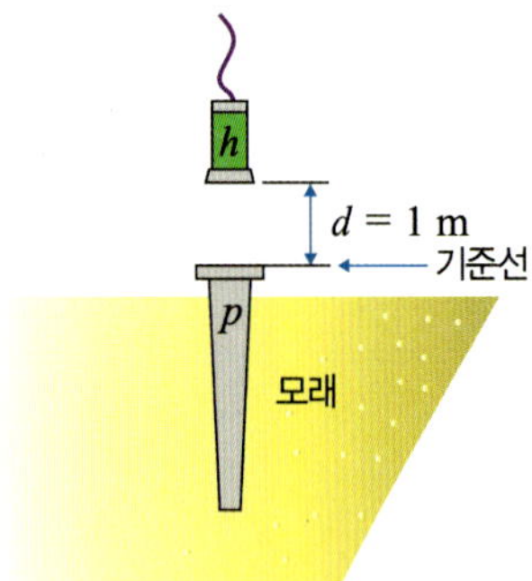

그림 5-16 파일을 타격하는 해머의 운동

분석

- 해머의 파일 타격 직전의 초기속도를 구하기 위해 에너지 보존 식을 적용한다.
- 수직방향에 대해 선형운동량 보존법칙을 이용한다.
- 소실된 에너지 백분율은 해머와 파일의 충돌 전과 후의 에너지를 비교하여 계산한다.

풀이

- 먼저 해머와 파일의 충돌 전의 속도를 각각 $(v_h)_1$, $(v_p)_1$이라 하고, 해머와 파일의 질량을 m_h, m_p라 하자. 또한 해머와 파일이 함께 모래 속에 묻히기 때문에 이 공통 속도를 v'라 한다. 해머는 기준위치에서 파일을 타격하기 때문에 이때의 속도를 해머의 충돌 전의 속도로 간주한다. 이 속도를 구하기 위해서는 다음과 같이 에너지 보존법칙을 적용한다. 해머가 지면에서 d만큼 떨어진 높이에서의 속도는 0이다. 이 위치를 *위치라 하자.

- *위치에서의 운동에너지와 위치에너지를 각각 T^*, V^*, 기준선에서의 운동에너지와 위치에너지를 각각 T_1, V_1이라 하고, 에너지 보존법칙을 기술하면 식 (1)과 같다.

$$T^* + V^* = T_1 + V_1 \tag{1}$$

식 (1)을 다시 쓰면 $0 + m_h g h = \frac{1}{2} m_h (v_h)_1^2 + 0$과 같게 되고, 이로부터 해머가 파일과 충돌하기 직전의 속도 $(v_h)_1$을 구할 수 있고, 그 값은 $(v_h)_1 = 4.429$ m/s이다.

- 이제 식 (2)의 선형운동량과 선형충격량의 원리를 이용하자.

$$m_h (v_h)_1 + m_p (v_p)_1 = m_h (v_h)_2 + m_p (v_p)_2 \tag{2}$$

식 (2)에 주어진 수치 값들을 대입하면 식 (3)과 같이 된다.

$$(400)(4.429) + 0 = (400 + 900)v' \tag{3}$$

식 (3)을 정리하면 다음과 같이 해머와 파일의 공통속도 v'을 구할 수 있다.

$$v' = 1.363 \text{ m/s}$$

• 이제 소실된 에너지를 구하기 위해, 해머와 파일의 충돌 전의 에너지와 충돌 후의 에너지를 비교해보자. 충돌 전의 에너지를 E_b라 하고, 충돌 후의 에너지를 E_a라 하면, 각각의 에너지는 다음과 같다.

$$E_\text{b} = \frac{1}{2}m_h(v_h)_1^2 = m_h gh = (400)(9.81)(1) = 3{,}924 \text{ J} \tag{4}$$

$$E_\text{a} = \frac{1}{2}m_h(v')^2 + \frac{1}{2}m_\text{p}(v')^2 = \frac{1}{2}(1{,}300)(1.363)^2 = 1{,}207.55 \text{ J} \tag{5}$$

• 소실된 에너지를 $\Delta E = E_\text{b} - E_\text{a}$라 하면, 소실된 에너지의 백분율은 다음과 같다.

$$\Delta E = \left(\frac{E_\text{b} - E_\text{a}}{E_\text{b}}\right) \times 100\,\% = \frac{(3{,}924 - 1{,}207.55)}{3{,}924} \times 100\,\% = 69.2\,\%$$

고찰

• 선형운동량 보존법칙과 에너지 보존 식을 함께 적용한다.

SECTION
5.3 충돌

- 충돌의 종류와 생활에 관계된 예를 살펴본다.
- 정면 중심충돌과 경사면 중심충돌에 대한 이론을 학습하고, 응용 예제를 풀어본다.

충돌impact은 매우 짧은 시간 동안에 두 물체가 서로 부딪칠 때 일어나며, 상대적으로 매우 큰 충격 힘이 두 물체 간에 발생한다. 일상생활에서의 충돌에 대한 예로는 자동차와 자동차 사이의 충돌, 골프공을 골프채로 타격하는 것, 테니스공과 채의 충돌, 당구공의 충돌, 볼링공과 볼링 핀의 충돌, 농구공의 벽면에의 부딪침 등을 들 수 있다. [그림 5-17]은 일상생활에서 볼 수 있는 충돌의 예들을 보여준다.

(a) 볼링 공과 볼링 핀의 충돌 (b) 당구공의 충돌 (c) 컬링 볼들의 충돌

그림 5-17 충돌의 예

충돌은 [그림 5-18]과 같이 **정면 중심충돌**central impact과 **경사면 중심충돌**oblique impact로 분류된다. 이 장에서는 질점의 충돌에 대해 설명하므로 편심충돌에 대해서는 이후의 장에서 소개할 것이다.

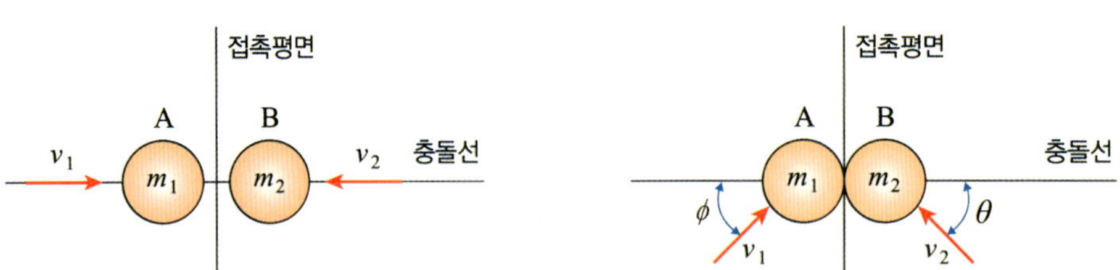

(a) 정면 중심충돌 (b) 경사면 중심충돌

그림 5-18 정면 중심충돌과 경사면 중심충돌의 예

5.3.1 정면 중심충돌

정면 중심충돌은 1차원 충돌이라고도 하며, 충돌 이론해석의 기본이 된다. [그림 5-19]는 정면 중심충돌의 과정을 나타내고 있다. v_1, v_2는 각각 m_1과 m_2의 질량을 갖는 공의 충돌 전 속도이고, v_1', v_2'은 각각 질량 m_1과 m_2의 충돌 후의 속도이다. 또한 v^*는 충돌할 때의 순간적인 속도이고, $\int F_d\,dt$, $\int F_r\,dt$는 각각 변형 충격량과 반발 충격량을 나타낸다. 충돌이 일어나려면 충돌 전의 속도 관계에서 $v_1 > v_2$이어야 하고, 두 공이 떨어지려면 충돌 후의 속도들의 관계가 $v_2' > v_1'$이어야 한다.

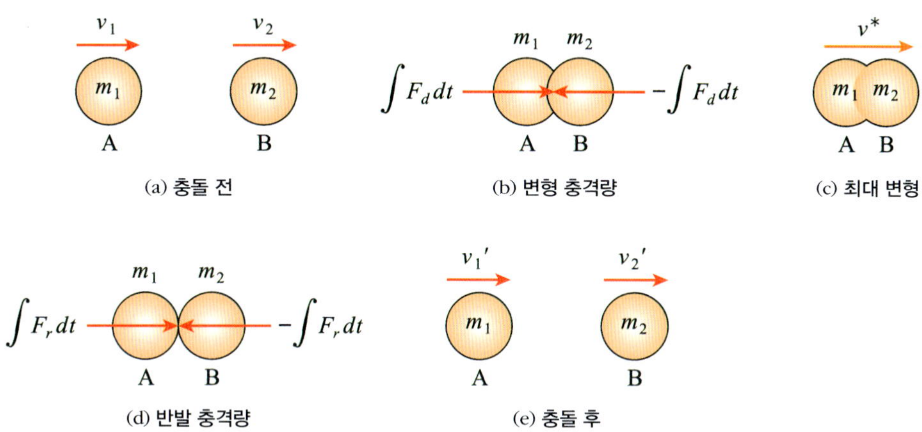

그림 5-19 정면 중심충돌의 충돌 과정

일반적으로 충돌은 크게 변형 과정과 반발 과정으로 나눌 수 있는데, 변형 과정은 두 공이 충돌 직전부터 막 충돌한 순간까지의 과정을 말하며, 반발 과정은 막 충돌한 순간부터 두 공이 서로 떨어져 나가는 과정을 일컫는다. 이제부터 이러한 변형 과정과 반발 과정 각각에 대해 해석한 후, 이 두 개의 과정을 결합하여 충돌 해석에 필요한 식들을 도출하기로 하자.

■ 변형 과정

충돌의 **변형 과정**deformation process은 [그림 5-19(a)]부터 [그림 5-19(c)]까지의 과정을 의미한다. 이 과정만을 생각할 때, 두 공의 충돌 전의 초기속도를 각각 v_1, v_2 나중속도를 v^*라 하고, **변형 충격량**deformation impulse을 $\int F_d\,dt$라 하자. 변형 충격량은 두 공 사이의 상호작용력으로 질량 m_1이 질량 m_2에 주는 변형 충격량을 $\int F_d\,dt$라 하면 질량 m_2가 질량 m_1에 주는 변형 충격량은 $-\int F_d\,dt$이다. 이제 질량 m_1과 m_2 각각에 대해 선형운동량과 선형충격량의 원리를 적용하면 다음과 같다.

$$m_1 v_1 + \int F_d\,dt = m_1 v^* \quad (m_1 \text{ 공에 대해}) \tag{5.21}$$

$$m_2 v_2 - \int F_d\,dt = m_2 v^* \quad (m_2 \text{ 공에 대해}) \tag{5.22}$$

식 (5.21)과 식 (5.22)를 합하면 식 (5.23)과 같으며, 이 식은 선형운동량 보존법칙을 나타낸다.

$$m_1 v_1 + m_2 v_2 = (m_1 + m_2)v^* \tag{5.23}$$

■ 반발 과정

충돌의 반발 과정restitution process은 [그림 5-19(c)]부터 [그림 5-19(e)]까지의 과정을 의미한다. 이 과정만을 생각할 때, 두 공의 초기속도는 v^*가 되고, 나중속도는 각각 $v_1{}'$, $v_2{}'$가 된다. **반발 충격량**restitution impulse도 두 공 사이의 상호작용력으로 질량 m_1이 질량 m_2에 주는 반발 충격량을 $\int F_r\, dt$라 하면, 질량 m_2가 질량 m_1에 주는 반발 충격량은 $-\int F_r\, dt$ 이다. 반발 과정에 있어서도 질량 m_1과 m_2 각각에 대해 선형운동량과 선형충격량의 원리를 적용하면 다음과 같다.

$$m_1 v^* + \int F_r\, dt = m_1 v_1{}' \ (m_1 \text{ 공에 대해}) \tag{5.24}$$

$$m_2 v^* - \int F_r\, dt = m_2 v_2{}' \ (m_2 \text{ 공에 대해}) \tag{5.25}$$

식 (5.24)와 식 (5.25)를 합하면 식 (5.26)과 같고, 이 또한 선형운동량 보존법칙을 나타낸다.

$$(m_1 + m_2)v^* = m_1 v_1{}' + m_2 v_2{}' \tag{5.26}$$

식 (5.23)과 식 (5.26)을 비교해보면, 식 (5.23)의 우변과 식 (5.26)의 좌변이 동일함을 알 수 있다. 따라서 그 결과를 정리하면 다음과 같이 두 공의 충돌 전의 선형운동량과 충돌 후의 선형운동량이 같으므로 선형운동량이 보존됨을 알 수 있다.

$$m_1 v_1 + m_2 v_2 = m_1 v_1{}' + m_2 v_2{}' \tag{5.27}$$

■ 반발계수

반발계수coefficient of restitution는 반발 충격량과 변형 충격량의 비ratio 또는 충돌 후와 충돌 전의 상대속도 비로 정의된다. 여기서는 공 m_1과 m_2 각각에 대해 반발 충격량과 변형 충격량의 비를 구함으로써 충돌 후와 충돌 전의 상대속도 비로도 나타낼 수 있음을 보일 것이다. 먼저 공 m_1에 대해 식 (5.21)과 식 (5.24)로부터 반발계수를 나타내보자.

$$e = \frac{\int F_r\, dt}{\int F_d\, dt} = \frac{m_1 v_1{}' - m_1 v^*}{m_1 v^* - m_1 v_1} \tag{5.28}$$

또 공 m_2에 대해 식 (5.22)와 식 (5.25)로부터 반발계수를 표현하면 다음과 같다.

$$e = \frac{\int F_r\, dt}{\int F_d\, dt} = \frac{m_2 v^* - m_2 v_2{}'}{m_2 v_2 - m_2 v^*} \tag{5.29}$$

식 (5.28)과 식 (5.29)를 다시 정리하면 각각 다음과 같다.

$$(e+1)v^* = e\,v_1 + v_1{}' \tag{5.30}$$

$$(e+1)v^* = e\,v_2 + v_2{}' \tag{5.31}$$

식 (5.30)과 식 (5.31)의 관계로부터 두 식의 우변은 같게 되고, 이를 다시 정리하면 최종적으로 속도의 식으로 표현된 반발계수 식을 얻을 수 있다.

$$e = \frac{v_2{}' - v_1{}'}{v_1 - v_2} \tag{5.32}$$

[그림 5-20]과 같이 **스트로보스코프**stroboscope를 이용하여 농구공의 낙하와 튀어 오름을 측정함으로써 반발계수를 구할 수 있다. 회전체에 비치는 스트로보스코프의 깜빡이는 시간을 회전체의 회전시간(또는 회전시간의 정배수)보다 짧게 하면 회전체는 거꾸로 도는 것으로 보이고, 반대로 길게 하면 회전체의 원래 회전방향으로 돌지만, 보이는 회전속도는 회전체의 회전시간과 깜빡이는 시간의 차이에 따라 느린 속도로 보인다. 따라서 깜빡이는 시간을 조절함으로써 회전체를 정지상태, 역회전상태, 느린 회전상태 등으로 볼 수 있다.

공기 저항이 없을 때, 공이 떨어진 거리를 h, 공이 되튀어 오른 높이를 h'이라 하면, 반발계수 e는 $e = \sqrt{\frac{h'}{h}}$ 으로 구할 수 있다.

그림 5-20 농구공의 낙하와 되튐

정면 중심충돌의 문제는 식 (5.27)의 선형운동량 보존법칙과 식 (5.32)의 반발계수 식을 통해 해결할 수 있다. 일반적으로 충돌 전의 두 공의 속도 v_1, v_2와 반발계수 e가 주어지면 미지수는 충돌 후의 두 공의 속도가 된다. 따라서 미지수와 관계식이 각각 두 개씩 만들어지며, 이를 통해 충돌 후의 속도를 구할 수 있다.

■ 탄성 정도에 따른 충돌의 종류

충돌 해석에서 먼저 정면 중심충돌에 대해 살펴보았는데, 이제 탄성 정도에 따른 충돌의 종류를 살펴보자. 탄성 정도에 따른 충돌의 종류는 크게 탄성충돌과 비탄성충돌로 나눌 수 있다. 탄성충돌은 간혹 완전 탄성충돌이라고도 하지만, 정확히 맞는 표현은 아니다.

1 탄성충돌($e = 1$)

탄성충돌elastic impact은 반발계수 e가 $e = 1$인 경우로서, 식 (5.32)와 같이 충돌 전의 상대속도 차와 충돌 후의 상대속도 차가 같은 경우이다. 이는 이미 [그림 5-11]의 뉴턴 진자의 운동과 식 (5.17) ~ (5.20)에서 살펴본 대로 선형운동량 보존과 운동에너지 보존이 같이 이루어짐으로써 질량이 동일한 두 물체 사이에 속도 교환이 일어나는 것이다.

2 비탄성충돌($0 \leq e < 1$)

대부분의 충돌이 **비탄성충돌**inelastic impact에 해당한다. 이 경우는 선형운동량은 보존되지만, 운동에너지 소실을 동반하기 때문에 운동에너지는 보존이 되지 않는 경우이다. **완전 비탄성충돌**plastic impact or perfect inelastic impact($e = 0$)은 비탄성충돌에 포함되기도 하지만, 반발계수를 정의한 식 (5.32)에서 알 수 있듯이 반발계수가 0인 경우엔 충돌 후 두 물체가 붙어서 함께 운동하게 되는데, 이 경우를 완전 비탄성충돌이라고 한다. 이 경우도 선형운동량은 보존되지만 운동에너지는 보존되지 않고, 충돌 전, 후로 해서 운동에너지 소실이 최대로 많이 발생한다. 예를 들어 물을 많이 먹은 황토 진흙에 쇠구슬이 던져지면 진흙에 쇠구슬이 박혀 떨어지지 않고 함께 운동하는 것을 볼 수 있다.

탄성충돌, 비탄성충돌 어떤 경우에도 충돌 전, 후로 두 물체의 선형운동량은 보존된다.

5.3.2 경사면 중심충돌

[그림 5-21]의 **경사면 중심충돌**oblique impact은 정면 중심충돌과 달리 비스듬한 방향으로 두 공이 다가와 충돌한 후 서로 각기 다른 방향으로 떨어져 멀어지는 충돌을 말한다. 질량 m_1과 m_2를 갖는 두 공이 수평축에 대해 각각 θ_1, ϕ_1 각도로 서로 다가와 부딪친 후, 수평축과 θ_2, ϕ_2 방향으로 운동하는 충돌이다. 경사면 중심충돌 해석은 정면 중심충돌 해석보다 다소 복잡한 운동으로 보이지만, 정면 중심충돌을 잘 이해했다면 이를 토대로 전개되는 것이기 때문에 크게 어렵지 않게 접근할 수 있다.

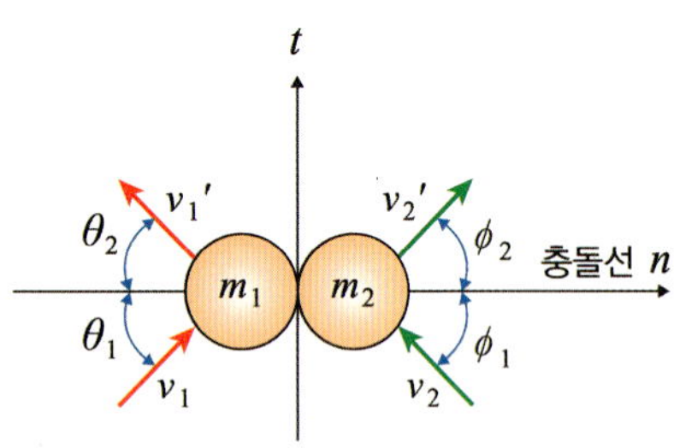

그림 5-21 경사면 중심충돌

[그림 5-21]의 n 방향인 충돌선 방향은 정면 중심충돌의 충돌 중심선 방향의 해석과 동일하다. 한편, t 방향의 접촉 평면 방향에 대해서는 상호 충격량이 없다. 따라서 n 방향은 정면 중심충돌 해석을 그대로 따라 다음과 같이 쓸 수 있다.

$$m_1(v_1)_n + m_2(v_2)_n = m_1(v_1')_n + m_2(v_2')_n \quad (n \text{ 방향에 대해}) \tag{5.33}$$

t 방향에 대해서는 상호 충격량이 없으므로 다음과 같이 정리된다.

$$m_1(v_1)_t = m_1(v_1')_t \quad (t \text{ 방향에 대해}) \tag{5.34}$$

$$m_2(v_2)_t = m_2(v_2')_t \quad (t \text{ 방향에 대해}) \tag{5.35}$$

또한 반발계수 식도 n 방향에 대해 정면 중심충돌과 같이 전개할 수 있으므로 식 (5.32)를 참고하여 다음과 같이 나타낼 수 있다.

$$e = \frac{(v_2')_n - (v_1')_n}{(v_1)_n - (v_2)_n} \quad (n \text{ 방향에 대해}) \tag{5.36}$$

즉 경사면 중심충돌 문제에서는 식 (5.33)~(5.36)의 4개의 식으로 충돌 후의 n, t 방향의 속도 성분인 $(v_1')_n$, $(v_1')_t$, $(v_2')_n$, $(v_2')_t$를 구할 수 있다. 그런데 $(v_1')_t$와 $(v_2')_t$는 충돌 전의 t 방향 속도 성분들 $(v_1)_t$, $(v_2)_t$와 동일하므로 경사면 중심충돌 문제도 어렵지 않게 해석할 수 있다.

예제 5-10 두 원판의 충돌 후 속도 구하기

[그림 5-22]와 같이 각각의 질량이 3 kg과 4 kg인 두 원판 A, B가 있다. 매끄러운 바닥에서 두 원판의 충돌 전 속도는 그림에서와 같다. 반발계수 $e = 0.5$일 때, 충돌 후의 두 원판의 속도를 구하시오.

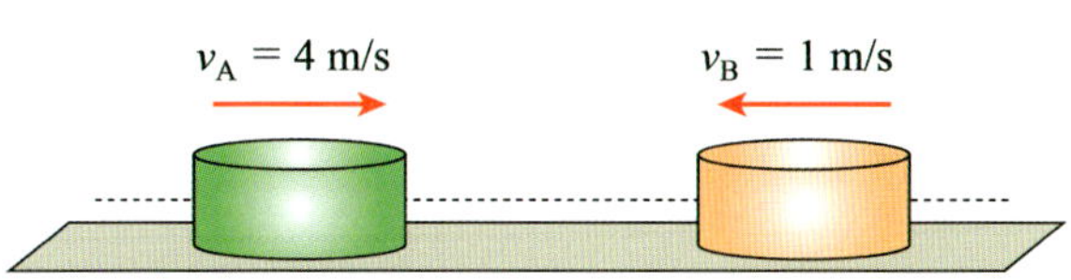

그림 5-22 두 원판의 정면 중심충돌

분석

- 수평방향에 대해 선형운동량 보존법칙을 적용한다.
- 반발계수 값을 적용하여 연립으로 방정식을 푼다.

풀이

- [그림 5-22]와 같이 두 원판 A, B의 충돌 전의 속도는 $v_A = 4$ m/s, $v_B = 1$ m/s이고, 각각의 질량은 3 kg, 4 kg이다. 또한 반발계수 $e = 0.5$이다. 두 원판의 A, B의 충돌 후의 속도를 각각 v_A', v_B'이라 할 때, 두 원판에 대해 선형운동량 보존법칙을 사용하면 다음과 같다.

$$m_A v_A + m_B v_B = m_A v_A' + m_B v_B' \tag{1}$$

• 식 (1)에 주어진 수치 값을 대입하면 식 (2)와 같이 된다.

$$(3)(4)-(4)(1) = 3(v_A') + 4(v_B') \quad (2)$$

• 이제 주어진 반발계수 식 (3)을 이용하자.

$$e = \frac{v_B' - v_A'}{v_A - v_B} \quad (3)$$

식 (3)에 주어진 수치 값을 대입하면 식 (4)와 같이 된다.

$$0.5 = \frac{v_B' - v_A'}{4-(-1)} \quad (4)$$

• 식 (2)와 식 (4)를 연립으로 풀면 다음과 두 원판 A, B의 충돌 후의 속도 v_A', v_B'을 구할 수 있다.

$$v_A' = -0.28 \text{ m/s} (\leftarrow), \quad v_B' = 2.21 \text{ m/s} (\rightarrow)$$

고찰

• 선형운동량 보존법칙과 반발계수 식을 적용한다.
• 원판 B의 속도는 원판 A의 반대방향임에 주의한다.

예제 5-11 두 공의 충돌 후 벽과 2차 충돌 후 속도 구하기

[그림 5-23]과 같이 각 질량이 1 kg으로 동일한 두 개의 공 A, B가 있다. 매끄러운 바닥에서 공 A가 굴러가 정지해 있는 공 B에 $v_A = 2$ m/s로 충돌한다. 공 A, B 사이, 그리고 공 B와 벽 사이의 반발계수가 모두 $e = 0.5$일 때, 공 B가 벽에 충돌한 후의 공 B 속도를 구하시오.

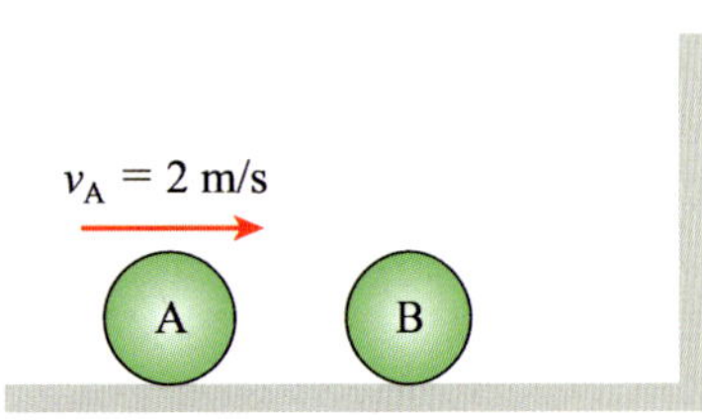

그림 5-23 두 공의 정면 중심충돌 후 벽과의 2차 충돌

분석

• 두 공 A, B에 대해 선형운동량 보존법칙을 적용한다.
• 두 공 A, B에 대해 반발계수 값을 적용하여 연립으로 방정식을 푼다.
• 공 B와 벽 사이의 반발계수를 적용한다.

풀이

- [그림 5-23]과 같이 두 공 A, B의 충돌 전의 속도는 $v_A = 2\text{ m/s}$, $v_B = 0\text{ m/s}$이고, 두 공의 질량은 1 kg으로 동일하며, 반발계수 $e = 0.5$이다. 두 공 A, B의 충돌 후의 속도를 $(v_A)_1$, $(v_B)_1$이라 하자. 이제 두 공에 대해 선형운동량 보존법칙을 적용하면 식 (1)과 같다.

$$m_A v_A + m_B v_B = m_A (v_A)_1 + m_B (v_B)_1 \tag{1}$$

식 (1)에 주어진 수치 값들을 대입하면 식 (2)와 같이 된다.

$$(1)(2) + (1)(0) = 1(v_A)_1 + 1(v_B)_1 \tag{2}$$

- 이제, 주어진 반발계수 식 (3)을 이용하자.

$$e = \frac{(v_B)_1 - (v_A)_1}{v_A - v_B} \tag{3}$$

식 (3)에 주어진 수치 값을 대입하면 식 (4)와 같이 된다.

$$0.5 = \frac{(v_B)_1 - (v_A)_1}{2 - (0)} \tag{4}$$

식 (2)와 식 (4)를 다시 정리하면 다음과 같다.

$$2 = (v_A)_1 + (v_B)_1 \tag{5}$$

$$1 = -(v_A)_1 + (v_B)_1 \tag{6}$$

식 (5)와 (6)을 연립으로 풀면 충돌 후의 두 공의 속도는 각각 $(v_A)_1 = 0.5\text{ m/s}$, $(v_B)_1 = 1.5\text{ m/s}$이다.

- $(v_B)_1 = 1.5\text{ m/s}$는 정지해 있는 벽과의 충돌에 있어, 공 B의 충돌 전 속도이다. 이제 $(v_B)_2$를 벽과의 충돌 후의 공 B의 속도라 하고, $(v_w)_1$과 $(v_w)_2$를 각각 벽의 충돌 전과 후의 속도라 할 때, 공 B와 벽과의 반발계수 식을 다시 이용하면 식 (7)과 같다.

$$e = \frac{(v_w)_2 - (v_B)_2}{(v_B)_1 - (v_w)_1} \tag{7}$$

식 (7)에 주어진 수치 값을 대입하면 식 (8)과 같이 된다.

$$0.5 = \frac{0 - (v_B)_2}{1.5 - 0} \tag{8}$$

따라서 공 B가 벽과 충돌한 후의 속도 $(v_B)_2$를 다음과 같이 구할 수 있다.

$$(v_B)_2 = -0.75\text{ m/s}\ (\leftarrow)$$

(음의 부호는 왼쪽으로 튕겨져 나옴을 의미함)

고찰

- 공 A, B에 대해, 선형운동량 보존법칙과 반발계수 식을 적용한다.
- 공 B와 벽과의 2차 충돌에 대한 반발계수 식을 재차 적용한다.

예제 5-12 경사면 중심충돌 후 나중속도 구하기

[그림 5-24(a)]와 같이 두 개의 공 A, B는 동일 질량 1 kg을 갖고, 충돌 전의 속도가 각각 $(v_A)_1 = 4\text{ m/s}$, $(v_B)_1 = 2\text{ m/s}$이다. 공 A, B 사이의 반발계수가 $e = 0.6$일 때, 충돌 후의 두 공의 속도를 구하시오.

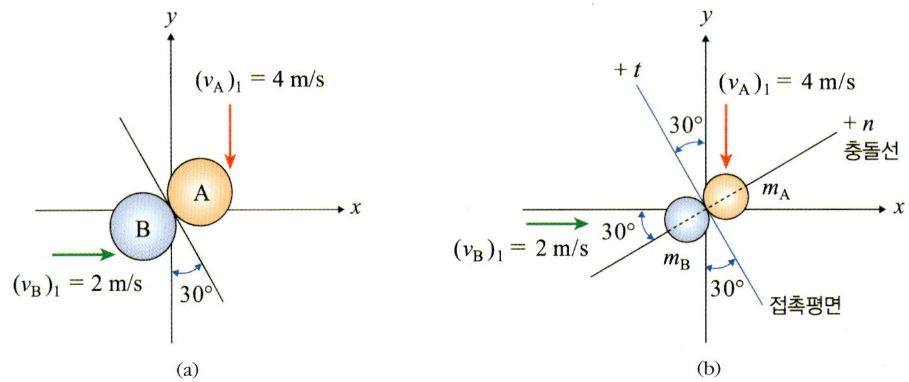

그림 5-24 두 공의 경사면 중심충돌

분석

- [그림 5-24(b)]의 n 방향에 대해 선형운동량 보존법칙을 적용한다.
- 두 공 A, B에 대해 반발계수 값을 적용하여 연립으로 방정식을 푼다.
- [그림 5-24(b)]의 t 방향으로는 충격량이 없으므로 충돌 전, 후 속도는 같다.

풀이

- [그림 5-24(a)]와 같이 두 공 A, B의 충돌 전 속도는 각각 $(v_A)_1 = 4\text{ m/s}$, $(v_B)_1 = 2\text{ m/s}$이고, 두 공의 질량은 모두 1 kg이며, 반발계수 $e = 0.6$이다. 두 공 A, B의 충돌 후의 속도를 $(v_A)_2$, $(v_B)_2$라 하자. 이제 n 방향에 대해 선형운동량 보존법칙을 적용하면 식 (1)과 같다.

$$m_A(v_A)_{1n} + m_B(v_B)_{1n} = m_A(v_A)_{2n} + m_B(v_B)_{2n} \tag{1}$$

식 (1)에 주어진 수치 값들을 대입하면 식 (2)와 같이 된다.

$$-4\sin 30° + 2\cos 30° = (v_A)_{2n} + (v_B)_{2n} \tag{2}$$

• 이제 n 방향에 대해 반발계수 식 (3)을 이용하자.

$$e = \frac{(v_A)_{2n} - (v_B)_{2n}}{(v_B)_{1n} - (v_A)_{1n}} \tag{3}$$

식 (3)에 주어진 수치 값들을 대입하면 식 (4)와 같이 된다.

$$0.6 = \frac{(v_A)_{2n} - (v_B)_{2n}}{2\cos 30° - (-4\sin 30°)} \tag{4}$$

식 (2)와 (4)를 연립하여 풀면 다음과 같이 n 방향의 두 공의 충돌 후의 속도 $(v_A)_{2n}$과 $(v_B)_{2n}$을 구할 수 있다.

$$(v_A)_{2n} = 0.986\ \mathrm{m/s},\quad (v_B)_{2n} = -1.254\ \mathrm{m/s} \tag{5}$$

• t 방향으로는 충격량이 없으므로 충돌 전, 후의 속도는 서로 동일하다. 이를 통해 다음과 같이 t 방향의 두 공 A, B의 충돌 후의 속도 $(v_A)_{2t}$와 $(v_B)_{2t}$를 구할 수 있다.

$$m(v_A)_{1t} = m(v_A)_{2t},\quad (v_A)_{2t} = -4\cos 30° = -3.464\ \mathrm{m/s} \tag{6}$$

$$m(v_B)_{1t} = m(v_B)_{2t},\quad (v_B)_{2t} = -2\sin 30° = -1\ \mathrm{m/s} \tag{7}$$

식 (5)~(7)을 통해 두 공의 충돌 후 속도를 다음과 같이 구할 수 있다.

$$(v_A)_2 = 3.602\ \mathrm{m/s},\quad (v_B)_2 = 1.604\ \mathrm{m/s}$$

고찰

• n 방향에 대해 선형운동량 보존법칙과 반발계수 식을 적용한다.
• t 방향으로는 충격량이 없으므로 t 방향의 충돌 전, 후의 속도는 같음을 기억하자.

예제 5-13 탄환운동하는 공의 경사면 중심충돌 전, 후 속도 및 수평거리 구하기

[그림 5-25(a)]와 같이 한 소년이 0.1 kg의 공을 처음속도 $v_0 = 15\ \mathrm{m/s}$로 벽에 던진다. 소년이 처음 공을 던질 때의 공의 위치는 지면으로부터 1.2 m이고 공은 수평면과 45° 각도를 이룰 때, (a) 공과 벽이 부딪치는 속도, (b) 공과 벽 사이의 반발계수가 $e = 0.6$일 때 벽을 맞고 튀어 나가는 공의 속도, (c) 공이 벽에서 튕겨져 나와 점 Q의 지면을 때릴 때 점 P에서 점 Q까지의 수평거리 R을 구하시오.

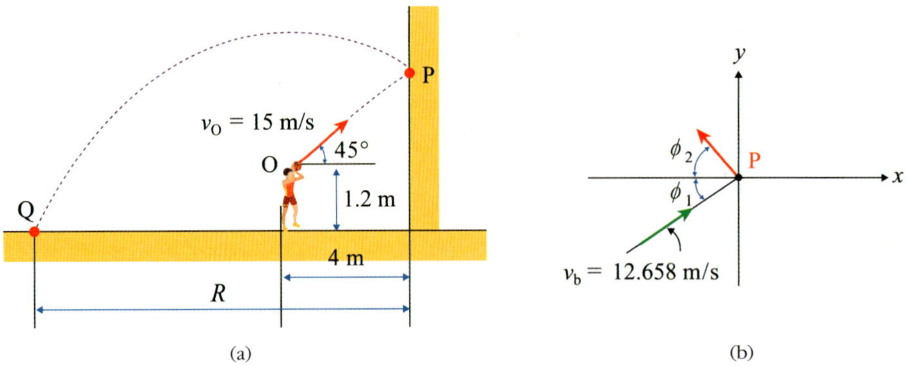

그림 5-25 벽에 부딪치는 공의 경사면 중심충돌

분석

- [그림 5-25(b)]에서 탄환운동 식을 이용해 벽에 충돌하는 속도 v_b를 먼저 구하고, v_b와 벽에서 튕겨 나올 때의 속도 $v_b{}'$를 선형운동량 보존법칙과 반발계수 식을 이용해 구한다.
- [그림 5-25(a)]에서 수평거리 R은 탄환운동 식을 이용해 구한다.

풀이

(a) [그림 5-25(a)]에서, 소년이 던진 공의 속도는 $v_O = 15\ \text{m/s}$이고, 질량은 0.1 kg이다. 공이 벽을 때리는 속도 v_b(충돌 전 속도)를 구하기 위해 탄환운동 식 (2.52)를 사용한다.

$$\text{수평방향 } x\,(+)\rightarrow\ :\ \frac{dx}{dt} = (v_b)_x,\ \int_{x_0}^{x} dx = \int_0^t (v_b)_x\, dt,\ \int_0^4 dx = \int_0^t 15\cos 45°\, dt \tag{1}$$

식 (1)을 정리하면, $4-0 = 15\cos 45°\, t$가 된다. 이로부터 공이 벽에 충돌하는 시간을 구할 수 있다.

$$t = 0.377\ \text{s (공이 벽에 충돌하는 시간)}$$

수직방향에 대해서도 탄환운동 식 (2.54)를 이용하면 식 (2)와 같은 관계를 얻을 수 있다.

$$\text{수직방향 } y(+)\uparrow\ :\ \frac{d(v_b)_y}{dt} = (a_b)_y,\ \int_{(v_O)_y}^{(v_b)_y} d(v_b)_y = \int_0^t -g\, dt \tag{2}$$

식 (2)를 정리하면 다음과 같이 y 방향 충돌 전의 속도를 구할 수 있다.

$$(v_b)_y = 15\sin 45° - (9.81)(0.377) = 6.908\ \text{m/s}$$

이제 $\frac{dy}{dt} = (v_b)_y$로부터 변수분리 후, 양변 적분을 행하면 식 (3)과 같다.

$$\int_{y_0}^{y} dy = \int_0^t ((v_O)_y - gt)\ dt,\ y - 1.2 = (v_O)_y t - \frac{1}{2}gt^2 \tag{3}$$

식 (3)에 주어지고 계산된 수치 값들을 대입하면 식 (4)와 같이 된다.

$$y = y_{\mathrm{P}} = 1.2 + 15\sin 45°(0.377) - \frac{1}{2}(9.81)(0.377)^2, \quad y = 4.502\ \mathrm{m} \tag{4}$$

식 (4)에서 y_{P}는 [그림 5-25(a)]에서 지면으로부터 벽의 한 점 P까지의 수직거리이다. 한편, 공이 벽을 때리는 속도 v_{b}의 크기와 입사각 ϕ_1은 다음과 같다.

$$v_{\mathrm{b}} = \sqrt{(15\cos 45°)^2 + (6.908)^2} = 12.658\ \mathrm{m/s}, \ \phi_1 = \tan^{-1}\left(\frac{6.908}{15\cos 45°}\right) = 33.076° \tag{5}$$

(b) 전 단계에서 벽을 때리는 공의 속력 v_{b}와 입사각 ϕ_1을 구하였다. 이제 공이 벽을 튕겨 나오는 속도를 v_{b}'이라 하자. 공이 벽과 충돌할 때, y 방향은 접촉평면, x 방향은 충돌선 방향이다. y 방향은 충격량이 없으므로 공의 질량을 m_{B}라 하면 벽과의 충돌 전, 후의 속도 관계는 다음과 같다.

$$y \text{ 방향 } (+) \uparrow \ : m_{\mathrm{B}}(v_{\mathrm{b}})_y = m_{\mathrm{B}}(v_{\mathrm{b}}')_y, \ (v_{\mathrm{b}})_y = (v_{\mathrm{b}}')\sin\phi_2 \tag{6}$$

한편, x 방향에 대해서는 충돌선 방향이므로 반발계수 식을 이용하면 다음과 같다.

$$x \text{ 방향 } (+) \rightarrow \ : e = \frac{(v_{\mathrm{w}})_x - (v_{\mathrm{b}}')_x}{(v_{\mathrm{b}})_x - (v_{\mathrm{w}})_x}, \quad 0.6 = \frac{(0) - (-v_{\mathrm{b}}')\cos\phi_2}{15\cos 45° - (0)} \tag{7}$$

식 (6)과 (7)을 연립으로 풀면 벽과의 충돌 후의 속도 v_{b}'과 출사각(공이 벽을 튕겨 나올 때 수평면과 이루는 각) ϕ_2를 구할 수 있다.

$$v_{\mathrm{b}}'\sin\phi_2 = 6.908, \ v_{\mathrm{b}}'\cos\phi_2 = 6.364$$

위의 관계로부터 ϕ_2와 v_{b}'을 구하면 다음과 같다.

$$\phi_2 = 47.335°, \quad v_{\mathrm{b}}' = 9.394\ \mathrm{m/s} \tag{8}$$

(c) 이제 다시 초기속도 $v_{\mathrm{b}}' = 9.394\ \mathrm{m/s}$로 왼쪽 방향으로 공이 튕겨 나갈 때, 탄환운동의 관계식으로부터 점 P에서 점 Q에 도달하는 수평거리 R을 구하자. 공이 벽을 튕겨 나갈 때부터 공이 지면에 떨어지는 시간을 구하기 위해서는 수직방향 탄환운동을 생각해야 한다. 수직방향 위치 관계는 다음과 같다.

$$\frac{dy}{dt} = (v_{\mathrm{b}}')_y - gt, \quad \int_{4.502}^{0} dy = \int_0^{t_s} [(v_{\mathrm{b}}')\sin\phi_2 - gt]\, dt$$

$$0 - 4.502 = (9.394\sin 47.335°)t_s - \frac{1}{2}(9.81)t_s^2 \tag{9}$$

식 (9)의 2차 방정식을 풀면 공이 낙하할 때까지의 시간 t_s 값이 두 개 나오는데, 시간은 음의 값이 없으므로 이 두 개의 값 중 양의 값만 취하면 다음과 같다.

$$t_s = 1.893\ \mathrm{s}$$

공이 낙하할 때까지의 시간 t_s를 구하였으므로 수평 도달거리는 다시 x 방향에 대한 탄환운동 식을 적용한다.

$$\frac{dx}{dt} = (v_b{}')_x, \quad \int_0^R dx = \int_0^{t_s} (v_b{}' \cos\phi_2)\, dt \tag{10}$$

식 (10)을 다시 정리하면 다음과 같이 수평 도달거리 R을 구할 수 있다.

$$R = v_b{}' \cos\phi_2 t_s$$
$$R = 9.394\,(\cos 47.335°)(1.893) = 12.05 \text{ m}$$

고찰

- 탄환운동과 경사면 중심충돌의 복합 문제를 풀기 위해서는 탄환운동의 수평 및 수직방향 운동에 대한 관계식을 명확히 알아야 하고, 충돌에 관한 선형운동량 보존과 반발계수 식도 명확히 적용하여야 한다.

SECTION 5.4

각운동량과 각충격량의 원리

- 각운동량과 각충격량의 의미를 이해하고, 생활에서의 예를 살펴본다.
- 각운동량과 각충격량의 관계를 유도하고, 이를 문제 풀이에 적용한다.
- 질점과 질점계에 대한 각운동량 보존법칙을 이해한다.
- 각운동량 보존법칙을 질점이나 질점계에 대해 적용하여 응용문제를 익힌다.

5.4.1 각운동량

회전운동rotational motion을 하고 있는 물체는 운동량을 갖게 되지만, 이와 달리 물체가 회전하고 있는 중심에 대한 회전 모멘트를 표현하는 물리량을 갖게 된다. 이를 **각운동량**angular momentum이라 한다. 각운동량은 물체가 지닌 선형운동량과 회전중심까지의 반경의 곱으로 그 크기를 구할 수 있다. 선형운동량과 같이 각운동량도 벡터 물리량이다. 각운동량을 식으로 표현하면 식 (5.37)과 같으며, 이를 그림으로 표현하면 [그림 5-26(a)]와 같다. 식 (5.37)에서 아래첨자 y는 위 방향 좌표축을 의미한다.

$$(\mathrm{L}_O)_y = \mathrm{r} \times \mathrm{p} = \mathrm{r} \times m\mathrm{v} \tag{5.37}$$

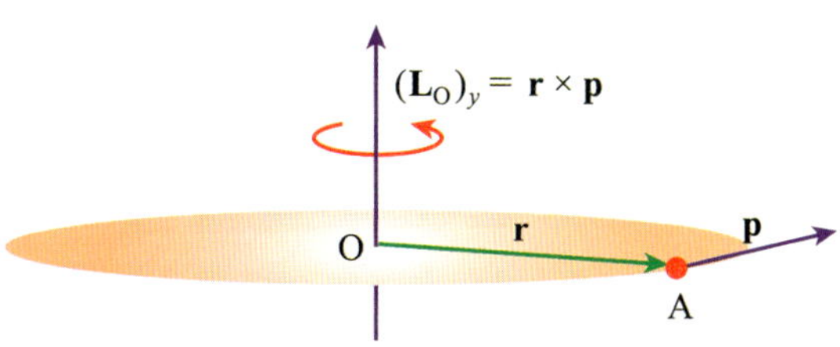

(a) 각운동량 벡터

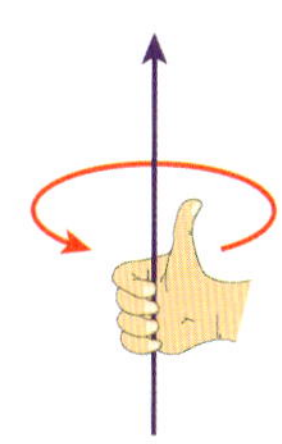
(b) 각운동량 벡터의 방향

그림 5-26 각운동량(선형운동량의 모멘트)

식 (5.37)에서 p는 식 (5.5)에서 소개했던 선형운동량 벡터로서 $m\mathrm{v}$와 같다. 각운동량 벡터 $(\mathrm{L}_O)_y$는 $\mathrm{r} \times \mathrm{p}$로서, 방향은 벡터 r에서 벡터 p 쪽으로 오른손으로 감싸듯이 돌릴 때 엄지손가락이 가리키는 방향(위 방향, [그림 5-26(b)] 참조)이다. 그 크기는 다음과 같이 벡터 r의 크기 r과 선형운동량의 크기 mv와의 곱이다.

$$(L_O)_y = rmv \tag{5.38}$$

3차원 공간상에서 각운동량 벡터를 계산하는 방법은 다음과 같이 행렬식을 이용하는 것이다.

$$(\mathrm{L}_O)_y = \begin{vmatrix} \mathrm{i} & \mathrm{j} & \mathrm{k} \\ x & y & z \\ mv_x & mv_y & mv_z \end{vmatrix} \tag{5.39}$$

식 (5.39)에서 x, y, z 성분은 위치벡터 r의 성분이며, mv_x, mv_y, mv_z도 선형운동량 벡터 $m\mathrm{v}$의 성분이다. 식 (5.39)의 계산 결과는 다음과 같다.

$$(\mathrm{L}_O)_y = m(yv_z - zv_y)\mathrm{i} + m(zv_x - xv_z)\mathrm{j} + m(xv_y - yv_x)\mathrm{k} \tag{5.40}$$

5.4.2 각운동량과 힘에 의한 모멘트와의 관계식

각운동량은 회전운동과 관계가 있으므로 회전에 관계된 모멘트와 각운동량이 어떤 관계가 있는지 살펴보기로 한다. [그림 5-27]은 **관성좌표계**에서 볼 때 합력 힘 F_R을 받아 곡선운동을 하는 질점을 보여준다.

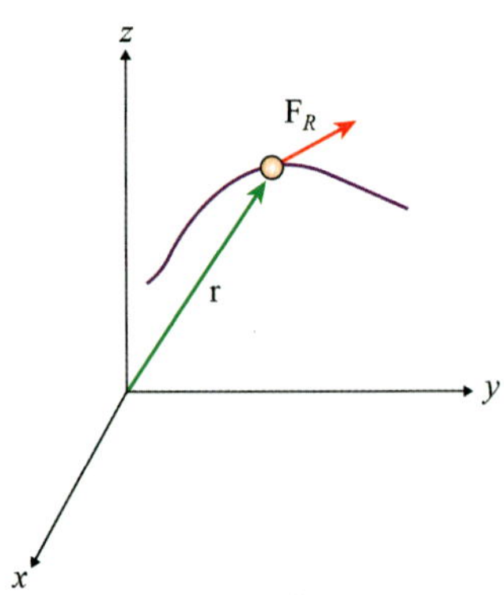

그림 5-27 관성좌표계(질점)

[그림 5-27]에서 r은 기준점 O에서 질점까지의 위치벡터이다. 질점의 질량을 m이라 할 때, 뉴턴의 운동 제2법칙을 다시 표현하면 다음과 같다.

$$\mathrm{F}_R = m\mathrm{a} = m\dot{\mathrm{v}} \tag{5.41}$$

기준점 O에 대한 합 모멘트는 $\Sigma\mathrm{M}_O = \mathrm{r} \times \mathrm{F}_R$은 식 (5.41)의 관계를 이용하면 다음과 같다.

$$\Sigma\mathrm{M}_O = \mathrm{r} \times m\dot{\mathrm{v}} \tag{5.42}$$

이제 각운동량 벡터 $\mathrm{L}_O = \mathrm{r} \times m\mathrm{v}$를 시간에 대해 한 번 미분하면 다음과 같다.

$$\frac{d}{dt}(\mathrm{r} \times m\mathrm{v}) = \dot{\mathrm{r}} \times m\mathrm{v} + \mathrm{r} \times m\dot{\mathrm{v}} = \mathrm{v} \times m\mathrm{v} + \mathrm{r} \times \mathrm{F}_R \tag{5.43}$$

식 (5.43)에서 $\mathbf{v} \times m\mathbf{v}$ 항은 같은 벡터끼리의 **크로스 곱**cross product으로 영 벡터가 되어 사라지므로 $\mathbf{r} \times \mathbf{F}_R$ 항만 남는다. 이것은 점 O에 관한 모멘트와 같다. 따라서 다음과 같은 관계가 된다.

$$\Sigma \mathbf{M}_O = \dot{\mathbf{L}}_O \tag{5.44}$$

식 (5.44)는 "점 O에 대한 모멘트의 합은 점 O에 대한 각운동량의 시간 변화율과 같다"는 것을 의미한다. 이제 식 (5.44)가 질점계에서도 유사하게 성립하는지 살펴보자.

[그림 5-28]은 3장과 4장에서의 질점계의 운동역학을 논하는 과정에서도 유사하게 소개한 바 있다. [그림 5-28]에서 $\mathbf{F}_i$와 $\mathbf{f}_i$는 i번째 질점에 작용하는 외력의 합과 내력의 합을 나타내며, $\mathbf{r}_i$는 원점으로부터 i번째 질점까지의 위치벡터이다. 식 (5.44)와 유사하게, [그림 5-28]의 i번째 질점에 작용하는 $\mathbf{F}_i$와 $\mathbf{f}_i$에 의한 점 O에 관한 모멘트 합은 i번째 질점의 점 O에 관한 각운동량의 시간 변화율과 같다.

$$(\mathbf{r}_i \times \mathbf{f}_i) + (\mathbf{r}_i \times \mathbf{F}_i) = \frac{d}{dt}(\mathbf{L}_i)_O = (\dot{\mathbf{L}}_i)_O \tag{5.45}$$

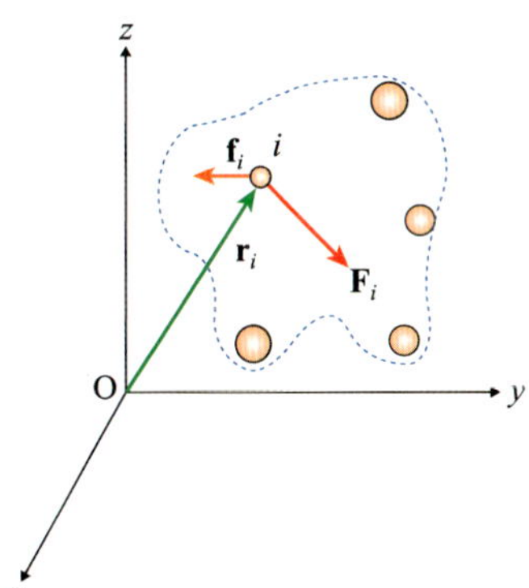

그림 5-28 관성좌표계(질점계)

식 (5.45)를 무수히 많은 질점들에 대해 적용하면 다음과 같다.

$$\Sigma(\mathbf{r}_i \times \mathbf{f}_i) + \Sigma(\mathbf{r}_i \times \mathbf{F}_i) = \Sigma\frac{d}{dt}(\mathbf{L}_i)_O = \Sigma(\dot{\mathbf{L}}_i)_O \tag{5.46}$$

식 (5.46)에서 내력은 내력들끼리 크기가 같고 방향은 반대이고, 동일선상에 존재하여 서로 상쇄되므로 이에 의한 모멘트는 0이 되어, 오로지 외력에 의한 모멘트만 남게 된다.

$$\Sigma(\mathbf{r}_i \times \mathbf{F}_i) = \Sigma(\dot{\mathbf{L}}_i)_O \tag{5.47}$$

식 (5.47)에서 $\Sigma(\mathbf{r}_i \times \mathbf{F}_i)$는 질점들 전체의 점 O에 관한 모멘트 합을 의미하고, $\Sigma(\dot{\mathbf{L}}_i)_O$는 질점들 전체의 점 O에 관한 각운동량의 시간 변화율을 나타내므로 최종적으로 다음과 같이 나타낼 수 있다.

$$\Sigma \mathbf{M}_O = \Sigma(\dot{\mathbf{L}}_O) \tag{5.48}$$

5.4.3 각운동량과 각충격량의 원리 식

질점에 대한 각운동량과 각충격량의 원리는 식 (5.44)를 이용하여 얻을 수 있다. 식 (5.44)를 다시 쓰면 다음과 같다.

$$\Sigma \mathrm{M}_O = \frac{d(\mathrm{L}_O)}{dt}, \quad \Sigma \mathrm{M}_O\, dt = d(\mathrm{L}_O) \tag{5.49}$$

식 (5.49)를 시간 구간 t_1에서 t_2까지 양변 적분하면 다음과 같다.

$$\Sigma \int_{t_1}^{t_2} \mathrm{M}_O\, dt = \int_{(\mathrm{L}_O)_1}^{(\mathrm{L}_O)_2} d(\mathrm{L}_O), \quad \Sigma \int_{t_1}^{t_2} \mathrm{M}_O\, dt = (\mathrm{L}_O)_2 - (\mathrm{L}_O)_1 \tag{5.50}$$

식 (5.50)에서 $\Sigma \int_{t_1}^{t_2} \mathrm{M}_O\, dt$를 **각충격량**angular impulse이라 한다. 질점계에 대한 각운동량과 각충격량의 원리는 식 (5.48)을 이용하여 얻을 수 있다. 이제 식 (5.48)을 다시 쓰면 다음과 같다.

$$\Sigma \mathrm{M}_O = \Sigma \frac{d(\mathrm{L}_O)}{dt}, \quad \Sigma \mathrm{M}_O\, dt = \Sigma\, d(\mathrm{L}_O) \tag{5.51}$$

식 (5.51)을 시간 구간 t_1에서 t_2까지 양변 적분하면 다음과 같다.

$$\Sigma \int_{t_1}^{t_2} \mathrm{M}_O\, dt = \Sigma \int_{(\mathrm{L}_O)_1}^{(\mathrm{L}_O)_2} d(\mathrm{L}_O), \quad \Sigma \int_{t_1}^{t_2} \mathrm{M}_O\, dt = \Sigma(\mathrm{L}_O)_2 - \Sigma(\mathrm{L}_O)_1 \tag{5.52}$$

질점에 대해 식 (5.50)을 적용시켜 문제를 풀기 위해서는 선형운동량과 선형충격량의 원리와 결합하여 풀어야 하는 경우가 있다. 스칼라 식으로 x-y-z 방향에 대한 **선형운동량과 선형충격량의 원리**principle of linear momentum and linear impulse와 **각운동량과 각충격량의 원리**principle of angular momentum and angular impulse를 나타내면 다음과 같다.

$$m(v_x)_1 + \Sigma \int_{t_1}^{t_2} F_x\, dt = m(v_x)_2 \tag{5.53}$$

$$m(v_y)_1 + \Sigma \int_{t_1}^{t_2} F_y\, dt = m(v_y)_2 \tag{5.54}$$

$$m(v_z)_1 + \Sigma \int_{t_1}^{t_2} F_z\, dt = m(v_z)_2 \tag{5.55}$$

$$(L_O)_{1x} + \Sigma \int_{t_1}^{t_2} M_x\, dt = (L_O)_{2x} \tag{5.56}$$

$$(L_O)_{1y} + \Sigma \int_{t_1}^{t_2} M_y\, dt = (L_O)_{2y} \tag{5.57}$$

$$(L_O)_{1z} + \Sigma \int_{t_1}^{t_2} M_z\, dt = (L_O)_{2z} \tag{5.58}$$

각운동량과 각충격량의 원리를 실제 문제에 적용할 경우는 다음과 같이 적용시킨다. 예를 들어 질점의 운동이 x-y 평면에서 일어나면 x-y 방향에 대한 선형운동량과 선형충격량의 원리인 식 (5.53)과 식 (5.54), 그리고 각운동량과 각충격량에 대한 식 (5.58)을 결합한다.

5.4.4 각운동량 보존

질점에 관한 각운동량과 각충격량의 원리 $(\mathrm{L}_O)_1 + \Sigma\int_{t_1}^{t_2}\mathrm{M}_O\,dt = (\mathrm{L}_O)_2$에서 모멘트가 없거나 외력이 없는 경우에는 각충격량 $\Sigma\int_{t_1}^{t_2}\mathrm{M}_O\,dt$ 가 0이 되어 각운동량은 보존되는데, 외력이 있더라도 모멘트를 동반하지 않거나 **만유인력**과 같이 지구의 중심을 향하는 **중심력**central force이 작용하는 운동(인공위성 궤도 해석 문제)일 경우에도 각운동량은 보존된다. 그러나 중심력이 작용하는 경우에는 각운동량은 보존되지만 선형운동량은 보존되지 않는다.

$$(\mathrm{L}_O)_1 = (\mathrm{L}_O)_2 \tag{5.59}$$

[그림 5-29]는 놀이 시설의 회전그네를 나타낸 것이다. 이때 사람의 무게 mg는 회전축인 y축과 평행한 아래쪽으로 향하고, 의자에 대한 법선력 N_c는 그림에서와 같이 비스듬하게 y축을 향한다. 이와 같이 회전축에 평행하거나 회전축을 향하는 힘들에 의한 각충격량은 없기 때문에 각운동량은 보존된다.

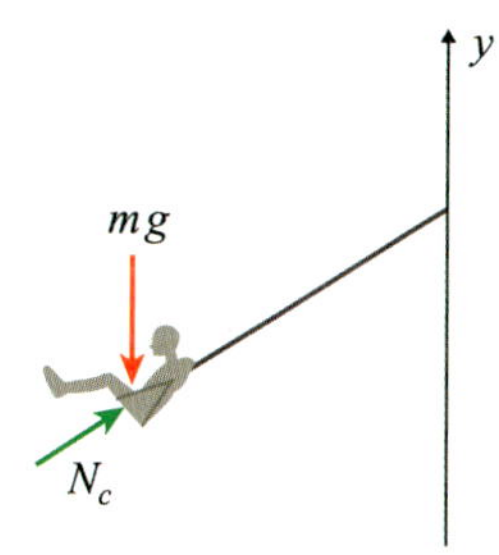

그림 5-29 줄로 연결된 회전그네

질점계에 대한 각운동량 보존법칙을 기술할 수 있는데, 이는 식 (5.52)에서 각충격량 $\Sigma\int_{t_1}^{t_2}\mathrm{M}_O\,dt$ 가 0일 때이므로 다음과 같이 나타낼 수 있다.

$$\Sigma(\mathrm{L}_O)_1 = \Sigma(\mathrm{L}_O)_2 \tag{5.60}$$

질점계에 대한 각운동량 보존법칙은 질점계에 작용하는 외력에 의한 각충격량이 없다고 한다면 각운동량은 보존된다는 것을 의미한다.

예제 5-14 시간 함수의 모멘트를 받는 회전하는 봉과 공으로 연결된 계에서 공의 속력 구하기

[그림 5-30]과 같이 동일한 5 kg의 질량을 갖는 공 두 개가 중심을 점 O에 둔 봉의 끝에 붙어 수평 평면 내에서 회전하고 있다. $F = 5$ N의 접선력이 공에 작용하고, 봉에는 시간 함수로 주어지는 우력[1] 모멘트 $M_O = 4t$ N·m가 작용하고 있다. 시간 $t = 3$ s일 때 공의 속력을 구하시오. 회전 봉과 공은 정지상태에서 출발하며, 공의 크기는 무시한다.

1 물체에 작용하는 크기가 같고 방향이 반대인 평행한 두 힘을 말한다.

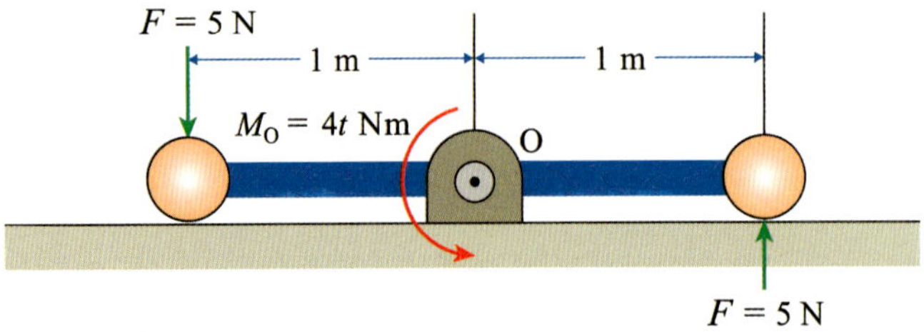

그림 5-30 회전하는 봉과 공으로 구성된 계

분석

• [그림 5-30]과 같은 회전계이면서 일정 시간 동안 외력 또는 외력 모멘트를 받는 운동인 경우 각운동량과 각충격량의 원리를 적용한다.

풀이

• [그림 5-30]에서 봉은 우력 모멘트 $M_O = 4t\,\text{N}\cdot\text{m}$를 받고, 공의 질량은 5 kg이다. 처음에 정지상태에서 출발하여 회전하고, $t = 3$ s에서의 공의 속력을 구하는 것이다. 수평면과 O축을 통과하는 축을 z축이라 할 때, 이 z축에 대한 각운동량과 각충격량의 원리를 적용하자.

$$(L_{Oz})_1 + \Sigma \int_{t_1}^{t_2} M_O\,dt = (L_{Oz})_2 \tag{1}$$

• 각운동량은 선형운동량의 모멘트이므로 식 (1)을 다시 정리하면 다음과 같다.

$$2m\,(v_1)\,r + \Sigma \int_0^3 (4t)\,dt + \int_0^3 (2Fr)\,dt = 2m\,(v_2)r \tag{2}$$

• 식 (2)에 주어진 값을 대입하고 정리하면, 식 (3)과 같이 된다.

$$0(\text{정지상태 출발}) + \int_0^3 4t\,dt + 2\times[(5)(1.0)(3)] = 2\times[(5)(v_2)(1.0)] \tag{3}$$

식 (3)을 정리하면, 시간 $t = 3$ s인 순간의 공의 속력은 다음과 같다.

$$v_2 = 4.8\,\text{m/s}$$

고찰

• 회전하는 시스템에서 일정 시간 동안 힘이나 모멘트가 가해질 때는 각운동량과 각충격량의 원리를 적용하여 운동역학 문제를 풀고, 힘이나 모멘트에 의한 각충격량이 없을 때는 각운동량 보존법칙으로 문제를 풀어야 한다.

예제 5-15 질점의 각운동량 구하기

[그림 5-31]과 같이 질량이 1 kg 인 공 P는 수평축과 45°의 각도를 가지고 5 m/s의 속력을 가진다. 원점 O에 대한 각운동량 L_O를 구하시오. 공의 크기는 무시한다.

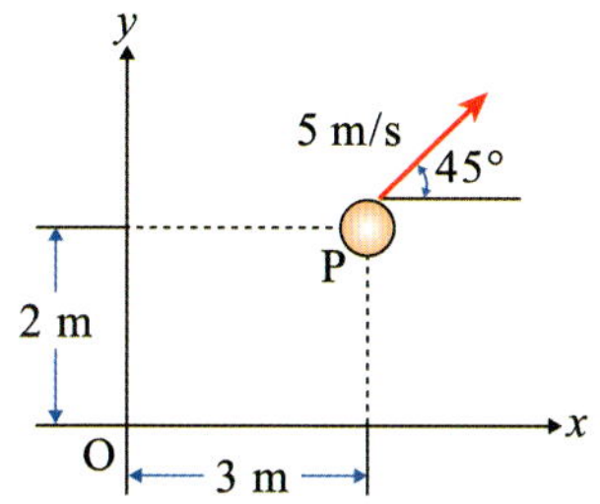

그림 5-31 x-y 평면에서 어떤 속도를 갖는 공

분석

- [그림 5-31]에서 각운동량은 선형운동량의 모멘트이기 때문에 식 (5.38)인 $(L_O)_y = rmv$를 써서 계산한다.

풀이

- [그림 5-31]에서 공은 질점으로 간주하며, 이 공의 속도는 두 방향 x-y의 성분을 갖는다. 즉 $v_x = 5\cos 45°$ m/s, $v_y = 5\sin 45°$ m/s이다. 이를 이용해 각운동량을 계산하는 식 (5.38)인 $(L_O)_y = rmv$에 대입하면 다음과 같다.

$$L_O = m v_y r_1 + m v_x r_2$$

$$L_O = (1)(5\sin 45°)(3) - (1)(5\cos 45°)(2) \tag{1}$$

- 식 (1)을 다시 정리하면 다음과 같이 L_O를 구할 수 있다.

$$L_O = 10.61 - 7.071 = 3.54\ \mathrm{kg \cdot m^2/s}$$

고찰

- 각운동량은 선형운동량 mv의 모멘트이고, 모멘트 팔의 길이는 mv와 항상 직각인 수직거리이다.

예제 5-16 시간 함수의 모멘트를 받는 회전하는 봉과 구로 연결된 계의 구의 속도 구하기

[그림 5-32]와 같이 질량을 무시할 수 있는 봉의 끝에 붙어 있는 질량 5 kg인 구sphere A가 모멘트 $M = t^2 + 2t + 2$ N·m를 받고 있다. $t = 3$ s일 때의 구의 속력을 구하시오. $t = 0$ s일 때 구의 속력은 $v = 2$ m/s이다.

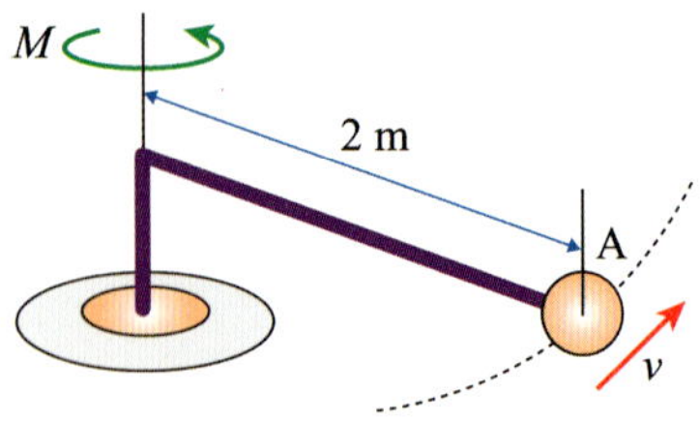

그림 5-32 회전하는 봉에 연결된 구로 구성된 계

분석

- [그림 5-32]와 같은 회전계이면서 일정 시간 동안 외력 또는 외력 모멘트를 받는 운동인 경우 각운동량과 각충격량의 원리를 적용한다.

풀이

- [그림 5-32]에서 봉은 우력 모멘트 $M = (t^2 + 2t + 2)$ N·m를 받고, 구의 질량은 5 kg이다. 구는 초기속도를 가지며, $t = 3$ s에서의 공의 속력을 구해야 한다. 모멘트가 작용하는 축의 방향을 z축이라 하면, 이 z축에 대한 각운동량과 각충격량의 원리를 적용한다. 아래 식 (1)에서 r은 회전반경으로 선형운동량과 수직거리이며, v는 초기속력, v^*는 $t = 3$ s에서의 속력이다.

$$mvr + \Sigma \int_{t_1}^{t_2} M_z \, dt = m v^* r \tag{1}$$

- 식 (1)에 주어진 수치 값들을 대입하면 식 (2)와 같이 된다.

$$(5)(2)(2) + \int_0^3 (t^2 + 2t + 2)\, dt = (5) v^* (2) = 10 v^* \tag{2}$$

식 (2)를 다시 정리하면 다음과 같다.

$$20 + \left[\frac{1}{3} t^3 + t^2 + 2t \right] \Bigg|_{t=0}^{t=3} = 10 v^*$$

- 위의 식으로부터 최종적으로 구의 $t = 3$ s에서의 속력 v^*는 다음과 같다.

$$v^* = 4.4 \text{ m/s}$$

고찰

- 회전하는 시스템에서 일정 시간 동안 힘이나 모멘트가 가해질 때는 각운동량과 각충격량의 원리를 적용하여 운동역학 문제를 풀고, 힘이나 모멘트에 의한 각충격량이 없을 때는 각운동량 보존법칙으로 문제를 풀어야 한다.

예제 5-17 회전그네에 탄 소년의 속력 구하기

[그림 5-33]과 같이 질량이 45 kg인 소년이 그네의 위치 $\phi_1 = 25°$에서 정지해 있다가 내려오면서, 다리를 그림처럼 들어 올린다. 이때 소년의 무게중심은 G_0에 위치한다. 소년이 $\phi_1 = 0°$인 그네의 최저점 위치에서 돌연 다리를 아래로 내렸고, 이때 소년의 무게중심의 위치는 G_1로 이동한다. 소년의 갑작스런 동작에 의해 소년이 위로 올라가는 속력을 구하고, 소년이 왼쪽 위에서 순간적으로 정지하는 순간의 각도 ϕ_2를 구하시오. 소년의 몸체는 크기를 고려하지 않는 질점으로 간주한다.

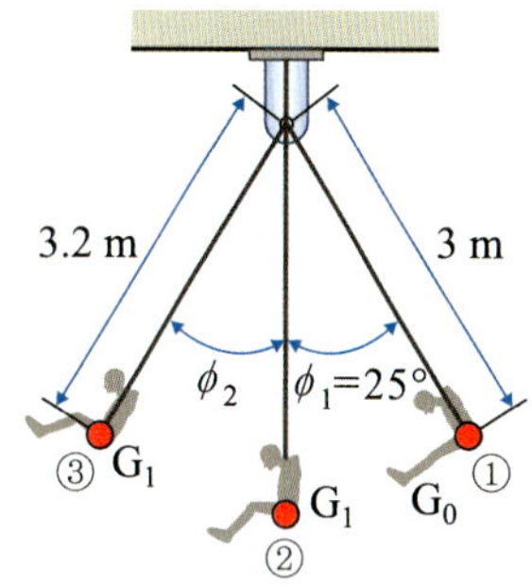

그림 5-33 회전그네를 타는 소년

분석

- [그림 5-33]은 회전하는 시스템이지만, 외력 또는 외력 모멘트를 받지 않으므로 각운동량 보존법칙을 적용한다.

풀이

- [그림 5-33]에서 최저점의 위치를 기준 위치로 잡고 위치 ②라 하고, 오른쪽 맨 위의 위치를 위치 ①이라 한다. 회전그네가 최저점의 위치 ②에 도달하는 순간의 속력을 v_2라 하자. 이를 구하기 위해 에너지 보존법칙을 사용한다. 기준을 위치 ②로 잡으면 위치 ①에서 중력 위치에너지는 최대가 되고 운동에너지는 없다. 한편 위치 ②에서 위치에너지는 0이 되고 운동에너지는 최대가 된다. 따라서 다음의 에너지 보존법칙을 이용하면 된다.

$$T_1 + V_1 = T_2 + V_2 \tag{1}$$

식 (1)에 주어진 수치 값들을 대입하면 식 (2)와 같이 된다.

$$0 + (45)(9.81) \times 3.0(1 - \cos 25°) = \frac{1}{2}(45)v_2^{\,2} + 0 \tag{2}$$

식 (2)로부터 v_2를 구하면 다음과 같다.

$$v_2 = 2.348 \text{ m/s}$$

- 소년이 위치 ①에서 위치 ②로 와서 뻗었던 다리를 아래로 내리더라도 각운동량은 보존된다. 이는 외력이나 외력 모멘트에 의한 각충격량이 없기 때문이다. 위치 ②에 막 도달할 때의 각운동량을 L_2, 위치 ②에서 다리를 갑자기 내렸을 때의 각운동량을 L_2'이라 하면 각운동량 보존법칙에 의해 식 (3)과 같이 표현된다.

$$L_2 = L_2', \quad m v_2 l_2 = m v_2' l_2' \tag{3}$$

식 (3)에 주어진 수치 값들을 대입하면 다음과 같이 된다.

$$(45)(2.348)(3.0) = 45 v_2'(3.2)$$

이 식으로부터 v_2'을 계산하면 다음과 같다.

$$v_2' = 2.201\ \text{m/s}$$

- $\phi_1 = 0°$ 직후, 위치 ②와 위치 ③의 에너지는 보존되므로 다음과 같이 에너지 보존법칙을 쓸 수 있다.

$$T_2 + V_2 = T_3 + V_3 \tag{4}$$

식 (4)에 주어진 수치 값들을 대입하면 다음과 같이 된다.

$$\frac{1}{2}(45)(2.201)^2 + 0 = 0 + (45)(9.81)(3.2)(1 - \cos\phi_2)$$

위 식으로부터 위치 ③에서의 수직 축과 이루는 각 ϕ_2는 다음과 같이 구할 수 있다.

$$\phi_2 = 22.63°$$

고찰

- 회전하는 시스템에서 힘이나 힘에 의한 모멘트가 가해지지 않을 때는 각운동량 보존법칙을 적용하면 문제를 쉽게 풀 수 있다.

SECTION 5.5

우주역학과 중심력 운동

- 중심력 운동상태에서 각운동량 보존법칙을 적용한다.
- 중심력 운동에 대한 개념을 이해하고 질점의 궤적을 살펴본다.
- 우주선의 궤적방정식과 궤적이탈속도를 익힌다.
- 인공위성의 주기 및 케플러의 행성운동 법칙을 살펴본다..

중심력 운동이란 힘의 방향이 고정된 정점을 향하거나 정점을 중심으로 멀어지는 힘으로 그 크기는 원점으로부터의 거리만의 함수인 경우이다. 회전하는 운동 입자는 일정한 각운동량을 갖고, 중심력을 받는 물체의 경우 그 물체의 역학적 에너지 및 각운동량은 보존된다. 이러한 중심력의 예로는 중력(만유인력), 전기력, 스프링력 등을 들 수 있는데, 여기서는 중력의 경우에 대해서만 생각한다. 중력에 대해 **중심력** F, **중력 위치** $V(r)$, **중력 위치에너지** $U(r)$을 나타내보면 다음과 같은 관계가 성립한다.

$$\mathrm{F} = G\frac{M_e m}{r^2}\mathrm{e}_r \quad \text{(중심력)} \tag{5.61}$$

$$V(r) = G\frac{M_e}{r} \quad \text{(중력 위치)} \tag{5.62}$$

$$U(r) = mV(r) = G\frac{mM_e}{r} \quad \text{(중력 위치에너지)} \tag{5.63}$$

식 (5.61)~(5.63)에서 r은 두 물체의 중심 간의 거리, G는 만유인력 상수 또는 중력 상수, M_e와 m은 각각 지구의 질량과 어떤 물체의 질량이다. 이제 중심력을 논할 수 있는 가장 기본적인 문제인 두 물체 사이의 운동을 생각해보자.

5.5.1 중심력과 두 물체의 운동

구심력은 어떤 물체가 원운동할 수 있도록 원의 중심을 향하는 힘이다. 그러나 중심력은 힘의 방향이 항상 정해진 한 점(정점)을 향하는 힘으로 정의된다. [그림 5-34]는 타원 형태의 궤도를 돌고 있는 물체들에서 정점을 향하는 힘인 중심력을 보여준다. 그런데 이 힘은 정점에서 물체 쪽으로 향하는 힘과도 같기 때문에 일반적으로 중심력은 식 (5.64)와 같이 나타낼 수 있다.

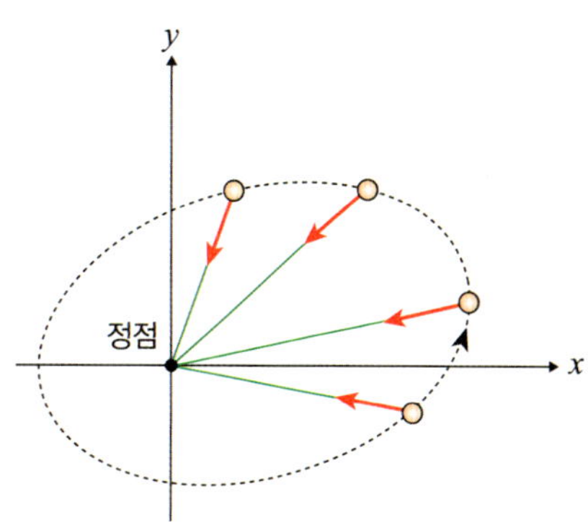

그림 5-34 정점을 향하는 중심력

$$\mathbf{F}(r) = F(r)\mathbf{e}_r \tag{5.64}$$

식 (5.64)에서 $\mathbf{e}_r$은 단위벡터로서 정점(원점이라 하자)으로부터 물체 쪽으로 향하는 벡터이다.

이제 [그림 5-35]와 같이 두 물체 사이의 상호작용력인 내력만 있고 외력이 없는 경우를 생각해보자. 두 물체 간의 상호작용력인 $\mathbf{F}_{12}$, $\mathbf{F}_{21}$은 각각 m_2의 물체가 m_1 물체에 주는 작용력과 m_1 물체가 m_2 물체에 주는 작용력을 나타낸다. 또한, $\mathbf{r}_1$, $\mathbf{r}_2$는 각각 정점으로부터 m_1, m_2 물체까지의 위치벡터를 나타낸다. [그림 5-35]의 두 물체 m_1, m_2의 운동방정식은 다음과 같다.

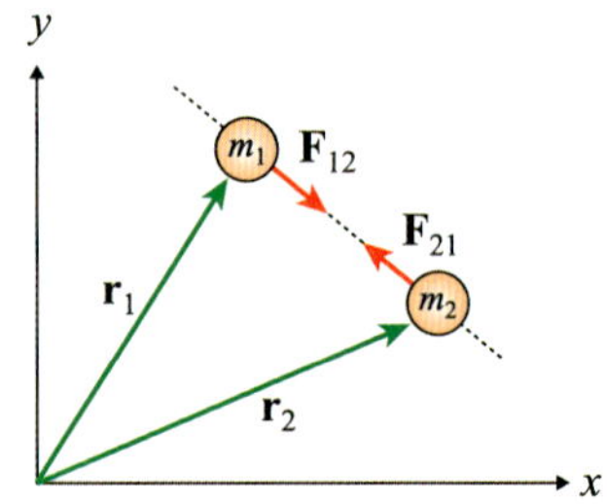

그림 5-35 정점으로부터 위치벡터와 두 물체 간의 상호작용력(내력)

$$\mathbf{F}_{12} = m_1 \frac{d^2}{dt^2}\mathbf{r}_1 \tag{5.65}$$

$$\mathbf{F}_{21} = m_2 \frac{d^2}{dt^2}\mathbf{r}_2 \tag{5.66}$$

식 (5.65)와 식 (5.66)의 두 식을 합하면 다음과 같이 된다.

$$\mathbf{F}_{12} + \mathbf{F}_{21} = \frac{d^2}{dt^2}(m_1\mathbf{r}_1 + m_2\mathbf{r}_2) \tag{5.67}$$

식 (5.67)의 좌변은 상호작용력이기 때문에 $\mathbf{F}_{12} = -\mathbf{F}_{21}$인 관계를 갖는다. 이미 앞 장들에서 배워왔던 질점계에 대한 기본적인 관계 $m_1\mathbf{r}_1 + m_2\mathbf{r}_2 = m\mathbf{r}_G$에 의해 식 (5.67)은 다음과 같이 표현할 수 있다.

$$0 = m\frac{d^2\mathbf{r}_G}{dt^2} = \frac{d^2}{dt^2}(m_1\mathbf{r}_1 + m_2\mathbf{r}_2) \tag{5.68}$$

식 (5.68)에서 m은 m_1, m_2의 합인 총질량이고, $\mathbf{r}_G$는 질량중심의 위치벡터이다. 식 (5.68)은 외력을 받지 않을 때 질량중심은 힘을 받지 않으며 등속도 운동을 하거나 정지해 있음을 의미한다. 질량중심이 움직이지 않는 좌표계에서는 질량중심은 정지해 있다.

이제 식 (5.65)와 식 (5.66)을 각각 m_1과 m_2로 나눠주면 다음과 같이 된다.

$$\frac{\mathbf{F}_{12}}{m_1} = \frac{d^2\mathbf{r}_1}{dt^2} \tag{5.69}$$

$$\frac{\mathbf{F}_{21}}{m_2} = \frac{d^2\mathbf{r}_2}{dt^2} \tag{5.70}$$

식 (5.69)에서 식 (5.70)을 빼면 다음과 같다.

$$\mathrm{F}_{12}\left(\frac{1}{m_1}+\frac{1}{m_2}\right)=\frac{d^2}{dt^2}(\mathrm{r}_1-\mathrm{r}_2) \tag{5.71}$$

식 (5.71)의 좌변은 $\frac{\mathrm{F}_{12}}{m_1}-\frac{\mathrm{F}_{21}}{\mathrm{m}_2}$에서 $\mathrm{F}_{12}=-\mathrm{F}_{21}$이기 때문에 $\frac{\mathrm{F}_{12}}{m_1}+\frac{\mathrm{F}_{12}}{\mathrm{m}_2}$로 나타난 것이다. 이제 환산질량의 개념을 도입해보자. 환산질량을 ν라 놓으면 $\nu=\frac{m_1\times m_2}{m_1+m_2}$로 식 (5.71)의 $\left(\frac{1}{m_1}+\frac{1}{m_2}\right)$은 $\frac{1}{\nu}$이 되고, 상대위치벡터 $\mathrm{r}_1-\mathrm{r}_2$를 $\mathrm{r}=\mathrm{r}_1-\mathrm{r}_2$라 놓아 식 (5.71)을 정리하면 다음과 같이 된다.

$$\mathrm{F}_{12}=\nu\frac{d^2\mathrm{r}}{dt^2} \tag{5.72}$$

어떤 벡터 r의 단위벡터를 u_r이라 하면, 1.3절에서 살펴보았던 벡터의 기본 표현에 의해 다음과 같이 쓸 수 있다.

$$\mathrm{u}_r=\frac{\mathrm{r}}{|\mathrm{r}|} \tag{5.73}$$

한편 F_{12}의 크기를 $F_{12}=F$라 놓고, 단위벡터의 표현 개념을 이용하면 다음과 같이 나타낼 수 있다.

$$\mathrm{F}_{12}=F_{12}\frac{(\mathrm{r}_1-\mathrm{r}_2)}{|\mathrm{r}_1-\mathrm{r}_2|}=F\mathrm{u}_r=\nu\frac{d^2\mathrm{r}}{dt^2} \tag{5.74}$$

식 (5.74)에서 u_r은 상대좌표의 단위벡터를 의미한다. 외력이 없고 두 물체의 상호작용력에 의한 운동은 [그림 5-36]과 같이 총질량 m이 **질량중심**에 있고, 환산질량 ν가 상대좌표에 있는 운동으로 변환할 수 있으며, 상대좌표가 중심력을 받고 운동하는 것으로 생각할 수 있다. 즉 두 물체의 운동을 상대좌표에 의해, 중심력을 받고 운동하는 한 물체의 운동으로 변환할 수도 있는 것이다.

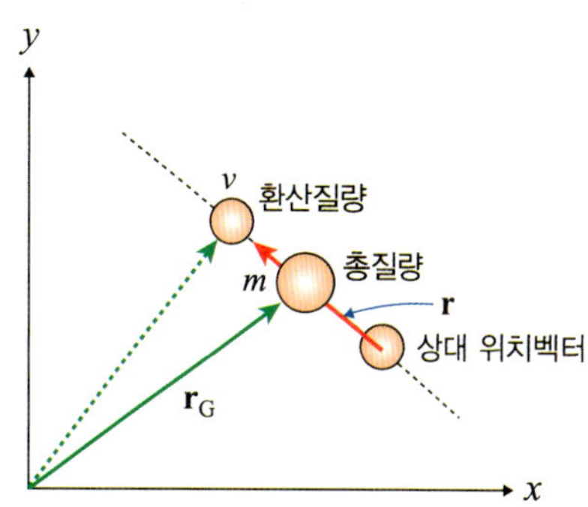

그림 5-36 상대위치벡터와 환산질량의 운동

[그림 5-35]와 [그림 5-36]에서 살펴본 바와 같이 두 물체의 질량 위주의 좌표에서 환산질량을 상대좌표로의 변환이 가능하고, 반대로 **환산질량**의 상대좌표에서 질량 위주의 좌표로의 변환이 가능하다. 식 (5.75)와 식 (5.76)은 이러한 환산 관계를 보여주는 식들이다.

$$\mathrm{r}_1,\ \mathrm{r}_2 \Rightarrow \mathrm{r}_G,\ \mathrm{r},\ \ \mathrm{r}_G=\frac{m_1\mathrm{r}_1}{m_1+m_2}+\frac{m_2\mathrm{r}_2}{m_1+m_2},\ \ \mathrm{r}=\mathrm{r}_1-\mathrm{r}_2 \tag{5.75}$$

$$\mathrm{r}_G,\ \mathrm{r} \Rightarrow \mathrm{r}_1,\ \mathrm{r}_2,\ \ \mathrm{r}_1=\mathrm{r}_G+\frac{m_2}{m_1+m_2}\mathrm{r},\ \ \mathrm{r}_2=\mathrm{r}_G-\frac{m_1}{m_1+m_2}\mathrm{r} \tag{5.76}$$

이제, 선형운동량 보존과 각운동량 보존에 대해 다시 한 번 살펴보자. 선형운동량 보존과 각운동량 보존이란 병진운동 시 외력 F 가 0 이면 선형운동량 p 는 보존되고, 회전운동 시 외력에 의한 모멘트가 0 이면 각운동량 L 이 보존된다는 개념이었다. 중심력은 벡터로 표시하면 $\mathrm{F} = F(r)\mathrm{e}_{\mathrm{r}}$ 과 같이 표시할 수 있는데, 중심력에 의한 모멘트는 $\mathrm{M} = \mathrm{r} \times \mathrm{F} = r\mathrm{e}_{\mathrm{r}} \times F\mathrm{e}_{\mathrm{r}} = 0$ (같은 벡터의 외적은 0 벡터임)이므로 각운동량이 보존되는 것이다. 즉 중심력을 받고 회전운동하는 물체는 각운동량이 보존된다. 각운동량 L 은 선형운동량 $m\mathrm{v}$ 의 모멘트이고 $\mathrm{v} = \dfrac{\Delta \mathrm{r}}{\Delta t}$ 로 쓸 수 있으므로, 각 운동량은 다음과 같다.

$$\mathrm{L} = \mathrm{r} \times m\mathrm{v} = m\mathrm{r} \times \frac{\Delta \mathrm{r}}{\Delta t} \tag{5.77}$$

[그림 5-37]은 식 (5.77)의 각운동량 벡터의 방향과 $\mathrm{r} \times \Delta\mathrm{r}$ 의 방향이 무엇인지를 나타내는 그림이다. 그림에서 물체가 어떤 위치벡터 r 에서 다시 움직여 r^* 로 된다. 이 r^* 와 r^* 의 미소 변위벡터 $\Delta\mathrm{r}^*$ 와의 외적의 벡터는 각운동량 L 의 방향을 유지한다. 이와 같이 각운동량은 보존되며, 물체의 운동은 평면 위에서 일어남을 알 수 있다. 즉 각운동량이 보존되면 그 물체의 운동은 반드시 평면상에서 움직이면서 궤적을 그리는 것이다.

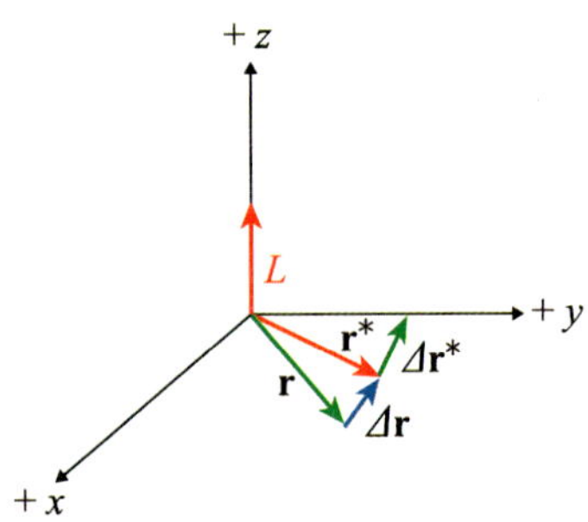

그림 5-37 각운동량 벡터의 방향

5.5.2 행성운동과 우주역학

중심력과 두 물체의 운동을 나타내는 [그림 5-35]에서 살펴본 것과 같이, 행성의 운동을 학습하기 위해 [그림 5-38]을 도입한다. [그림 5-38]은 [그림 5-35]에서 m_1 을 m 으로, m_2 를 M_s 로 대체한 그림이다.

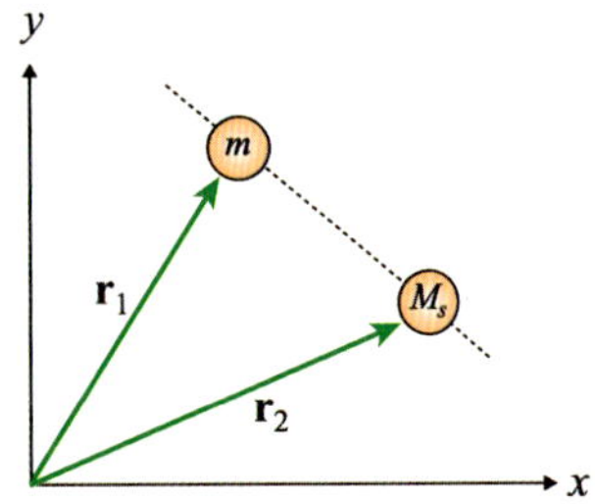

그림 5-38 중심력과 두 물체 사이의 운동

m과 M_s를 각각 어떤 행성의 질량과 태양의 질량이라 하면 태양의 질량이 행성의 질량에 비해 상당히 크기 때문에, 즉 $M_s \gg m$이기 때문에 질량중심 기준계($\mathbf{r}_G = 0$)에서 식 (5.75)로부터 다음과 같이 $\mathbf{r}_G$를 구할 수 있다.

$$\mathbf{r}_G = \frac{m\mathbf{r}_1}{m + M_s} + \frac{M_s\mathbf{r}_2}{m + M_s} = \frac{M_s(m/M_s)\mathbf{r}_1}{M_s(m/M_s + 1)} + \frac{M_s\mathbf{r}_2}{M_s(m/M_s + 1)} \simeq \mathbf{r}_2 \tag{5.78}$$

질량중심 기준계는 $\mathbf{r}_G = 0$이므로, 식 (5.78)로부터 $\mathbf{r}_2 = 0$이 된다. 따라서 **상대위치벡터** $\mathbf{r}$은 $\mathbf{r} = \mathbf{r}_1 - \mathbf{r}_2 \simeq \mathbf{r}_1$이 된다. 다시 말해 원점이 태양에 있는 것이라고 볼 수 있고, 행성의 운동 또한 중심력을 받는 운동이라 볼 수 있어 행성은 평면 위의 운동을 한다. 한편 환산질량 ν는 다음과 같이 된다.

$$\nu = \frac{mM_s}{m + M_s} = \frac{M_s(m/M_s)}{(m/M_s + 1)} \simeq m \tag{5.79}$$

식 (5.79)에서 알 수 있듯이 $M_s \gg m$의 경우, 환산질량은 행성의 질량이라고 볼 수 있다.

이상에서 살펴본 바와 같이 행성의 운동은 **평면운동**을 하고 있으며, 중심력을 받고 있음을 알 수 있다. [그림 5-39]는 행성운동을 나타낸 그림이다. 행성이 평면운동을 하며 회전운동을 하기 때문에 2장에서 학습한 극좌표를 이용하면 행성운동을 편리하게 표현할 수 있다.

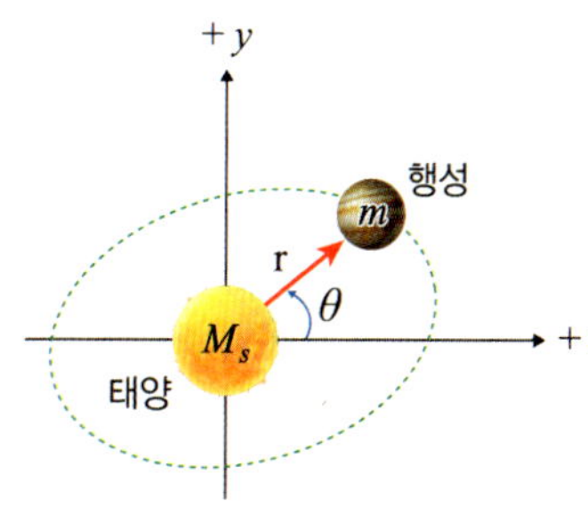

그림 5-39 태양 주위의 행성운동

[그림 5-40(a)]는 어떤 고정점(또는 원점)을 향하는 중심력이 작용하는 상태에서만 운동을 하는 질량 m을 갖는 질점을 보여준다. 고정점 O를 포함하는 물체와 질량 m을 갖는 두 물체 사이에는 서로 주고받는 힘 $\mathbf{F}$가 있을 것이다. 시간 t에서의 질점이 점 P_1에서 Δt의 시간 동안 점 P_2로 이동하며 움직이는 경로에 있어 색칠된 부분의 면적을 dA라 하면, dA는 근사적으로 다음과 같다.

$$dA \simeq \frac{1}{2} r \times r\,d\theta \tag{5.80}$$

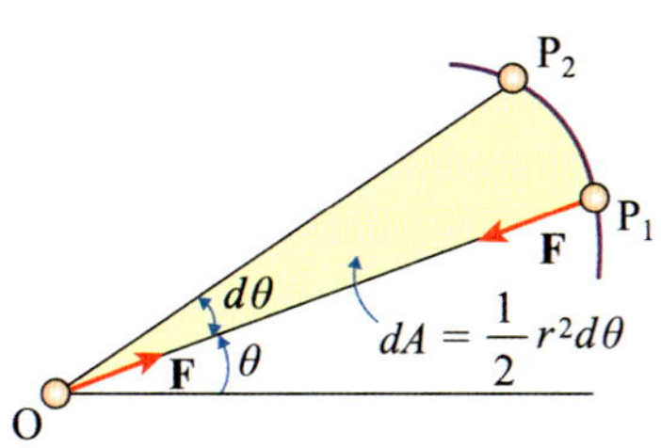

(a) 중심력을 서로 받는 점 P_1과 점 O

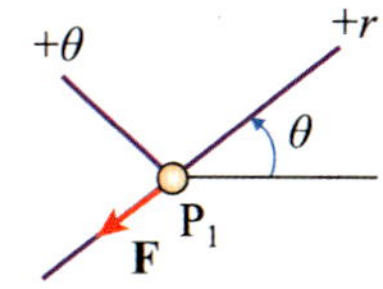

(b) r 방향으로 중심력을 받는 점 P_1

그림 5-40 중심력과 두 물체 사이의 운동

질량 m을 갖는 질점의 운동을 극좌표를 써서 표현하면 r, θ 두 방향의 운동방정식은 다음과 같다.

$$\sum F_r = ma_r = m(\ddot{r} - r\dot{\theta}^2) \tag{5.81}$$

$$\sum F_\theta = m a_\theta = m(r\ddot{\theta} + 2\dot{r}\dot{\theta}) \tag{5.82}$$

질점은 [그림 5-40(b)]와 같이 θ 방향으로는 힘이 없고, r 방향으로만 중심력 F를 받기 때문에, 식 (5.81)과 식 (5.82)는 다음과 같이 표현된다.

$$-F = m(\ddot{r} - r\dot{\theta}^2) \tag{5.83}$$

$$m(r\ddot{\theta} + 2\dot{r}\dot{\theta}) = 0 \tag{5.84}$$

식 (5.84)는 다음과 같은 형태로도 쓸 수 있다.

$$\frac{1}{r}\left[\frac{d}{dt}\left(r^2\frac{d\theta}{dt}\right)\right] = 0 \tag{5.85}$$

식 (5.85)를 적분하면 다음 식을 얻을 수 있다.

$$\int\left[\frac{d}{dt}\left(r^2\frac{d\theta}{dt}\right)\right] = C_1, \quad \left(r^2\frac{d\theta}{dt}\right) = C_1 \tag{5.86}$$

한편 식 (5.80)의 dA를 미소시간으로 나누어주면 다음과 같이 된다.

$$\frac{dA}{dt} \simeq \frac{1}{2}r\times r\frac{d\theta}{dt} \tag{5.87}$$

식 (5.80), 식 (5.86)과 식 (5.87)을 비교하면 다음과 같은 관계를 얻을 수 있다.

$$\frac{dA}{dt} \simeq \frac{1}{2}r\times r\frac{d\theta}{dt} = \frac{C_1}{2} \tag{5.88}$$

식 (5.88)을 통해 중심력 운동을 하는 질점에 대한 면적 속도 $\dfrac{dA}{dt}$는 일정함을 알 수 있고, 질점은 단위시간당 동일한 면적을 가지며 운동하게 된다.

이제 r 방향의 뉴턴의 운동법칙 식 (5.83)의 항 $\ddot{r}$을 찾기 위해 **연쇄법칙**chain rule을 이용하자. 먼저 $\dot{r}$을 다음과 같이 표현할 수 있다.

$$\dot{r} = \frac{dr}{dt} = \left(\frac{dr}{d\theta}\right)\left(\frac{d\theta}{dt}\right) = \frac{C_1}{r^2}\frac{dr}{d\theta} = -C_1\frac{d}{d\theta}\left(\frac{1}{r}\right) \tag{5.89}$$

한편 $\ddot{r}$에 대해서도 연쇄법칙을 적용해보자.

$$\ddot{r} = \frac{d\dot{r}}{dt} = \frac{d\dot{r}}{d\theta}\frac{d\theta}{dt} = \frac{C_1}{r^2}\frac{d\dot{r}}{d\theta} \tag{5.90}$$

식 (5.90)에 식 (5.88)을 대입하면 $\ddot{r}$은 다음과 같이 나타낼 수 있다.

$$\ddot{r} = \frac{C_1}{r^2}\frac{d}{d\theta}\left[-C_1\frac{d}{d\theta}\left(\frac{1}{r}\right)\right] \tag{5.91}$$

식 (5.91)을 다시 정리하면 다음과 같다.

$$\ddot{r} = -\frac{C_1^2}{r^2}\frac{d^2}{d\theta^2}\left(\frac{1}{r}\right) \tag{5.92}$$

식 (5.92)를 간편하게 하기 위해 $\mu = \dfrac{1}{r}$이라 치환하면, 식 (5.92)는 다음과 같이 표현된다.

$$\ddot{r} = -\frac{C_1^2}{r^2}\frac{d^2\mu}{d\theta^2} \tag{5.93}$$

이제 식 (5.93)을 식 (5.83)에 대입하면 다음과 같은 관계를 얻을 수 있다.

$$m\left[\left(-\frac{C_1^2}{r^2}\frac{d^2\mu}{d\theta^2}\right) - r\dot{\theta}^2\right] = -F \tag{5.94}$$

식 (5.94)를 다시 정리하면 다음과 같다.

$$\frac{d^2\mu}{d\theta^2} + \frac{r^3}{{C_1}^2}\dot{\theta}^2 = \frac{r^2 F}{m{C_1}^2} \tag{5.95}$$

식 (5.88)의 $\dfrac{d\theta}{dt} = \dot{\theta} = \dfrac{C_1}{r^2}$으로부터 $\dot{\theta}^2 = \dfrac{C_1^2}{r^4}$을 식 (5.95)에 대입하면 다음과 같이 정리된다.

$$\frac{d^2\mu}{d\theta^2} + \mu = \frac{F}{m{C_1}^2\mu^2} \tag{5.96}$$

식 (5.96)은 질점(행성으로 간주할 수 있음)이 중심력을 받으며 운동하는 궤도를 나타내는 방정식이다. 이러한 대표적인 운동으로는 지구 주변을 도는 달의 운동과 인공위성의 운동, 태양 주위를 도는 행성들의 운동이 있다. 여기서는 지구 주위를 돌고 있는 인공위성을 생각해보자. [그림 5-41(a)]는 지구에서 로켓모터 등에 의해 추진 발사되어 **동력비행** power fright을 하다가 동력비행을 멈추고, 지구 주위를 **자유비행** free fright하는 인공위성의 궤적을 보여준다. 인공위성이나 우주선은 지구 중심으로부터 r_1 높이에서 동력비행을 멈추고 자유비행을 하기 시작한다. 이때부터 관성력과 만유인력에 의해서만 비행을 하는데, 이것을 자유비행이라고 한다.

(a) 지구 주위를 도는 인공위성의 궤적
(b) 태양 주위를 도는 행성들

그림 5-41 지구 주위를 도는 위성과 태양 주위를 도는 행성들의 예

지구에서 발사되어 초기 궤도 **진입속도**를 v_1, 지구의 질량을 M, 인공위성의 질량을 m, 만유인력 상수를 G, 지구 중심과 인공위성 중심 간의 거리를 $r = r_1$이라 하자. 만유인력 법칙으로부터 중심력의 크기 F는 다음과 같다.

$$F = G\frac{Mm}{r^2} \tag{5.97}$$

식 (5.97)의 $\frac{1}{r}$ 대신 $\mu = \frac{1}{r}$을 대입하면 $F = GMm\mu^2$이 되고, 이를 식 (5.96)의 우변에 대입하면 다음과 같이 된다.

$$\frac{d^2\mu}{d\theta^2} + \mu = \frac{GM}{{C_1}^2} \tag{5.98}$$

식 (5.98)은 2계 비제차 상미분 방정식으로 제차해 μ_h와 특수해 μ_p를 갖는다. 즉 전체 해는 $\mu = \mu_h + \mu_p$이다. 특수해는 식 (5.98)의 우변이 상수이므로 상수 $\mu_p = C^*$로 가정하고 식 (5.98)에 대입하면 $C^* = \frac{GM}{{C_1}^2}$이 된다. 제차해 μ_h는 $\frac{d^2\mu}{d\theta^2} + \mu = 0$을 만족시키는 해로서 $\mu_h = C^{**}\cos\theta$이고, C^{**}는 적분상수이다. 따라서 식 (5.98)의 전체 해는 다음과 같다.

$$\mu = \frac{1}{r} = C^{**}\cos\theta + \frac{GM}{{C_1}^2} \tag{5.99}$$

식 (5.99)는 원추곡선의 궤적을 나타내는 방정식인데, 원추곡선의 편심률을 e라 하면 편심률 e는 식 (5.99)의 적분상수 C^{**}와 특수해 값 $\frac{GM}{{C_1}^2}$의 비로 다음과 같이 표현된다.

$$e = \frac{C^{**}{C_1}^2}{GM} \tag{5.100}$$

식 (5.100)을 식 (5.99)에 대입하여 식 (5.99)를 다시 정리하면 **행성의 궤적방정식**을 얻을 수 있다.

$$\mu = \frac{1}{r} = \frac{GM}{{C_1}^2}(1 + e\cos\theta) \tag{5.101}$$

이제 식 (5.101)이 어떻게 원추곡선의 궤적방정식이 되는지를 좀 더 자세히 설명하기 위해, 원추곡선의 극방정식에 대해 학습해보자.

■ 원추곡선의 극방정식

원추곡선 conic curve은 **준선** directrix과 **초점** focus을 가진다. 이러한 원추곡선의 임의의 점에서 동일 거리에 있는 직선과 동일 거리에 있는 점이 있는데, 동일 거리의 직선을 '**준선**'으로 부르고, 동일 거리의 점을 '**초점**'이라 한다. [그림 5-42]와 같이 어떤 포물선 상의 임의의 점 A, B, C에서 각각 준선까지 그은 선분의 길이 $\overline{AD}$, $\overline{BE}$, $\overline{CG}$와 초점까지 그은 선분의 길이 $\overline{AF}$, $\overline{BF}$, $\overline{CF}$가 같은 특정한 점들이 있게 된다. 원추곡선은 **편심률** eccentricity에 따라 쌍곡선, 포물선, 타원 등이 될 수 있다.

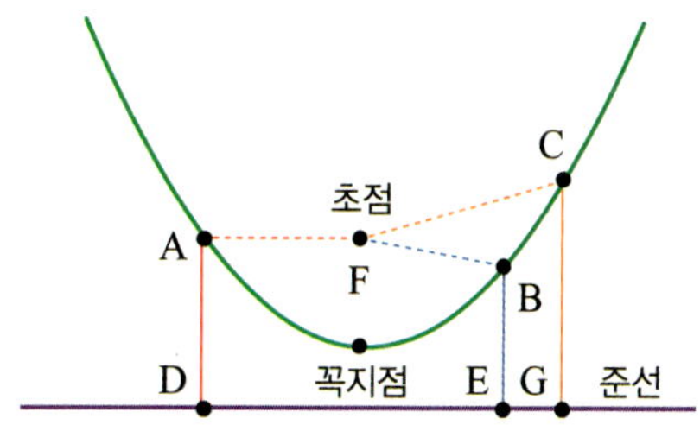

그림 5-42 원추곡선의 준선과 초점

이제 원추곡선의 준선, 초점, 편심률 등을 통해 원추곡선의 **극방정식** polar equation을 구해보자. 먼저 원추곡선 상의 각 점들에 대해 다음과 같이 설정한다.

- 점 Q : 원추곡선 위의 임의의 점
- 점 F : 원추곡선의 초점 또는 원점
- 점 D : 점 Q에서 준선에 내린 수선의 발
- 점 A : 점 Q에서 x축 또는 y축에 내린 수선의 발
- 점 B : x축 또는 y축과 준선의 교차점

1 준선이 $x = d$인 경우

[그림 5-43]의 준선이 $x = d$인 경우, 선분의 길이들과 편심률은 다음과 같다.

$$\overline{QD} = \overline{FB} - \overline{FA} = d - r\cos\theta$$
$$e = \frac{\overline{QF}}{\overline{QD}} = \frac{r}{d - r\cos\theta} \tag{5.102}$$

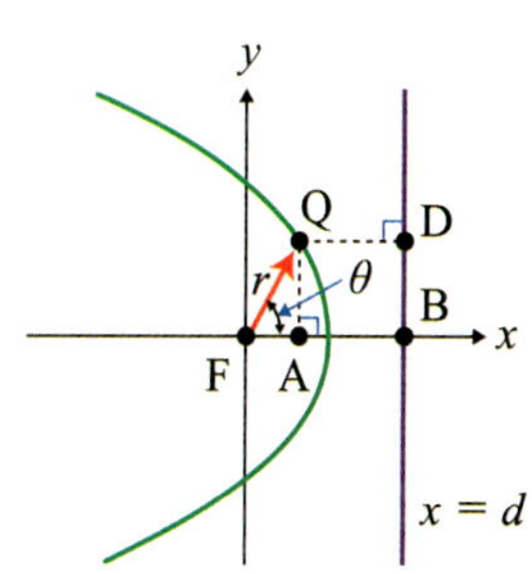

그림 5-43 준선 $x = d$와 원추곡선

식 (5.102)를 다시 정리하면 $ed = r(1 + e\cos\theta)$가 되고, 이를 다시 정리하면 다음과 같은 극방정식을 얻게 된다.

$$\frac{1}{r} = \frac{1 + e\cos\theta}{ed} \tag{5.103}$$

2 준선이 $x = -d$인 경우

[그림 5-44]의 준선이 $x = -d$인 경우, 선분의 길이들과 편심률은 다음과 같다.

$$\overline{QD} = \overline{FB} + \overline{FA} = d + r\cos\theta$$

$$e = \frac{\overline{QF}}{\overline{QD}} = \frac{r}{d + r\cos\theta} \quad (5.104)$$

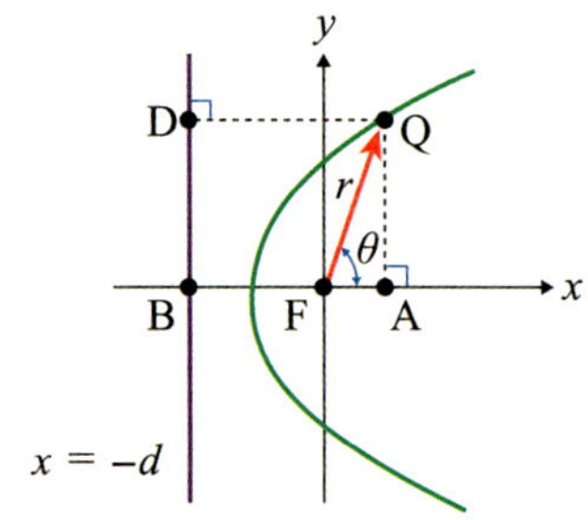

그림 5-44 준선 $x = -d$와 원추곡선

식 (5.104)를 다시 정리하면 $ed = r(1 - e\cos\theta)$가 되고, 이를 다시 정리하면 다음과 같은 극방정식을 얻게 된다.

$$\frac{1}{r} = \frac{1 - e\cos\theta}{ed} \quad (5.105)$$

3 준선이 $y = d$인 경우

[그림 5-45]의 준선이 $y = d$인 경우, 선분의 길이들과 편심률은 다음과 같다.

$$\overline{QD} = \overline{FB} - \overline{FA} = d - r\sin\theta$$

$$e = \frac{\overline{QF}}{\overline{QD}} = \frac{r}{d - r\sin\theta} \quad (5.106)$$

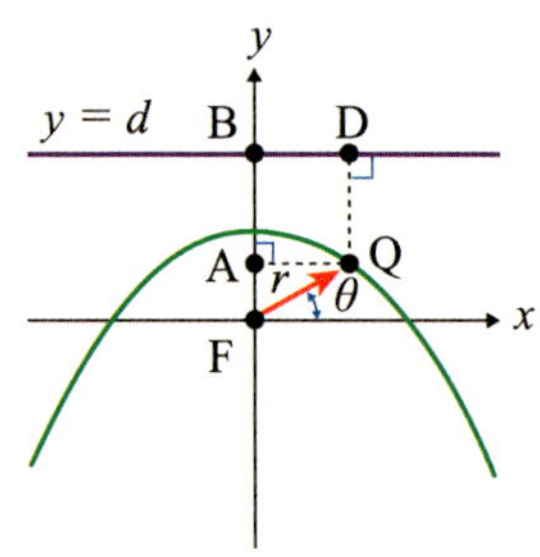

그림 5-45 준선 $y = d$와 원추곡선

식 (5.106)을 다시 정리하면 $ed = r(1 + e\sin\theta)$가 되고, 이를 다시 정리하면 다음과 같은 극방정식을 얻게 된다.

$$\frac{1}{r} = \frac{1 + e\sin\theta}{ed} \quad (5.107)$$

4 준선이 $y = -d$인 경우

[그림 5-46]의 준선이 $y = -d$인 경우, 선분의 길이들과 편심률은 다음과 같다.

$$\overline{QD} = \overline{FB} + \overline{FA} = d + r\sin\theta$$

$$e = \frac{\overline{QF}}{\overline{QD}} = \frac{r}{d + r\sin\theta} \quad (5.108)$$

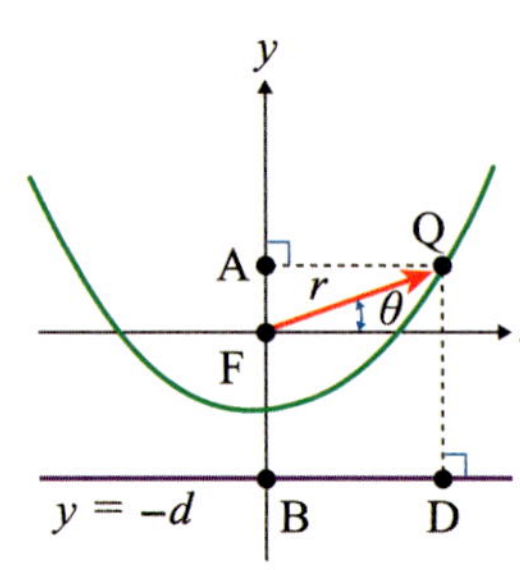

그림 5-46 준선 $y = -d$와 원추곡선

식 (5.108)을 다시 정리하면 $ed = r(1 - e\sin\theta)$가 되고, 이를 다시 정리하면 다음과 같은 극방정식을 얻게 된다.

$$\frac{1}{r} = \frac{1 - e\sin\theta}{ed} \quad (5.109)$$

이상의 식 (5.103), (5.105), (5.107), (5.109)는 각각 준선이 $x = d$, $x = -d$, $y = d$, $y = -d$인 경우에 대한 극방정식을 보여주었다. 예를 들어 식 (5.103)을 식 (5.101)과 비교해보면 아주 유사한 식의 관계를 갖는다는 것을 알 수 있다. 따라서 식 (5.101)은 원추곡선의 궤적방정식일 것이다. 식 (5.101)의 편심률 e는 식 (5.100)의 편심률 $e = \dfrac{C^{**}C_1^{\ 2}}{GM}$이다. 편심률에서 상수 C^{**}와 C_1은 **동력비행**의 말미에 인공위성의 위치와 속도에 관해 얻어진 데이터로부터 계산된다. [그림 5-41(a)]의 인공위성의 궤도 진입 초기속력과 초기높이를 각각 v_1과 r_1이라 하면, 식 (5.88)로부터 다음과 같은 관계를 얻는다.

$$r_1^2\dot{\theta} = C_1 \tag{5.110}$$

2장에서 학습한 극좌표(r-θ)의 θ 방향 속도 식 (2.66)의 $v_\theta = r\dot{\theta}$의 관계로부터 $v_1 = r_1\dot{\theta}$를 얻고 이를 식 (5.110)에 대입하면 다음의 결과를 얻는다.

$$C_1 = r_1 v_1 \tag{5.111}$$

C^{**}를 얻기 위해 식 (5.99)에 $\theta = 0°$, $r = r_1$을 대입하면 다음과 같다.

$$\frac{1}{r_1} = C^{**} + \frac{GM}{r_1^2 v_1^2} \tag{5.112}$$

식 (5.112)를 다시 정리하면 다음과 같이 된다.

$$C^{**} = \frac{1}{r_1} - \frac{GM}{r_1^2 v_1^2} \tag{5.113}$$

식 (5.111)과 식 (5.113)을 식 (5.99)에 대입하면 최종적으로 자유비행 궤적의 방정식은 다음과 같이 정리된다.

$$\frac{1}{r} = \left[\frac{1}{r_1} - \frac{GM}{r_1^2 v_1^2}\right]\cos\theta + \frac{GM}{r_1^2 v_1^2} \tag{5.114}$$

식 (5.114)의 자유비행 궤적에서 편심률의 값에 따라 각기 다른 궤적이 그려진다. 예를 들어 편심률이 $e = 0$이면 식 (5.114)에서 $r = \dfrac{v_1^2 r_1^2}{GM}$의 원의 궤적, $e = 1$이면 포물선 궤적, 그리고 $e > 1$이면 쌍곡선 궤적, $e < 1$이면 타원 궤적을 그린다. [그림 5-47(a)]는 편심률의 값에 따른 다양한 궤적의 예를 보여주며, [그림 5-47(b)]는 원추 부분 단면 절단에 따른 다양한 형태의 궤적을 나타낸다.

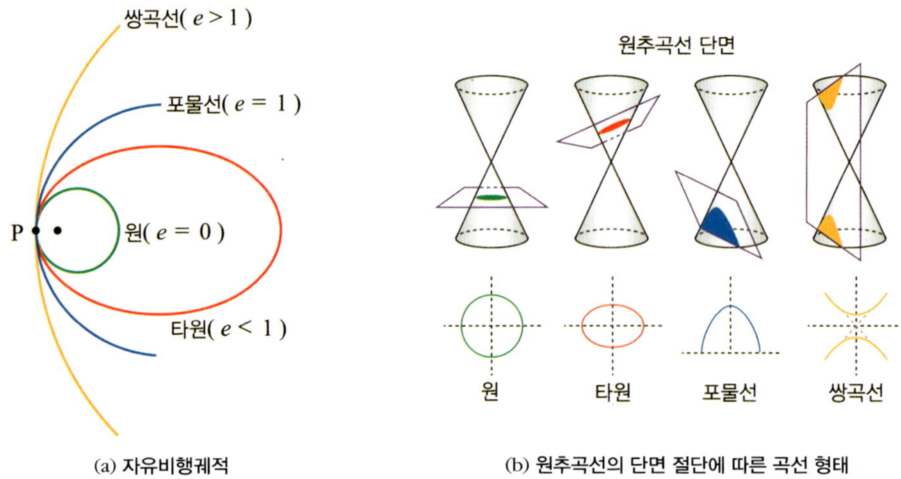

그림 5-47 편심률에 따른 자유비행 궤적과 원추곡선

■ 궤적이탈속도

편심률이 $e<1$일 때, 우주선이나 인공위성은 원 궤적이나 타원 궤적을 비행하다 비행속도가 더 빨라지면 타원 궤적을 탈출하여 $e=1$의 포물선 궤적을 비행하게 된다. 이때의 속도를 **궤적이탈속도**라고 하고, 이를 v_e라 하자. 이제 몇몇 경우에 대한 궤적이탈속도를 구하는 과정은 다음과 같다.

1 원형경로 진입속도

위성이나 우주선을 원형경로에 진입시키기 위한 진입속도를 찾으려면 편심률 e를 0으로 놓는다. 식 (5.100)으로부터 $e=\dfrac{C^{**}{C_1}^2}{GM}=0$이 된다. 여기서 C_1은 0이 될 수 없으므로 C^{**}가 0이 되어야 한다. 즉 식 (5.114)의 첫 항은 0이 되고, 식 (5.114)의 r 값에 $r=r_1$을 대입하고 정리하면 다음과 같다.

$$\frac{1}{r_1}=\frac{GM}{r_1^2 v_1^2} \tag{5.115}$$

식 (5.115)를 정리하면 행성이나 혹성의 궤도 또는 궤적진입속도 v_1은 다음과 같다.

$$v_1=\sqrt{\frac{GM}{r_1}} \tag{5.116}$$

식 (5.116)은 중력가속도 $g=\dfrac{GM}{R^2}$을 사용하여 다음과 같이 표현할 수도 있다.

$$v_1=\sqrt{\frac{gR^2}{r_1}} \tag{5.117}$$

2 포물선 경로 진입 및 타원 궤적이탈속도

포물선 경로 진입 및 타원 궤적이탈속도를 v_e라 하자. 타원 궤적을 돌다가 포물선 경로로 진입하는 속도는 식 (5.101)의 $\mu = \frac{1}{r} = \frac{GM}{C_1^{\ 2}}(1 + e\cos\theta)$로부터 $e = 1$, $\theta = 0°$를 대입하면 다음과 같이 정리된다.

$$\frac{1}{r_1} = \frac{2GM}{C_1^{\ 2}} = \frac{2GM}{v_e^2 r_1^2} \tag{5.118}$$

식 (5.118)을 다시 정리하면 최종적으로 행성이나 혹성의 궤적 또는 궤도이탈속도를 다음과 같이 나타낼 수 있다.

$$v_e = \sqrt{\frac{2GM}{r_1}} \tag{5.119}$$

식 (5.118)도 중력가속도 $g = \frac{GM}{R^2}$를 사용하여 다음과 같이 표현할 수도 있다.

$$v_e = \sqrt{\frac{2gR^2}{r_1}} \tag{5.120}$$

■ 인공위성의 주기

지구 주위를 도는 많은 위성과 혹성들 대부분은 타원 궤적을 그리며 운동한다. [그림 5-48]은 타원 궤적을 그리며 지구 주위를 도는 위성들을 보여준다.

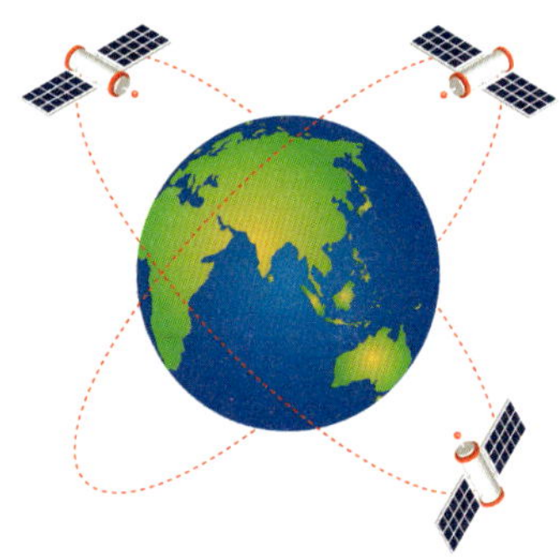

그림 5-48 지구 주위를 도는 위성, 행성들의 타원 궤적

[그림 5-49]에서도 이러한 상황을 유사하게 볼 수 있다. 타원 궤적을 그리며 운동하는 위성이나 혹성 중, 타원의 초점 중의 하나인 지구 중심 C로부터 가장 가까운 거리를 r_n, 가장 먼 거리를 r_f라 하자. 특히 r_n, r_f를 각각 근지점과 원지점이라고 부른다. 근지점 거리 r_n은 식 (5.114)에 $\theta = 0°$를 대입하여 얻을 수 있다. 즉 다음과 같이 된다.

$$r_n = r_1 \tag{5.121}$$

원지점은 $\theta = 180°$를 대입하여 얻어지는데, 계산하면 다음과 같다.

$$\frac{1}{r_f} = \frac{-1}{r_1} + \frac{2GM}{r_1^2 v_1^2}$$

$$r_f = \frac{r_1^2 v_1^2}{2GM - r_1 v_1^2} = \frac{r_1}{\left[\left(\frac{2GM}{r_1 v_1^2}\right) - 1\right]} \tag{5.122}$$

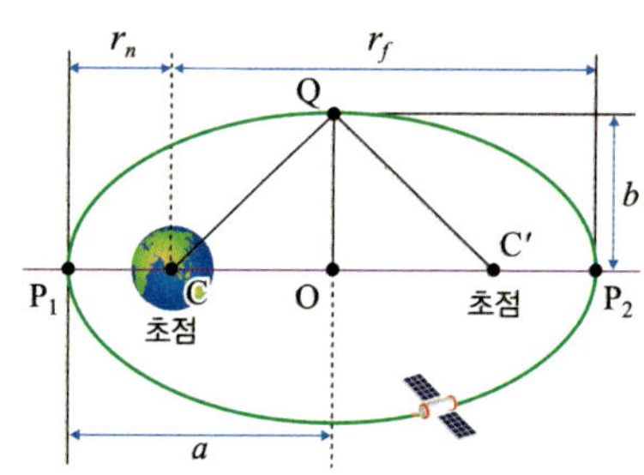

그림 5-49 타원의 궤적과 초점

[그림 5-49]에서 지구의 중심(타원의 초점 중의 하나) C로부터 근지점 P_1까지 거리와 원지점 P_2까지의 거리의 합은 일정하며, 그 크기는 타원 장축의 반경의 두 배인 $2a$이다. 즉 다음과 같다.

$$r_n + r_f = 2a \tag{5.123}$$

한편, 점 Q에 대해서 $\overline{CQ} + \overline{C'Q} = 2a$이며, $\overline{CQ} = \overline{C'Q}$이므로 $\overline{CQ} = \overline{C'Q} = a$가 된다. 이등변 삼각형의 성질(두 변의 길이가 같고, 낀 각이 같으며, 꼭지각에서 내린 수선은 밑변을 이등분한다)로부터, 삼각형 $\triangle QOC$에서 다음의 관계가 만족된다.

$$\overline{CO}^2 + \overline{OQ}^2 = a^2, \ \ (a - r_n)^2 + b^2 = a^2 \tag{5.124}$$

식 (5.124)를 전개하고 정리하면 다음과 같이 된다.

$$a^2 - 2ar_n + r_n^2 + b^2 = a^2, \ \ b^2 = r_n(2a - r_n) = r_n \times r_f \tag{5.125}$$

따라서 타원의 단축 반경 b는 다음과 같다.

$$b = \sqrt{r_n \times r_f} \tag{5.126}$$

행성이나 위성의 주기는 궤적을 한 바퀴 도는 데 걸리는 시간이다. 이 주기를 T라 놓으면 주기는 다음과 같이 표현된다.

$$T = \frac{\pi ab}{C_1/2} = \frac{2\pi ab}{C_1} \tag{5.127}$$

식 (5.127)에서 $\frac{C_1}{2}$은 면적속도로서 식 (5.88)의 $\frac{dA}{dt} = \frac{C_1}{2}$과 같다. 즉 행성이나 위성의 주기는 행성이나 위성이 타원 궤적을 1회전할 때 궤적이 만드는 총면적을 면적속도로 나눈 값이다.

예제 5-18 지구의 중력장을 탈출하기 위한 최소한의 속도 증분 구하기

[그림 5-50]과 같이 어떤 로켓이 지구로부터 고도 $h = 4{,}000$ km의 지구 주위의 원형궤도 상에 있다. 지구의 중력장을 탈출하기 위한 최소한의 속도 증분을 구하시오. 단, 지구의 질량은 $M_e = 5.24 \times 10^{24}$ kg, 만유인력 상수는 $G = 6.673 \times 10^{-11}\ \mathrm{m^3/kg\,s^2}$, 지구반경은 $R = 6{,}377$ km로 간주한다.

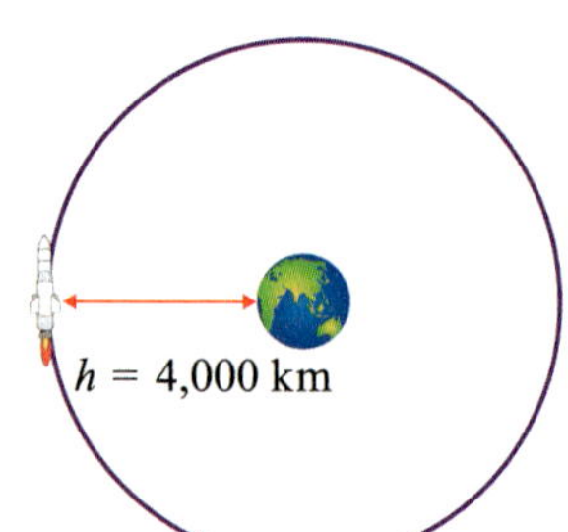

그림 5-50 지구 주위의 원형궤도 상에 있는 로켓

분석

- [그림 5-50]과 지구의 중력장을 탈출하기 위한 속도 증분을 구하기 위해서는 궤도진입속도와 궤도이탈속도의 차이로부터 속도 증분을 구할 수 있다.

풀이

- [그림 5-50]에서 지구로부터 고도 $h = 4{,}000\ \text{km}$에서 궤도 진입속도를 v_i, 궤도 이탈속도를 v_e라 할 때, v_i와 v_e는 각각 식 (1) 및 식 (2)와 같다.

$$v_i = \sqrt{\frac{GM_e}{r_0}} \tag{1}$$

$$v_e = \sqrt{\frac{2GM_e}{r_0}} \tag{2}$$

- 식 (1), (2)에서 r_0는 지구중심으로부터 로켓까지의 거리로서 $r_0 = (R + 4{,}000)\ \text{km}$이다. 식 (1), (2)에 주어진 수치 값들을 대입하면 각각 식 (3) 및 식 (4)와 같이 된다.

$$v_i = \sqrt{\frac{(6.673 \times 10^{-11}) \times (5.24 \times 10^{24})}{(6{,}377 \times 10^3 + 4{,}000 \times 10^3)}} = 5{,}804.84\ \text{m/s} \tag{3}$$

$$v_e = \sqrt{\frac{2 \times (6.673 \times 10^{-11}) \times (5.24 \times 10^{24})}{(6{,}377 \times 10^3 + 4{,}000 \times 10^3)}} = 8{,}209.284\ \text{m/s} \tag{4}$$

- 속도의 증분을 Δv라 하면 $\Delta v = v_e - v_i$로서 지구의 중력장을 탈출하기 위한 최소한의 속도 증분이 되며, 다음과 같이 계산된다.

$$\Delta v = 8{,}209.284 - 5{,}804.84 = 2{,}404.444\ \text{m/s}$$

고찰

- 궤도진입속도와 궤도이탈속도로부터 지구 중력장을 탈출하는 속도 증분을 구할 수 있다.
- 중력 $g = \dfrac{GM_e}{R^2}$을 이용해서도 v_i와 v_e의 속도를 구하는 것을 생각해보자.

5.5.3 케플러의 법칙

지금까지 지구 주변을 타원 궤적을 그리며 운동하는 위성이나 행성들에 대한 운동방정식과 관련 내용들을 학습하였다. 이는 더 확장하여 태양 주위의 혹성들에 대한 운동에도 적용시키면 근사하게 잘 적용됨을 많은 천문학자와 물리학자들이 밝혀왔다. 마지막으로, 독일의 천문학자이자 물리학자였던 요하네스 케플러Johannes Kepler가 발견한 3개의 법칙을 정리한다.

❶ 모든 행성이나 혹성들은 타원 궤적을 그리면서 운동하고, 이러한 행성이나 혹성들의 중심과 태양을 잇는 선분이 선분의 길이에 관계없이 일정한 시간 내에 일정한 면적을 스쳐 지나가도록 운동한다.

❷ 모든 행성들이나 혹성들의 궤도는 타원이며, 태양이 그 타원 궤도의 초점 중의 하나에 위치한다.

❸ 어떤 행성이나 혹성들의 주기의 제곱은 타원 궤도의 장축 반경의 세제곱에 비례한다.

첫 번째와 두 번째 법칙은 식 (5.88)과 식 (5.101)로 유도된 것이다. 이제 세 번째 법칙을 유도해보자. [그림 5-49]의 점 P_1에 대해, 식 (5.101)의 궤적방정식에 $\theta = 0°$와 $r = r_n$을 대입하면 다음과 같다.

$$r_n = \frac{{C_1}^2}{GM(1+e)} \tag{5.128}$$

[그림 5-49]의 점 P_2에 대해, 식 (5.101)의 궤적방정식에 $\theta = 180°$와 $r = r_f$를 대입하면 다음과 같이 된다.

$$r_f = \frac{{C_1}^2}{GM(1-e)} \tag{5.129}$$

식 (5.123)에 식 (5.128)과 식 (5.129)를 대입하면 다음과 같다.

$$aGM(1-e^2) = C_1^2 \tag{5.130}$$

편심률의 정의, 즉 $e = \dfrac{\sqrt{a^2-b^2}}{a}$으로부터 $e^2 = \dfrac{a^2-b^2}{a^2}$의 관계를 식 (5.130)에 대입하고 정리하면 타원의 단축반경 b는 다음과 같이 된다.

$$b = \sqrt{\frac{a{C_1}^2}{GM}} \tag{5.131}$$

식 (5.131)을 주기 식인 식 (5.127)에 대입하고 정리하면 다음과 같이 행성이나 혹성의 주기 T를 구할 수 있다.

$$T = \frac{2\pi a\sqrt{a}}{\sqrt{GM}} \tag{5.132}$$

식 (5.132)의 양변을 제곱하고 정리하면 다음과 같이 된다.

$$T^2 = \left(\frac{4\pi^2}{GM}\right)a^3 \tag{5.133}$$

위 식은 케플러의 셋째 법칙인 '어떤 행성이나 혹성들의 주기 T의 제곱은 타원 궤도의 장축 반경 a의 세제곱에 비례한다.'를 의미한다.

■ 선형운동량

선형운동량은 질량 곱하기 속도로 표현되며, 선형운동량을 p 라고 하면, 다음과 같이 나타내진다.

$$\mathrm{p} = m\mathrm{v}$$

■ 선형충격량

- 선형충격량 I 는 선형운동량의 변화량이다. 힘이 질점에 작용하는 시간 동안의 효과를 나타내는 벡터 물리량으로 다음과 같이 나타내진다.

$$\mathrm{I} = \int_{t_1}^{t_2} \mathrm{F}\, dt$$

- 선형충격량의 크기는 일정한 힘 벡터 F_c가 있을 때, F_c의 크기 F_c와 충격 지속시간 t의 곱으로 아래 왼쪽 그림의 파란색 면적과 같다. 변동하는 힘 F 가 있을 때는 힘의 크기 F와 충격지속시간 t와 곱이 선형충격량의 크기인 것이다.

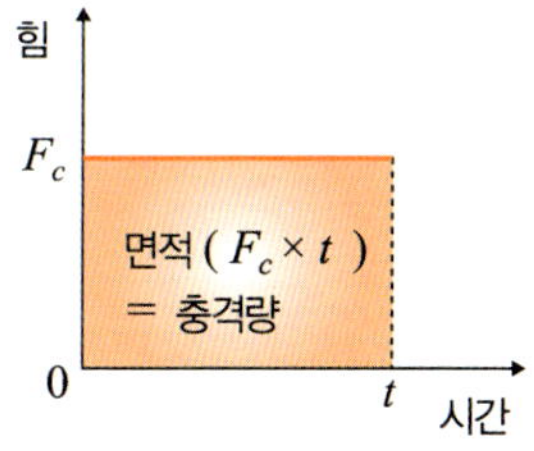

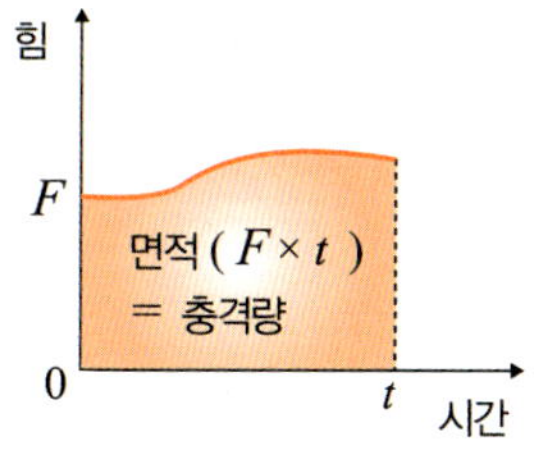

■ 선형운동량과 선형충격량의 원리(x-y-z 좌표계)

선형운동량과 선형충격량의 원리를 x-y-z 각 방향에 대해 성분으로 나타내면 다음과 같다.
예를 들어, x 방향에 대한 선형운동량과 선형충격량의 원리를 설명하면 상태 1의 x 방향 선형운동량과 그때의 x 방향 힘에 의한 충격량의 합은 상태 2의 x 방향 선형운동량과 같음을 의미한다.

- x 방향 : $m(v_1)_x + \Sigma \int_{t_1}^{t_2} F_x dt = m(v_2)_x$
- y 방향 : $m(v_1)_y + \Sigma \int_{t_1}^{t_2} F_y dt = m(v_2)_y$
- z 방향 : $m(v_1)_z + \Sigma \int_{t_1}^{t_2} F_z dt = m(v_2)_z$

CHAPTER 05 | 핵심요약

■ 선형운동량 보존

선형운동량 보존이란 외력에 의한 선형충격량이 없다고 할 때 선형운동량은 보존된다는 것을 의미한다.

- 질점계의 선형운동량 보존 : $\Sigma m_i(\mathrm{v}_i)_1 = \Sigma m_i(\mathrm{v}_i)_2$

■ 충돌

충돌은 크게 정면 중심충돌과 경사면 중심충돌로 나뉘며, 아래 그림의 왼쪽은 정면 중심충돌 오른쪽은 경사면 중심충돌을 보여준다.

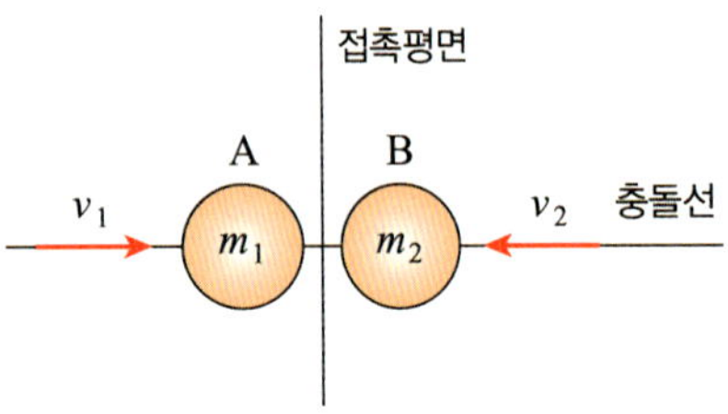

정면 중심충돌

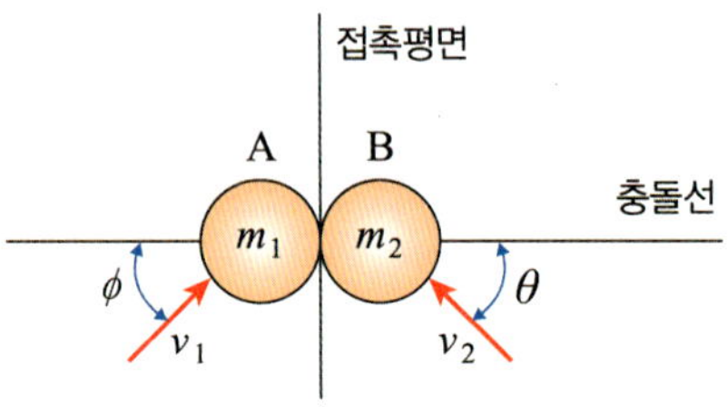

경사면 중심충돌

- **정면 중심충돌**

$$m_1 v_1 + m_2 v_2 = m_1 v_1{}' + m_2 v_2{}' \quad \text{(선형운동량 보존법칙)}$$

$$e = \frac{v_2{}' - v_1{}'}{v_1 - v_2} \quad \text{(반발계수)}$$

- **경사면 중심충돌**

n 방향(충돌선 방향)

$$m_1(v_1)_n + m_2(v_2)_n = m_1(v_1{}')_n + m_2(v_2{}')_n \quad \text{(선형운동량 보존)}$$

$$e = \frac{(v_2{}')_n - (v_1{}')_n}{(v_1)_n - (v_2)_n} \quad \text{(반발계수)}$$

t 방향(접촉 평면 방향)

$$m_1(v_1)_t = m_1(v_1{}')_t \quad \text{(충격량 없음)}$$

$$m_2(v_2)_t = m_2(v_2{}')_t \quad \text{(충격량 없음)}$$

■ 각운동량

각운동량은 선형운동량 $m\mathrm{v}$ 의 모멘트로 정의되며 다음과 같이 나타내진다.

$$(\mathrm{L}_O)_y = \mathrm{r} \times \mathrm{p} = \mathrm{r} \times m\mathrm{v}$$

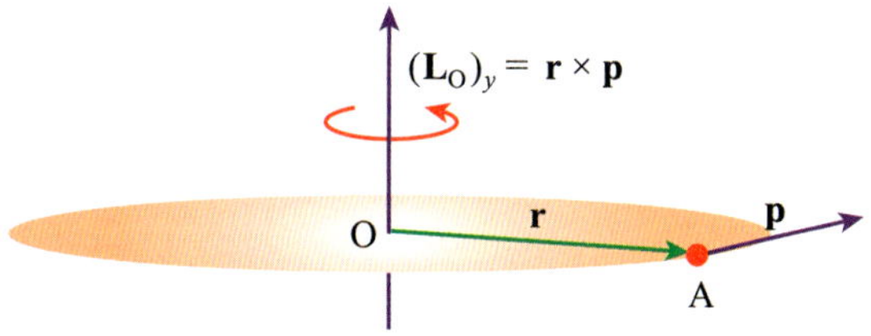

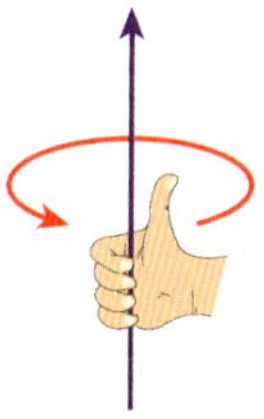

■ 각운동량과 각충격량의 원리

각운동량과 각충격량의 원리는 어떤 물체의 각운동량의 변화량은 각충격량과 같다는 원리로서, 다음과 같이 나타내진다.

$$\sum \int_{t_1}^{t_2} \mathrm{M}_O \, dt = (\mathrm{L}_O)_2 - (\mathrm{L}_O)_1$$

여기서 $\sum \int_{t_1}^{t_2} \mathrm{M}_O \, dt$는 각충격량, $(\mathrm{L}_O)_1$과 $(\mathrm{L}_O)_2$는 각각 상태 1과 상태 2의 각운동량을 나타낸다.

■ 각운동량 보존

각운동량 보존이란 어떤 물체에 힘의 모멘트에 의한 각충격량이 없다고 한다면 각운동량은 보존된다는 의미로 상태 1과 2의 각운동량을 각각 $(\mathrm{L}_O)_1$과 $(\mathrm{L}_O)_2$라 하면 다음과 같이 표현된다.

$$(\mathrm{L}_O)_1 = (\mathrm{L}_O)_2$$

■ 우주역학과 중심력 운동

- **행성의 궤적방정식** : 지구의 질량을 M, 만유인력 상수를 G, 지구 중심과 인공위성 중심 간의 거리를 r, 편심률을 e, 식 (5.86)의 C_1을 이용하면 행성이나 인공위성의 궤적방정식 또는 궤도방정식은 다음과 같이 나타내진다.

$$\mu = \frac{1}{r} = \frac{GM}{C_1^{\,2}}(1 + e\cos\theta)$$

- **행성의 궤적진입속도** : 인공위성이나 행성의 초기 궤적진입속도를 v_1, 지구의 질량을 M, 만유인력 상수를 G, 지구 중심과 인공위성 중심 간의 거리를 r_1이라 하면 인공위성이나 행성의 궤적진입속도 v_1은 다음과 같이 표현된다.

$$v_1 = \sqrt{\frac{GM}{r_1}}$$

- **행성의 궤적이탈속도** : 인공위성이나 행성의 궤적이탈속도를 v_e, 지구의 질량을 M, 만유인력 상수를 G, 지구 중심과 인공위성 중심 간의 거리를 r_1이라 하면 인공위성이나 행성의 궤적이탈속도 v_e는 다음과 같이 표현된다.

$$v_e = \sqrt{\frac{2GM}{r_1}}$$

- **행성의 궤도 주기** : 타원의 장축과 단축의 길이를 각각 a, b라고 할 때, 식 (5.86)의 C_1을 이용하면 행성의 주기 T는 다음과 같이 나타내진다.

$$T = \frac{\pi a b}{C_1/2} = \frac{2\pi ab}{C_1}$$

■ 케플러의 법칙

- **케플러의 1법칙** : 모든 행성이나 혹성들은 타원 궤적을 그리면 운동하고, 이러한 행성이나 혹성들의 중심과 태양을 잇는 선분이 선의 길이에 관계없이 일정한 시간 내에 일정한 면적을 스쳐 지나가도록 운동한다.

- **케플러의 2법칙** : 모든 행성들이나 혹성들의 궤도는 타원이며, 태양이 그 타원 궤도의 초점 중의 하나에 위치한다.

- **케플러의 3법칙** : 어떤 행성이나 혹성들의 주기의 제곱은 타원 궤도의 장축 반경의 세제곱에 비례한다는 것을 나타내며, 다음 식과 같다.

$$T^2 = \left(\frac{4\pi^2}{GM}\right)a^3$$

여기서 T는 행성이나 혹성의 주기, a는 타원의 장축 길이, G와 M은 각각 만유인력 상수와 지구의 질량을 나타낸다.

5.1 [그림 5-51]과 같이 수평면과 30°의 각도를 이루며 $P = 100$ N의 힘을 받는 질량 $m = 80$ kg의 블록이 있다. 이 힘이 8초 동안 작용할 때, 블록의 최종속도와 블록이 지면으로부터 받는 법선력을 구하시오. 5.1절

5.2 [그림 5-52]와 같은 도르래 시스템에서, 질량 $m_B = 14$ kg인 블록 B가 정지상태에서 왼쪽으로 움직여 5초 만에 4 m/s의 속력에 다다랐다. 이때 줄의 장력 T와 블록 B와 수평면 사이의 동마찰계수를 구하시오. 블록 A의 질량은 $m_A = 15$ kg이고, 도르래의 질량은 무시하라. 5.1절

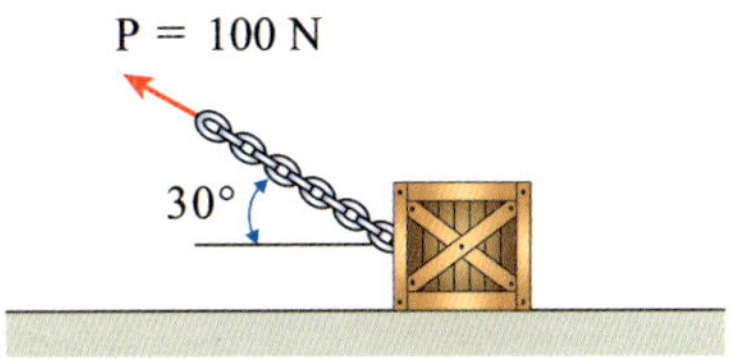

그림 5-51

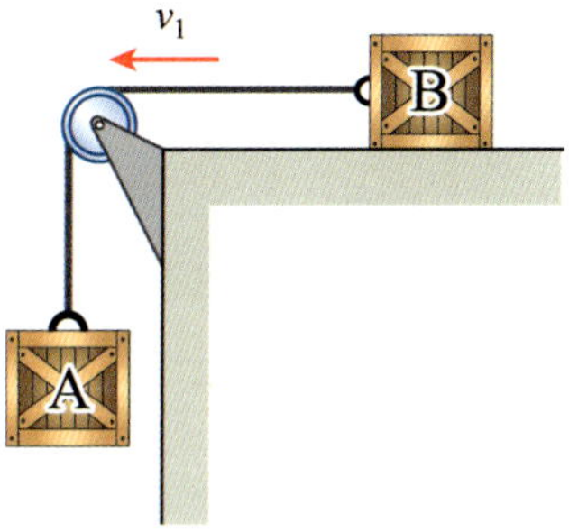

그림 5-52

5.3 [그림 5-53]과 같이 질량이 2,000 kg인 자동차가 있다. 이 자동차가 브레이크를 작동시켜 20 m/s의 속력에서 3초 만에 10 m/s로 감속되었다고 할 때, 타이어와 도로면 사이의 동마찰계수를 구하시오. 5.1절

5.4 질량 4kg인 블록이 [그림 5-54]에서와 같이 부드러운 모래의 바닥 위 10 m 높이에서 $v_1 = 3$ m/s의 초기속력으로 떨어진다. 모래가 블록의 운동을 멈추게 하기 위한 충격량을 구하시오. 블록이 모래를 파고들지도 않으며, 되튀어 오르지도 않는다고 가정하고, 충돌 동안 블록의 무게는 무시한다. 5.1절

그림 5-53

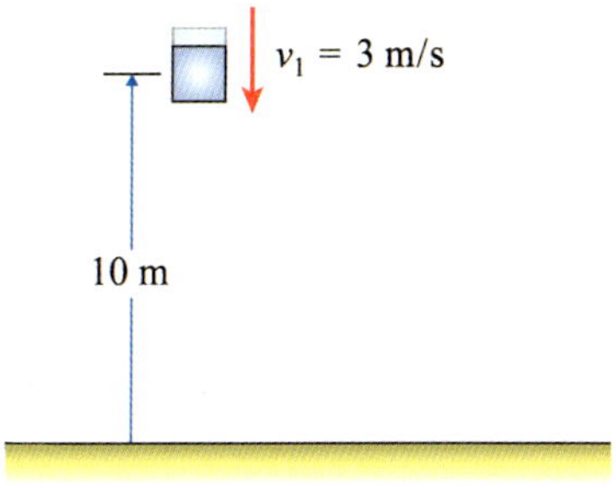

그림 5-54

5.5 [그림 5-55]의 질량 2,000 kg인 자동차의 바퀴에 작용하는 마찰 구동력은 $F = 200t^2$이다. 시간 $t = 0$ s일 때 자동차의 속력이 5 m/s라면, $t = 6$ s일 때의 속력은 얼마인가? 5.1절

5.6 [그림 5-56]과 같이 질량 $m = 5$ kg인 공이 10 m/s의 초기속도로 파란 화살표 방향으로 오른쪽으로 움직인다. 이 공에 $F_1 = 2$ N, $F_2 = 4$ N의 일정한 힘이 5초 동안 공에 작용할 때, 5초 후의 공의 속도를 구하시오. 5.1절

그림 5-55

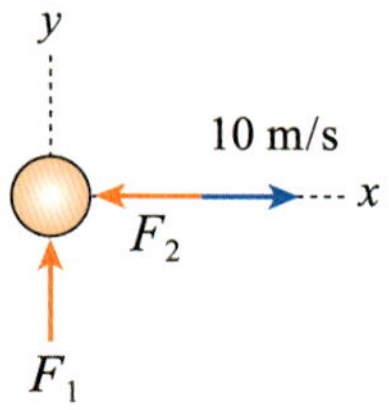

그림 5-56

5.7 지면을 향하는 잭 드릴 햄머의 질량 1.5 kg인 날bit에 대한 충격량의 그래프가 [그림 5-57]과 같다. 날이 정지상태에서 작동한다면, 충격량이 작용하여 0.003초 후에 잭 드릴 햄머의 드릴 날의 속도는 얼마가 되겠는가? 5.1절

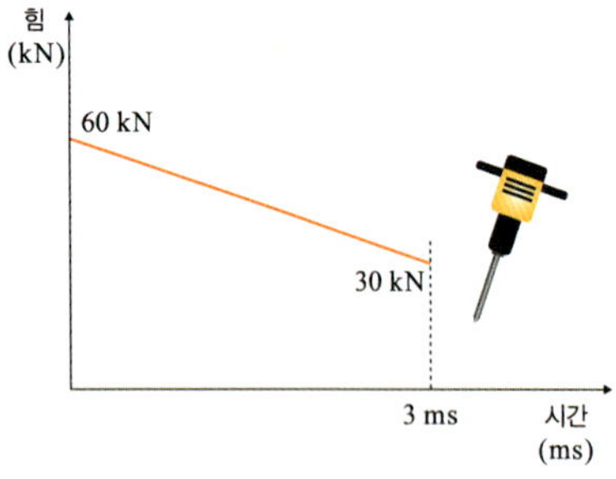

그림 5-57

5.8 [그림 5-58]과 같이 질량 5 kg인 블록에 0.05 kg의 탄환이 500 m/s의 속도로 날아가 박힌 후 함께 날아간다. 이때 탄환이 박힌 블록의 속력과 방향을 구하시오. 블록은 처음에 수평면과 30°의 각도로 10 m/s로 날아가고 있었다. 5.2절

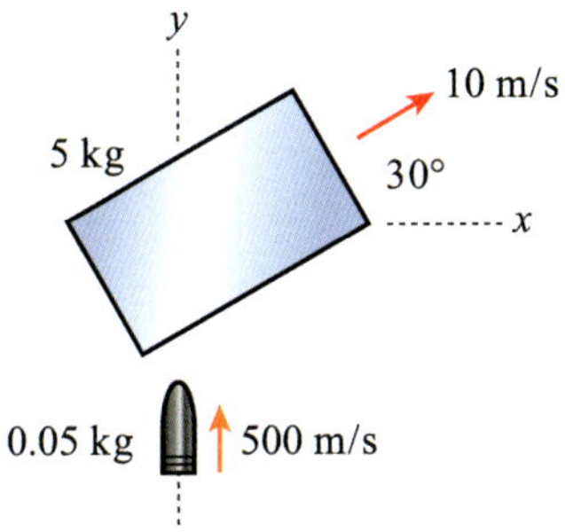

그림 5-58

***5.9** [그림 5-59]와 같이 질량 $m_a = 0.1$ kg의 화살이 100 m/s의 속도로 날아가, 지면으로부터 $h = 1$ m 높이에 있는 질량 $m_{ap} = 0.5$ kg의 사과와 충돌한 후 사과에 박혀 함께 날아가 지면에 떨어진다. 화살에 박힌 사과가 지면에 떨어질 때의 수평거리 d를 구하시오. 5.2절

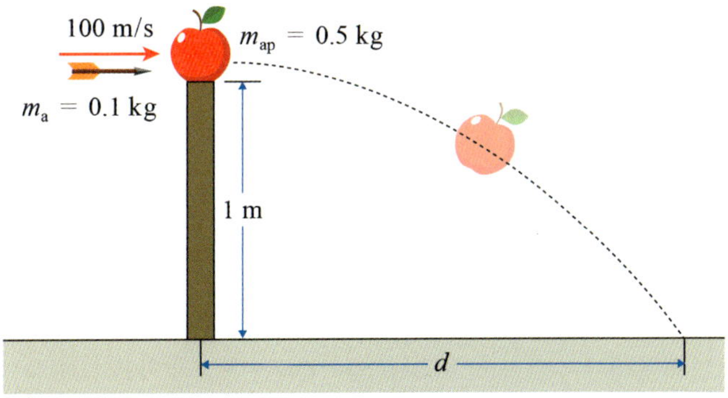

그림 5-59

5.10 [그림 5-60]과 같이 보트에 탄 사람 A와 B가 있다. 사람 A와 B의 질량은 각각 $m_A = 40\,\text{kg}$, $m_B = 60\,\text{kg}$이고 보트의 질량은 100 kg이다. [그림 5-60]의 오른쪽 그림과 같이 사람 A와 B의 위치를 반대로 바꾼다면, 보트는 어느 쪽으로 얼마만큼 이동하겠는가? 단, 보트의 길이는 10 m이다. [그림 5-60]의 왼쪽 그림에서 사람 A의 위치가 보트의 영zero 위치라고 가정한다. 5.2절

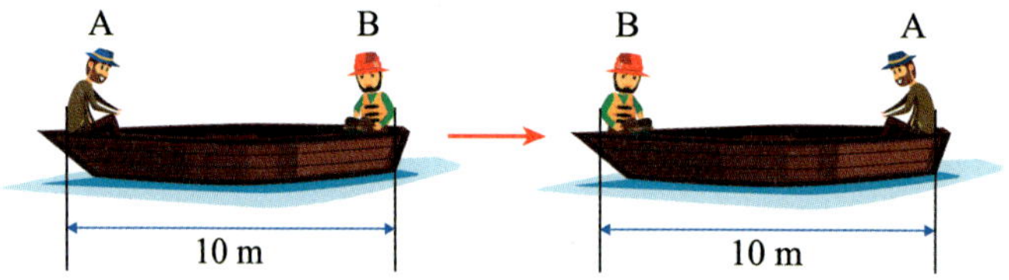

그림 5-60

5.11 [그림 5-61]에서 뗏목의 질량 $m_1 = 200\,\text{kg}$, 사람의 질량 $m_2 = 50\,\text{kg}$이다. 사람이 뗏목 위를 $v_2' = 4\,\text{km/h}$로 걷는다고 할 때, 뗏목의 속력을 구하시오. 뗏목과 사람은 처음에는 모두 정지해 있었다. 5.2절

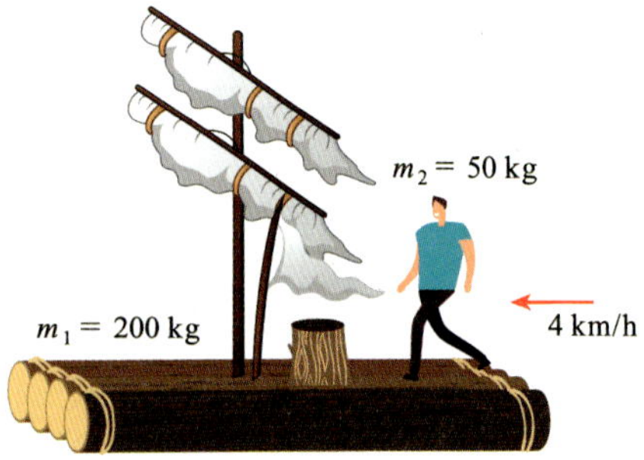

그림 5-61

5.12 [그림 5-62]와 같이 질량이 M인 원판 추가 질량이 m이고 속력이 v인 탄환에 박혀, 원래 정지하고 있던 위치에서 높이 h만큼 올라가 순간적으로 정지했다. 이때의 탄환이 박힌 원판 추의 속력 v'과 탄환의 충돌 전 속력 v를 M, m, h, g를 이용하여 나타내시오. 5.2절

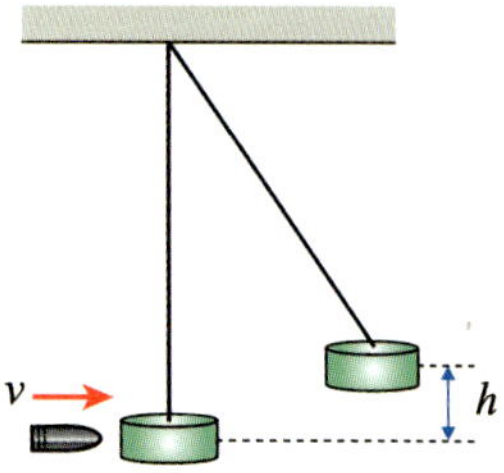

그림 5-62

5.13 [그림 5-63]의 두 블록의 질량은 $m_A = m_B = 2\text{ kg}$으로 같다. 정지해 있는 블록 B에 블록 A가 $v = 2\text{ m/s}$의 속력으로 충돌했다. 이때 충돌 후의 두 블록의 속력을 구하고, 충돌로 인해 손실된 에너지를 구하시오. 단, 두 물체의 충돌에 있어 반발계수는 $e = 0.5$이다. 5.3절

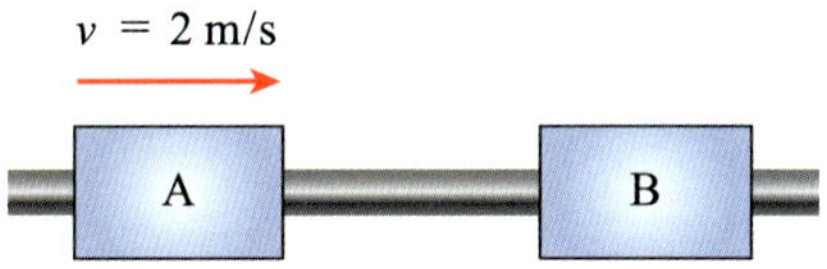

그림 5-63

5.14 질량이 각각 $m_A = 0.5\text{ kg}$, $m_B = 1\text{ kg}$인 두 블록이 [그림 5-64]에서와 같은 속력으로 서로 다가와 충돌한다. 충돌 후 블록 B의 속력이 우측으로 1.5 m/s일 때, 반발계수와 블록 A의 충돌 후의 속력 $(v_A)_2$를 구하시오. 5.3절

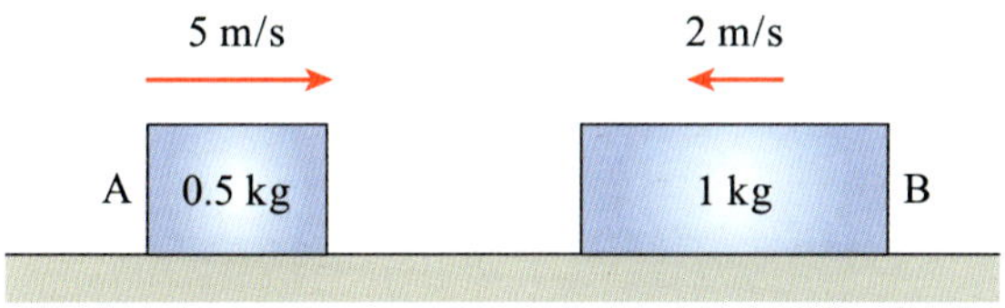

그림 5-64

***5.15** [그림 5-65]에서 세 개의 공은 동일한 질량 $m_A = m_B = m_C = 2\text{ kg}$을 갖는다. 공 B와 C는 처음에 정지해 있고, 공 A가 $v = 2\text{ m/s}$의 속력으로 굴러가 부딪칠 때, 충돌 후 공 C의 속도를 구하시오. 단, 공과 공 사이의 반발계수는 $e = 0.5$이다. 5.3절

그림 5-65

5.16 질량이 각각 $m_A = 10\ \text{kg}$, $m_B = 8\ \text{kg}$인 두 개의 원반 A와 B가 [그림 5-66]과 같이 서로 충돌한다. 충돌 전 속도는 그림에 보이는 것처럼 각각 $v_A = 8\ \text{m/s}$, $v_B = 4\ \text{m/s}$이다. 반발계수가 $e = 0.6$이라면, 충돌 직후의 A와 B의 속력 $(v_A)_2$, $(v_B)_2$를 구하시오. 5.3절

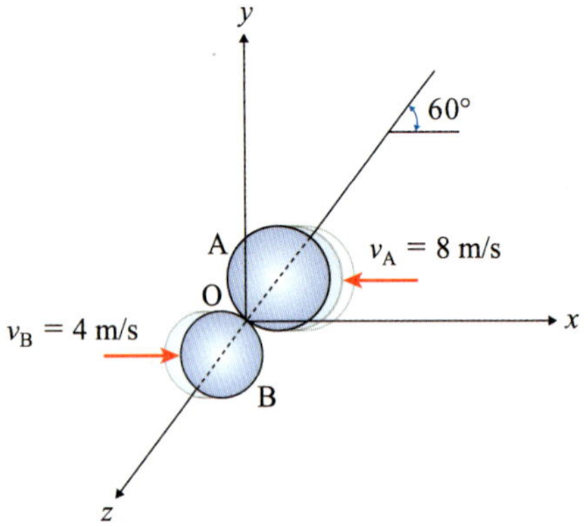

그림 5-66

***5.17** [그림 5-67]과 같이 건설공사 현장에서 $m_r = 1{,}000\ \text{kg}$의 램ram은 $m_p = 2{,}000\ \text{kg}$의 파일을 박는 데 사용될 수 있다. 램이 파일의 맨 위로부터 높이 $h = 3\ \text{m}$의 위치 ①에서 낙하하여 위치 ②의 파일 위를 타격한 후, $h' = 0.1\ \text{m}$를 되튀어 위치 ③으로 올라가고, 파일은 아래로 더 내려간다. 이 순간, (a) 충돌 직후의 파일과 램의 속도를 구하고, (b) 반발계수 e, (c) 충돌에 의한 에너지 손실량을 구하시오. 5.3절

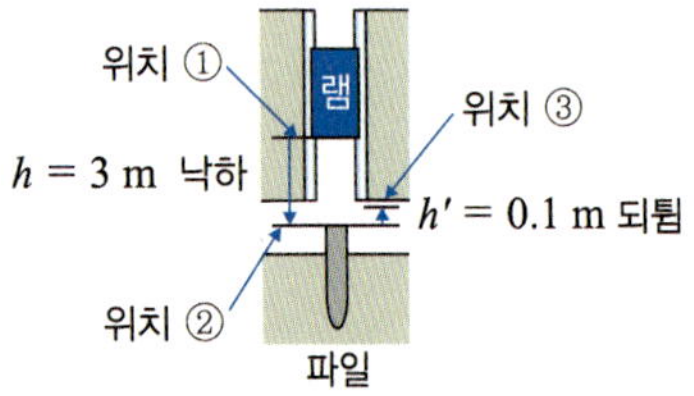

그림 5-67

5.18 질량이 3kg인 구가 수평면에서 운동하는 봉에 부착되어 회전한다. [그림 5-68]에서와 같이 회전봉은 $M = 0.5t^2$의 모멘트를 받는다. 정지상태에서 출발하여 $t = 4$ s인 순간에 구의 속력을 구하시오. 5.4절

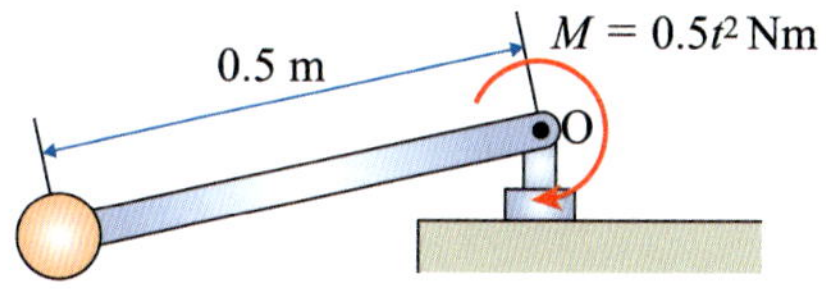

그림 5-68

5.19 [그림 5-69]와 같이 질량이 m인 공이 줄에 매달려 원운동을 하고 있다. 공을 매단 줄은 원 중심 쪽에서 대롱을 통해 연결되어 있다. 공의 속도를 v라 할 때, 줄을 잡아당겨 길이를 반으로 줄이게 되면 공의 속도는 어떻게 되는가? 5.4절

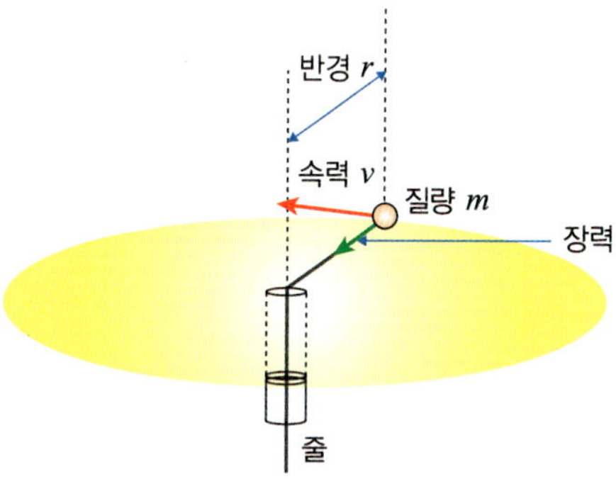

그림 5-69

*** 5.20** [그림 5-70]과 같이 인공위성이 지구 주위를 타원 궤도를 그리며 돌고 있다. 편심률은 $e = 0.25$이다. 인공위성이 지구에서 최단거리 Q와 최장거리 점 P에 있을 때, 점 Q와 점 P에서의 속력들을 구하시오. 단, 지구 중심으로부터 점 Q까지의 거리는 $r_n = 2\ \mathrm{Mm}$이고, 지구 중심으로부터 점 P까지의 거리는 r_P라 한다. 또한 지구의 질량은 $M = 5.24 \times 10^{24}\ \mathrm{kg}$, 중력상수는 $G = 6.673 \times 10^{-11}\ \mathrm{m^3/kg\,s^2}$, 지구반경은 $R = 6{,}377\ \mathrm{km}$로 간주한다. 5.5절

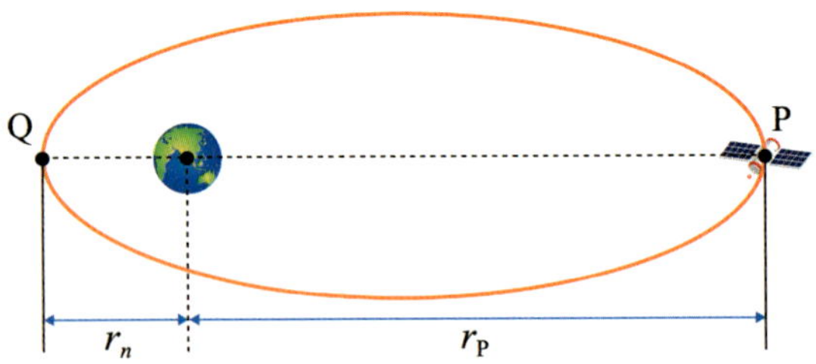

그림 5-70

PART 3

강체의 운동학 및 운동역학

강체rigid body는 질점과 달리 부피를 가지지만, 형태가 고정되어 변하지 않는 물체를 가리킨다. 우주 삼라만상의 모든 물체는 외력을 가함에 따라 조금씩 모양이나 크기가 변형될 수 있으므로 강체라고 할 수 없지만, 변형되는 정도가 무시할 수 있을 만큼 작은 경우나 단순히 물체의 운동만을 해석할 경우는 그 물체를 강체로 가정할 수 있다. PART 3에서는 질점에는 없는 강체의 회전운동을 포함한 운동학이나 운동역학의 문제를 학습하고, 강체의 운동을 대표하는 질량중심과 관성(질량, 질량 관성모멘트)에 대해 공부할 것이다.

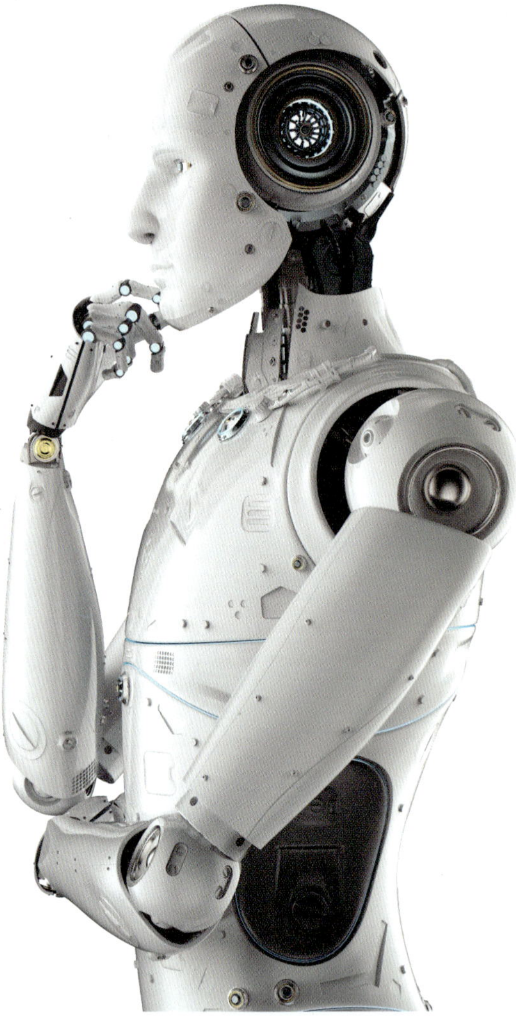

최근 4차 산업혁명으로 스마트 팩토리 등 공정자동화가 전 산업에서 진행되고 있다. 또한 인간을 대신하는 로봇의 개발 및 실용화가 매우 빠른 속도로 진행되고 있다. 로봇의 팔, 다리 등은 운동 시 변형이 없는 강체(rigid body)이고, 이들은 관절에 의한 회전운동과 중심축을 통한 곡선 병진운동을 포함하고 있다. 또한 픽 앤 플레이스용 로봇의 경우는 순수한 직선 병진운동도 포함하고 있다. 이러한 로봇들의 운동 중 로봇의 임의의 점에서의 위치, 속도, 가속도 등을 아는 것은 로봇 개발 및 활용에 필수적이다. 이러한 강체의 임의의 점에서의 동역학적 특성을 파악하여 로봇 시스템의 설계의 기초를 마련해보자.

CHAPTER

06

강체의 운동학

Kinematics of Rigid Body

학습목표

- 강체의 정의와 특성을 이해한다.
- 강체의 병진운동 및 회전운동 시 임의의 점에 대해 운동학 식을 유도한다.
- 일반적인 강체의 운동에 대해 이해하고, 이를 절대적, 상대적 관점에서 표현해본다.
- 순간적으로 절대속도가 0이 되는 순간중심에 대해 이해한다.

SECTION 6.1

강체의 운동

- ✔ 강체의 개념을 질점을 기반으로 정의하고 이들의 운동을 살펴본다.
- ✔ 강체의 다양한 운동 정의와 실제 생활에서 마주치는 예를 조사한다.
- ✔ 강체의 다양한 운동을 운동학적으로 표현하고, 그 특성을 이해한다.

강체rigid body는 그 영어 단어에서도 보듯이 단단한 물체를 가리킨다. 즉 어떤 힘을 주어도 변형이 일어나지 않는 물체를 말한다. 변형이 일어나지 않기 때문에 강체 내부의 위치는 힘이나 어떤 운동에 의해 변하지 않는다. 실제 우리 생활에서 마주치는 모든 물체는 힘을 주면 약간의 변형이 발생하지만, 그 크기가 수 마이크로미터, 수 나노미터로 작다면 우리는 그 물체를 강체로 취급하여 이 장에서 학습하는 이론을 적용할 수 있다. 이 장에서는 강체의 운동학을 통해 강체가 운동할 때 강체 내의 임의의 점에서의 운동(**변위**, **속도**, **가속도**)을 표현하는 법을 살펴본다.

6.1.1 강체의 운동학 개요

우리는 앞서 2장에서 질점의 운동학에 대해 살펴보았다. 이 장에서 배우는 강체 또한 질점의 운동학과 크게 다르진 않다. 예를 들어 [그림 6-1]과 같은 딱딱한 물체가 있다고 할 때, 이 물체를 다르게 생각하면 작은 질점들이 뭉쳐서 만들어졌다고 할 수 있을 것이다. 즉 **강체의 운동학** kinematics of rigid body은 질점의 운동학을 이용하여 표현될 수 있음을 알 수 있다.

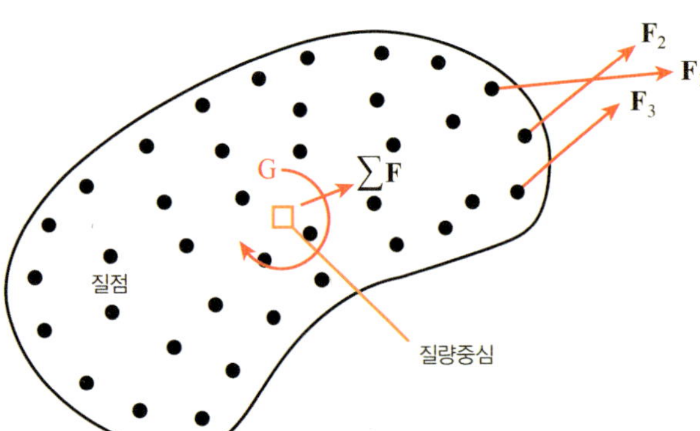

그림 6-1 강체는 질점의 모임

그러면 강체와 질점의 차이는 무엇일까? 각각의 질점은 3자유도, 즉 x 방향, y 방향, z 방향의 병진운동만 가능하다. 왜냐하면 질점은 하나의 점이므로 질량 관성모멘트 같은 회전에 대한 운동은 고려하지 않기 때문이다. 반면에 강체의 경우는 회전중심이 존재하고, 우리가 관심을 갖는 강체 내의 점이 회전중심과 얼마만큼 떨어져 있느냐에 따라 **병진운동**translation 또는 **회전운동**rotation이 발생할 수 있다. 또한 질점들은 각각 독립적으로 움직일 수 있으나 강체의 경우 강체를 이루는 질점들은 강체 내에서는 항상 일정한 위치에 놓여 있다. 즉 강체 내 질점들의 위치는 강체만을 생각했을 경우 변하지 않는다. 이를 정리하면 다음과 같다.

❶ 강체의 경우 병진운동과 회전운동 모두를 가질 수 있다.
❷ 강체 운동의 경우 내부의 임의의 점(질점)은 항상 강체 내에서는 같은 위치에 존재한다.

이제부터 이러한 강체의 운동에는 어떤 것들이 있는지 자세히 알아보자. [그림 6-2]는 두 가지 강체로 구성된 로봇들의 예이다. 그림 (a)의 로봇은 '델타로봇'이라 불리는 '픽 앤 플레이스(pick and place)'용 로봇이다. 공장 등에서 필요한 물건을 공압(공기의 압력)을 이용하여 들어 옮기는 로봇으로 그림에서 보는 것과 같이 관절 부근의 회전운동과 가운데의 직선(병진)운동을 통해 원하는 일을 수행한다. 또 그림 (b)의 로봇은 최근 미국에서 유명한 보스턴 다이나믹스 사의 스팟spot이라는 4족 로봇이다. 인공지능을 통한 다양한 업무를 수행할 수 있는데, 각 다리의 관절들은 각 평면에 대해 회전운동을 하고 이러한 회전운동에 의한 발끝은 곡선 병진운동을 수행하게 된다. 이처럼 강체로 이루어진 시스템은 **병진(직선, 곡선)운동**과 **회전운동**을 포함하고 있음을 알 수 있다.

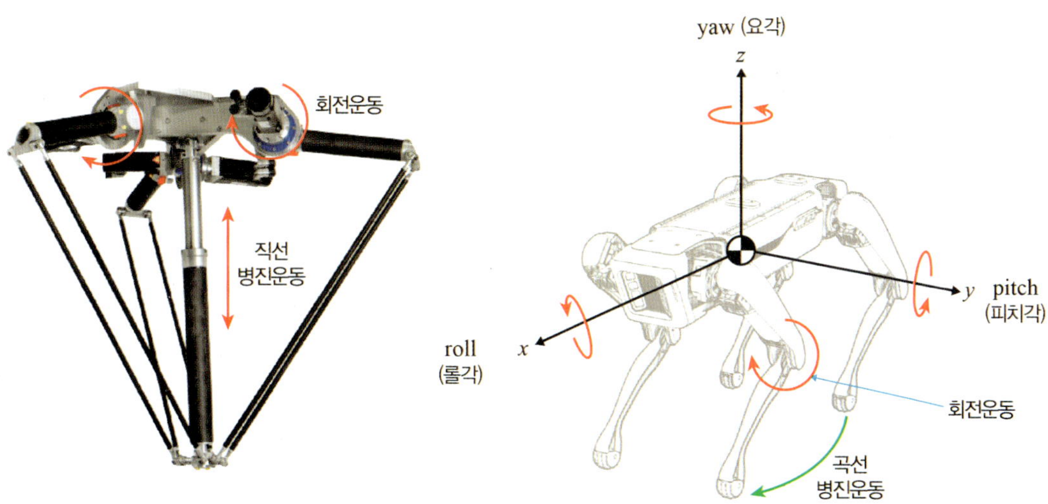

(a) 픽 앤 플레이스용 델타로봇 (b) 4족 보행 로봇(스팟)[1]

그림 6-2 강체로 구성된 로봇들의 다양한 운동들

1 요각(yaw)은 z축을 중심으로 회전하는 각이고, 롤각(roll)은 x축을 중심으로 회전하는 각, 피치각(pitch)은 y축을 중심으로 회전하는 각이다.

6.1.2 강체의 다양한 운동

강체의 운동 종류로는 직선 또는 곡선 경로에 대한 병진운동, 회전운동, 그리고 일반적인 평면운동이 있다.

■ 병진운동

강체의 **병진운동**이란 평행이동, 즉 강체 내의 모든 점들이 어떠한 **직선**rectilinear 또는 **곡선**curvilinear의 경로를 따라서 평행하게 이동하는 운동을 말한다. 여기서 중요한 것은 직선을 따라 움직이는 것도, 곡선을 따라 움직이는 것도 모두 병진운동이라는 점이다. 혹자는 "곡선을 따라 움직이는 것은 곡선운동이다."라고 말할 수도 있다. 그러나 곡선운동의 경우 모든 강체 내의 점들이 평행하게 이동하지 않는다. 회전중심 근처의 점들은 반경이 작기 때문에 조금 움직이고 회전중심에서 먼 점들은 더 많이 움직이기 때문이다. [그림 6-3(a)]는 직선 궤도를 따라 움직이는 직선 병진운동의 예이고, [그림 6-3(b)]는 곡선 궤도를 따라 평행하게 움직이는 곡선 병진운동의 예이다. 그림에서 보는 것과 같이 강체의 병진운동 시 강체 내의 점 G(무게중심)와 A는 같은 시간에 같은 거리를 움직이기 때문에 속도가 같고 가속도 또한 같다. 즉 병진운동 시에는 강체 내부의 모든 점의 속도와 가속도는 같다. 6.3절에서 배우겠지만, 이를 달리 말하면, 강체 내의 모든 점들 사이의 상대속도, 상대가속도는 0이다.

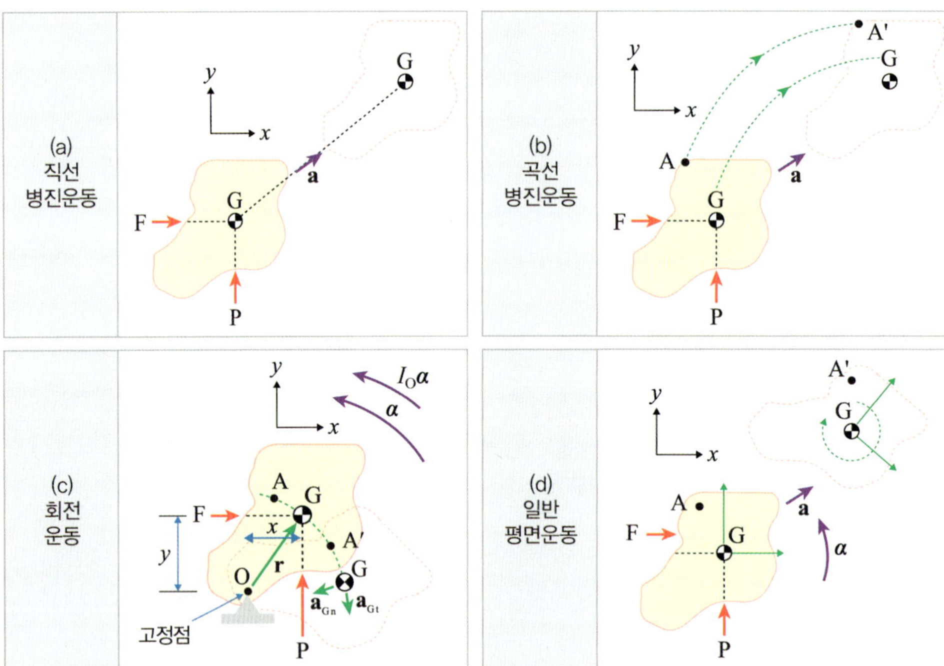

그림 6-3 강체의 다양한 운동 예

■ 고정축에 대한 회전운동

강체의 고정축에 대한 **회전운동**이란 물체가 고정된 한 점을 중심축으로 하여 회전하는 운동을 말하며, 이때 강체 내의 모든 점들은 원 경로를 따라 움직이게 된다. [그림 6-3(c)]에서 보는 것과 같이 점 O를 중심으로 강체의 점 A는 원 궤도를 가지고 회전운동하여 A′으로 이동하게 된다. 이때 점 O는 회전중심으로서 속도와 가속도가 모두 0인 점이다.

■ 일반적인 평면운동

강체의 일반적인 **평면운동**은 일정한 평면 위에서의 운동을 말하며, 이는 우리 일상생활에서 자주 접할 수 있다. 예를 들어 야구경기에서 공의 궤적을 보면 [그림 6-4]와 같이 공이 평면운동을 하는 것을 볼 수 있다. 강체(야구공)는 어떻게 쥐고 던지느냐에 따라 다양한 평면운동을 수행한다. 이러한 [그림 6-4]의 평면운동은 투수가 던지는 힘에 의해 병진운동을 하고, [그림 6-5]와 같이 구종에 따라 다양한 회전운동을 한다. 다양한 구질은 비슷하게 움직이는 것 같지만 모두 굉장히 빠른 병진운동과 회전운동을 동반하고, 이러한 회전운동의 방향 등에 의해 앞서 설명한 평면운동의 방향들도 변하게 된다. 이러한 야구공의 병진운동과 회전운동으로 인해 야구경기가 재미있어지는 것이다.

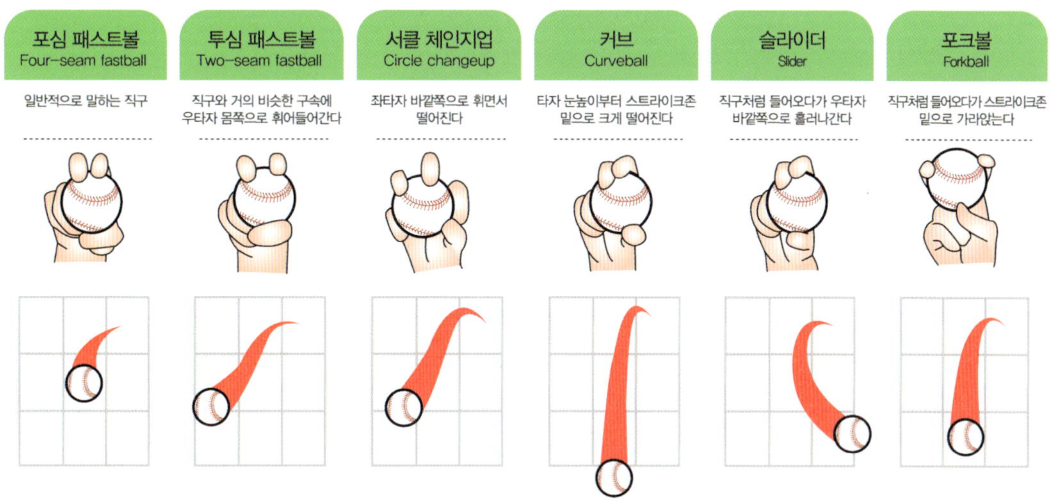

그림 6-4 야구경기에서 다양한 구종과 운동(우완 투수 기준)[2]

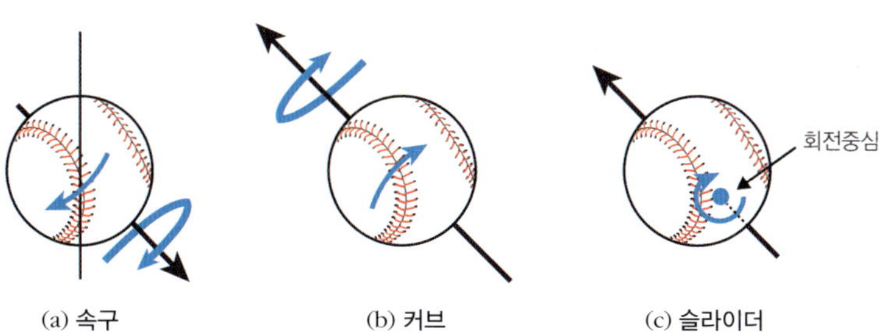

그림 6-5 야구경기 구종별 회전운동 및 방향

2 출처 : 나무위키, "야구의 구종", https://namu.wiki/, 2022.1.10

지금부터 이러한 강체의 평면운동에 대한 운동학적 분석을 진행해보자. [그림 6-6(a)]는 일반적으로 평면에서 임의의 형태의 강체가 굴러가는 운동을 보여준다. 그림의 왼쪽처럼 강체는 점선 형태에서 실선 형태로 이동하였다. 이 그림에서 점 A_1은 점 A_2로, 점 B_1은 점 B_2로 이동한 것을 알 수 있다. 이를 분석해보면, 오른쪽 그림과 같이 점 A_1은 A_2로, 점 B_1은 B_1'으로 병진운동한 후 점 A_2를 중심으로 회전운동을 하여 점 B_1'이 점 B_2로 옮겨졌다고 생각할 수 있다. 이처럼 강체의 일반적인 평면운동은 병진운동과 회전운동의 결합에 의해서 이루어지는 경우가 많다.

다른 예로, [그림 6-6(b)]는 막대가 일정한 회전궤도를 따라 회전하는 경우를 나타낸다. 그림의 왼쪽과 같이 점 A_1이 점 A_2로, 점 B_1가 점 B_2로 움직인 경우 이를 다시 표현하면, 그림의 오른쪽과 같이 먼저 점 A_1은 점 A_1'으로, 점 B_1은 점 B_2로 병진이동(평형이동)한 후 점 B_2를 중심으로 회전운동을 하여 점 A_1'이 점 A_2로 이동하는 운동이라 말할 수 있다. 앞선 평면을 따라 구르는 강체의 운동과 같이 강체의 일반적인 평면운동은 병진운동과 회전운동이 결합된 경우가 많고, 이러한 방법으로 운동학을 분석할 수 있다.

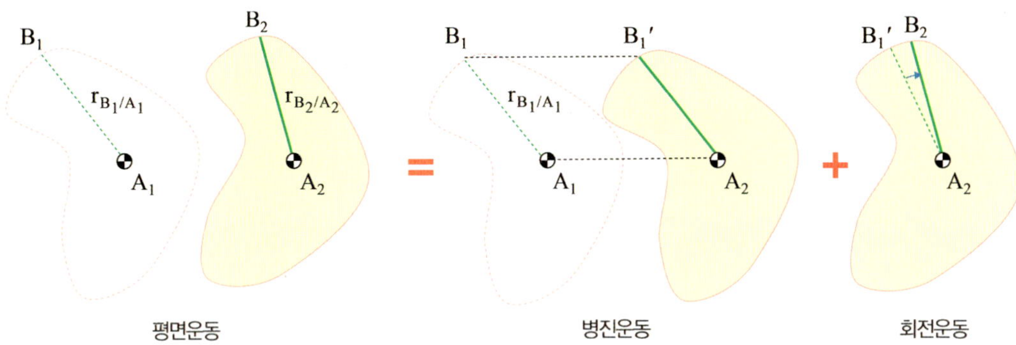

(a) 일반적인 평면운동을 하는 평면

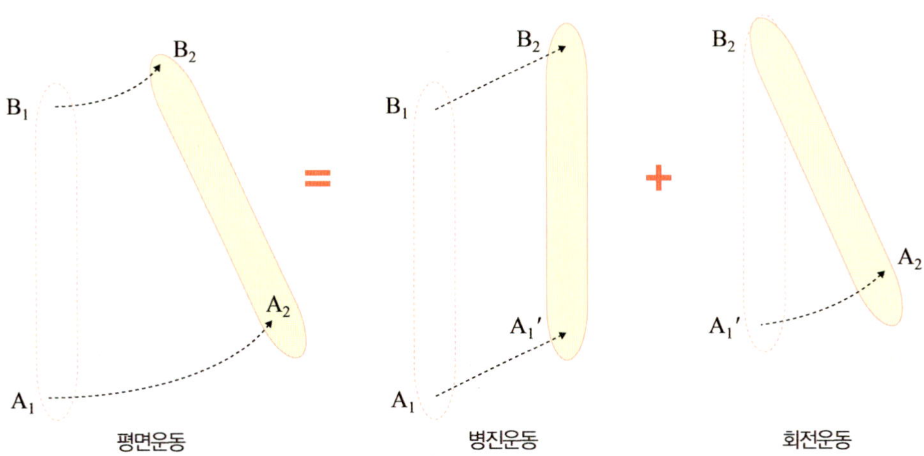

(b) 궤도를 따라 회전하는 막대

그림 6-6 강체의 일반적인 평면운동

SECTION 6.2

강체의 병진 및 회전운동

- 강체가 병진운동과 회전운동을 할 때 필요한 운동학을 이해한다.
- 일반적인 평면운동을 병진운동과 회전운동의 결합으로 표현해본다.
- 평면운동 시 절대운동과 상대운동의 개념을 이해하고, 순간중심을 이용하여 강체의 운동학 유도를 한다.

강체의 일반적인 운동은 크게 병진운동과 회전운동으로 표현할 수 있다. 6.1절에서 설명한 것과 같이 병진운동의 경우 강체 내부의 점들은 각각의 위치에서 동일한 속도와 가속도를 갖는다. 회전운동의 경우 회전중심을 제외하고 회전각속도 또는 각가속도에 의해 운동이 정의될 수 있다. 이 장에서는 강체의 운동을 위와 같이 두 개의 운동(병진운동, 회전운동)으로 정의하고, 각각의 운동을 표현할 수 있는 물리적 법칙에 대해 살펴본다. 또한, 이 두 개의 운동으로 평면에서 움직이는 일반적인 강체의 운동을 표현해본다.

6.2.1 병진운동

강체의 **병진운동**은 [그림 6-7]과 같이 크게 두 가지 형태로 나타낼 수 있다. 첫 번째 형태는 그림 (a)와 같이 각 점 A, B가 그대로 직선운동을 통해 점 A′, B′으로 이동하는 직선 병진운동이다. 또 다른 형태는 점 A, B가 직선운동이 아닌 같은 일정한 곡선의 궤도를 따라 그림 (b)와 같이 점 A′, B′으로 움직이는 곡선 병진운동이다. 이러한 곡선 병진운동은 회전운동을 포함하고 있지 않기 때문에 강체 내의 임의의 한 점에서의 속도와 가속도가 강체 전체의 어떤 점에서도 같으므로 2장에서 배운 질점의 운동학을 그대로 적용할 수 있다.

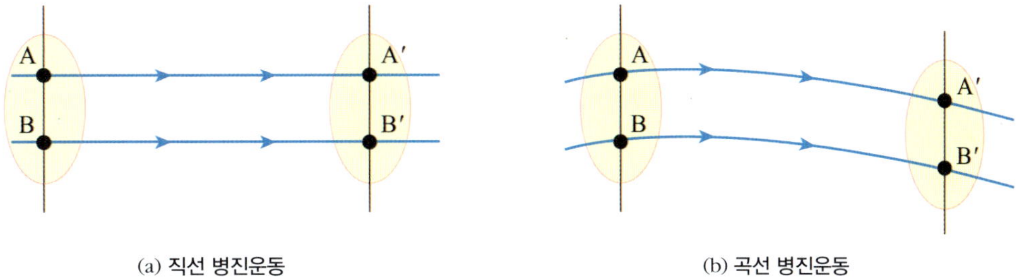

(a) 직선 병진운동　　　(b) 곡선 병진운동

그림 6-7 강체의 병진운동의 분류

■ 위치

[그림 6-8]에서 보듯이 병진운동을 하는 강체 내부의 점 A, B가 있다고 생각해보자. 고정좌표계 x-y-z에서 각 점의 위치는 위치벡터 $\mathbf{r}_A$와 $\mathbf{r}_B$로 표시될 수 있다. 점 A부터 점 B까지의 위치벡터를 $\mathbf{r}_{B/A}$라고 할 때 점 B의 위치벡터는 다음 식에 의해 정의될 수 있다.

$$\mathbf{r}_B = \mathbf{r}_A + \mathbf{r}_{B/A} \tag{6.1}$$

$\mathbf{r}_{B/A}$는 강체 내부의 위치벡터로 병진운동 중에는 그 크기가 변하지 않는 일정한 값(상수)을 가지기 때문에 점 B의 위치를 나타내는 위치벡터 $\mathbf{r}_B$는 식 (6.1)에서 보듯이 점 A의 위치 변화, 즉 $\mathbf{r}_A$의 운동에 의해서 정의될 수 있다.

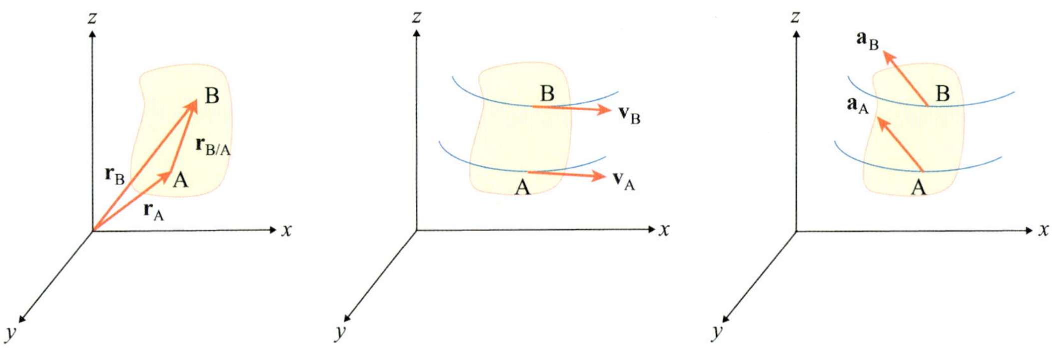

(a) 위치 (b) 속도 (c) 가속도

그림 6-8 강체의 운동(위치, 속도, 가속도)

■ 속도

강체의 병진운동에서 속도 또한 식 (6.1)과 같은 운동학으로 표현할 수 있다. 쉽게 생각하면, 식 (6.1)이 나타내는 위치를 시간에 대해 한 번 미분하면 속도가 되므로 식 (6.1)의 각 항들을 시간에 대해 미분한 식 (6.2)와 같이 표시할 수 있다.

$$\dot{\mathbf{r}}_B = \dot{\mathbf{r}}_A + \dot{\mathbf{r}}_{B/A} \tag{6.2}$$

그런데 앞서 언급한 것과 같이 강체에서 $\mathbf{r}_{B/A}$의 위치는 변하지 않는 일정한 상수 값을 갖는다. 그러므로 $\mathbf{r}_{B/A}$의 시간에 따른 변화량은 $\dot{\mathbf{r}}_{B/A} = 0$이 된다. 즉 강체의 병진운동에서 식 (6.2)는 다음과 같은 식 (6.3)으로 표현되고, 강체의 병진운동 시 점 B의 속도는 같은 강체 내부의 임의 점 A의 속도로 표시할 수 있음을 알 수 있다.

$$\dot{\mathbf{r}}_B = \dot{\mathbf{r}}_A, \ \mathbf{v}_B = \mathbf{v}_A \tag{6.3}$$

■ 가속도

병진운동 중 강체 내부의 점 B에 작용하는 가속도를 계산하기 위해서는 속도에 대한 식 (6.3)을 시간에 대해 양변을 한 번 더 미분하여 얻을 수 있다. 그 유도된 식(속도의 미분)은 식 (6.4)와 같이 가속도로 표현이 가능하다.

$$\dot{\mathrm{v}}_{\mathrm{B}} = \dot{\mathrm{v}}_{\mathrm{A}}, \ \mathbf{a}_{\mathrm{B}} = \mathbf{a}_{\mathrm{A}} \tag{6.4}$$

6.2.2 고정축에 대한 회전운동

고정축에 대한 강체의 회전운동의 일반적인 예로 쇼트트랙을 들 수 있다. [그림 6-9]에서 보는 것과 같이 쇼트트랙은 회전반경이 작으므로 회전 시에 접선방향과 반경방향으로 큰 가속도를 가지게 되어 선수들이 넘어지는 사고가 종종 발생한다. 그림에서 $\mathbf{a}_r$과 $\mathbf{a}_t$는 각각 반경radius 방향의 가속도와 반경에 수직인 원주의 접선tangential 방향 가속도를 나타내며 이 가속도는 회전반경($\mathbf{r}$), 회전각속도(ω) 그리고 각가속도(α)로 표현될 수 있다. 쇼트트랙에서 회전 시 안쪽 코너로 돌려고 하는 경향을 많이 볼 수 있는데, 이것은 짧은 거리를 돌기 위함도 있지만, 반경이 커지면 선수들이 받는 가속도의 영향이 크게 증가하여 사고 확률이 높아지기 때문이기도 하다. 6.2.2절에서는 이러한 고정축을 중심으로 회전하는 강체의 운동을 운동학적으로 설명하는 법에 대해 알아본다.

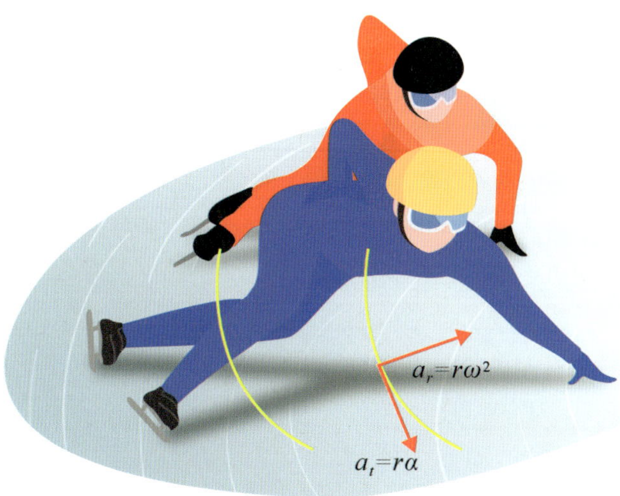

그림 6-9 쇼트트랙의 회전 시 발생하는 각가속도

[그림 6-10]은 회전중심 O를 중심으로 강체의 모든 점들이 일정한 각속도로 회전운동을 하는 것으로 회전중심점 O를 제외하고는 회전운동의 영향을 받는다. 이러한 운동에 대한 운동학적 접근법을 살펴보자. 강체의 운동도 기본적으로 질점의 운동과 유사한 부분이 있기 때문에 질점의 운동학을 복습해보는 것이 좋다.

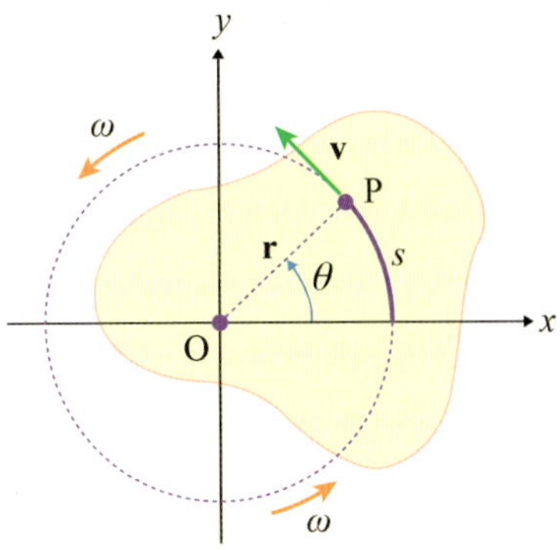

(a) 한 점 중심 회전운동의 속도

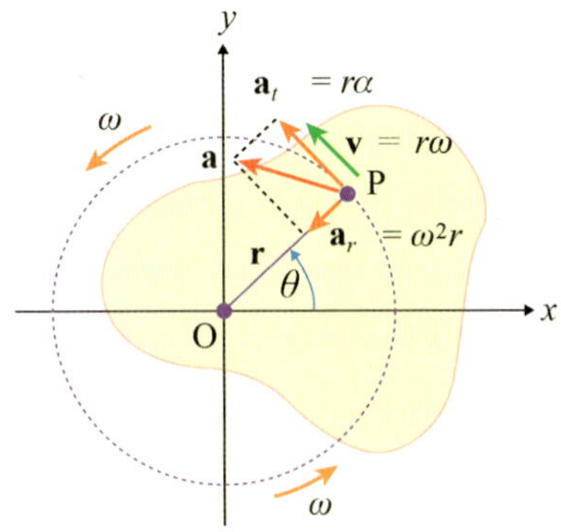

(b) 한 점 중심 회전운동의 가속도

그림 6-10 한 점을 중심으로 회전하는 강체 운동(위치, 속도, 가속도)

■ 위치

[그림 6-10]과 같이 중심점 O를 기준으로 회전하는 강체에서 임의의 점 P가 지나간 거리를 s라고 할 때, 회전각이 작은 경우($\sin\theta \simeq \theta$) s는 다음과 정의할 수 있다.

$$s = r\sin\theta \simeq r\theta \tag{6.5}$$

곡선 경로는 라디안$_{\text{radian}}$이라는 단위를 써서 표현한다. 360°를 라디안으로 표현하면 2π이므로 이를 활용하여 각도$_{\text{degree}}$를 radian$= \dfrac{\theta}{\pi}$ 으로 표현할 수 있다.

■ 속도

고정된 점을 중심으로 회전하는 강체에서 회전각속도를 정의해보자. 강체의 평면운동에서 각속도의 방향은 [그림 6-11]과 같이 회전하는 방향으로 오른손의 손가락 네 개를 감쌌을 때 엄지손가락이 가리키는 방향이 된다. 이를 **오른손의 법칙**이라고 한다. 이때 속도는 일반적으로 벡터의 외적으로 표현되고, 한 점을 중심으로 회전하는 강체의 각속도 식 (6.6)과 회전이동거리(s)를 바탕으로 식 (6.7)과 같이 회전하는 강체의 한 점에서의 선속도가 정의된다. 조금 더 자세히 설명하면, 접선의 선속도의 크기(v)는 시간에 따른 원주의 이동거리(s)이므로 식 (6.7)과 같이 정의할 수 있고, 식 (6.7)의 선속도($\mathbf{v}$)를 회전각속도($\boldsymbol{\omega}$)와 회전중심점 O와 위치벡터($\mathbf{r}$)를 가지고 다시 정리할 수 있다. 여기서 회전중심점과 강체의 임의의 점과의 위치벡터($\mathbf{r}$)는 일정하다. 결론적으로, 회전하는 강체의 접선방향의 선속도는 $v = r\omega$가 된다. 앞서 설명한 것과 같이 한 점을 중심으로 회전하는 강체의 임의의 한 점에 대한 선속도는 회전각속도와 회전중심점과의 거리의 외적으로 표현될 수 있다. 단, 벡터 외적의 경우 각 요소의 순서가 바뀌면 부호가 달라지므로 이 점에 유의해야 한다($\boldsymbol{\omega} \times \mathbf{r} \neq \mathbf{r} \times \boldsymbol{\omega}$).

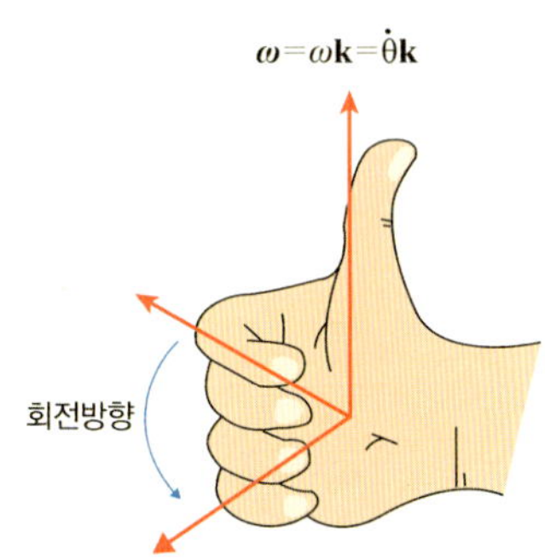

그림 6-11 강체의 각속도방향

$$\omega = \lim_{\Delta t \to 0} \frac{\Delta \theta}{\Delta t} = \frac{d\theta}{dt}, \quad \boldsymbol{\omega} = \omega \mathbf{k} = \dot{\theta}\mathbf{k} \tag{6.6}$$

$$v = \frac{ds}{dt} = r\frac{d\theta}{dt} = r\dot{\theta} = r\omega, \quad \mathbf{v} = \boldsymbol{\omega} \times \mathbf{r} \tag{6.7}$$

강체가 고정된 점을 중심으로 [그림 6-10]과 같이 회전할 때 강체 내부의 모든 점들은 같은 각속도로 움직인다. 그러나 강체 내부의 점들은 각속도의 크기는 같지만 회전중심점과의 거리가 다르기 때문에 매 시간마다 이동하는 원주거리는 달라지므로 각 점들의 선속도는 식 (6.7)과 같이 달라진다. 고정점을 중심으로 회전하는 강체의 운동에서 회전각속도가 일정한 경우 강체 내부의 한 점은 각각의 시간마다 회전하기 때문에 속도의 크기는 같지만, 속도의 방향은 계속 달라진다. 속도의 변화에 영향을 주는 물리량이 가속도이므로 이는 곧 회전 시 계속적으로 가속도가 변화함을 의미한다.

■ 가속도

강체가 회전하는 동안 시간에 따른 속도의 변화를 가속도라 한다. 그런데 일정한 각속도를 가지고 고정축을 중심으로 회전하는 강체의 경우, 속도의 크기 변화는 없지만 방향은 계속적으로 변화한다. 이는 가속도의 영향 때문인데, 고정축을 중심으로 회전하는 강체의 가속도는 접선방향과 강체 임의의 점에서부터 회전중심으로 이어지는 방향인 반경방향으로 나타낼 수 있다([그림 6-10(b)]). 이에 대해 잘 아는 예로 반경방향의 가속도에 질량을 곱하면 회전하는 물체에서 발생하는 힘인 구심력을 들 수 있다. 이러한 가속도를 앞서 배운 벡터의 형태로 표현하면 식 (6.8)과 같다. 앞서 언급한 것과 같이 식 (6.8)의 첫 번째 항($\boldsymbol{\alpha} \times \mathbf{r}$)은 접선방향의 가속도이고, 두 번째 항($\boldsymbol{\omega} \times (\boldsymbol{\omega} \times \mathbf{r})$)은 반경방향의 가속도를 나타낸다. 여기서 $\boldsymbol{\alpha}$ 는 회전하는 강체의 각가속도를 나타낸다. 강체의 임의의 점에서의 평면 가속도를 접선방향과 반경방향으로 정리하면 식 (6.9)와 같다.

$$\mathbf{a} = \frac{d\mathbf{v}}{dt} = \frac{d}{dt}(\boldsymbol{\omega} \times \mathbf{r}) = \frac{d}{dt}\boldsymbol{\omega} \times \mathbf{r} + \boldsymbol{\omega} \times \frac{d}{dt}\mathbf{r} = \dot{\boldsymbol{\omega}} \times \mathbf{r} + \boldsymbol{\omega} \times \dot{\mathbf{r}}$$

$$\mathbf{a} = \boldsymbol{\alpha} \times \mathbf{r} + \boldsymbol{\omega} \times (\boldsymbol{\omega} \times \mathbf{r}) \tag{6.8}$$

$$a_t = r\frac{d\omega}{dt} = r\alpha, \quad a_r = \frac{v^2}{r} = r\omega^2 \tag{6.9}$$

예제 6-1 해상풍력 발전기의 운동

[그림 6-12]와 같은 해상풍력 발전기가 있다. 각각의 풍력 터빈이 그림에서와 같이 일정한 각속도로 회전하고 있다.

(a) 풍력 터빈의 점 A_1에서 속도의 방향은 어떻게 되는가?

① → ② ← ③ ↑ ④ ↓

(b) 각 위치 A_1, A_2, A_3에서의 속도와 가속도를 구하시오.

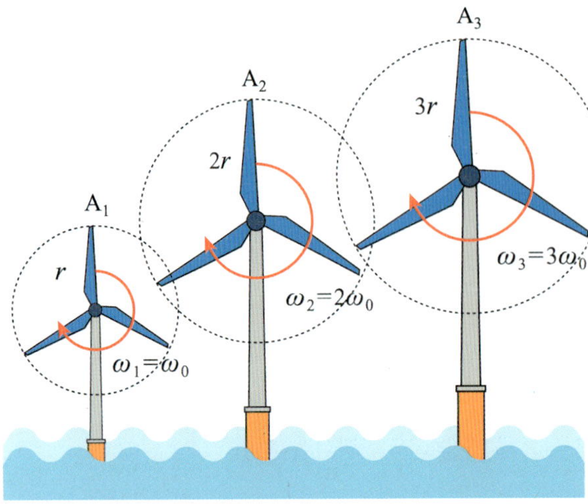

그림 6-12 해상풍력 발전기

분석

- 강체의 회전운동에서 속도는 접선방향임을 명심한다.
- 한 점을 중심으로 회전하는 물체의 속도 식 (6.7)의 $\mathbf{v} = \omega \times \mathbf{r}$을 이용하여 크기와 방향을 구한다.
- 한 점을 중심으로 회전하는 강체의 운동에서 임의의 한 점에서의 평면 가속도는 식 (6.9)와 같이 접선방향과 반경방향으로 나누어 구한다.

풀이

(a) 점 A_1에서의 속도는 회전방향의 접선방향이다. 따라서 점 A_1에서의 속도방향은 ①이 된다.

(b) 각 위치 A_1, A_2, A_3에서의 속도와 가속도는 각각 식 (6.7), (6.9)를 이용하여 구할 수 있다. 각 위치가 원주상에 같은 위치에 있기 때문에 가속도의 경우 접선방향과 반경방향의 가속도의 방향이 같으므로 크기만 구하기로 한다(일정한 각속도(등속)로 회전하기 때문에 각가속도 $\alpha = 0$이다).

$$v_{A_1} = r\omega = r\omega_0, \quad a_{A_1t} = 0, \ a_{A_1r} = r\omega_0^2$$

$$v_{A_2} = r\omega = 2r \times 2\omega_0 = 4r\omega_0, \ a_{A_2t} = 0, \ a_{A_2r} = 2r(2\omega_0)^2 = 8r\omega_0^2$$

$$v_{A_3} = r\omega = 3r \times 3\omega_0 = 9r\omega_0, \ a_{A_3t} = 0, \ a_{A_3r} = 3r(3\omega_0)^2 = 27r\omega_0^2$$

고찰

- 강체의 회전운동에서 속도는 강체의 임의의 점과 회전중심 간의 거리와 회전각속도에 비례함을 알 수 있다.

예제 6-2 대관람차의 속도와 가속도

반경 $r = 10$ m인 대관람차가 [그림 6-13]과 같이 $\omega = 0.1$ rad/s의 일정한 각속도로 회전하고 있다. 이때 점 A와 점 B에서의 접선방향의 속도와 가속도 성분을 나타내시오.

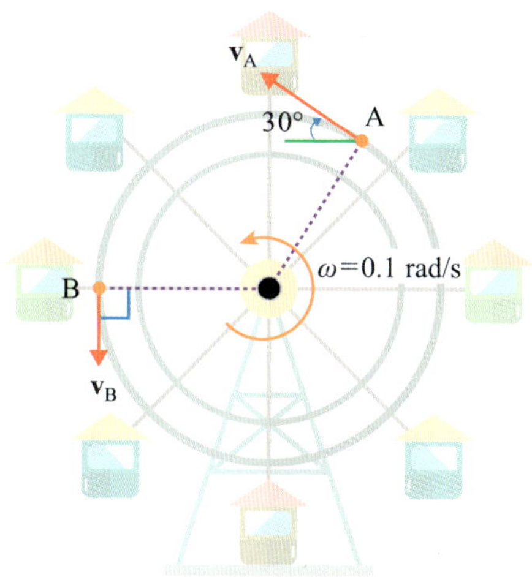

그림 6-13 대관람차의 위치별 속도방향

분석

- 식 (6.7)과 (6.9)를 이용하여 풀이한다.
- 점 A와 점 B에서의 속도의 크기는 같으나 방향이 다름을 명심한다.

풀이

- 점 A에서의 속도는 식 (6.7)을 이용하여 구한다.

$$v_A = r\omega = 10 \times 0.1 = 1 \text{ m/s}$$

(방향 : 점 A에서 [그림 6-13]과 같이 반시계방향으로 30°)

점 B에서의 속도는 다음과 같다.

$$v_B = v_A = 1 \text{ m/s}$$

(방향 : 점 B에서 [그림 6-13]과 같이 수직아래 방향)

- 가속도는 식 (6.9)를 이용하여 구한다. 문제에 "일정한 각속도로 회전"이라는 문구가 있는데, 이는 등속운동으로 각가속도 $\alpha = 0$임을 의미한다. 따라서 점 A에서의 수평방향과 반경방향의 가속도는 다음과 같이 구할 수 있다. 점 A에서 가속도의 방향은 반경방향으로 점 A에서 회전중심을 향하는 방향이다.

$$a_t = r\alpha = 0 \text{ m/s}^2, \ a_r = r\omega^2 = 10 \times (0.1)^2 = 0.1 \text{ m/s}^2$$

각가속도가 0이고, 일정한 각속도로 회전하는 강체이고, 회전중심점과의 거리가 점 A와 B가 같기 때문에 점 B에서의 가속도의 크기는 위에서 구한 점 A와 같다. 다만 강체에서 점 A와 점 B의 위치가 다르기 때문에 접선방향과 반경방향의 가속도의 방향은 다르다.

고찰

- 강체의 고정축을 중심으로 회전하는 운동에서 강체 내의 점들의 속도와 가속도의 크기는 같음을 이해한다.

6.2.3 일반적인 평면운동

일반적인 강체의 평면운동이라 함은 쉽게 생각해서 x-y 면에서 자유롭게 움직이는 경우를 말한다. 이때 강체는 병진운동과 회전운동을 자유롭게 할 수 있기 때문에 앞서 유도된 강체의 병진운동과 회전운동의 표현식을 사용하여 일반적인 평면운동을 표현할 수 있다. [그림 6-6(a)]의 경우를 살펴보자. 지표면을 따라 회전하는 강체 운동에서 $A_1 \rightarrow A_2$와 $B_1 \rightarrow B_1'$로 가는 경우는 점들이 병진운동으로 이동하는 것으로 생각할 수 있고, 이후 $B_1' \rightarrow B_2$가 되는 경우는 정지한 상태에서 점 A_2를 중심으로 회전하는 것으로 볼 수 있다. 이처럼 일반적인 평면운동은 병진운동, 회전운동이 함께 나타나는 경우가 많다.

예제 6-3 대륙간탄도미사일(ICBM)의 운동 분석

[그림 6-14]는 대륙간탄도미사일Inter-Continental Ballistic Missile의 궤적을 나타내고 있다. 초반 강한 연소 분사로 수직 상승하는 ① 구간부터 ⑧ 구간까지 각 구간을 일반적인 평면운동으로 설명하시오.

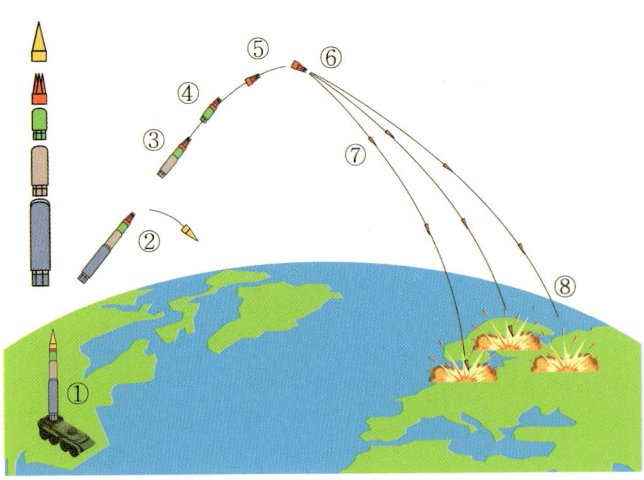

그림 6-14 ICBM의 궤적

분석

- 각 단계의 운동 특성을 파악하여 병진운동 또는 회전운동으로 표현한다.

풀이

- [그림 6-14]에서 보는 것과 같이 ① 구간은 로켓이 점화하여 출발하는 구간으로 수직 상승하는 직선 운동(병진운동)이 일어난다.
  ① → ② 구간은 목표 위치로 궤적을 변경하는 구간으로 평면 병진운동과 회전운동을 수행한다.
  ② → ④ 구간에서는 최고점에 도달할 때까지 병진운동이 일어난다.
  ④ → ⑤ → ⑥ 구간에서는 최고점에 도달하고 하강으로 자세를 변경하기 위한 평면 병진운동과 회전운동이 일어난다.
  ⑥ → ⑧ 구간은 수직 하강이 일어나는 구간으로 빠른 병진운동이 발생한다.

고찰

- 다양한 사물의 일반적인 평면운동을 병진과 회전운동으로 나누어 설명해본다.

SECTION 6.3

강체의 절대/상대속도와 가속도

- ✔ 강체의 운동에서 절대속도(가속도)와 상대속도(가속도)의 개념을 이해한다.
- ✔ 상대운동 개념을 이용하여 강체의 임의의 점에 대한 운동학을 표현해본다.
- ✔ 순간중심의 개념을 이해하고, 이를 이용하여 강체의 임의의 점에 대한 운동학을 유도해본다.

앞서 설명한 것처럼 강체 내부는 많은 질점들의 집합으로 표현될 수 있다. 따라서 강체 내부의 임의의 점은 이러한 질점 중의 하나의 점이 될 수 있다. 한 점의 속도, 가속도 등의 운동 물리량을 알고 있다고 할 때, 이를 이용하여 다른 점들의 운동역학을 표현할 수 있다. 이를 위해 강체 내부의 점들에 대한 절대속도 및 절대가속도의 개념과 상대속도 및 상대가속도의 개념을 습득하고, 이를 이용하여 상대운동식을 유도해본다. 만약 한 점의 절대속도가 0이라고 하면 상대속도 및 상대가속도 식은 절대속도 항이 제거되어 쉽게 표현될 수 있을 것이다. 강체의 운동 중에 어떤 경우에서는 강체 내부 또는 외부의 한 점이 순간적으로 속도가 0이 되는 점이 발생한다. 이를 순간중심이라고 하고, 이를 이용하면 강체의 임의의 점에 대한 운동학을 쉽게 표현할 수 있다.

6.3.1 일반적인 평면운동의 절대속도와 상대속도

앞서 설명한 것과 같이 일반적인 평면운동은 병진운동과 고정축을 중심으로 한 회전운동으로 설명할 수 있다. 이러한 강체의 운동을 설명하는 데 자주 사용되는 물리량이 속도 또는 가속도이다. 질점의 경우 단 한 점만 있기 때문에 질점의 운동특성을 표현하는 데 절대속도 또는 절대가속도만 사용하였다. **절대속도, 절대가속도**란 고정좌표 x-y-z에 대한 속도와 가속도를 의미한다. 반면에 강체의 경우는 강체 내부에 다양한 위치가 존재하므로 운동학을 이들 간의 **상대적인 속도** 또는 **상대가속도**로 표현할 수 있다. 상대속도(가속도)는 강체 내부의 한 점에서 다른 한 점을 바라보았을 때 다른 점이 움직이는 속도 또는 가속도를 의미한다. 예를 들어 [그림 6-15(a)]와 같이 보트의 절대속도는 왼쪽에서 오른쪽으로 진행하는 속도이고 물의 절대속도는 위에서 아래로 흐르는 속도라고 하면, 물 밖에 있는 사람이 이 보트를 보았을 때 보트는 그림에서 빨간 사선으로 나타낸 속도로 움직이는 것으로 보일 것이다. 다른 예로, [그림 6-15(b)]의 비행기를 타고 있는 사람은 비행기가 운행하는 방향의 절대속도로 가고 있다고 느끼지만, 외부 바람이 부는 속도방향에 의해서 비행기 외부에 있는 관찰자가 이 비행기의 운동을 본다면 빨간색으로 운행하는 것으로 표현될 수 있을 것이다. 이렇게 그림에서 빨간색 화살표로 나타낸 것이 상대속도이다.

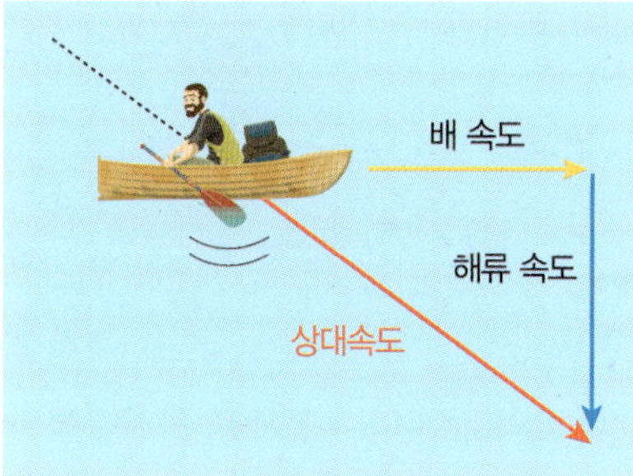

(a) 흐르는 물에 의한 보트의 상대운동

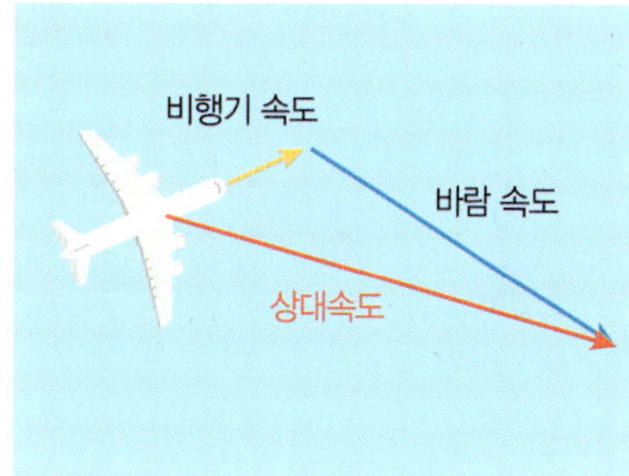

(b) 바람에 의한 비행기의 상대운동

그림 6-15 보트와 비행기에서의 상대속도

또 다른 예로, [그림 6-16]의 대관람차를 들 수 있다. 대관람차 전체를 하나의 강체라고 생각해보자. 그림에서 보는 것과 같이 대관람차가 일정한 각속도로 회전하고 있을 때, 관람차의 밖에 있는 관람자가 점 A와 B를 보았을 때에는 v라는 일정한 속도로 회전운동하는 것으로 보인다. 이는 절대속도이다. 그러나 점 A에서 점 B를 보면 아마도 외부에서 보는 것보다 더 빠르게 운동하고 있다고 느낄 것이고 "더 빠르다"라고 표현할 수 있을 것이다. 즉 점 B의 운동을 설명할 때 일반적인 절대속도, 절대가속도(외부에서 보는 시각)로 운동을 표현할 수도 있지만, 점 A에서 본 점 B의 상대속도, 상대가속도를 통해서 표현할 수도 있다.

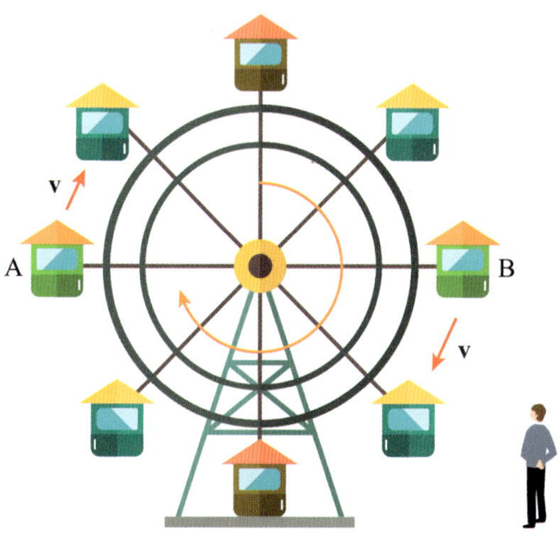

그림 6-16 대관람차의 운동

[그림 6-6(a)]에서 점 B_1의 경우 병진운동과 회전운동을 같이 하고 있다. 점 B_1의 초기위치와 속도를 식 (6.1)과 식 (6.2)를 이용하여 유도해보자. 아래첨자 B_1/A_1은 A_1의 입장에서 B_1을 바라본 경우를 의미한다. 점 B_1의 변위는 점 A_1과 점 A_1에서 점 B_1을 본 상대변위로 식 (6.10)과 같이 표현할 수 있다.

$$\mathbf{r}_{B_1} = \mathbf{r}_{A_1} + \mathbf{r}_{B_1/A_1} \tag{6.10}$$

식 (6.10)의 양변을 시간에 대한 함수로 미분하면 식 (6.11)과 같이 표현할 수 있다.

$$\dot{\mathbf{r}}_{B_1} = \dot{\mathbf{r}}_{A_1} + \dot{\mathbf{r}}_{B_1/A_1} \rightarrow \mathbf{v}_{B_1} = \mathbf{v}_{A_1} + \mathbf{v}_{B_1/A_1} = \mathbf{v}_{A_1} + \boldsymbol{\omega} \times \mathbf{r}_{B_1/A_1} \tag{6.11}$$

여기서 $\mathbf{v}_{B_1}$, $\mathbf{v}_{A_1}$은 x-y-z축에 의해 결정된 **절대속도**absolute velocity이고, $\mathbf{v}_{B_1/A_1}$은 점 A_1에 대한 점 B_1의 **상대속도**relative velocity이다. 이는 또한, 식 (6.7)을 이용하여 $\mathbf{v}_{B_1/A_1} = \boldsymbol{\omega} \times \mathbf{r}_{B_1/A_1}$으로 표현할 수 있다. 식 (6.11)은 식 (6.3)과 유사하나, 식 (6.11)은 일반 평면에서의 강체의 운동으로 병진운동만이 아닌 회전운동도 포함할 수 있기 때문에 $\mathbf{v}_{B_1/A_1} = \boldsymbol{\omega} \times \mathbf{r}_{B_1/A_1} \neq 0$이라는 점에서 차이가 있다.

6.3.2 일반적인 평면운동의 절대가속도와 상대가속도

6.3.1절에서 설명한 것과 같이 일반적인 평면운동에 대한 **절대속도**와 **상대속도**는 강체 운동학을 통해 구할 수 있다. 일반적인 평면운동을 하는 강체의 내부 임의 점에서의 **절대가속도**와 **상대가속도** 역시 이러한 운동학 관계식을 통해서 정의할 수 있다.

앞서 설명했듯이 일반적인 평면운동의 속도는 식 (6.11)과 같다. 이 식의 각 항들을 시간에 대해 미분하면 식 (6.12)와 같은 가속도 식을 얻을 수 있으며, 이는 일반적인 평면운동에서 임의의 점 B에서의 가속도를 점 A의 절대가속도와 점 A에서 점 B를 바라본 상대가속도로 나타낸 것이다.

$$\dot{\mathbf{v}}_{B_1} = \dot{\mathbf{v}}_{A_1} + \frac{d}{dt}(\boldsymbol{\omega} \times \mathbf{r}_{B_1/A_1}) = \dot{\mathbf{v}}_{A_1} + (\dot{\boldsymbol{\omega}} \times \mathbf{r}_{B_1/A_1}) + (\boldsymbol{\omega} \times \dot{\mathbf{r}}_{B_1/A_1})$$
$$\mathbf{a}_{B_1} = \mathbf{a}_{A_1} + (\boldsymbol{\alpha} \times \mathbf{r}_{B_1/A_1}) + (\boldsymbol{\omega} \times \mathbf{v}_{B_1/A_1}) \tag{6.12}$$

여기서 $\boldsymbol{\omega}$, $\boldsymbol{\alpha}$는 각각 강체의 회전각속도와 회전각가속도를 나타낸다. 첫 번째 항($\mathbf{a}_{A_1}$)은 점 A_1에서의 절대가속도를 의미하고, 두 번째 항($\boldsymbol{\alpha} \times \mathbf{r}_{B_1/A_1}$)은 상대가속도로 접선방향의 가속도를 나타낸다. 그리고 마지막 항($\boldsymbol{\omega} \times \mathbf{v}_{B_1/A_1}$)은 상대가속도로서 법선방향(반경방향)의 가속도를 나타낸다.

예제 6-4 자동차 엔진의 피스톤 운동

[그림 6-17]은 자동차 엔진의 피스톤으로서 크랭크축 OA는 일정한 각속도 2,000 rpm(반시계방향)으로 회전한다. $\theta = 0°$이라고 할 때, (a) 커넥팅로드 AB의 각속도와 (b) 점 B에서의 가속도 및 커넥팅로드 AB의 각가속도를 구하시오.

분석

(a) 직접 점 B에서의 속도를 구하기 어려울 때는 점 A에서의 속도를 구하고 $\mathbf{v}_{B/A}$(A에서 바라본 B)의 속도를 이용한다.

(b) 점 A에 대한 가속도를 먼저 구하고, 이를 이용하여 점 B에 대한 상대가속도 수식을 통하여 가속도와 상대가속도를 유도할 수 있다.

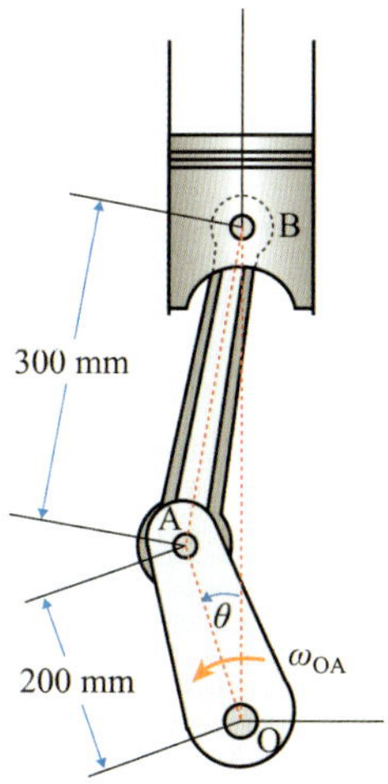

그림 6-17 자동차 엔진의 피스톤 운동

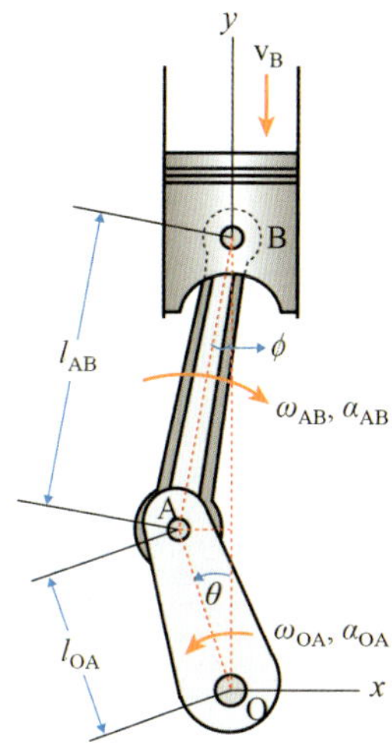

그림 6-18 피스톤 각 링크의 운동

풀이

(a) 점 B의 속도를 직접 구하기는 쉽지 않아 점 A의 속도와 B/A를 통해 점 B의 속도를 표현하고, 그 값을 찾아보자.

• 점 A의 속도를 점 O를 기준으로 유도해보자. OA 성분의 회전운동에 대한 정보를 알고 있기 때문에 점 O를 기준으로 하나씩 속도를 알아간다. 식 (6.11)을 이용하여 다음과 같이 구할 수 있다.

$$\begin{aligned}\mathbf{v}_A &= \mathbf{v}_O + \boldsymbol{\omega}_{OA} \times \mathbf{r}_{A/O} = 0 + \omega_{OA}\mathbf{k} \times l_{OA}(-\sin\theta\mathbf{i} + \cos\theta\mathbf{j}) \\ &= \omega_{OA} l_{OA}(-\sin\theta\mathbf{j} - \cos\theta\mathbf{i}) = -41.89\mathbf{i}\ \mathrm{m/s}\end{aligned}$$

[그림 6-18]은 자동차 피스톤의 링크들의 각 운동을 피스톤의 병진운동과 링크의 회전운동으로 표현한 것이다.

• 이제 점 A의 속도를 알았으므로 이를 이용하여 점 B의 속도를 상대속도 개념을 이용하여 표현해보자.

$$\begin{aligned}\mathbf{v}_B &= \mathbf{v}_A + \boldsymbol{\omega}_{AB} \times \mathbf{r}_{B/A} = \mathbf{v}_A + \omega_{AB}(-\mathbf{k}) \times l_{AB}(\sin\phi\mathbf{i} + \cos\phi\mathbf{j}) \\ &= \mathbf{v}_A + \omega_{AB} l_{AB}(-\sin\phi\mathbf{j} + \cos\phi\mathbf{i}) \qquad (1)\end{aligned}$$

△OAB와 사인법칙을 이용하면 다음과 같은 관계를 얻는다.

$$\frac{l_{OA}}{\sin\theta} = \frac{l_{AB}}{\sin\phi}$$

또한 점 B는 y 방향(수직방향)으로만 운동하므로 x 방향(수평방향)의 속도는 0이다. $\mathbf{v}_A = -41.89\mathbf{i}$이고 $\theta = 0°$일 때 ω_{AB}에 관한 식은 식 (2)와 같다.

$$(0.3\omega_{AB} - 41.89)\mathbf{i} = 0 \qquad (2)$$

• 식 (2)를 이용하여 $\boldsymbol{\omega}_{AB}$는 아래와 같이 구할 수 있다. 여기서 $\mathbf{k}$는 그림에 수직인 z축을 나타내며, 각속도 벡터 $\boldsymbol{\omega}_{AB} = -\omega_{AB}\mathbf{k}$이므로 시계방향으로 회전함을 의미한다.

$$(0.3\omega_{AB} - 41.89) = 0 \rightarrow \boldsymbol{\omega}_{AB} = -139.63\mathbf{k}\ \mathrm{rad/s}$$

(b) 커넥팅로드 AB의 선형가속도와 각가속도는 식 (6.12)를 이용해 유도해보자. 먼저, 커넥팅로드 OA의 가속도는 다음과 같다.

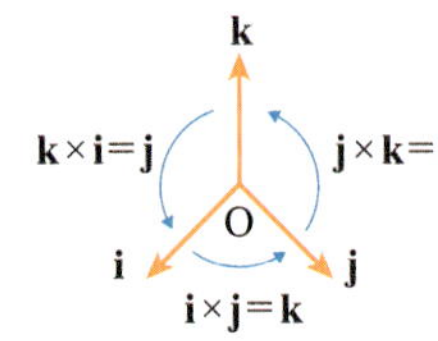

그림 6-19 벡터 외적 방향

$$\begin{aligned}\mathbf{a}_A &= \mathbf{a}_O + \alpha_{OA} \times \mathbf{r}_{A/O} - \omega_{OA}^2 \mathbf{r}_{A/O} \\ &= 0 + \alpha_{OA}\mathbf{k} \times l_{OA}(-\sin\theta\mathbf{i} + \cos\theta\mathbf{j}) - \omega_{OA}^2 l_{OA}(-\sin\theta\mathbf{i} + \cos\theta\mathbf{j}) \\ &= -8{,}773.02\mathbf{j}\ \mathrm{m/s^2}\end{aligned}$$

위에서 구한 $\mathbf{a}_A$를 이용하여 점 A에서 본 점 B에서의 상대가속도 식을 이용하여 점 B의 가속도를 구하면 다음과 같다.

$$\begin{aligned}\mathbf{a}_B &= \mathbf{a}_A + \boldsymbol{\alpha}_{AB} \times \mathbf{r}_{B/A} - \omega_{AB}^2 \mathbf{r}_{B/A} \\ &= \mathbf{a}_A + \alpha_{AB}(-\mathbf{k}) \times l_{AB}(\sin\phi\mathbf{i} + \cos\phi\mathbf{j}\ ) - \omega_{AB}^2 l_{AB}(\sin\phi\mathbf{i} + \cos\phi\mathbf{j}) \\ &= 0.3\alpha_{AB}\mathbf{i} - 14{,}621.98\mathbf{j}\ \mathrm{m/s^2}\end{aligned}$$

그런데 점 B는 수직으로만 움직이기 때문에 가속도 또한 수직성분(j 성분)만 존재하므로 x 성분($\mathbf{i}$)은 0이 되어야 한다. 즉 α_{AB}는 다음과 같다.

$$0.3\alpha_{AB}\mathbf{i} = 0 \ \rightarrow \ \alpha_{AB} = 0$$

그러므로 점 B의 가속도는 $-14{,}621.98\mathbf{j}\ \mathrm{m/s^2}$이 된다.

고찰

- 상대속도, 상대가속도 식은 강체의 일반적인 평면운동을 표현하는 데 유용하게 쓰인다.
- 위에서 점 B에서의 속도/가속도를 구하였으므로, 이를 이용하여 점 A점에서의 상대속도, 상대가속도를 검토해보자.

이제 각속도($\boldsymbol{\omega}$)와 각가속도($\boldsymbol{\alpha}$)의 시간에 따른 변화값을 통해 회전각도(θ)와의 관계를 유도해보자. 강체에 대해서 다음 두 가지 경우에 대해 살펴보자.

[경우 1] 각가속도 $\alpha = 0$, 각속도 ω = (일정)한 경우

식 (6.6)을 이용하여 양변을 적분하면 다음과 같이 시간 변화에 따른 회전 각도를 구할 수 있다.

$$\omega = \frac{d\theta}{dt} \ \rightarrow \ \omega \cdot dt = d\theta \ \rightarrow \ \int_0^t \omega \cdot dt = \int_{\theta_0}^{\theta} d\theta$$

$$\theta = \omega t + \theta_0 \tag{6.13}$$

따라서 식 (6.13)에서 보는 것과 같이 각속도는 시간에 따른 각도의 변화식이므로 좌우항을 각각 시간에 따라 적분하고 여기에 초기 각도 θ_0를 넣으면 각속도가 일정한 경우의 시간에 따른 각도식을 식 (6.13)과 같이 구할 수 있다.

[경우 2] 각가속도 $\alpha \neq 0$, α = (일정)한 경우

식 (6.14)와 같이 각가속도가 일정할 때 시간에 따른 강체의 회전각도 변화식을 유도할 수 있다.

$$\alpha = \frac{d\omega}{dt} \rightarrow \omega = \alpha t + \omega_0$$

$$\omega = \frac{d\theta}{dt} \rightarrow \int_0^t \omega \cdot dt = \int_{\theta_0}^{\theta} d\theta \rightarrow \int_0^t (\alpha t + \omega_0) \cdot dt = \int_{\theta_0}^{\theta} d\theta \tag{6.14}$$

$$\theta = \frac{1}{2}\alpha t^2 + \omega_0 t + \theta_0$$

식 (6.14)를 변형하면 시간항이 없는 관계식을 유도할 수 있다. 즉 연쇄법칙$_{\text{chain rule}}$을 사용하여 다음 식 (6.15)와 같은 관계식을 얻을 수 있다.

$$\alpha = \frac{d\omega}{dt} = \frac{d\omega}{d\theta}\frac{d\theta}{dt} = \omega\frac{d\omega}{d\theta} \rightarrow \alpha\, d\theta = \omega\, d\omega$$

$$\int_{\theta_0}^{\theta} \alpha\, d\theta = \int_{\omega_0}^{\omega} \omega\, d\omega \rightarrow \omega^2 = 2\alpha(\theta - \theta_0) + \omega_0^2 \tag{6.15}$$

예제 6-5 낚시에서 릴 제어

깊은 바다에서 낚시를 하는 낚시꾼이 반지름이 5 cm인 릴을 사용하고 있다. 큰 고기가 낚시 바늘을 물고 놀라 보트로부터 도망칠 때 릴을 잡지 않으면 릴은 빠르게 회전할 것이다. 처음 릴이 풀릴 때의 각속도가 220 rad/s일 때 각가속도가 $-300\ \text{rad/s}^2$이 되는 시점에 브레이크를 걸면 릴이 멈출 때까지 걸린 시간은 얼마인가?

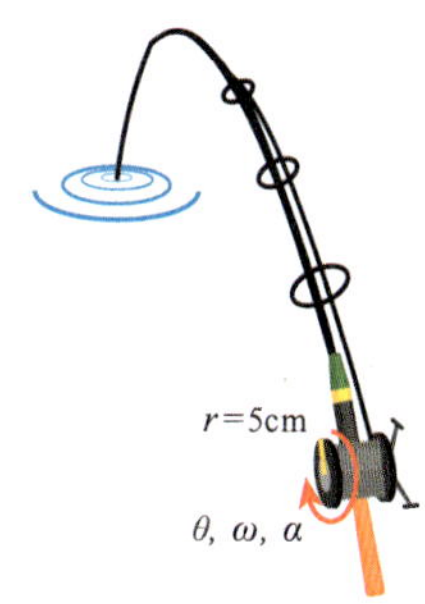

그림 6-20 낚시할 때 릴의 운동

분석

• 각속도가 일정한 운동에서 작용한 시간에 따른 강체가 회전한 각도와 각속도 변화식 (6.14)를 이용하여 접근해보자.

풀이

• 우선 문제에서 주어진 값들과 알 수 있는 정보들을 정리해보자. 처음 각속도와 브레이크를 통해 릴이 멈췄을 때의 각속도는 아래와 같이 쉽게 알 수 있다.

$$\omega_0 = 220\ \text{rad/s},\quad \omega_f = 0$$

• 각가속도가 $\alpha = -300\ \text{rad/s}^2$이므로 식 (6.14)를 사용하면, 다음과 같이 시간에 따른 각속도의 변화식을 구할 수 있다. 또한 초기 각속도와 마지막 각속도와의 차이 및 각가속도를 이용하면 각속도가 0이 될 때까지의 시간을 계산할 수 있다.

$$\omega_f = \omega_o + \alpha t \quad \Rightarrow \quad t = \frac{\omega_f - \omega_o}{\alpha} = \frac{0-220}{-300} = 0.73\ \text{s}$$

고찰

• 문제에 주어진 값을 통해 가장 손쉽게 원하는 값을 구할 수 있는 식을 찾아본다.

SECTION 6.4

순간중심

- ✔ 강체의 운동 중에 순간적으로 속도가 0인 점인 순간중심 개념에 대해서 이해한다.
- ✔ 상대운동으로 정의된 강체 내의 임의의 운동학을 순간중심 개념을 이용하여 풀이해 본다.

순간중심(I.C)Instantaneous Center이란 가상적인 개념으로 순간적으로 속도가 영(0)이 되는 점을 말한다. 이 점에서는 순간속도가 0이므로 강체의 일반적인 평면운동(병진운동+회전운동)을 이 점을 중심으로 하는 회전운동으로 표현할 수 있다. 이 점을 이용하면 강체 내부의 임의 점에서의 속도(또는 가속도)를 구할 때 편리하다. 일반적으로 강체의 운동을 표현할 때 임의의 점을 기준으로 상대속도 또는 상대가속도로 표현하는 경우가 많은데, 이때 기준이 되는 점에 대한 정보가 없으면 운동을 표현하는 것이 쉽지 않다. 그러나 순간중심은 그 순간속도가 0이라는 정의에 의해 이 점을 잘 활용하면 쉽게 다른 임의의 점들의 운동을 표현할 수 있다. 이러한 순간중심의 특성을 알아보기 위해 앞에서 구한 일반적인 평면운동을 하는 강체의 속도 식 (6.11)을 바탕으로 점 B_1에서의 상대속도를 구해보자. 앞선 식에서 점 B_1의 속도는 $\mathbf{v}_{B_1} = \mathbf{v}_{A_1} + \mathbf{v}_{B_1/A_1} = \mathbf{v}_{A_1} + \omega \times \mathbf{r}_{B_1/A_1}$과 같고, 점 A_1을 순간속도가 0이 되는 순간중심일 때 $\mathbf{v}_{A_1} = 0$이 되므로 점 B_1에서의 속도는 아래와 같이 간략화될 수 있다.

$$\mathbf{v}_{B_1} = \omega \times \mathbf{r}_{B_1/A_1} \tag{6.16}$$

이 식을 다시 살펴보면, 순간속도가 0이 될 때 점 B_1은 병진운동이 없는 순수한 회전운동만을 한다는 것을 알 수 있다.

그럼 강체의 운동에서 순간중심의 특성을 찾아내고, 이를 바탕으로 강체가 일반적인 평면운동을 할 때의 특성을 알아보자([그림 6-21] 참고).

❶ **순간중심**에서의 속도는 0이다.

❷ $\mathbf{v}_B$는 점 B에서의 접선방향의 속도이고, $\mathbf{r}_{B/I.C}$는 순간중심부터 B점까지의 거리이므로, $\mathbf{v}_B \perp \mathbf{r}_{B/I.C}$이다([그림 6-21(a)]).

❸ 일정한 각속도 ω로 회전할 때, $\mathbf{v}_B$는 $\mathbf{r}_{B/I.C}$의 거리에 비례한다([그림 6-21(b), (c)]).

[그림 6-21]은 강체의 일반적인 평면운동을 보여준다. 강체의 임의 점 A, B의 각 위치에 따라 순간중심은 달라질 수 있다. 그림 (a)의 경우, 앞선 순간중심의 특성(❷)을 고려하면 점 A와 점 B에서 수직인 선이 만나는 점이 순간중심이 된다. 그림 (b)는 순간중심과 점 A, B가 일직선인 경우로, 점 A, B에서 수직인 점과 직선속도 $\mathbf{v}_A$, $\mathbf{v}_B$의 크기가 $\mathbf{r}_{B/I.C}$에 비례(❸)하므로 점 A와 B를 연결한 선과

그 선 위의 임의의 점에서 A와 B점까지의 거리에 비례한 선을 추가해 만나는 점이 순간중심이 된다. 그림 (c)의 경우도 그림 (b)와 같이 점 A, B, I.C가 일직선이나, I.C가 강체 내부에 있는 경우이다. 이 경우 또한 그림 (b)의 방법으로 순간중심을 구할 수 있다.

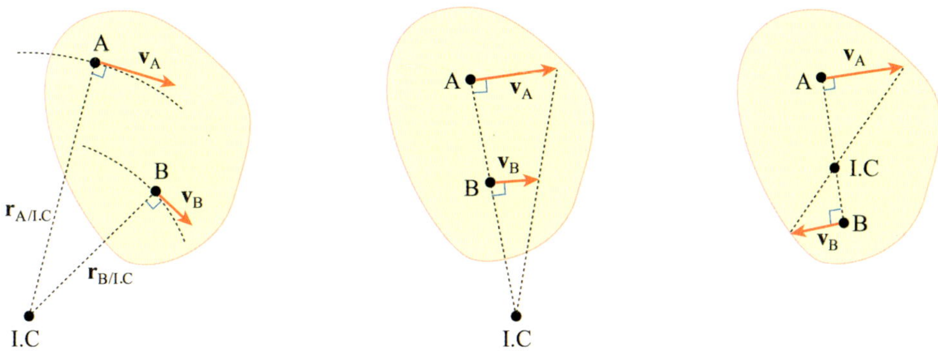

(a) 속도방향이 다른 경우 (b) 속도방향은 같고 크기가 다른 경우 (c) 속도방향이 반대인 경우

그림 6-21 강체의 순간중심

마지막으로, [그림 6-22]와 같이 바퀴가 지면에서 미끄러짐 없이 계속해서 굴러가는 경우가 있다. 이 경우 순간중심을 찾아 일반적인 평면운동을 한 점 중심의 회전으로 표현하면 강체의 임의의 점에서의 다양한 운동 매개변수를 간단히 표현할 수 있다. 앞에서 설명했듯이, 순간중심에서의 순간적인 속도는 0이 된다. [그림 6-22]를 보면 굴러가는 시간마다 위치는 바뀌지만, 순간적으로 속도가 0이 되는 점은 지면과 바퀴가 만나는 점이다. 이 점은 순간적으로 바닥과 맞닿으면서 고정되기 때문에 순간적으로 속도가 0이 되고 회전중심이 된다. 이 점을 이용하면 지면을 따라 굴러가는 강체의 모든 점에서 속도와 가속도를 쉽게 구할 수 있다.

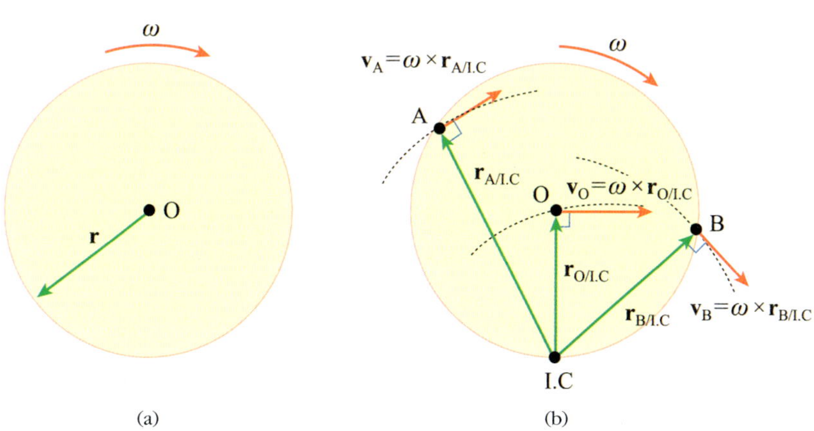

(a) (b)

그림 6-22 굴러가는 바퀴의 순간중심

[그림 6-22]의 바퀴는 지면과 접하는 점에서 속도가 순간적으로 0이 되므로 그 점을 I.C로 간주하여 I.C를 중심으로 회전하는 단순 회전운동으로 간주하여 A, B, O의 속도를 식 (6.17)과 같이 표현할 수 있다.

$$\mathrm{v}_A = \omega \times \mathrm{r}_{A/I.C},\ \mathrm{v}_B = \omega \times \mathrm{r}_{B/I.C},\ \mathrm{v}_O = \omega \times \mathrm{r}_{O/I.C} \tag{6.17}$$

예제 6-6 3개의 링크 메커니즘

링크 AB의 각속도는 $\omega_{AB} = 70\ \text{rad/s}$으로 고정된 축인 점 A를 중심으로 회전하고 있다. 다른 링크 CD는 점 C에 고정되어 있으나 회전이 가능한 상태이다. 그림과 같은 상태에서 링크 CD의 각속도를 구하시오.

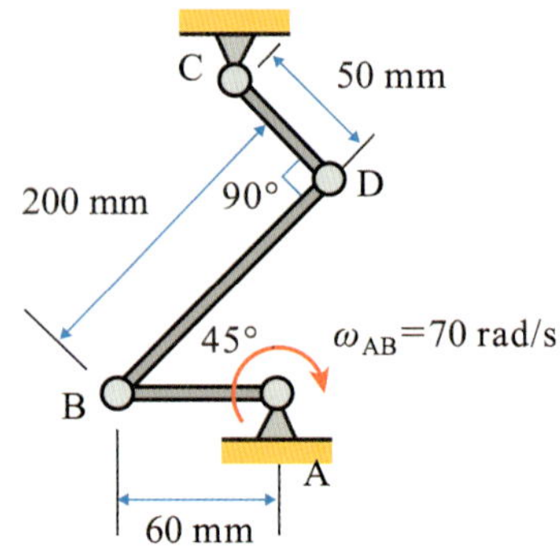

그림 6-23 3개의 링크 운동

분석

- 일반적인 평면운동의 상대운동을 이용하여 각속도를 구할 수 있다.
- 일반적인 평면운동을 한 점을 중심으로 회전하는 회전운동만으로 쉽게 접근하기 위해 I.C의 기하하적 특성을 이용하여 순간중심을 찾고, 이를 이용하여 링크 B, D의 속도 및 각속도를 구해보자.

풀이

- 기하학적인 특성을 이용하여 I.C를 구한다.

- 순간중심의 특성 ❷를 이용하면, 점 A가 회전하기 때문에 링크 AB도 반시계방향으로 회전한다. 이때 점 B의 선속도 v_B는 링크에 수직하게 위로 향하게 된다. I.C는 강체의 선속도에 수직한 위치에 있으므로 [그림 6-24]와 같이 선 BA를 연장한 선 위에 존재한다.

- 다음으로 점 C를 중심으로 링크 CD가 회전운동을 하기 때문에 점 D에서의 속도는 링크 CD와 직각 방향으로 향하게 되고, I.C는 속도 v_D의 방향과 수직인 링크 CD 방향으로 연장한 선 위에 존재한다. 즉 위의 두 가지 직선이 만나는 상상의 점 O가 순간중심(I.C)이 됨을 알 수 있다.

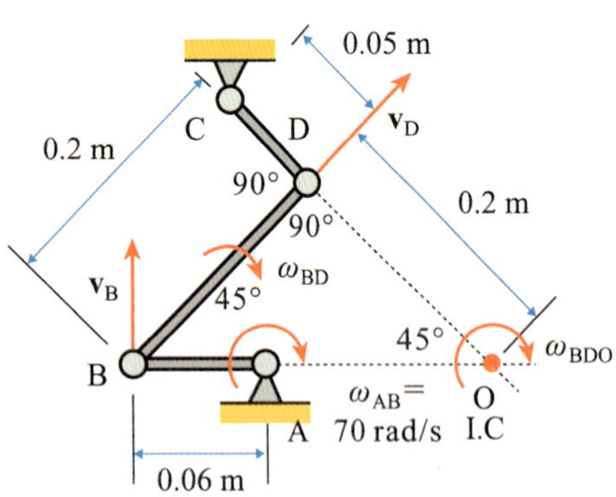

그림 6-24 기하학적 특징을 이용한 I.C 계산

• I.C와 연관된 매개변수들은 다음과 같이 계산한다(삼각함수 이용).

선 OD와 OB의 거리는 다음과 같다.

$$r_{OD} = r_{BD}\tan 45° = 0.2\text{ m},\quad r_{OB} = r_{BD}/\cos 45° = 0.283\text{ m}$$

점 B에서의 속도는 다음과 같다.

$$v_B = \omega_{AB}r_{AB} = 70(0.06) = 4.2\text{ m/s}$$

링크 BD의 각속도는 다음과 같다.

$$\omega_{BD} = v_B/r_{BO} = 14.84\text{ rad/s}$$

점 D의 속도를 계산하면 다음과 같다.

$$v_D = \omega_{BD}r_{OD} = 14.84(0.2) = 2.97\text{ m/s}$$

위에서 계산한 값을 바탕으로 링크 CD의 각속도를 구하면 다음과 같다.

$$\omega_{CD} = v_D/r_{CD} = 2.97/0.05 = 59.4\text{ rad/s}$$

고찰

• 강체의 임의 점에서의 운동을 표현할 때 상대속도 개념으로 접근할 수도 있으나, 순간중심으로 생각하면 더 쉽게 운동을 표현할 수 있다.

CHAPTER 06 | 핵심요약

■ 강체의 병진운동

강체의 병진운동은 크게 두 가지 형태인 **직선 병진운동**과 **곡선 병진운동**으로 존재한다. 병진운동의 운동학적 표현은 다음과 같다.

- 속도 : $\dot{\mathrm{r}}_B = \dot{\mathrm{r}}_A$, $\mathrm{v}_B = \mathrm{v}_A$
- 가속도 : $\dot{\mathrm{v}}_B = \dot{\mathrm{v}}_A$, $\mathrm{a}_B = \mathrm{a}_A$

■ (고정축에 대한) 회전운동

강체에서 한 점을 중심으로 회전하는 운동을 다음과 같이 표현할 수 있다.

- 각속도 : $\omega = \lim_{\Delta t \to 0} \dfrac{\Delta\theta}{\Delta t} = \dfrac{d\theta}{dt}$, $\boldsymbol{\omega} = \omega\mathrm{k} = \dot{\theta}\mathrm{k}$
- 선속도 : $v = \dfrac{ds}{dt} = r\dfrac{d\theta}{dt} = r\dot{\theta} = r\omega$, $\mathrm{v} = \boldsymbol{\omega} \times \mathrm{r}$
- 가속도 : $a_t = r\dfrac{d\omega}{dt} = r\alpha$, $a_r = \dfrac{v^2}{r} = r\omega^2$

  $\mathrm{a} = \boldsymbol{\alpha} \times \mathrm{r} + \boldsymbol{\omega} \times (\boldsymbol{\omega} \times \mathrm{r})$

■ 일반적인 평면운동

강체의 일반적인 평면운동은 병진운동과 회전운동으로 표현할 수 있으며, 강체 내부의 점을 이용하여 **상대속도**, **상대가속도**로 표현할 수 있다.

- 위치 : $\mathrm{r}_B = \mathrm{r}_A + \mathrm{r}_{B/A}$
- 속도 : $\mathrm{v}_B = \mathrm{v}_A + \mathrm{v}_{B/A}$, $\mathrm{v}_{B/A} = \boldsymbol{\omega} \times \mathrm{r}_{B/A} \neq 0$
- 가속도 : $\mathrm{a}_B = \mathrm{a}_A + (\boldsymbol{\alpha} \times \mathrm{r}_{B/A}) + (\boldsymbol{\omega} \times \mathrm{v}_{B/A})$

■ 회전각도와의 관계

- 각가속도 $\boldsymbol{\alpha} = 0$, 각속도 $\boldsymbol{\omega}$ = (일정)한 경우

  $$\omega = \frac{d\theta}{dt} \rightarrow \omega \cdot dt = d\theta \rightarrow \int_0^t \omega \cdot dt = \int_{\theta_0}^{\theta} d\theta$$

  $$\theta = \omega t + \theta_0$$

- 각가속도 $\boldsymbol{\alpha} \neq 0$, $\boldsymbol{\alpha}$ =(일정)한 경우

  $$\alpha = \frac{d\omega}{dt} \rightarrow \omega = \alpha t + \omega_0$$

  $$\omega = \frac{d\theta}{dt} \rightarrow \int_0^t \omega \cdot dt = \int_{\theta_0}^{\theta} d\theta \rightarrow \int_0^t (\alpha t + \omega_0) \cdot dt = \int_{\theta_0}^{\theta} d\theta$$

  $$\theta = \frac{1}{2}\alpha t^2 + \omega_0 t + \theta_0$$

• 시간항을 제외한 표현법

$$\alpha = \frac{d\omega}{dt} = \frac{d\omega}{d\theta}\frac{d\theta}{dt} = \omega\frac{d\omega}{d\theta} \quad \rightarrow \quad \alpha\, d\theta = \omega\, d\omega$$

$$\int_{\theta_0}^{\theta} \alpha\, d\theta = \int_{\omega_0}^{\omega} \omega\, d\omega \rightarrow \omega^2 = 2\alpha(\theta - \theta_0) + \omega_0^2$$

■ 순간중심

❶ 순간중심에서의 속도는 0이다.

❷ v_{B_1}은 점 B_1에서의 접선방향의 속도이다. 즉, $\mathrm{v}_{B_1} \perp \mathrm{r}_{B_1/I.C}$이다([그림 6-21(a)] 참고).

❸ 일정한 각속도 ω로 회전할 때, v_{B_1}은 $\mathrm{r}_{B_1/I.C}$의 거리에 비례한다([그림 6-21(b), (c)]).

6.1 [그림 6−25]의 고정좌표계에 대해, 관람차는 고정점 O를 중심으로 40 rad/s로 회전한다. 이 순간에 점 B에 대한 점 A의 속도는 얼마인가? 6.2절

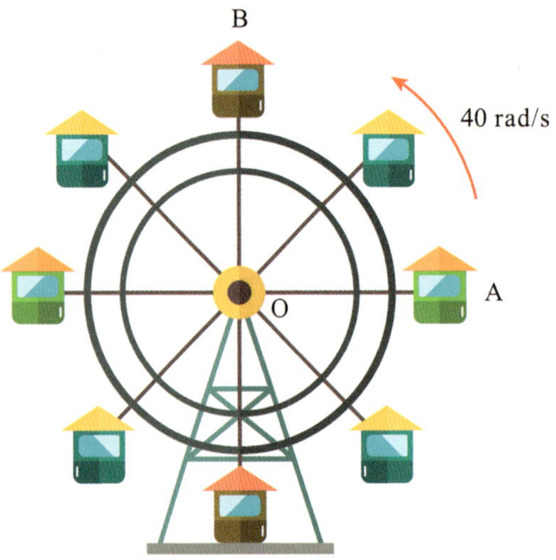

그림 6-25

6.2 [그림 6−26]에 보는 것과 같이 디스크의 각속도가 시간에 따라 $\omega = (5t^2 + 2)$ rad/s로 변화하면서 회전한다. $t = 1$ s일 때 점 A의 속도와 가속도 크기를 구하시오. 6.2절

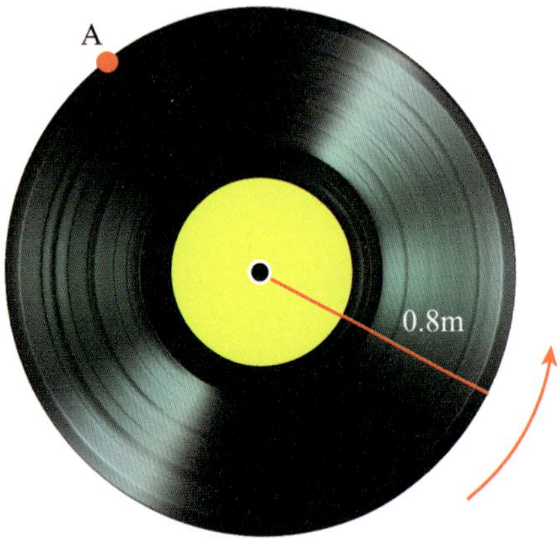

그림 6-26

6.3 [그림 6-27]와 같이 한 척의 배가 강을 따라 항해하고 있다. 이 항해에서 물의 속도는 동쪽으로 2 m/s로 흐른다. 만약 조타수가 배를 정북 쪽으로 이동시키고 싶다면, 바람의 방향을 고려했을 때 배는 어떤 방향으로 향해야 하는가? 또한 이때 배의 속력은 몇인가? 6.3절

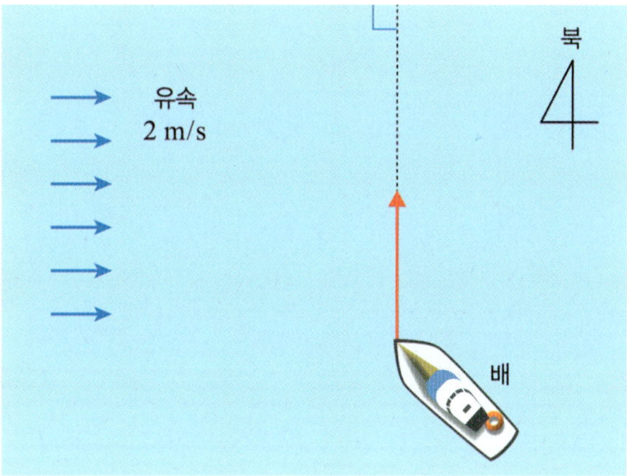

그림 6-27

6.4 $t = 0$에서 두 개의 발사체 A와 B가 발사대 O에서 동시에 발사되며 초기속도와 앙각은 [그림 6-28]과 같다. (a) $t = 1$ s일 때와 (b) $t = 2$ s일 때 발사체 B에 대한 발사체 A의 속도를 구하시오. 6.3절

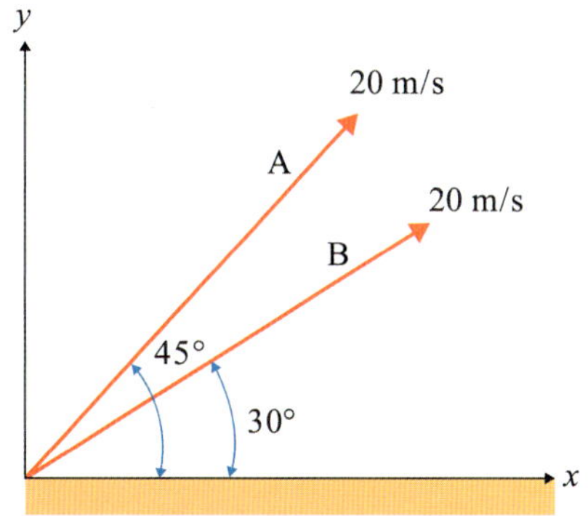

그림 6-28

6.5 [그림 6-29]의 크랭크 AB는 일정한 각속도 2,500 rpm으로 반시계방향으로 회전한다. 포인트 B의 속도에 대해 (a) 접선 성분, (b) 직교좌표 성분을 구하시오. 6.3절

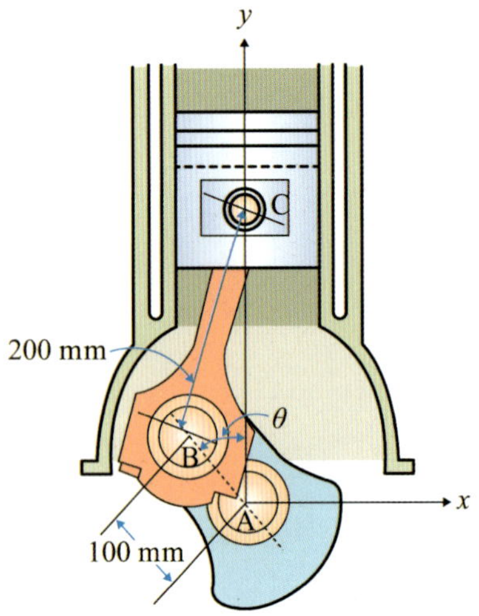

그림 6-29

6.6 투수가 초기속도 $v_0 = 144.8$ km/h로 [그림 6-30]과 같이 공을 던졌다. 이때 수평선 위 공의 속도 벡터의 초기각도를 θ라고 하자. 공을 던졌을 때 공은 바닥에서 1.83 m 떨어져 있고, 타자와는 17.7 m 떨어져 있다. 타자의 스트라이크존은 바닥에서 0.56 m 지점부터 1.37 m 지점까지이다. 공기역학적 효과를 무시한다고 할 때, (a) $\theta = 3°$, (b) $\theta = 5°$일 때 공이 스트라이크존으로 들어오는지 여부를 설명하시오. 6.3절

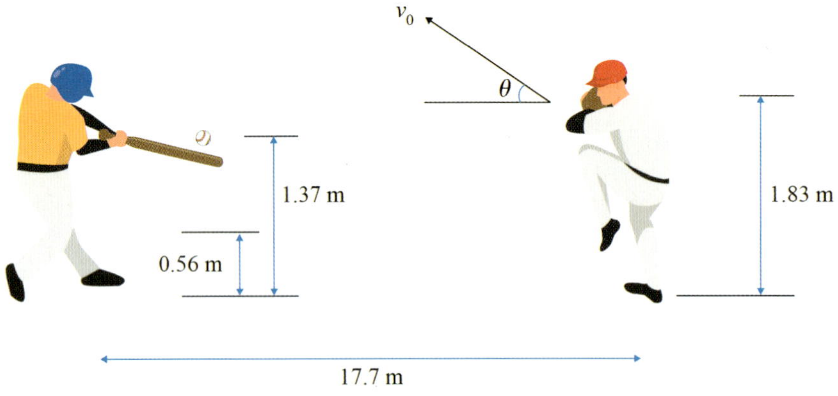

그림 6-30

6.7 하나의 바퀴가 회전운동을 하고 있다. 바퀴의 회전각속도 $\omega = 3\ \text{rad/s}\,(t=0)$이고, 각가속도는 $\alpha = 35 - 3t\ \text{rad/s}^2$이다. 이때 반시계방향이 +이다. 6.3절

(a) 최대각속도의 값과 그 때의 시간 t를 구하시오.
(b) 바퀴가 움직이다 멈추기까지 걸린 시간을 구하시오.
(c) 바퀴가 멈출 때까지 회전한 회전수를 계산하시오.

6.8 항공기 엔진이 일정한 각가속도 $\alpha = 5\ \text{rad/s}^2$으로 정지상태인 $t=0$에서부터 움직이기 시작한다. $t=7\ \text{s}$일 때, [그림 6-31]에서 점 O에 대한 점 P의 수직 및 수평방향 속도와 가속도를 구하시오. 6.3절

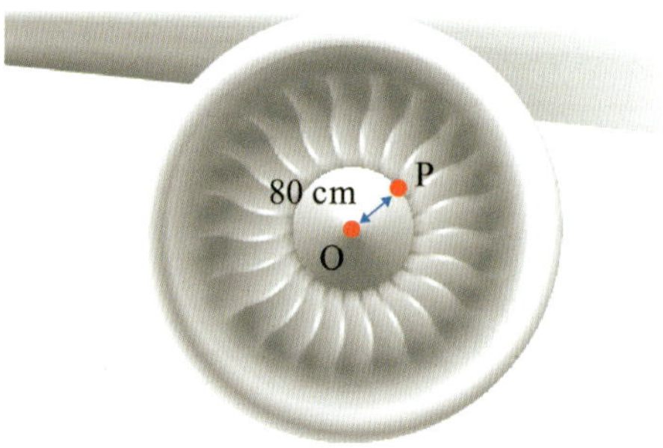

그림 6-31

6.9 [그림 6-32]와 같은 두 개의 도르래가 연결된 시스템에서 $\omega_A = 10\ \text{rad/s}$이고, 도르래 A의 각가속도가 $\alpha_A = 5\ \text{rad/s}^2$이다. 도르래 A가 두 번 회전할 때 도르래 C 위의 점 B의 가속도의 크기를 구하시오. 6.3절

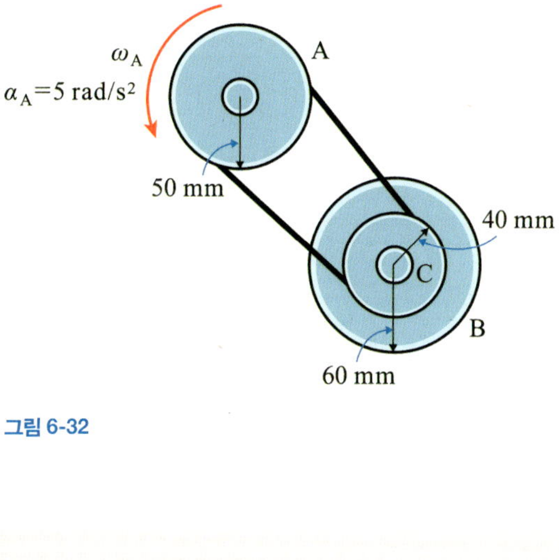

그림 6-32

6.10 [그림 6-33]과 같은 하나의 모터가 기어 A를 가지고 있고, 그것의 각가속도는 그림과 같다(각도의 단위는 radian). 만약 이 기어가 초기에 $\omega_A = 20$ rad/s로 회전한다고 할 때, 기어 A가 10회전을 한 후의 기어 B의 각속도를 구하시오. 6.3절

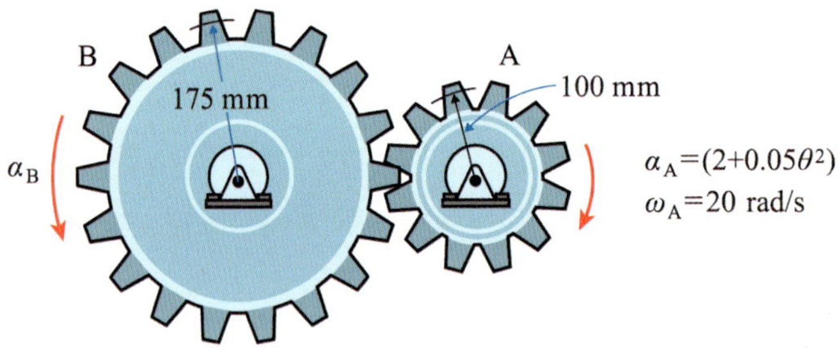

그림 6-33

6.11 [그림 6-34]는 4절 링크이다. 링크 CD가 각속도 5 rad/s로 회전하고 있다고 할 때, 그림과 같은 순간에 링크 BC 위의 점 P의 속도와 링크 AB의 각속도를 구하시오. 6.3절

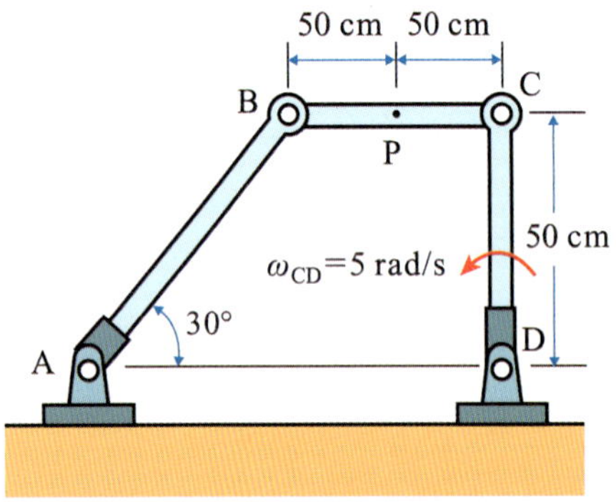

그림 6-34

6.12 [그림 6-35]는 링크 AB, BC, CD로 이루어진 시스템이다. 링크에서 점 A, B, C, D는 핀조인트로 결합되어 있고, 이 중 점 A, D는 지면과 핀으로 고정되어 있다. 링크 AB의 각속도가 10 rad/s이고 반시계방향으로 회전하고 있다고 할 때, 그림과 같은 순간에 링크 BC와 CD의 각속도를 구하시오. 6.3절

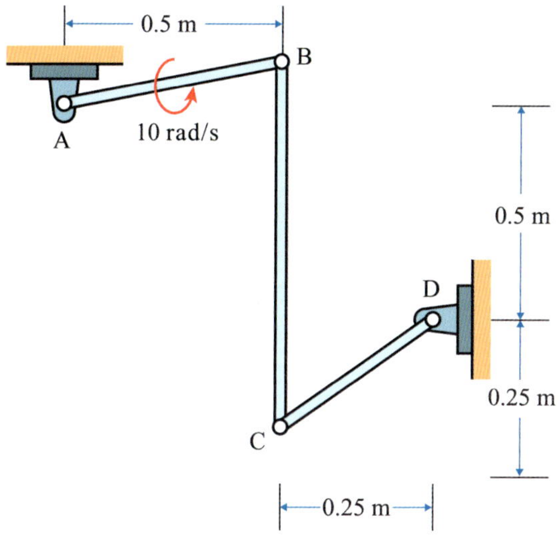

그림 6-35

6.13 [그림 6-36]과 같은 링크 AB는 고정점 A를 중심으로 일정하게 회전한다. 각도 $\theta = 60°$일 때, 블록 C의 속도와 가속도를 그림의 매개변수로 나타내시오. 6.3절

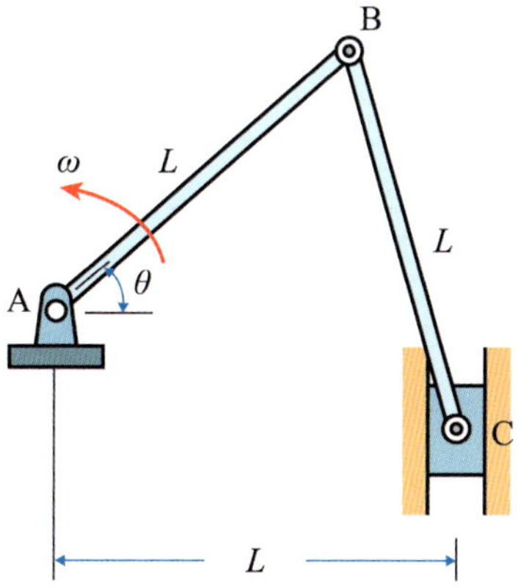

그림 6-36

6.14 [그림 6-37]과 같이 쐐기가 오른쪽에서 왼쪽으로 일정한 속도 $v = 5$ m/s로 이동하고 있다. 이 경우 이 쐐기와 접촉하고 있는 봉의 각속도를 구하시오. 6.3절

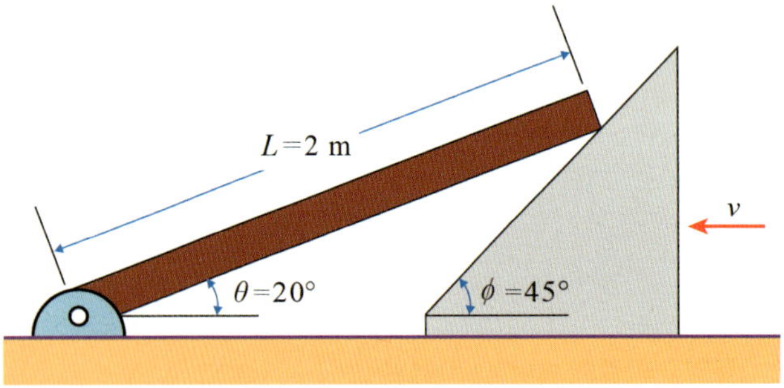

그림 6-37

6.15 [그림 6-38]과 같은 시스템에서 블록 C는 아래 방향으로 4 m/s로 이동하고 있다. 이때 봉 AB의 각속도를 구하시오. 6.3절

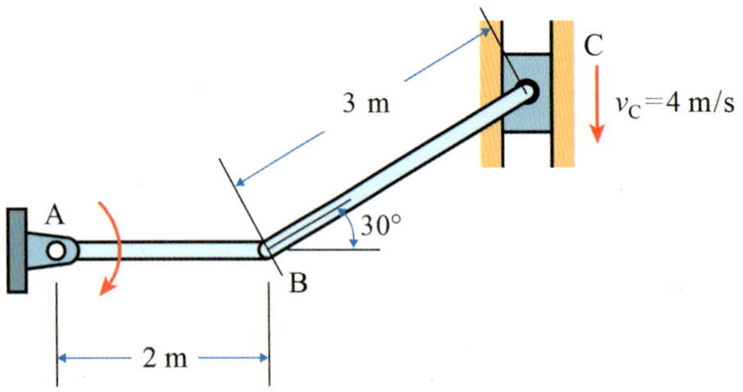

그림 6-38

6.16 [그림 6-39]와 같은 랙앤피니언 구조에서 랙기어와 연결된 끈이 3 m/s로 오른쪽으로 이동한다. 랙기어 중심 O의 속도와 이 기어의 각속도를 구하시오. 6.3절

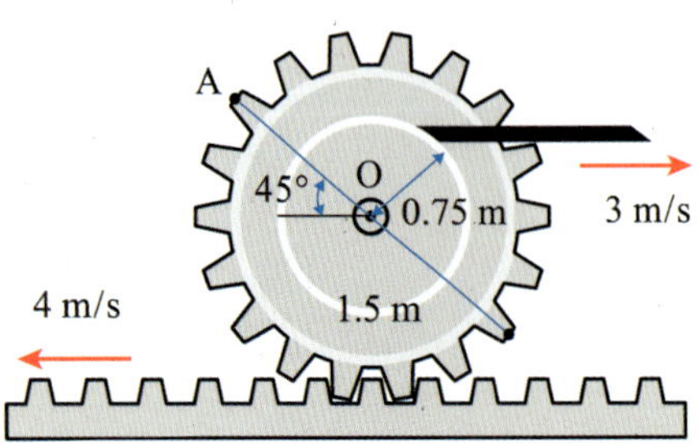

그림 6-39

6.17 [그림 6–40]과 같은 시스템에서 봉 CD는 ω_{CD} = 5 rad/s의 각속도로 회전하고 있다. 이때 봉 AB와 BC의 각속도를 구하시오. 6.3~6.4절

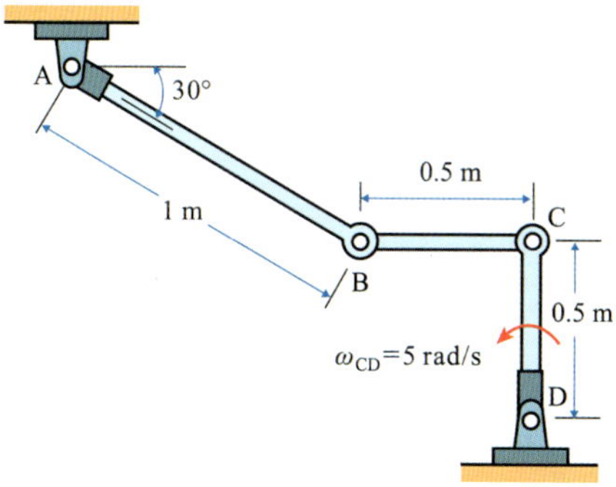

그림 6-40

6.18 [그림 6–41]과 같은 시스템이 있다. 이 시스템의 AB 링크와 지면과 이루는 각이 60°이고, 롤러 A가 왼쪽으로 5 m/s로 움직일 때, 현 상황에서 점 B의 속도를 구하시오. 6.3~6.4절

HINT 순간중심을 이용하여 구한다.

***6.19** [그림 6–41]과 같은 시스템이 있다. 봉 AB 위의 점 B의 가속도가 10 m/s^{2}이고 속도가 5 m/s로 아래로 미끄러질 때, 점 A에서의 각속도와 봉 AB의 회전각가속도를 구하시오. 6.3~6.4절

HINT 순간중심을 이용하여 구한다.

6.20 [그림 6–42]에서 리니어 부싱(B)는 축을 따라 위아래로 일정한 속도 5 m/s로 움직이고, 점 B에 하나의 봉이 연결되어 있다. 그 봉의 끝점을 A라고 하고 그 점이 30° 기울어진 빗면을 따라 미끄러질 때, 이 순간에 점 A의 속도와 각속도를 구하시오. 6.3~6.4절

HINT 순간중심을 이용하여 구한다.

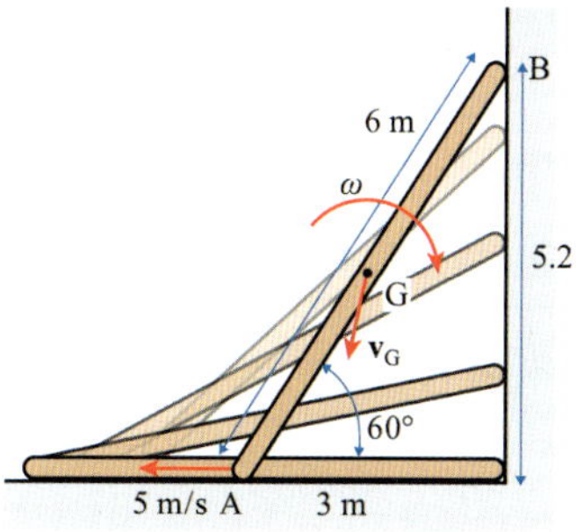

그림 6-41

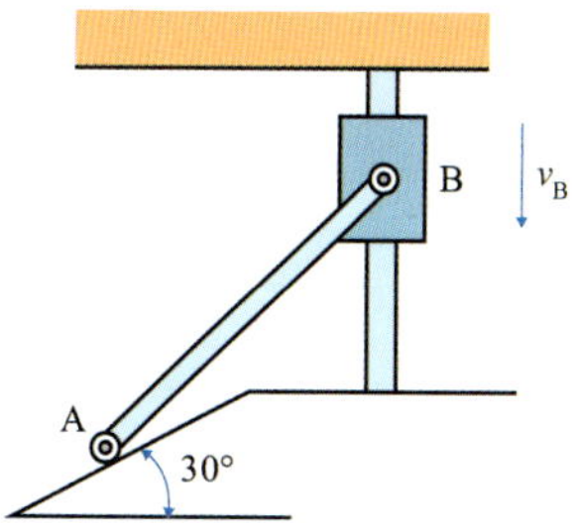

그림 6-42

최근 들어 전 세계적으로 우주 개발 및 우주 과학에 대한 관심이 증폭되고 있다. 우주 시대를 연 것은 인공위성이라고 말할 수 있다. 인공위성 중에서도 특히 정지위성은 지구의 자전 속도와 같은 속도로 지구 주위를 돌기 때문에 같은 위치에서는 정지한 것처럼 보이고, 이를 통해 같은 지역을 지속적으로 감시한다. 인류는 이러한 정지위성들을 가지고 일정 지역의 GPS 신호를 만들어 인류의 발전에 도움을 주고 있다. 정지위성에는 지구의 자전 속도로 돌면서도 자세를 유지하는 제어기술이 적용된다. 이때 회전속도 및 가속도에 의한 자세 유지를 위해 병진운동과 회전운동이 필요하고, 이를 위해서는 인공위성에 일정 정도의 힘이 가해져야 한다. 이러한 운동역학을 이해하기 위해서는 강체(정지위성)의 운동에 기여하는 힘과 가속도, 모멘트와 각속도에 대한 학습이 필요하다.

CHAPTER 07

강체의 운동역학 : 힘과 가속도

Kinetics of Rigid Body : Force and Acceleration

학습목표

- 강체에 운동을 일으키는 힘에는 어떤 것이 있는지 알아본다.
- 강체의 운동을 표현할 때 중요한 질량과 질량 관성모멘트의 개념을 이해한다.
- 강체의 병진운동에 영향을 주는 힘과 가속도의 관계를 유도한다.
- 강체의 회전운동에 영향을 주는 모멘트(토크)와 각가속도의 관계를 유도한다.
- 강체의 특별한 운동인 구름운동의 운동 변화 조건을 이해하고 분석한다.

SECTION 7.1

강체의 운동역학 개요

✔ 강체의 운동에 영향을 주는 요소에는 어떤 것이 있는지 알아본다.
✔ 질점과 강체를 운동역학 관점에서 살펴보고, 그 차이점과 공통점은 무엇인지 알아본다.

이 장에서는 강체에 작용하는 외부의 힘과 모멘트를 사용하여 강체의 운동을 표현하는 법과 분석하는 법을 배우고자 한다. 이를 위해 **뉴턴 역학**Newtonian Mechanics(물체에 작용하는 힘과 가속도의 관계를 설명하는 물리학)을 사용하고, 강체의 운동에 외부 힘들과 모멘트들이 어떻게 영향을 주는지를 분석하고자 한다. 6장의 운동학 부분을 복습한 후 이번 7장을 공부하면 강체의 운동역학을 더욱 쉽게 이해할 수 있다.

6장에서 우리는 **강체의 운동학**kinematics of rigid body에 대해 배웠다. 강체의 운동학이란 운동에 의해서 만들어지는 특성이라고 이해하면 될 것이다. 즉 운동에 의한 위치, 속도, 가속도를 나타내는 학문이 운동학이다. 복습하는 의미에서, 다음 중 강체는 어떤 일반적인 평면운동을 하는지 바르게 설명한 것을 선택해보자.

❶ 병진운동만을 한다.
❷ 회전운동만을 한다.
❸ 병진운동과 회전운동을 모두 포함할 수 있다.

6장을 복습하면 답을 알 수 있을 것이다(전부 정답임). 그렇다면 이러한 강체의 운동을 발생시키는 것은 무엇일까? 아마도 움직임(운동)을 일으켜야 하기 때문에 외부에서 힘이 필요할 것이다. 여기서 말하는 **힘**force은 강체의 어떤 부분에 작용하여 강체의 병진운동에 영향을 주는 원인이 되고, 강체의 회전운동의 경우는 **모멘트**moment(또는 **토크**torque)로 표현될 수 있다. 뉴턴의 제2법칙을 생각해보면, 이 힘과 모멘트들은 병진방향의 가속도($F = ma$)와 회전방향의 각가속도($M = I\alpha$)와 연관되어 있을 것이다. 즉 강체의 운동을 일으키는 힘들(힘과 모멘트)과 관성, 가속도의 관계를 구하는 것이 강체의 운동역학이다.

[그림 7-1]에서 보는 것과 같이 강체에 다양한 외력이 작용하는 경우 모든 힘의 합력 및 모든 모멘트의 합력이 질량중심에 작용하고 이러한 힘들에 의해서 다양한 운동이 발생하는데, 이는 다음과 같은 외부의 힘과 관성과 가속도의 관계로 나타낼 수 있다.

$$\Sigma \mathrm{F} = m\mathrm{a}_{\mathrm{G}}, \quad \Sigma \mathrm{M} = I_{\mathrm{G}}\alpha \tag{7.1}$$

강체의 질량중심에서의 가속도를 알게 되면 강체의 임의의 점은 중심과의 거리가 변하지 않기 때문에 6장에서 배운 운동학을 통해 강체의 다양한 위치에서의 가속도를 구할 수 있다.

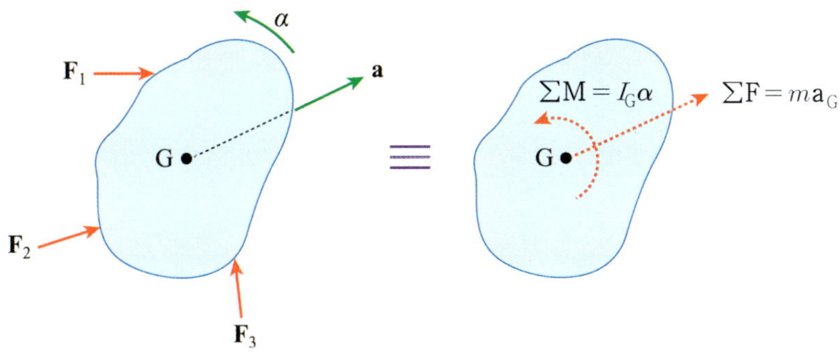

(a) 자유물체도 (b) 운동역학 다이어그램

그림 7-1 운동역학 다이어그램

이러한 강체에 작용하는 힘과 모멘트에 의한 뉴턴 역학을 표현하고 분석하기 위해서는 최소한 아래 내용은 반드시 알아야 한다. 이 내용에 대해서는 다음 절부터 설명할 것이다.

❶ 강체의 질량중심
❷ 질량 관성모멘트(회전운동에 대한 관성 특성)
❸ 힘과 가속도, 모멘트(토크)와 각가속도와의 관계

SECTION 7.2

질량중심과 질량 관성모멘트

- 강체의 운동을 대표할 수 있는 질량중심과 질량 관성모멘트의 개념에 대해 알아본다.
- 뉴턴의 관성의 법칙을 이용하여 병진운동과 회전운동에서 관성의 역할에 대해 조사한다.
- 대표적인 강체 형태에 대한 질량 관성모멘트 식과 이를 이용한 일반적인 질량 관성모멘트를 구하는 식을 습득한다.

단일 질점과는 다르게 수 개의 질점이 모인 경우 이러한 질점 시스템의 운동을 표현하기 위해서는 이 시스템을 대표하는 점이 필요하다. 앞서 3장의 3.3절에서 살펴본 것과 같이 이러한 수 개의 질점이 모인 시스템의 경우 전체 시스템에 대해 질량중심을 계산한 후에 이를 대표로 그 시스템의 운동역학을 표현할 수 있다. 6장에서, 강체는 이러한 질점들의 집합이라고 표현할 수 있음을 배웠다. 즉 강체의 운동역학을 질점 시스템이라고 생각하면 강체의 운동을 표현하기 위해서는 강체(질점 시스템)의 운동을 대표하는 점, 즉 **질량중심**center of mass에 대해 알 필요가 있고, 이러한 운동에 영향을 주는 관성인 **질량**mass(**병진운동**)과 **질량 관성모멘트**mass moment of inertia(**회전운동**)에 대해 이해할 필요가 있다. 이 절에서는 강체의 질량중심과 질량 관성모멘트에 대해 알아보고자 한다.

7.2.1 질량중심

[그림 7-2(a)]의 새 형상 조형물은 아마도 지구에서 중력을 받고 있을 것인데, 이것을 뾰족한 피라미드 같은 곳에 올려놓았을 때 떨어지지 않고 그 상태를 유지하고 있다. 이러한 점을 **질량중심**이라고 한다. 즉 질량중심은 전체 면에 작용하는 힘과 모멘트(회전하려는 힘)가 대칭특성에 의해 제거되어 '0'이 되는 점이다. 이것은 [그림 7-2(b)]의 동전 쌓기에서도 자주 보는 광경이다. 동전을 잘 쌓아 올리다가 하나의 동전이 왼쪽으로 치우치게 되면 우리는 본능적으로 이 질량중심이 중심선상에 놓이게 다음 동전을 대칭이 되는 반대 위치에 놓으면서 다시 쌓아 올리기 시작한다. 이러한 질량중심은 강체의 운동을 이해하는 데 중요한 역할을 한다.

(a) 모형 새의 평형 (b) 질량중심을 고려한 동전쌓기

그림 7-2 강체의 질량중심 예

[그림 7-3(a)]와 같이 질점 4개가 평면상에 분포되어 있다고 상상해보자. 이때 이들의 전체 질량중심을 구하기 위해서는 식 (7.2)와 같이 개별적인 질량과 거리의 곱을 전체 질량으로 나눈다. 즉 질량중심(G)을 중심으로 4개의 질점의 모멘트는 '0'이 된다. 강체의 경우도 비슷한 방법으로 질량중심을 계산할 수 있다. 앞의 6장에서 언급한 것과 같이 강체 시스템은 질점의 연속적인 분포로 이해할 수 있다. 이러한 점을 고려하면 [그림 7-3(b)]와 같이 강체에서의 질량중심은 좌표계의 원점으로부터 떨어진 거리와 각 최소단위의 질점의 질량의 합을 전체 질량으로 나눈 값이 된다. 이를 식 (7.3)에 나타내었다. 강체의 경우 질점 시스템과는 다르게 적분 형태로 이루어진 이유는 그 질점의 크기가 무한히 작다는 극한 문제화를 시켰기 때문이다.

$$\mathbf{r}_G = \Sigma m_i \mathbf{r}_i / \Sigma m_i \tag{7.2}$$

$$\mathbf{r}_G = \frac{1}{m} \lim_{\Delta m \to 0} \Sigma \Delta m_i \mathbf{r}_i = \frac{1}{m} \int \mathbf{r}\, dm \tag{7.3}$$

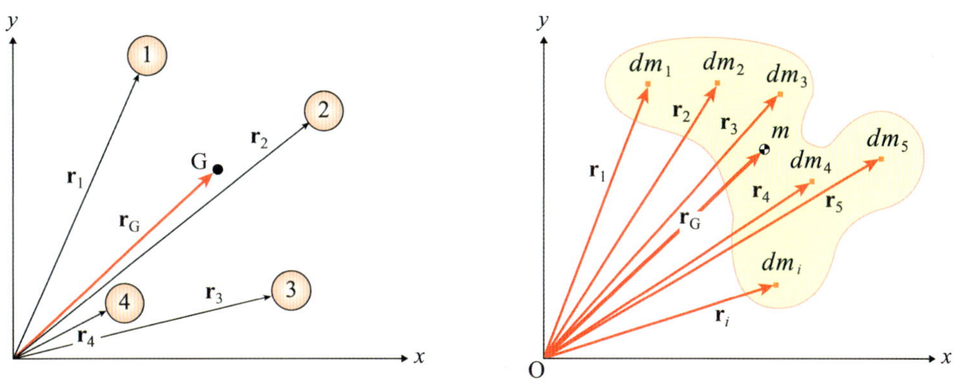

(a) 질점 시스템의 질량중심 (b) 강체의 질량중심

그림 7-3 질점의 무게중심과 강체의 무게중심 예

7.2.2 질량 관성모멘트

앞의 6장에서 살펴보았던 질점과 강체의 차이를 다시 생각해보자. 질점은 하나의 점이기 때문에 외부에서 작용하는 모든 힘은 그 질점의 질량중심을 지나므로 모멘트(회전력)가 발생하지 않아 회전하지 않는다. 즉 질점의 경우는 직선운동 또는 어떤 축을 중심으로 회전하는 운동뿐이지만, 강체의 경우는 외부 힘의 작용선이 질량중심을 지나지 않는 경우 모멘트가 발생하고 이는 강체 내부의 한 점 또는 한 선을 중심으로 회전을 할 수 있게 된다.

앞의 장에서 언급했지만, 뉴턴의 제1법칙에서 말하는 관성은 자신이 가지고 있는 현재의 상태를 계속 유지하려고 하는 성질이라고 정의할 수 있다. 직선운동에서의 관성을 우리는 **질량**이라고 부른다. 즉 "질량이 크다"라는 의미는 병진운동의 관성이 크다는 말이다. 그러므로 질량이 큰 물체는 멈춰 있을 경우 가벼운 물체보다 그 상태(정지)를 유지하려는 성질이 크다. 즉 멈춰 있으려고 하는 성질이 큰 것이다. 반대로 빠르게 달리고 있는 경우는 그 (빠르게 달리는) 상태를 유지하려는 성질이 크기 때문에 계속 빠르게 달리려고 하지 멈추려 하지 않는다. 이것은 고속도로에서 대형트럭이 더 큰 제동거리가 필요한 이유이다. 또한 강체는 회전운동을 할 수 있기 때문에 강체에서는 회전에 대한 관성도 존재한다. 이를 **질량(회전) 관성모멘트**라고 부른다. 회전 관성도 앞서 설명한 질량과 같이 회전 관성모멘트가 큰 경우, 물체가 멈춰 있을 때는 계속 멈춰 있으려고 하는 성질이 커서 회전하기 어렵고, 반대로 회전을 하고 있는 경우에는 그 회전을 계속 유지하려는 성질이 커서 멈추지 않고 계속 회전하게 된다.

[그림 7-4(a)]는 피겨스케이팅의 회전 프로세스를 보여준다. 피겨스케이팅 선수들은 공중에서 더 많은 회전을 해야 높은 점수를 받기 때문에 강하게 도약한 후 공중에서 몸을 회전시켜야 한다. 이를 위해 그림에서 보는 것과 같이 질량 관성모멘트를 최대한 줄이는 몸동작을 한다. 즉 몸을 움츠려 관성을 최대한 낮춤으로써 작은 힘으로 회전할 수 있다. 이러한 예는 고양이의 낙하에서도 볼 수 있다. [그림 7-4(b)]는 높은 곳에서 고양이가 낙하할 때의 몸의 변화를 보여준다. 고양이가 높은 곳에서 떨어지면 고양이는 본능적으로 몸을 빠르게 말아 질량 관성모멘트를 낮춰 회전을 수행하여 자신의 눈이 떨어지는 바닥면을 볼 수 있도록 한다. 이는 자신이 떨어지고 있는 상태(높이, 자세 등)를 체크하기 위함이다. 눈이 바닥면을 향하게 되면 고양이는 빠르게 모든 다리를 벌려 질량 관성모멘트를 최대한 크게 만든다. 이는 더 이상 회전이 되지 않도록 하기 위함이다. 이러한 질량 관성모멘트의 변화 때문에 고양이는 높은 곳에서 떨어져도 크게 다치지 않는다. 이러한 예들을 통해서 알 수 있는 사실은 강체가 회전할 때 회전축으로부터 질량들이 멀리 존재할수록 질량 관성모멘트가 커지고, 회전축으로부터 질량의 분포가 가까워지면 그 질량 관성모멘트는 줄어든다.

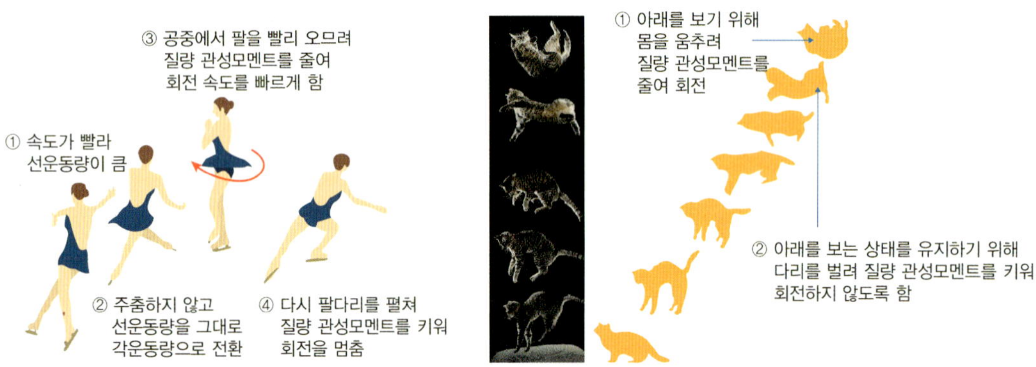

(a) 피겨스케이팅 점프 회전운동

(b) 고양이 낙하 시 자세 변환[1]

그림 7-4 질량 관성모멘트 변화 예

1 출처 : 높은 곳에서 떨어져도 고양이처럼 가뿐하게 착지하는 로봇개, 조선일보, 2021.10.18

이제 이러한 질량 관성모멘트가 어떻게 정의되고 어떻게 계산되는지를 살펴보자. 질량 관성모멘트 회전운동을 일으키는 힘과 관련이 있다. 즉 회전을 일으키는 힘인 모멘트와 관련 있다. [그림 7-5(a)]는 단일 질점의 회전 관성모멘트를 나타낸다. 한 질점(질량)이 축과 떨어진 거리의 제곱과 비례한다. 평면 위의 다양한 질점이 모인 시스템이 있다고 하면([그림 7-5(b)]), 이 시스템의 질량 관성모멘트는 각 질점들과의 거리 제곱의 전체 합으로 표현할 수 있다. 이를 식으로 표현하면 식 (7.4)와 같다.

$$I_o = mr^2 (\text{단일 질점}),\ I_o = \sum m_i r_i^2 (\text{다수 질점}) \tag{7.4}$$

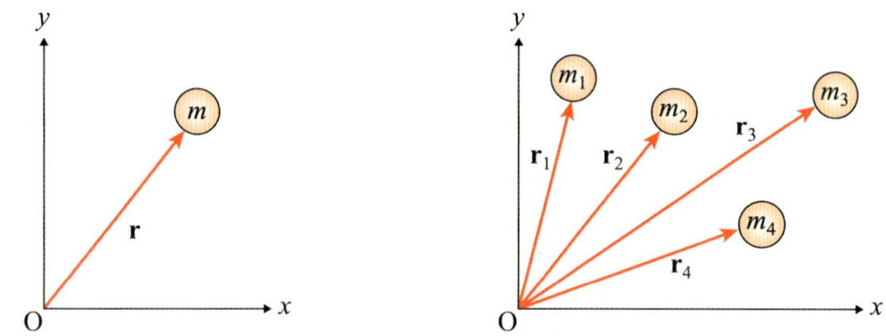

(a) 단일 질점의 질량 관성모멘트 (b) 다수 질점의 질량 관성모멘트

그림 7-5 단일 질점의 질량 관성모멘트 및 다수 질점 시스템의 질량 관성모멘트

앞의 질량중심과 같이 강체는 질점들의 모임으로 생각하면 된다. 즉 강체의 질량 관성모멘트는 [그림 7-6]에서 보는 것과 같이 강체를 이루고 있는 모든 무한한 질점들과 중심과 떨어진 거리의 제곱을 적분 형태로 표현이 가능하다. 즉 식 (7.5)와 같이 표현할 수 있다.

$$I_o = \int r_i^2\, dm \tag{7.5}$$

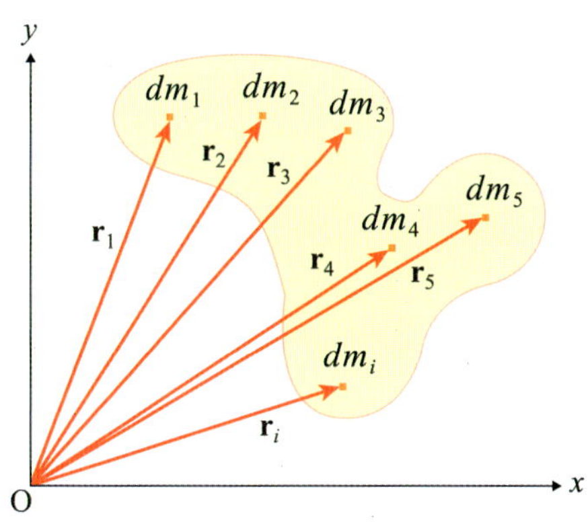

그림 7-6 강체의 질량 관성모멘트

일반적으로 많이 사용되는 형태에 대한 질량 관성모멘트들을 [그림 7-7]에 정리하였다. 이는 실제로 식 (7.5)의 적분을 통해 질량 관성모멘트를 구하는 것보다 강체의 회전역학을 이해하는 데 큰 도움을 줄 것이다. 여기서 M은 질량을 의미한다.

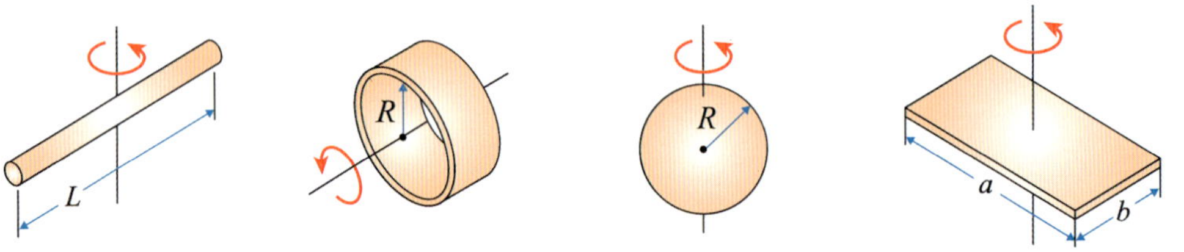

(a) 중심 기준 회전하는 봉 $I = \frac{1}{12}ML^2$

(b) 축 중심 회전하는 중공 원통 $I = MR^2$

(c) 지름 기준 회전하는 구 $I = \frac{2}{5}MR^2$

(d) 축 기준 회전하는 사각판 $I = \frac{1}{12}M(a^2 + b^2)$

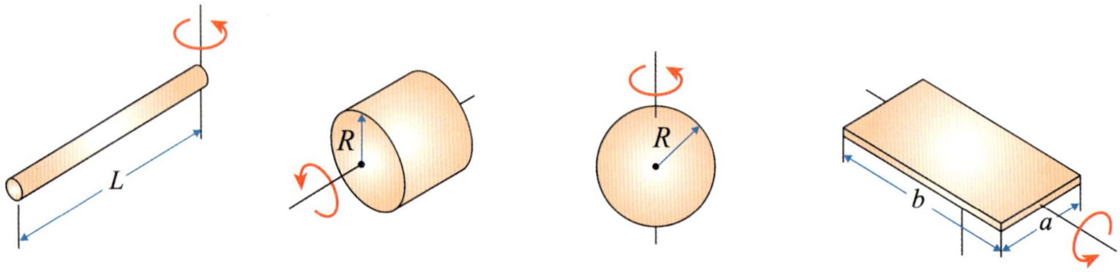

(e) 끝단 기준 회전하는 봉 $I = \frac{1}{3}ML^2$

(f) 축 기준 회전하는 실린더 $I = \frac{1}{2}MR^2$

(g) 지름 기준 회전하는 속빈 구 $I = \frac{2}{3}MR^2$

(h) 중심축 기준 회전하는 사각판 $I = \frac{1}{12}Ma^2$

그림 7-7 다양한 강체 모양에 대한 질량 관성모멘트

또한 질량 관성모멘트를 구할 때 자주 이용되는 것이 '**평행축의 정리**parallel-axis theorem'로 이는 식 (7.6)과 같다. 평행축의 정리는 어떤 강체의 질량중심을 관통하는 회전축에 대한 관성모멘트를 알고 있을 때, 그와 평행한 회전축으로 회전을 하는 물체의 관성모멘트는 복잡한 계산 없이 기존 관통 회전축에 대한 질량 관성모멘트(I_o)와 그 회전축과의 떨어진 거리(d) 제곱에 질량 m을 곱한 값으로 쉽게 구할 수 있다. 한 예로, [그림 7-7]의 (a)와 (e)는 회전축이 봉 길이의 반을 평행이동한 것과 같으므로 이것을 식 (7.6)을 바탕으로 유도하면 식 (7.7)과 같아짐을 알 수 있다.

$$I = I_o + md^2 \tag{7.6}$$

$$I = I_o + md^2 = \frac{1}{12}ML^2 + M\left(\frac{1}{2}L\right)^2 = \frac{1}{3}ML^2 \tag{7.7}$$

질량 회전관성모멘트를 정의할 때 **회전반경**radius of gyration을 사용하여 표현하기도 한다. 주어진 회전반경이 k_p라고 할 때, 질량 관성모멘트는 식 (7.8)과 같다.

$$I_p = mk_p^2 \tag{7.8}$$

예제 7-1 질량 관성모멘트

[그림 7-8]과 같은 기하학적 물체들을 질량 관성모멘트가 큰 순서대로 나열하시오. 이때 물체들의 총질량은 m이고, 물체는 동일 재질이며 균질이다.

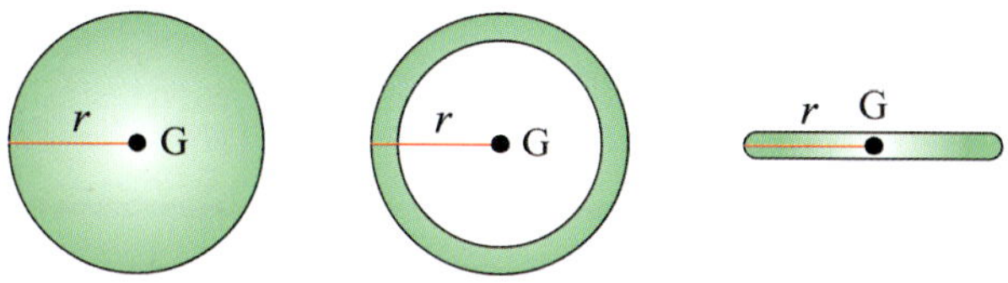

(a) 디스크(disk)　(b) 링 실린더(cylinder)　(c) 긴 봉(rod)

그림 7-8 다양한 모양의 질량 관성모멘트

분석

- [그림 7-7]을 참고하여 풀이한다.
- 강체의 질량 관성모멘트는 중심축으로부터 질량 분포가 멀리 있을수록 그 값이 커진다.

풀이

- 중심으로부터 질량의 분포가 멀리 있는 것부터 생각해보자.
- 식 (7.5)와 (7.6)을 이용하여 전체적인 질량 회전관성을 구하면 다음과 같다.

$$I_{\text{disk}} = mr^2/2$$

$$I_{\text{cylinder}} = mr^2$$

$$I_{\text{rod}} = mL^2/12 = m(2r)^2/12 = mr^2/3$$

- 질량모멘트가 가장 큰 순서대로 정리하면 $I_{\text{cylinder}} > I_{\text{disk}} > I_{\text{rod}}$이다.

고찰

- 강체의 질량 관성모멘트에 대한 정의를 이용하여 일상생활에서 자주 만나는 시스템에 대한 질량 관성모멘트를 [그림 7-7]을 바탕으로 유추해보자.

SECTION 7.3

순수 병진운동

- ✔ 강체의 병진운동에 영향을 주는 힘과 가속도의 관계를 알아본다.
- ✔ 강체의 병진운동에 영향을 주는 인자들에 대한 영향도를 분석해본다.
- ✔ 순수 병진운동에 대한 자유물체도를 그리는 법을 살펴보고, 운동역학을 유도해본다.

강체의 병진운동에는 운동을 일으키는 힘이 필요하고, 이러한 힘은 가속도의 형태로 표현할 수 있다. 강체의 병진운동을 운동역학으로 표현하기 위해 강체의 질량중심을 기준으로 강체에 작용하는 모든 힘에 대한 자유물체도를 그리고, 이를 바탕으로 각 방향의 병진운동에 대한 뉴턴의 제2법칙을 유도하고 운동을 분석한다. 이 절에서는 강체의 병진운동을 분석하기 위한 방법과 관성 등의 영향에 대해 알아보고자 한다.

먼저 3.3절에서 배운 질점 시스템의 병진운동에 대해 생각해보자. [그림 7-9]와 같이, 질점이 질량이 없는 링크로 연결되어 있다고 생각해보자. 이런 경우 7.2절에서와 같이 각각의 질점에 뉴턴 역학을 적용하여 이 시스템을 분석할 수 있고, 이를 질량 시스템의 관점에서 시스템과 관련된 힘들과 질량중심(G)과의 관계로 분석할 수 있다. 이를 식으로 나타내면 식 (7.9)와 같다. 각각의 링크에 작용하는 내부 힘internal force의 경우는 작용 – 반작용에 의해서 상쇄되기 때문에 고려할 필요가 없다.

$$\sum \mathrm{F} = \sum m_i \mathbf{a}_i = m\mathbf{a}_G \tag{7.9}$$

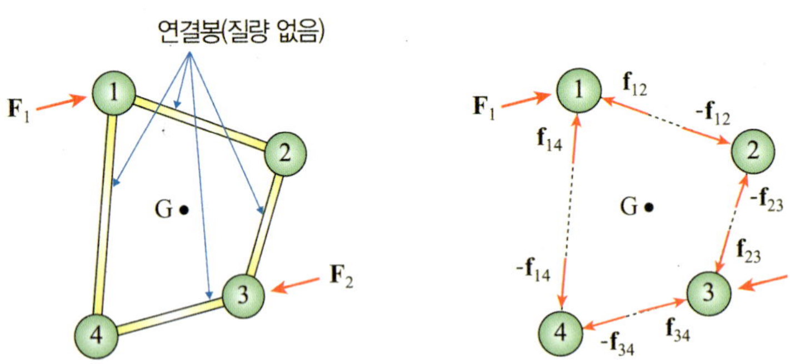

(a) 연결봉으로 결합된 질량시스템 (b) 질량시스템의 자유물체도

그림 7-9 질량이 없는 링크로 연결된 질점들의 자유물체도

이제 본격적으로 강체의 순수 병진운동에 대해 고려해보자. [그림 7-10]은 질량중심 G를 갖는 강체가 외부 힘 F와 P에 의해 x-y 평면상의 임의의 위치로 이동한 모습을 보여준다. 이 경우 질량중심을 중심으로 하는 회전운동 없이 병진운동만으로 강체가 이동하였다. 이는 외부에서 가해진 힘 F와 P의 힘 작용선이 모두 질량중심 G를 지나고 있기 때문에 회전운동을 일으키는 힘인 모멘트가 만들어

지지 않았음을 알 수 있다. 이 시스템을 전체 합력에 대한 운동역학 다이어그램으로 보면 [그림 7-10(b)]와 같이 모멘트의 합은 0이 되고 오직 병진운동 힘에 대한 값만 존재하는 특성을 가진다. 이 시스템에 대한 운동을 식 (7.10a)를 이용하여 표현할 수 있고, x, y축이 서로 독립적으로 움직이기 때문에 이들을 나누어 식 (7.10b)와 같이 정리할 수 있다. 즉 힘에 대한 성분만 존재하고 회전에 대한 성분은 없음을 볼 수 있다.

$$\Sigma \mathrm{F} = m\mathbf{a}_{\mathrm{G}}, \quad \Sigma \mathrm{M} = 0 \tag{7.10a}$$

$$\Sigma \mathrm{F}_x = \mathrm{F} = m\mathbf{a}_{\mathrm{G},x}, \quad \Sigma \mathrm{F}_y = \mathrm{P} = m\mathbf{a}_{\mathrm{G},y} \tag{7.10b}$$

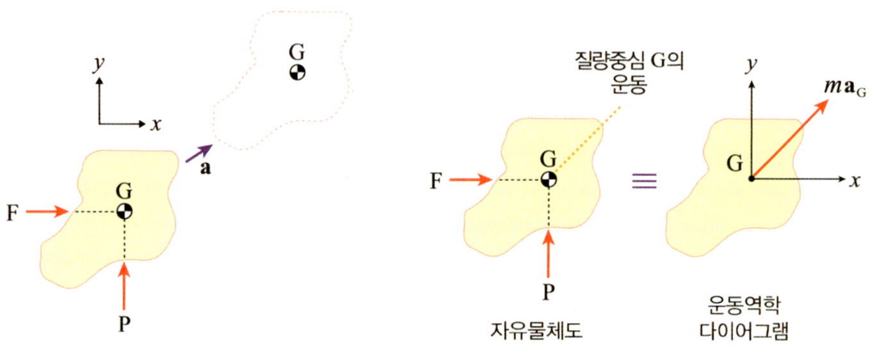

(a) 병진운동 (b) 운동역학 다이어그램으로 표현한 외부합력

그림 7-10 강체의 순수 병진운동

이러한 순수 병진운동에 대해 더 자세히 알아보도록 하자. [그림 7-11]과 같이 일반적인 자동차가 일정한 가속도로 도로를 운행하고 있다. 그림에서 보는 것과 같이 자동차의 전체 중량은 자동차의 질량중심에 작용한다고 생각할 수 있다. 자동차가 도로와 접해서 움직이기 때문에 그 중량은 앞뒤 타이어에 어느 정도 비율로 분산되고, 이는 수직항력의 합과 같을 것이다. 그런데 일반적으로 자동차의 바퀴는 지면으로부터 떨어지지 않고 주행한다. 즉 x 방향의 병진(직선)운동만을 하고 있음을 알고 있다. 이는 자동차의 바퀴가 들릴 힘이 없는 것이 아니라 y 방향으로의 순수 병진운동을 일으키는 힘들의 합이 0이고, 강체 내에서 회전을 발생시키는 모멘트가 평형을 이루어 없는 것처럼 느껴지는 것이다. 그러면 이 자동차를 강체로 생각하고 각각의 힘을 표현해보도록 하자. 우선 자동차는 병진(직선)운동을 하고 있기 때문에 이에 대해 뉴턴의 제2법칙으로 표현할 수 있다. 식 (7.11a)는 이러한 자동차의 질량중심에서 가해지는 병진방향의 힘의 합과 가속도의 관계를 표현한 것이다. 이제 이 강체에 작용하는 모멘트를 구해보도록 하자. 앞서 언급한 것처럼 자동차는 병진(직선)운동만을 하기 때문에 질량중심에서 작용하는 전체 모멘트의 합은 0이 될 것이다. 모멘트에 사용한 식은 6장의 6.2절에서 사용된 강체의 모멘트 식과 같다. 이를 식으로 정리하면 식 (7.11b)와 같으며 이러한 운동을 **'순수 병진운동'**이라고 한다. 강체는 평면운동을 하고 있기 때문에 질량중심이 아닌 강체의 어떤 점에서도 전체 모멘트의 합은 0이 된다.

$$\Sigma F_x = F_f = ma_G,\ \ \Sigma F_y = -W_{car} + N_{rear} + N_{front} = 0 \text{ (병진운동)} \tag{7.11a}$$

$$\Sigma M_G = F_f d - N_{rear} L_r + N_{front} L_f = 0 \text{ (회전운동)} \tag{7.11b}$$

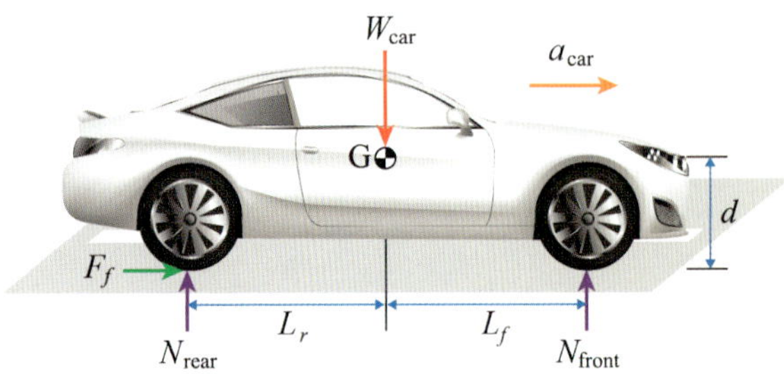

그림 7-11 일반적인 자동차의 운동

예제 7-2 순수 병진운동의 차량 운동

[그림 7-12]와 같이 중량이 3,000 N인 자동차가 가속도 15 m/s^{2}로 전진하고 있을 때, 이 시스템에 작용하는 힘들의 상호관계(평형관계)를 자유물체도(FBD)Free Body Diagram를 이용하여 정의하시오. 단, 마찰력은 뒷바퀴에서만 작용한다고 가정한다.

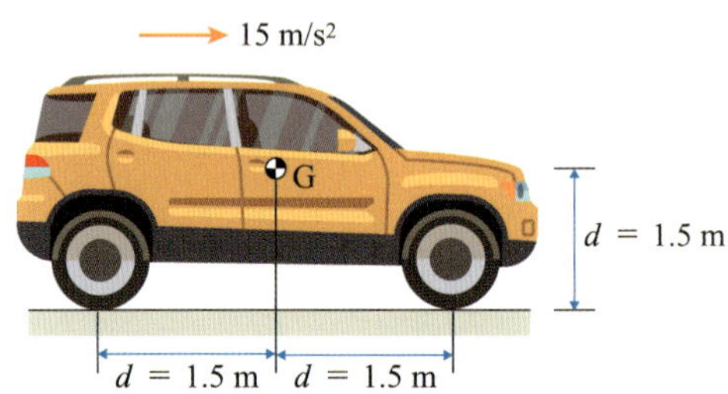

그림 7-12 자동차의 순수 병진운동

분석

- 식 (7.11a)와 식 (7.11b)를 이용하여 풀이한다.
- 시스템의 자유물체도를 구하고, 뉴턴의 제2법칙에 의한 운동방정식을 유도한다.

풀이

- 먼저 자동차에 작용할 수 있는 힘들을 정의해보자. 먼저 자동차가 앞으로 나아가기 때문에 추진에 의한 마찰력(F_f)이 존재한다고 하자(뒷바퀴에만 F_f가 있는 이유는 후륜 구동이라고 가정했기 때문이다). 자동차의 중량 W가 3,000 N이기 때문에 이 W는 질량중심에 작용한다고 할 수 있다. 또한 이 중량 W를 받치는 힘들은 바퀴들에 작용할 것이고, 이를 각각 N_r과 N_f라고 하자([그림 7-13]).

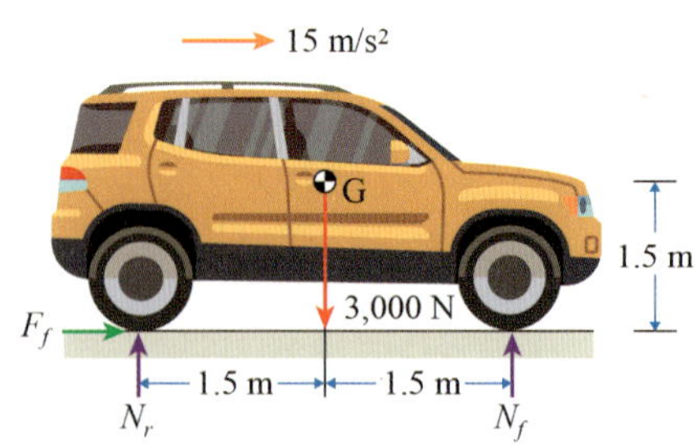

그림 7-13 자동차의 병진운동 시 자유물체도

• 앞서 정의된 힘들의 관계에 의해 자동차의 바퀴는 지면으로부터 들리지 않는, 즉 회전하지 않고 앞으로 전진하는 순수 병진운동임을 알아야 한다. 이 내용들을 바탕으로 뉴턴의 제2법칙을 통해 각 방향에 대한 병진운동과 회전운동에 대한 식을 유도한다.

$$\Sigma F_x = F_f = ma_{car}$$
$$\mathrm{F}_f = 4{,}587.16\ \mathrm{N}$$
$$\Sigma F_y = -3{,}000\ \mathrm{N} + N_r + N_f = 0 \text{ (병진운동)}$$

회전운동의 경우 힘과 질량중심과의 거리에 의해 정의되고 회전운동은 발생하지 않는다.

$$\Sigma M_G = F_f d - N_r d + N_f d \quad \text{(회전운동)}$$
$$= 6{,}880.74\ \mathrm{N} - 1.5\mathrm{N}_r + 1.5\mathrm{N}_f = 0$$

고찰

• 강체 중에서 순수 병진운동을 하는 실생활의 예를 찾아보자.
• 위에서 찾아본 예들에 순수 병진운동에 대한 운동방정식을 적용해보자.

예제 7-3 비행기의 활주 운동

[그림 7-14]와 같은 비행기가 추진력을 가지고 활주로를 달리고 있다. 비행기의 질량은 35,000 kg이고 추진력(T)은 270 kN이다. 공기에 의한 마찰력air drag force을 무시한다고 할 때 비행기의 가속도(a)를 구하고, 비행기의 착륙기어(바퀴)에 작용하는 수직항력을 구하시오(단, 바퀴의 회전 마찰력은 무시한다. 또한 비행기의 앞바퀴는 한 개, 뒷바퀴는 두 개이다).

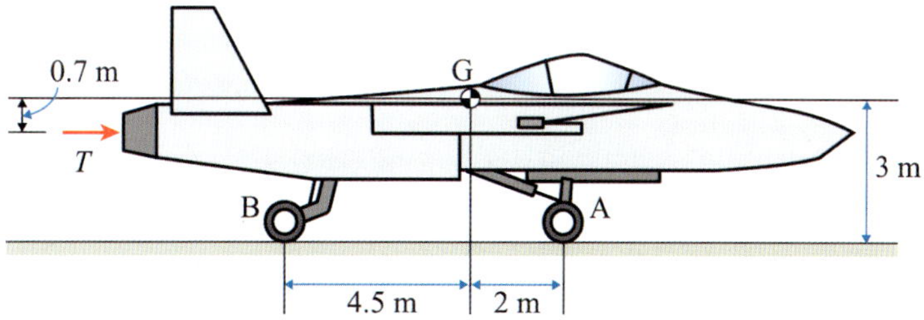

그림 7-14 추진력을 가진 비행기의 활주 운동

분석

• 추진력을 가지고 활주하는 비행기에 작용하는 힘들을 정의하는 자유물체도를 그려본다.
• 식 (7.11a)와 (7.11b)를 이용하여 운동방정식을 구한다.

풀이

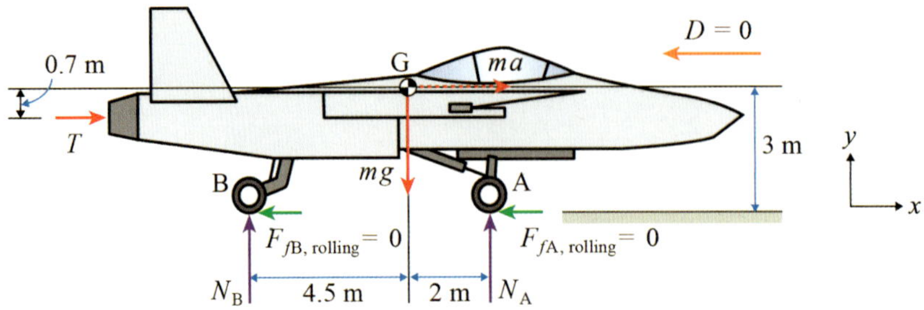

그림 7-15 추진력을 가진 비행기의 활주 운동의 자유물체도

- [그림 7-15]는 자유물체도를 통해 각각의 힘 요소들의 작용을 보여준다. 이를 바탕으로 각 방향(x, y) 힘들과 모멘트에 대한 뉴턴의 제2법칙을 이용하여 운동방정식을 정리해보자. 작용하는 병진운동에 대한 전체 힘은 식 (7.11a)를 이용하여 식 (1)과 같이 구한다. 이 중 비행기의 x 방향의 추진력이 270 kN이고 질량이 35,000 kg이기 때문에 이를 이용하면 수평방향의 가속도 a는 7.71 m/s²이 된다.

$$\Sigma F_x = T = ma, \quad a = \frac{T}{m} = \frac{270{,}000\ \text{N}}{35{,}000\ \text{kg}} = 7.71\ \text{m/s}^2$$
$$\Sigma F_y = N_A + 2N_B - 343{,}350\ \text{N} = 0 \qquad (1)$$

여기서 x 방향으로 가속도를 가지고 운동하기 때문에 가속도에 의한 힘 ma가 작용한다. y 방향으로는 비행기의 무게가 질량중심으로부터 아래로 작용하고 무게를 받치는 수직항력이 앞바퀴(1개)와 뒷바퀴(2개)에서 위로 작용한다.

- 다음으로 식 (7.11b)를 이용하여 작용하는 모든 모멘트의 합을 구해보자. 회전이 없는 운동이기 때문에 강체의 어떤 점에서 모멘트의 합을 구해도 그 값은 0으로 같다. 다만 계산 편리상 점 B를 기준으로 전체 모멘트의 합을 구해보면 아래와 같이 정리된다.

$$\Sigma M_B = -270{,}000\ \text{N}(2.3\ \text{m}) - (35{,}000\ \text{kg})(9.81\ \text{m/s}^2)(4.5\ \text{m}) + \text{N}_A(6.5\ \text{m})$$
$$= -35{,}000\ \text{kg}(7.71)\text{m/s}^2(3\ \text{m}) \qquad (2)$$

- 식 (1)과 (2)의 연립방정식을 통해 비행기의 앞바퀴와 뒷바퀴에 작용하는 수직항력 N_A와 N_B를 구하면 다음과 같다.

$$N_A = \frac{-(35{,}000\ \text{kg})(7.71\ \text{m/s}^2)(3\ \text{m}) + (270{,}000\ \text{N})(2.3\ \text{m}) + (35{,}000\ \text{kg})(9.81\ \text{m/s}^2)(4.5\ \text{m})}{6.5\ \text{m}}$$
$$= 208{,}696.15\ \text{N}$$
$$N_B = \frac{W - N_A}{2} = \frac{(35{,}000\ \text{kg})(9.81\ \text{m/s}^2) - 208{,}696.15\ \text{N}}{2} = 67{,}326.93\ \text{N}$$

고찰

- 이 문제에서 강체는 회전하지 않고 직선운동을 한다. 즉 강체의 질량중심의 모멘트의 합은 0이 된다.
- 질량중심(G)을 기준으로 모멘트 식을 유도하고, 그 식을 다시 풀어 같은 결과가 나옴을 확인해보자.

SECTION 7.4

순수 회전운동

✔ 강체의 회전운동에 영향을 주는 힘(토크, 모멘트)과 각가속도의 관계를 알아본다.
✔ 강체의 회전운동에 영향을 주는 인자들에 대한 영향도를 분석해본다.
✔ 순수 회전운동에 대한 자유물체도를 그리는 법을 살펴보고, 운동역학을 유도해본다.

강체의 회전운동에는 운동을 일으키는 힘(토크, 모멘트)이 필요하고 이러한 힘은 회전 각가속도의 형태로 표현할 수 있다. 강체 회전운동의 운동역학을 표현하려면 강체의 질량(회전)중심을 기준으로 강체에 작용하는 모든 힘(토크, 모멘트)에 대한 자유물체도를 그리고, 이를 바탕으로 각 방향의 회전운동에 대한 뉴턴의 제2법칙을 유도하고 운동을 분석한다. 이러한 강체의 회전운동을 분석하기 위한 방법과 질량 관성모멘트 등의 영향에 대해 알아보자.

앞서 살펴본 [그림 7-10]과 같은 시스템에서 [그림 7-16]과 같이 강체의 한 점 O가 고정되었다고 하면, 이 강체는 점 O를 중심으로 회전운동을 하게 된다. 앞서 순수 병진운동과는 다르게, [그림 7-16]과 같은 시스템에 작용하는 외부 힘 F와 P는 회전중심인 점 O와 거리가 각각 x와 y만큼 떨어지게 되어 모멘트가 발생한다. 식 (7.12)는 강체의 고정점 O에 작용하는 모멘트의 합을 이러한 x와 y축에 대해 힘의 작용점과 회전중심하고의 거리를 통해서 나타냈다. 이 식에서 (+)는 반시계방향을, (−)는 시계방향을 의미한다. 강체의 한 점이 고정되었기 때문에 이 시스템은 회전운동을 제외한 어떠한 운동도 할 수 없다. 이러한 시스템을 한 축을 중심으로 회전하는 **순수 회전운동**이라고 부른다. 이러한 순수 회전운동은 뉴턴의 제2법칙에 의해 질량 관성모멘트와 각가속도를 사용하여 식 (7.12)와 같이 표현할 수 있다. 식에서 F, P, α는 각각 $\mathbf{F}$, $\mathbf{P}$, $\boldsymbol{\alpha}$의 크기를 나타낸다.

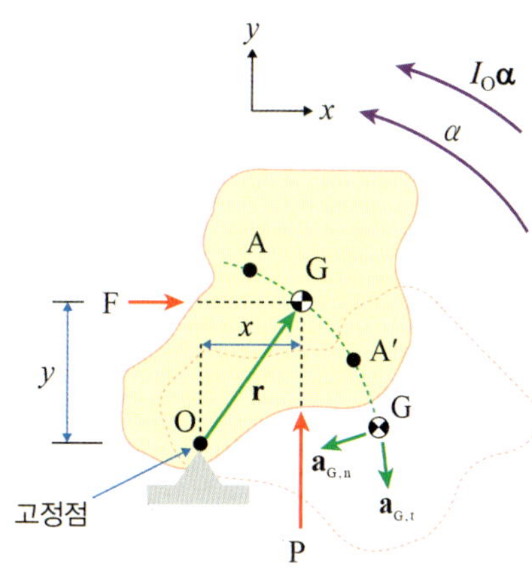

그림 7-16 한 점을 중심으로 회전하는 강체의 운동

$$\sum M_O = -yF + xP = I_O\alpha \tag{7.12}$$

고정점 O를 중심으로 회전하는 운동은 식 (7.12)와 같이 표현할 수 있다. 질량중심 G는 [그림 7-16]과 같이 점선을 따라 회전운동을 하며 운동하는 동안 속도와 가속도가 변화하게 된다. 따라서 6장에서 배운 것과 같이 회전에 대한 가속도는 원주방향과 반경방향으로 작용할 것이다.

질량중심에 대한 가속도를 원주방향과 반경반향으로 표현하면 식 (7.13)과 같이 나타낼 수 있다. 즉 강체의 운동은 점 O를 중심으로 할 때는 순수 회전운동으로 표현할 수 있다.

$$\sum \mathbf{F} = m\mathbf{a}_G, \ \mathbf{a}_G = \boldsymbol{\alpha} \times \mathbf{r}_{G/O} - \omega^2 \mathbf{r}_{G/O} \tag{7.13}$$

이 순수 회전운동 시스템에서 우리가 알아야 할 몇 가지 관계가 있다. 우선 [그림 7-16]에서 보는 것과 같이 고정점 O를 중심으로 회전하기 때문에 우리는 이 점 O를 순간중심으로 두고 질량중심 G에서의 가속도를 구할 수 있다.

$$\mathbf{a}_{G,t} = \boldsymbol{\alpha} \times \mathbf{r}_{G/O} \tag{7.14}$$

질량 관성모멘트의 입장에서 본다면 회전축이 G에서 O로 평행이동했으므로 식 (7.15)와 같이 표현할 수 있다.

$$\sum \mathbf{M}_O = I_O \boldsymbol{\alpha} = (I_G + mr^2)\boldsymbol{\alpha} \tag{7.15}$$

앞의 식 (7.6)에 있는 평행축의 정리를 생각하면 이해하기가 쉽다.

예제 7-4 동일한 각가속도를 갖는 바퀴 운동

[그림 7-17]과 같은 두 개의 바퀴가 있다. 각 바퀴의 매개변수는 그림 아래에 정의되어 있다. 두 바퀴가 같은 각가속도로 운동하기 위해서 F_2는 F_1에 비해 얼마나 커야 할까? (단, $I_{wheel} = mr^2$이다.)

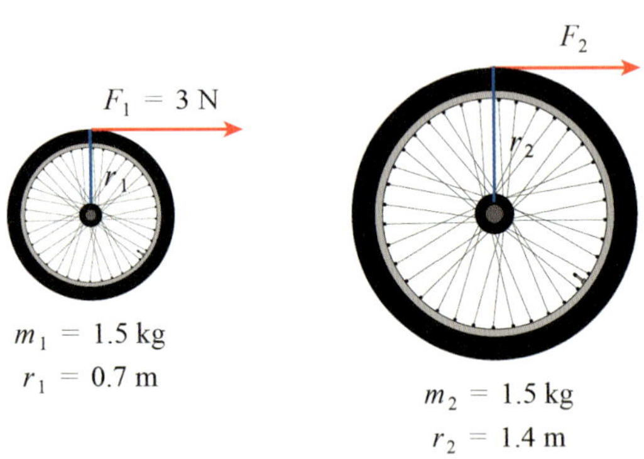

그림 7-17 반경이 다른 두 바퀴의 운동

분석

- 식 (7.12)를 이용하여 풀이한다.
- 순수 회전운동 시 뉴턴의 제2법칙은 $\sum M_O = I_O\alpha$이다.

풀이

- 순수 회전에 대한 뉴턴의 제2법칙을 사용하여 바퀴 1과 바퀴 2에 대한 운동방정식을 유도한다.
- 유도된 운동방정식을 바탕으로 문제에서 제공된 매개변수를 사용하여 바퀴 1과 바퀴 2의 각가속도가 같도록 F_2의 힘을 유도하면 다음과 같다.

$$\sum M_O = I_O\alpha, \ F_1 r = 3\,\mathrm{N}(0.7\,\mathrm{m}) = (1.5\,\mathrm{kg})(0.7\,\mathrm{m})^2\alpha_{F_1}$$

$$\alpha_{F_1} = 2.86\,\mathrm{m/s^2}$$

$$\sum M_O = I_O\alpha, \ F_2 r = F_2(1.4\,\mathrm{m}) = (1.5\,\mathrm{kg})(1.4\,\mathrm{m})^2(2.86\,\mathrm{m/s^2})$$

$$F_2 = 6.01\,\mathrm{N}$$

따라서 $F_2 = \dfrac{6.01}{3}F_1 \approx 2F_1$으로 F_1의 약 두 배의 힘이어야 한다. 식에서 F_1, F_2, α_{F_1}은 각각 벡터량 $\mathbf{F}_1$, $\mathbf{F}_2$, $\boldsymbol{\alpha}_{F_1}$의 크기이다.

고찰

- 순수 회전운동에서 반경이 2배 큰 시스템의 경우 힘이 2배 작용하면 같은 각가속도로 운동할 수 있다.

예제 7-5 캔틸레버 빔 끝단의 집중질량의 회전운동

[그림 7-18]과 같은 캔틸레버 끝단에 집중질량(m_s)을 가진 시스템이 있다고 하자. 이 시스템이 점 O를 중심으로 $\omega = 3\,\mathrm{rad/s}$로 회전운동을 할 때 이 시스템의 회전 각가속도와 집중질량과 캔틸레버 각각의 선형가속도를 구하시오(단, $m_s = 25\,\mathrm{kg}$, $r = 1.5\,\mathrm{m}$이고 $m_b = 10\,\mathrm{kg}$, $L = 8\,\mathrm{m}$이다).

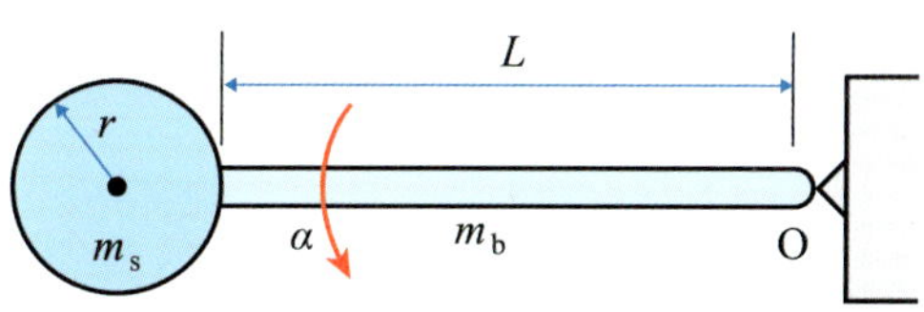

그림 7-18 캔틸레버 집중질량 운동

분석

- 순수 회전운동에 대한 뉴턴의 제2법칙을 유도한다 : $\sum M_O = I_O\alpha$
- 선가속도에 따른 운동역학과 이를 포함하는 뉴턴 제2법칙의 힘과 가속도의 관계를 이용한다 : $\sum \mathbf{F} = m\mathbf{a}_G$, $\mathbf{a}_G = r\alpha\mathbf{e}_t + r\omega^2\mathbf{e}_n$

풀이

- [그림 7-18]의 시스템은 캔틸레버 빔과 집중질량이 중력을 받으므로 이것은 각 시스템의 질량중심에 작용한다고 하고, 점 O는 핀 고정점이므로 O_t, O_n 방향으로 지지력이 작용한다. 이를 포함한 자유물체도를 그리면 [그림 7-19]와 같다.

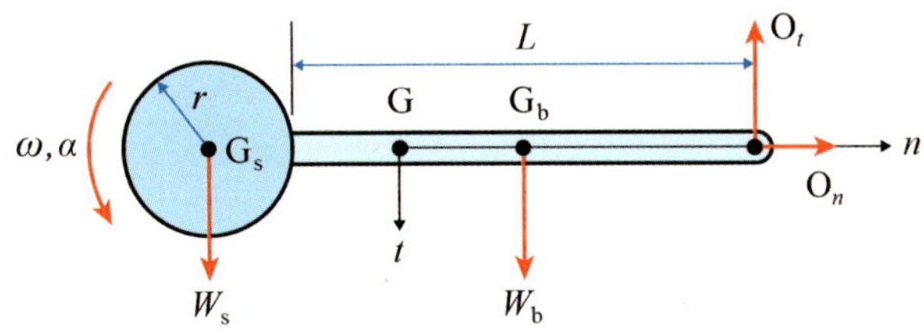

그림 7-19 캔틸레버 집중질량 운동의 자유물체도

- [그림 7-19]의 시스템은 순수 회전운동이므로 이에 대한 뉴턴의 제2법칙과 질량 회전관성모멘트를 구한다. 우선, 회전중심인 O를 중심으로 회전하는 물체의 캔틸레버 빔(b)과 집중질량(s)의 회전관성 모멘트를 구해보자([그림 7-7] 참고).

$$I_{O,b} = \frac{1}{3}m_b L^2 = \frac{1}{3}(10\text{ kg})(8\text{ m})^2 = 213.3\text{ kg}\cdot\text{m}^2$$

$$I_{O,s} = \frac{2}{5}m_s r^2 + m_s(L+r)^2 = \frac{2}{5}(25\text{ kg})(1.5\text{ m})^2 + (25\text{ kg})(8+1.5)^2\text{ m}^2 = 2{,}278.8\text{ kg}\cdot\text{m}^2$$

다음으로 전체 시스템이 회전중심 O를 중심으로 회전하므로 이에 대한 뉴턴의 제2법칙을 정리하면 다음과 같다.

$$\sum M_O = I_O\alpha = (I_{O,b} + I_{O,s})\alpha$$

이 식의 좌변은 외부에서 회전중심 O를 기준으로 작용하는 모든 외부 모멘트의 합을 의미한다. 본 문제에서는 [그림 7-19]에서 보듯이 W_s와 W_b가 외부 모멘트로 작용한다. 이에 대한 식은 다음과 같다.

$$\sum M_O = W_s(L+r) + W_b\frac{L}{2} = (I_{O,b} + I_{O,s})\alpha$$

위 식에 문제에서 주었던 매개변수들을 대입하여 회전가속도 α를 다음과 같이 구할 수 있다.

$$25\text{ kg}(9.81\text{ m/s}^2)(8+1.5)\text{ m} + 10\text{ kg}(9.81\text{ m/s}^2)\frac{8}{2}\text{ m} = \alpha(213.3 + 2{,}278.8)\text{ kg}\cdot\text{m}^2$$

$$\alpha = 1.09\text{ rad/s}^2$$

회전중심이 아닌 질량중심에서의 선형가속도에 대한 운동학 kinematics을 유도하고 대입하면 질량중심에서의 선형가속도를 다음과 같이 구할 수 있다(식 (7.13) 참고).

$$\mathbf{a}_G = r\alpha\mathbf{e}_t + r\omega^2\mathbf{e}_n$$

$$\mathbf{a}_{b,G} = \frac{L}{2}\alpha\mathbf{e}_t + \frac{L}{2}\omega^2\mathbf{e}_n = 4.36\mathbf{e}_t + 36\mathbf{e}_n$$

$$\mathbf{a}_{s,G} = (L+r)\alpha\mathbf{e}_t + (L+r)\omega^2\mathbf{e}_n = 10.36\mathbf{e}_t + 85.5\mathbf{e}_n$$

고찰

- 캔틸레버 빔의 끝단 질량인 m_s가 증가하면 회전가속도는 어떻게 되고, 그 이유는 무엇인지 생각해보자.
- 캔틸레버의 질량 m_b가 증가하면 각가속도는 어떻게 되고, 그 이유는 무엇인지 생각해보자.
- 회전중심으로부터 끝단 질량의 거리인 L이 증가하게 되면 각가속도는 어떻게 되고, 그 이유는 무엇인지 생각해보자.

예제 7-6 기어 벨트 시스템의 회전운동

[그림 7-20]과 같은 기어 벨트 시스템이 있다고 하자. 기어 A의 질량은 7 kg이고, 기어 A에 토크(M) 150 N·m가 작용하고 있다. 이 기어는 벨트에 의해 기어 B와 연결되어 있고, 기어 B의 질량은 2 kg이다. 이때 각 기어와 벨트의 마찰력은 무시한다. 기어 A의 반경(r_A)은 200 cm이고, 기어 B의 반경(r_B)은 50 cm일 때, 기어 B의 각가속도를 구하시오(단, 기어는 디스크의 형태이고 벨트는 늘어나지 않는다).

그림 7-20 두 개의 기어가 벨트로 연결된 시스템

분석

- 벨트 시스템의 자유물체도를 그려본다.
- 두 기어는 벨트로 연결되어 있기 때문에 기어 A와 기어 B의 벨트의 선속도는 같아야 한다.

풀이

- 먼저 기어 벨트 시스템에 작용하는 힘들에 대한 자유물체도(FBD)를 그리면 [그림 7-21]과 같다. 벨트나 케이블에는 장력이 작용한다. 이때 기어 A에 대한 시스템과 기어 B에 대한 시스템을 벨트를 기준으로 나누면 벨트 내부의 장력은 크기는 같고 방향이 반대인 힘으로 모델링이 된다.

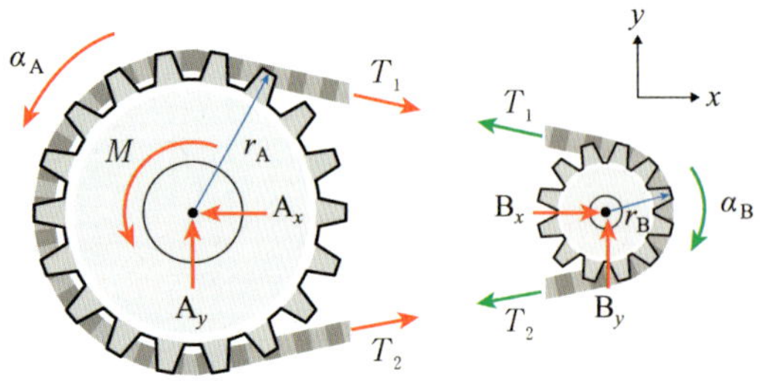

그림 7-21 두 개의 기어가 벨트로 연결된 시스템의 자유물체도

- 각가속도를 구하기 위한 순수 회전운동에 대한 뉴턴 제2법칙을 구성한다. $\Sigma M_O = I_O\alpha$ 식을 이용하여 먼저 기어 A에 대한 운동방정식을 유도하면 아래와 같다.

기어 A : $\Sigma M_A = I_A\alpha_A \Rightarrow M + T_1 r_A - T_2 r_A = I_A\alpha_A$

$$T_1 - T_2 = \frac{I_A\alpha_A - M}{r_A} \tag{1}$$

- 회전운동에 대한 뉴턴의 제2법칙을 기어 B에 적용하여 운동방정식을 유도하면 아래와 같다.

기어 B : $\Sigma M_B = I_B\alpha_B \Rightarrow -T_1 r_B + T_2 r_B = I_B\alpha_B$

$$T_1 - T_2 = \frac{-I_B\alpha_B}{r_B} \tag{2}$$

- 각각의 기어별로 위의 회전에 대한 뉴턴 제2법칙을 구성하고, 연립방정식을 통해 기어 B의 각가속도를 구한다. 식 (1)과 식 (2)는 같기 때문에 이들을 연립하면 식 (3)과 같이 표현할 수 있다.

$$\frac{I_A\alpha_A - M}{r_A} = \frac{-I_B\alpha_B}{r_B} \tag{3}$$

- 또한 두 기어는 하나의 벨트로 연결되어 있기 때문에 운동학적으로 같은 선형가속도를 가져야 한다.

$$a_A(\text{선형}) = a_B(\text{선형}) \Rightarrow r_A\alpha_A = r_B\alpha_B$$

$$\alpha_A = \frac{r_B\alpha_B}{r_A} \tag{4}$$

- 식 (4)를 식 (3)에 대입하여 기어 B의 각가속도를 구하면 다음과 같다.

$$\alpha_B = \frac{M r_B r_A}{I_A r_B^2 + I_B r_A^2},\ (I_{disk})_A = \frac{m_A r_A^2}{2},\ (I_{disk})_B = \frac{m_B r_B^2}{2}$$

$$\alpha_B = \frac{2M}{r_B r_A(m_A + m_B)} = \frac{2(150)}{9} = 33.3\ \text{rad/s}^2$$

고찰

- 두 개의 기어가 벨트로 연결된 시스템에서, 두 기어의 반경 비와 각가속도의 비를 구해보고 그 관계를 이해한다.
- 두 개의 기어가 벨트로 연결된 시스템에서, 두 기어의 선형가속도가 같아야 하는 이유를 이해한다.

SECTION
7.5

일반적인 평면운동

- ✔ 강체의 일반적인 평면운동에 영향을 주는 힘(모멘트)과 가속도(각가속도)의 관계를 알아본다.
- ✔ 평면운동을 병진운동과 회전운동으로 나누어 그 특성을 알아본다.
- ✔ 일반 평면운동을 발생시키는 힘과 가속도의 관계를 뉴턴의 제2법칙을 통해 표현해본다.

강체의 일반적인 평면운동은 6장에서 설명한 것과 같이, 병진운동과 회전운동이 동시에 영향을 준다. 즉 7.3, 7.4절에서 배운 운동역학을 같이 이용하면 일반적인 강체의 평면운동을 분석할 수 있다. 그런데 순수 병진운동과는 달리 일반적인 평면운동의 경우 회전운동이 포함되어 강체의 각 위치에서의 가속도가 달라질 수 있다. 즉 강체의 각 점들은 상대적인 특성을 가지므로 앞서 6장에서 배운 상대가속도를 통해 표현될 수 있다.

7.5.1 일반적인 평면운동

강체의 일반적인 평면운동을 표현하기 위해서는 다양한 방법이 적용될 수 있다. 즉 강체의 질량중심의 가속도를 $\mathbf{a}_G$라고 하면 이에 대한 외력의 합(알짜힘)은 강체의 질량과 뉴턴의 제2법칙에 의해 식 (7.16)과 같이 표현될 수 있다. 여기서 $\mathbf{a}_G$는 [그림 7-22]에서와 같이 강체의 임의의 한 점 A를 중심으로 순수 병진운동에 대한 가속도와 회전성분에 의한 가속도 성분으로 식 (7.16)과 같이 표현할 수 있다. 또한 회전운동에 대한 특성도 가지므로, 외부에서 작용하는 모든 모멘트의 합은 그 강체가 회전축(질량중심)에 대한 질량 관성모멘트와 각가속도로 표현할 수 있다.

$$\Sigma \mathrm{F} = m\mathbf{a}_G \quad \Rightarrow \quad \mathbf{a}_G = \mathbf{a}_A + \boldsymbol{\alpha} \times \mathbf{r}_{G/A} - \omega^2 \mathbf{r}_{G/A}$$
$$\Sigma \mathrm{M}_G = I_G \boldsymbol{\alpha} \qquad (7.16)$$

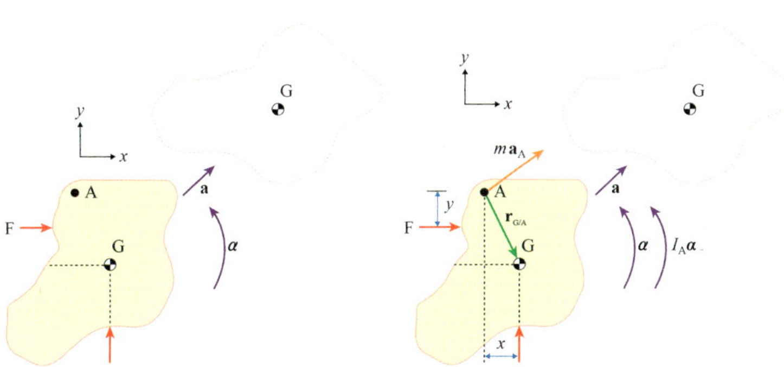

(a) 강체의 일반적인 운동 (b) 운동역학 다이어그램

그림 7-22 강체의 일반적인 운동 및 운동역학 다이어그램

한편 종종 강체의 회전운동을 질량중심이 아닌 임의 점 A에 대한 표현이 필요할 때가 있다. 이는 식 (7.17)과 같이 표현할 수 있다. 식 (7.17)의 마지막 항은 중심에서 벗어난 것에 대한 추가적인 모멘트 성분이고, 앞의 질량중심의 경우 질량중심축을 중심으로 회전하기 때문에 모멘트 암arm이 '0'인 경우이다.

$$\Sigma \mathrm{M}_{\mathrm{A}} = I_{\mathrm{G}}\boldsymbol{\alpha} + \mathbf{r}_{\mathrm{A/G}} \times m\mathbf{a}_{\mathrm{G}} \tag{7.17}$$

예제 7-7 로켓의 일반적인 평면운동

[그림 7-23]과 같은 로켓이 발사되어 지구의 대기권 밖으로 나갈 예정이다. 이렇게 되면 더 이상 로켓을 제어하기가 어렵게 되는데, 이를 극복하기 위해 추진체의 각도를 약간 변화시켜 줌으로써 추진력을 얻는 기술들이 적용되고 있다. 그림에서 보는 로켓 추진체의 각도를 1.5°로 제어할 수 있는 시스템이 갖춰져 있다고 하자. 현재 고도에서 로켓의 추진력은 330 kN이고 이때의 가속도는 중력가속도의 영향을 고려하여 9 m/s^{2}라고 할 때, 로켓의 질량중심에서 각가속도(α)와 가속도(a_{G})를 구하시오. (단, 로켓의 질량은 20,000 kg이고 질량 관성모멘트 $I = mk^2$ 이고, 회전반경radius of gyration $k = 7$ m, $L = 10$ m이다.)

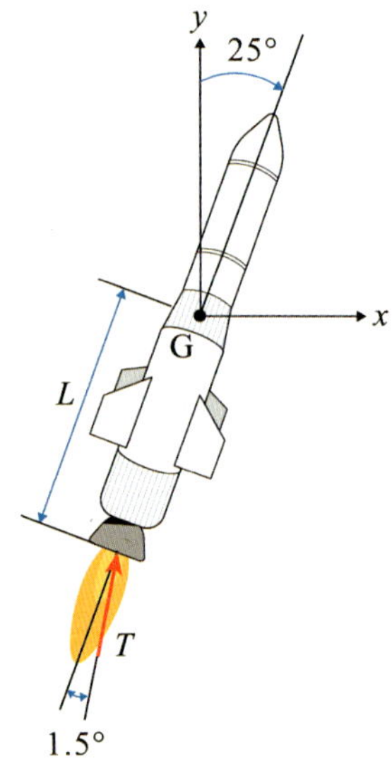

그림 7-23 추진체를 가진 로켓의 평면운동

분석

- 식 (7.17)을 이용하여 풀이하되 질량중심에 대한 병진운동과 회전운동으로 표현한다.

풀이

- 먼저 이 추진 로켓에 대한 힘들의 자유물체도(FBD)를 [그림 7-24]와 같이 그린다.

- 각가속도를 구하기 위한 순수 회전운동에 대한 뉴턴 제2법칙을 구성한다.

$$\Sigma M_{\mathrm{G}} = I_{\mathrm{G}}\alpha$$

자유물체도를 바탕으로 회전운동에 대한 뉴턴의 제2정리를 적용하여 로켓의 질량중심에서 각가속도(α)는 다음과 같이 구할 수 있다.

$$\Sigma M_{\mathrm{G}} = I_{\mathrm{G}}\alpha = mk^2\alpha \Rightarrow T\sin\phi(L) = mk^2\alpha$$

$$\alpha = 0.088 \text{ rad/s}^2$$

- 또한, 이 로켓의 질량중심에서의 가속도는 자유물체도를 바탕으로 추진방향(전진방향)을 다음과 같이 구할 수 있고, 이를 통해 로켓의 가속도(a)를 구할 수 있다.

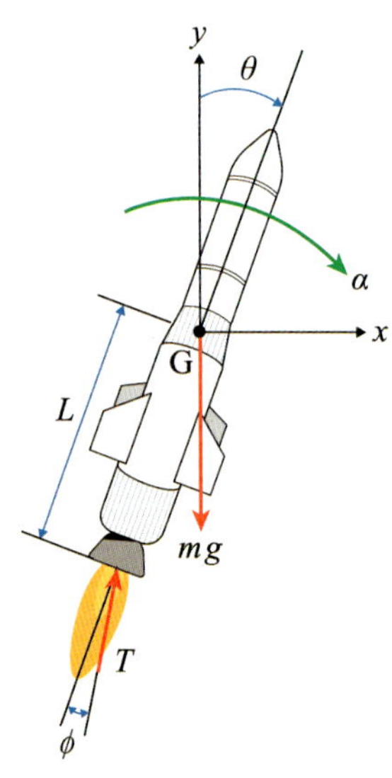

그림 7-24 추진체를 가진 로켓의 평면운동의 자유물체도

$$\sum F_x = m(a_G)_x,\ T\sin(\theta-\phi) = m(a_G)_x,\ 330{,}000\sin(23.5°) = 20{,}000(a_G)_x \quad (1)$$

$$\sum F_x = m(a_G)_y,\ T\cos(\theta-\phi) - mg = m(a_G)_y,$$
$$330{,}000\cos(23.5°) - (20{,}000)(9.81) = 20{,}000(a_G)_y \quad (2)$$

식 (1)과 (2)로부터 $(a_G)_x = 6.58\ \mathrm{m/s^2}$, $(a_G)_y = 5.32\ \mathrm{m/s^2}$이다. 따라서 $(a_G) = \sqrt{(a_G)_x^2 + (a_G)_y^2} = 8.46\ \mathrm{m/s^2}$이다. 한편, 로켓의 질량중심의 속도 $\mathbf{a}_G$를 벡터로 나타내면 $\mathbf{a}_G = 6.58\mathbf{i} + 5.32\mathbf{j}$ 이 된다.

고찰

- 추진력이 작용하는 ϕ의 각도를 달리하면서 운동 특성을 분석한다.
- 시간 변화에 따른 각도 특성을 분석하면, 실질적으로 목표를 향해 가도록 로켓을 제어할 수 있다.

예제 7-8 유니폼 봉의 운동

[그림 7-25]는 유니폼uniform한 봉이고 길이는 $L = 1$ m이다. 이 봉 위의 임의의 점 P에 수직방향으로 F의 힘이 적용되었을 때 봉이 움직이기 시작한다. 점 P에서의 초기 가속도 a_P는 10 m/s²이고, 봉의 각가속도 $\alpha = 10\ \mathrm{rad/s^2}$이다. 이때 이 봉의 한쪽 끝에서 힘이 작용한 점 P까지의 거리 d를 구하시오.

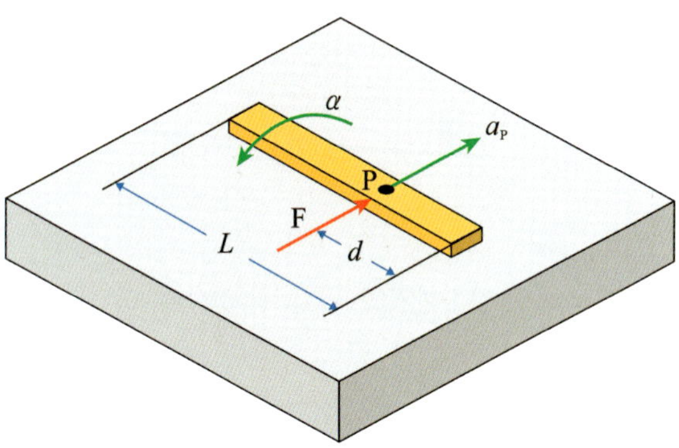

그림 7-25 봉의 외부 힘에 따른 회전운동과 선가속도

분석

- 식 (7.17)과 같이 질량중심으로부터 벗어난 점(P)에서의 운동역학을 유도한다.
- 이를 위해선 우선 질량중심(G)에서의 운동역학을 구한 후 강체로부터 떨어진 거리를 고려하여 점 P에서의 운동역학을 유도한다.

풀이

• 먼저 [그림 7-26]과 같이 이 시스템에 작용하는 힘들로 자유물체도를 그린다.

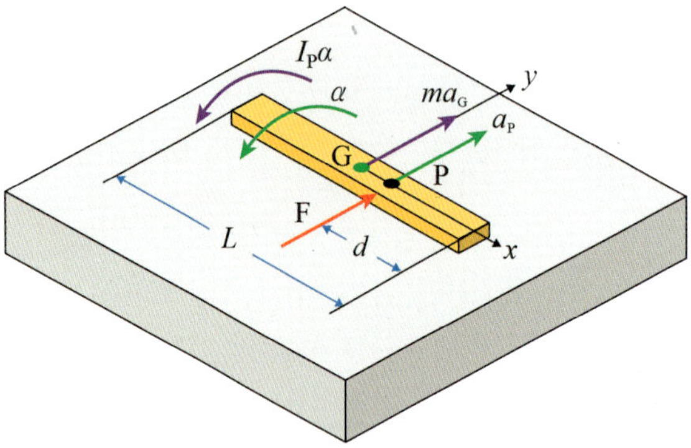

그림 7-26 봉의 외부 힘에 따른 회전운동의 자유물체도

• 상대가속도를 이용하여 식 $\sum M_P = I_P\alpha + r_{G/P} \times ma_P$를 바탕으로 운동역학을 유도한다.

$$\sum M_P = I_P\alpha + r_{G/P} \times ma_P$$

$$0 = I_P\alpha - ma_P\left(\frac{L}{2} - d\right) \tag{1}$$

• 점 P에서의 질량 관성모멘트를 유도한다. 우선 봉의 질량 관성모멘트는 [그림 7-7]에서와 같이 쉽게 구할 수 있다. 질량중심 G를 중심으로 한 질량 관성모멘트를 기준으로 평행축의 정리를 사용하여, 점 P에서의 질량 관성모멘트를 구하면 다음과 같다.

$$I_G = \frac{mL^2}{12} \Rightarrow I_P = I_G + m\left(\frac{L}{2} - d\right)^2 = \frac{mL^2}{12} + m\left(\frac{L}{2} - d\right)^2 \tag{2}$$

식 (2)를 식 (1)에 대입하여 봉의 한쪽 끝에서 힘이 작용한 점 P까지의 거리 d를 구할 수 있다.

$$0 = \left[\frac{mL^2}{12} + m\left(\frac{L}{2} - d\right)^2\right]\alpha - ma_P\left(\frac{L}{2} - d\right)$$

$$0 = \left[\frac{L^2}{12} + \left(\frac{L}{2} - d\right)^2\right]\alpha - a_P\left(\frac{L}{2} - d\right) \Rightarrow d^2 - \left(\frac{1}{6}\right) = 0$$

$$d = 0.408 \text{ m}$$

고찰

• d의 값을 0 m로 하면 봉의 끝점을 중심으로 회전하는 시스템이 된다. 이 경우를 고려하여 위와 같이 풀이해보고, [그림 7-7(d)]와 평행축 정리를 이용하여 검토한다.

SECTION 7.6

특별한 운동(구름운동)

- 강체의 운동 중 특별한 경우 중 하나인 구름운동에 대해 알아본다.
- 구름운동의 운동 변화를 발생시키는 조건에 대해 이해하고, 이를 통해 운동을 분석한다.

강체는 평면에서 다양한 운동을 할 수 있다. 그중에서 특별한 운동 중 하나는 구름운동이다. 예를 들어 볼링공을 던졌을 때 처음에는 회전 없이 미끄러지다가 어느 순간이 지나면 점점 회전하며 빠르게 구르는데, 이러한 운동이 **구름운동**rolling motion이다. 공의 병진운동을 하려는 힘과 구르는 물체와 지면 등이 가지는 마찰력과의 관계에 의해 어떤 경우에는 미끄러지고, 어떤 경우에는 회전운동을 한다. 이 절에서는 구름운동에 대해 분석해보고, 미끄러짐과 회전운동의 조건이 무엇인지를 확인해본다.

7.6.1 구름운동

구름운동의 흔한 예로 자동차의 바퀴나 공 운동을 들 수 있다. 구름운동을 분석할 때 꼭 고민해야 할 사항은, 이 구름운동이 미끄러짐slip이 있느냐, 없느냐no slip이다. 구름운동의 예로 [그림 7-27]과 같이 볼링공을 굴리는 상황을 생각해보자. 볼링공을 굴리면 처음에는 볼이 아무런 회전 없이 직선으로 미끄러진다(그림 (a)). 이때 운동마찰력이 에너지를 소멸시켜 속도가 감소한다. 대신 마찰력에서 기인한 토크와 각속도, 각가속도가 발생한다(그림 (b)). 이후 공은 $v' = \omega' R$일 때 마찰력 없이 일정한 각속도(ω')로 회전한다(그림 (c)). 이때 v'는 $\mathbf{v}'$의 크기이다.

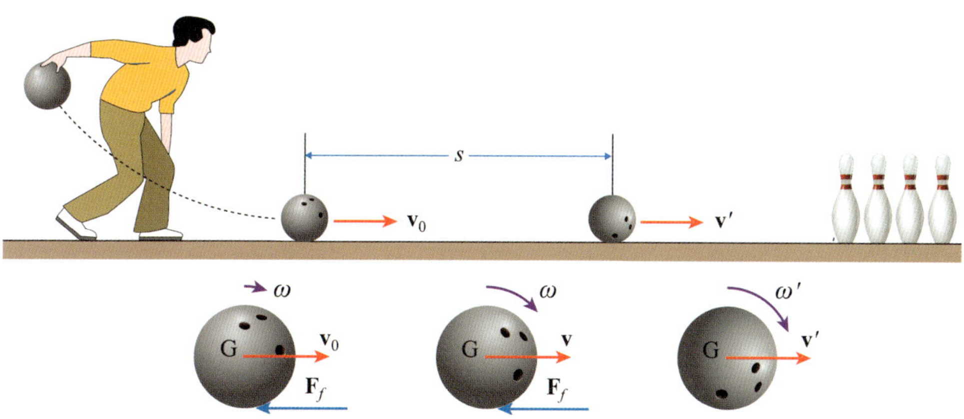

그림 7-27 볼링공의 3단계 운동 과정

구름운동 문제를 해석할 때는 회전하는 물체와 바닥 사이에 미끄러짐이 있는지 없는지에 대한 판단이 필요하다. [그림 7-28]은 지표면에서 구르는 공의 운동에 대한 자유물체도를 보여준다. 이러한 공의 운동을 판단할 때는 이 강체가 순수 병진운동을 하는지, 아니면 병진운동과 회전운동이 동시에 일어나는지가 중요한 요소가 된다. 이러한 미끄러짐과 미끄러짐이 없는 것에 대한 판단은 다음과 같이 할 수 있다.

- **미끄러짐**slip : 주어진 힘이 최대정지마찰력을 넘었을 경우($F > F_{fs.\max}$). 구름 면에 계속적인 운동마찰력이 가해져 속도가 서서히 줄어든다.
- **미끄러지지 않음**no slip : 주어진 힘이 최대정지마찰력보다 작은 경우($F \leq F_{fs.\max}$). 미끄러짐이 없고, 구름면의 마찰력은 일정하다.

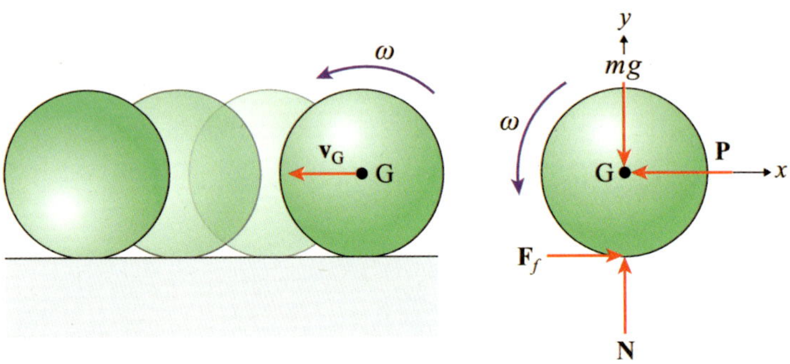

그림 7-28 평면을 따라 구르는 공의 운동과 자유물체도

예제 7-9 빗면을 내려오는 디스크

[그림 7-29]와 같이 질량이 27 kg이고 반경이 0.5 m인 디스크가 기울어진 빗면을 따라 내려오고 있다. 이 디스크를 멈추기 위해 힘 P가 그림과 같이 작용한다. 작용하는 힘 P를 제거하면($P = 0$) 디스크가 멈춘 상태부터 서서히 굴려 내려올 것이다. 이때 디스크의 각가속도를 구하시오. 또한, 디스크가 굴러 내리지 않고 빗면에 멈춰있기 위한 최소한의 힘(P)의 크기(P)는 얼마인가? (단, 디스크는 미끄러짐이 없으며, 정지마찰계수 $\mu_s = 0.2$이다.)

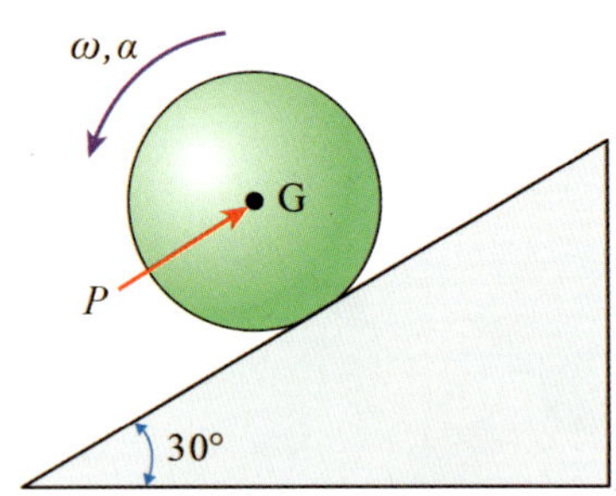

그림 7-29 빗면을 따라 굴러 내려오는 디스크

분석

- 시스템에 대한 자유물체도를 그려본다.
- 구름운동에서 미끄러짐과 미끄러지지 않음을 결정하는 기준을 적용한다.

풀이

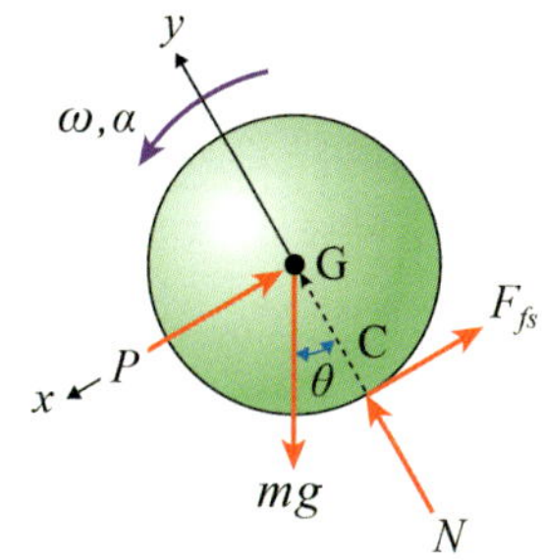

그림 7-30 빗면을 따라 굴러 내려오는 디스크의 자유물체도

- 먼저 [그림 7-30]과 같이 빗면을 내려오는 디스크의 자유물체도를 그린다.
- [그림 7-30]의 자유물체도를 바탕으로 회전에 대한 운동방정식과 빗면과 평행한 x 방향에 대한 힘의 관계를 수식화 한다. 미끄러짐이 없기 때문에 $a_x = r\alpha$를 적용하여 각가속도를 구한다. 계산상의 편의를 위해 그림에 나타난 힘들의 벡터 표시 대신 그 크기들로 나타낸다.

$$\sum M_G = I_G \alpha$$

$$\Rightarrow F_{fs} r = I_G \alpha = \frac{1}{2} m r^2 \alpha \quad \left(I_G = \frac{1}{2} m r^2 \right)$$

$$F_{fs} = \frac{1}{2} m r \alpha$$

- x 방향에 대한 힘의 평형식은 다음과 같다.

$$\sum F_x = m a_{G.x} \Rightarrow mg\sin\theta - P - F_{fs} = m a_x$$

$$mg\sin\theta - P - F_{fs} = m r \alpha \quad (a_x = r\alpha \text{ : 미끄러지지 않음}) \qquad (1)$$

위의 평형상태 식 (1)에서 $a_x = r\alpha$의 의미는, 빗면과 접촉하는 점 C는 순간중심이 되어서 선형가속도는 점 C를 중심으로 회전하는 운동의 접선방향의 가속도로 생각하면 된다는 것이다. 식 (1)을 $P=0$인 경우에 대해서 아래와 같이 풀면 디스크가 멈춰 있던 상태에서 굴러 내려오는 경우의 각속도(α)를 구할 수 있다.

$$mg\sin\theta - P - \frac{1}{2} m r \alpha = m r \alpha$$

$$\alpha = \frac{2(mg\sin\theta - P)}{3mr}, \quad P = 0$$

$$\alpha = \frac{2(mg\sin\theta)}{3mr} = \frac{2(9.81\ \text{m/s}^2)(\sin 30°)}{3(0.5\ \text{m})} = 6.54\ \text{rad/s}^2$$

- 빗면에 멈춰있기 위한 최소한의 힘(P), 즉 회전하지 않는 경우($\alpha = 0$인 경우)의 최소 힘 P를 구하면 다음과 같다.

$$\alpha = \frac{2(mg\sin\theta - P)}{3mr} = 0$$

$$P = mg\sin\theta = 27\ \text{kg}(9.81\ \text{m/s}^2)\sin(30°) = 132.44\ \text{N}$$

고찰

- 미끄러짐과 미끄러지지 않음의 차이에 대해 생각해보자.
- 미끄러짐과 미끄러지지 않음 간에 운동에너지 차이가 발생하는지를 생각해보자.

CHAPTER 07 | 핵심요약

■ 강체 질량중심과 질량 관성모멘트

강체의 질량중심은 강체 내에서 모든 모멘트의 합이 0이 되는 점이다.

- 강체의 질량중심 : $\mathrm{r}_G = \frac{1}{m}\lim_{\Delta m \to 0}\Sigma \Delta m_i \mathrm{r}_i = \frac{1}{m}\int \mathrm{r}\, dm$
- 강체의 질량 관성모멘트 : $I_o = \int r_i^2\, dm$
- 질량 관성모멘트의 평행이동 정리 : $I = I_O + md^2$
- 회전반경을 이용한 질량 관성모멘트 : $I_p = mk_p^2$

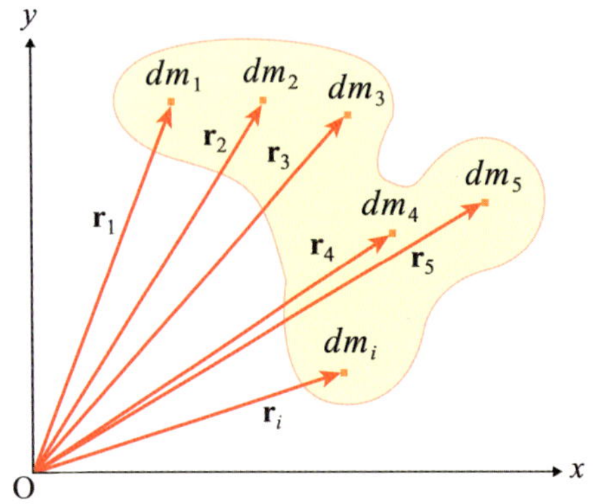

■ 순수 병진운동

순수 병진운동의 경우 병진운동에 대한 힘이 존재하고 이로 인한 가속도가 발생한다. 단, 회전에 대한 모멘트의 합은 0이다.

$$\Sigma \mathrm{F} = \Sigma m_i \mathrm{a}_i = m\mathrm{a}_G,\ \Sigma \mathrm{M} = 0$$

■ 순수 회전운동

- 순수 회전운동의 경우 회전운동에 대한 힘이 존재하고 이로 인한 각가속도가 발생한다. 회전중심 O에 대한 운동은 순수 회전운동이다.

$$\Sigma \mathrm{M}_O = I_O \boldsymbol{\alpha}$$

- 질량중심 또는 강체의 임의의 점이 회전중심이 아닌 경우 회전운동과 병진운동이 함께 발생한다.

$$\Sigma \mathrm{F} = m\mathrm{a}_G,\ \mathrm{a}_G = \boldsymbol{\alpha} \times \mathrm{r}_{G/O} - \omega^2 \mathrm{r}_{G/O}$$
$$\Sigma \mathrm{M}_O = I_O \boldsymbol{\alpha}$$

■ 일반적인 평면운동

• 강체의 일반적인 평면운동은 병진, 회전운동을 모두 포함하며 다음과 같이 표현된다.

$$\Sigma \mathrm{F} = m\mathbf{a}_G \quad \Rightarrow \quad \mathbf{a}_G = \mathbf{a}_A + \boldsymbol{\alpha} \times \mathbf{r}_{G/A} - \omega^2 \mathbf{r}_{G/A}$$
$$\Sigma \mathrm{M}_G = I_G \boldsymbol{\alpha}$$

• 회전중심이 아닌 강체의 임의의 점 A에 대해서는 다음과 같이 표현된다.

$$\Sigma \mathrm{M}_A = I_G \alpha + \mathbf{r}_{A/G} \times m\mathbf{a}_G$$

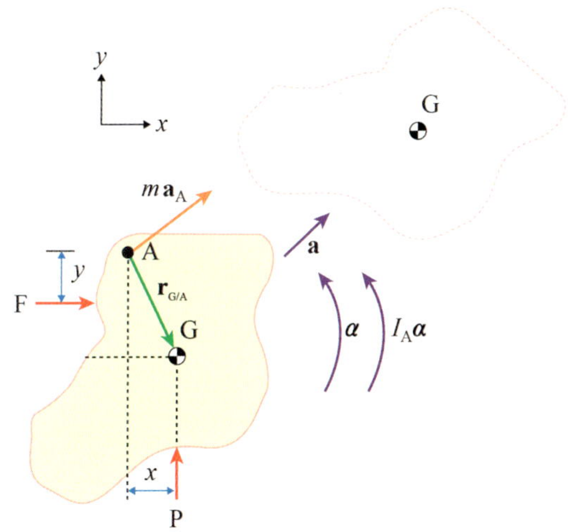

■ 특별한 운동(구름운동)

구름운동에서는 미끄러짐과 비미끄러짐에 대한 기준이 중요하다.

• 미끄러짐slip : 주어진 힘이 최대정적마찰력을 넘었을 경우($F > F_{fs.max}$)

• 미끄러지지 않음no slip : 주어진 힘이 최대정적마찰력보다 작은 경우($F \leq F_{fs.max}$)

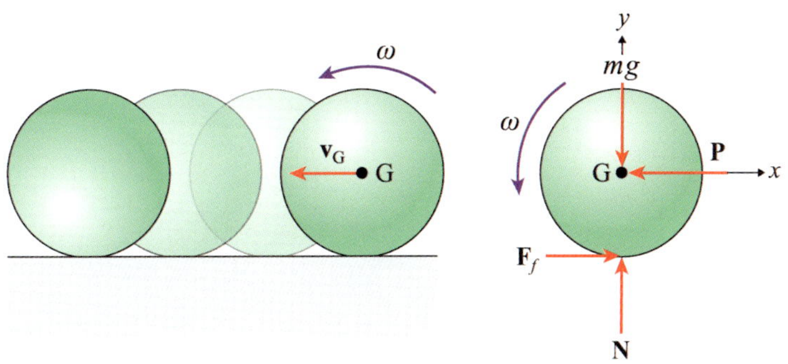

7.1 [그림 7-31]과 같은 카트와 드라이버의 총합 무게는 1,200 N이며, 질량중심 위치는 그림과 같다. 카트의 양 뒷바퀴는 115 N으로 트랙에 수평으로 힘을 가한다. 앞바퀴에 쏠리는 수평방향 힘은 무시한다. 7.3절

(a) 카트의 가속도 크기를 구하시오.
(b) 점 A와 B에서의 수직항력을 구하시오.

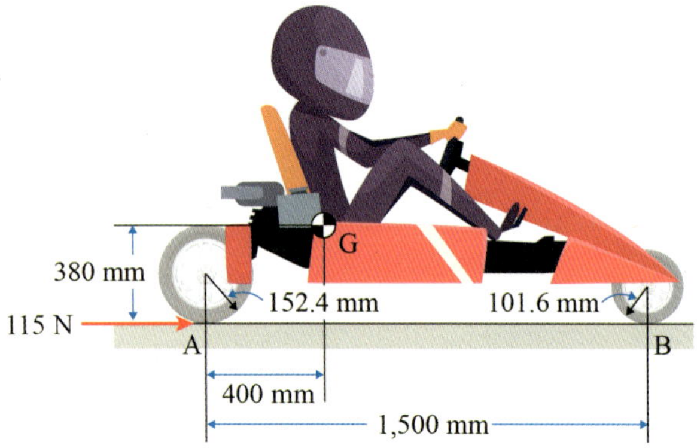

그림 7-31

7.2 [그림 7-32]와 같이 무게가 3,100 N인 비행기가 시간 $t = 0$ s에서 이륙을 시작한다. 이때 프로펠러는 수직방향으로 $T = 1{,}300$ N의 힘을 가한다. 활주로에 의해 바퀴에 가해지는 수평방향 힘은 무시된다. 7.3절

(a) 시간 $t = 4$ s일 때의 비행기가 이동한 거리를 구하시오.
(b) 비행기의 타이어 A와 B에서의 수직항력을 구하시오.

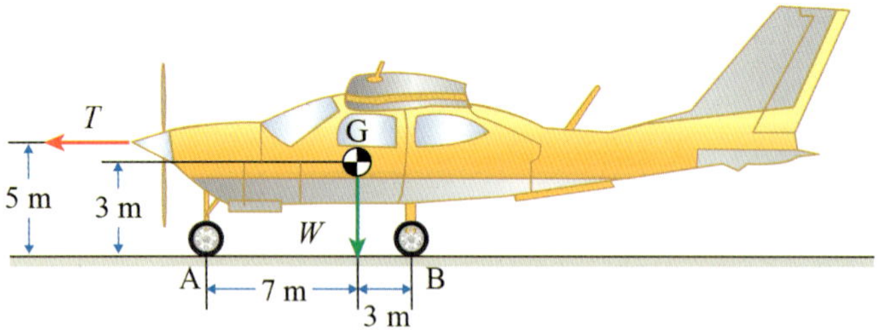

그림 7-32

7.3 [그림 7-33]과 같이, 사람이 수평방향 힘 $F = 100$ N으로 무게 1,000 N인 냉장고를 밀고 있다. 이때 마찰은 무시된다. 7.3절, 7.4절

(a) 냉장고의 가속도 크기를 구하시오.
(b) 냉장고의 점 A와 B에서의 수직항력을 구하시오.

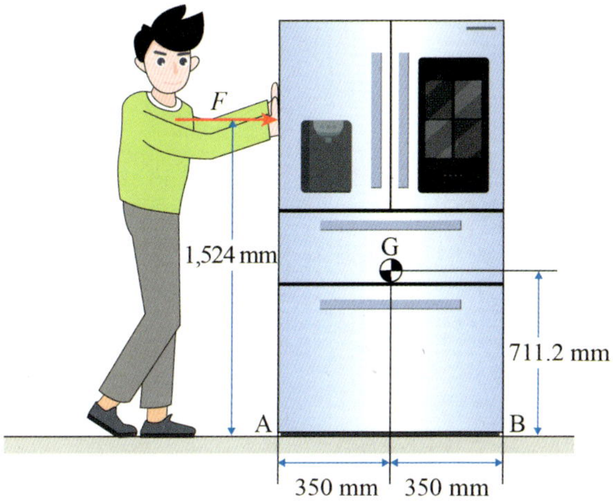

그림 7-33

7.4 [그림 7-34]와 같은 디스크에서 점 O를 중심으로 하는 디스크의 질량 관성모멘트는 $I = 35\ \text{kg}\cdot\text{m}^2$이다. 시간 $t = 0$ s일 때, 정지된 상태의 디스크는 일정한 70 N·m의 토크를 받는다. 7.4절

(a) 이때 디스크의 각가속도의 크기를 구하시오.
(b) $t = 6$ s일 때의 디스크의 회전속도(rpm)를 구하시오.

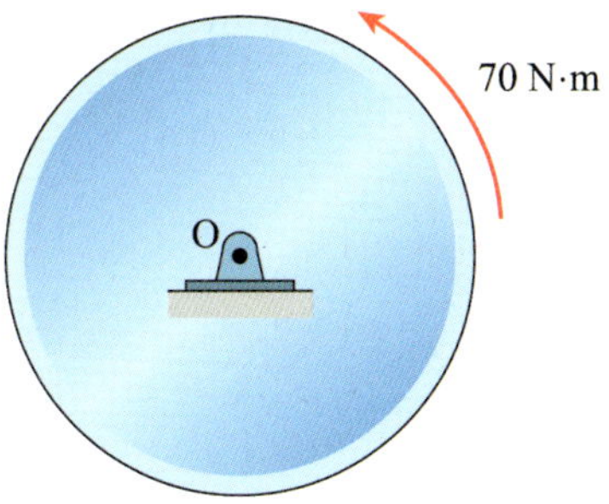

그림 7-34

7.5 질량 9 kg의 얇은 막대가 [그림 7–35]와 같은 상태가 되도록 손으로 잡고 있다가, 손을 놓아 막대가 수직으로 떨어졌을 때 각가속도의 크기를 구하시오. 7.4절

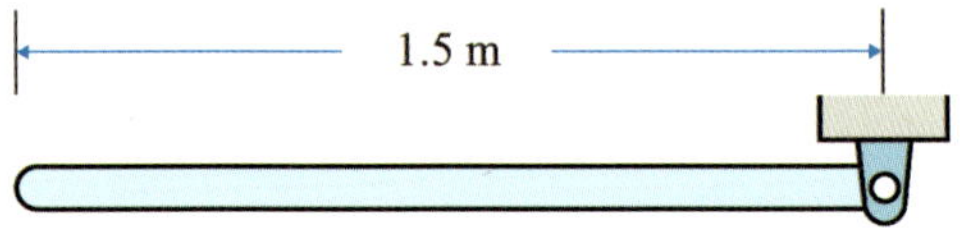

그림 7-35

7.6 [그림 7–36]과 같이 3개의 도르래가 벨트로 연결되어 있다. 각각의 도르래 A, B, C에 작용하는 질량 관성모멘트는 $I_A = 0.0045\ \mathrm{kg \cdot m^2}$, $I_B = 0.06\ \mathrm{kg \cdot m^2}$, $I_C = 0.045\ \mathrm{kg \cdot m^2}$이고, 도르래 A에 $T = 10\ \mathrm{N \cdot m}$의 모멘트가 반시계방향으로 작용한다. 이때 세 도르래 A, B, C의 각가속도를 구하시오. 7.4절

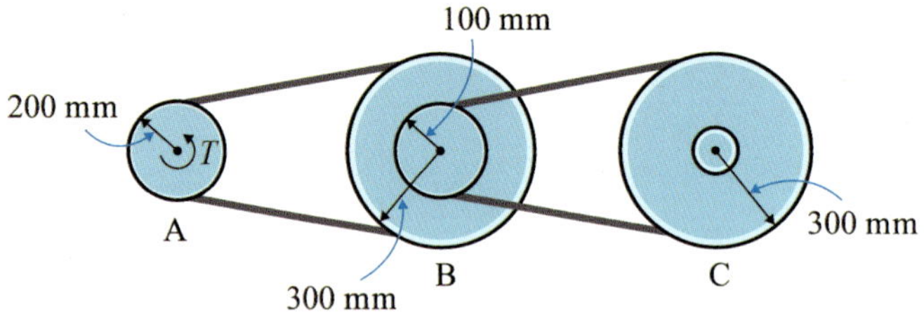

그림 7-36

7.7 [그림 7–37]은 점 O에 고정된 긴 막대의 끝에 집중질량인 구가 붙어있는 진자 시스템을 나타낸다. 끝단 구의 질량은 $m_{\mathrm{sphere}} = 25\ \mathrm{kg}$이고, 긴 막대의 질량은 $m_{\mathrm{rod}} = 15\ \mathrm{kg}$이다. 초기에 진자가 이루는 각도 $\theta = 50°$이고, 외부에서 $75\ \mathrm{N \cdot m}$의 모멘트가 시계방향으로 가해졌을 때 이 시스템의 각속도는 2 rad/s이다. 이 시스템에 대해 고정점 O에서의 지지력reaction force을 구하시오. 7.4절

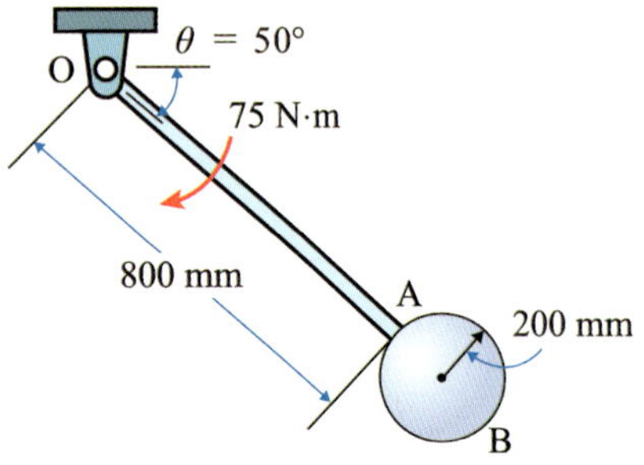

그림 7-37

7.8 질량이 15 kg인 이중(더블)도르래에 [그림 7-38]과 같이 질량이 각각 10 kg과 4 kg인 두 블록이 연결되어 있다. 이 이중도르래의 내륜의 반경이 5 cm이고, 외륜의 반경이 10 cm이다. 차축 마찰이 없다고 가정하고, 도르래의 각가속도와 각 블록의 가속도를 구하시오. 7.4절

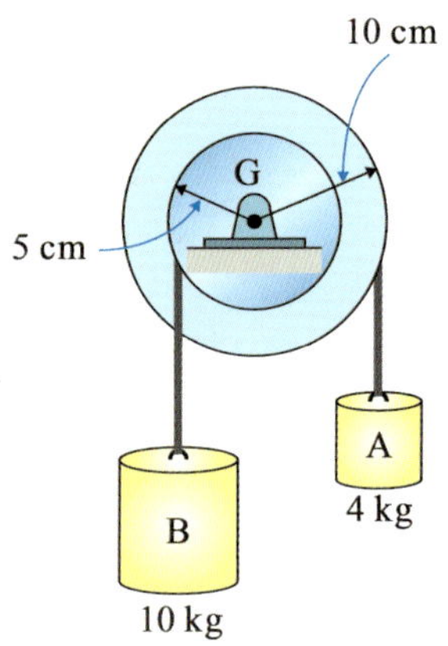

그림 7-38

7.9 질량 3 kg인 디스크에 일정한 크기의 모멘트 M이 [그림 7-39]와 같이 가해진다. 이때 0.5 kg의 얇은 막대가 수직선과 이루는 각도는 40°이고, 각가속도는 0이다. 디스크에 작용하는 모멘트 M의 크기와 디스크의 반시계방향 각가속도를 구하시오. 7.4절

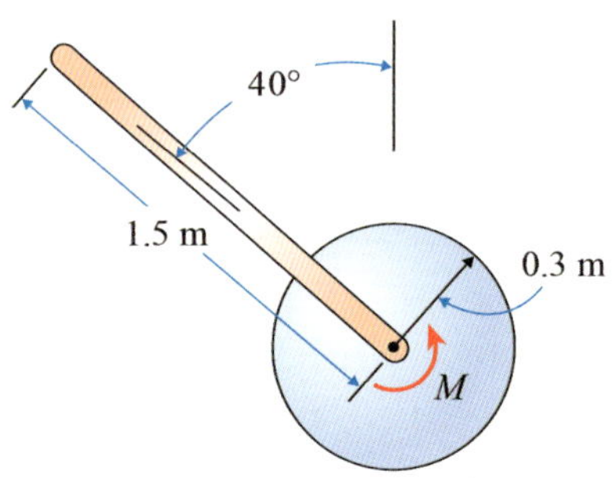

그림 7-39

7.10 무게 25 N의 막대가 매끄러운 수평 테이블 위에 놓여 있다. [그림 7-40]은 막대를 위에서 내려다 본 모습이다. 막대의 질량중심에서의 질량 관성모멘트는 $I = 2.55\ \mathrm{kg \cdot m^2}$이다. 외부에서 $F = 7\ \mathrm{N}$의 힘이 점 A에 y 방향으로 가해질 때, 막대는 정지한 상태가 된다. 7.5절

(a) 질량중심에서의 가속도를 구하시오.
(b) 점 A에서의 가속도를 구하시오.

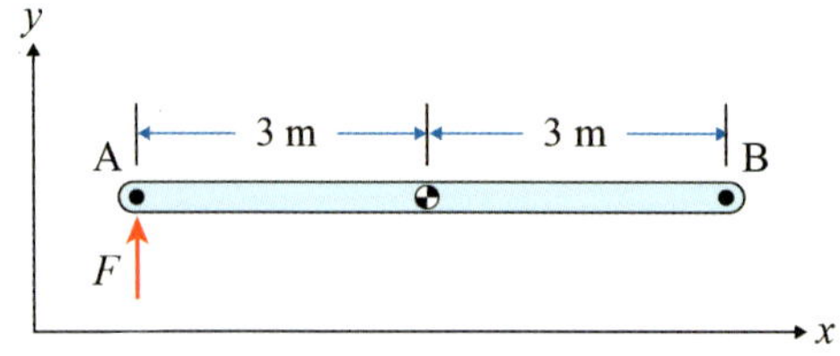

그림 7-40

7.11 [그림 7-41]과 같이 굵기가 균일한 가느다란 막대가 있다. 이 막대의 질량은 25 kg이고 질량중심은 G 지점에 있다. 막대의 한쪽 끝이 케이블로 고정되어 있다가 이 케이블이 순간 절단되면서 운동이 시작된다. 핀 O에서의 지지력과 케이블 절단 직후 막대의 각가속도를 구하시오. 7.5절

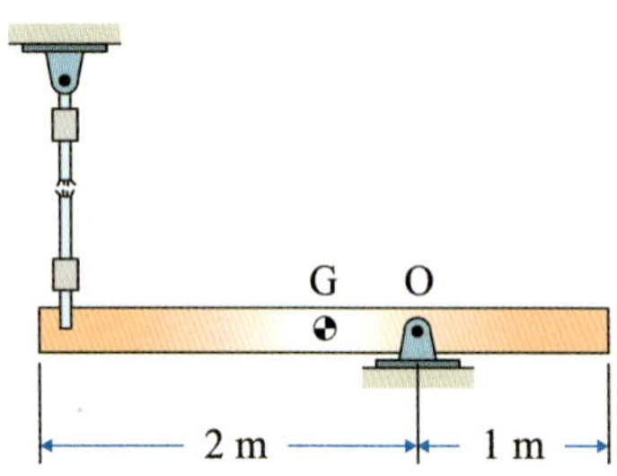

그림 7-41

7.12 [그림 7-42]와 같은 케이블 릴의 질량은 500 kg이고 회전반경은 $k_A = 1.5\ \mathrm{m}$이다. 이 릴에 작용하는 힘 $P = (15t^2 + 35)\ \mathrm{N}$이다. 릴에 작용하는 힘 P가 작용한지 $t = 3\ \mathrm{s}$ 지난 후에 이 릴의 각속도를 구하시오. 7.5절

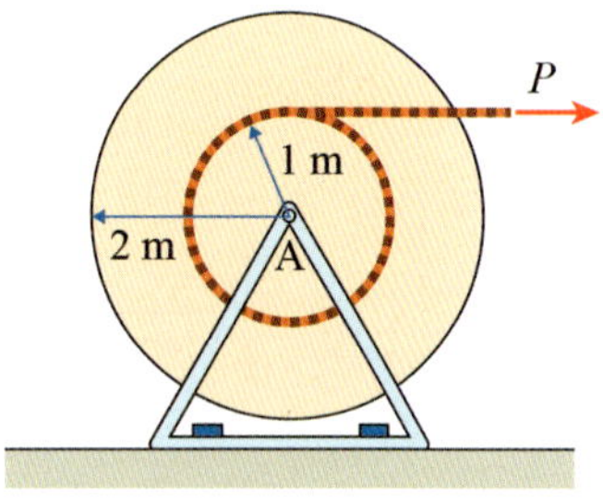

그림 7-42

7.13 [그림 7-43]과 같은 도르래 시스템에서 도르래의 질량 관성모멘트는 $0.5\ \text{kg}\cdot\text{m}^2$이다. 무게가 25 N인 강체와 수평 바닥 사이의 동마찰계수는 $\mu_k = 0.7$이다. (a)와 (b)의 상황 각각에서, 25 N인 강체의 가속도 크기를 구하시오. (a)는 수평면에 있는 블록 반대편에 일정한 힘만 작용하고 질량(관성)이 없는 경우이고, (b)는 블록 반대편에 일정한 힘 대신 질량에 의한 관성력이 작용하는 경우이다. 7.5절

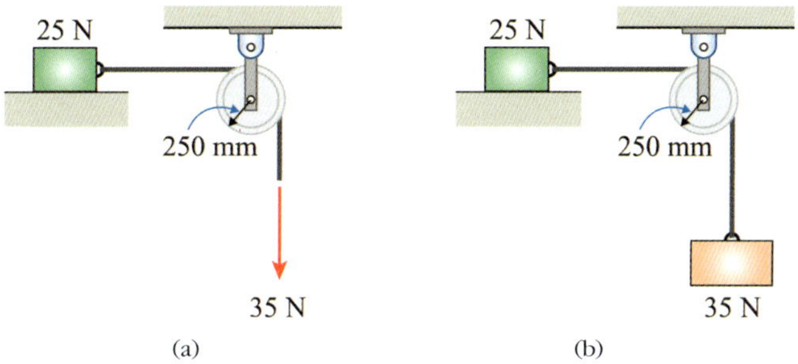

그림 7-43

7.14 두 개의 실린더 A와 B가 질량이 5 kg인 디스크에 [그림 7-44]와 같이 연결되어 있다. 실린더 A와 B의 질량은 각각 15 kg과 12 kg이다. 이 실린더들이 정지된 상태에서 움직이기 시작해 시간 $t = 1.5\ \text{s}$ 직후가 되었을 때 실린더 A와 B의 속도를 구하시오. 7.5절

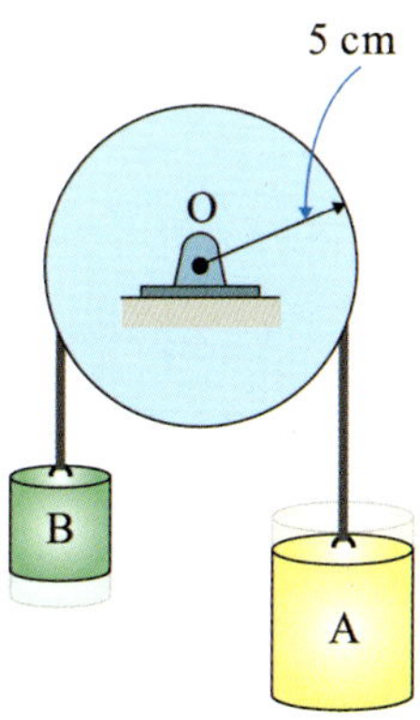

그림 7-44

7.15 [그림 7-45]와 같이 질량 10 kg인 카트 위에 질량이 150 kg인 박스가 놓여 있다. 이 카트를 P의 힘으로 왼쪽으로 끌고 갈 때 회전 없이 수평으로 끌고 가기 위한 최대 힘 P를 구하시오. 단, 미끄러짐은 발생하지 않는다. 7.5절

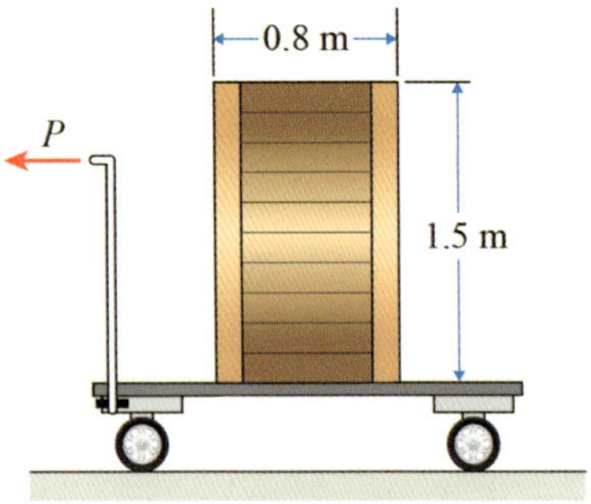

그림 7-45

7.16 [그림 7-46]과 같은 로켓 추진 시스템에서 A 지점은 $P = kt$로 시간에 따라 선형적으로 증가하는 힘 P에 의해 직선 트랙을 따라 제트 추진되며, 여기서 $k = 3{,}000\ \text{kN/s}$는 상수이다. 썰매와 트랙 사이의 미끄럼 마찰계수는 $\mu_k = 0.2$이고, 정지 마찰계수는 $\mu_s = 0.3$이며, 썰매의 질량은 $m = 3{,}000\ \text{kg}$이다. (a) 로켓 끝이 아래쪽으로 회전하기 시작하는 시간, (b) 이 순간 썰매의 가속도를 구하시오. 7.5절

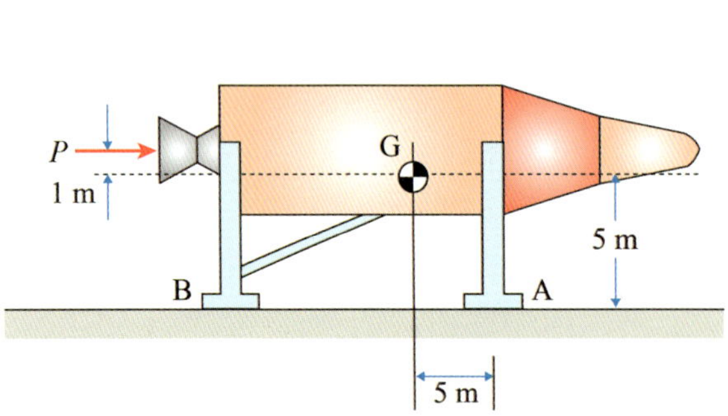

그림 7-46

7.17 [그림 7-47]과 같이 수평방향으로 가속도 a로 전진하는 수레가 있다. 이 수레에는 길이가 4 m이고 질량이 30 kg인 진자가 회전스프링에 의해 연결되어 있고, 회전스프링의 회전스프링계수는 15,000 N·m/rad이다. 진자의 끝에는 90 kg의 질량을 가진 공이 연결되어 있고, 그 공의 반경은 1 m이다. 이 시스템에 대한 수평 가속도 a를 구하시오. 7.5절

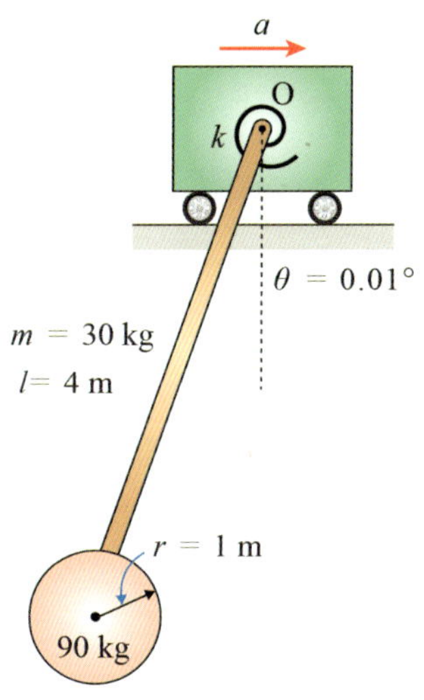

그림 7-47

7.18 질량이 12 kg인 가느다란 막대가 [그림 7-48]과 같은 위치에 정지해 있다가, 막대 무게에 의해서 점 B는 미끄러져 내려오고 점 A는 그림의 왼쪽으로 이동하면서 질량중심이 시계방향으로 회전하는 운동을 한다. 막대가 정지상태에서 미끄러지면서 시계방향 운동을 할 때, 그 시계방향으로 회전 각속도가 $\omega = 2$ rad/s 인 순간에 점 A와 B에서의 면과의 반력reaction force과 각가속도를 구하시오. 7.5절

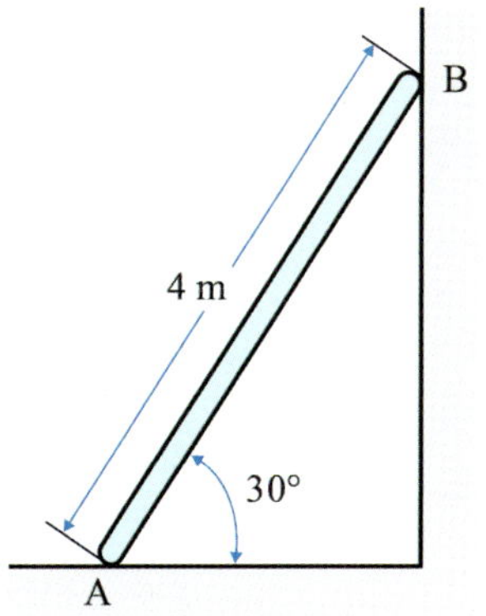

그림 7-48

7.19 [그림 7−49]와 같은 굵기가 일정한 대들포 AB의 질량은 6,500 kg이다. 크레인이 이 대들보를 위로 5 m/s^{2}으로 끌어 올릴 때, 대들보의 중심에 작용하는 굽힘모멘트와 전단력을 구하시오. 7.5절

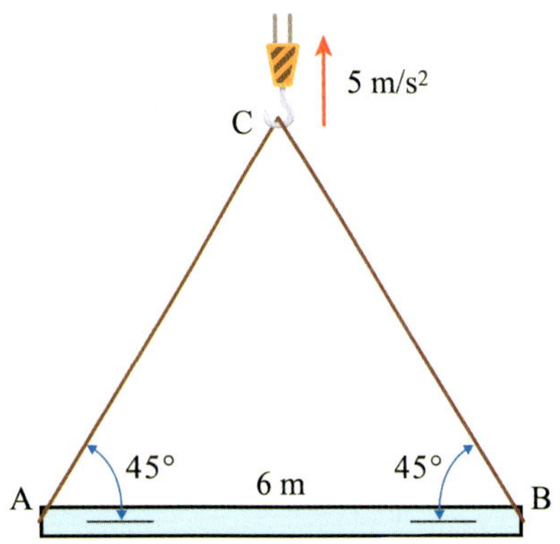

그림 7-49

7.20 [그림 7−50]과 같이 질량이 65 kg, 회전반경 $k_G = 0.7$ m인 타이어가 각도 $\theta = 25°$인 빗면을 타고 내려오고 있다. 타이어와 빗면 사이의 정지마찰계수는 $\mu_s = 0.2$이고 운동마찰계수는 $\mu_s = 0.15$일 때, 이 타이어의 각가속도를 구하시오. 7.6절

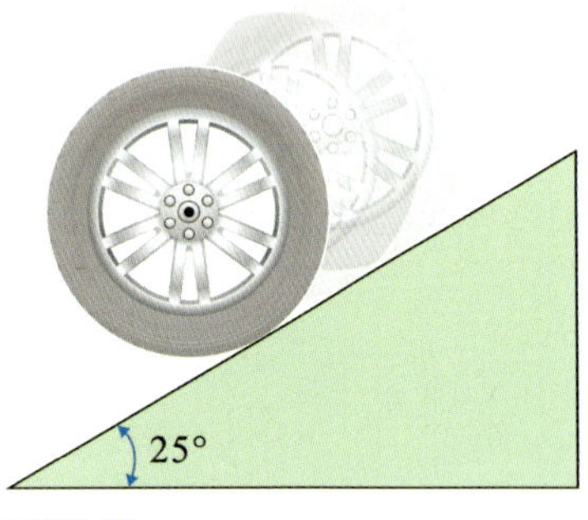

그림 7-50

7.21 [그림 7−51]과 같이 무게 15 N, 반경 5 cm인 디스크가 있다. 디스크의 중심점에 $F = 20$ N이 가해지고 있다. 7.6절

(a) 디스크가 표면에서 회전할 때, 중심에서의 가속도를 구하시오.
(b) 디스크가 미끄러지지 않고 회전하는 최소 정지 마찰계수를 구하시오.

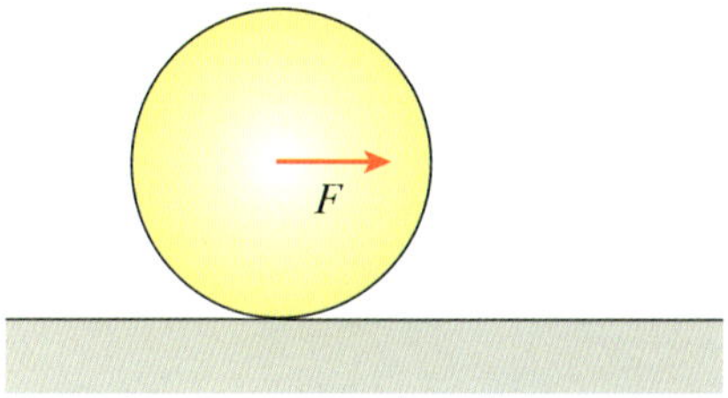

그림 7-51

7.22 [그림 7−52]와 같이 질량이 500 kg이고 평균 반경이 0.5 m인 콘크리트 기둥을 실은 트럭이 3 m/s^{2}의 가속도로 달리고 있다. 만약 이 기둥이 트럭 위에서 미끄러짐 없이 회전운동만 한다고 할 때, 이 기둥의 각가속도를 구하시오. 7.5절, 7.6절

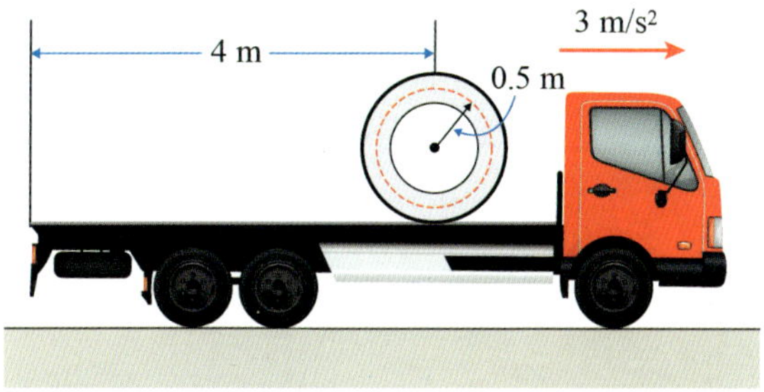

그림 7-52

우리가 자주 접하는 놀이기구인 롤러코스터는 출발 후 아무런 외부 동력 없이도 회전 및 비틀기를 하고 떨어졌다 올라가기도 하는 등 다양한 운동을 보여준다. 어떻게 외부 동력 없이도 이와 같은 다양한 운동을 할 수 있는 것일까? 그 답은 강체의 일-에너지 원리를 이해하면 간단히 찾을 수 있다. 높은 곳에서 출발한 롤러코스터의 위치에너지는 낮은 높이에서 운동에너지로 변환되고 일부는 레일 및 휠의 마찰력의 일로 변환되면서 운동이 계속된다. 이처럼 일이 에너지로, 에너지가 다시 일로 변화하는 관계를 익힘으로써 강체의 운동역학을 이해할 수 있다. 이를 위해 이 장에서는 강체의 일-에너지 원리에 대해 알아볼 것이다.

CHAPTER

08

강체의 운동역학 : 일과 에너지

Kinetics of Rigid Body : Work and Energy

학습목표

- ✔ 강체의 운동 시 다양한 일에 대한 정의 및 계산법을 알아본다.
- ✔ 강체의 위치 변화, 속도 변화 등에 따른 에너지 변화를 정의한다.
- ✔ 강체가 일을 수행하면서 에너지 변화가 발생하고, 에너지가 보존된 시스템에서 일-에너지 관계가 보존됨을 이해한다.

SECTION 8.1

강체의 일-에너지 개요

✔ 질점 시스템이 한 일에 대한 개념과 한 일에 대해 복습해본다.
✔ 질점 시스템에서 발생하는 다양한 에너지에 대해 복습해본다.
✔ 질점 시스템에서 일-에너지 원리를 바탕으로 강체의 일-에너지 원리 개념을 이해한다.

7장에서 강체의 힘과 모멘트의 관계를 알아보았고, 힘과 모멘트는 크기와 방향을 가지는 벡터 성분임을 알았다. 이 사실을 통해 $F = m\text{a}$ (또는 $M = I\alpha$)에 의해 기본적으로 가속도 및 각가속도 벡터와의 관계를 구하는 문제를 풀이하였다. 그러나 이러한 **벡터 물리량**은 방향과 크기를 가지므로 방향 설정이 잘못된 경우에는 강체의 운동역학을 해석할 때 잘못된 풀이를 만들곤 한다. 이러한 오류를 줄이면서 보다 쉽게 강체의 운동을 해석할 수 있는 기법이 일-에너지 원리이다. 일과 에너지는 벡터량이 아닌 **스칼라 물리량**으로 단지 크기만 존재하므로 방향에 대한 고민을 하지 않아도 된다. 일과 에너지는 힘과 모멘트를 한 번 적분해서 얻는 물리량으로 기본적으로는 가속도를 한 번 적분한 속도를 기반으로 한 강체의 운동역학을 해석하는 기법이다. 강체의 일-에너지 원리도 앞서 배운 질점의 일-에너지 원리와 거의 유사하므로 먼저 질점의 일-에너지 원리에 대한 복습을 통해 이 개념을 이해하도록 한다.

8.1.1 질점의 일-에너지 원리 복습

강체의 운동을 분석하는 방법을 배우기 전에 앞서 4장에서 학습했던 일과 에너지에 대해 간략히 복습해보자. 강체의 일-에너지 원리도 질점의 **일-에너지 원리**work-energy principle와 동일하기 때문이다. 다만 6장에서 언급했듯이 질점과 비교해서 강체는 자기 자신의 회전운동이 포함된다는 차이만 있을 뿐이다. 그래서 강체의 일-에너지 원리는 질점의 일-에너지 원리에 강체의 회전운동에너지와 모멘트가 한 일을 포함하면 된다. 4장에서 질점의 운동을 일-에너지 원리를 이용하여 분석하였다. 우선 한 개의 질점이 평면에서 [그림 8-1]과 같이 점 1에서 점 2로 이동하였을 경우 질점이 한 일은 식 (8.1)과 같다. 이 식에서 보는 것과 같이 질점이 한 전체의 일은 질점에 작용하는 합력($F_t = \sum F$)과 이동한 거리의 곱으로 표시할 수 있다.

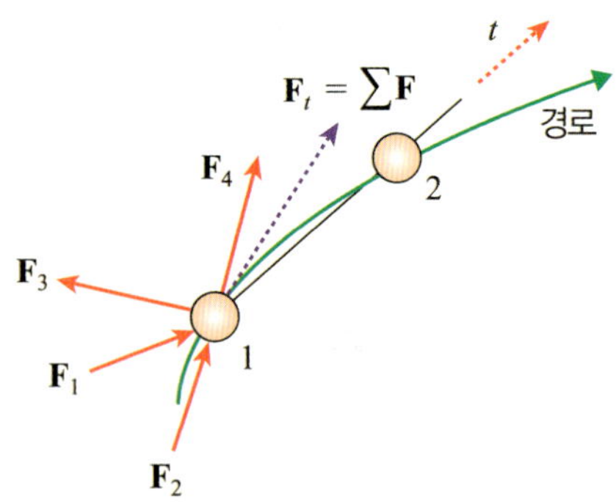

그림 8-1 질점에 작용하는 힘과 일의 관계

$$W = \int_1^2 F_t \cdot d\text{r} \tag{8.1}$$

또한, 이 질점이 점 1에서 점 2로 이동하기 위해 운동을 한 경우에는 운동에너지의 변화 또는 위치에너지의 변화, 또는 둘 다의 변화가 있을 것이다. 이것을 수식으로 나타내면 식 (8.2)~(8.4)와 같다. 식 (8.2)와 같이 질점의 **운동에너지**는 질점의 질량과 속도의 제곱에 비례한다. 뒤에 더 설명하겠지만, 강체의 경우에서도 운동에너지는 질량과 속도의 제곱에 비례한다. 이때 강체에서의 속도는 질량중심의 속도를 사용하여 표시할 수 있다. 기계 시스템에서 **위치에너지**가 발생하는 경우는 크게 중력과 관련되어 높이 변화가 있는 경우(식 (8.3))와 스프링 요소가 늘어나고 줄어드는 경우(식 (8.4))가 있다. 식 (8.3)과 같은 중력에 의한 위치에너지는 쉽게 생각하면 중력이 한 일이 된다. 즉 [그림 8-2(a)]와 같이 중력(mg)과 이동한 거리(h)의 곱으로 표시된다. 식 (8.4)의 스프링에 의한 위치에너지는 [그림 8-2(b)]에서와 같이 탄성력(kx)이 늘어난 거리(x)만큼 이동했기 때문에 이에 대해 적분을 하여 구할 수 있다.

$$E = \frac{1}{2}mv^2 \tag{8.2}$$

$$E = mg\Delta h \text{ (중력에 의한 위치에너지)} \tag{8.3}$$

$$E = \frac{1}{2}kx^2 \text{ (스프링에 의한 위치에너지)} \tag{8.4}$$

[그림 8-2]는 질점의 **중력에 의한 위치에너지**와 **스프링에 의한 위치에너지**를 보여준다. 앞서 언급한 것과 같이 중력에 의한 위치에너지는 중력이 한 일과 같고 스프링에 의한 위치에너지는 탄성력이 한 일과 같다. 이는 작용하는 힘이 이동한 거리의 적분을 사용하여 유도할 수 있다.

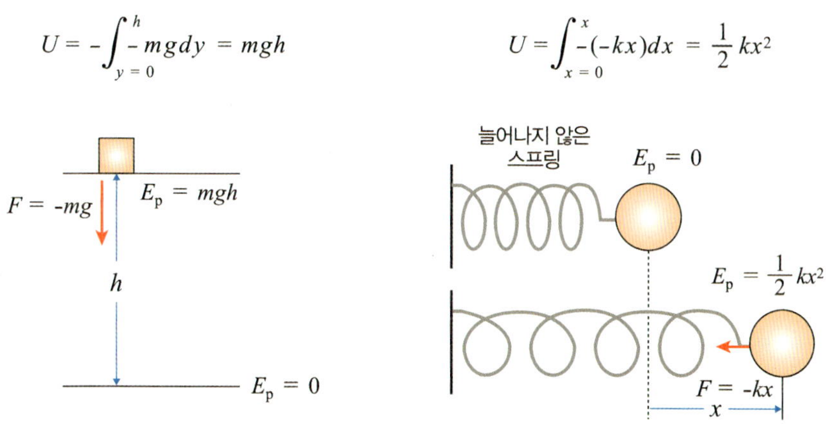

(a) 중력에 의한 위치에너지 (b) 탄성력에 의한 위치에너지

그림 8-2 질점의 중력에 의한 위치에너지와 스프링에 의한 위치에너지

이제 복수 개의 질점에 대한 일–에너지 원리에 대해서 복습해보자. [그림 8–1]과 같이 운동하는 질점이 복수 개가 있다고 하면, 복수 개의 질점에서 일은 각각의 질점에 작용하는 힘의 방향으로 질점이 움직인 거리를 곱하여 표현할 수 있다. 식 (8.5)는 복수 개의 질점이 1의 위치에서 2의 위치로 이동했을 때의 일을 나타낸다.

$$U_{1\to2} = \Sigma \int \mathrm{F} \cdot d\mathrm{r} \tag{8.5}$$

또한, 복수 개 질점의 운동에너지와 중력에 의한 위치에너지도 각각의 질점들의 운동에너지와 위치에너지의 합으로 표현이 가능하여 식 (8.6)과 (8.7)로 표현할 수 있다. 앞서 언급한 것과 같이 운동에너지는 질점의 운동 속도의 제곱에 비례하고, 중력에 의한 위치에너지의 경우 위치(변위) 변화에 비례하여 발생한다.

$$T = \Sigma \frac{1}{2} m_i v_i^2 \tag{8.6}$$

$$V_g = \Sigma m_i g \Delta h \tag{8.7}$$

이러한 질점에서 발생한 일과 에너지는 서로 같은 물리량이며 에너지가 보존되는 시스템에서는 일의 변화량과 에너지의 변화량이 같다. 즉 시점 1에서 시스템이 가지고 있는 에너지에 일이 발생하여 시점 2로 운동을 하면 시점 1에서의 에너지와 추가된 일은 시점 2에서 그 시스템이 가지고 있는 에너지와 항상 같다. 이를 **일–에너지 원리**라고 하며 식 (8.8)과 같다. 여기서 1과 2는 일이 발생하기 전과 후를 나타낸다.

$$T_1 + V_1 + \Sigma U_{1\to2} = T_2 + V_2 \tag{8.8}$$

이러한 일–에너지 원리는 강체의 경우에서도 똑같이 적용된다. 대신 강체의 운동에너지는 질점과는 다르게 회전에 의한 운동에너지가 추가적으로 포함되고, 강체의 운동을 대표하는 질량중심의 속도 및 위치 변화를 통해 운동에너지와 위치에너지를 결정할 수 있다. 즉 강체에서의 운동에너지와 중력에 의한 위치에너지는 각각 식 (8.9), (8.10)과 같이 표현할 수 있다.

$$T = \frac{1}{2} m v_{\mathrm{G}} + \frac{1}{2} I_{\mathrm{G}} \omega^2 \tag{8.9}$$

$$V_g = mg\Delta h_{\mathrm{G}} \tag{8.10}$$

또한 강체의 일은 질점과는 다르게 외부 힘에 의해서 직선으로 이동한 거리뿐만 아니라, 회전에 의해 발생한 일(각도의 이동)도 포함된다. 즉 회전의 힘이 모멘트이고 이동거리가 각도이므로 강체의 회전에 대한 일은 식 (8.11)과 같이 표현할 수 있다.

$$U_r = \int_1^2 M d\theta \tag{8.11}$$

그럼, 이러한 강체의 일–에너지 원리에 대해 다음 절에서 조금 더 자세히 알아보자.

SECTION 8.2

강체의 운동에너지와 한 일

✔ 강체의 위치 변화, 속도 변화에 따른 에너지 변화를 알아본다.
✔ 강체의 운동에 따른 한 일에 대해 알아본다.

8.1절에서 질점에 대해 복습하며 알아보았듯이, 강체에서도 질점과 같이 다양한 요소에 따른 일(평면에서의 일, 중력이 한 일, 탄성요소(스프링)가 한 일)이 발생한다. 또한 강체는 질점과 다르게 속도에 의한 병진에너지 변화뿐만 아니라, 회전운동 시 회전속도(각속도)에 의한 회전운동에너지도 포함한다. 이 절에서는 강체의 다양한 형태의 운동에너지 개념을 살펴보고, 다양한 형태의 일에 대한 운동역학을 배운다. 또한 강체의 일반적인 평면운동은 병진운동과 회전운동을 가지고 있는데, 이를 더욱 쉽게 표현하기 위해 7장에서 배운 순간중심을 이용한 회전운동만으로 고려한 회전운동에너지 분석도 진행해 본다.

8.2.1 강체의 운동에너지

[그림 8-3(a)]의 시스템에 대해서는 7장의 7.3절에서 강체의 순수 병진운동을 통해 이미 배웠다. 순수 병진운동의 경우 회전운동이 없기 때문에 회전각속도는 $\omega = 0$이고, 이 **강체의 운동에너지**는 식 (8.12)와 같다. [그림 8-3(b)]와 같이 한 점이 고정된 강체 시스템이 회전운동을 하고 있을 때 고정점 O에서는 회전운동만 있기 때문에 병진운동의 속도 성분 $v = 0$이고, 운동에너지는 식 (8.13)과 같다. [그림 8-3(c)]는 강체의 일반적인 평면운동을 나타내고 이 경우 강체는 회전운동과 병진운동을 함께 하기 때문에 식 (8.14)를 이용하여 운동에너지를 표현할 수 있다. 단, 6장에서 배운 것과 같이 강체 운동의 순간중심을 활용하여 순수 회전운동으로 표현할 수 있고, 이것에 대한 운동에너지는 식 (8.15)와 같이 표현할 수 있다.

$$T = \frac{1}{2} m v_G^2 \qquad \text{(순수 병진운동의 운동에너지)} \qquad (8.12)$$

$$T = \frac{1}{2} I_{\mathrm{O}} \omega^2 \qquad \text{(순수 회전운동의 운동에너지)} \qquad (8.13)$$

$$T = \frac{1}{2} m v_{\mathrm{G}}^2 + \frac{1}{2} I_{\mathrm{G}} \omega^2 \qquad \text{(일반적인 평면운동의 운동에너지)} \qquad (8.14)$$

$$T = \frac{1}{2} I_{\mathrm{I.C}} \omega^2 \qquad \text{(순간중심에서 운동에너지)} \qquad (8.15)$$

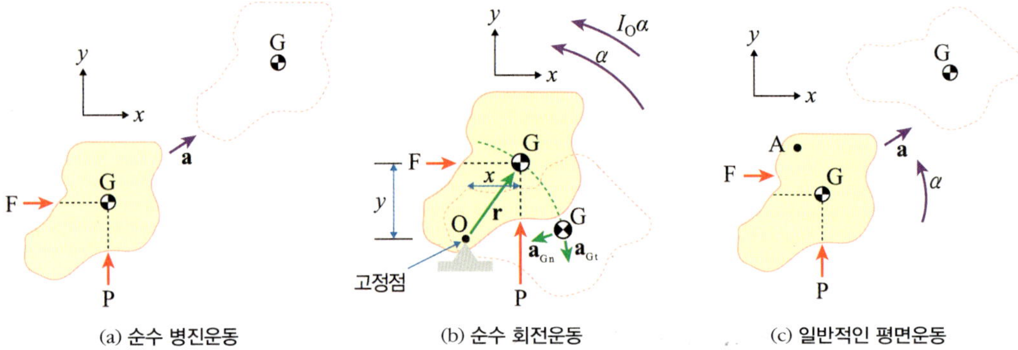

그림 8-3 강체의 다양한 운동

8.2.2 강체가 한 일

[그림 8-4]와 같이 블록에 θ의 각도로 외부에서 F 라는 힘이 가해졌다고 생각해보자. 이 힘에 의해 블록이 오른쪽으로 s만큼 이동하였을 경우 외부 힘 F 에 의해 발생한 일의 양은 식 (8.16)과 같이 정의된다. 일은 힘의 방향과 같은 방향으로 강체가 이동한 거리의 곱으로 표현된다. 우선 y 방향으로는 어떠한 이동도 없었기 때문에 y 방향에 대한 F의 일은 0이다. 또한 x 방향으로 가해진 실제 순수 힘은 $F\cos\theta$가 되고, 이동거리가 s이기 때문에 식 (8.16)과 같이 표현할 수 있다. 식에서 F는 힘 F 의 크기를 나타낸다.

$$U_F = \int_0^s F\cos\theta\, ds = F\cos\theta \cdot s \tag{8.16}$$

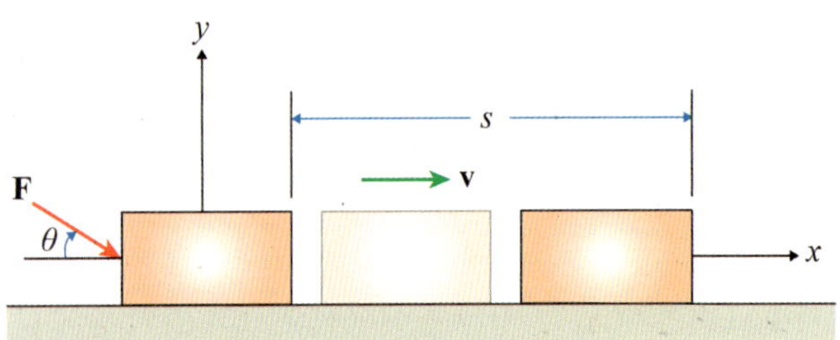

그림 8-4 평면 블록에 가해진 힘에 의한 일

또 다른 일의 예로 중력이 한 일의 경우를 살펴보자. [그림 8-5]는 중력에 의해 강체가 A 위치에서 B 위치로 이동한 경우를 보여준다. 앞서 언급한 것과 같이 일은 힘의 방향과 이동방향이 같은 경우에 대해서만 정의되므로 이 문제는 수직으로 Δy만큼 이동한 거리와 중력의 곱으로 표현될 수 있다. 식 (8.17)은 이러한 중력에 의해 이루어진 일을 나타낸다. 식에 (+)가 붙은 것은 중력이 작용하는 방향과 이동거리의 방향이 반대이기 때문이다. 반대로 B 위치에 있던 물체가 A 위치로 이동했다고 하면 이동한 거리와 힘의 방향이 같기 때문에 식 (8.17)의 부호는 (−)가 될 것이다. 이때 식의 W는 [그림 8−5]의 벡터 W 의 크기이다.

$$U_F = -W\Delta y = -mg\Delta y \tag{8.17}$$

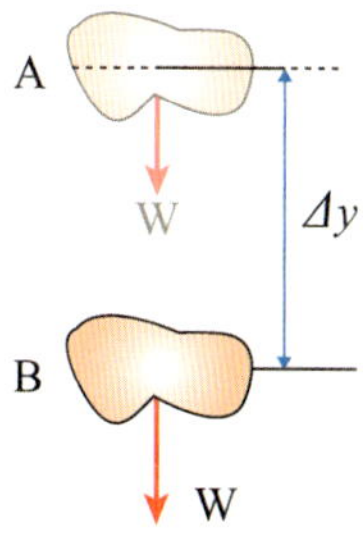

그림 8-5 중력이 한 일

앞서 언급한 것과 같이 강체의 경우에는 회전운동에 의해 발생한 일이 있다. 일에 대한 정의가 작용한 힘과 이동거리의 곱으로 표현되는 것과 같이, '회전운동에 의한 일'은 회전운동을 일으키는 힘인 모멘트와 이 모멘트에 의해 이동한 거리, 즉 각도의 곱으로 정의된다. [그림 8-6]과 같이 한 점에 고정된 봉이 수직으로 있다가 90° 이동하여 수평하게 되었다면 이때 발생한 일은 식 (8.18)과 같이 표현될 수 있으며, 이 식에 의해 이루어진 일은 $\frac{\pi}{2}M$이 된다.

$$U_M = \int_{\theta_1}^{\theta_2} Md\theta = M(\theta_2 - \theta_1) \tag{8.18}$$

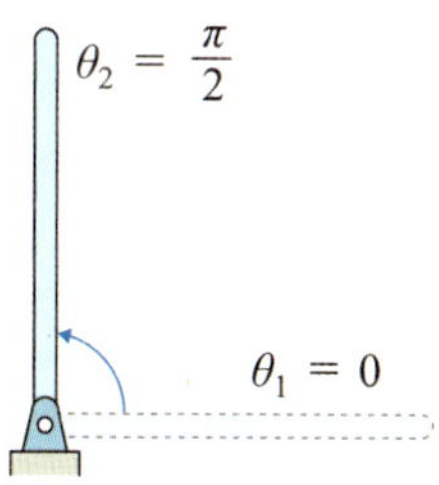

그림 8-6 회전운동이 한 일

다음으로 스프링에 의한 일에 대해 살펴보도록 하자. [그림 8-7]은 스프링에 의해 이루어진 일을 나타낸다. [그림 8-7]과 같이 스프링이 s만큼 이동하는 동안 탄성력은 거리에 비례하여 계속적으로 증가한다. 따라서 이러한 스프링에 의한 일은 앞의 예시들과 다르게 거리가 변화함에 따라 힘이 변하는 경우가 된다. 일에 대한 정의에 의해 식 (8.1)에 힘에 탄성력을 넣고 작용하는 거리로 적분하면 스프링에 의한 일은 식 (8.19)와 같이 유도할 수 있다.

$$U_F = \int_0^s -kx \cdot dx = -\frac{1}{2}k(s^2 - 0^2) = -\frac{1}{2}ks^2 \tag{8.19}$$

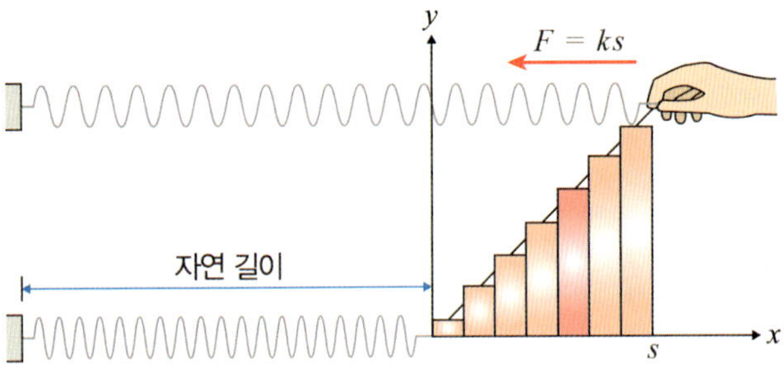

그림 8-7 스프링에 의해 이루어진 일

이상으로 강체에 작용하는 힘들과 이에 대한 일에 대해서 알아보았다. 이 이외에도 강체로 모델링된 다양한 시스템에서 일-에너지 원리를 사용할 수 있다. 예를 들어 만유인력이 작용하는 우주나 전하들이 가지는 위치에너지인 전자기력 등이 그 예이다. 그런 경우에는 앞서 정의된 일의 정의 식을 바탕으로 작용하는 힘과 거리를 적분해보면 작용하는 일을 쉽게 구할 수 있다.

예제 8-1 빗면 블록이 한 일

[그림 8-8]에서와 같이, 질량 10 kg인 블록이 빗면과 10° 각도로 작용하는 $P = 300$ N의 힘으로 경사도 30°인 빗면을 따라 끌려 올라간다. 이때 빗면과 블록 사이에 작용하는 운동마찰계수는 0.12이다. 작용하는 힘 P에 의해 블록이 빗면을 따라 2 m를 이동했을 때 한 일을 구하시오.

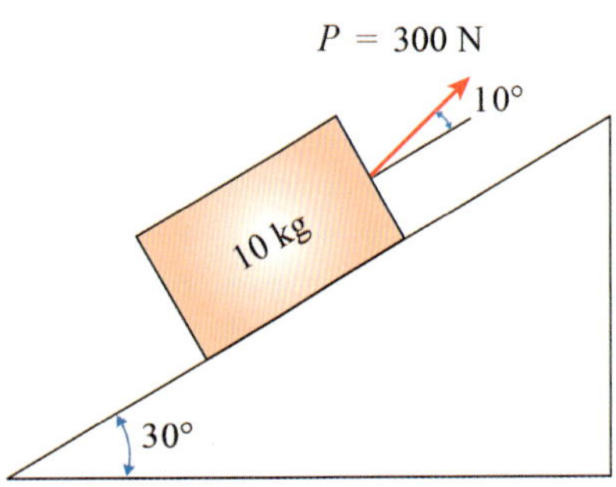

그림 8-8 빗면을 따라 올라가는 블록의 일

분석

- 빗면에서 블록에 작용하는 힘들에 대한 자유물체도(FBD)를 구한다.
- 블록이 빗면을 따라 올라가므로 힘이 작용하는 방향과 블록이 움직이는 방향은 같다. 따라서 블록에 작용한 일의 부호는 (+)이다.

풀이

- 먼저 블록이 빗면을 따라 올라가기 때문에 편의상 빗면과 평행한 축을 x로, x에 수직인 축을 y로 정의한다. 이 좌표계에 대해 빗면에 작용하는 힘 P와 이 블록에 작용하는 힘들의 자유물체도를 그리면 [그림 8-9]와 같다. 이 힘들을 x, y 방향으로 분해해보자.

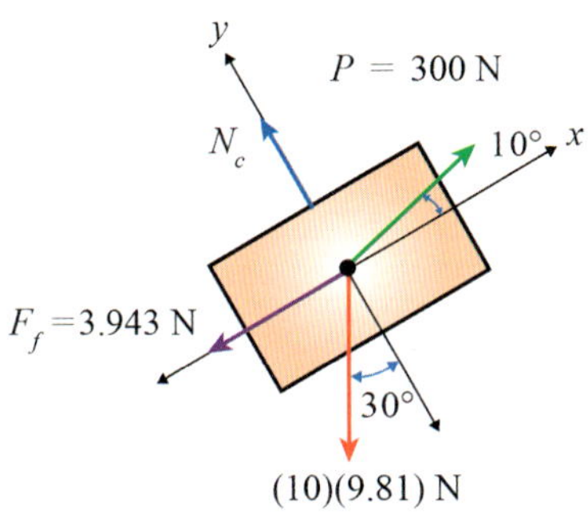

그림 8-9 빗면을 따라 올라가는 블록의 자유물체도

- [그림 8-9]의 x 방향의 힘에는 끌어당기는 힘 P와 마찰력, 그리고 중력에 의해 미끄러져 내려가려는 힘이 있고, y방향에는 수직항력 N_c와 중력과 힘 P에 의한 y방향 성분이 있다. 이제, $\theta = 10°$, $\phi = 30°$라 하고, y 방향은 운동이 없으므로 마찰력을 구하기 위해 y 방향에 대한 힘의 평형 법칙을 이용하면 다음과 같다.

$$\Sigma F_y = -mg\cos\phi + P \cdot \sin\theta + N_c = 0 \tag{1}$$

식 (1)로부터 N_c는 다음과 같이 계산된다.

$$N_c = mg\cos\phi - P \cdot \sin\theta = (10)(9.81)(\cos 30°) - 300(\sin 10°) = 32.86\,\text{N}$$

따라서 마찰력을 F_μ라 하면, $F_\mu = \mu_k N_c = (0.12)(32.86\,N) = 3.943\,\text{N}$이 된다. 한편, 마찰력 외의 x 방향에 대한 힘은 $P\cos 10° = 300\cos 10° = 295.44\,\text{N}$과 중력에 의한 x 방향 성분 $-mg\sin 30° = -(10)(9.81)(0.5) = -49.05\,\text{N}$이 있다.

- 이 시스템에는 y 방향으로 움직인 거리가 0이기 때문에 y 방향의 힘이 한 일은 0이 된다. 이제, 마찰력에 의한 일을 U_{F_μ}, 중력의 x 방향 성분에 의한 일을 U_W, P의 x 방향 성분에 의한 일을 U_P라 하면 전체 일은 다음과 같다.

$$U = U_P + U_W + U_{F_\mu} = 295.44(2) - 49.05(2) - 3.943(2) = 484.89\,\text{J}$$

고찰

- 힘이 작용하는 방향과 이동거리가 수직인 경우에 한 일은 0이고, 힘의 작용방향과 이동방향이 같은 경우에만 일이 정의된다.

SECTION 8.3

강체의 일-에너지 원리

- 강체가 일을 하기 전에 강체가 가진 에너지와 일에 의해 변화된 상태에서의 에너지와의 관계를 분석한다.
- 강체의 병진에너지와 회전에너지의 합이 초기 위치와 최종 위치에서 보존됨을 확인한다.
- 강체의 에너지와 일의 관계를 알아보고, 상태 변화에 따라 이들의 관계가 일정함을 알아본다.

이 절에서는 8.1절에서 복습한 질점의 일-에너지 보존 원리를 바탕으로 **강체의 일-에너지 원리**에 대해 알아본다. 상태 1에서 강체가 가지고 있던 에너지(병진에너지, 회전에너지)에 강체가 일을 함으로써 에너지의 변화가 발생하고 다음 상태 2에서 이 강체가 가지는 에너지의 변화가 발생한다. 이러한 강체의 일은 다양한 형태로 발생하고 에너지 역시 병진 및 회전에 대한 에너지를 동시에 고려함으로써 에너지가 보존되는 시스템에서 에너지의 변화량은 이 강체가 한 일의 양과 같음을 알아본다.

8.3.1 강체의 일-에너지 보존

강체가 상태 1에 있을 때 강체는 그 상태에서의 에너지를 가진다. 만약 강체가 정지해 있다면 운동에너지가 0일 것이고, 높이가 0인 곳에 있다면 위치에너지도 0일 것이다. 상태 1에서 강체가 다음 상태 2로 가기 위해서는 상태 변화에 따른 에너지의 변화가 있었을 것이다. 간단한 예로 자동차가 100 km/h로 직선운동을 하고 있다가 브레이크를 밟아 속도가 50 km/h로 줄었다면, 높이의 변화가 없다고 할 때 위치에너지의 변화는 없었기 때문에 0이 되고, 상태 1인 100 km/h 때 가지고 있던 운동에너지와 다음 상태 2인 50 km/h 때 가지고 있는 운동에너지는 다를 것이고, 이 사이의 변화된 운동에너지는 자동차 브레이크에 의해 발생한 마찰력이 바닥에 한 일이 된다. 이 내용을 다시 정리해 보면, 자동차가 상태 1에 가지고 있던 운동에너지와 바닥에 한 일은 다음 상태 2에서의 운동에너지가 됨을 알 수 있다. 이를 식으로 정리하면 식 (8.20)과 같다.

$$T_1 + \sum U_{1\to 2} = T_2 \tag{8.20}$$

앞에 든 예는 중력에 의한 일이 없는 순수 병진운동을 하는 자동차의 경우로, 어떤 시스템이 중력에 의한 일 및 다른 일들이 포함된다면 이러한 일들을 모두 포함하여 식 (8.20)을 적용하면 된다. 또한 식 (8.20)의 경우는 적용하는 시스템의 모든 에너지가 보존되는 시스템에 한해서만 가능하다. 다만 이 책에서 고려하는 모든 상황은 이러한 에너지가 보존되는 시스템이므로 보존이 안 되는 경우는 고려할 필요는 없다.

식 (8.21)은 하나의 강체가 일반적인 평면운동을 할 경우에 일-에너지 원리를 나타낸다. 순수 병진운동($\omega = 0$) 및 순수 회전운동($v = 0$)인 경우는 식 (8.21)에서 각속도와 속도를 운동특성을 고려하여 적용하면 된다.

$$\frac{1}{2}mv_1^2 + \frac{1}{2}I\omega_1^2 + \sum U_{1\to 2} = \frac{1}{2}mv_2^2 + \frac{1}{2}I\omega_2^2 \tag{8.21}$$

시스템이 하나의 강체가 아닌 두 개로 이뤄졌을 경우에는 식 (8.22)를 사용하여 풀면 된다. 강체가 3개 이상으로 늘어나는 시스템에 대해서는 식 (8.22)를 확장하여 식 (8.23)과 같이 사용하면 된다. 두 식에서 $i,1$과 $i,2$는 강체 i의 일이 발생하기 전과 후의 물리량을 나타낸다.

$$\begin{aligned}&\frac{1}{2}m_1v_{1,1}^2 + \frac{1}{2}I_1\omega_{1,1}^2 + \frac{1}{2}m_2v_{2,1}^2 + \frac{1}{2}I_2\omega_{2,1}^2 + \sum U_{1\to 2}\\&= \frac{1}{2}m_1v_{1,2}^2 + \frac{1}{2}I_1\omega_{1,2}^2 + \frac{1}{2}m_2v_{2,2}^2 + \frac{1}{2}I_2\omega_{2,2}^2\end{aligned} \tag{8.22}$$

$$\sum_{i=1}^{n}\left(\frac{1}{2}m_iv_{i,1}^2 + \frac{1}{2}I_i\omega_{i,1}^2\right) + \sum U_{1\to 2} = \sum_{i=1}^{n}\left(\frac{1}{2}m_iv_{i,2}^2 + \frac{1}{2}I_i\omega_{i,2}^2\right) \tag{8.23}$$

예제 8-2 블랙홀과 화이트홀 운동

[그림 8-10]은 우주에서 최근 발견된 블랙홀과 화이트홀 사이의 관계를 보여준다. 블랙홀은 강력한 중력장으로 우주의 물체를 빨아들이고, 이 빨아들인 물체는 블랙홀과 화이트홀 사이의 공간(웜홀)을 지나 화이트홀로 나오게 된다. 물체가 블랙홀로 들어갈 때 처음속도가 0이고 블랙홀 내부의 중력장에 의한 힘의 크기는 F라고 할 때, 블랙홀에 빨려든 구형 물체(질량 m, 반경 r)가 화이트홀을 빠져나갈 때의 속도를 구하시오. 단, 웜홀에서 움직이는 물체는 직선운동만 한다고 가정한다.

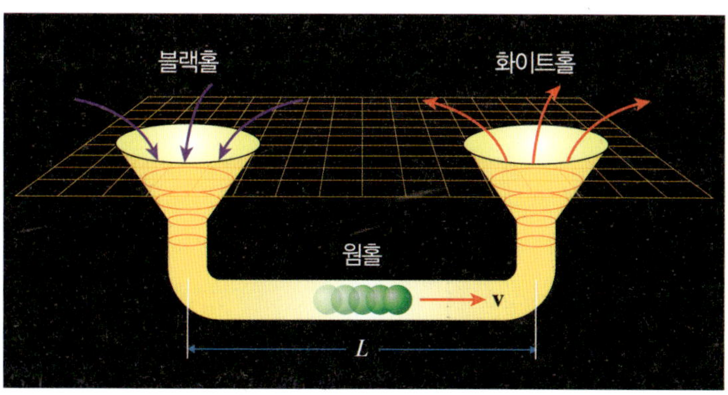

그림 8-10 블랙홀과 화이트홀 내부의 강체 운동

분석

- 식 (8.20)과 식 (8.21)을 참고하여 풀이한다.
- 블랙홀에 들어온 구형 물체는 회전이 없기 때문에 내부에서 작용한 일은 중력장이 한 일임을 고려한다.

풀이

- 블랙홀과 화이트홀 내부에서 작용하는 중력장이 한 일은 $F \cdot L$이다.
- 중력장이 한 일과 그 물체의 운동에너지의 변화량은 같기 때문에 이에 대한 일-에너지 원리를 적용하면 다음 식과 같다.

$$0 + F \cdot L = \frac{1}{2}mv^2$$

위의 식을 이용해 화이트홀로 빠져나가는 상태에 대한 속도를 구하면 다음과 같이 유도할 수 있다.

$$v = \sqrt{\frac{2FL}{m}}$$

고찰

- 우주공간에는 중력이 없지만, 우주에 작용하는 어떤 힘과 그 힘에 의해서 이동한 거리를 곱하면 그 힘이 한 일이 된다.
- 일-에너지 원리는 다양한 분야에 적용할 수 있다.

예제 8-3 빗면을 따라 구르는 공

질량이 6 kg이고 반경이 0.2 m인 공이 [그림 8-11]과 같은 빗면에 놓여 있다. 이 공이 빗면 위에서 굴러 떨어질 때 빗면의 바닥에서의 속도는 얼마인가? 단, 공은 미끄러짐이 없이 회전운동만을 하고, 공과 빗면의 마찰력은 무시한다.

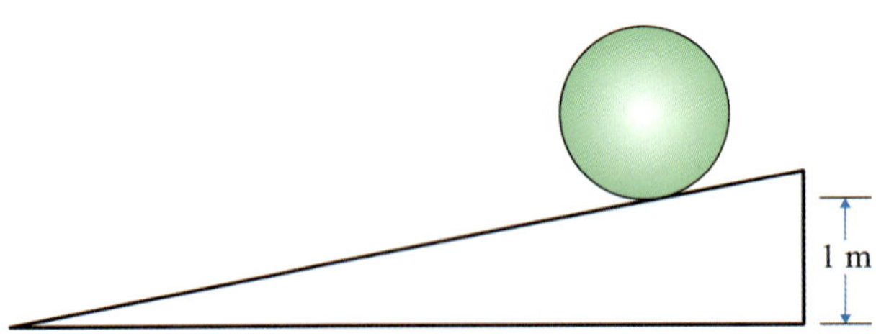

그림 8-11 빗면을 따라 내려오는 공 운동

분석

- 식 (8.20)과 식 (8.21)을 참고하여 풀이한다.
- 미끄러짐이 없기 때문에 빗면에서 공은 회전운동, 공의 중심은 속도 v로 직선운동을 한다.
- 빗면과 맞닿는 공의 위치의 순간속도는 0이므로 이를 이용한다.

풀이

- 빗면과 공이 접촉하는 점은 순간중심이 된다. 그러므로 공 중심의 수평속도는 순간중심을 이용하여 정의하면 $v = r\omega$가 된다.
- 이 공은 높이 1 m에서 0 m로 이동하기 때문에 중력에 의한 일이 발생한다. 빗면을 따라 내려오는 공의 순간중심을 이용하여 순수 회전운동으로 표현하면, 식 (8.15)를 이용하여 다음과 같이 일–에너지 원리를 적용할 수 있다.

$$0 + mg\Delta h = \frac{1}{2}I\omega^2 + \frac{1}{2}mv^2 = \frac{1}{2}I\left(\frac{v}{r}\right)^2 + \frac{1}{2}mv^2$$

위의 식을 바탕으로 빗면의 끝에 내려왔을 때 공의 속도(v)는 다음과 같이 계산할 수 있다.

$$v = \sqrt{\frac{2mg\Delta h}{I/r^2 + m}} = \sqrt{\frac{2(6)(9.81)(1)}{0.096/(0.2)^2 + 6}} = 3.74\ \mathrm{m/s} \quad \left(I = \frac{2}{5}mr^2\right)$$

고찰

- 일반적인 경우 빗면과 공 사이에 마찰력이 작용한다. 마찰력이 작용한다고 할 때, 위에서 구한 최대 속도가 커지는지 작아지는지에 대해 생각해보자.

예제 8-4 톱니바퀴의 운동

핀 지지대에서 자유롭게 회전할 수 있는 기어 A, B의 질량 관성모멘트는 각각 $I_A = 0.004\ \mathrm{kg \cdot m^2}$, $I_B = 0.010\ \mathrm{kg \cdot m^2}$이다. 기어 B에 일정한 모멘트 $M = 3\ \mathrm{N \cdot m}$가 적용된 상태로 이 기어는 정지되어 있다. 마찰을 무시하고 일과 에너지 원리를 사용하여 기어 A가 50회전할 때 두 기어의 각속도를 각각 구하시오.

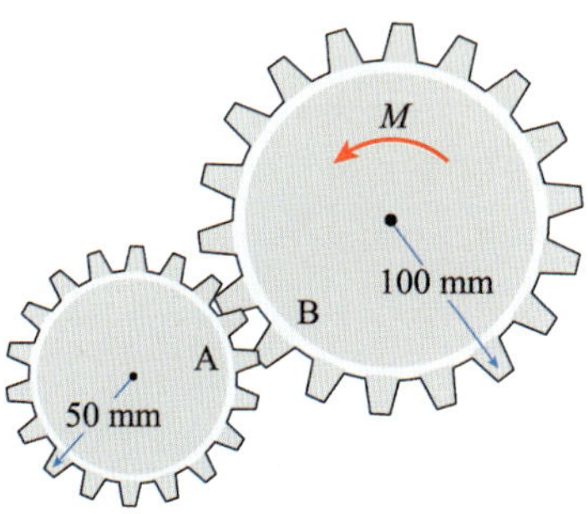

그림 8-12 두 톱니바퀴의 연동 운동

분석

- 식 (8.20)을 참고하여 풀이한다.
- 회전운동에 대한 일은 $U = M\theta$이고, 순수 회전운동의 운동에너지는 $\frac{1}{2}I\omega^2$임을 이용한다.

풀이

- 이 시스템은 순수 회전운동만을 하기 때문에 기어 B의 회전운동에 대한 일은 다음과 같다.

$$U = \int_0^{\theta_B} M d\theta = M\theta_B$$

기어 B는 반시계방향(양의 방향)으로 회전하고, 기어 A는 시계방향(음의 방향)으로 회전하기 때문에 기어 A가 50회전할 때의 총 이동각도는 다음과 같이 음의 값을 갖는다.

$$\theta_A = -2\pi(50) = -100\pi = 314.16 \text{ rad}$$

기어 A와 기어 B가 회전하는 각도는 같으므로($\theta_A = \theta_B$) 이 식을 이용해 기어 B가 한 일을 구하면 $U = M\theta_B = 3(314.16) = 942.48$ Nm이다.

- 이 시스템은 반경이 다른 기어 A와 기어 B가 연결되어 있지만, 회전 시 기어 A와 기어 B가 접촉한 부분의 선속도는 같다. 단, 기어 B가 반시계방향으로 회전하면 기어 A는 시계방향으로 회전하기 때문에 부호는 반대이다. 이 관계를 통해 기어 B의 회전각속도를 구하면 다음과 같다.

$$\omega_B r_B = -\omega_A r_A \Rightarrow \omega_B = -\left(\frac{r_A}{r_B}\right)\omega_A$$

- 이 시스템은 순수 회전운동만 존재하기 때문에 총 운동에너지는 $T = \left(\frac{1}{2}\right)I_A\omega_A^2 + \left(\frac{1}{2}\right)I_B\omega_B^2$이다. 이 시스템에 대해 일-에너지 원리를 적용하면 다음과 같다.

$$0 + U = \frac{1}{2}I_A\omega_A^2 + \frac{1}{2}I_B\omega_B^2$$

- 위의 식에 대해 앞서 유도한 기어 B의 각속도를 기어 A의 각속도로 표현한 식으로 대체하여 다음과 같이 최종 정리할 수 있다.

$$U = \left(\frac{1}{2}\right)\left(0.004 + \left(\frac{0.05}{0.1}\right)^2(0.01)\right)\omega_A^2 = 942.48 \text{ N}$$

위의 식을 통해 기어 A의 회전각속도를 구하면, $\omega_A = \pm\sqrt{289{,}993.85} = -538.51$ rad/s이다. 기어 B에 가해진 모멘트의 방향이 +이므로 기어 A의 각속도는 −가 된다. 또한 기어 B의 각속도는 앞서 유도한 기어 A와의 각속도 관계식에 의해 $\omega_B = -\left(\frac{0.05}{0.1}\right)\omega_A = 269.26$ rad/s임을 알 수 있다.

고찰

- 기계 시스템에서 많이 사용하는 기어와 같이, 순수 회전운동만 수행하는 회전기기에 위의 풀이를 잘 적용해보자.
- 기계 시스템에서 순수 회전운동을 하는 예들과 매개변수를 조사하고, 위의 식을 적용하여 회전각속도를 계산해본다.

예제 8-5 기차 바퀴의 운동

[그림 8-13]은 질량 4 kg로 같은 두 개의 바퀴가 2.5 kg의 봉에 의해 연결된 시스템이다. 연결 봉이 바퀴의 최상단에 올라왔을 때 순간적으로 정지하도록 하기 위해 요구되는 바퀴의 최소 초기속도는 얼마인가? (단, 바퀴의 질량 관성모멘트 $I = \frac{1}{2}mr^2$)

그림 8-13 기차의 연결 바퀴 운동

분석

- 두 바퀴가 회전운동하면서 연결 봉의 높이의 변화가 발생하며, 이는 연결 봉의 위치에너지의 변화를 가져온다.
- 강체의 일반적인 평면운동을 하는 일–에너지 원리에서 회전운동을 하는 경우는 회전에너지를 포함하고, 회전운동이 없는 경우는 회전운동에너지를 0으로 놓고 풀이한다.

풀이

- 이 시스템에 대한 일–에너지 보존 원리를 정의하면 다음 식과 같다. 여기서 KE는 시스템의 운동에너지를 나타내며, PE는 위치에너지를 나타낸다.

$$KE_1 + PE_1 + U_{1\to2} = KE_2 + PE_2$$

- 위의 일–에너지 원리에 본 시스템의 운동특성을 적용하면 다음 식과 같이 정리할 수 있다. 여기서 m_A와 m_B는 바퀴의 질량과 연결 봉의 질량, I_A는 바퀴의 질량 회전관성이고, v_1은 초기속도, v_2는 최종속도가 된다. 아래 식의 오른쪽 첫 항에 2가 곱해진 것은 바퀴가 2개이기 때문이다. 이때 식에서 아래 첨자 A는 바퀴를, B는 연결 봉을 가리킨다.

$$0 = 2\left[\frac{1}{2}m_A(v_2^2 - v_1^2) + \frac{1}{2}I_A(\omega_2^2 - \omega_1^2)\right]_A + \frac{1}{2}m_B(v_2^2 - v_1^2)_B + m_B g\Delta h$$

• 최종적으로 연결 봉이 최상단($\Delta h = 0.4$ m)에 위치할 때 바퀴 및 연결 봉은 순간정지 상태여야 하기 때문에 위의 식에서 $v_2 = 0$, $\omega_2 = 0$이 된다. 이것을 다시 정리하면 다음과 같다.

$$0 = -4v_{1,A}^2 - \frac{1}{2}mr^2\frac{v_{1,A}^2}{r^2} - \frac{1}{2}m_B\frac{1}{4}v_{1,A}^2 + m_B g\Delta h \quad \left(\omega_{1,A} = \frac{v_{1,A}}{r},\ v_{1,B} = \frac{1}{2}v_{1,A}\right)$$

• 이 식을 정리해서 초기 바퀴의 속도를 구하면 다음과 같이 최소 초기속도를 구할 수 있다.

$$0 = -4v_{1,A}^2 - \frac{4}{2}v_{1,A}^2 - \frac{1}{2}(2.5)\frac{1}{4}v_{1,A}^2 + (2.5)(9.81)(0.4)$$

$$v_{1,A} = 1.247 \text{ m/s}$$

고찰

• 두 개 이상의 연결된 시스템에서 운동에너지와 일과의 관계를 알아보고, 기계 시스템 중에서 이러한 예를 찾아보고 풀이해본다.

SECTION 8.4

일률과 효율

✔ 기계 시스템에서 일-에너지에 의한 일률의 개념을 알아본다.
✔ 기계 시스템에서 일과 일률에 의한 시스템의 효율의 개념을 알아본다.

이 절에서는 일-에너지 원리와 관련된 일률과 효율에 대해 알아본다. 여기서 말하는 일률은 일이 수행되었을 때 입력과 출력의 비율을 의미하고, 효율은 사용한 일 또는 일률 시스템의 입력과 출력의 퍼센트를 의미한다.

8.4.1 일률

어느 순간의 **일률**Power은 시간에 대한 일의 미분으로 식 (8.24)와 같이 정의된다. 일은 스칼라량이므로, 일의 시간에 따른 변화율인 일률도 스칼라량이다.

$$P = F \cdot v = \frac{dU}{dt}\ [\mathrm{N \cdot m/s = J/s = W}] \tag{8.24}$$

(일률) = (시간당 행한 일) = (기계의 용량(효율성))

만약 한 주기에 대한 평균적인 일률을 구하고자 한다면, 그 주기 동안 수행된 일을 측정하고 그것을 식 (8.25)와 같이 시간으로 나누면 된다. 여기서 강체에 대한 일은 8.2절에서 배운 것과 같이 병진운동에 대한 일과 회전운동에 대한 일이 모두 포함되어 식 (8.25)와 같이 풀어서 정의될 수 있다.

$$P_{\mathrm{ave}} = \frac{U}{t} = \frac{F \cdot \Delta d + M \cdot \Delta\theta}{t} \tag{8.25}$$

식 (8.25)를 병진속도와 회전속도로 나타내려면 거리(d)와 회전각도(θ)를 시간으로 나눈 값을 속도로 변경해주면 된다. 즉 식 (8.25)는 식 (8.26)과 같이 간략히 정리될 수 있다.

$$P_{\mathrm{ave}} = F\frac{\Delta d}{t} + M\frac{\Delta\theta}{t} = F \cdot v + M \cdot \omega \tag{8.26}$$

일반적으로 일률의 단위는 [W](와트)로 나타낸다. 1 W는 1 J/s(또는 1 N/m)이다. 또한 일률에 대한 다른 단위로는 hP(마력)를 사용하며 1 hp = 746 W이다.

8.4.2 효율

어떤 기계 시스템을 이용하여 일이나 일률을 계산하면 입력한 일(또는 일률)과 출력되는 일(또는 일률)의 차이가 발생한다. 이러한 차이는 기계 시스템이 운동 중에 열이나 마찰력 등에 의해서 에너지를 잃어버리기 때문이다. 시스템의 에너지는 항상 보존되기 때문에 이러한 에너지의 소모는 곧 출력의 감소로 나타나게 된다. 이러한 입력 대비 출력의 비를 퍼센트로 나타낸 것이 기계 시스템의 **효율**efficiency이다. 식 (8.26)과 같이 기계 시스템이 한 일률은 입력과 출력의 힘과 속도, 모멘트와 각속도의 곱으로 표현이 가능하여 식 (8.27)과 같이 정의될 수 있다.

$$\eta = \frac{U_o}{U_i} = \frac{P_o}{P_i} = \frac{F_o v_o + M_o \omega_o}{F_i v_i + M_i \omega_i} \tag{8.27}$$

기계 시스템의 열효율을 살펴보면, 가솔린 엔진의 경우 25~28 %이고 약 75 %는 열로 소모된다. 디젤 엔진의 열효율은 30~38 %로 가솔린보다 좋다. 즉 기계 시스템의 경우 열이나 마찰력으로 에너지 소모가 발생하기 때문에 이 효율을 100 %로 만드는 것은 불가능하다.

예제 8-6 기어박스의 일률과 효율

[그림 8-14]의 기어박스는 1,000 rpm의 속도로 회전하기 위해 30 N·m의 토크가 입력된다. 기어박스의 회전속도가 100 rpm일 때 출력이 200 N·m이다.

(a) 입력의 일률은 얼마인가?
(b) 출력의 일률은 얼마인가?
(c) 기어박스의 효율은 얼마인가?

그림 8-14 기어박스

분석

- 식 (8.26)을 통해 기어박스의 입력과 출력의 일률을 정의한다.
- 입력 시 일률과 출력 시의 일률을 바탕으로 이 시스템의 효율을 구한다.

풀이

- 먼저 이 시스템은 순수 회전운동만 하는 시스템임을 생각하고, 회전의 속도 rpm을 rad/s로 변환한다.

$$1{,}000\ \text{rpm} \Rightarrow 104.7\ \text{rad/s},\ \ 100\ \text{rpm} \Rightarrow 10.5\ \text{rad/s}$$

(a) 식 (8.26)과 식 (8.27)을 이용하여 일률과 효율을 계산한다. 먼저 입력 일률을 계산하면 다음과 같다.

$$P_i = M\omega = 104.7 \times 30 = 3{,}141\ \text{N}\cdot\text{m/s}$$

(b) (a)와 같은 방법으로 기어박스 시스템의 출력 일률을 계산하면 다음과 같다.

$$P_o = M\omega = 200 \times 10.5 = 2{,}100\ \text{N}\cdot\text{m/s}$$

(c) 기어박스의 효율을 구하기 위해 앞서 구한 입력 일률과 출력 일률의 비를 구하면 다음과 같다. 즉 본 기어박스의 경우 66.9 %의 효율을 가진 시스템이다.

$$\eta = \frac{P_o}{P_i} = 0.669 = 66.9\%$$

고찰

- 주변에서 병진운동과 회전운동을 같이 하는 시스템에 대한 일률과 효율을 구해본다.

CHAPTER 08 | 핵심요약

■ 강체의 운동에너지

강체의 운동에너지는 병진운동과 회전운동에 의한 에너지로 표현할 수 있다. 순수 병진운동의 경우 속도에 의한 운동에너지로 표현 가능하고, 순수 회전운동의 경우는 회전에 의한 각속도의 제곱의 항으로 표현할 수 있다. 강체의 일반적인 평면운동의 경우는 이러한 병진운동과 회전운동이 함께 포함되어 있으므로 전체 운동에너지에 이러한 두 가지 항을 포함하고 있다. 일반적인 평면운동의 표현법에서 강체 운동의 순간중심을 알면 평면운동을 순수 회전운동으로 표현할 수 있다.

- 순수 병진운동의 운동에너지 : $T=\frac{1}{2}mv_G^2$
- 순수 회전운동의 운동에너지 : $T=\frac{1}{2}I_O\omega^2$
- 일반적인 평면운동의 운동에너지 : $T=\frac{1}{2}mv_G^2+\frac{1}{2}I_G\omega^2$, $T=\frac{1}{2}I_{I.C}\omega^2$

■ 강체에 작용하는 힘이 한 일

- 수평면에 작용하는 힘에 의한 일 : $U_F=\int_0^s F\cos\theta\, ds = F\cos\theta\, s$
- 순수 회전운동에서 모멘트에 의한 일 : $U_M=\int_{\theta_1}^{\theta_2} Md\theta = M(\theta_2-\theta_1)$
- 중력에 의한 일(높이 변화) : $U_F=-W\Delta y=-mg\Delta y$
- 스프링의 탄성력에 의한 일 : $U_F=\int_0^s -kx\cdot dx=-\frac{1}{2}ks^2$

■ 강체의 일-에너지 원리

- 강체의 운동에너지와 강체가 한 일의 관계 : $T_1+\Sigma U_{1\to 2}=T_2$
- 강체가 일반적인 평면운동(병진운동+회전운동)을 하는 경우 강체의 일-에너지 원리 :

$$\frac{1}{2}mv_1^2+\frac{1}{2}I\omega_1^2+\Sigma U_{1\to 2}=\frac{1}{2}mv_2^2+\frac{1}{2}I\omega_2^2$$

단, 순수 병진운동의 경우 회전운동에너지 성분을 0으로, 순수 회전운동의 경우 병진운동에너지 성분을 0으로 놓고 해석한다.

■ **강체의 일률과 효율**

- 강체의 일률 : 어느 순간의 일률은 시간에 대한 일의 미분으로 아래의 식과 같이 정의된다. 일은 스칼라량이므로, 일의 시간에 따른 변화율인 일률도 스칼라량이다.

$$P = F\frac{\Delta d}{t} + M\frac{\Delta\theta}{t} = F \cdot v + M \cdot \omega$$

- 강체의 효율 : 시스템의 일 또는 일률의 입력 대비 출력의 비를 퍼센트로 나타낸 것이 기계 시스템의 효율이다. 입력 일(또는 일률)과 출력 일(또는 일률)의 비율로 나타낼 수 있다.

$$\eta = \frac{U_o}{U_i} = \frac{P_o}{P_i} = \frac{F_o v_o + M_o \omega_o}{F_i v_i + M_i \omega_i}$$

CHAPTER 08 | 연습문제

8.1 [그림 8-15]와 같이 무게가 20 N인 상자가 1 m/s의 속도로 매끄러운 경사면을 올라가고 있다. 상자에 가해지는 힘 F는 10 N으로 일정하다. 현재 위치에서 경사면을 따라 1.5 m 올라갔을 때의 상자의 속도를 구하시오. 8.2절

8.2 [그림 8-16]과 같은 무게가 2,500 N인 레이싱 카가 정지상태에서 출발하여 1 km 코스를 주행한다. 레이싱 카가 코스를 주행하는 데 걸린 시간은 4.368 s이며, 결승선을 지날 때의 속도는 315.55 km/h이다. 8.2절

(a) 레이싱 카가 코스를 주행하면서 발생한 일을 구하시오.
(b) 레이싱 카에 가해지는 수평방향 힘이 일정할 때, 수평방향 힘의 크기를 구하시오.

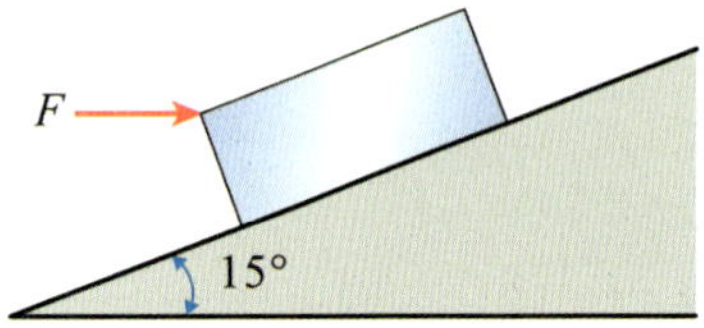

그림 8-15

그림 8-16

8.3 [그림 8-17]과 같이 36,000 N의 무게를 가진 전투기가 이륙할 때, 엔진으로 인해 발생하는 힘의 접선 성분은 $\sum F_t = 50{,}000$ N이다. 이때 비행기에 가해지는 다른 힘들을 무시할 때, 비행기의 속도가 220 km/h에 도달할 때까지 필요한 거리를 구하시오. 8.2절

그림 8-17

8.4 [그림 8-18]과 같이 자동차가 장벽에 충돌할 때, 시간에 따라 장벽에 의해 발생하는 힘은 $F = -(100s + 50s^3)$ N이다. 여기서 s는 초기 위치부터의 이동거리이고, 장벽의 유효 거리는 22 m이다. 무게가 5,500 N인 자동차가 장벽의 유효 거리 내에서 정지할 수 있는 최대 속도를 구하시오. 8.2절

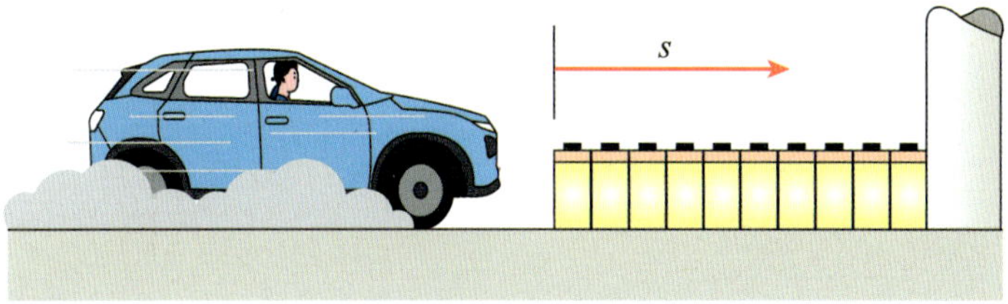

그림 8-18

8.5 [그림 8-19]와 같이 70 kg의 질량을 가진 높이뛰기 선수의 질량중심은 지면으로부터 8 m에 위치해 있으며, 이때 속도의 수직방향 성분은 3.5 m/s이다. 장대가 펴질 때 발생하는 힘의 수직방향 성분은 $200 + 2.4y^2$ N이다. 그림에서 y는 선수의 질량중심을 기준으로 한 수직방향 변위이다. 이 힘은 장대가 펴지는 $y = 0$부터 $y = 3.7$ m까지 작용한다. 선수의 질량중심이 도달하는 최대 높이를 구하시오. 8.2절

그림 8-19

8.6 [그림 8-20]에서 (a)의 경우, 무게 7 N의 공이 위치 1에서 놓여 위치 2로 떨어진다. (b)의 경우, 공은 위치 1에서 놓여 위치 2로 흔들린다. 각각의 경우에 대해, 위치 2에서의 공의 속도 크기를 구하시오. 단 (b)의 경우, 줄이 가하는 힘은 공의 경로에 수직이다. 8.2절

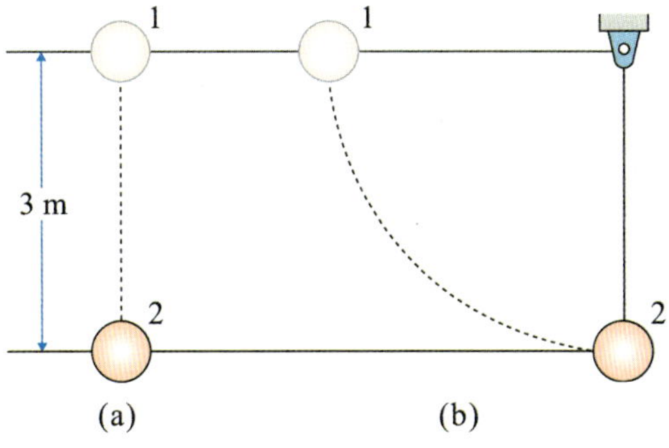

그림 8-20

8.7 [그림 8-21]과 같이 무게가 60 N인 블록이 위, 아래 스프링으로 연결되어 있다. 위, 아래 스프링의 스프링상수는 $k = 20\ \mathrm{N/cm}$으로 동일하다. 초기에 이 블록은 고정되어 있어 위와 아래 스프링이 늘어나지 않은 상태($s = 0$)였다가 고정이 풀려 움직임이 발생한다. 8.2절

(a) 블록의 위치가 $s = -1\ \mathrm{cm}$일 때, 위와 아래 스프링이 한 일을 구하시오.
(b) 블록의 위치가 $s = -1\ \mathrm{cm}$일 때, 이 블록의 속도 크기를 구하시오.

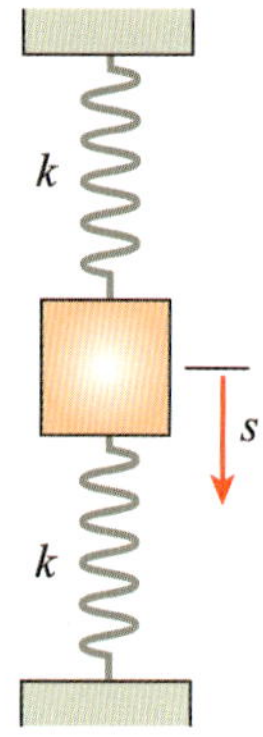

그림 8-21

8.8 [그림 8-22]와 같이 빗면에 카트가 스프링상수 $k = 25\ \mathrm{N/m}$인 스프링에 의해 연결되어 있고, 초기에는 스프링이 늘어나지 않은 상태($s = 0\ \mathrm{m}$)이다. 질량 7 kg의 카트가 $s = -1\ \mathrm{m}$로 이동된 뒤 그대로 놓인다. 카트가 경사로를 따라 움직일 때, 카트가 초기 위치를 기준으로 이동하는 최대 거리를 구하시오. 8.2절

8.9 [그림 8-23]과 같이 시스템이 정지상태에서 움직이기 시작하는 질량 5 kg인 블록은 매끄러운 수평방향을 따라 이동한다. 이 스프링의 스프링상수는 $k = 110\ \mathrm{N/m}$이며, 스프링에 걸리는 탄성력은 55 N이다. 질량 18 kg인 블록이 1 m 아래로 떨어졌을 때의 이 블록의 속도의 크기를 구하시오. 단, 블록과 바닥면의 마찰은 무시한다. 8.3절

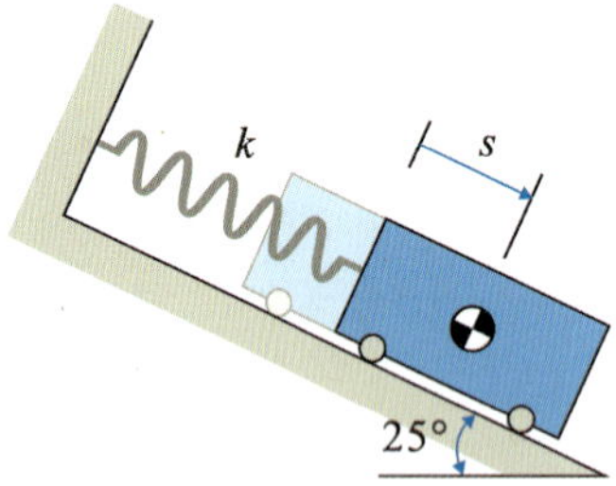

그림 8-22

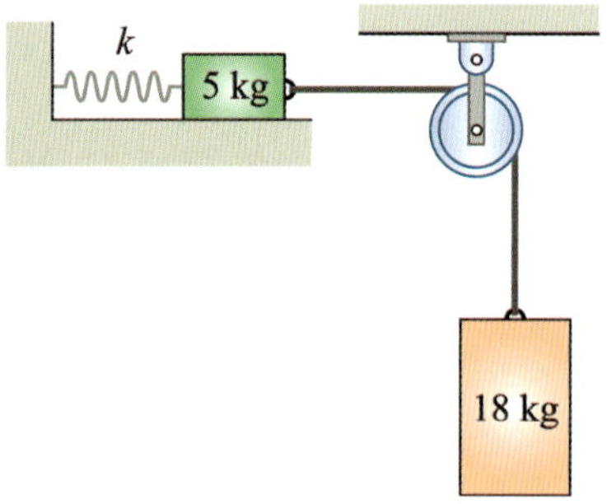

그림 8-23

***8.10** [그림 8-24]와 같은 루프 형식의 롤러코스터 트랙을 설계할 때, 루프의 상단에서 롤러코스터에 의해 승객에게 가해지는 수직항력이 승객 하중의 8 %와 같아야 한다는 안전 기준을 설정했다고 가정한다. 승객을 좌석 방향으로 밀어 넣는 힘의 크기가 실제 체중의 8 %라고 할 때 롤러코스터가 루프에 진입했을 때의 속도는 21.4 m/s이다. 루프의 꼭대기에서 필요한 최소 곡률반경을 구하시오.

8.3절

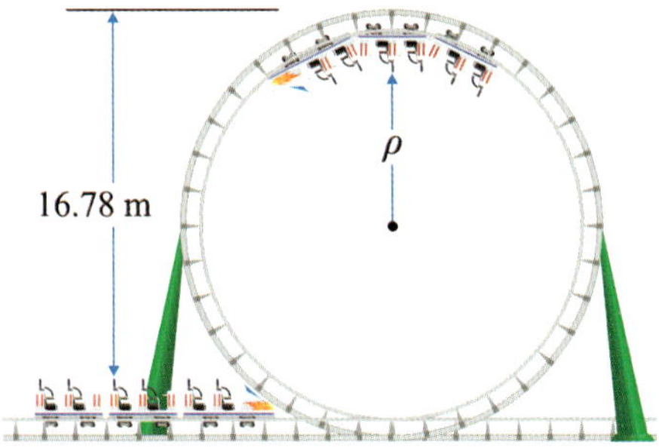

그림 8-24

8.11 [그림 8-25]와 같은 헬리콥터의 로터가 정지상태에서 움직이기 시작한다. 엔진은 1,800 N · m로 일정하게 로터를 회전시키며, 이때 공기저항은 무시할 수 있다. 로터의 질량 관성모멘트는 $I = 550\ \text{kg}\cdot\text{m}^2$이다. 8.3절, 8.4절

(a) 로터가 5번 회전했을 때의 로터의 각속도의 크기를 구하시오.
(b) 로터가 5번 회전할 때까지 전달된 힘의 평균을 구하시오.

그림 8-25

CHAPTER 08 | 연습문제

8.12 [그림 8-26]과 같이 길이가 2 m인 가느다란 막대의 질량은 8 kg이다. 이 가느다란 막대는 비틀림 스프링에 의해서 그림과 같이 고정되어 있다. 이 비틀림 스프링에 의해 막대는 반시계방향으로 모멘트 $M = k\theta$의 값을 받는다. 여기서 비틀림 스프링의 스프링상수는 $k = 45\ \mathrm{N \cdot m/rad}$이고 θ의 단위는 라디안이다. 막대는 $\theta = 3°$의 정지상태에서 놓인다. $\theta = 60°$일 때 막대의 각속도의 크기는 얼마인가? 8.3절

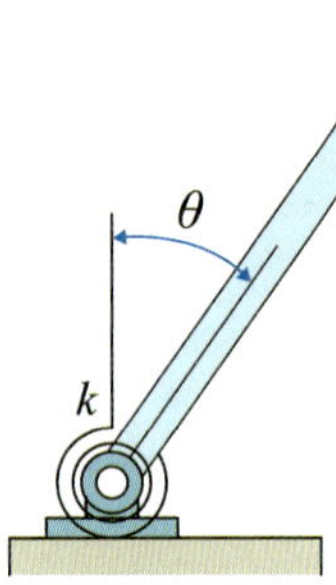

그림 8-26

8.13 [그림 8-27]과 같이 질량이 12 kg인 균일한 막대가 점 O에 고정되어 있고, 끝단에는 힘($F = 130$ N)이 왼쪽 수평방향으로 적용되어 있다고 한다. 이 힘에 의해 막대가 초기 위치에서 시계방향으로 90° 이동하였을 때, 이 막대의 회전속도를 구하시오. 8.3절

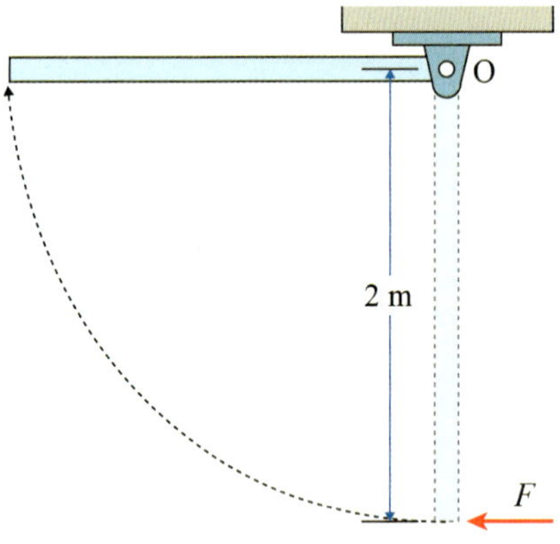

그림 8-27

8.14 [그림 8-28]의 시스템은 무게가 55 N인 원형 디스크와 무게가 34 N인 가느다란 막대가 연결되어 있다. 이 시스템이 위치 1에서 정지상태로 있다가 위치 2로 내려올 때 핀 조인트 A에 가해지는 지지력의 x 및 y 성분을 결정하시오. 8.3절

8.15 [그림 8-28]과 같이 물체는 원형 디스크와 이것에 용접된 무게 34 N의 가느다란 막대로 구성된다. 물체가 위치 1에 정지상태에 있다가 위치 2에서 각속도 4.3 rad/s를 갖는다. 이때 디스크의 무게는 얼마인가? 8.3절

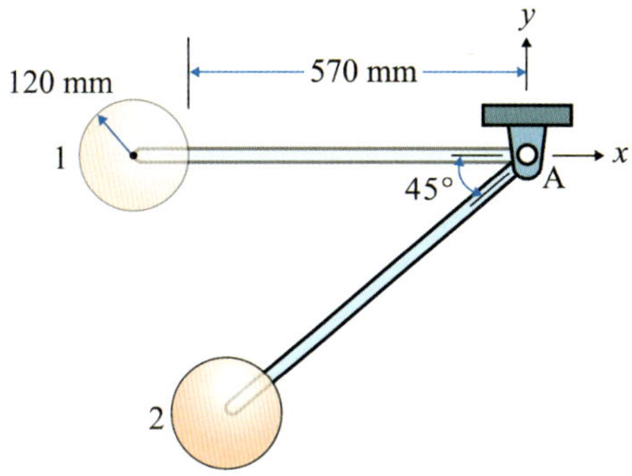

그림 8-28

8.16 [그림 8-29]와 같이 스프링을 이용해 문이 느리게 잠기도록 하는 시스템이 있다. 문의 질량이 30 kg이고 높이가 2.3 m인 평면이고, 그림과 같은 초기 상태에서 스프링은 늘어나지 않은 상태이다. 8.3절

(a) 스프링 없이 문이 닫힐 때 문의 각속도는 얼마인가?

(b) (a)에서 구한 속도의 20% 수준으로 속도를 줄이고자 할 때, 얼마의 스프링 계수를 갖는 스프링을 사용해야 할지를 설계하시오.

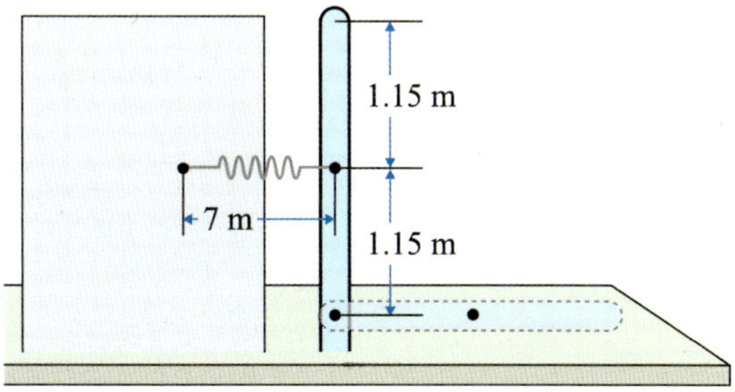

그림 8-29

8.17 [그림 8-30]과 같은 원형 디스크의 질량은 4 kg이고, 반경은 $R = 0.3$ m이다. 시계방향으로 일정한 모멘트 $M = 13\ \text{N}\cdot\text{m}$가 디스크에 가해지고, 그로 인해 디스크는 오른쪽으로 굴러간다. 디스크의 중심이 $b = 0.6$ m 이동했을 때의 디스크를 생각해보자. 8.3절

(a) 모멘트 M은 디스크에 얼마나 많은 일을 하는가?

(b) 바닥 표면이 디스크에 가하는 마찰력에 의해 얼마나 많은 일을 하였는가?

(c) 디스크 중심의 속도의 크기는 얼마인가?

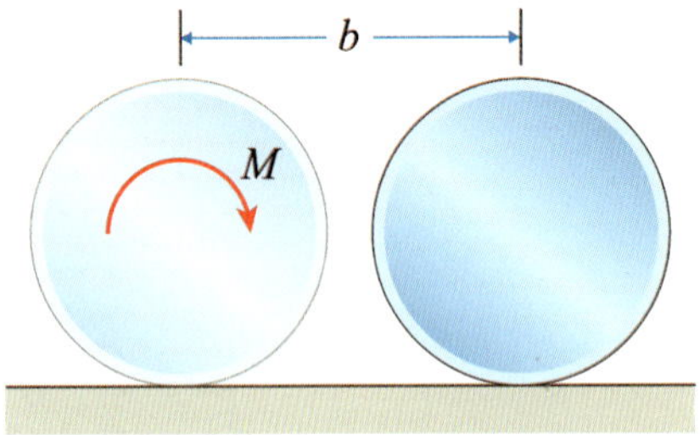

그림 8-30

8.18 [그림 8-31]과 같이 질량 17 kg의 균질한 원통형 디스크 한쪽이 벽에 고정된 스프링에 연결되어 있다. 이 스프링의 스프링상수는 $k = 46.3$ N/m. 초기에 정지된 상태(스프링이 펴지지 않은 상태)에서 디스크에 시계방향으로 3 rad/s의 각속도가 주어지면서 디스크가 구르기 시작한다. 이때 디스크의 중심은 오른쪽으로 얼마나 이동하는가? 8.3절

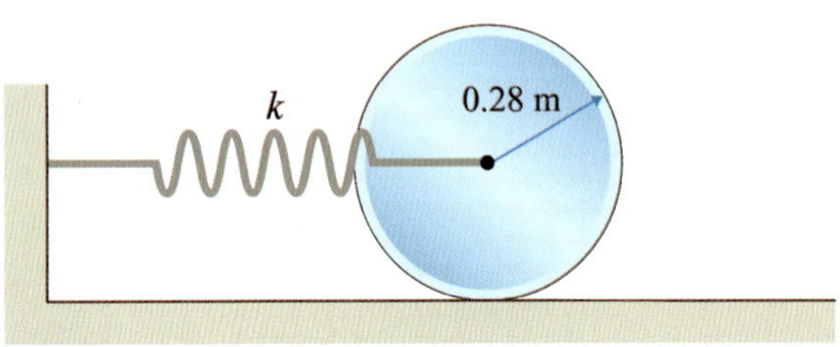

그림 8-31

8.19 [그림 8-32]와 같이 질량이 25 kg인 디스크가 멈춰있고, 이때 디스크에 연결된 스프링은 늘어나지 않은 상태이다. 이 디스크에 $M = 75$ N·m인 모멘트가 적용되고 디스크의 무게중심 G가 미끄럼 없이 0.4 m 이동하였다. 이때 디스크의 각속도를 구하시오. 8.3절

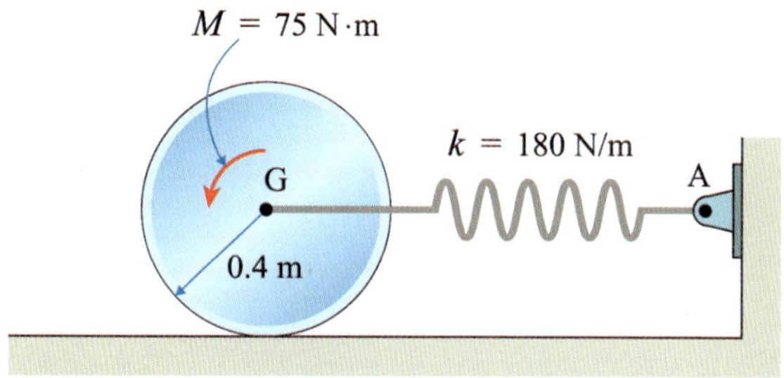

그림 8-32

8.20 [그림 8-33]의 이중도르래는 두 개의 부분으로 구성되어 있다. 내측 도르래에는 질량이 14.2 kg인 블록이, 외측 도르래에는 질량이 9.3 kg인 블록이 연결되어 있다. 이중도르래의 질량이 25 kg이고, 회전반경은 $k_O = 0.19$ m이며, 시계방향으로 22 rad/s로 회전하고 있다고 한다. 질량이 9.3 kg인 블록이 아래로 0.8 m 이동할 때 도르래의 회전속도를 구하시오. 8.3절

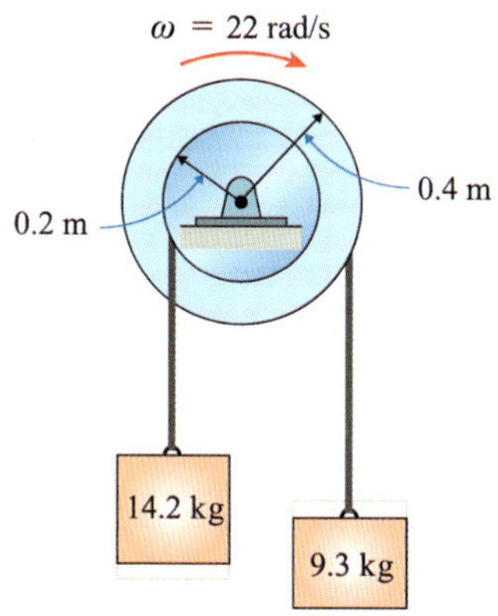

그림 8-33

8.21 [그림 8-34]와 같이 질량이 45 kg이고 회전반경이 $k_o = 0.4$ m인 도르래가 있다. 질량이 7 kg인 블록이 멈춰있다가 움직이기 시작한다. 도르래의 회전속도가 $\omega = 18$ rad/s가 되기 위해서는 블록이 초기의 정지된 위치에서 얼마나 떨어져야 하는지를 구하시오. 8.3절

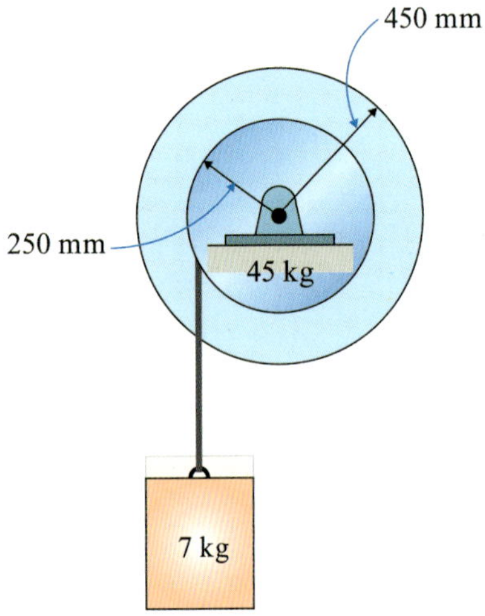

그림 8-34

8.22 [그림 8-35]와 같이 핀 지지대에서 자유롭게 회전할 수 있는 3개의 도르래 A, B, C가 있다. 각 도르래의 질량 관성모멘트는 $I_A = 0.004$ kg·m², $I_B = 0.034$ kg·m², $I_C = 0.038$ kg·m²이다. 도르래 A에 일정한 모멘트 $M = 3$ N·m/s가 적용된 상태로 도르래들은 정지되어 있다. 도르래 A가 10회전 했을 때의 도르래 A의 각속도는 얼마인가? 8.3절

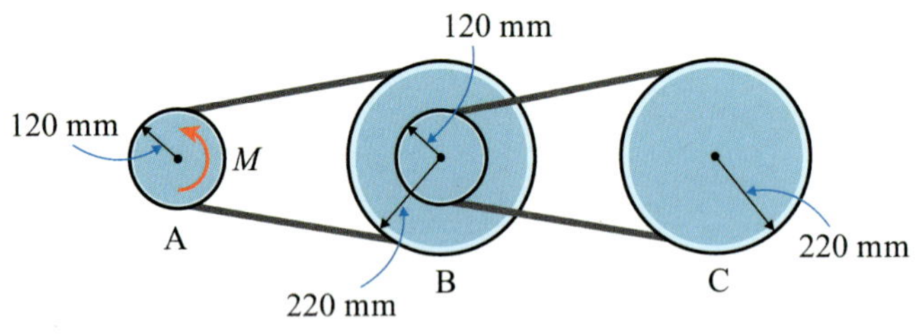

그림 8-35

8.23 [그림 8-36]과 같이 질량이 1 kg인 박스가 로프에 연결되어 수평면과 $\theta = 30°$의 각을 이루는 빗면을 따라 올라가고 있다. 이때 빗면과 박스 사이의 운동마찰계수는 $\mu_k = 0.2$이다. 만약에 작용하는 힘이 $F = 10\,\mathrm{N}$이고 박스가 초기 위치에서 빗면을 따라 $d = 3\,\mathrm{m}$ 이동했다고 할 때, 평균 일률을 구하시오. 8.4절

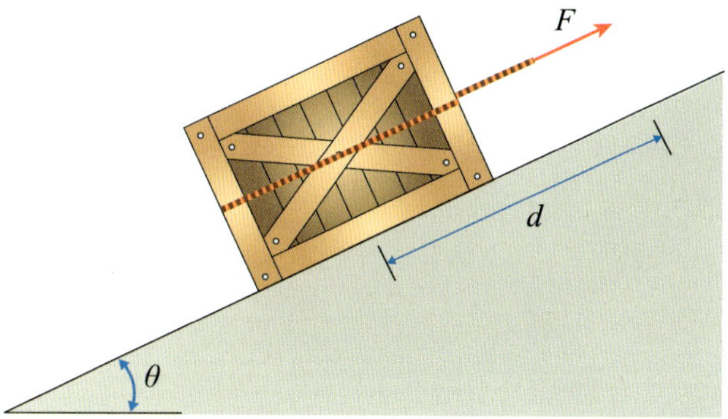

그림 8-36

자동차 충돌 영상을 보거나 사고 현장을 목격할 때가 있을 것이다. 자동차 충돌 시 충격량에 의해 양쪽 자동차의 속도는 줄어들고, 자동차가 찌그러지기도 한다. 정확히 정면충돌을 하지 않을 경우(충격의 작용선이 질량중심을 지나가지 않은 경우) 충격에 의해 자동차에는 순간 회전운동 성분이 발생하고, 이로 인해 자동차는 회전하게 된다. 자동차 충돌 시 회전운동이 발생하는 것은 편심 충격에 의해 선형에너지가 회전에너지로 변화한 경우를 나타낸다. 이러한 강체의 충돌에 의한 현상들을 분석하기 위해서는 운동량과 충격량 보존의 원리를 이해해야 한다. 이를 위해 강체의 선형운동량, 각운동량, 선형충격량, 각충격량 및 이들의 관계에 대해 알아볼 필요가 있다.

CHAPTER 09

강체의 운동역학 : 운동량과 충격량

Kinetics of Rigid Body : Momentum and Impulse

학습목표

- 강체의 운동량과 충격량 표현법을 알아본다.
- 강체의 충돌 시 충격량과 운동량의 변화를 분석한다.
- 에너지가 보존되는 시스템에서 충격량과 운동량 보존에 대해 알아본다.
- 충돌 작용선이 질량중심을 지나지 않은 편심충돌 시 선형운동량과 각운동량의 변화를 살펴본다.

SECTION 9.1

질점의 운동량-충격량 보존

- ✔ 질점의 운동량과 충격량의 개념, 선형운동과 회전운동에 따른 특성을 복습해본다.
- ✔ 에너지가 보존되는 시스템에서 질점의 선형(각)운동량-선형(각)충격량 보존원리를 복습한다.

이 절에서는 5장에서 배운 질점의 선형(각)운동량과 선형(각)충격량의 대한 개념을 다시 한 번 복습해본다. 이는 운동량과 충격량 또한 질점의 경우와 유사하기 때문이다. 다만 강체는 회전운동을 포함하는데, 여기에 대해서는 9.2절에서 더 자세히 살펴보도록 한다. 질점에 대한 운동량, 충격량 개념과 이들이 충돌 전, 후 운동량-충격량이 보존됨을 운동역학을 통해 유도하고 복습해본다.

9.1.1 질점의 운동량-충격량

강체의 충격량과 운동량의 관계는 5장에서 배운 질점의 충격량과 운동량의 관계와 비슷하다. 다만 강체의 경우 강체의 회전운동을 포함하고 있기 때문에 이에 대한 것만 추가적으로 고려하면 된다. 그럼 먼저 질점의 운동량과 충격량에 대한 관계를 다시 한 번 복습해보자.

■ 선형운동량과 선형충격량

1 선형운동량

질점 시스템의 전체 **선형운동량**linear momentum은 각 질점들의 운동량의 합과 같다. 이를 간단히 표현하면 식 (9.1)과 같이 전체 질량(질점 시스템의 질량중심)과 질량중심의 속도의 곱으로 표현할 수 있다.

$$\mathrm{L}_G = \Sigma\, m_i \mathrm{v}_i = m\mathrm{v}_G \tag{9.1}$$

2 선형충격량

선형충격량linear impulse은 외부에서 가해지는 전체 힘(알짜힘)인 $\Sigma\mathrm{F}$ 가 시스템에 미소시간(Δt) 동안 작용한 것으로 이를 식으로 표현하면 식 (9.2)와 같다.

$$\mathrm{I} = \int \Sigma\mathrm{F}\, dt \tag{9.2}$$

3 선형운동량-충격량 원리

질점의 경우에서와 같이 질점 시스템(다수의 질점)에 적용된 충격량의 변화량은 그 시스템의 운동량의 변화량과 같음을 식 (9.3)으로 알 수 있다. 이를 **선형운동량-충격량 원리** principle of linear momentum-impulse 라고 한다. 식에서 1과 2는 강체에 선형충격량이 가해지기 전과 후를 나타낸다.

$$\Sigma m_i \mathbf{v}_{i,1} + \int \Sigma \mathbf{F}\, dt = \Sigma m_i \mathbf{v}_{i,2} \tag{9.3}$$

■ 각운동량과 각충격량

1 각운동량

질점 시스템의 전체 **각운동량** angular momentum 은 개별 질점의 각운동량의 합으로 식 (9.4)와 같이 표현할 수 있다. 또한 이 질점 시스템의 전체의 질량중심이 G 라고 할 때 이 시스템의 각운동량도 식 (9.4)와 같이 질점 시스템을 대표하는 질량중심의 매개변수로 표현할 수 있다.

$$\mathrm{H}_{\mathrm{G}} = \Sigma(\mathbf{r}_i \times m_i \mathbf{v}_i) = \mathbf{r}_{\mathrm{G}} \times m\mathbf{v}_{\mathrm{G}} + I_{\mathrm{G}}\omega \tag{9.4}$$

2 각충격량

각충격량 angular impulse 은 외부에서 가해지는 전체 모멘트인 $\Sigma \mathrm{M}$ 이 시스템에 미소시간(Δt) 동안 작용한 것으로 이를 식으로 표현하면 식 (9.5)와 같다.

$$\mathrm{J} = \int \Sigma(\mathbf{r}_i \times \mathrm{F}_i)dt = \int \Sigma(\mathrm{M}_i)\, dt \tag{9.5}$$

3 각운동량-충격량 원리

질점의 경우에서와 같이 질점 시스템에 적용된 각충격량의 변화량은 그 시스템의 각운동량의 변화량과 같음을 식 (9.6)을 통해 알 수 있다. 이를 **각운동량-충격량 원리** principle of angular momentum-impulse 라고 한다. 식에서 아래첨자 1과 2는 강체에 각충격량이 가해지기 전과 후를 나타낸다.

$$\int \Sigma(\mathbf{r}_i \times \mathrm{F}_i)\, dt = \Sigma(\mathbf{r}_{i,2} \times m_i \mathbf{v}_{i,2}) - \Sigma(\mathbf{r}_{i,1} \times m_i \mathbf{v}_{i,1}) \tag{9.6}$$

9.1.2 강체의 운동량-충격량 보존

강체도 앞서 언급한 질점의 운동량-충격량 보존과 같은 관계를 갖는다. 다만 운동량-충격량 보존 관계에서 강체의 운동을 대표하는 강체의 질량중심에서의 속도와 각가속도의 개념이 적용되는 것이 다른 점이다. 강체의 선형운동량과 충격량, 각운동량과 각충격량의 원리는 각각 식 (9.7), (9.8)과 같다. 이 강체의 운동량, 충격량, 운동량-충격량 보존의 원리에 대해서는 다음 절에서부터 자세히 설명하도록 한다.

$$m\mathrm{v}_{G,1} + \int_{t_1}^{t_2} \Sigma \mathrm{F}\, dt = m\mathrm{v}_{G,2} \tag{9.7}$$

$$I_G \omega_1 + \int_{t_1}^{t_2} \Sigma (\mathrm{M}_G)\, dt = I_G \omega_2 \tag{9.8}$$

SECTION 9.2

강체의 운동량과 충격량

✔ 강체의 운동량과 충격량을 강체의 속도와 충격이 가해진 시간과의 관계를 통해 알아본다.
✔ 에너지가 보존되는 시스템에서 강체의 운동량-충격량 보존원리를 알아본다.

이 절에서는 강체에 작용하는 운동량과 모멘트의 관계를 통해 강체의 운동을 분석하는 법을 배운다. 8장에서 배운 것과 같이 강체의 운동을 분석할 때 일-에너지 원리를 적용하면 쉽게 분석할 수 있다. 다만 일-에너지 원리를 적용하기 위해서는 적용된 힘이나 모멘트가 한 일을 정의해야 한다. 그런데 주어진 자료에 적용된 힘이나 모멘트에 대한 정보 대신 충격에 대한 정보가 주어졌을 때, 즉 힘과 작용시간이 주어지거나 모멘트와 작용시간이 주어진 강체의 운동해석에서는 선형운동량과 선형충격량 또는 각운동량과 각충격량의 표현법을 이용하여 이러한 운동을 분석하는 것이 더 바람직하다.

9.2.1 강체의 선형운동량과 선형충격량

[그림 9-1]과 같이 자동차가 벽에 충돌하는 상황을 가정해보자. 자동차가 일정한 속도로 달리고 있다가 벽에 충돌하면 자동차가 벽과 접촉하는 시간 동안 충격력이 작용하고, 이러한 상황에서 초기속도는 변화하여 0이 되거나 반발력이 생겨 튕겨 나오는, 즉 속도의 방향이 반대가 되는 경우를 보게 된다. 이러한 강체의 동적 운동 상황에 대해 선형운동량과 선형충격량 사이의 관계를 알아보고자 한다.

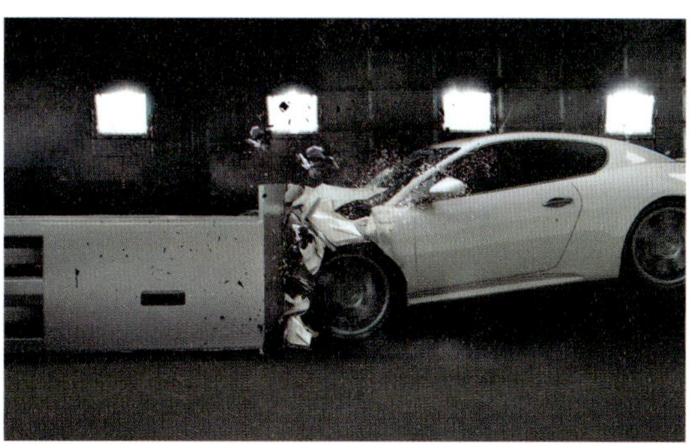

그림 9-1 자동차의 충돌

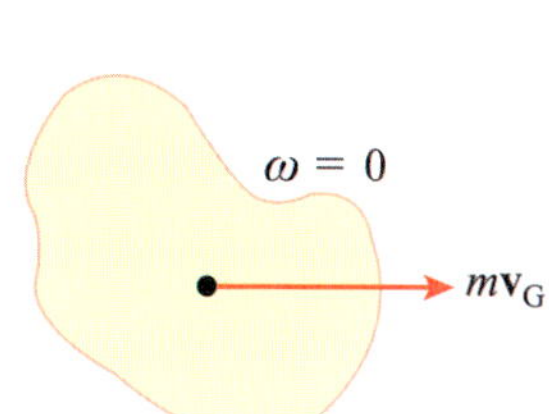

그림 9-2 강체의 선형운동량

9.1절에서 설명한 것과 같이 식 (9.1)은 질점 시스템의 선형운동량(L_{G})을 보여준다. 강체의 경우 이러한 질점들의 집합으로 볼 수 있기 때문에 강체 운동을 대표하는 질량중심 G 에 대해 선형운동량을 정의할 수 있다. [그림 9-2]와 같이 강체가 순수 병진운동을 할 때, 이 시스템의 선형운동량은 식 (9.9)와 같이 질량과 질량중심의 선속도의 곱으로 표시할 수 있다. 이때 회전운동은 없기 때문에 회전에 의한 각운동량인 H_{G}는 0 이 된다.

$$\mathrm{L}_{\mathrm{G}} = m\mathbf{v}_{\mathrm{G}} \tag{9.9}$$

만약 위의 강체에 하나의 힘이 아닌 다수의 힘이 작용하였다고 할 때 이 강체에 작용하는 외부 힘들의 합인 알짜힘은 $\sum \mathrm{F}$ 이고 이 힘이 미소시간인 Δt 동안 작용한다고 하면 이는 강체에 작용하는 총 충격량이 된다. 그러므로 질점에서 적용한 선형운동량과 충격량 사이의 관계를 강체의 경우에도 동일하게 적용할 수 있다. 즉 상태 1에서 시스템이 가지고 있는 운동량에 외부 힘에 의한 충격량이 가해지게 되면 다음 상태 2의 운동량 변화로 나타난다. 이를 식 (9.10)과 식 (9.11)로 표현할 수 있다. 식 (9.10)은 강체의 선형 충격량과 선형운동량 보존의 원리를 보여주고, 식 (9.11)은 강체에 충격량이 가해지면 그 충격량에 의해서 강체의 운동량이 변화됨을 보여준다.

$$m\mathbf{v}_{\mathrm{G},1} + \int_{t_1}^{t_2} \sum \mathrm{F}\, dt = m\mathbf{v}_{\mathrm{G},2} \tag{9.10}$$

$$\int_{t_1}^{t_2} \sum \mathrm{F}\, dt = \mathrm{L}_{\mathrm{G},2} - \mathrm{L}_{\mathrm{G},1} \tag{9.11}$$

식 (9.10)에서 m은 강체의 질량이고, $\mathbf{v}_{\mathrm{G}}$는 질량중심의 속도이다. 그리고 $\int_{t_1}^{t_2} \sum \mathrm{F}\, dt$는 시간 t_1부터 t_2까지 강체에 작용하는 외력에 의해 발생한 선형충격량이다. 평면운동을 하는 강체에서는 이러한 선형운동량과 선형충격량을 x, y 좌표 성분으로 분해할 수 있다. 선형운동량과 충격량은 벡터 물리량이므로 x, y 좌표 성분에 대해 각각을 분해하면, x 성분에 대한 운동량과 충격량은 식 (9.12)와 같고 y 성분에 대한 운동량과 충격량은 식 (9.13)과 같다. 즉 식 (9.12)와 식 (9.13)은 선형운동량과 충격량이 각 좌표 성분으로 분해해도 보존됨을 보여준다.

$$mv_{\mathrm{G}x,1} + \int_{t_1}^{t_2} \sum F_x\, dt = mv_{\mathrm{G}x,2} \tag{9.12}$$

$$mv_{\mathrm{G}y,1} + \int_{t_1}^{t_2} \sum F_y\, dt = mv_{\mathrm{G}y,2} \tag{9.13}$$

예제 9-1 장난감 자동차의 선형운동량과 충격량

[그림 9-3]과 같이 3개의 장난감 자동차가 서로 연결되어 있다. 이 장난감 자동차는 초기에 정지해 있다가 그림에서의 방향으로 힘 $F=3.25$ N으로 4초 동안 잡아당기면서 운동을 한다. 이때의 자동차의 속도를 결정하시오. $\mathrm{A}=0.3$ kg, $\mathrm{B}=0.15$ kg, $\mathrm{C}=0.2$ kg이고, 마찰력은 무시한다.

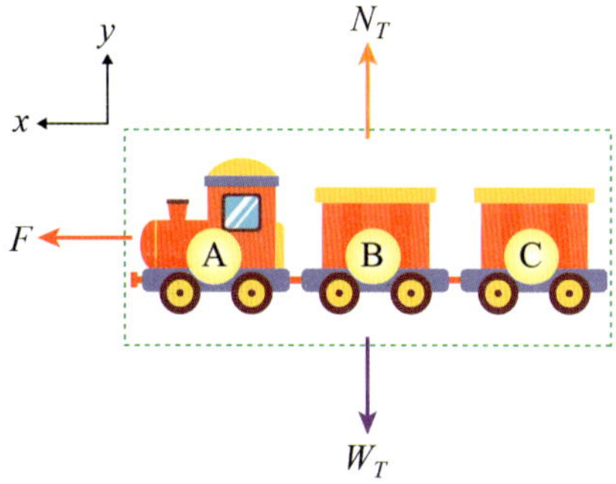

그림 9-3 연결된 자동차 장난감의 선형운동량

분석

- 먼저 이 장난감의 초기 상태와 다음 상태의 속도를 통한 운동량을 정리한다.
- 장난감에 작용한 힘과 시간을 통한 선형충격량을 계산한다.
- 시스템에 작용한 힘(F)과 수직인 힘들의 충격량과 운동량은 0이다.

풀이

- 이 시스템의 초기 상태와 다음 상태에 대한 선형운동량-충격량 보존 식을 정리한다. 이 식 (9.10)을 이용하여 선형운동량과 충격량 보존 식을 다음과 같이 유도할 수 있다.

$$m v_{Gx,1} + \Sigma \int_{t_1}^{t_2} F_x \, dt = m v_{Gx,2}$$

- 다음 상태에서의 속도는 위의 식에서 $v_{Gx,2}$를 구하면 된다. 충격력이 4초간 적용되었고, 초기에 장난감 자동차는 정지한 상태이기 때문에 충격량이 전달된 후의 속도를 구하면 다음과 같이 20 m/s가 된다.

$$0 + \int_0^4 3.25 \, dt = 0 + 3.25 \cdot 4 = (0.3 + 0.15 + 0.2) v_{Gx,2}$$

$$v_{Gx,2} = 20 \text{ m/s}$$

고찰

- 작용하는 힘을 변화시키면서 이 예제를 풀어보면 충격량에 따른 운동량 변화를 더 잘 이해할 수 있다.
- 마찰력이 작용하는 경우 최종속도는 어떻게 될지를 생각해보자.

예제 9-2 빗면을 오르는 블록의 선형운동량과 충격량

[그림 9-4]와 같이 질량이 60 kg 인 블록이 수평면과 30°를 이루는 빗면을 따라 초기에 멈춰 있다가, 잡아당기는 힘 $F=(30t+300)$ N(단, t는 시간)에 의해서 10초 동안 빗면의 위쪽으로 이동한다. 이 블록과 빗면의 표면이 가지는 정지마찰계수와 운동마찰계수는 각각 $\mu_s=0.25$, $\mu_k=0.2$일 때, 10초 후의 이 블록의 속도를 구하시오.

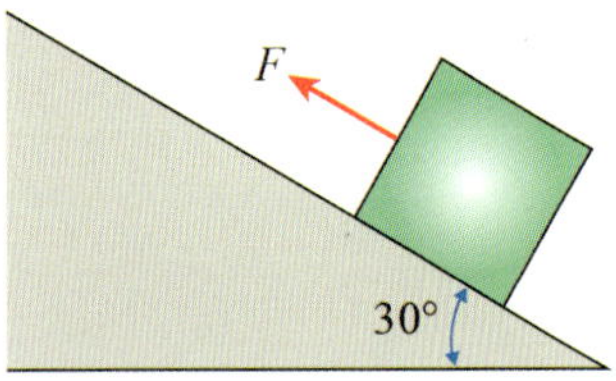

그림 9-4 빗면을 오르는 블록의 운동

분석

- 빗면을 오르는 블록에 작용하는 힘들로 자유물체도를 그린다.
- 시스템의 초기 상태, 다음 상태에서의 운동량 식과 작용한 힘에 의한 충격량 보존 식을 이용하여 풀이한다.

풀이

- 이 시스템의 자유물체도로 시스템에 작용하는 힘들의 관계를 표현하면 [그림 9-5]와 같다. 그림에서 W는 블록의 무게이고, N은 블록이 빗면에 의해서 지지받는 수직항력을 나타낸다. F_s는 블록과 빗면 사이의 마찰력이다.

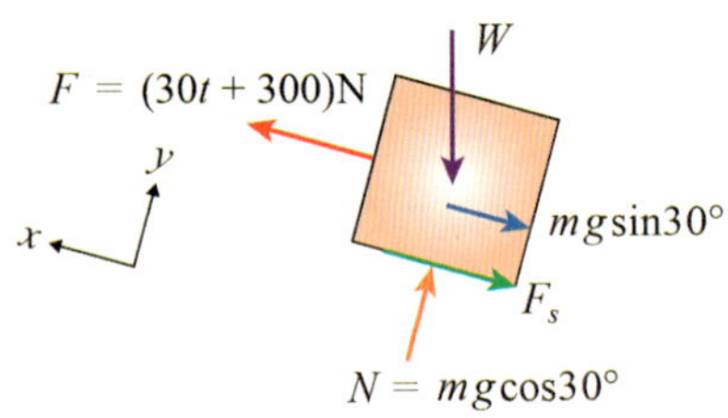

그림 9-5 빗면을 오르는 블록의 자유물체도

- 이 시스템에서 블록을 끌어올리는 힘이 시간에 따라 증가하지만, 정지마찰력 및 블록의 중력에 의해 빗면을 따라 미끄러지는 힘에 의해 어느 시간까지는 계속 정지상태였다가 빗면을 따라 올라가려는 힘이 (정지마찰력)+(중력)에 의한 빗면을 미끄러지는 힘을 넘어기는 순간 운동이 시작된다.

  빗면을 따라 끌어올리는 힘과 정지마찰력 그리고 블록의 무게에 의한 미끄러지는 힘에 대한 평형식을 정리하면 다음과 같다.

$$\sum F_x = F - W\sin 30° - F_s = 0$$

- 빗면에 수직인 y축에 대한 힘의 평형식을 정리하면 다음과 같다. 이 식을 통해서 마찰력을 이루는 수직항력 N을 구한다.

$$\sum F_y = N - W\cos 30° = 0 \quad \Rightarrow \quad N = 509.7 \text{ N}$$

• 수직항력을 바탕으로 최대 정지마찰력(F_s)과 x축에 대한 힘의 평형식을 이용해서 정지상태의 시간을 구하면 다음과 같다. 즉 이 시간까지는 마찰력에 의해 멈춰 있다.

$$F_s = \mu_s N = 127.4\ \text{N}$$
$$F = F_s + W\sin 30° = 421.7\ \text{N} = 30t + 300$$
$$t = 4.06\ \text{s}$$

• 다음으로 끌어당기는 힘이 정지하려고 하는 힘들을 $t = 4.06$ s 이후로 극복하고 움직이기 시작하기 때문에 이 시간부터 힘이 적용되는 10 s까지는 시스템에 충격량이 가해지게 되고, 이로 인해 시스템의 선형운동량이 변화된다. 이는 다음과 같이 강체의 선형운동량과 충격량의 관계를 통해 구할 수 있다.

$$mv_1 + \int_{t_1}^{t_2} \Sigma F dt = mv_2$$
$$0 + \int_{4.06}^{10} (30t + 300)\, dt - 60 \cdot 9.81 \sin(30°) \cdot (10 - 4.06) - 0.2 \cdot 509.7 (10 - 4.06) = 60 v_2$$

• 위의 선형충격량과 운동량 보존 식에 의해서 블록에 힘 F가 가해진 10 s 후의 블록의 속도는 다음과 같다.

$$v_2 = 11.35\ \text{m/s}$$

고찰

• 빗면의 각도를 변화시키면서 속도 변화를 생각해본다.
• 본 예제와 유사한 기계 시스템을 찾아보고, 본 시스템과 같이 모델링해본다.

예제 9-3 도르래와 연결된 빗면을 오르는 블록의 선형운동량과 충격량

[그림 9-6]과 같이 질량이 7 kg인 블록이 초기속도 2 m/s로 수평면과 30°를 이루는 빗면을 따라 올라가고 있다. 이 블록은 도르래에 의해 질량이 15 kg인 블록과 연결되어 있다. 8 s 후의 이 블록 A와 B의 속도를 구하시오. 단, 블록과 빗면상의 운동마찰계수는 $\mu_k = 0.2$이고, 도르래 무게와 마찰력은 무시한다.

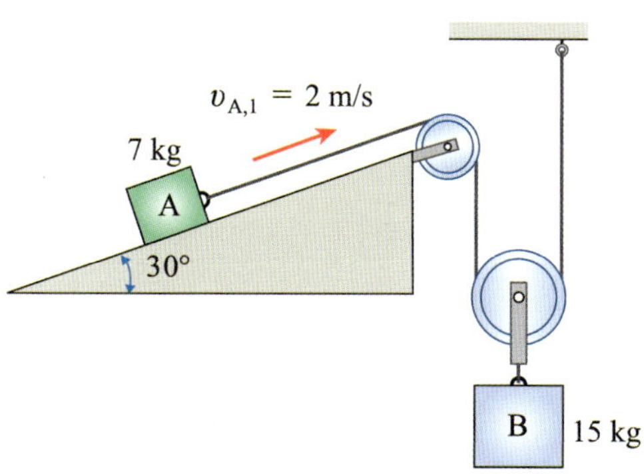

그림 9-6 도르래와 연결된 빗면을 오르는 블록의 선형운동량

분석

- 빗면과 도르래에 작용하는 힘들로 자유물체도를 그린다.
- 고정도르래와 움직도르래에 작용하는 힘의 관계를 파악하고, 각 요소들을 따로 분리하여 운동량-충격량 원리를 적용해본다.

풀이

- 빗면을 따라 오르는 블록 A 시스템의 자유물체도를 통해 시스템에 작용하는 힘들의 관계를 표현하면 [그림 9-7]과 같다. 여기서 T는 끌어올려지는 장력, W는 블록의 무게이고, N은 블록이 빗면에 의해서 지지받는 수직항력이다. 또한 F_f는 블록과 빗면 사이의 마찰력이다. [그림 9-7]의 자유물체도를 바탕으로 y축에 대한 평형식을 만들면 다음과 같다.

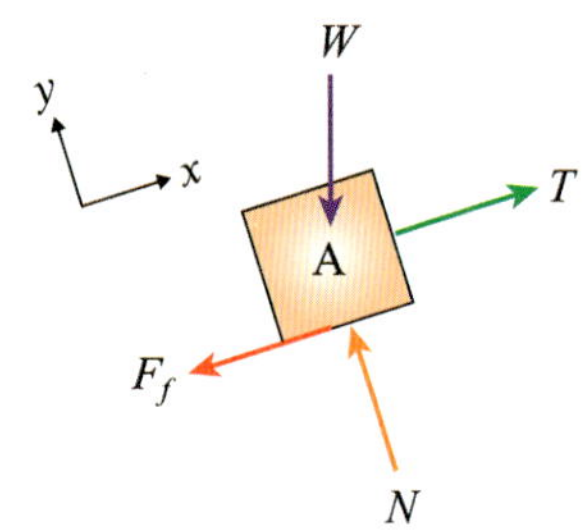

그림 9-7 빗면을 오르는 블록의 자유물체도

$$\sum F_y = N - W\cos 30° = 0$$

위의 식을 통해 블록에 가해지는 수직항력을 다음과 같이 구할 수 있다.

$$N = W\cos 30° = 7 \times 9.81 \times \cos 30° = 59.47 \text{ N}$$

또 블록이 초기 상태에서 움직이고 있기 때문에 운동마찰력을 다음과 같이 유도할 수 있다.

$$F_f = \mu_k N = 11.89 \text{ N}$$

- 제시된 시스템의 x축을 따라 선형운동을 하고 있으므로 이에 대한 선형운동량과 충격량 보존 식을 정의한다. [그림 9-7]의 자유물체도를 통해 빗면을 따라 올라가는 실질적인 힘은 $T - W\sin 30° - F_f$임을 알 수 있다. 이를 반영하여 선형운동량과 충격량 보존 식을 정리하면 다음과 같다. 여기서 $v_{\text{A}x,2}$는 블록 A의 8 s 후의 속도이다.

$$m_\text{A} v_{\text{A}x,1} + \int_{t_1}^{t_2} \sum F_{\text{A}x}\, dt = m_\text{A} v_{\text{A}x,2}$$

$$7 \cdot 2 + (T - 7 \cdot 9.81 \sin 30° - 11.89) \cdot 8 = 7 v_{\text{A}x,2} \qquad (1)$$

- 빗면을 따라 오르는 블록 A와 연결된 블록 B의 시스템의 자유물체도를 통해 블록 B에 작용하는 힘들의 관계를 표현하면 [그림 9-8]과 같다. 여기서 T는 장력, W는 블록의 무게이다. 블록 B를 들어올리는 장력은 $2T$인데, 이는 [그림 9-6]에서 보는 것과 같이 블록 B에 두 개의 케이블이 연결되어 있기 때문이다.

블록 B도 수직으로 운동하기 때문에 블록 B에 대한 선형운동량과 충격량의 관계는 다음과 같다.

$$m_\text{B} v_{\text{B}y',1} + \int_{t_1}^{t_2} \sum F\, dt = m_\text{B} v_{\text{B}y',2}$$

- 블록 A가 빗면을 따라 끌어올려질 때 블록 B는 아래 방향으로 내려가게 된다. 즉 속도는 음수가 된다. 이때 블록 B는 두 개의 줄로 연결되어 있으므로 속도는 A의 절반이 된다.

  또한 실질적으로 y' 방향으로 작용하는 힘은 $2T-W$가 된다. 이들을 이용해서 블록 B에 대한 선형운동량과 충격량의 관계를 정리하면 다음과 같다.

$$15\cdot\left(\frac{-2}{2}\right)+(2T-15\cdot 9.81)\cdot 8=15v_{\mathrm{B}y',2}=15\cdot\left(\frac{-1}{2}v_{\mathrm{A}x,2}\right)$$

$$-15+(2T-15\cdot 9.81)\cdot 8=-7.5v_{\mathrm{A}x,2} \qquad (2)$$

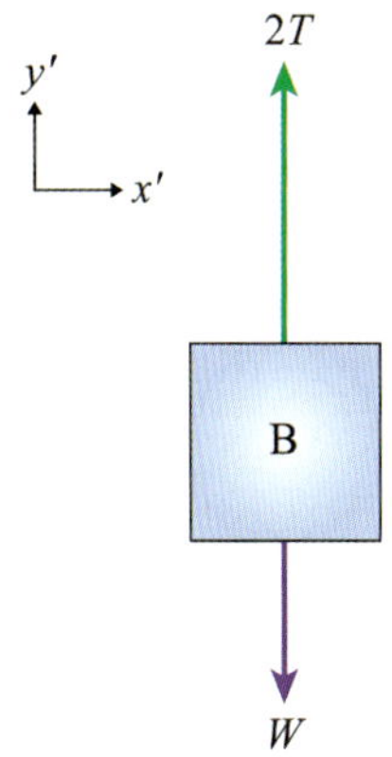

그림 9-8 도르래와 연결된 블록의 자유물체도

- 앞서 블록 A에 대한 수식 (1)과 블록 B에 대한 식 (2)의 연립방정식을 풀면 힘이 가해진 8 s 후의 블록 A와 블록 B의 속도를 다음과 같이 구할 수 있다.

$$v_{\mathrm{A}x,2}=22.35\ \mathrm{m/s},\quad v_{\mathrm{B}y',2}=-11.18\ \mathrm{m/s}$$

고찰

- 빗면을 오르는 블록과 도르래가 연결된 실제 시스템 사례를 찾아보자.
- 이 문제는 하나의 움직도르래가 연결된 예제이다. 이와 비교해 추가적으로 움직도르래가 2개 또는 3개 연결된 경우에 대해서도 생각해보자.

9.2.2 각운동량과 각충격량

각운동량에 대한 표현도 앞의 5장에서 배운 것과 같고, 강체를 질점들의 집합으로 생각하면 쉽게 이해할 수 있다. 강체를 구성하는 질점 시스템의 i번째 질점에 대한 각운동량은 식 (9.14)와 같다. 그리고 그 방향은 [그림 9-9]에서와 같이 오른손으로 각속도의 방향을 손가락으로 감쌌을 때 엄지손가락이 가리키는 방향과 같다. 여기서 $\mathbf{r}_{i/G}$는 강체가 질점의 집합이라고 했을 때 강체의 질량중심(G)으로부터 질점 i까지 떨어진 거리가 된다.

$$\mathrm{H}_i=\mathbf{r}_{i/\mathrm{G}}\times m_i\mathbf{v}_i \qquad (9.14)$$

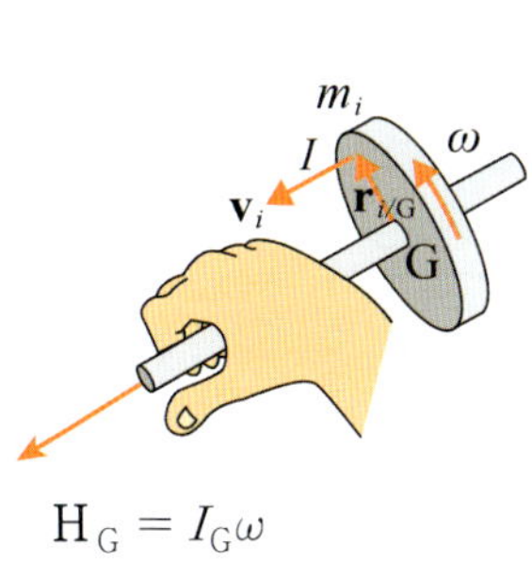

그림 9-9 각운동량의 방향

식 (9.14)를 바탕으로 강체의 전체 시스템, 즉 강체를 대표하는 질량중심 G 에 대한 각운동량을 표현하면 강체를 구성하는 모든 질점의 각운동량을 합한 것과 같다. 또한 강체의 임의의 위치에서의 속도를 질량중심에 대한 상대속도로 정의하면 $\mathbf{v}_i = \mathbf{v}_{i/\mathrm{G}} + \mathbf{v}_\mathrm{G}$ 이고, 질량중심을 기준으로 회전하는 각운동량을 계산하기 때문에 $\mathbf{v}_\mathrm{G} = 0$ 이 된다.

$$\mathrm{H}_\mathrm{G} = \Sigma(\mathbf{r}_{i/\mathrm{G}} \times m_i \mathbf{v}_i) = \Sigma(\mathbf{r}_{i/\mathrm{G}} \times m_i(\mathbf{v}_{i/\mathrm{G}} + \mathbf{v}_\mathrm{G})) \tag{9.15}$$

강체의 각운동량과 각충격량의 관계를 유도하기 위해, 식 (9.15)와 $\mathbf{v}_\mathrm{G} = 0$ 으로 정리한 각운동량의 양변을 미분하면 다음과 같다.

$$\frac{d}{dt}(\mathrm{H}_\mathrm{G}) = \Sigma(\dot{\mathbf{r}}_{i/\mathrm{G}} \times m_i \mathbf{v}_i) + \Sigma(\mathbf{r}_{i/\mathrm{G}} \times m_i \dot{\mathbf{v}}_{i/\mathrm{G}}) \tag{9.16}$$

$\dot{\mathbf{r}}_{i/\mathrm{G}} = \mathbf{v}_{i/\mathrm{G}}$ 이고 식 (9.16)의 우변의 첫 번째 항은 같은 방향의 외적이므로 0 이 된다. 그러므로 최종식은 식 (9.17)과 같다.

$$\dot{\mathrm{H}}_\mathrm{G} = \Sigma(\mathbf{r}_{i/\mathrm{G}} \times m_i \mathbf{a}_{i/\mathrm{G}}) = \Sigma(\mathbf{r}_{i/\mathrm{G}} \times \mathrm{F}_i) = \Sigma(\mathrm{M}_\mathrm{G}) \tag{9.17}$$

즉 강체에서 회전에 의한 각운동량의 변화량은 그 시스템의 모멘트의 합과 같고, 식 (9.17)의 양변을 시간 t_1부터 t_2까지 적분하면 다음과 같다.

$$\int_{t_1}^{t_2} \Sigma(\mathrm{M}_\mathrm{G})\, dt = \mathrm{H}_{\mathrm{G},2} - \mathrm{H}_{\mathrm{G},1} \tag{9.18}$$

즉 모멘트에 의해 강체에 가해진 각충격량은 각운동량의 변화량과 같다.

순수 병진운동의 관성이 m_G라고 하면 회전운동의 관성은 I_G가 되고, 병진운동의 속도가 v_G이면 이에 대응하는 각속도는 ω_G가 된다. 이를 이용하여 식 (9.18)을 다시 풀어쓰면 식 (9.19)와 같이 되고, 각운동량과 각충격량 원리 식을 정리하면 식 (9.20)과 같다.

$$\int_{t_1}^{t_2} \Sigma(\mathrm{M}_\mathrm{G})\, dt = I_\mathrm{G}\,\omega_2 - I_\mathrm{G}\,\omega_1 \tag{9.19}$$

$$I_\mathrm{G}\,\omega_1 + \int_{t_1}^{t_2} \Sigma(\mathrm{M}_\mathrm{G})\, dt = I_\mathrm{G}\,\omega_2 \tag{9.20}$$

[그림 9-10]에서와 같이 고정된 한 점을 중심으로 회전하는 강체의 경우 강체의 질량중심 G 에서는 회전각속도 ω로 회전운동에 의한 각운동량($I_G\omega$)과 질량중심이 가지는 접선속도에 의한 선형운동량에 의한 각운동량($\mathbf{r}_G \times (m\mathbf{v}_G)$)이 추가로 발생한다. 이에 대해 식 (9.21)과 같이 표현할 수 있다.

$$\mathrm{H}_O = I_G\omega + \mathbf{r}_G \times (m\mathbf{v}_G) \tag{9.21}$$

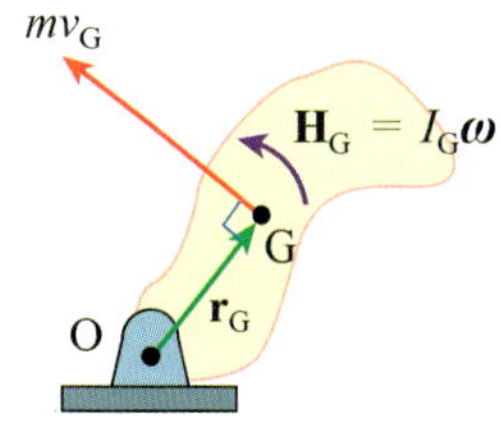

그림 9-10 고정점을 중심으로 회전하는 강체의 각운동량

예제 9-4 카트 위 릴의 운동

질량 30 kg 인 릴이 [그림 9-11]과 같이 질량 20kg 인 카트 위에 놓여 있다. 이 릴의 반경은 200 mm이고, 릴의 회전반경은 $k = 250$ mm이다. 이 릴이 $P = 50$ N의 힘으로 잡아당겨지고 있다고 할 때, 6초 후의 릴의 각속도와 카트의 속도를 구하시오. 단, 릴의 형태는 후프 형태로 간략화하고, 카트와 바닥면의 마찰력은 무시한다.

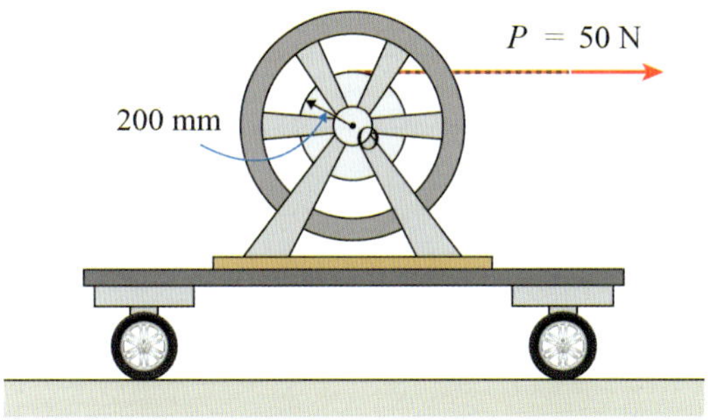

그림 9-11 카트 위 릴의 운동

분석

- 카트와 릴에 작용하는 힘들에 대해 각각의 자유물체도를 그린다.
- 카트와 릴 연결 점에는 지지력이 작용하며, 이 힘들은 내부 힘으로 작용-반작용 관계가 있음을 인지한다.

풀이

- 카트와 릴에 각각 작용하는 모든 힘을 자유물체도로 그리면 [그림 9-12]와 같다. 자유물체도는 카트와 릴로 나누어 그렸다.
- 카트의 y축의 힘들은 카트의 무게와 카트를 수평면이 지지하는 수직항력 N이 있고, 카트와 릴이 고정되는 점 O에서의 x축과 y축의 지지력은 각각 O_x, O_y이다. 릴의 경우도 점 O에서 같은 지지력이 작용하며, 점 O에서 외부 힘은 없기 때문에 방향은 반대이다(작용-반작용의 원리). 릴의 경우도 y축에 대해서는 릴의 무게가 작용하고, x축에 대해서는 릴이 잡아당겨지는 힘 P가 작용한다.

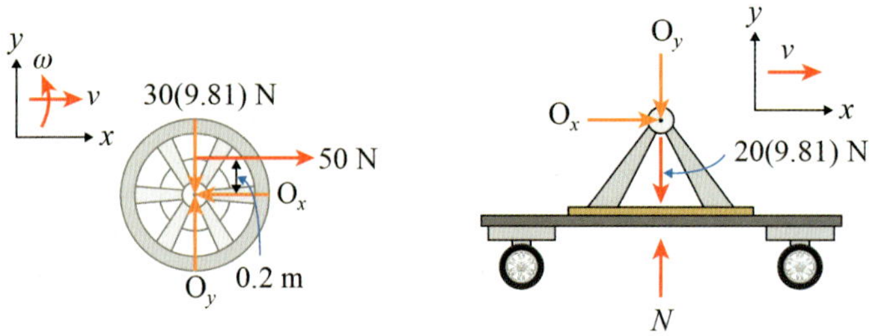

그림 9-12 카트와 릴의 자유물체도

- 릴의 경우 점 O를 중심으로 회전운동을 하기 때문에 릴에 대해 각운동량과 각충격량의 관계식을 정리하면 다음과 같다. 여기서 릴의 질량 회전관성 $I_O = mk^2 = 30(0.25)^2 = 1.875\ \text{kg}\cdot\text{m}^2$이다.

$$I_O\omega_1 + \int_{t_1}^{t_2} \Sigma M_O\, dt = I_O\,\omega_2$$

위 각운동량과 각충격량의 식에서 릴은 초기에 정지해 있었으므로 관계식을 풀면 6초 후의 릴의 회전 각속도를 구할 수 있다. 이 식을 통해서 릴의 회전가속도를 다음과 같이 구할 수 있다.

$$0 + \int_0^6 (50\times 0.2)dt = 0 + 50\times(0.2)\times(6) = 1.875\omega_2 \quad\Rightarrow\quad \omega_2 = 32\ \text{rad/s}$$

- 릴은 카트와 같은 속도로 병진운동을 한다. 이에 대한 선형충격량과 선형운동량 관계식을 정리하면 다음과 같다. 여기서 m_r은 릴의 질량이다.

$$m_r v_{O,1} + \int_{t_1}^{t_2} \Sigma F\, dt = m_r v_{O,2}$$

$$0 + \int_0^6 (50 - O_x)\, dt = 0 + 50(6) - O_x(6) = 30v_{O,2} \qquad (1)$$

- 카트의 경우는 병진운동만을 하기 때문에 카트에 대해서는 선형충격량과 선형운동량의 관계식을 다음과 같이 정리할 수 있다. 카트의 경우 수평운동에 가해지는 충격력은 O_x만 있기 때문에 다음과 같이 정리된다. 여기서 m_c는 카트의 질량이다.

$$m_c v_{O,1} + \int_{t_1}^{t_2} \Sigma F\, dt = m_c v_{O,2}$$

$$0 + O_x(6) = 20v_{O,2} \qquad (2)$$

- 식 (1)과 (2)의 연립방정식을 풀면 지지력의 x 방향 성분인 $O_x = 20$ N을 구할 수 있다. 또 카트의 수평방향 속도를 다음과 같이 구할 수 있다.

$$v_{O,2} = 6\ \text{m/s}$$

고찰

- 병진운동과 회전운동 사이의 운동량 변화를 생각해본다.
- 릴의 반경이 커짐에 따라 최종속도는 어떻게 변화하는지를 알아보고, 그 이유를 생각해보자.

예제 9-5 도르래와 연결된 블록

[그림 9-13]의 두 개의 휠로 구성된 이중도르래double pulley는 같은 회전각속도로 회전운동을 한다. 이중도르래의 질량이 20 kg이고 전체 반경은 $k_O = 250$ mm이다. 질량이 30 kg인 블록 A가 이 이중도르래에 그림과 같이 연결되어 있고, 힘 $F = 1{,}500$ N이 7초간 작용할 때, 이 블록의 7초 후의 속도와 이중도르래의 각속도를 구하시오. 단, 블록은 처음에 멈춰 있고, 로프의 무게는 무시한다.

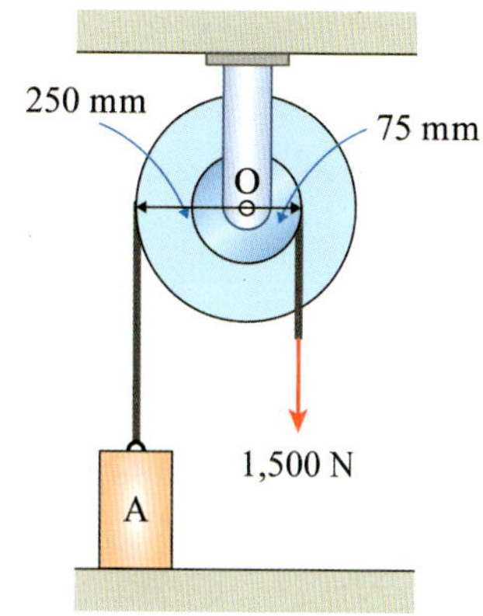

그림 9-13 도르래와 연결된 블록 운동

분석

- 두 물체에 작용하는 힘들의 자유물체도를 구하고, 연결부에서 작용–반작용 힘이 작용함을 이용한다.
- 각 요소들에 대해 운동량–충격량 보존 식을 적용하여 풀이한다.

풀이

- 먼저 도르래의 운동을 살펴보자. 이중도르래는 회전운동만 하기 때문에 도르래의 각충격량–각운동량 원리를 적용하면 다음과 같다.

$$H_{O,1} + \sum\int_{t_1}^{t_2} M_O\,dt = H_{O,2}$$

회전반경을 이용하여 회전중심점 O에서의 질량 회전관성을 구하면 $I_O = \dfrac{mk^2}{2} = \left(\dfrac{1}{2}\right)(20)(0.25)^2 = 0.625\ \text{kg}\cdot\text{m}^2$이다.

- [그림 9-14]를 살펴보면, 외부에서 작용한 $F = 1{,}500$ N에 의한 모멘트는 F와 내부 도르래의 반경을 곱한 것이 되고, 블록에 의한 외부 충격량을 포함하여 정리하면 다음과 같이 나타낼 수 있다.

$$\begin{aligned} &0 - 1500(0.075)(7) + 30(9.81)(0.25)(7) \\ &= I_O\omega + r(mv) = (0.625)\omega + 0.25(30)v \end{aligned} \quad (1)$$

$v = r\omega = 0.25\omega$를 식 (1)에 대입하고 방정식을 풀면 블록의 수직속도와 이중도르래의 회전각속도를 다음과 같이 구할 수 있다.

$$\omega = -108.99\ \text{rad/s},\quad v = -27.248\ \text{m/s}$$

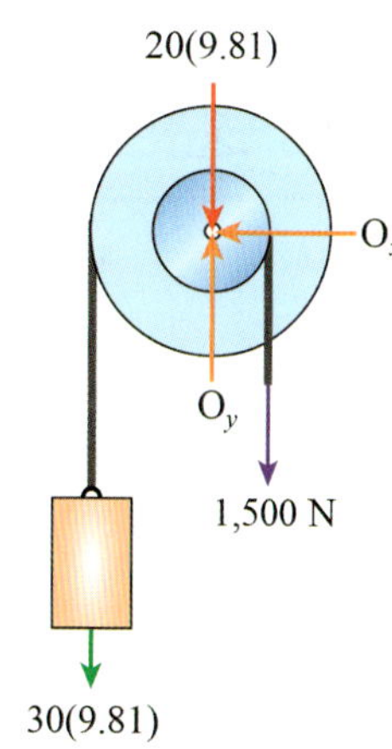

그림 9-14 도르래와 연결된 블록과 도르래의 자유물체도

고찰

- 도르래의 내부 반경을 달리하여 위에서의 속도와 각속도의 변화를 고찰해본다.
- 본 예제에서 중력의 특성을 분석하기 위해 중력가속도를 달의 중력가속도(= 1.63 m/s²)로 하여 문제를 풀어보고, 중력의 역할을 생각해본다.

예제 9-6 회전하는 링크 구조의 운동

점 A를 회전중심으로 링크 AB와 링크 BC가 [그림 9-15]와 같이 90°의 각도를 가지고 연결되어 있다. 이 시스템에서 회전축에 $M=(18t^2)$ N·m의 토크가 가해진다(여기서 t는 시간을 나타낸다). 이 시스템은 처음에는 정지된 상태에 있다가 토크가 가해지면서 움직이기 시작한다. 이 회전토크가 5초간 작용하였을 때, 이 시스템의 회전각속도를 구하시오. 단, 링크 AB와 BC의 무게는 각각 15 kg이다.

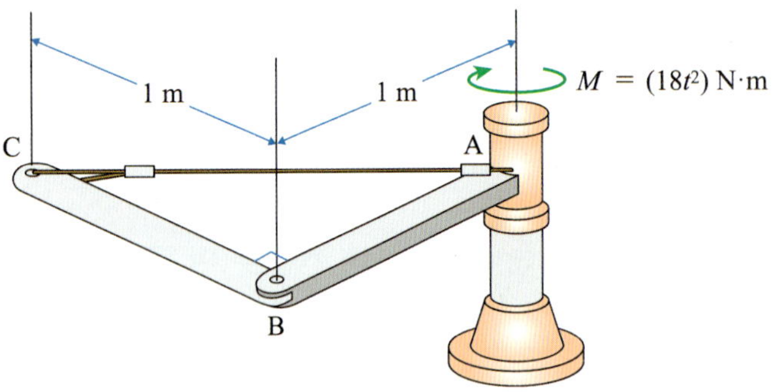

그림 9-15 회전축에 연결된 링크 구조의 운동

분석

- 회전중심축과 회전하는 봉의 질량중심 사이의 거리를 계산한다.
- 각 링크에 운동량–충격량 보존 원리를 적용한다.

풀이

- 시스템의 링크는 회전운동을 하기 때문에 링크의 각운동량은 다음과 같이 정의된다. 링크의 질량중심에서의 회전관성은 $I_G = \frac{1}{12}mL^2 = \frac{1}{12}(15)(1)^2 = 1.25 \text{ kg}\cdot\text{m}^2$이다. [그림 9-16]에서 볼 수 있듯이 회전중심은 점 A이고, 실제로 회전하는 링크의 중심은 G_{AB}와 G_{BC}이다. 즉 이 시스템은 회전중심과 실제 강체의 중심이 일정한 거리만큼 떨어진 경우가 되므로, 식 (9.21)을 이용하여 정리하면 다음과 같다.

$$H_{AB,1} + H_{BC,1} + \sum\int_{t_1}^{t_2} Mdt = H_{AB,2} + H_{BC,2} = I_{AB}\omega + r_{AB}(m_{AB}v_{AB}) + I_{BC}\omega + r_{BC}(m_{BC}v_{BC}) \quad (1)$$

- [그림 9-16]에서 보는 것과 같이 회전중심 A에 대해 각 링크의 질량중심까지의 거리를 계산하면 다음과 같다.

$$r_{AB} = 0.5 \text{ m}, \quad r_{BC} = \sqrt{1^2 + 0.5^2} = 1.12 \text{ m} \quad (2)$$

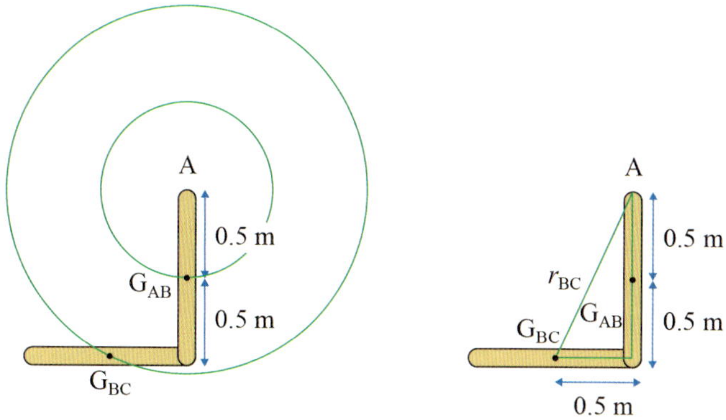

그림 9-16 회전축에 연결된 링크의 거리

- 식 (1)에 식 (2)에서 구한 값과 문제에서 제시한 값을 대입하여 다시 정리하면 다음과 같다.

$$0+\int_0^5 18t^2\,dt = 1.25\omega + 0.5(15)(v_{AB}) + 1.25\omega + 1.12(15)(v_{BC}) \tag{3}$$

식 (3)에서 회전중심점 A에서 링크의 중심 G_{AB}와 G_{BC}의 선속도와 회전각속도는 $v_{AB}=\omega(0.5)$, $v_{BC}=\omega(1.12)$이므로, 이 값을 식 (2)에 대입하면 다음과 같은 식으로 정리된다.

$$0+\int_0^5 18t^2\,dt = 1.25\omega + 0.5(15)(\omega(0.5)) + 1.25\omega + 1.12(15)(\omega(1.12)) \tag{4}$$

최종적으로 식 (4)를 풀면 이 시스템의 회전각속도는 $\omega=30\ \mathrm{rad/s}$이다.

고찰

- 본 예제는 링크 길이가 서로 같은 경우에 대한 예이므로, 링크의 길이를 달리하여 각속도의 영향력을 분석해본다.
- 두 링크의 연결 각도가 90°가 아닌 60° 등 각도가 변화하는 경우에 대해서도 각속도 변화 특성을 분석해본다.

9.2.3 강체의 일반적인 운동량과 충격량

강체의 일반적인 평면운동의 경우 강체의 질량중심과 회전중심이 일치하지 않을 때 강체의 운동량과 충격량의 관계식은 식 (9.21)과 같이 표현될 수 있다. 임의의 회전중심이 P 라고 하면, [그림 9-17]에서 보는 것과 같이 임의의 회전중심 P 와 강체의 회전중심 G 사이 거리가 d라고 할 때, 일반적인 평면운동을 하는 강체 시스템의 P점에서의 각운동량은 식 (9.22)와 같이 유도될 수 있다.

$$\mathrm{H}_{\mathrm{P}} = \mathrm{H}_{\mathrm{G}} + d\mathrm{L}_{\mathrm{G}} = I_{\mathrm{G}}\,\omega + d(m\mathbf{v}_{\mathrm{G}}) \tag{9.22}$$

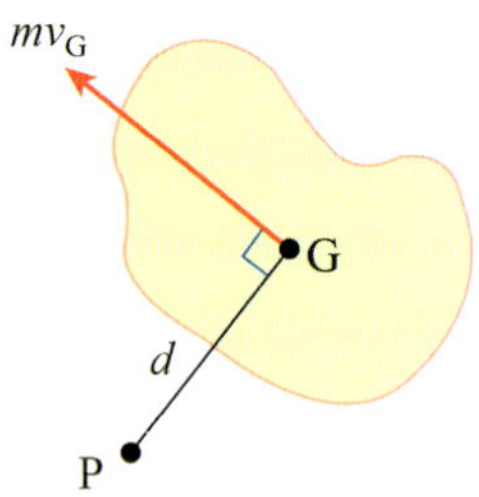

그림 9-17 강체의 평면운동에 대한 운동량

또한, 이 강체 시스템에 대한 질량중심 G 에서의 선형운동량과 선형충격량, 각운동량과 각충격량에 대한 식은 식 (9.23)과 식 (9.24)와 같다.

$$m\mathbf{v}_{\mathrm{G},1} + \Sigma\int_{t_1}^{t_2}\mathrm{F}\,dt = m\mathbf{v}_{\mathrm{G},2} \tag{9.23}$$

$$\mathrm{H}_{\mathrm{P},1} + \Sigma\int_{t_1}^{t_2}\mathrm{M}\,dt = \mathrm{H}_{\mathrm{P},2}$$

$$\Rightarrow\ I_{\mathrm{G}}\,\omega_1 + d(m\mathbf{v}_{\mathrm{G},1}) + \Sigma\int_{t_1}^{t_2}\mathrm{M}\,dt = I_{\mathrm{G}}\,\omega_2 + d(m\mathbf{v}_{\mathrm{G},2}) \tag{9.24}$$

예제 9-7 랙앤피니언 기어 운동

[그림 9-18]은 랙앤피니언 구조로 연결된 기어박스이다. 기어 A의 질량이 40 kg이고 반경은 $k_o = 200$ mm이다. 랙기어 B의 질량은 30 kg이고 여기에 외부에서 힘 $P = 250$ N이 작용한다고 한다. 기어 A가 멈춘 상태에서 각속도가 반시계방향으로 10 rad/s가 될 때까지 요구되는 시간은 얼마인지를 구하시오. 단, 기어들 사이의 마찰은 무시한다.

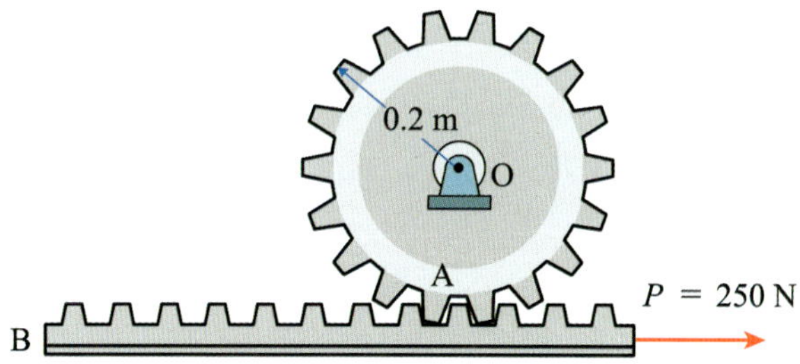

그림 9-18 랙앤피니언 운동

분석

- 랙앤피니언 기어 구조에 대해 이해한다. 직선운동을 회전운동으로, 회전운동을 직선운동으로 변화시키는 시스템이므로 선형속도가 각속도로, 각속도가 선형속도로 변화함을 이해한다.
- 요소들 각각에 대해 운동량-충격량 원리를 적용해본다.

풀이

- 먼저 선형운동량-충격량 원리를 적용해보자. 우선 랙기어에 대한 선형운동량-충격량 식을 적용해본다.

$$m(v_{B.1}) + \Sigma\int_0^t F_x\,dt = m(v_{B.2})$$

이 식에서 최종상태(2)에서의 각속도는 $\omega = 10\ \mathrm{rad/s}$이므로 이에 대한 선속도를 구하면 다음과 같다.

$$v_{B.2} = \omega r = (10)(0.2) = 2\ \mathrm{m/s}$$

[그림 9-19]와 같이 기어 B와 기어 A가 접촉하는 점에서, 기어 B를 잡아당기는 힘 F와 동일한 크기로 기어 A를 밀어내는 힘 F가 작용한다(작용-반작용 원리). 따라서 기어 B에 대한 선형운동량-충격량 관계를 통해 식 (1)을 만들 수 있다.

$$0 + \int_0^t (250 - F)\,dt = 0 + 250t - Ft = 30(2) \quad \Rightarrow \quad Ft = 250t - 60 \tag{1}$$

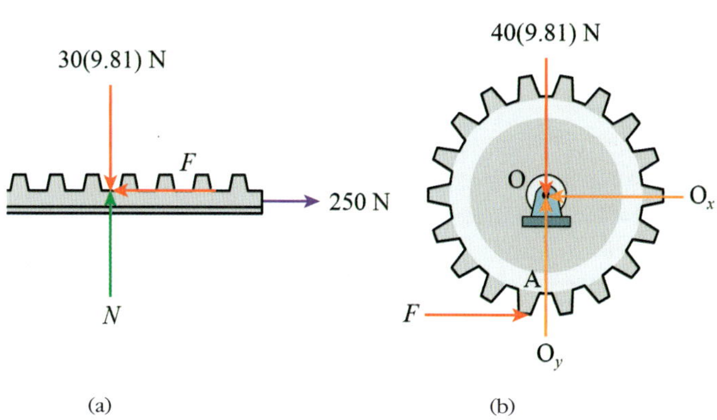

그림 9-19 랙앤피니언 기어의 자유물체도

- 다음으로 기어 A에 대한 각운동량–충격량 원리를 적용해보자. 기어 A의 경우 회전운동을 하기 때문에 각충격량과 각운동량 보존 식을 정리해보면 다음과 같다.

$$H_{O,1} + \Sigma \int_0^t M_O \, dt = H_{O,2}$$

$$I_O \omega_1 + \Sigma \int_0^t M_O \, dt = I_O \omega_2 \tag{2}$$

- 식 (2)에서 문제에 회전반경이 주어졌으므로 이를 이용하면 기어 A의 질량 회전관성은 $I_O = \dfrac{mk^2}{2} = \left(\dfrac{1}{2}\right)(40)(0.2)^2 = 0.8\ \text{kg}\cdot\text{m}^2$이고, 이것을 식 (2)에 적용하면 다음과 같이 간략화할 수 있다.

$$0 + F(0.2)(t) = (0.8)(10) = 8 \tag{3}$$

- 식 (1)과 (3)을 연립하여 풀면 기어 A가 멈춘 상태에서 각속도가 10 rad/s가 될 때까지 요구되는 시간은 0.4초임을 알 수 있다.

$$F = 100\ \text{N},\ t = 0.4\ \text{s}$$

고찰

- 기계 시스템에서 선형운동이 회전운동으로, 회전운동이 선형운동으로 전환되는 시스템을 찾아보고, 본 예제와 같이 모델링하여 풀이해본다.

SECTION

9.3 편심충돌 역학

- 강체의 충돌 중 편심충돌의 개념에 대해 알아본다.
- 편심충돌 시 선형운동량과 각운동량의 관계를 알아본다.
- 편심충돌에서 완전 탄성충돌이 아닌 경우에 대해 반발계수 식을 알아본다.

두 개 이상의 강체는 운동 중 충돌이 발생할 수 있다. 강체들이 병진운동을 하던 중에 정면충돌을 하는 경우와 약간 빗겨서 충돌하는 편심충돌을 하는 경우에 따라 충돌 후 에너지와 운동의 변화가 다르게 발생할 수 있다. 정면충돌의 경우 모든 에너지는 다시 병진운동의 변화로 나타날 것이다. 그러나 편심충돌은 정면충돌과는 다른 특성을 보인다. 편심충돌의 경우 충돌력의 작용선이 질량중심을 지나지 않기 때문에 충돌력에 의한 회전모멘트가 발생하기 때문이다. 이 절에서는 이러한 편심충돌의 개념과 충돌 후 강체의 운동 변화에 대해 알아보고, 완전 탄성충돌이 아닌 경우에 반발계수에 따른 운동의 변화를 살펴보고자 한다.

9.3.1 편심충돌

[그림 9-20]은 일반적인 **편심충돌**eccentric collision의 예를 보여준다. 두 강체 A와 B가 정면충돌이 아닌 편심충돌을 하게 됨으로써 충돌 시 충돌선이 강체의 한 개 또는 두 개의 질량중심을 벗어나면서 충돌하는 경우이다. 이러한 편심충돌은 정면충돌과는 달리 충격력이 질량중심을 벗어나기 때문에 추가적인 모멘트가 발생하여 충돌 후 강체의 회전운동을 일으키는 특성을 보인다.

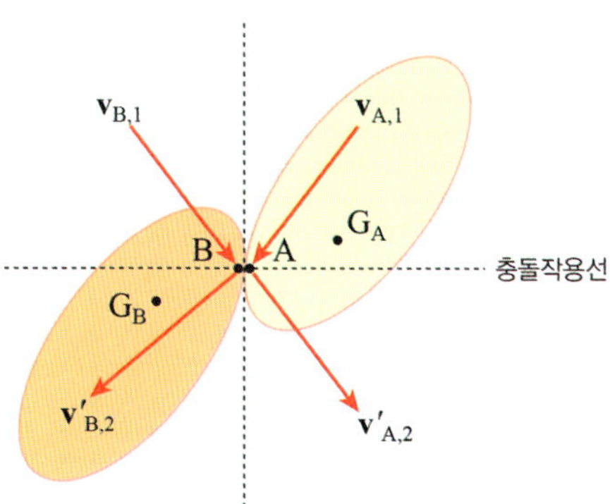

그림 9-20 두 강체가 편심충돌을 할 때의 속도 변화

충돌 동안 두 강체에 작용하는 외부 힘 또는 모멘트가 없거나, 충돌력 및 충돌모멘트에 비해 그 값이 극히 작다고 하면 우리는 이 시스템에서 선형운동량과 각운동량이 보존된다고 가정할 수 있다. 즉 다음 식 (9.25)는 충격량이 없는 시스템에서 선형운동량이 충돌 전/후 보존됨과 각운동량이 충돌 전/후 보존됨을 보여준다. 식에서 $\mathbf{v}_A$ 와 $\mathbf{v}_B$ 는 m_A 와 m_B 의 질량중심에서의 속도를 나타내고 아래첨자 1과 2는 충돌 전과 후의 물리량을 나타낸다.

$$\begin{aligned} \mathrm{L} \quad &\Rightarrow \quad m_A \mathbf{v}_{A,1} + m_B \mathbf{v}_{B,1} = m_A \mathbf{v}_{A,2} + m_B \mathbf{v}_{B,2} \\ \mathrm{H} \quad &\Rightarrow \quad I_A \boldsymbol{\omega}_{A,1} + I_B \boldsymbol{\omega}_{B,1} = I_A \boldsymbol{\omega}_{A,2} + I_B \boldsymbol{\omega}_{B,2} \end{aligned} \tag{9.25}$$

시스템 초기에 선형속도만 존재하고 충격 시 충격의 작용선이 질량중심을 지나지 않는 경우를 편심충돌이라고 부른다. 이때 충격력이 질량중심과 일치하지 않기 때문에 이 충격력에 의해 충격 후 모멘트가 발생한다. 그러므로 편심충돌의 경우 충돌 시 각충격량이 강체에 적용되고 선형충격량은 거의 없다고 가정할 수 있다. 즉 편심충돌의 경우 식 (9.26)과 같은 선형운동에 대해서는 선형충격량이 없다고 가정할 수 있고 충돌 전/후 선형운동량은 그대로 보존되며, 대신 각충격량이 발생하여 각운동량–충격량의 원리 식을 적용할 수 있다.

$$\begin{aligned} m_A \mathbf{v}_{A,1} + m_B \mathbf{v}_{B,1} &= m_A \mathbf{v}_{A,2} + m_B \mathbf{v}_{B,2} \\ \int \Sigma \mathrm{M}_G \, dt &= I_A \boldsymbol{\omega}_{A,2} + I_B \boldsymbol{\omega}_{B,2} \end{aligned} \tag{9.26}$$

식 (9.26)에서 보는 것과 같이 편심충돌로 인해 모멘트가 만들어지고 이는 새롭게 각운동량을 만들어낸다. 즉 충돌 후 각운동량이 생겨난다. 이는 일정 부분의 에너지가 충돌 시 변화되었음을 의미한다. 여기서 반발계수는 완전 탄성충돌인 경우($e = 1$), 완전 비탄성충돌인 경우($e = 0$)를 적용할 수 있고, 비탄성충돌의 경우 반발계수의 대한 식은 식 (9.27)과 같다.

$$e = \frac{v_{B,2} - v_{A,2}}{v_{A,1} - v_{B,1}} \tag{9.27}$$

강체의 충돌에서 반발계수의 제곱은 처음 상태 1과 다음 상태 2의 운동에너지의 비와 같다. 이 반발계수의 제곱은 강체의 에너지 비와 같이 때문에 편심충돌의 경우 강체가 에너지는 선형운동에너지와 회전운동에너지의 합으로 표현할 수 있고, 이를 통해 반발계수의 제곱을 식 (9.28)과 같이 표현할 수 있다.

$$e^2 = \frac{E_{k,2}}{E_{k,1}} = \frac{\frac{1}{2} m v_2^2 + \frac{1}{2} I \omega_2^2}{\frac{1}{2} m v_1^2 + \frac{1}{2} I \omega_1^2} \tag{9.28}$$

예제 9-8 떨어지는 봉의 한쪽 끝 충돌

길이가 60 cm이고 질량이 2 kg인 금속 봉이 [그림 9-21]에서와 같이 초기에 질량중심점 C에서 1.5 m/s의 속도로 떨어져서 금속 봉의 끝단(A)과 테이블의 끝단이 부딪친다. 이 충격의 반발계수가 0.8일 때, 충격 후의 이 금속 봉의 질량중심에서의 선형속도와 회전각속도는 얼마인가?

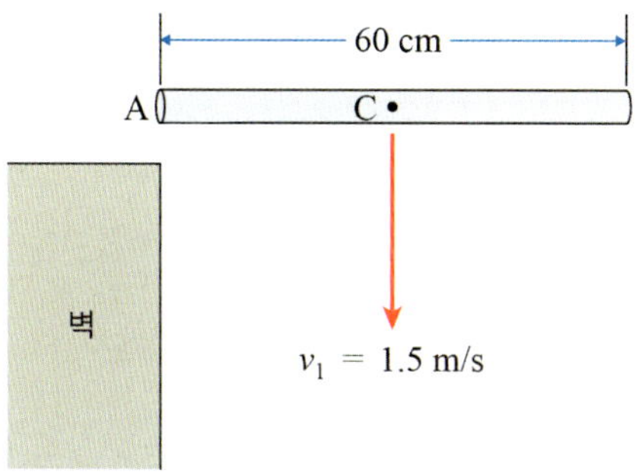

그림 9-21 떨어지는 긴 봉의 한쪽 끝 충돌

분석

- 강체의 편심충돌 시 반발계수식을 이용한다.
- 강체의 충돌에서 반발계수의 제곱이 초기 강체가 가지는 에너지와 충돌 후 강체가 가지는 에너지의 비임을 이용하여 문제에 접근한다.

풀이

- 먼저 두 강체인 떨어지는 봉$_{\text{bar}}$과 벽$_{\text{wall}}$의 선형 및 회전각속도를 정의하면 다음 식과 같다. 여기서 첨자 b는 봉을, w는 벽을 의미하며, $v_{\text{bA},1}$과 ω_1은 충돌 전 금속 봉의 점 A에 대한 속도, 각속도를 나타내고, $v_{\text{bC},1}$은 충돌 전 금속 봉의 질량중심에서의 속도를 나타낸다. 또한 $v_{\text{w},1}$과 $v_{\text{w},2}$는 각각 충돌 전후의 벽의 속도를 나타낸다.

$$v_{\text{bC},1} = v_{\text{bA},1} = -1.5\ \text{m/s},\quad \omega_1 = 0,\quad v_{\text{w},1} = v_{\text{w},2} = 0$$

벽은 움직이지 않기 때문에 벽의 속도는 처음과 충돌 후에도 0이다. 반발계수가 0.8이므로 식 (9.27)을 사용하여 충돌점 A에 대해 정리하면 다음과 같고, 이를 통해 충돌 후 금속 봉의 점 A에서의 속도 $v_{\text{bA},2}$를 구할 수 있다.

$$e = 0.8 = -\frac{v_{\text{bA},2}}{v_{\text{bA},1}} \quad\Rightarrow\quad v_{\text{bA},2} = 1.2\ \text{m/s}$$

- 금속 봉이 벽과 충돌 시 접촉점 A를 중심으로 질량중심 C가 병진운동과 회전운동을 한다고 하면, 다음과 같은 관계식으로 정리할 수 있다. 여기서 r은 금속 봉의 질량중심(C)과 충돌점 A 사이의 거리이고, $v_{\text{bC},2}$와 ω_2는 각각 충돌 후 금속 봉의 질량중심의 속도와 각속도를 나타낸다.

$$1.2\ \text{m/s} = v_{\text{bC},2} - r\omega_2 \tag{1}$$

• 강체의 충돌에서 반발계수의 제곱이 강체의 초기에너지와 충돌 후 에너지의 비와 같음을 나타내는 식 (9.28)을 이용하여 본 문제의 충돌에 대해 정리하면 다음과 같다.

$$e^2 = 0.64 = \frac{E_{k,\mathrm{f}}}{E_{k,\mathrm{i}}} = \frac{\frac{1}{2}mv_{\mathrm{bC},2}^2 + \frac{1}{2}I\omega_2^2}{\frac{1}{2}m(1.5)^2} = \frac{\frac{1}{2}mv_{\mathrm{bC},2}^2 + \frac{1}{2}\left(\frac{1}{12}m(0.6)^2\right)\omega_2^2}{\frac{1}{2}m(1.5)^2}$$

위의 식을 식 (2)와 같이 정리할 수 있다.

$$1.44 = v_{\mathrm{bC},2}^2 + \frac{0.36}{12}\omega_2^2 \tag{2}$$

• 두 식 (1)과 (2)를 연립하면 답이 다음과 같이 2개가 나온다. 이는 식 (2)가 2차식으로서 해를 두 개 가지기 때문이다. 다만 이 두 개의 근 중 충돌로 인해 금속 봉의 회전이 발생하므로 $\omega_2 = 0$인 경우는 답이 될 수 없다.

$$v_{\mathrm{bC},2} = -0.6\ \mathrm{m/s},\ \omega_2 = -6\ \mathrm{rad/s}$$
$$v_{\mathrm{bC},2} = 1.2\ \mathrm{m/s},\ \omega_2 = 0\ \mathrm{rad/s}$$

그러므로 실제적으로 충돌 후 금속 봉의 질량중심에서의 속도와 회전각속도는 다음과 같이 구할 수 있다. 단, 여기서 각속도의 방향이 (−)인 것은 시계방향으로 회전함을 의미한다.

$$v_{\mathrm{bC},2} = -0.6\ \mathrm{m/s},\ \omega_2 = -6\ \mathrm{rad/s}$$

고찰

• 이 예제와 같은 조건에서, 금속 봉이 금속 봉의 끝이 아닌 긴 봉의 중심으로부터 임의로 a만큼 떨어진 위치에서 떨어져 벽에 충돌한다고 하자. 이때 충돌 후 질량중심의 속도와 회전각속도를 구해보고, a에 의해서 질량중심의 선형속도와 각속도는 어떤 변화가 있는지를 살펴본다.

■ 강체 선형운동량과 충격량 원리

강체의 선형충격량의 경우 병진운동에 대한 힘이 강체에 미소시간(Δt) 동안 지속되었을 때 다음과 같은 선형운동량과 선형충격량의 원리가 성립한다.

$$m\mathbf{v}_{G,1} + \int_{t_1}^{t_2} \Sigma \mathrm{F}\, dt = m\mathbf{v}_{G,2}$$

$$\int_{t_1}^{t_2} \Sigma \mathrm{F}\, dt = \mathrm{L}_{G,2} - \mathrm{L}_{G,1}$$

■ 강체 각운동량과 각충격량 원리(질량중심)

강체의 각충격량의 경우 회전에 대한 힘인 모멘트가 가해지고 있고, 모멘트가 미소시간(Δt) 동안 지속되었을 때 다음과 같은 각운동량과 각충격량의 원리가 성립한다.

$$\int_{t_1}^{t_2} \Sigma(\mathrm{M}_G)\, dt = I_G \omega_2 - I_G \omega_1$$

$$I_G \omega_1 + \int_{t_1}^{t_2} \Sigma(\mathrm{M}_G)\, dt = I_G \omega_2$$

■ 강체 각운동량과 각충격량 원리(강체 임의의 점)

강체의 각운동량에 대한 분석 시 임의의 회전중심인 P가 있다고 할 때, 강체의 질량중심으로부터 거리가 d인 점 P에서는 회전과 선형속도를 같이 가지고 있어 다음과 같이 강체의 각운동량과 각충격량 원리가 정의된다.

$$\mathrm{H}_{P,1} + \Sigma \int_{t_1}^{t_2} \mathrm{M}\, dt = \mathrm{H}_{P,2} \quad \Rightarrow \quad I_G \omega_1 + d(m\mathbf{v}_{G,1}) + \Sigma \int_{t_1}^{t_2} \mathrm{M}\, dt = I_G \omega_2 + d(m\mathbf{v}_{G,2})$$

■ 강체의 편심충돌

두 개의 강체가 서로 충돌할 때 충돌의 작용선이 질량중심을 지나지 않는 경우를 편심충돌이라고 한다. 편심충돌에서는 선형운동량이 각운동량으로 전환된다.

$$m_A \mathbf{v}_{G,1} + m_B \mathbf{v}_{G,1} = m_A \mathbf{v}_{G,2} + m_B \mathbf{v}_{G,2}$$

$$\int \Sigma \mathrm{M}_G\, dt = I_A \omega_{G,2} + I_B \omega_{G,2}$$

- 편심충돌에서의 반발계수 : $e = \dfrac{v_{B,2} - v_{A,2}}{v_{A,1} - v_{B,1}}$
- 편심충돌 보존 식 : $e^2 = \dfrac{E_{k,2}}{E_{k,1}} = \dfrac{\frac{1}{2}mv_2^2 + \frac{1}{2}I\omega_2^2}{\frac{1}{2}mv_1^2 + \frac{1}{2}I\omega_1^2}$

CHAPTER 09 | 핵심요약

■ 강체의 운동 분석 요약

• 강체의 운동 분석에 필요한 관련 식은 다음과 같다.

힘과 가속도 → 뉴턴의 제2법칙

$$\sum \mathrm{F} = m\mathrm{a}_G$$
$$\sum \mathrm{M}_G = I_G\alpha$$

속도와 이동거리 → 일 – 에너지

$$T_1 + U_{1\to2} = T_2$$

속도와 시간 → 충돌력–모멘트

$$m\mathrm{v}_1 + \int_{t_1}^{t_2} \mathrm{F}\,dt = m\mathrm{v}_2$$
$$I_G\omega_1 + \int_{t_1}^{t_2} \mathrm{M}_G\,dt = I_G\omega_2$$

• 다음은 강체의 병진운동과 회전운동의 운동 물리량을 비교한 것이다.

운동	병진(직선)운동	회전운동
변위·각변위	s 또는 d	θ
속도·각속도	$v(\dot{x})$	$\omega(\dot{\theta})$
가속도·각가속도	$a(\ddot{x})$	$\alpha(\ddot{\theta})$
힘·모멘트	F	M
관성	m	$I=\int r^2\,dm$
뉴턴의 제2법칙	$\sum F = ma$	$\sum M = I\alpha$
일	$W = Fs$	$W = M\theta$
운동에너지	$\frac{1}{2}mv^2$	$\frac{1}{2}I\omega^2$
운동량	$L = mv$	$H = I\omega$

9.1 두 명의 아이 A와 B가 [그림 9-22]와 같이 회전놀이기구에 앉아 있다. 두 아이의 질량은 40 kg으로 같다. 이 회전놀이기구가 $\omega = 1.5$ rad/s의 각속도로 돌고 있고, 이 회전놀이기구의 질량은 700 kg이고 회전반경은 $k = 1$ m이다. 9.2절

(a) 아이 A가 회전방향에 대해 수직방향(반경방향)*n*-direction으로 2 m/s의 속도로 점프를 한다면, 그때의 회전놀이기구의 각속도를 구하시오. 단, 마찰력은 무시한다.

(b) 이 회전놀이기구에서 아이 B가 수평방향 *t*-direction으로 2 m/s의 속도로 점프를 한다면, 그때의 회전놀이기구의 각속도를 구하시오.

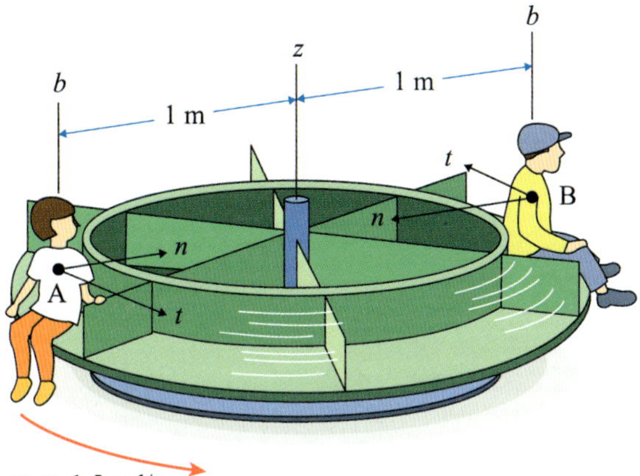

그림 9-22

9.2 질량이 15 kg인 공 B가 [그림 9-23]과 같이 길이 2 m인 봉과 연결되어 돌고 있다. 초기 공의 접선방향 속도는 3 m/s이고, 봉에 가해지는 회전모멘트는 $M = (2t^2 + 4t + 1)$ N·m이다. 이 봉의 무게는 무시할 수 있다고 가정한다. 봉에 가해진 회전모멘트가 3초간 적용되었을 때 이 공의 선속도를 구하시오. 9.2절

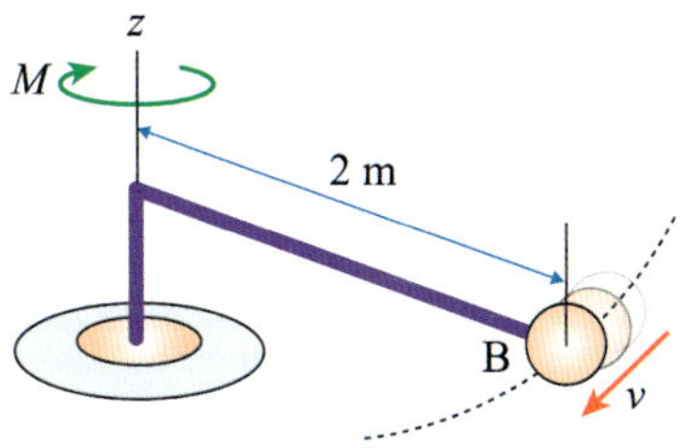

그림 9-23

9.3 질량이 4 kg으로 같은 두 개의 구가 [그림 9-24]와 같이 봉에 연결되어 돌고 있다. 이 회전 시스템에 시계방향으로 모멘트 $M=(5t)$ N·m(여기서 t는 시간)가 작용한다고 할 때, 초기에 멈춰 있던 구들이 접선속도 5 m/s로 회전할 때까지 걸린 시간을 구하시오. 9.2절

9.4 [그림 9-25]와 같이 질량이 100 kg인 실타래가 수평면과 45°를 이루는 빗면 위에 놓여 있다. 실타래의 내경은 0.3 cm이고 외경은 0.5 cm이다. 빗면과 실타래의 운동마찰계수는 $\mu_k=0.1$이다. 이 실타래가 멈춰 있다가 움직이기 시작하여 $t=4$ s가 되었을 때의 이 실타래의 각속도를 구하시오. 실타래의 회전반경은 $k_G=0.25$ m이다. 9.2절

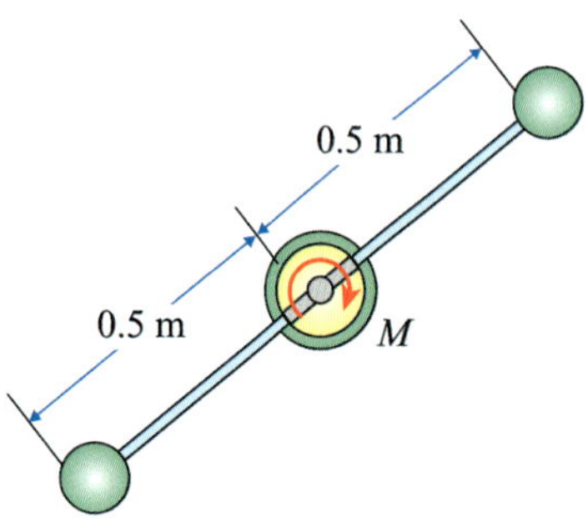

그림 9-24

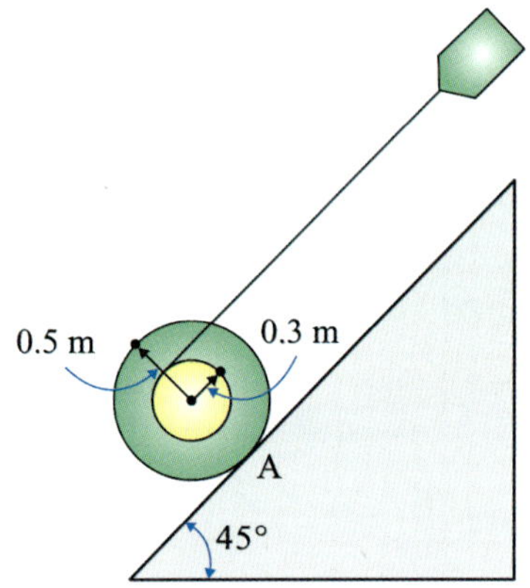

그림 9-25

9.5 두 개의 기어 A와 B가 [그림 9-26]과 같이 연결되어 회전하고 있다. 기어 A의 질량과 회전반경은 각각 $m_A=15$ kg, $k_A=0.2$ m이고, 기어 B의 질량과 회전반경은 각각 $m_B=10$ kg, $k_B=0.1$ m이다. 기어 B에 모멘트가 $M=2(1-e^{-0.5t})$와 같이 작용하고 있을 때, $t=5$ s에서의 기어 A의 각속도를 구하시오. 9.2절

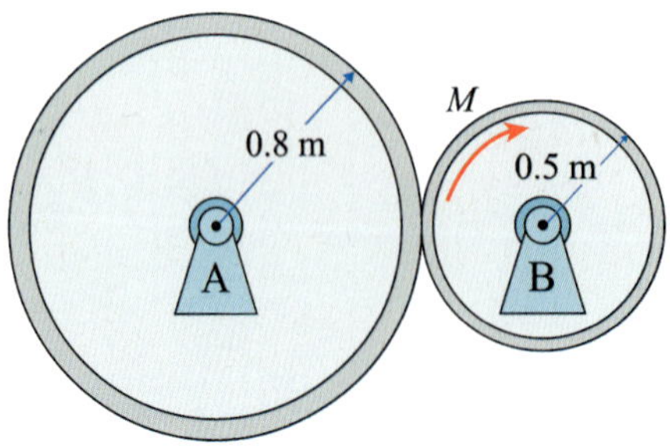

그림 9-26

9.6 [그림 9-27]과 같은 랙앤피니언 기어 구조에서 질량이 40 kg인 피니언기어 A가 고정점 O를 중심으로 회전반경 $k_O = 150$ mm를 가진다. 이때 질량이 50 kg인 랙기어 B에는 힘 $P = 250$ N이 작용하고 있다. 기어 시스템이 초기에 멈춘 상태에서 기어 A의 각속도가 25 rad/s에 도달할 때까지 걸린 시간은 얼마인가? 단, 이 시스템에서 마찰력은 무시한다. 9.2절

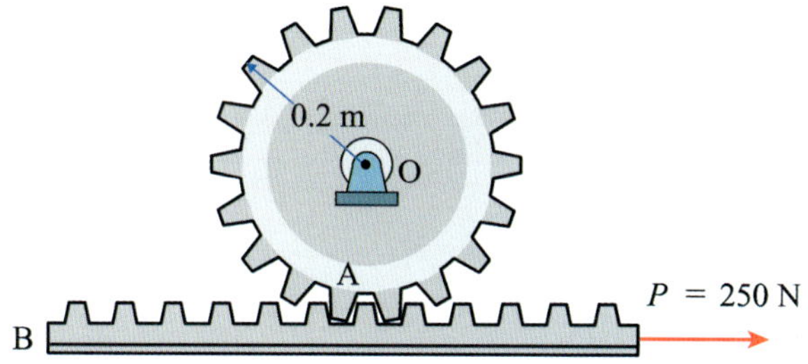

그림 9-27

9.7 [그림 9-28]의 이중도르래는 두 개의 휠로 구성되어 있고 회전 시 같은 비율로 회전한다. 도르래의 질량이 20 kg이고 회전반경은 $k_O = 150$ mm이다. 줄의 한쪽 끝에 질량 50 kg인 블록 A가 연결되어 있고 연결된 로프에 $F = 1.5$ kN의 힘이 작용하고 있을 때, $t = 2$ s 후의 블록의 속도는 얼마인가? 9.2절

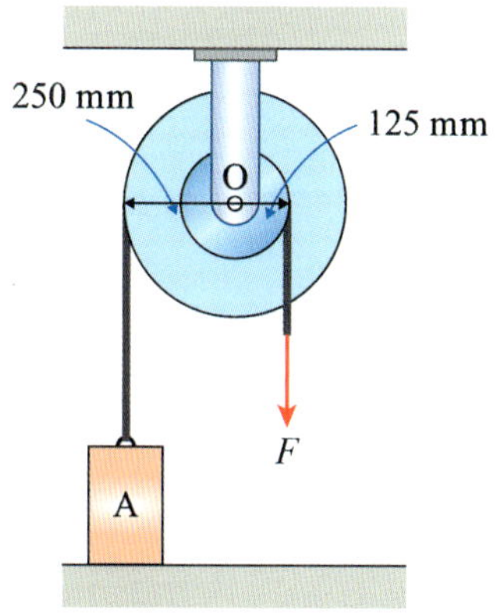

그림 9-28

9.8 [그림 9-29]와 같이 질량이 5 kg인 정공 실린더가 빗면에 멈춰 있다가 움직이기 시작한다. 이 실린더 중심의 속도는 $v_G = 3\ m/s$이고, 실린더는 시계방향으로 $\omega = 8\ rad/s$의 속도로 회전하고 있다. 실린더와 빗면의 운동 마찰계수가 $\mu_k = 0.6$일 때, 미끄러짐이 멈추기 전까지 이 실린더가 움직인 거리를 구하시오. 9.2절

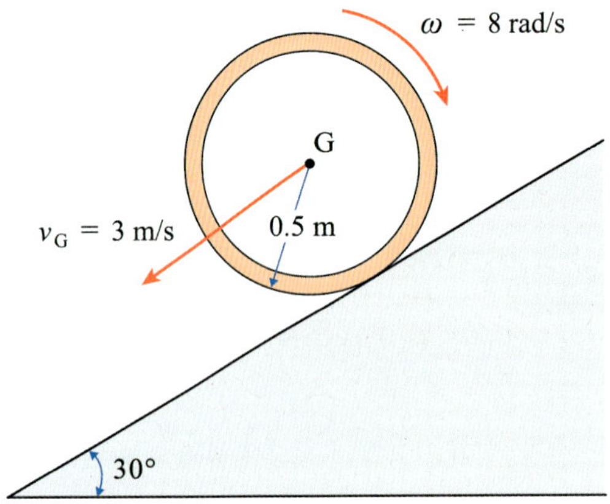

그림 9-29

9.9 [그림 9-30]과 같은 통신위성이 지구의 궤도를 돌고 있다가 유성에 의해 충돌이 일어나고, 이로 인해 충돌 후 같이 회전운동을 시작한다. 회전을 멈추기 위해 추진부에서 $F_r = 300\ N$의 힘으로 힘을 가할 때 얼마 동안 추진력을 가해야 이 회전속도가 0이 되는지를 구하시오. 단, 위성의 질량은 200 kg, 유성의 질량은 0.5 kg이고, 유성체에 가한 선형운동량은 0.5 kg · km/s, 충돌각은 45°, 위성의 회전관성은 200 kg · m^2, 충돌 전 위성의 회전속도는 0이다. 9.2절

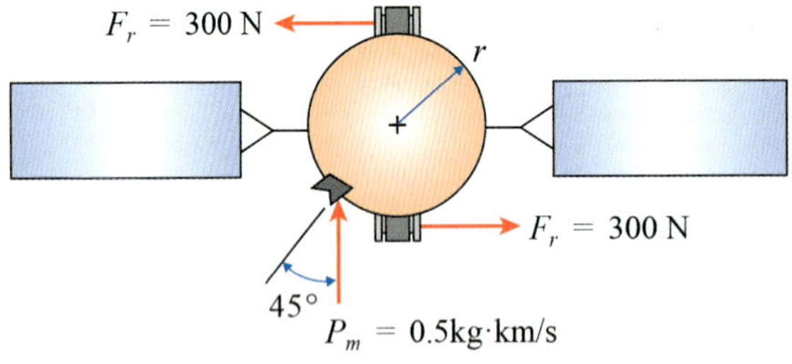

그림 9-30

9.10 [그림 9-31]의 과녁은 질량 10 kg의 얇은 디스크로 이루어져 있다. 질량 16 g인 총알이 360 m/s의 속도로 이 과녁에 충돌할 때, 충돌 후의 과녁의 각속도를 구하시오. 단, 과녁은 초기에는 멈춰 있었고, z축을 기준으로 자유롭게 회전할 수 있다. 9.2절

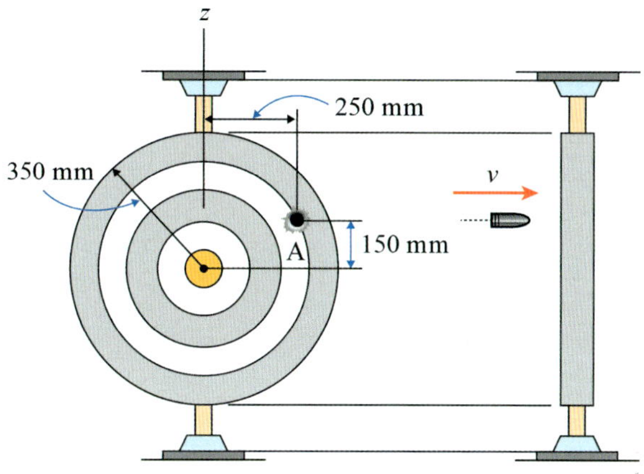

그림 9-31

9.11 사각 패널이 [그림 9-32]와 같이 점 C에 고정되어 있다. 이 패널 A의 질량이 25 kg이고 여기에 질량이 0.016 kg인 총알이 날아와 박힌다. 초기에 패널 A는 정지해 있다가 충돌 이후 패널과 총알은 함께 움직인다. 9.2절

(a) 총알과 충돌 후에 이 패널의 회전각속도는 얼마인가?

(b) 총알이 0.0005 s 동안 이 패널에 영향을 주었다면, 패널 A에서의 평균 충격력은 얼마인가?

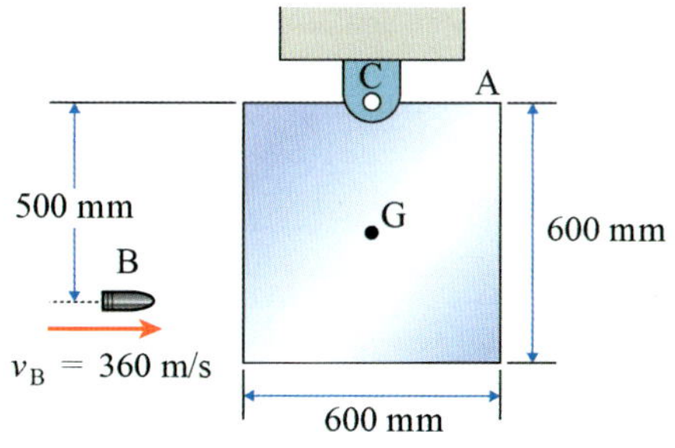

그림 9-32

9.12 질량이 10 kg이고 길이가 1 m인 긴 봉이 [그림 9-33]과 같이 수직으로 세워져 있다가 오른쪽으로 떨어져 바닥면에 튀어나온 부분인 C와 0.005초간 충돌하게 된다. 이 봉과 튀어나온 면의 반발계수는 0.4이고, 충돌점까지의 길이는 0.5 m이다. 9.2절

(a) 충돌 후 질량중심의 회전각속도를 구하시오.

(b) 충돌 시 충돌점의 수직방향 힘 C_y를 구하시오.

(c) 충돌 후 이 봉의 중심이 올라갈 수 있는 최대 높이를 구하시오.

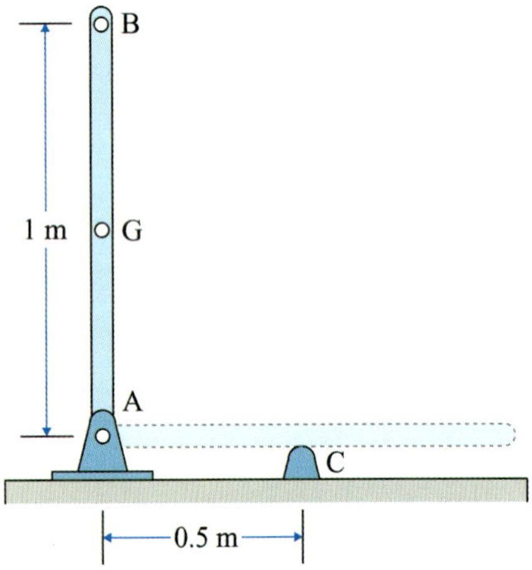

그림 9-33

9.13 긴 보가 [그림 9-34]와 같이 점 O에 핀 조인트로 고정되어 있고, 보의 양쪽 끝단에는 질량이 $5m$과 $3m$인 물체가 놓여 있다. 질량 $5m$은 핀 조인트로부터 $3l$인 위치에 있고, 질량 $3m$은 핀 조인트로부터 l인 위치에 있다. 이 보의 한쪽 끝에 질량 m인 공이 보에 연결된 $3m$인 물체 위로 떨어진다. 충돌 후 이 보의 회전각속도를 구하시오. 9.2절

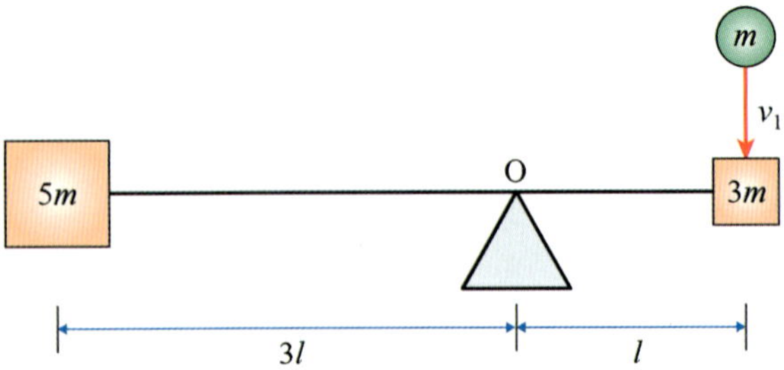

그림 9-34

9.14 질량이 3 kg인 긴 봉이 [그림 9-35]와 같이 놓여 있고, 이 봉은 점 O에서 핀 조인트로 고정되어있다. 질량 1 kg인 공 A가 높이 5 m에서 봉의 오른쪽 끝으로 떨어져 충돌할 때, 충돌 후의 이 봉의 회전속도는 얼마인가? 단, 충돌 시 반발계수는 $e = 1$이고, 봉의 긴 쪽 길이는 5 m, 짧은 쪽 길이는 1 m이다. 9.2절, 9.3절

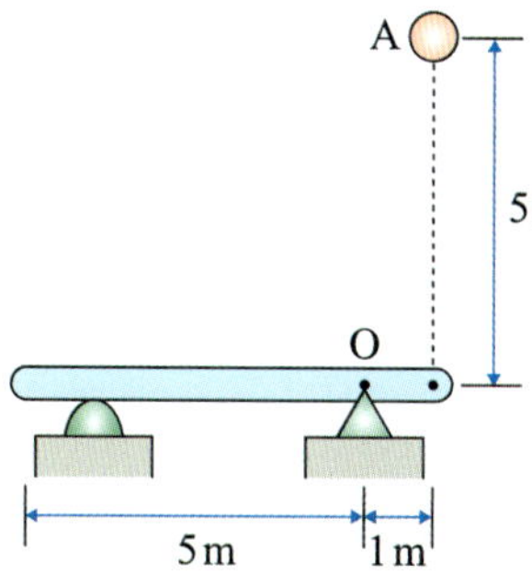

그림 9-35

9.15 [그림 9-36]과 같이 질량이 3 kg인 구 A가 오른쪽으로 속도 15 m/s로 날아와 고정되지 않은 질량이 10 kg인 막대 B와 부딪친다. 구가 충돌한 후 막대에 박혀 함께 움직일 때 이 막대의 각속도를 구하시오. 9.2절, 9.3절

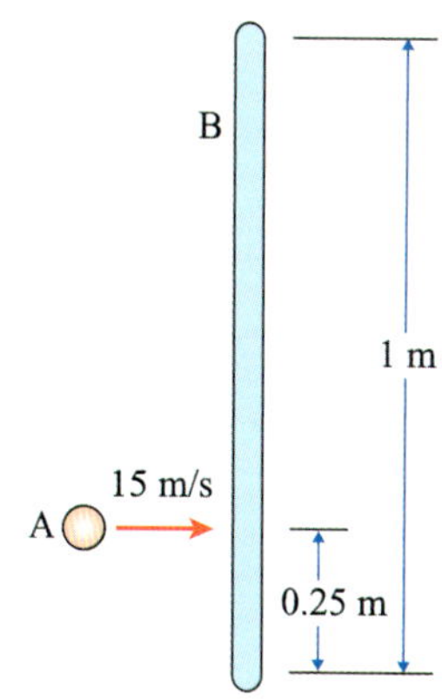

그림 9-36

9.16 [그림 9-37]과 같이 직경이 65.5 mm이고 질량이 250 g인 당구공이 당구대에 놓여 있다. 큐로 당구공을 P의 힘으로 쳤을 때 마찰 없이 공이 구르기 위한 당구공의 높이 h를 구하시오. 9.2절

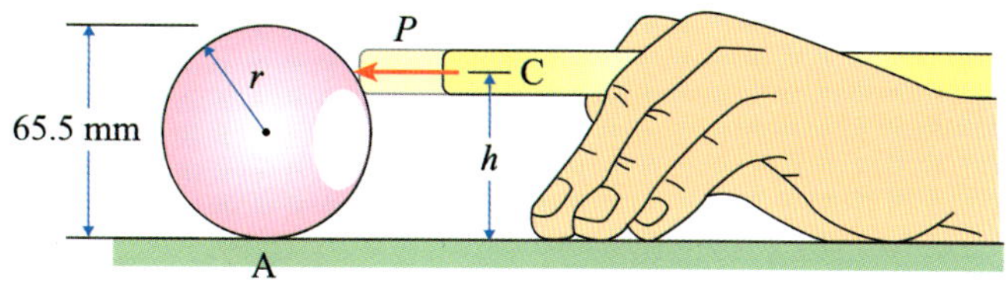

그림 9-37

9.17 자동차 충돌테스트 시험장에서 [그림 9-38]과 같이 고정된 인체모형에 질량 300 kg인 충돌물이 와서 부딪친다. 충돌물은 길이 10 m인 줄 두 개로 천장에 매달려 있다. 초기에 이 충돌물은 각도 30°에서 멈춰 있다가 움직이기 시작한다. 두 물체의 충돌 시 반발계수 $e=0.3$일 때 충돌물이 충돌 후 다시 올라오는 각도 θ를 구하시오. 9.3절

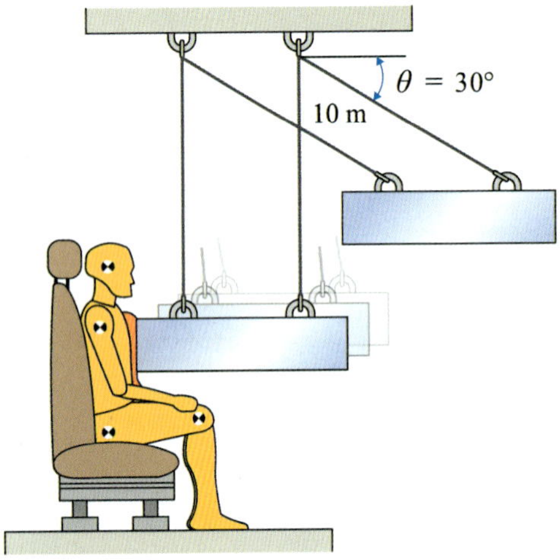

그림 9-38

9.18 [그림 9-39]와 같이 질량이 2 kg이고, 길이가 1.2 m인 봉 AB가 수직으로 걸려 있다. 질량이 1 kg인 블록이 미끄러운 바닥면을 따라 미끄러져 봉 AB와 충돌한다. 이때 블록의 속도는 4 m/s이다. 충돌 시의 반발계수가 $e=0.7$일 때 충돌 직후 블록의 속도를 구하시오. 9.3절

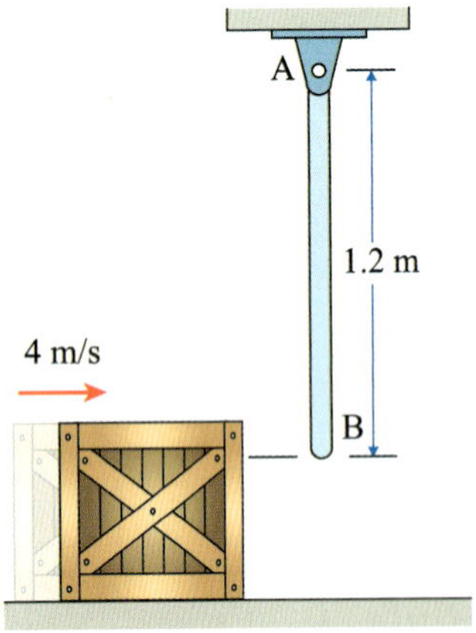

그림 9-39

***9.19** [그림 9-40]과 같이 공이 계단 끝에서 아래로 속도 v_1으로 떨어진다. 이 볼이 계단을 벗어날 때 수평방향의 속도가 v_2라고 하고, 반발계수가 $e = 0.9$라고 할 때, 공이 계단과 부딪칠 때의 그 각도를 구하시오. 단, 부딪힌 계단 끝과 공 사이의 접점에서 미끄러짐은 일어나지 않는다. 9.3절

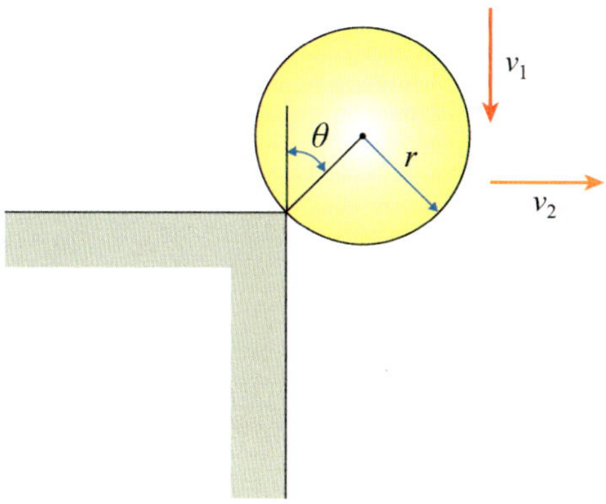

그림 9-40

***9.20** 길이가 50 cm이고 질량이 3 kg인 긴 봉이 [그림 9-41]과 같이 지면과 70°의 각도를 유지하면서 수직으로 3 m/s의 속도로 떨어지고 있다. 이 봉이 바닥에 부딪치고 다시 튕겨져 오른다. 이때 반발계수는 0.9이고, 이 봉과 바닥면의 마찰력은 무시한다. 충돌 직후 이 봉의 질량중심인 점 C에서의 속도는 얼마인가? 9.3절

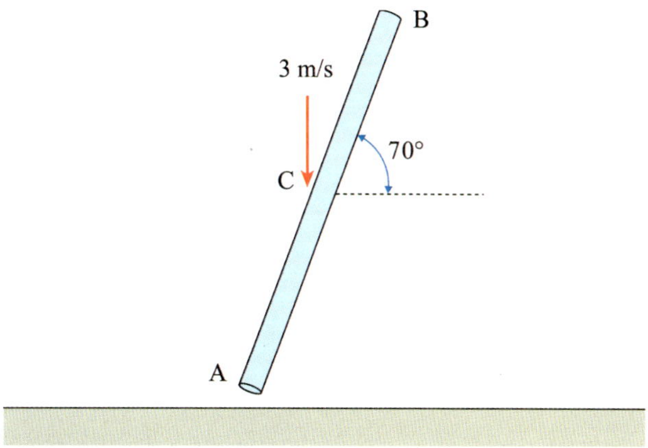

그림 9-41

APPENDIX A 주요 공식 및 선형대수 기초

A.1 삼각함수와 미적분

A.1.1 삼각함수

■ **삼각함수 정의**

$\sin\theta = a/c$ $\csc\theta = c/a$

$\cos\theta = b/c$ $\sec\theta = c/b$

$\tan\theta = a/b$ $\cot\theta = b/a$

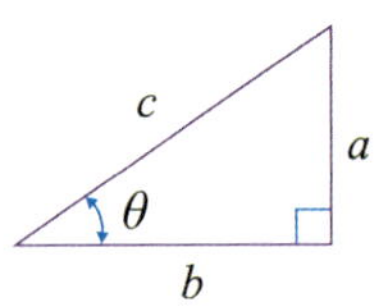

■ **삼각함수 부호(사분면)**

	Ⅰ	Ⅱ	Ⅲ	Ⅳ
$\sin\theta$	+	+	−	−
$\cos\theta$	+	−	−	+
$\tan\theta$	+	−	+	−
$\csc\theta$	+	+	−	−
$\sec\theta$	+	−	−	+
$\cot\theta$	+	−	+	−

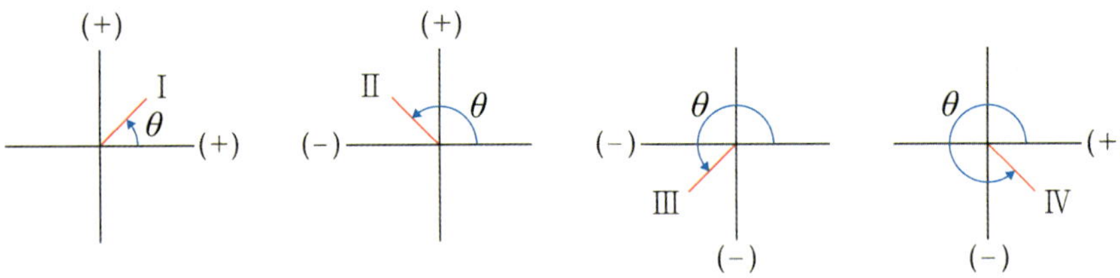

■ **삼각함수 공식 1**

$\sin^2\theta + \cos^2\theta = 1$

$1 + \tan^2\theta = \sec^2\theta$

$1 + \cot^2\theta = \csc^2\theta$

$\sin\frac{\theta}{2} = \sqrt{\frac{1}{2}(1-\cos\theta)}$

$\cos\frac{\theta}{2} = \sqrt{\frac{1}{2}(1+\cos\theta)}$

$\sin 2\theta = 2\sin\theta\cos\theta$

$\cos 2\theta = \cos^2\theta - \sin^2\theta$

$\sin(a \pm b) = \sin a\cos b \pm \cos a\sin b$

$\cos(a \pm b) = \cos a\cos b \mp \sin a\sin b$

■ **삼각함수 공식 2 : 사인법칙**

$$\frac{a}{\sin A} = \frac{b}{\sin B} = \frac{c}{\sin C}$$

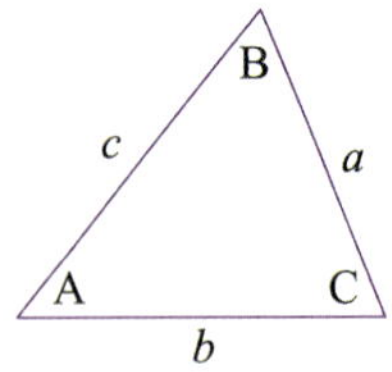

■ **삼각함수 공식 3 : 제2코사인법칙**

$$a^2 = b^2 + c^2 - 2bc\cos A$$

$$b^2 = a^2 + c^2 - 2ac\cos B$$

$$c^2 = a^2 + b^2 - 2ab\cos C$$

A.1.2 급수

$$(1 \pm x)^n = 1 \pm nx + \frac{n(n-1)}{2!}x^2 \pm \frac{n(n-1)(n-2)}{3!}x^3 + \cdots \quad [x^2 < 1]$$

$$\sin x = x - \frac{x^3}{3!} + \frac{x^5}{5!} - \frac{x^7}{7!} + \cdots \quad [x^2 < \infty]$$

$$\cos x = 1 - \frac{x^2}{2!} + \frac{x^4}{4!} - \frac{x^6}{6!} + \cdots \quad [x^2 < \infty]$$

$$\sinh x = \frac{e^x - e^{-x}}{2} = x + \frac{x^3}{3!} + \frac{x^5}{5!} + \frac{x^7}{7!} + \cdots \quad [x^2 < \infty]$$

$$\cosh x = \frac{e^x + e^{-x}}{2} = 1 + \frac{x^2}{2!} + \frac{x^4}{4!} + \frac{x^6}{6!} + \cdots \quad [x^2 < \infty]$$

$$f(x) = \frac{a_0}{2} + \sum_{n=1}^{\infty} a_n \cos\frac{n\pi x}{l} + \sum_{n=1}^{\infty} b_n \sin\frac{n\pi x}{l}$$ [$-l < x < l$에서의 푸리에 전개]

여기서 $a_n = \frac{1}{l}\int_{-l}^{l} f(x)\cos\frac{n\pi x}{l}dx,\ b_n = \frac{1}{l}\int_{-l}^{l} f(x)\sin\frac{n\pi x}{l}dx$

A.1.3 미분공식

$$\frac{dx^n}{dx} = nx^{n-1},\quad \frac{d(uv)}{dx} = u\frac{dv}{dx} + v\frac{du}{dx},\quad \frac{d\left(\frac{u}{v}\right)}{dx} = \frac{v\frac{du}{dx} - u\frac{dv}{dx}}{v^2}$$

$$\lim_{\Delta x \to 0} \sin\Delta x = \sin dx = \tan dx = dx$$

$$\lim_{\Delta x \to 0} \cos\Delta x = \cos dx = 1$$

$$\frac{d\sin x}{dx} = \cos x \qquad \frac{d\cos x}{dx} = -\sin x \qquad \frac{d\tan x}{dx} = \sec^2 x$$

$$\frac{d\sinh x}{dx} = \cosh x \qquad \frac{d\cosh x}{dx} = \sinh x \qquad \frac{d\tanh x}{dx} = \mathrm{sech}^2 x$$

A.1.4 적분공식

$$\int x^n\,dx = \frac{x^{n+1}}{n+1}$$

$$\int \frac{dx}{x} = \ln x$$

$$\int \sqrt{a+bx}\,dx = \frac{2}{3b}\sqrt{(a+bx)^3}$$

$$\int x\sqrt{a+bx}\,dx = \frac{2}{15b^2}(3bx-2a)\sqrt{(a+bx)^3}$$

$$\int x^2\sqrt{a+bx}\,dx = \frac{2}{105b^3}(8a^2-2abx+15b^2x^2)\sqrt{(a+bx)^3}$$

$$\int \frac{dx}{\sqrt{a+bx}} = \frac{2\sqrt{a+bx}}{b}$$

$$\int \frac{\sqrt{a+x}}{\sqrt{b-x}}\,dx = -\sqrt{a+x}\,\sqrt{b-x}+(a+b)\sin^{-1}\sqrt{\frac{a+x}{a+b}}$$

$$\int \frac{x\,dx}{a+bx}\,dx = \frac{1}{b^2}\left[a+bx-a\ln(a+bx)\right]$$

$$\int \frac{x\,dx}{(a+bx)^n}\,dx = \frac{(a+bx)^{1-n}}{b^2}\left(\frac{a+bx}{2-n}-\frac{a}{1-n}\right)$$

$$\int \frac{dx}{a+bx^2} = \frac{1}{\sqrt{ab}}\tan^{-1}\frac{x\sqrt{ab}}{a} \quad \text{또는} \quad \frac{1}{\sqrt{-ab}}\tanh^{-1}\frac{x\sqrt{-ab}}{a}$$

$$\int \frac{dx}{a+bx^2} = \frac{1}{2b}\ln(a+bx^2)$$

$$\int \sqrt{x^2\pm a^2}\,dx = \frac{1}{2}\left[x\sqrt{x^2\pm a^2}\pm a^2\ln\left(x+\sqrt{x^2\pm a^2}\right)\right]$$

$$\int \sqrt{a^2-x^2}\,dx = \frac{1}{2}\left(x\sqrt{a^2-x^2}+a^2\sin^{-1}\frac{x}{a}\right)$$

$$\int x\sqrt{a^2-x^2}\,dx = -\frac{1}{3}\sqrt{(a^2-x^2)^3}$$

$$\int x^2\sqrt{a^2-x^2}\,dx = -\frac{x}{4}\sqrt{(a^2-x^2)^3}+\frac{a^2}{8}\left(x\sqrt{a^2-x^2+a^2\sin^{-1}\frac{x}{a}}\right)$$

$$\int x^3\sqrt{a^2-x^2}\,dx = -\frac{1}{5}\left(x^2+\frac{2}{3}a^2\right)\sqrt{(a^2-x^2)^3}$$

$$\int \frac{dx}{\sqrt{a+bx+cx^2}} = \frac{1}{\sqrt{c}} \ln\left(\sqrt{a+bx+cx^2} + x\sqrt{c} + \frac{b}{2\sqrt{c}}\right)$$

$$\int \frac{dx}{\sqrt{x^2 \pm a^2}} = \ln\left(x + \sqrt{x^2 \pm a^2}\right)$$

$$\int \frac{dx}{\sqrt{a^2 - x^2}} = \sin^{-1}\left(\frac{x}{a}\right)$$

$$\int \frac{xdx}{\sqrt{x^2 - a^2}} = \sqrt{x^2 - a^2}$$

$$\int \frac{xdx}{\sqrt{a^2 \pm x^2}} = \pm \sqrt{a^2 \pm x^2}$$

$$\int x\sqrt{x^2 \pm a^2}\, dx = \frac{1}{3}\sqrt{(x^2 \pm a^2)^3}$$

$$\int x^2\sqrt{x^2 \pm a^2}\, dx = \frac{x}{4}\sqrt{(x^2 \pm a^2)^3} \mp \frac{a^2}{8}x\sqrt{x^2 \pm a^2} - \frac{a^4}{8}\ln(x + \sqrt{x^2 \pm a^2})$$

$$\int \sin x\, dx = -\cos x$$

$$\int \cos x\, dx = \sin x$$

$$\int \sec x\, dx = \frac{1}{2}\ln\frac{1+\sin x}{1-\sin x}$$

$$\int \sin^2 x\, dx = \frac{x}{2} - \frac{\sin 2x}{4}$$

$$\int \cos^2 x\, dx = \frac{x}{2} + \frac{\sin 2x}{4}$$

$$\int \sin x \cos x\, dx = \frac{\sin^2 x}{2}$$

$$\int \sinh x\, dx = \cosh x$$

$$\int \cosh x\, dx = \sinh x$$

$$\int \tanh x\, dx = \ln\cosh x$$

$$\int \ln x\, dx = x\ln x - x$$

$$\int e^{ax} dx = \frac{e^{ax}}{a}$$

$$\int xe^{ax} dx = \frac{e^{ax}}{a^2}(ax - 1)$$

$$\int e^{ax}\sin px\,dx = \frac{e^{ax}(a\cos px - p\cos px)}{a^2+p^2}$$

$$\int e^{ax}\cos px\,dx = \frac{e^{ax}(a\cos px + p\cos px)}{a^2+p^2}$$

$$\int e^{ax}\sin^2 x\,dx = \frac{e^{ax}}{4+a^2}\left(a\sin^2 x - \sin 2x + \frac{2}{a}\right)$$

$$\int e^{ax}\cos^2 x\,dx = \frac{e^{ax}}{4+a^2}\left(a\cos^2 x + \sin 2x + \frac{2}{a}\right)$$

$$\int e^{ax}\sin x\cos x\,dx = \frac{e^{ax}}{4+a^2}\left(\frac{a}{2}\sin 2x - \cos 2x\right)$$

$$\int \sin^3 x\,dx = -\frac{\cos x}{3}(2+\sin^2 x)$$

$$\int \cos^3 x\,dx = \frac{\sin x}{3}(2+\cos^2 x)$$

$$\int \cos^5 x\,dx = \sin x - \frac{2}{3}\sin^3 x + \frac{1}{5}\sin^5 x$$

$$\int x\sin x\,dx = \sin x - x\cos x$$

$$\int x\cos x\,dx = \cos x + x\sin x$$

$$\int x^2\sin x\,dx = 2x\sin x - (x^2-2)\cos x$$

$$\int x^2\cos x\,dx = 2x\cos x - (x^2-2)\sin x$$

$$\text{곡률반경}\begin{cases} \rho_{xy} = \dfrac{\left[1+\left(\dfrac{dy}{dx}\right)^2\right]^{3/2}}{\dfrac{d^2y}{dx^2}} \\ \rho_{r\theta} = \dfrac{\left[r^2+\left(\dfrac{dr}{d\theta}\right)^2\right]^{3/2}}{r^2+2\left(\dfrac{dr}{d\theta}\right)^2 - r\dfrac{d^2r}{d\theta^2}} \end{cases}$$

A.2 벡터

A.2.1 벡터의 정의

벡터는 공학에서 많이 사용하는 수학적 표현 방법으로 크기와 방향을 갖는 물리량을 나타낸다. 벡터로 표현되는 물리량에는 힘, 거리, 속도, 가속도 등이 있다. 벡터와 대조적으로 사용되는 표현법은 스칼라이다. 스칼라는 크기만 가지며(방향 표현 없음), 그 예로 무게, 속력, 에너지 등이 있다. [그림 A–1]은 한 사람이 블록을 바닥면에 대해 15° 위쪽으로 힘을 주며 미는 예를 보여준다.

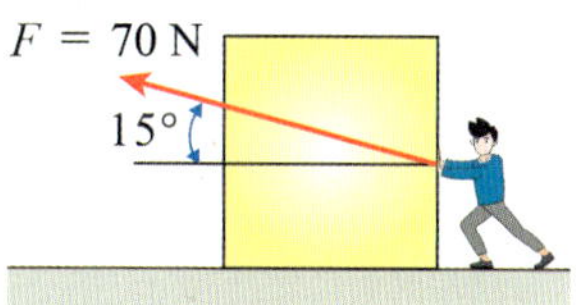

그림 A-1 블록에 가해진 힘의 벡터

그림의 운동을 벡터로 표현하면 다음 두 가지 방법으로 정의할 수 있다.

❶ **크기와 방향** magnitude and direction form : [그림 A–2(a)]에서와 같이 블록을 움직이게 하는 작업자의 힘은 크기가 70 N이고 수평면과 15°의 각도를 이루며 위로 작용하고 있다고 표현할 수 있다.

❷ **좌표 성분** component form : ❶과 같이 표현된 힘의 벡터를 x 방향 성분과 y 방향의 벡터 성분으로 분해하여 표현할 수 있다. 이렇게 x 방향 성분과 y 방향 성분으로 표시할 때 벡터 크기는 [그림 A–2(b)]와 같이 x, y 좌표값으로 표시하기도 한다.

(a) 힘의 벡터 표현(전체 힘, 지면과 이루는 각도)　(b) 힘의 벡터 표현(x-y 성분으로 분해)

그림 A-2 블록에 가해진 힘의 벡터 분해

❷의 좌표 성분 표현법에서 좌표에 따른 성분을 구하기 위해 삼각함수를 이용할 수 있다. [그림 A–3]의 (a), (b)에서와 같이 크기 F의 힘은 수평(x) 또는 수직(y) 좌표계와 이루는 각도를 가지고 삼각함수를 이용하여 구할 수 있다. [그림 A–3(a)]는 힘 벡터가 수평면(x축)과 이루는 각도가 θ일 때 삼각함수 공식을 이용하여 x 방향 벡터는 $F_x = F\cos\theta$, y 방향 벡터는 $F_y = F\sin\theta$로 표현한 것이다. 또한 크기 F인 힘이 [그림 A–3(b)]와 같이 수직면(y축)과 이루는 각도가 ϕ일 때, 삼각함수 공식을 이용하여 x 방향 벡터는 $F_x = F\sin\phi$, y 방향 벡터는 $F_y = F\cos\phi$로 표현할 수 있다. 한편 벡터 $\mathbf{F}$의 크기인 $F = 600$ N이 수평면과 35°의 각도를 이루며 작용하고 있다고 할 때, 이 힘을 x, y 좌표의 성분으로 분해하여 [그림 A–3(c)]와 같이 표현할 수 있다.

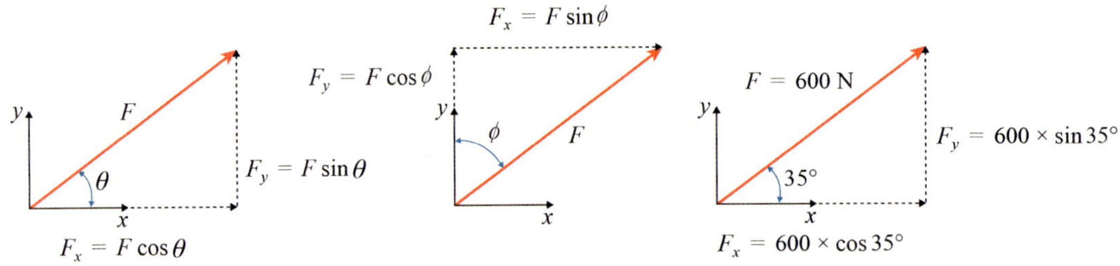

(a) x-y 분해(수평각 이용) (b) x-y 분해(수직각 이용) (c) 힘 벡터 x-y 분해 예(수평각 이용)

그림 A-3 벡터의 x-y축에 대한 분해

[그림 A-4]는 [그림 A-3]과 달리 힘 벡터의 x, y 좌표의 성분이 주어졌을 때 이를 합성(합)하여 하나의 크기(F)와 방향(θ)으로 표현하는 방법으로, 이 경우에는 피타고라스의 정리를 이용한다. [그림 A-4]와 같이 힘 F의 x, y 좌표의 성분이 주어졌으므로 이 성분을 한 변으로 하는 삼각형을 그리면 빗면의 크기가 힘 벡터의 크기인 F가 된다. 따라서 피타고라스 정리를 이용하여 벡터의 크기를 구할 수 있다. 또한 이 힘 벡터 F가 수평면과 이루는 각도인 θ의 경우는 삼각함수의 tan 값의 역수를 이용하여 그림과 같이 구할 수 있다.

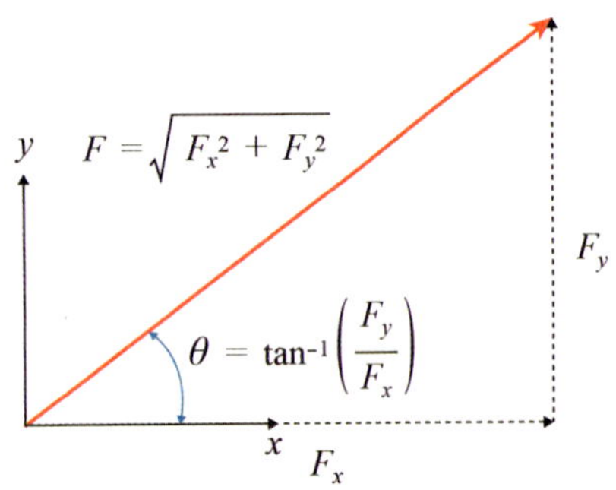

그림 A-4 벡터의 합성 및 표현법

A.2.2 벡터의 합

두 벡터의 합을 구하기 위해서는 다음 두 가지 방법을 사용할 수 있다.

❶ **그래픽 방법을 이용한 벡터의 합** : 평행사변형 방법을 이용한다. [그림 A-5(a)]와 같이 벡터들을 연결하여 대각성분(F_{net})을 통해 벡터의 합을 구할 수 있다. 이 경우 크기는 식 (A.1)과 같은 삼각함수의 제2코사인법칙을 사용하여 구할 수 있다.

$$F_{net} = \sqrt{F_1^2 + F_2^2 - 2F_1F_2\cos\theta} \quad (A.1)$$

❷ **좌표 성분을 이용한 벡터의 합** : [그림 A-5(b)]와 같이 F_1과 F_2를 각각 x 방향과 y 방향으로 분해한 후, x 방향은 x 방향끼리 더하고 y 방향은 y 방향끼리 더한다. 이를 식으로 나타내면 식 (A.2)와 같다. i와 j는 각각 x, y의 단위벡터이다. 식에서 F_{1x}, F_{2x}는 각각 F_1과 F_2의 x 방향 성분 또는 크기이고, F_{1y}, F_{2y}는 각각 F_1과 F_2의 y 방향 성분 또는 크기를 나타낸다.

$$\mathrm{F}_{\text{net}} = \mathrm{F}_1 + \mathrm{F}_2 = (F_{1x} + F_{2x})\mathrm{i} + (F_{1y} + F_{2y})\mathrm{j} \quad \text{(A.2)}$$

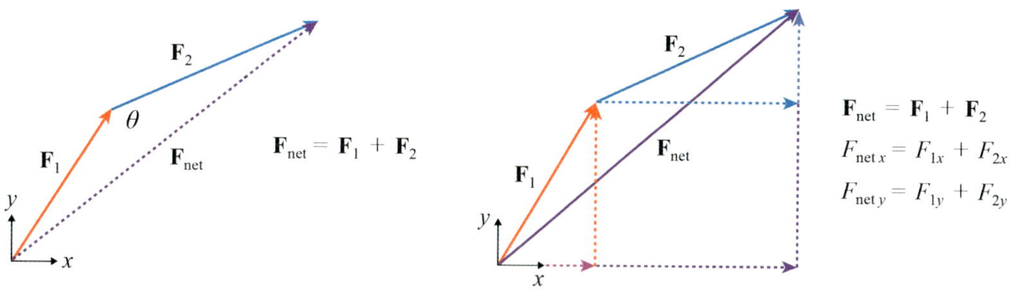

(a) 그래픽 방법을 이용한 벡터 합 (b) 좌표 성분을 이용한 벡터 합

그림 A-5 벡터의 합 표현법

A.2.3 벡터의 내적

[그림 A-6]과 같이 두 벡터 A와 B가 사잇각 θ를 이루고 있을 때, 이에 대한 내적은 식 (A.3)과 같이 각 벡터의 크기의 곱과 사잇각의 코사인 값을 이용하여 표현할 수 있다.

$$\mathrm{A} \cdot \mathrm{B} = |\mathrm{A}||\mathrm{B}|\cos\theta \quad \text{(A.3)}$$

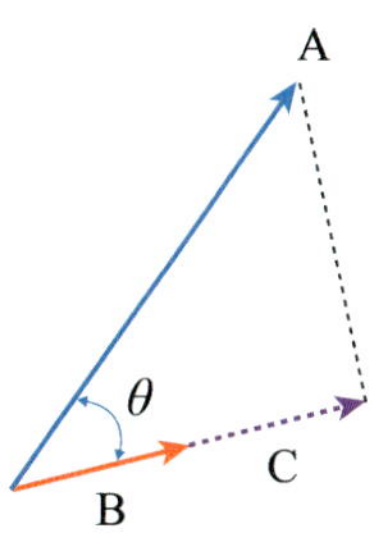

그림 A-6 벡터의 내적

이러한 벡터의 내적을 성분들로 계산할 경우, 식 (A.4)와 같이 각 성분들의 곱으로 표현할 수 있다. 이때 각 성분의 단위벡터 간의 내적은 수직한 경우($\mathrm{i} \cdot \mathrm{j} = \mathrm{j} \cdot \mathrm{i} = 0$) 0이 된다.

$$\mathrm{A} \cdot \mathrm{B} = (\mathrm{A}_x\mathrm{i} + \mathrm{A}_y\mathrm{j}) \cdot (\mathrm{B}_x\mathrm{i} + \mathrm{B}_y\mathrm{j}) = (\mathrm{A}_x \cdot \mathrm{B}_x)\mathrm{i} + (\mathrm{A}_y \cdot \mathrm{B}_y)\mathrm{j} \quad \text{(A.4)}$$

A.2.4 벡터의 외적

벡터의 외적은 두 개의 벡터 성분 곱으로 표현된다. 일반적인 수학적 곱과는 다르지만, 그 의미는 같다. 벡터의 외적은 [그림 A-7(a)]와 같은 3차원 공간좌표계에 A × B로 나타낼 수 있다. 그리고 이 벡터가 나타내는 방향은 [그림 A-7(b)]와 같이 오른손 법칙으로 표현했을 때 엄지손가락 방향을 가리킨다.

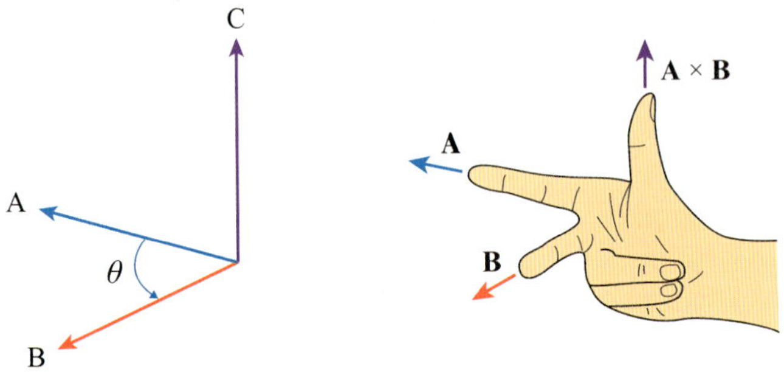

(a) A 와 B 의 외적 (b) 벡터 외적 방향(오른손 법칙)

그림 A-7 벡터의 외적과 방향

벡터의 외적을 구할 때 식 (A.5)와 같이 각각의 벡터 성분을 x 성분, y 성분, z 성분으로 표현할 수 있다. 벡터 외적은 A와 B의 곱셈정리를 이용하여 구할 수도 있으나, [그림 A-8]과 같이 첫 번째 줄에는 좌표축을, 두 번째 줄에는 A의 성분들을, 마지막 줄에는 B의 성분들을 적고, x 성분, y 성분을 한 번 더 오른쪽에 적어 3개의 대각선 성분들을 곱하여 정리하면 간략화할 수 있다. 단, 이때 [그림 A-8]에서와 같이 방향에 따라 +(빨간 점선)와 −(파란 점선)를 곱해주어야 함에 유념한다.

$$\mathrm{A} = [a,\ b,\ c],\ \ \mathrm{B} = [d,\ e,\ f]\text{일 때}$$

$$\mathrm{A} \times \mathrm{B} = (bf - ce)\mathbf{i} + (cd - af)\mathbf{j} + (ae - bd)\mathbf{k} \tag{A.5}$$

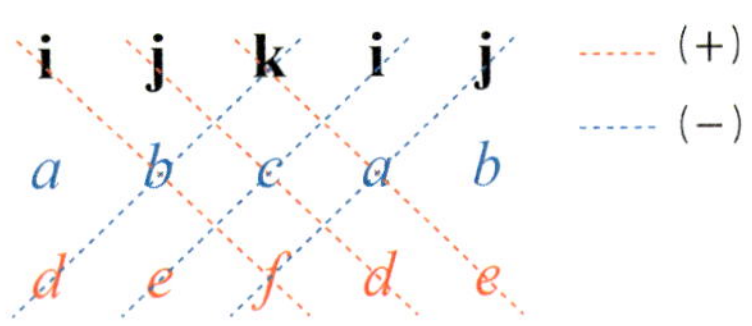

그림 A-8 벡터의 외적 계산법

APPENDIX B

관성모멘트

B.1 면적 관성모멘트

동역학에서 면적 관성모멘트와 질량 관성모멘트에 대해서는 앞의 장들에서 많이 다루었다. 면적 관성모멘트와 질량 관성모멘트에 대한 정확한 정의를 알아보자. [그림 B-1]과 같은 임의의 도형에 대해 x축 또는 y축 또는 z축을 중심으로 회전하는 상황에 대한 면적 관성모멘트를 구해보자. 예를 들어 [그림 B-1]과 같은 임의 미소변위 dA에 대해 x축을 중심으로 회전하는 경우, 이때의 면적 관성모멘트는 $y^2 dA$가 된다. 그러므로 임의의 형태에 대한 각 축 $(x,\ y,\ z)$의 면적 관성모멘트는 식 (B.1)과 같다.

$$I_x = \int y^2\, dA, \quad I_y = \int x^2\, dA, \quad I_z = \int r^2\, dA = \int (x^2 + y^2)\, dA \tag{B.1}$$

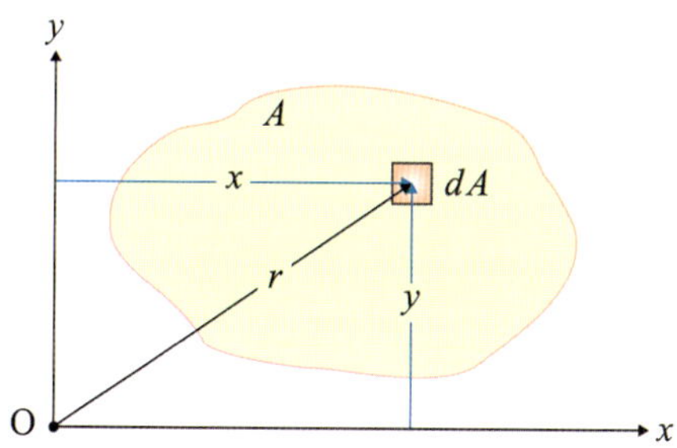

그림 B-1 면적 관성모멘트

식 (B.1)을 통해 면적에 대한 관성모멘트를 구할 수 있으나, 주로 사용되는 도형에 대한 관성모멘트는 [표 B-1]에 정리하였다. 이 표를 이용하면, 기본적이고 주로 사용되는 도형의 면적 관성모멘트를 알 수 있고 회전축만 평행이동된 경우에는 평행축 정리를 이용하여 면적 관성모멘트를 쉽게 구할 수 있다. 예를 들어 면적의 도심을 통과하는 축에 대한 관성모멘트가 I_x라고 할 때 회전축이 도심으로부터 y만큼 평행이동하였다면, 그 시스템에 대한 면적 관성모멘트는 식 (B.2)를 통해 구할 수 있다(단, 여기서 A는 면적).

$$I_{x'} = I_x + y^2 A \tag{B.2}$$

표 B-1 다양한 면적 관성모멘트 및 도심

도형	그림	도심	면적 관성모멘트
부채꼴 (호)	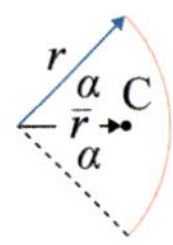	$\bar{r} = \dfrac{r\sin\alpha}{\alpha}$	–
1/4 또는 반원(호)	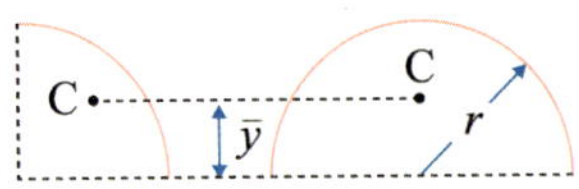	$\bar{y} = \dfrac{2r}{\pi}$	–
원 (면적)	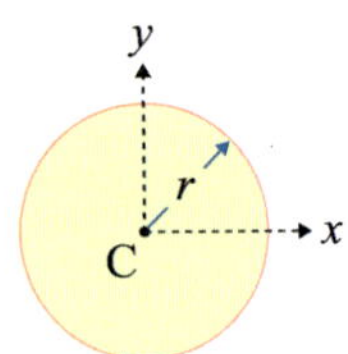	–	$I_x = I_y = \dfrac{\pi r^4}{4}$ $I_z = \dfrac{\pi r^4}{2}$
반원 (면적)	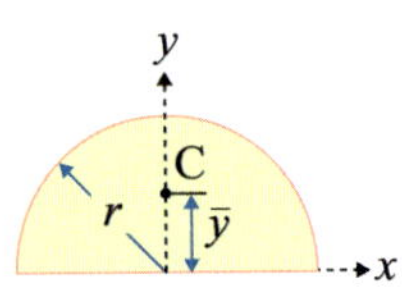	$\bar{y} = \dfrac{4r}{3\pi}$	$I_x = I_y = \dfrac{\pi r^4}{8}$ $\bar{I}_x = \left(\dfrac{\pi}{8} - \dfrac{8}{9\pi}\right)r^4$ $I_z = \dfrac{\pi r^4}{4}$
1/4 원 (면적)	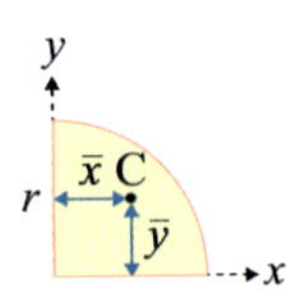	$\bar{x} = \bar{y} = \dfrac{4r}{3\pi}$	$I_x = I_y = \dfrac{\pi r^4}{16}$ $\bar{I}_x = \bar{I}_y = \left(\dfrac{\pi}{16} - \dfrac{4}{9\pi}\right)r^4$ $I_z = \dfrac{\pi r^4}{8}$
부채꼴 (면적)	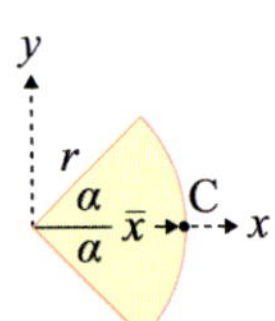	$\bar{x} = \dfrac{2}{3}\dfrac{r\sin\alpha}{\alpha}$	$I_x = \dfrac{r^4}{4}\left(\alpha - \dfrac{1}{2}\sin 2\alpha\right)$ $I_y = \dfrac{r^4}{4}\left(\alpha + \dfrac{1}{2}\sin 2\alpha\right)$ $I_z = \dfrac{1}{2}r^4\alpha$
사각형 (면적)	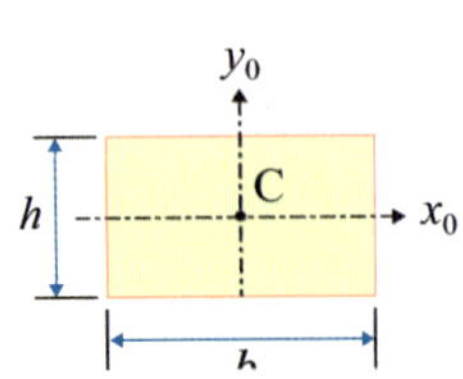	–	$I_x = \dfrac{bh^3}{3},\ I_y = \dfrac{hb^3}{3}$ $\bar{I}_{x_0} = \dfrac{bh^3}{12},\ \bar{I}_{y_0} = \dfrac{hb^3}{12}$ $\bar{I}_z = \dfrac{bh}{12}(b^2 + h^2)$
삼각형 (면적)	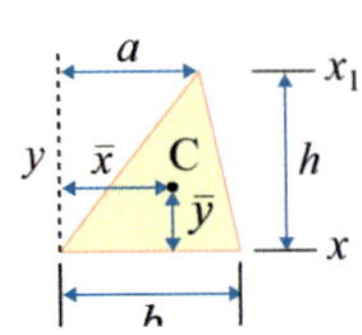	$\bar{x} = \dfrac{a+b}{3}$ $\bar{y} = \dfrac{h}{3}$	$I_x = \dfrac{bh^3}{12}$ $\bar{I}_x = \dfrac{bh^3}{36}$ $I_{x_1} = \dfrac{bh^3}{4}$

표 B-1 다양한 면적 관성모멘트 및 도심 (계속)

도형	그림	도심	면적 관성모멘트
1/4 타원(면적)	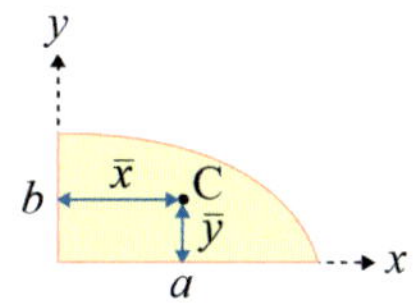	$\bar{x} = \frac{4a}{3\pi}$ $\bar{y} = \frac{4b}{3\pi}$	$I_x = \frac{\pi ab^3}{16}$, $\bar{I}_x = \left(\frac{\pi}{16} - \frac{4}{9\pi}\right)ab^3$ $I_y = \frac{\pi a^3 b}{16}$, $\bar{I}_y = \left(\frac{\pi}{16} - \frac{4}{9\pi}\right)a^3 b$ $I_z = \frac{\pi ab}{16}(a^2 + b^2)$
하위포물선 (면적)	면적 A $= \frac{ab}{3}$ 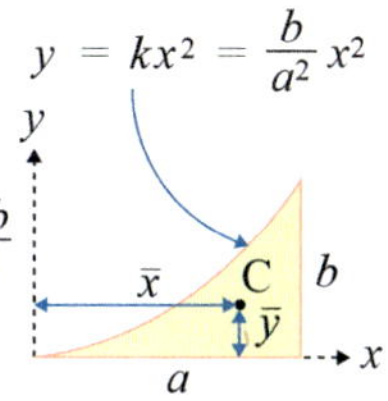	$\bar{x} = \frac{3a}{4}$ $\bar{y} = \frac{3b}{10}$	$I_x = \frac{ab^3}{21}$ $I_y = \frac{a^3 b}{5}$ $I_z = ab\left(\frac{a^3}{5} + \frac{b^2}{21}\right)$
포물선 (면적)	면적 A $= \frac{2ab}{3}$ 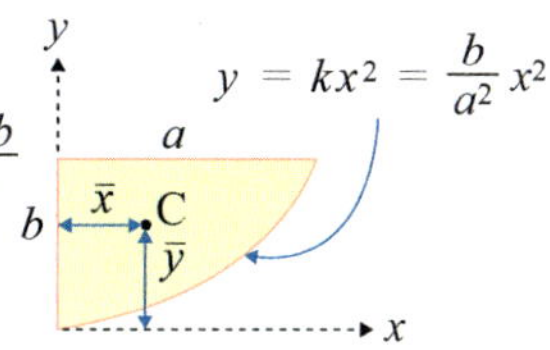	$\bar{x} = \frac{3a}{8}$ $\bar{y} = \frac{3b}{5}$	$I_x = \frac{2ab^3}{7}$ $I_y = \frac{2a^3 b}{15}$ $I_z = 2ab\left(\frac{a^2}{15} + \frac{b^2}{7}\right)$

B.2 질량 관성모멘트

■ 한 축에 대한 질량 관성모멘트

강체에서, 평면운동에 수직인 축에 관한 질량 관성모멘트는 강체에 분포한 질량과 관련이 있다. 강체에 대한 한 축의 질량 관성모멘트는 〈부록 B.1〉에서 면적 관성모멘트를 생각하면 쉽게 구할 수 있다.

[그림 B–2]와 같이 질량이 m인 강체가 축 O-O를 중심으로 α의 회전 각가속도를 가지고 회전한다고 가정하자. 강체의 모든 질점들은 회전축인 O-O에 일정한 거리 r을 가지고 움직일 것이다. 강체의 임의의 질점의 질량이 dm이라고 하고, 이 질점이 회전축과 r만큼 떨어져 있다고 할 때, 이 질점이 가지는 회전방향의 접선$_{\text{tangential}}$ 속도는 $r \cdot \alpha$가 된다. 뉴턴의 제2법칙에 의해 이 수평방향에 대한 힘은 $r \cdot \alpha\, dm$이 된다. 이 힘의 크기 $r \cdot \alpha\, dm$에 대한 회전축 O-O에 대한 모멘트는 힘과 회전축과의 거리의 곱이므로 이를 계산하면 $r \cdot \alpha\, dm \cdot r = r^2 \alpha\, dm$이 된다. 계산된 값은 모멘트이므로 이 식을 다시 정리하면 $dM = r^2 dm \alpha$가 되고, 뉴턴의 제2법칙에 의해서 $dM = dI\alpha$이므로 우리가 구하고자 하는 질량 관성모멘트는 식 (B.3)과 같이 유도된다.

$$I = \int r^2\, dm \tag{B.3}$$

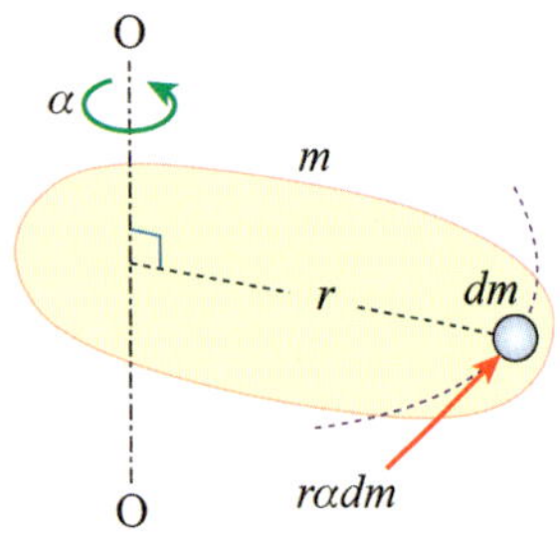

그림 B-2 질량 관성모멘트

원기둥(실린더)의 z축에 대한 질량관성 모멘트를 구해보자. 원기둥의 질량은 균일하게 분포하고 있고 전체 밀도는 ρ이다. 길이와 반지름은 [그림 B-3]과 같다. 이 원기둥의 전체 질량은 $M=\rho\pi R^2 L$이다. 이 원기둥을 위의 식 (B.3)을 가지고 질량관성 모멘트를 구해보자. [그림 B-4]와 같이 미소질량 dm이 회전축으로부터 r만큼 떨어져 있다. 이 떨어진 거리 r을 원통좌표계에 맞게 바꿔주면 [그림 B-4]과 같이 떨어진 거리는 식 (B.4)와 같이 유도할 수 있다.

$$r^2 = x^2 + y^2 = r'^2 \sin^2\theta + y^2 \tag{B.4}$$

식 (B.3)에 위의 식을 넣어 정리하면 식 (B.5)와 같이 3중 적분식으로 유도가 된다. 이 식을 r'에 대해서 먼저 적분해 보면 식 (B.6)과 같이 나오고 이를 다시 θ에 대해 적분하면 식 (B.7)과 같이 나온다. 이를 마지막으로 y에 대해서 적분하면 최종식인 질량관성 모멘트가 식 (B.8)과 같이 유도된다. 최종 정리된 질량관성 모멘트를 전체 질량 $M=\rho\pi R^2 L$이므로 이를 이용해서 정리할 수도 있다.

$$I=\int r^2 dm = \rho\int_{L/2}^{-L/2}\int_0^{2\pi}\int_0^R (r'^2\sin^2\theta + y^2) r' dr' d\theta dy \tag{B.5}$$

$$\int_0^R (r'^2\sin^2\theta + y^2) r' dr' = \left[\frac{1}{4}r'^2\sin^2\theta + \frac{1}{2}r'^2 y^2\right]_0^R = \frac{1}{4}R^4\sin^2\theta + \frac{1}{2}R^2 y^2 \tag{B.6}$$

$$\begin{aligned}\int_0^{2\pi}\left(\frac{1}{4}R^4\sin^2\theta + \frac{1}{2}R^2y^2\right)d\theta &= \int_0^{2\pi}\left(\frac{1}{4}R^4\left(\frac{1-\cos 2\theta}{2}\right) + \frac{1}{2}R^2y^2\right)d\theta \\ &= \frac{1}{4}\pi R^4 + \pi R^2 y^2\end{aligned} \tag{B.7}$$

$$\begin{aligned}\int_{-L/2}^{L/2}\left(\frac{1}{4}\pi R^4 + \pi R^2 y^2\right)dy &= 2\int_0^{L/2}\left(\frac{1}{4}\pi^2 R^4 + \pi R^2 y^2\right)dy \\ &= \pi R^2 L\left(\frac{1}{4}R^2 + \frac{1}{12}L^2\right)\end{aligned} \tag{B.8}$$

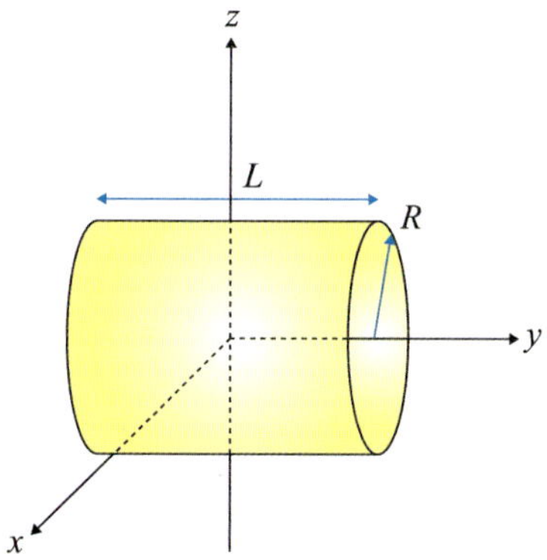

그림 B-3 원기둥(실린더)의 질량관성 모멘트

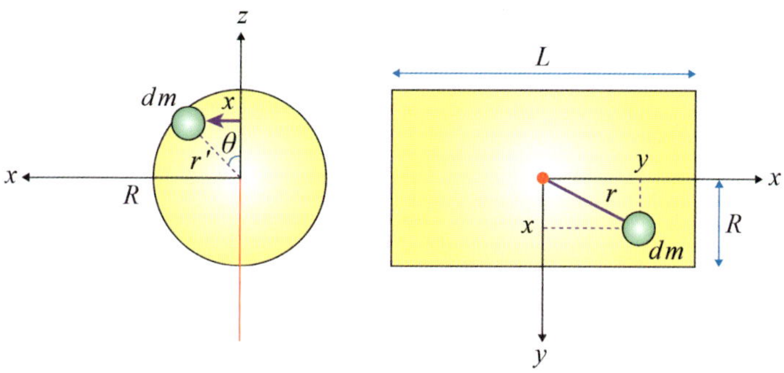

$$r^2 = x^2 + y^2 = r'^2 \sin^2\theta + y^2$$

그림 B-4 원기둥의 회전축과 미소질량사이의 거리(원통좌표계)

■ 회전반경

복잡한 형상을 한 강체의 경우 식 (B.3)을 가지고는 계산이 쉽지 않다. 이러한 경우 회전중심과 강체의 질량중심과의 거리인 회전반경의 정의를 통해 쉽게 임의의 강체에 대한 질량 관성모멘트를 구할 수 있다. 이 회전반경 k는 식 (B.9)와 같이 정의된다.

$$k = \sqrt{\frac{I}{m}} \quad \text{또는} \quad I = mk^2 \tag{B.9}$$

■ 질량 관성모멘트의 평행축 이동

평행축 정리는 임의의 한 축에 대한 질량 관성모멘트를 알면 이와 평행한 임의 축에서의 질량 관성모멘트도 아래의 식 (B.12)를 이용하여 간단히 구할 수 있다. 예를 들면 [그림 B-5]와 같이 질량중심(G)을 xy 평면에 수직으로 지나는 축과 이 축과 평행하고 h만큼 떨어진 점 P$(a,\ b)$를 xy 평면에 수직으로 지나는 축을 생각해보자. 질량중심이 원점 O$(0,\ 0)$이 되도록 좌표계를 설정하였다. 이때 점 P를 지나는 축에 대한 강체의 질량 관성모멘트 I는 식 (B.3)을 사용하여 식 (B.10)과 같이 유도할 수 있다.

$$I = \int r^2\,dm = \int \left[(x-a)^2 + (y-b)^2 \right] dm$$
$$= \int (x^2 + y^2)\,dm + \int (a^2 + b^2)\,dm - 2a\int (x)\,dm - 2b\int (y)\,dm \quad \text{(B.10)}$$

식 (B.10)에 대해 각 항을 다시 정리하면 다음과 같다.

$$\int (x^2 + y^2)\,dm = I_{\mathrm{O}}$$
$$\int (a^2 + b^2)\,dm = Mh^2 \quad \text{(B.11)}$$

식 (B.10)에서 뒤의 두 항의 경우 원점을 중심으로 구하기 때문에 모두 0이 된다. 즉 축이 O(0, 0)에서 점 P로 이동한 경우의 질량 관성모멘트는 식 (B.12)와 같다. 식 (B.12)를 보면 강체에서 축만 이동한 경우에는 기존 질량중심에서의 질량 관성모멘트에 질량중심과 회전중심 간의 거리(h)의 제곱과 질량(M)의 곱이 더해진 형태가 됨을 알 수 있다. 이것이 축 평행축의 원리이다.

$$I_{\mathrm{P}} = I_{\mathrm{O}} + Mh^2 \quad \text{(B.12)}$$

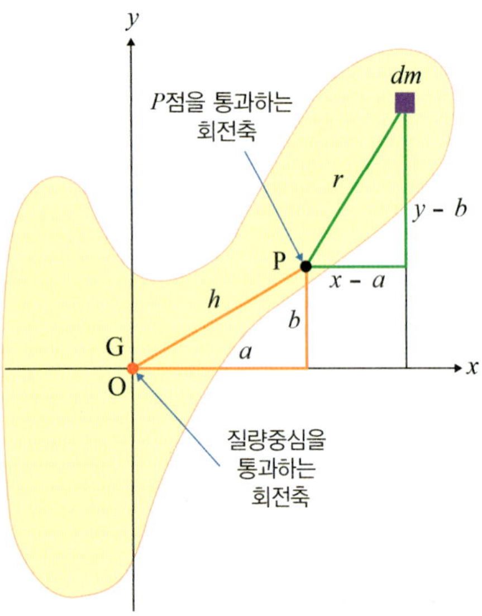

그림 B-5 질량 관성모멘트의 축 평행이동

그럼 앞서 배운 평행축 원리에 대한 예제를 풀어보자.

예제 B-1

[그림 B-6]과 같은 원통에 대한 중심의 질량 관성모멘트가 I_o라고 할 때, 회전축이 원통의 중심에서 원통의 끝단으로 옮겨진 경우의 질량 관성모멘트를 구하시오.

풀이

본 예제의 경우 질량중심에서 $\frac{L}{2}$만큼 이동한 경우가 된다. 그러므로 평행축 원리를 이용하여 식 (B.12)를 이용하면 식 (B.13)과 같이 쉽게 질량 관성모멘트를 구할 수 있다. 단, 질량중심에서의 질량 관성모멘트는 [표 B-2]의 가느다란 막대의 경우를 참조한다.

$$I = I_o + Mh^2 = \frac{1}{12}ML^2 + M\left(\frac{L}{2}\right)^2 = \frac{1}{3}ML^2 \tag{B.13}$$

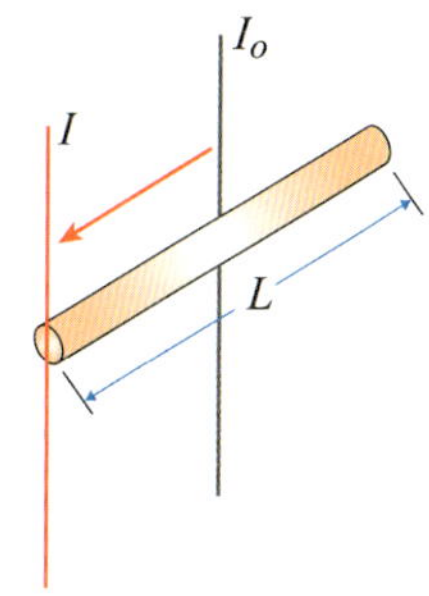

그림 B-6 가느다란 막대의 회전축 평행 이동

■ 질량 관성모멘트의 수직축 정리

수직축 정리는 임의의 평면판의 수직축에 대한 질량 관성모멘트는 **그 수직축과 평면판의 교점을 지나고, 평면판에서 서로 수직인 임의의 두 축(x축, y축)에 대한 관성모멘트의 합과 같다**는 것이다. 즉 수직축 정리는 z축을 중심으로 회전하는 강체의 질량 관성모멘트의 결과와 같다. 다만 z축을 중심으로 회전하는 강체의 질량 관성모멘트를 구하기 위해 어려운 적분식을 사용하기 보다는, 수직축 정리에서 정의한 것과 같이 회전축과 수직인 x축, y축의 질량 관성모멘트를 알고 있다면 굳이 적분을 하지 않고도 두 질량 관성모멘트의 합을 통해 구할 수 있다. 수직축 정리를 증명하기 위해 [그림 B-7]에서와 같이 임의의 평면판이 수직인 회전축을 z축이라고 하면, z축으로부터 미소질량 dm까지의 거리는 $r = \sqrt{x^2 + y^2}$이 된다.

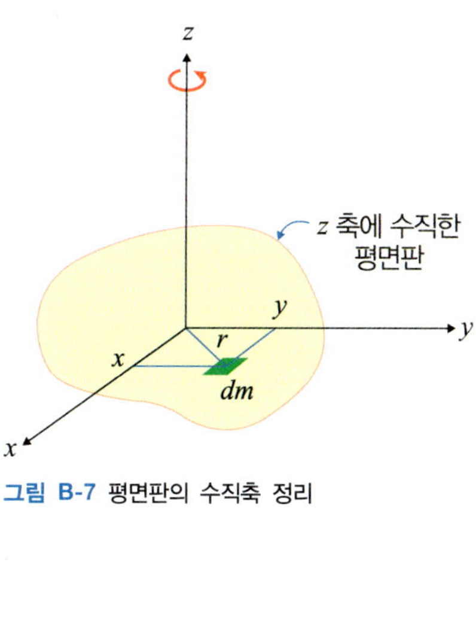

그림 B-7 평면판의 수직축 정리

회전축에 대한 질량 관성모멘트는 식 (B.3)을 이용하면 수직축인 z축에 대한 질량 관성모멘트를 구할 수 있다. 식 (B.14)의 결과에서와 같이 수직축에 대한 질량 관성모멘트는 x축, y축의 질량 관성모멘트의 합과 같음을 알 수 있다.

$$\begin{aligned} I_{zz} = \int r^2\, dm = \int (x^2 + y^2)\, dm = \int x^2\, dm + \int y^2\, dm \\ = I_{xx} + I_{yy} \end{aligned} \tag{B.14}$$

예제 B-2

[그림 B-8]과 같은 얇은 원판이 있다. 이 원판에 대해 수직축 정리를 이용하여 x축에 대한 질량 관성모멘트를 구하시오. 단, 회전원판의 z축에 대한 질량 관성모멘트는 $I_{zz} = \frac{1}{2}MR^2$ 이고 M은 원판의 질량, R은 반지름이다.

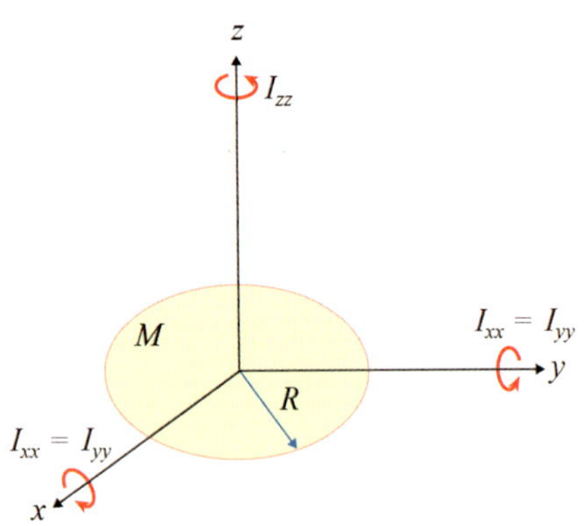

그림 B-8 각 회전축에 대한 질량 관성모멘트

풀이

얇은 원판에 대해 앞서 배운 수직축 정리를 이용하면 $I_{zz} = I_{xx} + I_{yy}$ 의 관계를 유도할 수 있다. z축에 대한 원판의 관성모멘트인 $I_{zz} = \frac{1}{2}MR^2$을 알고 있다면, x축과 y축의 대칭성을 이용하면 다음과 같이 식 (B.16)을 구할 수 있다.

$$\frac{1}{2}MR^2 = I_{xx} + I_{yy} = 2I_{xx} = 2I_{yy} \tag{B.15}$$

$$2I_{xx} = \frac{1}{2}MR^2 \tag{B.16}$$

따라서 $I_{xx} = \frac{1}{4}MR^2$이다.

질량 관성모멘트는 물체가 자신의 회전운동을 유지하려는 정도를 나타내는 물리량으로서, 직선운동에서의 질량에 대응하는 값이다. 질량 관성모멘트는 회전운동에서 매우 중요한 역할을 차지하는데, 이는 질량 관성모멘트가 회전운동을 기술하는 데 꼭 필요한 각운동량, 각속도, 각가속도, 모멘트들 사이의 관계를 이어주는 물리량이기 때문이다. [표 B-2]는 자주 사용되는 질량 관성모멘트를 정리한 것이다. 표의 대표적인 질량 관성모멘트를 바탕으로 평행축 원리에 대한 식 (B.12)를 사용하면 축 변환에 대한 다양한 형태의 질량 관성모멘트를 쉽게 유도할 수 있다. 또한 어떤 강체의 회전축에 대해 대칭인 도형은 같은 질량 관성모멘트를 가지므로 [표 B-2]에는 대칭인 경우에 대해서는 표시하지 않았다.

표 B-2 다양한 질량 관성모멘트

물체	물체	질량중심	회전축에 따른 질량 관성모멘트
중공 원통	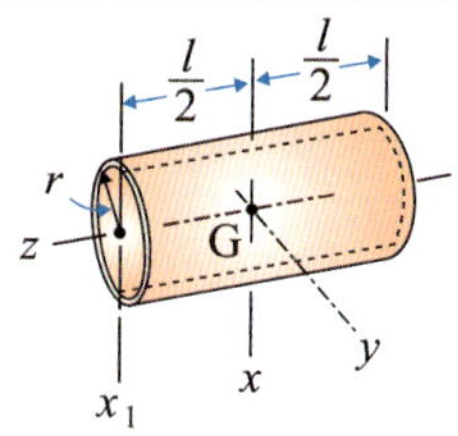		$I_{xx}=\frac{1}{2}mr^2+\frac{1}{12}ml^2$ $I_{x_1x_1}=\frac{1}{2}mr^2+\frac{1}{3}ml^2$ $I_{zz}=mr^2$
중공 반원통	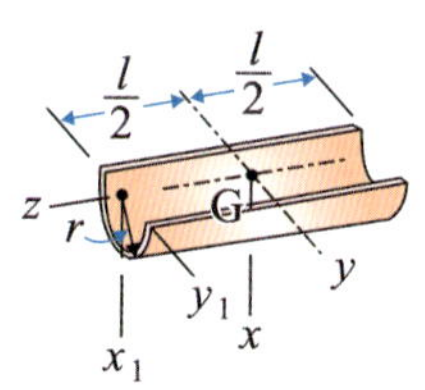	$\bar{x}=\frac{2r}{\pi}$	$I_{xx}=I_{yy}=\frac{1}{2}mr^2+\frac{1}{12}ml^2$ $I_{x_1x_1}=I_{y_1y_1}=\frac{1}{2}mr^2+\frac{1}{3}ml^2$ $I_{zz}=mr^2$
원통	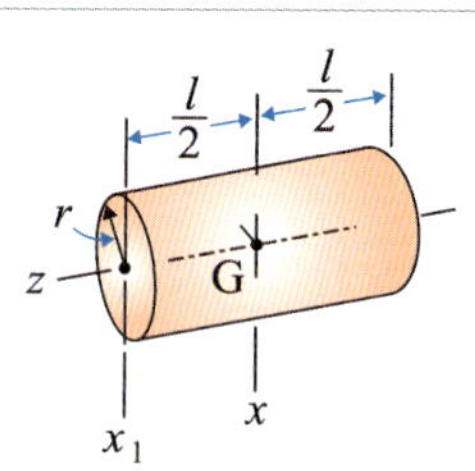	–	$I_{xx}=\frac{1}{4}mr^2+\frac{1}{12}ml^2$ $I_{x_1x_1}=\frac{1}{4}mr^2+\frac{1}{3}ml^2$ $I_{zz}=\frac{1}{2}mr^2$
반원통	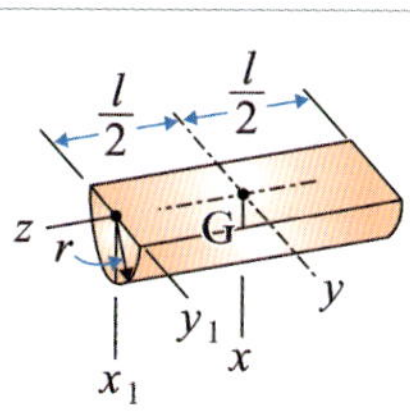	$\bar{x}=\frac{4r}{3\pi}$	$I_{xx}=I_{yy}=\frac{1}{4}mr^2+\frac{1}{12}ml^2$ $I_{x_1x_1}=I_{y_1y_1}=\frac{1}{4}mr^2+\frac{1}{3}ml^2$ $I_{zz}=\frac{1}{2}mr^2$

표 B-2 다양한 질량 관성모멘트 (계속)

물체	물체	질량중심	회전축에 따른 질량 관성모멘트
직육면체	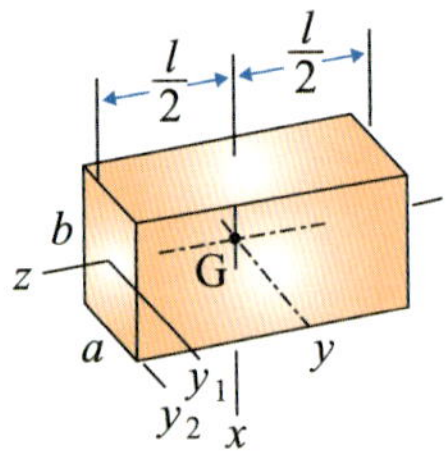		$I_{xx}=\frac{1}{12}m(a^2+l^2)$ $I_{yy}=\frac{1}{12}m(b^2+l^2)$ $I_{zz}=\frac{1}{12}m(a^2+b^2)$ $I_{y_1y_1}=\frac{1}{12}mb^2+\frac{1}{3}ml^2$ $I_{y_2y_2}=\frac{1}{3}m(b^2+l^2)$
속이 빈 구	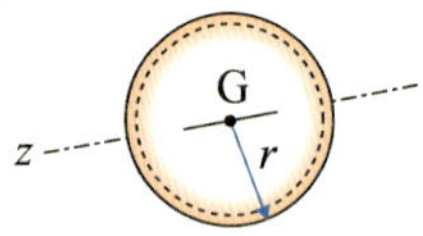		$I_{zz}=\frac{2}{3}mr^2$
속이 빈 반구	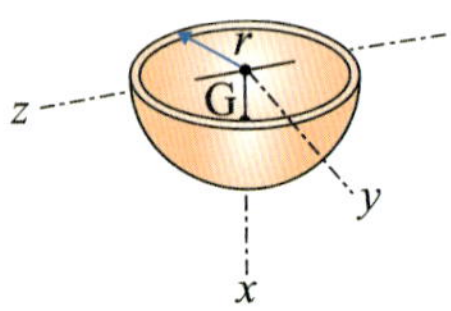	$\bar{x}=\frac{r}{2}$	$I_{xx}=I_{yy}=I_{zz}=\frac{2}{3}mr^2$
구	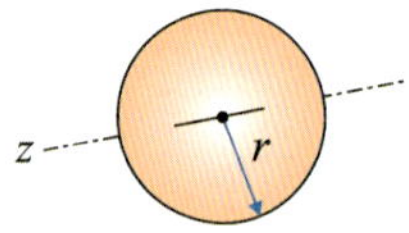	–	$I_{zz}=\frac{2}{5}mr^2$
반구	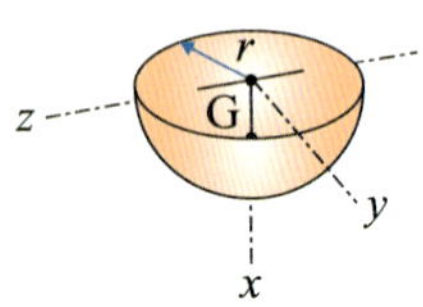	$\bar{x}=\frac{3r}{8}$	$I_{xx}=I_{yy}=I_{zz}=\frac{2}{5}mr^2$
가느다란 막대	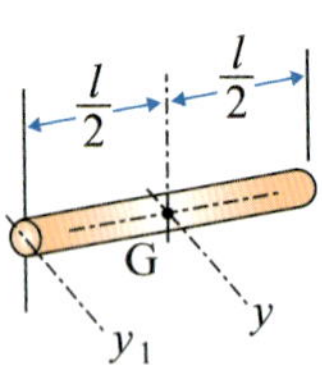		$I_{yy}=\frac{1}{12}ml^2$ $I_{y_1y_1}=\frac{1}{3}ml^2$

찾아보기

찾아보기

ㅊ ~ ㅋ

ㅌ ~ ㅎ

A ~ B

C

D ~ E

F ~ H